地理情報技術ハンドブック

高阪宏行 ◉ 著

朝倉書店

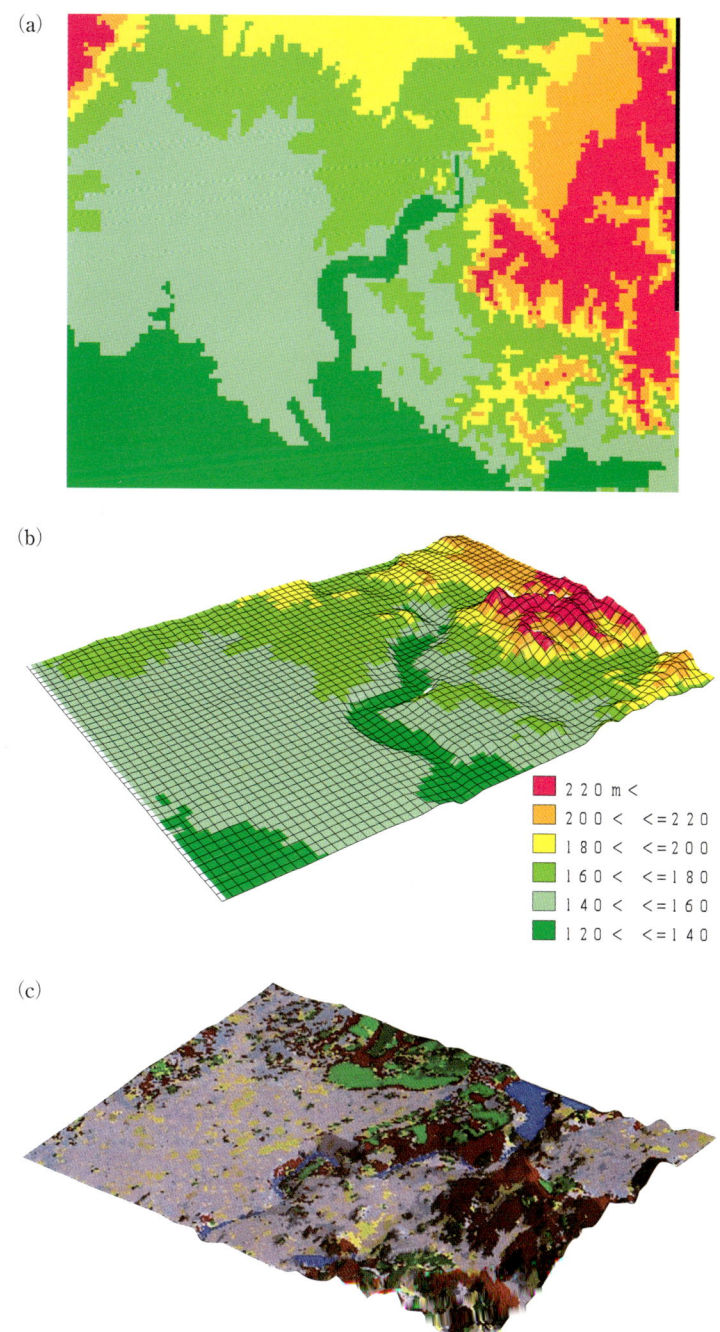

口絵1 デジタル標高モデル [本文・図 7.3]
(a) 2次元のグリッド表示,(b) 3次元の TIN 表示,(c) 標高面への土地被覆図の貼りつけ.

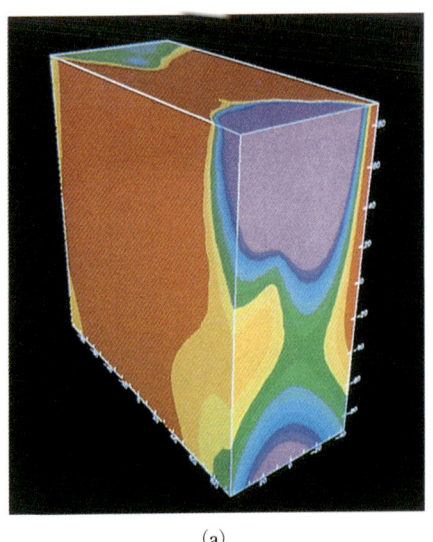

(a)

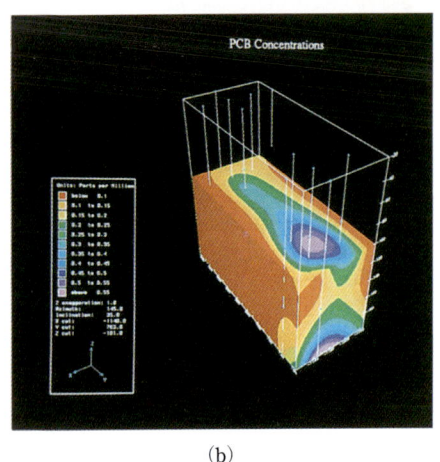

(b)

口絵 2 3次元ジオプロセッシング（Smith and Paradis, 1989）[本文・図 7.4]
(a) カラーキューブディスプレイ，(b) キューブディスプレイの切断，(c) ある水準以上の曲面の抽出．

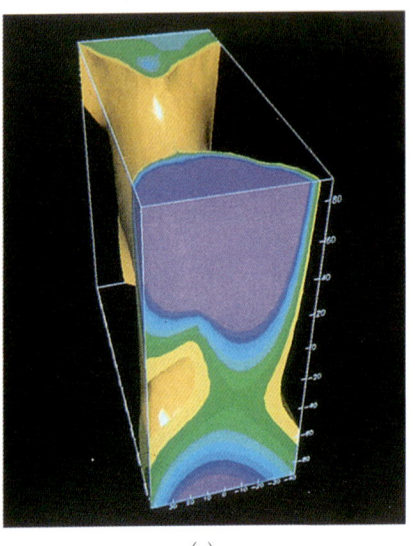

(c)

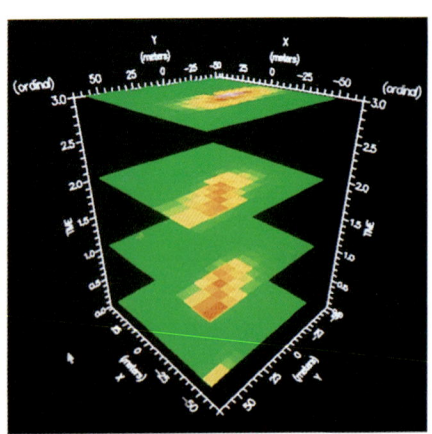

口絵 3 汚染水準を表す地表面抵抗データの時間的な積み重ね（O'Conaill et al., 1993）[本文・図 7.5]

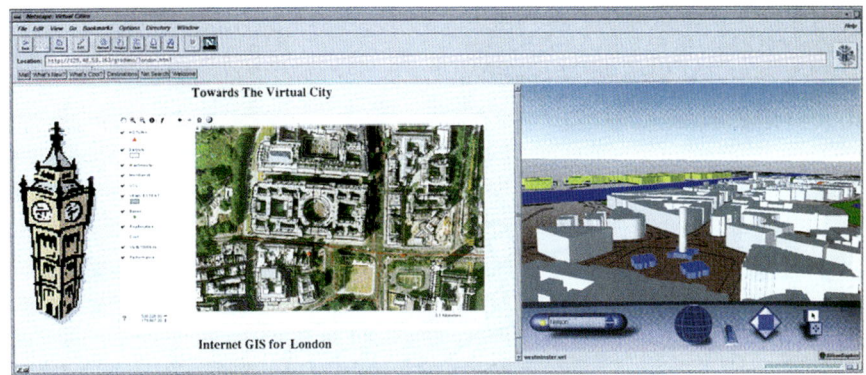

口絵4 VR劇場におけるロンドンのインターネットGIS（Batty et al., 1998）[本文・図7.6]

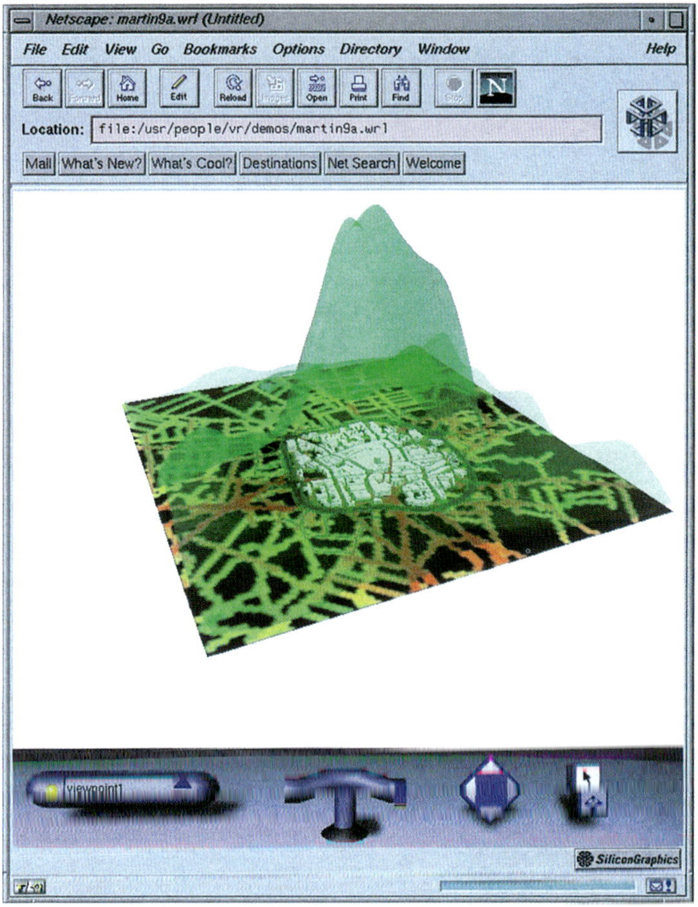

口絵5 VR劇場における小売立地問題の2次元と3次元の可視化（Batty et al., 1998）[本文・図7.7]

連を自動的に読み解く効果的な空間データベースを構築するとともに，高頻度に空間データを更新する必要がある．第Ⅲ部では，空間データベースの基本的方法を考察するとともに，効率的な空間データの更新を可能にする時間 GIS や空間データ品質を論じている．

　本書を作成するに当たり，辛抱強く原稿の完成を待って下さった朝倉書店に感謝の意を表します．また，校正に際しお世話になりました羽角里香さんに感謝いたします．

　2002 年 3 月

高　阪　宏　行

謝　辞

　著作権のある以下の著書・論文の図表を本書に転載することを許諾して下さり，感謝いたします．図 11.9，図 11.11，図 11.12，表 11.3 (Batty and Longley, 1994) に対し Academic Press Ltd.；図 18.5，図 18.6 (Jensen, Cowen, Narumalani, Althausen and Weatherbee, 1993) に対し ASPRS：The Imaging & Geospatial Information Society；図 3.6 (Griffith, 1987)，図 9.2，図 9.4，図 9.5，図 9.6，図 9.7，図 9.8，図 9.9，図 9.13 (McMaster and Shea, 1992)，図 5.2，図 5.3，図 5.4，図 5.5，図 5.6，図 5.9 (MacEachren, 1994) に対し Blackwell Publishers；図 20.1 (Johnston, 1998) に対し Blackwell Science Ltd.；図 3.10，図 15.4，図 15.6 (Haining, 1990) に対し Cambridge University Press；図 3.7，図 4.4 (Davis, 1973/1986)，図 7.5 (O'Conaill, Mason and Bell, 1993)，図 7.6，図 7.7 (Batty, Dodge, Doyle and Smith, 1998)，図 10.6，図 10.7 (Openshaw, 1998)，図 15.11 (Gatrell and Senior, 1999) に対し John Wiley & Sons, Inc.；図 15.1，図 15.3 (Rushton and Lolonis, 1996)，図 15.9，図 15.10 (Dorling, 1994) に対し John Wiley & Sons Ltd.；図 15.7 (Brown, Hirschfield and Marsden, 1995)，図 15.12，図 15.13 (Lloyd, 1995) に対し Kluwer Academic Publishers B.V.；図 20.3，図 20.6 (Burrough and McDonnell, 1998) に対し Oxford University Press；図 17.1，図 17.3，図 17.5，図 17.7，図 18.3，図 18.7，図 18.8，図 18.9，表 18.2，表 18.3 (Jensen, 1996)，図 24.2，図 24.3，図 24.4，図 24.6 (Cromley, 1992) に対し Pearson Education, Inc.；図 13.1，図 13.2，図 13.3，図 13.4 (Klosterman, 1999) に対し Pion Limited；図 4.8，図 4.9，図 4.10，図 4.11 (Wackernagel, 1995) に対し Springer-Verlag GmbH&Co.；図 19.2，図 19.3 (Sloggett, 1996) に対し SUSSP Publications；図 16.2，図 16.3 (Meyer, 1996) に対し URISA (Urban and Regional Information Systems Association)；図 5.1 (Shannon and Cromley, 1980) に対し V.H. Winston & Sons, Inc.
　なお，できる限り著作権者を探し出すことに努めましたが，それができなかった著書・論文の図表については，遺憾ながら利用させていただいたことを，ここにお詫びいたします．

目　　次

I．地理情報技術

第1章　GISの機能性 ……………………………………………………2
　1.1　空間データの取得 ……………………………………………2
　1.2　空間データの処理 ……………………………………………4
　1.3　空間データの蓄積と検索 ……………………………………7
　1.4　空間データの探索・操作・分析 ……………………………8
　　（1）　地域の内容探索 …………………………………………9
　　（2）　近隣分析 …………………………………………………9
　　（3）　重ね合わせ操作 ………………………………………11
　　（4）　相関，関連，パターン，傾向 ………………………12
　　（5）　空間補間と曲面モデリング …………………………12
　　（6）　経路分析 ………………………………………………12
　　（7）　空間的相互作用モデル ………………………………13
　1.5　空間データの表示と画像上での対話 ……………………13
　1.6　GISと空間分析ソフトウエアの統合 ……………………14

第2章　GISと新しい空間分析 ………………………………………17
　2.1　空間分析の再生 ……………………………………………17
　2.2　GISに適した空間分析の条件 ……………………………18
　2.3　新しい空間分析法 …………………………………………19
　　（1）　空間分類 ………………………………………………19
　　（2）　空間クラスター検出法 ………………………………20
　　（3）　空間関係探究法 ………………………………………21
　　（4）　空間パターン認識 ……………………………………21
　　（5）　スマートモデリング …………………………………22
　2.4　GISと地理学の方法論的諸問題 …………………………23
　　（1）　可変的地域単位問題 …………………………………23
　　（2）　境界問題 ………………………………………………24

（3）状況依存の結果 …………………………………………25
　　　（4）空間的自己相関 …………………………………………25
　2.5　新しい空間分析に向けて ……………………………………26

第3章　空間的自己相関と地理的応用 …………………………27
　3.1　自己相関 ………………………………………………………27
　3.2　空間的自己相関とその測定 …………………………………28
　　　（1）空間的自己相関 …………………………………………28
　　　（2）空間的自己相関の測定 …………………………………29
　　　（3）コバリオグラムとバリオグラム ………………………30
　3.3　空間的自己相関の地理的応用 ………………………………31
　　　（1）空間的自己相関と地理学研究 …………………………31
　　　（2）空間的自己相関による主題図内のパターンの測定 …34
　3.4　空間相関誤差を伴った回帰モデル …………………………36
　　　（1）回帰モデル ………………………………………………36
　　　（2）空間的変動を記述するための傾向面分析 ……………37
　　　（3）SAR（同時自己回帰）モデル …………………………39
　　　（4）適応例 ……………………………………………………42

第4章　クリギングと地理的応用 ………………………………44
　4.1　空間的補間法 …………………………………………………44
　4.2　地域化変数 ……………………………………………………44
　　　（1）地域化変数とは …………………………………………44
　　　（2）地域化変数と確率関数 …………………………………45
　4.3　セミバリオグラム ……………………………………………47
　4.4　セミバリオグラムモデル ……………………………………51
　4.5　クリギング ……………………………………………………52
　4.6　クリギングの応用 ……………………………………………55
　　　（1）空間的補間 ………………………………………………55
　　　（2）地域化変数の線形モデル ………………………………56
　　　（3）空間成分の抽出 …………………………………………58

第5章　コロプレス地図作成のための単変量に対する分類手法 ……60
　5.1　地図オブジェクトの分類 ……………………………………60
　　　（1）分類の目的と分類の種類 ………………………………60

（2）　GISで利用できる分類手法 ……………………………………………61
　5.2　階級分けによる分類手法 ………………………………………………64
　　（1）　分位数による階級分け ………………………………………………64
　　（2）　等階級間隔による階級分け …………………………………………66
　5.3　データの統計分布を考慮した分類手法 ………………………………67
　　（1）　累積密度グラフによる分類 …………………………………………67
　　（2）　自然な切れ目に基づく分類 …………………………………………68
　　（3）　ヒストグラムによる分類 ……………………………………………69
　5.4　最適分類手法 ……………………………………………………………70
　　（1）　地点誤差の最小化 ……………………………………………………70
　　（2）　Jenksの最適分類手法 ………………………………………………70
　5.5　空間的隣接性を考慮した分類手法 ……………………………………72
　　（1）　空間的自己相関による分類精度の測定 ……………………………72
　　（2）　発見法アルゴリズムの利用 …………………………………………73
　5.6　分類の解釈 ………………………………………………………………74

第6章　GISのための多変量に対する分類手法 ……………………………76
　6.1　分類戦略 …………………………………………………………………76
　6.2　因子モデルとその応用 …………………………………………………77
　　（1）　因子分析と主成分分析 ………………………………………………77
　　（2）　因子分析と主成分分析における利用上の相違点 …………………78
　　（3）　地理学研究に因子分析を利用するときの諸問題 …………………79
　6.3　衛星画像データの分類手法 ……………………………………………83
　　（1）　多スペクトル分類の理論 ……………………………………………83
　　（2）　教師なし分類 …………………………………………………………86
　　（3）　教師つき分類 …………………………………………………………87

第7章　地理的可視化（GVIS）………………………………………………91
　7.1　時空間内の関連に対する地理的可視化 ………………………………91
　　（1）　探索データ分析と統計グラフィックツール ………………………91
　　（2）　可変式階級分割点をもつ2変数交差地図 …………………………92
　　（3）　地理ブラッシング ……………………………………………………93
　7.2　多次元データの可視化 …………………………………………………95
　　（1）　ディジタル標高モデル（DEM）……………………………………95
　　（2）　3次元ジオプロセッシングシステム ………………………………95

7.3 バーチャルGIS ……………………………………………………98
　（1）バーチャル環境 ……………………………………………98
　（2）バーチャルGIS ……………………………………………99
7.4 地図アニメーション …………………………………………102
7.5 地理的可視化における真実 …………………………………105

第8章　知識ベースGISアプローチ ……………………………108
8.1 知識ベースGISアプローチ …………………………………108
8.2 知識ベース ……………………………………………………109
　（1）知識の種類 …………………………………………………109
　（2）知識の表現形式 ……………………………………………110
　（3）知識ベース …………………………………………………110
8.3 プロダクションシステムにおける推論機構 ………………111
　（1）推論機構 ……………………………………………………111
　（2）前向き推論 …………………………………………………111
　（3）後ろ向き推論 ………………………………………………112
8.4 フレームシステムによる知識表現と推論 …………………113
8.5 GISにおける知識ベースシステムの応用 …………………116
　（1）知識ベースGISアプローチの応用分野 …………………116
　（2）知識ベースGISアプローチの応用例 ……………………117

第9章　地図総描の自動化 …………………………………………120
9.1 地図総描の処理過程 …………………………………………120
9.2 地図総描の種類 ………………………………………………123
　（1）空間的変換 …………………………………………………123
　（2）属性的変換 …………………………………………………126
9.3 ベクトルに基づく総描のアルゴリズム ……………………126
　（1）簡略化のアルゴリズム ……………………………………126
　（2）平滑化のアルゴリズム ……………………………………131
　（3）併合のアルゴリズム ………………………………………132
　（4）転位のアルゴリズム ………………………………………132
9.4 地図総描の自動化 ……………………………………………136
　（1）総描の自動化に対する知識ベースアプローチ …………136
　（2）地図総描の自動化に対する実行例 ………………………138

目次

第10章 ジオコンピュテーションⅠ：遺伝子アルゴリズムとデータマイニング…141
- 10.1 ジオコンピュテーション …………………………………………………141
- 10.2 遺伝子アルゴリズムと空間分析 …………………………………………142
  - （1） GAの基本概念 ……………………………………………………142
  - （2） GAの地域分類への応用 …………………………………………143
- 10.3 地理データマイニング ……………………………………………………148
  - （1） データウエアハウス ………………………………………………149
  - （2） データマイニングと知識発見 ……………………………………149
  - （3） 空間データマイニング ……………………………………………151
  - （4） 地理データマイニングとその応用 ………………………………152

第11章 ジオコンピュテーションⅡ：ファジー集合とフラクタル理論………159
- 11.1 ファジー集合 ………………………………………………………………159
  - （1） メンバーシップ関数 ………………………………………………159
  - （2） ファジー集合の応用 ………………………………………………159
- 11.2 フラクタル理論 ……………………………………………………………163
  - （1） フラクタルパターンの性質 ………………………………………163
  - （2） フラクタル次元 ……………………………………………………164
  - （3） 線分と面のフラクタル次元 ………………………………………165
  - （4） 都市形態のフラクタル次元 ………………………………………167
  - （5） 都市成長のシミュレーションモデル ……………………………170

Ⅱ．GISの応用と関連技術

第12章 マーケティングにおけるGISの応用 ………………………………176
- 12.1 小売店の販売予測 …………………………………………………………176
  - （1） バッファ分析 ………………………………………………………176
  - （2） 空間的相互作用モデル ……………………………………………176
- 12.2 空間的相互作用モデルのキャリブレーション …………………………177
  - （1） 空間的相互作用モデルの特定化 …………………………………177
  - （2） モデルのキャリブレーション ……………………………………178
- 12.3 店舗の業績指標 ……………………………………………………………181
  - （1） 居住地区に基づく業績指標 ………………………………………181
  - （2） 施設に基づく業績指標 ……………………………………………183

12.4 空間的相互作用モデルによる販売予測 ……………………………183
　（1）新店舗に対する販売予測 ……………………………………183
　（2）新店舗の局地的市場への浸透 ………………………………184
　（3）店舗の商品計画 ………………………………………………185
　（4）ショッピングセンター開発の影響評価 ……………………187
12.5 用地の選定手法 ……………………………………………………190
　（1）用地評価の要因 ………………………………………………190
　（2）等級法 …………………………………………………………192
　（3）回帰モデル ……………………………………………………194
12.6 マーケティングにおけるGIS分析の成功 ……………………195

第13章　都市・地域計画におけるGISの応用 ……………………197

13.1 GISと都市・地域計画の策定 …………………………………197
13.2 共同型計画策定支援システムの特性 …………………………199
　（1）コンピュータ支援による集団的意思決定 …………………199
　（2）共同型計画策定支援システム ………………………………200
13.3 GISを用いた共同型計画策定支援システムの構築 …………201
　（1）計画策定のためのGISデータベースの開発 ………………201
　（2）GISと都市モデルとの統合 …………………………………202
　（3）グループウエアとしてのGIS ………………………………202
13.4 共同型計画策定支援システムの事例研究 ……………………204
　（1）システムの概観 ………………………………………………204
　（2）システムの利用 ………………………………………………205
　（3）システムの効用 ………………………………………………209

第14章　交通GISの応用 ………………………………………………211

14.1 交通GISにおける道路網データとGIS操作 …………………211
　（1）道路網データ …………………………………………………211
　（2）交通GISで利用されるGIS操作 ……………………………214
14.2 GISによる交通分析 ……………………………………………215
　（1）最短路分析 ……………………………………………………215
　（2）経路選定問題 …………………………………………………216
　（3）地域設定 ………………………………………………………217
14.3 インテリジェント交通システムと交通GIS …………………218
14.4 Web地図と道路交通 ……………………………………………219

（1）経路探索サービス ……………………………………………………219
　　　（2）交通状況の可視化 ……………………………………………………219
　14.5　GISを利用した時間地理学シミュレーション ………………………………221

第15章　GISを利用した疾病地理と医療計画……………………………………224
　15.1　疾病発生の地理的監視 ………………………………………………………224
　15.2　地点データによる高発生地域の抽出：カーネル推定法 …………………225
　15.3　地域データによる高発生地域の抽出 ………………………………………228
　　　（1）標準化死亡率 …………………………………………………………228
　　　（2）ポアソン・カイ2乗地図 ……………………………………………232
　　　（3）経験ベイズ推定 ………………………………………………………234
　15.4　疾病データの可視化 …………………………………………………………236
　15.5　疾病発生の原因究明に関する地理的分析 …………………………………239
　15.6　医療計画システム ……………………………………………………………241
　　　（1）地域計画策定システム ………………………………………………241
　　　（2）医療計画システムへの応用 …………………………………………242

第16章　GISにおけるデジタル正射写真の利用…………………………………247
　16.1　デジタル正射写真 ……………………………………………………………247
　16.2　デジタル正射写真の利用と技術的諸問題 …………………………………248
　　　（1）GISにおけるデジタル正射写真の利用 ……………………………248
　　　（2）デジタル正射写真の技術的諸問題 …………………………………249
　16.3　デジタル正射写真と土地記録の近代化 ……………………………………250
　　　（1）背　景 …………………………………………………………………250
　　　（2）デジタル正射写真コンソーシアムの設立 …………………………251
　　　（3）デジタル正射写真の撮影と利用 ……………………………………252

第17章　リモートセンシングⅠ：衛星画像データとバイオマスの推定………254
　17.1　リモートセンシングの原理 …………………………………………………254
　17.2　リモートセンシングデータ …………………………………………………254
　17.3　画像強調 ………………………………………………………………………256
　　　（1）コントラスト強調 ……………………………………………………256
　　　（2）空間たたみ込みフィルタリング ……………………………………259
　17.4　植生指数 ………………………………………………………………………261
　17.5　タッセルドキャップ変換 ……………………………………………………264

第18章 リモートセンシングⅡ：土地被覆のモニタリングとGIS/RSの統合……267
18.1 リモートセンシングデータによる土地被覆分類……267
（1）土地被覆の分類項目……267
（2）教師エリアの選定とシグネチャーの取得……268
（3）特徴選択……271
（4）教師つき分類アルゴリズム……275
18.2 土地被覆変化のモニタリング……276
（1）変化検出に影響するリモートセンサーシステム……276
（2）変化検出に影響する環境条件……277
（3）分類後の比較による変化検出法……279
（4）住宅地開発による土地被覆変化の検出……280
18.3 GISとリモートセンシングの統合……281
（1）GISとRSの統合研究……282
（2）水生植物の環境制約条件と論理モデル式……283

第19章 海上における石油流出のモニタリング……288
19.1 衛星画像を用いた石油流出の自動検出法……288
（1）海上における油膜検出の難しさ……288
（2）石油流出の自動検出法……289
（3）検出成果……289
（4）モデルに基づく画像分析……292
19.2 海洋石油流出分析システム……293
（1）フロリダ海洋石油流出分析システム……293
（2）石油流出事故に対する迅速な対応……294
（3）GISコミュニティーの支援……296
19.3 わが国における流出油の漂流予測と植生被害推定に関する研究……296
（1）流出油の拡散・漂流予測モデル……296
（2）漂流油が海岸域の植生に及ぼした被害の推定方法……297

第20章 GISによる地形分析……299
20.1 標高データと地形表現……299
（1）等高線……299
（2）DEM……300
（3）TIN……301
20.2 地形分析……301

（1）　地形特徴の抽出 …………………………………301
　　（2）　勾　配 ………………………………………………302
　　（3）　斜面方位 ……………………………………………304
　　（4）　地形の凹凸 …………………………………………304
　　（5）　照準線地図 …………………………………………305
　　（6）　光　輝 ………………………………………………306
　20.3　DEMによる地表面流水モデリング …………………307
　　（1）　グリッドセルを用いた流路決定 …………………308
　　（2）　流域設定 ……………………………………………310

第21章　情報ネットワークとGIS ……………………………312
　21.1　デジタルな空間データの特徴 …………………………312
　21.2　空間データサーバーによる提供 ………………………313
　21.3　空間データのクリアリングハウス ……………………314
　21.4　Web地図作成システム …………………………………316
　　（1）　Web地図作成ソフトウエア ………………………316
　　（2）　Web地図作成システムの構築例 …………………317
　21.5　Web統計地図の作成に向けて …………………………318
　　（1）　Web統計地図の整備 ………………………………318
　　（2）　統計地図とクラス分け ……………………………318
　　（3）　Web統計地図作成システムの構築 ………………319

第22章　GIS教育 ………………………………………………322
　22.1　GISによる地理学の統合 ………………………………322
　22.2　GISyからGIStへ ………………………………………322
　22.3　GIS教育 …………………………………………………324
　　（1）　GIS教育の爆発的拡大 ……………………………324
　　（2）　GISの教育方法 ……………………………………325
　　（3）　地理情報産業に対する教育：資格認定に向けて …328

Ⅲ．空間データ，空間データモデル，空間データベース

第23章　空間データの標準化 …………………………………332
　23.1　空間事象 …………………………………………………332

（1）　空間事象とは ………………………………………………332
　　　（2）　空間事象の種類と定義 ……………………………………334
　23.2　空間オブジェクト ………………………………………………335
　　　（1）　デジタル地図データ標準委員会による定義 ……………335
　　　（2）　空間データ交換標準による定義 …………………………337
　　　（3）　空間オブジェクトの種類 …………………………………338
　23.3　空間メタデータの標準化 ………………………………………340
　　　（1）　FGDCによるデジタル空間メタデータの標準 …………340
　　　（2）　基本的な空間メタデータ …………………………………342

第24章　空間データモデルとファイル構造 ……………………………348
　24.1　空間データモデルの特徴 ………………………………………348
　24.2　ベクトルデータモデルの種類 …………………………………349
　　　（1）　パス位相モデル ……………………………………………349
　　　（2）　グラフ位相モデル …………………………………………354
　24.3　空間データに対するファイル構造とアクセス法 ……………357
　　　（1）　データ構造とファイル構造 ………………………………357
　　　（2）　線形リスト …………………………………………………358
　　　（3）　アクセス法 …………………………………………………359

第25章　実体関連モデルと関係データベースの設計 …………………363
　25.1　実体関連モデル …………………………………………………363
　　　（1）　実体と属性 …………………………………………………363
　　　（2）　実体関連モデル ……………………………………………364
　25.2　関係データベースの設計 ………………………………………366
　25.3　拡張実体関連モデル ……………………………………………368
　25.4　拡張実体関連モデルによる空間データベースの表現 ………369

第26章　GISに対するオブジェクト指向アプローチ …………………373
　26.1　オブジェクト指向アプローチの特徴 …………………………373
　26.2　オブジェクト指向アプローチの基本的概念 …………………374
　　　（1）　オブジェクト識別子 ………………………………………376
　　　（2）　カプセル化 …………………………………………………376
　　　（3）　継　承 ………………………………………………………377
　　　（4）　合　成 ………………………………………………………377

（5）多形態 ……………………………………………378
　26.3　オブジェクト指向モデリング ……………………378
　26.4　地理データの特徴とオブジェクト指向データベース ……380
　　（1）入れ子型データ ……………………………………381
　　（2）地理データ間の空間関係 …………………………382

第27章　空間データの構造と検索 ……………………385
　27.1　ファイル編成とアクセス法 …………………………385
　　（1）順序なしファイル …………………………………385
　　（2）順序つきファイル …………………………………386
　　（3）ハッシュファイル …………………………………386
　27.2　空間データの構造と検索 ……………………………387
　　（1）空間データの検索 …………………………………387
　　（2）空間充填曲線 ………………………………………390
　27.3　ラスターのデータ構造 ………………………………392
　　（1）ラスターデータの圧縮法 …………………………392
　　（2）地域四分木 …………………………………………393
　27.4　点のデータ構造 ………………………………………395
　　（1）格子ファイル構造 …………………………………395
　　（2）点四分木 ……………………………………………396
　27.5　ポリゴンに対する検索 ………………………………397
　　（1）最小外接長方形 ……………………………………397
　　（2）R木とR$^+$木 ………………………………………398

第28章　時間とGIS …………………………………………401
　28.1　GISにおける時間的成分 ……………………………401
　　（1）時間の種類 …………………………………………401
　　（2）時間情報システムの種類 …………………………402
　　（3）GISにおける時間的成分 …………………………403
　28.2　時空間システムのさまざまな事例 …………………404
　　（1）道路計画の事例 ……………………………………404
　　（2）行政地域の事例 ……………………………………405
　　（3）土地情報システムの事例 …………………………406
　28.3　時間GISにおける時間表現とデータアクセス法 …407
　　（1）地図時間 ……………………………………………407

（2）　地図時間の表現法 …………………………………………408
　28.4　時空間データへのアクセス法 ………………………………411

第29章　空間データの品質 …………………………………………415
　29.1　空間データの履歴 ………………………………………………415
　　（1）　データ出典 ……………………………………………………415
　　（2）　取得・コンパイル・導出 …………………………………416
　　（3）　データの形式変換 …………………………………………416
　　（4）　データの数理変換 …………………………………………416
　　（5）　履歴情報の例 ………………………………………………417
　29.2　空間データの位置正確度 ……………………………………417
　　（1）　位置正確度の測定 …………………………………………418
　　（2）　位置誤差の構成要素 ………………………………………419
　　（3）　地図のデジタル化に伴う位置誤差 ………………………421
　29.3　空間データの属性正確度 ……………………………………422
　29.4　空間データの完全性 …………………………………………423
　29.5　空間データの論理的無矛盾性 ………………………………424
　　（1）　論理的矛盾性の種類 ………………………………………425
　　（2）　無矛盾性の検定法 …………………………………………425

第30章　TIGERファイルの基本構造 ………………………………429
　30.1　TIGERデータベース …………………………………………430
　30.2　TIGERファイルの基本構造 …………………………………431
　　（1）　0-セルに対するファイル構造 ……………………………433
　　（2）　2-セルに対するファイル構造 ……………………………434
　　（3）　1-セルに対するファイル構造 ……………………………436
　30.3　TIGERデータベースの構造 …………………………………437

資料1　アメリカ合衆国空間データ交換標準（SDTS）による実体タイプの一覧 …443
資料2　アメリカ合衆国連邦地理データ委員会（FGDC）によるデジタル地理空
　　　　間メタデータに対する内容標準：1994年6月Version 1.0（FGDC, 1995）…445

参考文献 …………………………………………………………………451
索　　引 …………………………………………………………………471
資料編広告 ………………………………………………………………483

や航空機を用いた飛行調査，インタビューや文書の転記などの社会‒経済調査を通じて行われる．

これらの調査では，さまざまな調査技術が用いられる場合がある．現地調査では，モバイルコンピュータを持参することで，直接デジタル形式で情報を記録する．また，時間の経過に伴い変化する事象を刻々と記録するデータロガー（data logger）なども現地に持ち込まれる．事象の位置測定には GPS（地球測位システム）が利用でき，その経緯度が取得される．現地においてデジタルカメラで撮影された写真は，モバイルコンピュータに携帯電話をつないで研究室のサーバーにただちに電送することもできる．

GIS で利用される衛星画像の多くは地上解像度が 10～80 m であり，植生や水文などの環境調査には利用できるが，地形図作成（topographic mapping）の分野では，縮尺 5 万分の 1 より小縮尺の地形図にしか利用できない．500 分の 1 や 1,000 分の 1 の大縮尺の地図の作成や更新には，空中写真が利用されてきたが，最近では超高解像度衛星画像（地上解像度 3～4 m）を用いることも試みられている．

空間データの大きなデータ源として，アナログ形式の（紙の）地図がある．この地図に記載されている情報を GIS に取り込むためには，2 次的データ取得が行われる．これはデジタル化（digitising）の作業であり，手動（マニュアル）か自動のいずれかで実行される．手動のデジタル化では，オペレーターがデジタイザーに地図を貼り，地図上の事象の形状をカーソルでトレースするとともに，事象の特性に関する属性データを入力する．自動によるデジタル化では，ラスタースキャナーデジタイザーが利用される．ラスタースキャナーからのデータの出力は，2 次元配列のピクセル（画素）値なので，地図上で点，線，ポリゴン，文字のいずれであるかを識別するため，ベクトル形式に変換する必要がある．このベクトル化（vectorising）は，ディスプレイ上にラスター地図を表示し対話的に実行できる．このようなオンスクリーンデジタル化（on‒screen digitising）では，線分を自動的に識別するためパターン認識ソフトウエアで支援することが行われ，また，文字の自動認識機能などを利用する場合もある．

別のシステムでデジタル化されたデータを GIS に入力するためには，利用している GIS がもっている入力形式（import format）に合わせる必要がある．空間データの交換（transfer）に対しては，Arc/Info の出力形式（export format）e00（拡張子を表す）のほかに，MapInfo の互換ファイル MIF，Intergraph の MGE，AutoCAD の出力形式 DXF のような業界標準（デファクトスタンダード）が存在する．さらに GIS は，TIFF や GIF の形式で保存されているスキャナーで撮られた写真も入力することができる．

1.2 空間データの処理

第2段階のデータ処理（data processing）は，空間的探索や分析に直接取り扱えるように原データを変換する予備的なデータ処理（前処理）に相当する．GISでは，空間に対しさまざまな抽象化の水準に応じて概念モデルが構築されてきた．そして，それらの概念モデルに従って，さまざまな形式の空間データが作成されている．コンピュータのデータ表現に近い低水準の抽象化では，ベクトルとラスターの空間モデルが知られており，それぞれベクトルデータとラスターデータが作成される．多少抽象化の水準の高いモデルとしては，フィールドに基づく（field-based）空間モデル，オブジェクトに基づく（object-based）空間モデル，あるいは，ネットワークに基づく空間モデルがあげられる．これら三つのモデルからは，それぞれレイヤー（カバレッジ），オブジェクトデータ，ネットワークデータが作成される．

GISの利用者は，このようにさまざまな形式の空間データをGIS上で同時に利用できることを望んでいる．これはデータの統合（data integration）といわれ，GISの重要な機能の一つとなっている．そこで，データの統合ができるようにするため，データの構造やサンプルの枠組みを変換させることが必要になる．これらの変換には，位相的に構造化されたベクトルデータの構築やラスターデータの作成のみならず，これらの二つのデータ表現間の変換，分類やサンプリングの枠組みの変更，データの簡略化や総描，そしてさまざまな座標系や地図投影法間の変換などを含んでいる．

このような処理は，空間分析に対する空間データの前処理として位置づけられる（Jones, 1997, 41-45）．最も基本的な空間データ処理としては，ベクトルデータの位相構造化（topological structuring）があげられる．図1.2(a)に示すように，地域の境界をデジタル化しただけでは，それらを閉じた個別のポリゴンとして見なすことはできない．位相構造化を実行することによって，線分の交点には節点（ノード）を生成させ，ラベル点にはポリゴンの識別番号をつけることができる．これによって初めて，地域は，彩色表示できるような状態になる．同様に，道路を線分としてデジタル化しただけでは，ネットワークとして見なすことはできない．位相構造化を実行することにより線分間には節点が生成され，相互が連結した道路ネットワークになり，ネットワーク分析が可能となる．ポリゴンカバレッジやラインカバレッジを地図として単に表示しただけでは，それらが位相構造化されたものであるかどうかは判別できない．判別するには，節点を表示したり，各カバレッジのデータ構造をみたりする必要がある．

空間データの統合でもう一つの重要な問題としては，さまざまな出典から集められた地図の間では地図の投影法（map projection）が異なり，さまざまな座標系（coordinate system）が用いられていることがある．したがって，各種の地図データ

第1章 GISの機能性

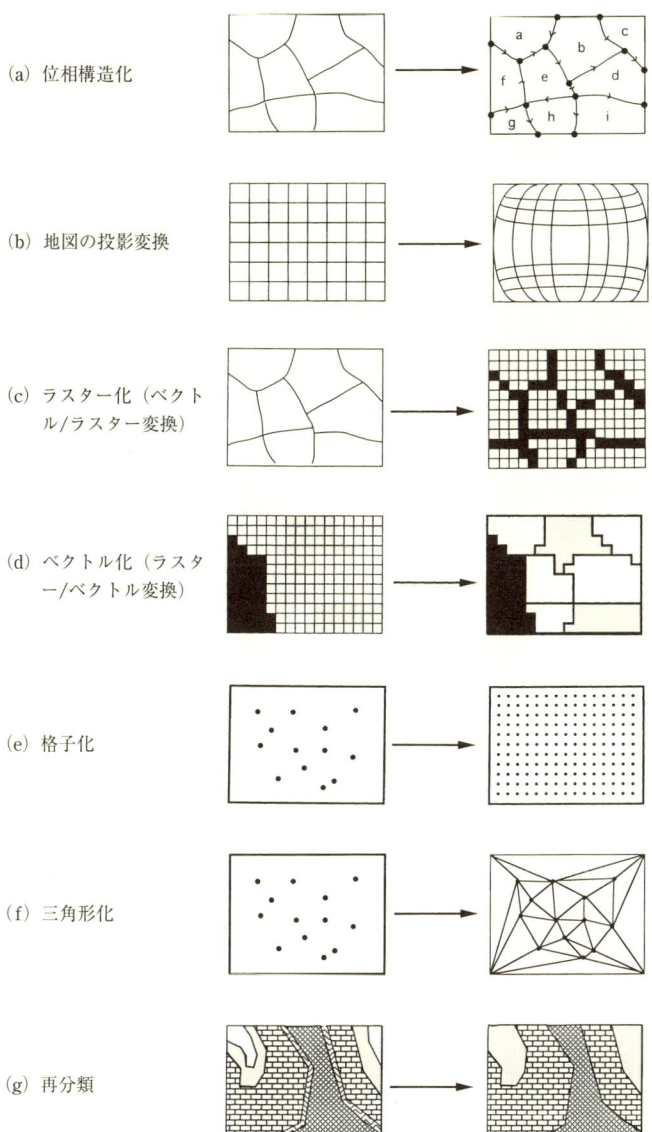

図 1.2 空間データ処理 (Jones, 1997)

を重ね合わせて利用できるようにするには，共通の座標系へと変換する必要がある（図 1.2(b)）．

さらに，ラスターデータとベクトルデータとの間の変換もよく利用される．ラスターデータは，テレビの画面や衛星画像のように画素（ピクセル）形式で1列に並べられたデータ構造をとるので，データの蓄積に対し操作が容易である．ベクトルデータからラスターデータへの変換（vector to raster transformation）は，図 1.2(c) に示されており，ラスター化（rasterisation）と呼ばれている．この変換は，元来はコンピュータのグラフィックシステムの利用のために開発されたもので，コンピュータのディスプレイ技術の中核をなし，コンピュータ地図においても利用されている．ラスター化は，線や域のオブジェクトを水平と垂直に切り刻み，セルへと細分化する過程である．

これに対し，ベクトルデータは，河川や道路，地域の境界などの離散的オブジェクト（discrete object）をより現実に近い姿で記憶できる．ラスターデータからベクトルデータへの変換（raster to vector transformation）は，図 1.2(d) に示されており，ベクトル化（vectorisation）と呼ばれている．ベクトル化は，逆に同じような特徴をもった画素を集める過程である．この操作は，以前から自動走査（automated scanning）において利用されてきたが，より一般的にみると，スキャナーで取得された写真や衛星画像のようなラスターデータから，パターン認識する作業に相当する．

標高や気温のように現象が連続して生起する場合，曲面のような連続的オブジェクト（continuous object）として再現する必要がある．データは空間的に限定された地点でしか取得できない場合が多いので，そのデータは不規則（ランダム）な点データになってしまう．不規則データから曲面を再現することは難しいので，まず格子データのような規則データへ変換する．この不規則データから規則データへの変換は，図 1.2(e) に示されており，格子化（gridding）と呼ばれている．この変換は再サンプリング（re-sampling）の一種で，周囲の未知の地点の統計量を既知のサンプル地点の数値の関数とする補間技法（interpolation technique）を利用している．不規則データをそのまま使って曲面を再現する方法としては，TIN（triangulated irregular network：三角形不規則網）が知られている．TIN を構成するには，図 1.2(f) に示されるように三角形化（triangulation）の処理が行われる（高阪，1994）．

最後に，さまざまなデータ源からのデータを比較して利用するとき，データの分類基準が異なるような場合が起こるであろう．ある地図では現象を詳細に分類しており，他の地図では粗い分類を用いているとしよう．そのような地図を比べるには，図 1.2(g) に示されるように分類のクラスをまとめるというような再分類（reclassification）が行われる．これは，再コード化（re-coding）の一種である．

1.3 空間データの蓄積と検索

データの蓄積（data storage）の機能は，空間データベースの構築と関係する．たとえば，ベクトル空間データベースは，図1.3にみられるように，空間データと属性データの二つの成分から成り立っている．空間データは，ポリゴンを構成する線分とそれらの位置を示す座標列で表現される．属性データは，ポリゴンの属性を記録しており，通常は表（ファイル）形式で蓄積されている．空間データと非空間データの間は，一意的な識別子（ID）で関係づけられている．

データベースを構築するためには，ベクトルモデルやラスターモデルといった低いレベルの抽象化に基づく概念データモデルではなく，ファイル，レコード，索引などデータベースに固有な概念を組織立てる論理データモデルを利用することになる．論理データモデルの例としては，関係（リレーショナル）モデルやオブジェクト指向モデルなどがある．Arc/Infoのような広く利用されているGISでは，属性データは関係

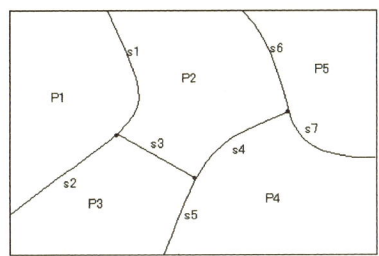

空間データ

ポリゴンID	線分ID
P1	s1, s2
P2	s1, s3, s4, s6
P3	s2, s3, s5
P4	s5, s4, s7
P5	s6, s7

線分ID	線分座標
s1	(x1, y1) (x2, y2) (x3, y3) …
s2	(x7, y7) (x8, y8) …
s3	(x11, y11) (x12, y12) …
⋮	⋮

属性データ

ポリゴンID	土地区画番号	所有者	取得年
P1	862	山田	1989
P2	456	大島	1967
P3	238	石井	1987
P4	590	矢島	1998
P5	148	田中	1991

図1.3　ベクトル型の空間データベース

モデルに記憶され，空間データは独自のモデルに保存される．最近注目を集めているのは，オブジェクト指向データモデルであり，空間情報をオブジェクトを基礎としてみることにより，より現実的なモデル化が可能になるとともに，空間データと属性データを単一のデータベースに蓄積できる．

空間データベースを構築することで，地図の描画や彩色表示などを自動化することができるようになるとともに，データ検索（data retrieval）が可能になる．これは，地名やクラスなど特定の属性に合うデータを選ぶ作業であり，標準的な関係データベースの機能が利用できる．たとえば，「人口が5,000人以上の地区をあげよ」というような問い合わせを行うことができる．空間データベースが他のデータベースと異なる特徴は，「ある地点を中心に1 km圏内の」というように位置や空間関係の側面からデータを検索できる点にある．この空間検索は，次の空間探索とかかわってくるので次節で取り上げる．

1.4 空間データの探索・操作・分析

GISへの空間データの取得と蓄積は，問題を解決するために空間データを利用したり，特定の問題に関連した空間決定を行うことを最終的に目指している．そのため，GISを導入し利用することは，ある特定分野に応用できる特殊な探索や数理モデルを使うことにつながる．

表1.1は，多くのGISにみられる空間データに対する探索・操作・分析の機能をまとめたものである．一般に，探索（search）機能とは，オブジェクトの分類や属性情報に基づき，特定のオブジェクトやオブジェクト群を空間データやデータベースから探し出す働きである．検索は元来文字や数字などの属性による問い合わせであるのに対し，探索は空間的な問い合わせの意味をもつ場合が多い（検索と探索を合わせ，質問（query）機能と呼ぶ）．また，操作（manipulation）機能とは，一つ以上の空間データセットをサンプリング（あるいはリサンプリング）し，既存の実体の部分集合や新たな空間実体を作成する働きをもつ．近隣分析では利用者が設定した地域に基づきデータの部分集合を取り出し，重ね合わせ操作では二つの空間データセットの属性が

表1.1 GISにおける空間データの探索・操作・分析

探索	内容探索
操作	近隣分析（バッファ生成，隣接分析，ティーセンポリゴン） 重ね合わせ操作
分析	相関・関連・パターン・傾向 空間補間・曲面モデリング 経路分析 空間的相互作用モデル

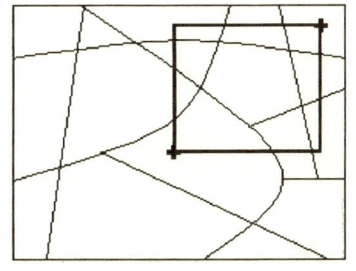 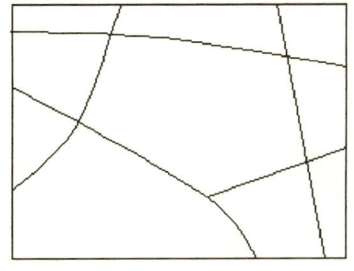

図1.4　ウインドウによる内容探索

合成され，1組の新たな空間オブジェクトを確立する．

それに対し分析機能とは，データを解釈するための定量的手法，特に，統計手法を意味している．多くのGISは，いくつかの基本的分析機能を備えている．一般的な分析としては，相関，関連，パターン，傾向などの統計手法と，空間補間，経路分析，空間的相互作用モデルなどの空間分析があげられる．

以下では，多くのGISがもつ空間データの基本的な探索・操作・分析機能を順番に略述する．これらの中でいくつかの分析機能は，第2章でさらに詳細に考察される．

（1）地域の内容探索

最も単純な探索は内容探索（containment search）であり，与えられた地域内の内容（事象）を探るときに用いられる．マウスを使ってモニター上で左下と右上を指定し，矩形の窓（ウインドウ）をつくることで地域が設定される（図1.4）．そして，モニター上にこの地域範囲のみが拡大され表示される．このような探索は，行政境界のような任意の地域形状に対しても実行できる．

地域の内容探索は地域境界に基づく探索であり，SQLのような関係データベースの質問言語では実行できない．

（2）近隣分析

近隣分析（proximal analysis）とは，既存の現象に対する近隣性（proximity）の側面から新たに地域を設定する操作である．この地域は，対象となるオブジェクトから一定距離内の圏域（ゾーン）であり，バッファ（緩衝圏）と呼ばれる．対象となるオブジェクトが点，線，ポリゴンかによって，図1.5のように点，線，ポリゴンのバッファが生成される．バッファの生成によって，最終的にはバッファ内の内容探索が行われ，近隣の状況が分析される．点バッファは，施設（たとえば，ゴミ処理場や原子力発電所）を中心とした1 km圏内における住民数を算出するときに用いられる．同様に線バッファは，道路を中心とした500 m圏内の家屋数，樹木量などの算出で利用される．さらに，ある地点を中心に1 km圏内で，かつ面積が1,000 m²以上の土地を探せというように，空間探索と属性検索を組み合わせることもできる．

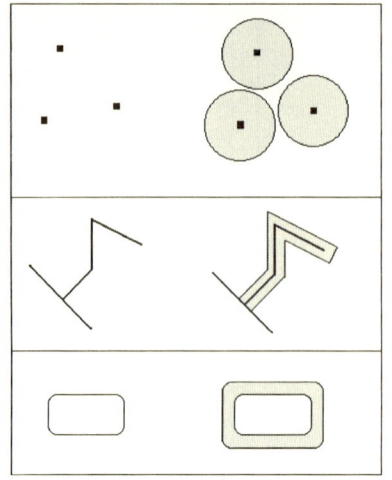

図1.5 点，線，ポリゴンに対するバッファ生成

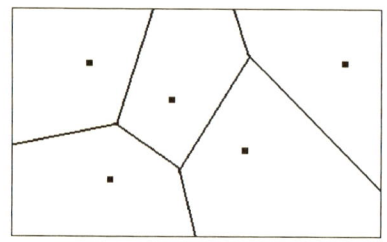

図1.6 ティーセンポリゴンの生成

　第2の近隣分析は，特定のオブジェクトに対する空間関係を探るものである．たとえば，ある線分やポリゴンに隣接したポリゴンを探索するのである．具体的には，ある道路に面した土地区画や開発地区に隣接した土地区画を探すのに利用される．これは隣接分析（adjacency analysis）とも呼ばれ，地図要素の空間関係（連結性や隣接性）から近隣の状況が分析される．

　第3の分析は，不規則に分布する地点の近隣地域を設定するときに用いられる．このような地域はティーセンポリゴン（Thiessen polygon）と呼ばれ，図1.6に示されるように隣接する2地点間を結んだ直線に対し垂直二等分線を引くことで画定される．各地点を中心としたティーセンポリゴンは，その地点に最も近い領域に相当する．なお，ティーセンポリゴンで構成された地図を，ボロノイ図（Voronoi diagram）という．この応用例としては，小売店の分布に対する商圏の設定があげられる．各商圏（ティーセンポリゴン）内の人口数が算出されるならば，小売店の顧客数も予測できる．

（3） 重ね合わせ操作

GISでは重ね合わせとして，画像の重ね合わせ（graphic overlay）と地図の重ね合わせ（cartographic overlay）がある．画像の重ね合わせは，モニター上に二つ以上のレイヤーを重ね合わせて表示し，主題図を作成することを意味する．地図の重ね合わせは，二つのレイヤーを重ね合わせ，ポリゴンの交差にかかわる1組のオペレーターを用いて，二つのレイヤー内の地図要素や属性を一つのレイヤーにまとめる働きをもつ．ここで取り上げるのは地図の重ね合わせであり，二つのレイヤーのうち下に置かれるレイヤーを重ね合わせレイヤー，上から重ねる方を入力レイヤー，重ね合わせによって作成されたレイヤーを出力レイヤーと呼ぶ（図1.7）．重ね合わせ操作（overlay operation）には，intersect, identity, union, update, clip, eraseがある．これらのコマンドを使う場合，入力レイヤーはコマンドによって利用できるレイヤーの形式が異なるが，重ね合わせレイヤーはいずれもポリゴンレイヤーをとる必要がある．

intersectコマンドでは，入力レイヤーとしてはポリゴン，ライン，ポイントのいずれのレイヤーを用いることができる．出力レイヤーの範囲は，入力と重ね合わせの二つのレイヤーの論理積の部分（相互に重なった部分）となる（図1.7）．出力レイヤーの属性は，二つのレイヤーの属性をもつ．ユーザーIDは，変更される．identityコマンドは，出力レイヤーの範囲が入力レイヤーであることを除いて，intersectコマンドと同じである．

unionコマンドでは，入力レイヤーはポリゴンしか利用できない．出力レイヤーの範囲は，入力と重ね合わせの二つのレイヤーの論理和の部分（二つを合わせた部分）となる．出力レイヤーの属性は，二つのレイヤーの属性をもち，ユーザーIDは変更される．updateコマンドも，入力レイヤーはポリゴンしか利用できない．出力レイヤーの範囲は，二つのレイヤーの論理積の部分となる．出力レイヤーの属性は，入力

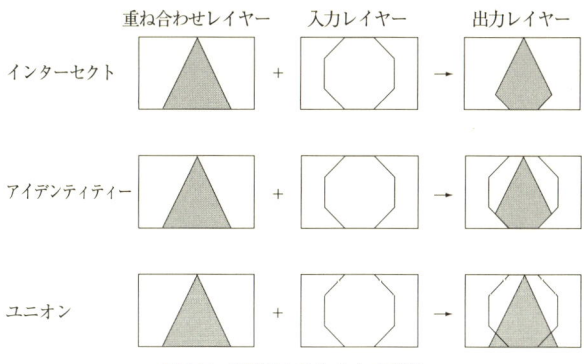

図1.7　3種類の重ね合わせ操作

レイヤーの属性をもち，ユーザーIDは変更される．

clipコマンドでは，入力レイヤーはポリゴン，ライン，ポイントのいずれのレイヤーを用いることができる．出力レイヤーの範囲は，二つのレイヤーの論理積の部分となる．出力レイヤーの属性は，入力レイヤーの属性をもち，ユーザーIDは変更されない．詳細は，GISのマニュアルを参照されたい（パスコ・システム技術事業部，1992）．

（4） 相関，関連，パターン，傾向

以上がGISのもつ探索と操作の機能であるのに対し，以下に紹介するのは空間分析の機能である．まず，統計分析の機能から始める．GISは，空間的脈絡の中で情報を統合できるので，事象間の因果関係を究明するとき大いに役に立つ．この原因を探るという目的の応用分野としては，疾病学や環境研究があげられる．疾病学では，健康状態の悪化や特定の病気の発生がどのような環境因子と関連しているかを見出すため，GISを利用する．GISソフトウエアの中には，相関，回帰分析などの基本統計ツールを保有していないものもあるので，統計専門のソフトウエアパッケージと組み合わせて（本章6節参照），環境因子間の相関などが算出される．そのほか，地域的な分布のパターンをみるにはクラスター分析，時間的傾向（トレンド）を探るには時系列分析が利用される．

（5） 空間補間と曲面モデリング

データが野外での標本（サンプリング）調査を通じて取得されたとき，空間補間（spatial interpolation）を行う必要がある．標本地点は不規則に分布しているので，規則的な格子点へとデータを補間するのである．その場合，格子点の近隣にある標本点の値の加重平均が用いられる．このような方法は，地球統計技法（geostatistical technique）と呼ばれ，標本値間の相関を距離の関数として事前に分析することで，適切な加重値が計算される．

空間補間のもう一つの方法は，標本点を三角形で結ぶ三角形化（本章2節を参照）に基づいている．データがない地点の値は，三角形の中で線形補間をすることで，あるいは，スプラインのような連続した数学的な曲面を適合させることによって推定される．このような曲面モデリングは，地形や地層の立体表示に応用できる．しかしながら，曲面モデリングは必ずしも連続した滑らかな曲面を記述するだけでは不十分で，地形のモデリングでは尾根や谷を，地層のモデリングでは断層を不連続なものとして組み込むことができなければならない．

（6） 経路分析

経路分析（path analysis, routing）は，2地点間の最短経路（shortest path）を探索する問題を一般に取り扱う．道路や河川のような1組の経路は，ネットワークデータモデルを利用して構築される．ネットワーク上での節点間の移動に対する抵抗は，通

常はその間の線分の長さ（道路距離）で測定されるが，通過時間や乗車料金なども利用できる．時間の場合は最短時間経路が，料金の場合は最小費用経路（least‐cost path）が見出される．道路の条件としてはそのほかに，最高速度，渋滞状況，道路の舗装状態なども考慮されることがある．このようにしてさまざまな条件下で求められた2地点間を移動するのに最適な経路は，最適経路（optimal route）といわれるであろう．

経路分析は，ラスターデータモデルを使って格子セル間の移動で表現することもできる．ラスターで表現された地形面上を横断するような場合であり，移動抵抗は土地利用や湿地のような移動障害，さらには標高差などが考慮されるであろう．

（7） 空間的相互作用モデル

GISは，スーパーマーケットのような小売施設や消防署のようなサービス施設の最適立地（optimal location）を探索する目的でも利用されている．最適化の定義は，応用される対象によって異なるが，人や車の流れに注目して分析される．商店立地の場合には，住宅地として表される需要地区からの顧客流が最大に集まるような地点を探索する．消防署の場合には，道路ネットワーク上ですべての地点に一定の時間内に到着可能なように消防署を立地させるとともに，各消防署の管轄区域も設定される．このようなサービス区域の設定は，一般に地区設定（districting）と呼ばれ，サービス施設の立地と各施設への住民の配分とにかかわることから，立地‐配分モデル（location‐allocation model）が構築されている（Maranzana, 1964）．

1組の需要地区に対する相対的吸引力を推定するためには，引力モデル（gravity model）が応用できる．このモデルでは，吸引力が距離や交通費の増加とともに逓減する関数を利用する．このような立地問題や立地‐配分問題に対しすべての因子やあらゆる組み合わせの可能性を考慮することは，非常に時間のかかることとなる．そこで，コンピュータを利用しながら対話的に専門家の判断を導入することで，満足のいく解を得ることが行われる．

1.5 空間データの表示と画像上での対話

探索や分析にかかわる空間データは，地図の形式で表されるとともに，探索結果や分析結果も地図で表示されることが最も効果的である．したがって，GISにはある種の地図作成機能をもつことが期待される．これらの機能には，点，線，ポリゴンの色，種類，パターンを指定できるような標準的地図描画ソフトウエアで見出される機能を含んでいる．さらに，地図の注記や凡例に用いる文字に対しては，さまざまなフォント，文字の大きさ，傾きなどを選ぶことができる．

そのほかGISでは，空間データをさまざまな視覚化技術（visualisation technique）で表現できる．近年再び注目を集めているのは，カルトグラム（cartogram）の利用

である.人口や所得のような地図上に示される変数は,その大きさに応じて円や正方形の面積が変わるように,あるいは,棒や円柱の高さが変わるように表現される.また,空間データの曖昧性や不確実性を表現するためには,色の密度や色調を変えたり,境界線という高い精度を要求する線引きではなく,ファジーの概念を導入したりする.また,地図における時間的変化の表現は,地図アニメーションの技術が用いられる(詳細は第7章を参照).

　GISの重要な機能の一つとして,地形の立体モデルのように地図を3次元表示することがあげられる.みる場所や俯角の角度を変えることで,視覚化を高めることができる.さらに,気象学では大気循環,地質学では地層の配置,海洋学では海流の循環のように3次元での現象の分布を地図化するため,3次元視覚化(three-dimensional visualisation)の技術が開発されている.

　もう一つの基本的なGISの表示機能として,コンピュータのモニター上でマウスによりある地図オブジェクトを選ぶと,それに関する属性情報や空間探索結果をモニター上に返す働きがある.この機能は,地図上でさまざまな空間決定を行うときに,対話的に決定過程を進めることができるので役立つ.

　最後に,今後GISに組み込まれるであろう機能を一つ紹介する.それは地図の自動作成(automated cartography)の機能であり,さまざまな知識ベース技術と組み合わせて今日研究が進められている(それぞれ第9章と第8章を参照).地図上への地名の自動配置(automated positioning of text)は,かなり研究が進んでいる分野である.地名が読みやすく,ほかのものと重ならず,注記する事象との位置関係がうまく保たれていなければならない.地図の自動作成技術のもう一つの分野は,地図自動総描(automated map generalisation)である.地図の表示縮尺を変更した場合,GISに組み込まれた知識ベースに基づき自動的に,線や地域のオブジェクトは簡略化され,あるいは取捨選択され,記号は重ならないよう転位される.その結果,縮尺に応じてうまく表現された地図が自動的に作成されることになる.

1.6　GISと空間分析ソフトウエアの統合

　以上,GISの基本的分析機能を紹介した.しかし,GISを特定分野に応用しようとしたとき,必ずしもこのような分析機能だけでは十分ではなく,特殊な空間統計学(spatial statistics)や数理モデルを組み合わせて利用する場合が多い.その上,GISの多くの利用者は,このような高度の分析手法を取り扱う技能をもっていない.この傾向はGISの利用者が多くなるほど強くなり,データに内在する問題を十分に理解しておらず,さらに,取り扱っている問題に対しどの分析が適切であるか,あるいは,統計分析から得られた結果をいかに解釈すればよいのかについての理解も乏しい.したがって,既存のGISの中で,本当の意味で分析機能を有しているものは残念なが

ら非常に少ないのが現状である．

　GIS に空間分析機能を組み込む一つの試みとして，GIS と空間分析ソフトウエア (spatial analysis software：SAS) を組み合わせて利用することが最近行われている．この方法は GISSAS と呼ばれ，統合 (integrated) システムと混成 (hybrid) システムの二つに分けられる (Maguire, 1995)．統合システムでは GIS と SAS はできる限り連続した (シームレスな) 処理で結ばれているのに対し，混成システムでは不連続な状態にある．

　統合システムは，GIS と SAS のいずれが中心かによってさらに分けられる．通常は GIS が中心であり，GIS に空間分析機能が組み込まれる．典型的なシステムは，Arc/Info 上で AML (ARC Macro Language) で書いた空間分析プログラムを実行することで行われる．この種のプログラムとしては，探索データ分析 (exploratory data analysis) の EXPLORE (Majure and Cressie, 1993)，統計分析モジュール SAM (Ding and Fotheringham, 1992)，誤り処理 (error-handling) 機能 (Carver, 1991)，固体ゴミのフローモデル (Massie, 1993) などが開発された．SAM は C 言語で書かれており，AML から呼び出される．ゴミのフローモデルは，AML と SAS (この場合は，SAS コーポレーションの統計分析システム) でコード化されている．GISSAS の汎用的なプロトタイプとしては，SpaAM があげられる (Jefferis, 1993)．このシステムは，一般統計分析，探索データ分析，グラフ作図，面モデリングなどの機能を含み，Arc/Info 上で実行できる．

　統合システムで SAS が中心の場合，GIS のオブジェクトコードが SAS 側にリンクされる．これは，ERDAS 社が ESRI 社の Arc/Info ベクトルデータモデルと処理ルーチンを，自社の IMAGINE のソフトウエアに埋め込んだ方式に似ている．この事例としては，S-PLUS (StatSci コーポレーション) に空間分析機能を付け加える試みがある (Rowlingson and Diggle, 1993)．

　混成 GISSAS は，GIS と SAS の両成分が緊密 (クローズ) な形で，あるいは，緩い (ルーズな) 形で組み合わされている．緊密な組み合わせの例としては，Arc/Info と S-PLUS がある．S-PLUS は，点，アーク，ポリゴンの各データセット，Info データファイル，そして GRID を双方間で変換するための対話型のコマンドを Arc/Info に提供している．Arc/Info 側では，S-PLUS のコマンドを利用できる環境を用意している．同様の組み合わせは，Arc/Info と SAS (SAS コーポレーションの統計分析システム) との間にもあり，SASLink を通じて Arc/Info の利用者には SAS データファイルを作成・更新するための対話型のインターフェースが提供されている．もう一つの緊密な組み合わせの例として，海上での石油や化学物質の流出をシミュレーションする数値モデリングパッケージ SAW がある (Nielsen et al., 1993)．SAW は，Arc/Info の環境内で提供される情報 (対象地域や流出物質の位置など) を用いて，Arc/Info のイ

ンターフェースから実行される．そしてSAWは，表示ウインドウを引き継ぎ，流出物質の空間拡散のシミュレーションを実行する．その結果は，Arc/Infoカバレッジへと変換され，さらにさまざまな処理や表示が行われる．

　GISとSASの両成分が緩い形で組み合わされている混成システムの例としては，ArcCADとISGW（表流水-地下水統合）モデルとの組み合わせがある（Davis and Schwarz, 1993）．ArcCADからのデータはASCII形式で出力され，FORTRANプログラムでそのデータを処理した後，ISGWモデルへと入力される．Arc/InfoとUNIRAS（探索データ分析）との間のリンクも開発されている（Rowlingson *et al.*, 1991）．これは，Arc/InfoとUNIRASとがInfoファイルを共有できる1組のFORTRANプログラムである．

第2章　GISと新しい空間分析

2.1　空間分析の再生

　さまざまな情報システムの中でGISがもつ特異な機能として，GISが空間分析を行うことができるという点があげられる．それでは空間分析とは，どのような分析であろうか．空間分析は，1960年代後半から1970年代前半にかけて地理学の中で起こった計量革命のときに注目された方法であり，研究対象の属性とその位置情報の双方を考慮した分析法である（Goodchild, 1988, 331-333）．統計学者は，この分析法を空間統計学（spatial statistics）と呼んでいる．また，空間分析よりも空間データ分析と呼んだ方が適切であるという意見もある（Goodchild *et al*., 1992）．

　しかしながら，1980年代を通じてのマルクス主義や人文主義の地理学の勃興に伴い，地理学者の間で空間分析はほとんど忘れられてしまった．ところが，1980年代後半からGISが爆発的な発展を遂げると，1990年代に入り再び空間分析は注目されるようになった．GISによって，空間分析の重要性が再発見された理由は，次のようにまとめられる．

　① パーソナルコンピュータの価格対性能比の大幅な向上により，空間分析の取り組みを難しくしていた計算処理の障害が取り除かれた．

　② データの取得方法や技術（人工衛星画像，GPS，POSなど）の進歩によって，社会や環境についてのデータが急増した結果，データが少なく考え方だけに基づいていた状態から，多くのデータが空間分析に利用できる状態へと変化した．

　③ GISは，空間分析の研究者に，非常に重要な二つのツール（道具）を与えた．一つはデータ管理システムであり，もう一つは図形や地図を可視化するソフトウエアである．これら二つのツールを用いることによって，より容易に空間分析を行うことができるようになった．

　このようにGISの出現は，「データが豊富な環境（data rich environment）」の中で空間分析を実行できる状況を作り出した．このことから，1990年代は，GIS関連の技術を中心にした新しい計量革命の始まりであるといわれている（Openshaw, 1993, p.31）．本章では，GISに適した空間分析のあり方と，GISの利用によって取り組むことのできる地理学の基本的諸問題について考察することを試みる．

2.2 GISに適した空間分析の条件

　GISの効用は，以上からも明らかなように，豊富な空間データを利用できる環境を多くの応用分野に与えたことである．しかしながら，計算速度が向上し，空間データに依存できる環境が整ったからといって，1960年代の計量地理学でうまく作動しなかった空間分析法が，1980年代以降にうまくいく保証はない．われわれは，GISに適した，換言すると，豊富な空間データを十分活用できるような，新しい空間分析の方法を開発すべきである．

　GISに適した空間分析の条件をあげると，次のようにまとめられる（Openshaw, 1990a）．

① 大規模なデータセット（すなわち，10,000以上の空間オブジェクト）を処理できる．
② 明らかに地理的で，空間データを特徴づけるユニークな事象を利用する．
③ 技術の可搬性に障害がない．
④ GISとのインターフェースがよい．
⑤ 学界の抽象的議論よりも，応用分野や業界での議論に取り組める．
⑥ 特異な問題よりも一般的問題に注目できる．
⑦ 位置的エラーや空間データに関する他種類の精度を処理できる．
⑧ 時間的動態を明確に組み込める．
⑨ 強力な計算環境をうまく利用するため，高度に自動化でき，人間への依存を減らす．
⑩ 計算能力の向上を利用して，分析的（仮説依存の）方法よりも，むしろ，計算的（シミュレーションによる）方法を採用する．

　以上の条件を満たす新しい空間分析の方法の一つに，探索的地理分析（exploratory geographical analysis：EGA）がある（Openshaw, 1990a；船本・岡部, 1996）．従来の多くの統計的分析は，仮説検定において科学的な推定に基づいていたのに対し，この方法は予想結果についての初期仮説を用いず，データセットの主要な特性を記述する統計的方法である．

　探索データ分析（Johnston *et al.*, 1994, 183–184）は，地理学にとって以下の二つの理由のため重要である．一つは，多くの地理的研究が弱い理論的基盤しかもてず，実証的に得られた期待値も精度が低いためである．このような地理的研究では，仮説検定において前提となる諸制約を欠いており，探索データ分析こそがその状況に適している．もう一つの理由は，空間データが適切に制御された実験的条件の下で特別に収集されていないということである．その結果，研究者はデータ構造について不完全な判断しか下せない．探索データ分析は，図的表現を大いに活用し，研究者自身がデー

タセットの内容を見通し，その特性を判断し，事前の予測や推定方法の限界に左右されずに結論を導くことができる．

2.3 新しい空間分析法

従来の空間分析法では，人間による手づくりのモデル設計・分析過程に基づいていたのに対し，新しい空間分析法では，難しい仕事の大部分をコンピュータに実行させる方法を採用する．この考え方は，コンピュータの能力が限られており，コンピュータの利用時間が非常に高価で注意して使わなければならなかった時代から，コンピュータの能力が飛躍的に伸び自由に使える新しい時代へと変わるにつれて，分析やモデリングの様式も変化したことを示している（Openshaw, 1993）．

このような研究の考え方は，コンピュータによって，空間分析の自動化（オートメーション）をできるだけはかることを意味する．その初期の試みは，地域単位網の自動設計（automated zoning system designer）であり，パターンの記述とモデルの応用のいずれかにその感度をできるだけ高めるように自動設定することを目指している（Openshaw, 1978）．その後，後述するように地理分析機械（geographical analysis machine：GAM）(Openshaw *et al.*, 1987；Openshaw, 1990b）や地理相関探求機械（geographical correlations exploration machine：GCEM）(Openshaw *et al.*, 1990）が開発された．さらに，空間時間属性機械（space time attribute machine：STAM）(Openshaw and Wymer, 1991）も実験的に構築されている．

ビジネスGISは，行政や環境など他分野と比較して，このような新しい空間分析法を果敢に取り込むことを試みてきた．表2.1は，市場分析で利用できる空間分析のツールをまとめている（Openshaw, 1995）．本節では，ビジネスGISで提案されている新しい空間分析法のいくつかを紹介する．

（1） 空間分類

空間分類（spatial classification）は，従来の計量地理学で広く利用されてきたが，最近では，ビジネスGISで，地理人口システムにこの方法が利用されている（高阪，1994, 163-166）．地理的な連接性に注目しながら人口特性が同じような統計地区をま

表2.1 ビジネスGISの新しい空間分析法

空間分析法
空間分類
空間クラスター検出法
空間関係探求法
空間パターン認識
スマートモデリング
ファジー空間標的誘導法

とめていくことによって，多変量で複雑なデータを単純化することができる (Openshaw and Gillard, 1978). この空間分類では，同じような人口特性をもった地域は，同じような要求をもち，似たような消費行動をとると仮定している．空間分類をさらに意味のあるものにするには，データの信頼性の空間的変動（少数問題による）と変数それ自身がもつ精度の違いとを無視するのではなく，むしろ積極的に処理できるような方法をとるべきである（Openshaw, 1992）．空間的集計単位が小さくなるほど，これらの問題は大きくなるのである．

（2） 空間クラスター検出法

空間クラスター検出法（spatial cluster detectors）は，顧客のデータの中に空間的なかたまり，すなわち，クラスターがあるかどうかを検出する方法である．たとえば，ダイレクトメールによるキャンペーン活動を行い，それが売り上げ活動に結びついた地点を地図に落としたとき，何らかの空間的クラスターが存在するのかどうかを調べる．もし，顧客がある空間スケールで群化しているならば，その場所がダイレクトメールに鋭敏に反応する地点として今後のキャンペーン活動に利用されるであろう．

空間的クラスターが出現する理由は，居住人口の社会経済的特性と相対的な地理的位置との相互作用によると考えられる．この相互作用には，2種類のものがある．一つは，近隣効果（neighbourhood effects）であり，住民の間での伝播過程（口コミによる）が考えられる．住民の社会経済的同質性がこの伝播過程の前提となるならば，前記の空間分類でもこの効果はある程度とらえることができる．もう一つは，位置効果（location effects）である．この効果は，場所，文化，アクセッシビリティ，ローカリティというような今まで見落とされてきた変数に対する空間的代理をおそらくなすものであろう．たとえば，駅に近い，都心，海辺，工業地区，小都市，ニュータウン，高/低失業率の地区，人口急増地区などがその例となろう．

空間クラスター検出法の実例として，GAM（地理分析機械）があげられる (Openshaw et al., 1987). 従来では，少数の仮説のみが検定されていたのに対し，GAMでは，考えられるすべての仮説を取り上げ，高級な探索法を用いずに，仮説-演繹的推論機構（hypothetico-deductively inferencing engine）によって分析していく．GAMの四つの構成要素としては，① 空間仮説発生器，② 有意性を評価する手法，③ 空間データの更新を扱うGIS，④ 地図の表示や処理システムがあげられる．

ある地点を中心に一定距離圏内に観察されるキャンペーン反応地点が予想される以上に多いかどうかという仮説を検定するGAMを考えてみよう．これを解くアルゴリズムは，次の四つのステップから成り立っている．

① グリッドの大きさがgの2次元グリッド系を設定する．グリッドの交点ごとに，それを中心に円形地域を描く．円形地域の初期の半径は，研究地域全体を覆いつくすものでなければならない．半径をrとすると，$g = z \times r$が成り立つ．た

だし，z は円形地域の重複パラメーターである．
② 各交点に対し，空間パターンを計算するのに必要なデータを更新し，半径 r の円形地域に対し検定統計量を求める．一定の基準で有意検定に通ったすべての地点に対しその結果を保存する．
③ 円形地域の半径を変え，さらに，それに見合うグリッドメッシュに変える．
④ 考察すべきすべての半径が取り上げられるまで，②と③のステップを繰り返す．

このような GAM アルゴリズムを実行するためには，事前に円形地域の半径や重複パラメーターのような多くのパラメーターの値を決めておかなければならないであろう（この方法は，第 15 章 2 節で紹介されているので参照されたい）．

（3） 空間関係探求法

空間関係探求法（spatial relationship seekers）とは，地図重ね合わせ法を映し出す統計法を開発する試みである．ある現象の分布を点（ポイント）で示した点カバレッジが作成されたとしよう．その分布を説明するのに，さまざまな地図を重ね合わせ，どの地図と対応関係が最も強く現れるかを分析するのである．たとえば，M 種類の地図との重ね合わせを検討する場合，$2^M - 1$ の組み合わせの中から最も強い関係を示すものを一つ探すことになる．

この原型的な方法として，GCEM（地理相関探求機械）が開発された（Openshaw et al., 1990）．これは，複雑な地図パターンに内在する主要な空間関係を探し出すための自動化された EGA（探索的地理分析）である．この場所ではみられるが，あの場所ではみられない，というような関係を識別することができる．たとえば，ある病気は，基本的にはランダムで出現している．しかし，送電線の近くに住む人々，および，特定の地質構造上，または，幹線道路と化学危険物質の近くのいずれかに住む人々に多くみられる．このように，「および」，「または」，「いずれか」のようなオペレーターをさまざまに組み合わせることによって，複雑な地図の重ね合わせの中から人間の力ではとらえることができない関係を導出することができる．

（4） 空間パターン認識

空間パターン認識（spatial pattern recognition）は，さまざまな刺激に対し現れる応答の空間的なパターンを明らかにする分析法である．たとえば，新商品の発売やキャンペーンに対し，各地区ごとにどのような売り上げになるかを調べるとき，この分析法は利用できるであろう．その場合，木をみて森をみずではなく，すなわち，個別の商品やキャンペーンに対する応答をみるのではなく，これらの下に横たわる全体的な応答の空間パターンを考察すべきである．

さらに，空間パターン認識では，同じ発生パターンの異なったバージョンをみているのか，明らかに異なったパターンが発生しているのかを識別すべきである．図 2.1 は，空間パターン認識の処理過程を示している（Openshaw, 1994）．もし，異なった

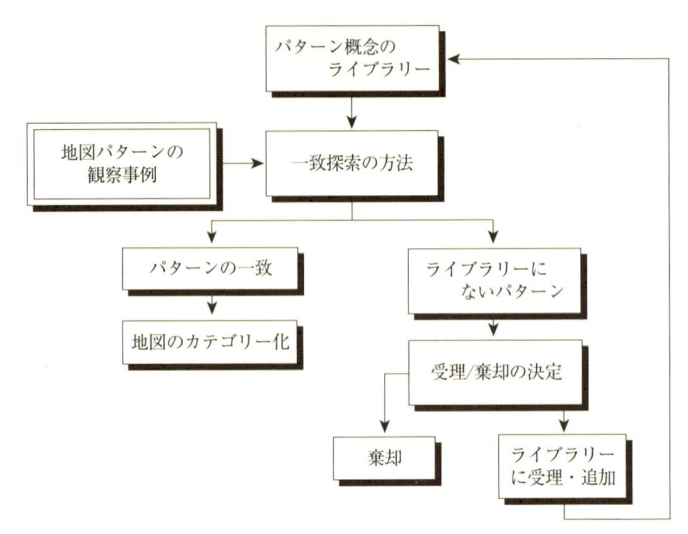

図2.1 空間パターン認識の処理過程

パターンであるならば，空間パターンのタイプに関するライブラリーの中に保存すべきである．

このように空間パターン認識では，さまざまな応答として現れた地理的パターンをマクロなスケールで分析することを目指している．この新しい分析法は，このパターンをマクロな空間パターンフレームワークとしてパラメーター化することを試み，ミクロな詳細は，その中に組み込むのである．

（5） スマートモデリング

最適化問題を解く方法として，完全列挙探索は常に最適を求めることができるが，常に実行が可能であるとは限らない．知能探索アルゴリズムを利用するならば，ある確実性で大域的最適解を探すことはできないが，しばしば，同じ問題を，より効率的に，よりエレガントに解くことができる．非常に有望な方法は，遺伝的最適化方法に適した形で，探索を暗号（code）化することである．遺伝的アルゴリズム（genetic algorithm : GA）は，生体系の中で見出される選択機構や遺伝作用素のシミュレーションに基づく探索法である．

この方法の威力は，非常に単純な発見法的仮説から導かれる．すなわち，最適解は，探索空間内で比較的高い割合でよい解を含んでいる地域で見出すことができ，この地域は探索空間を賢明に，しかも不確かさを許容した（ロバストな）サンプリングを行うことによって識別できると仮定している．関数の最小化問題を例にとるならば，GAは，多くの局地的な2次最適解をもった複雑で，非凸，しかもおそらく不連続な

図 2.2 GA アルゴリズムの立地問題への応用（朝日新聞, 1996 年 9 月 9 日）
GA アルゴリズムによる解は, 12 本のボーリングですむ（左）が人間が解くと 17 本必要となった（右）.

関数に対し，大域的あるいは大域に近い最適解を探索する手段を提供する．通常の非線形最適化法は，このような複雑性をうまく処理することはできない（詳細は第 10 章を参照）．

GA を立地問題に応用した研究例として，ボーリングの位置決めが知られている（朝日新聞, 1996 年 9 月 9 日）．石油タンクの基地において，土地の液状化調査を行うため，タンクの側面から 10 m 以内にボーリングの穴を一つ以上開けて地盤を調べることが法律で決められている．なるべく少ない穴で，多くのタンクをカバーし経費を節約したい．タンクのまわりに，時計まわりで一定間隔に位置を決める．その位置に穴を開ける場合は 1，開けない場合は 0 とする．すると，タンクのまわりの穴の位置は，0–1 の組み合わせからなるベクトルで表現できるであろう．この組み合わせを遺伝子と考え，2,000 個の遺伝子を用意した．それらをコンピュータの中で競争させ，優秀な結果を出した遺伝子同士で数字の一部を交換する．これを繰り返して，都合がよい設計を探す．200 世代の交配を繰り返した結果，図 2.2 に示すようにボーリングは 12 本ですんだ．人手で 2 ～ 3 時間かけて行った結果は，17 本であった．GA で計算すると，人間が行うよりも効率のよい配置を見つけることができる．

以上，五つのタイプの空間分析方法を紹介した．GIS に見合った新しい空間分析方法の開発が，今後の地理学研究にとって最も重要な課題になるであろう．

2.4 GIS と地理学の方法論的諸問題

それでは，GIS を利用することによって地理学が抱える方法論的諸問題はどのように解決できるのであろうか．一般に，空間分析を行うときに直面する八つの方法論的諸問題が知られている（Fotheringham and Rogerson, 1993, 1994 ; Maguire, 1995）．以下では，これらの問題をまとめるとともに，GIS を利用してそれらの問題に取り組む方法を示す．

（1） 可変的地域単位問題

地理的事象を表現するとき，さまざまな集計単位が利用できる．たとえば，町丁目界，学校区，統計区，市区町村界などであり，地域集計単位（略して，地域単位）と呼ばれている．どのタイプの地域単位を利用するかによって，また，地域単位をどのような水準までさらに集計するかによって，地理的事象は全く違った形で表現される

ことになる．可変的地域単位問題（modifiable area unit problem：MAUP）とは，分析に利用する地域単位のタイプと集計水準を変えることによって，分析対象の空間的分布が異なった形で表現される問題である（詳細は，高阪，1994，146-148を参照）．

GISは，空間データを高速に再集計する能力があるので，さまざまな地域単位網の影響度を検討することができる．福井（1996）は，東京区部における都市活動量の集積を考察するのに適した地域集計単位の大きさを検討している．実容積率（メッシュ内の総建物床利用面積をメッシュ面積で除したもの）のデータについて，50 m，100 m，250 m，500 m，1,000 m，2,000 mと6種類のメッシュの大きさで表現したところ，細かすぎても粗すぎても，空間構造を明瞭に表現できないことが明らかとなった．筆者が6枚の地図を検討したところでは，50 m，100 mでは細かすぎ，1,000 m，2,000 mでは粗すぎるようである．都市活動量の空間分布を表現するためのメッシュの大きさは，250 mと500 mが適しているようである．

（2）境界問題

地理学では，空間構造は，空間過程の結果として現れると考えられている．空間過程（spatial process）とは，属性の空間的性質に基づきシステムの状態を変化させるプロセスである．社会や環境にかかわるシステムにおける重要な空間過程のタイプには，次の四つがあることが知られている（Bennett, 1979）．

第1のタイプは，伝播過程（diffusion process）である．この過程は，ある属性（情報，うわさ，新製品，新技術など）が一定の人々によって取り入れられるプロセスである．その属性を取り入れた人々の分布をみることで，この種の空間過程の展開を知ることができる．第2のタイプの過程は，交換と移転（exchange and transfer）と関係する．都市・地域経済は，商品の交換と所得の移転のプロセスで結びつけられている．このような過程が，さまざまな都市や地域の経済的繁栄を決定する．

第3のタイプは，相互作用（interaction）である．この過程では，ある地点の事象が他の地点の事象に影響し，また逆に，他の地点の事象によって影響されるのである．たとえば，ある小売店での価格変更は，他の小売店の売上減少のような影響を及ぼすであろう．第4のタイプの過程は，拡散（dispersal）である．上記の伝播過程では人口の中で属性が広がっていくのに対し，拡散過程では，人口そのものが広がっていくのである．この例ではほかに，植物からの種子の拡散，大気や海洋における汚染物質の拡散などがあげられる．

地理学研究では，このような各種の空間過程を考察するのであるが，通常は，その空間過程の影響を十分に考慮せずに，研究地域を便宜的に区切ってしまうことが多い．その結果，研究中の空間過程に影響を与える重要な因子であるのに，研究地域の外側になったため考慮されないということも起こる．GISを利用するならば，境界線をさまざまに変えて分析を再実行でき，さらに，境界問題（boundary problem）の影響の

度合いを視覚的に表現することも可能である．たとえば，学区の編成を立地-配分モデルで分析する場合，分析結果に影響を与えないような大きさの研究地域を調べることもできる．

　（3）　状況依存の結果

　一般の科学的見方と地理学固有の見方との違いの一つとして，科学的見方は，全域的（グローバルな）傾向を把握しようとするのに対し，地理学固有の見方は，局地的（ローカルな）差異をとらえようとする．たとえば，食塩の摂取量と高血圧症との間の回帰分析を行う例を取り上げてみよう．医学の分野では，これに関するデータを日本全国から集め，グラフにプロットし，1本の回帰線を引き，回帰係数を推定するであろう．全国のデータをもとに，どのくらい塩分をとったら高血圧になるのかという関係を導くのである．それに対し，疾病地理学では，都道府県ごとにデータを集め，都道府県ごとに回帰線を引き，回帰係数を推定する．そして，係数の地域的な違いを考察するのである．たとえば，南日本のある県では，気候が温暖なためか，塩分を同じにとっても高血圧になりにくく，回帰係数が小さいというようにである．

　もう一つ例を示すと，消費者がある商店で買物する確率は，その商店からの距離の増加に伴い減少するであろう．これは，距離逓減の法則と呼ばれ，距離逓減関数で記述できる．しかしながら，必ずしもすべての方向が同一の逓減関数をとるとは限らない．ある方向では，交通料金体系が異なり交通費が高く，あるいは，交通渋滞が激しいため，違った係数（あるいは関数）をとることも起こるであろう．

　以上の二つの例からも明らかなように，地理学，特に計量地理学では，パラメーターを地域ごとに推定し，その値が空間上で有意に変動する状況を調べることを試みる．この方法は，空間モデリングと呼ばれ，計量地理学で固有の方法になっている．モデルのパラメーターが空間的に変動するのは，状況依存の結果（context-dependent results），あるいは，空間的異質性（spatial heterogeneity）によると考え，その原因を究明する．GISはここにおいて有用な役割を果たす．GISに空間モデルを組み込み，GISの計算能力とデータ表示能力を用いるならば，モデルのパラメーターが表す状況依存の結果を容易に実証することができるであろう．

　（4）　空間的自己相関

　相関分析や回帰分析のような伝統的統計モデルでは，サンプルはその位置にかかわりなくランダムに変数値をもつと仮定している．しかしながら，地理学では，このような統計学にとって基本的な仮定を覆す前提をとることがある．すなわち，「すべてのことは他のすべてのことに関係し，しかも，遠くのものよりも近くのものの方がより関係が深い」と考えた方がよい場合がしばしば起こる．たとえば，商店のまわりで顧客になる確率は，商店に近いほど高く，遠くなるほど低い傾向があることが知られている．

この傾向を調べるためには，空間的自己相関が利用される．通常の相関関係は，二つの変数間で求められるが，空間的自己相関では，一つの変数の系列内において各値と一つ隣の値，あるいは，一定間隔をずらした値との間で相関係数が求められる．空間的自己相関が高いということは，一定の空間的隔たりがあるにもかかわらず，二つの値の間に共変動がみられることを意味している．このように空間的自己相関は，空間過程のパターンを測定し記述するのに利用されてきた．GISは，空間的自己相関を計算しやすい形式でデータ管理ができ，その分析結果を可視化するのに利用できる（詳細は，第3章を参照）．

2.5　新しい空間分析に向けて

1990年代は，GISと関連した技術を含む新しい計量革命のはじまりであるといわれている．これは，AI（人工知能）革命とも呼ばれており，これを推進するものは，高速処理のできるコンピュータ，実用的で目的にあったAIツール，そして，GISによって可能になった探索的データ分析・モデリングである．

この発展過程の中で，いくつかの重要な目標が定められる．それらは，次の4点である．

① 解説的データ事例を用いて新しい技術の潜在能力を論証する．
② 歴史的に有名なデータを使って新しい方法と伝統的方法から得られた結果を比較し，実証的証拠を得る．
③ GISによって可能となった「データが豊富な環境」の中で，新しい方法の働きを実証する．
④ 一般目的の分析やモデリングのツールの中に，おそらく隠された形でAIの方法を組み込む．

これらは順次段階を経て進められるであろう．わが国でも，新しい空間分析の開発を目指す研究を強力に推進する必要がある．

第3章　空間的自己相関と地理的応用

3.1　自　己　相　関

　一般に，相関を考える場合，二つの変数 x, y を取り上げ，それらの関連の程度を相関係数で測定する．x の値が大きくなるほど y の値も大きくなる場合正の相関があり，その対応関係が高いほど相関係数は1に近づく．逆に，x の値が大きくなるほど y の値が小さくなる場合負の相関があり，相関係数は-1に近づく．x と y の間に全く関連がない場合，相関係数は0になる．

　自己相関（autocorrelation）とは，一つの変数に対する時間または空間で順序づけられた観測値間の相関である（ケンドールほか，1987, p.91）．自己相関は，系列内における各値と，時間的にみて一つ以前の値か，空間的にみて一つ隣の値（これらはラグ1の値と呼ばれる）とを比較するか，あるいは，一定間隔をずらした（ラグ>1）値との間を比較することによって測定される．系列 $x_1, \cdots, x_n, \cdots, x_N$ に対し，ラグ r（$\leq N$）をとると，n は $r+1$ から N までになるので，x_n と x_{n-r} の間に $N-r$ 個のペアの比較が可能となる．ラグ r に対するデータ間の相関の程度を測定するため，これらのペアに対し相関係数が求められる．相関係数は，通常の最小2乗相関の方法で計算され，それが自己相関係数と呼ばれる（Cliff and Ord, 1981）．

　ある変数の中に自己相関があるということは，この変数の内部に規則性があることを意味している．この規則性をみるためには，ラグを横軸に，自己相関係数を縦軸にとり，ラグに伴う相関係数の変化をプロットしたコレログラム（correlogram）を作成する．ラグが0のとき，自己相関係数は1となる．コレログラムの形状を検査することによって，系列内にどのような時間的，空間的なパターンが存在するかを読み取ることができる．線形の傾向線では自己相関係数は一定値をとり，単純マルコフ連鎖では係数は指数的に逓減する．規則的な波動がある場合，係数も正や負をとり一定の範囲内で規則的に変化する（Goudie *et al*., 1994, p.40）．

　線形や調和の傾向がある場合には，それらを取り除き，他の変動パターンがあるかどうかを調べる必要がある．一般的な統計学では，独立変数の系列には自己相関は存在しないと仮定しているので，自己相関係数は0となるべきである．しかし，多くの時系列や空間系列では，ある程度の自己相関が存在するので，正式な独立標本を取得

するときや，パラメトリック統計検定を行う場合，自己相関の影響を取り除くような注意が必要である．

3.2 空間的自己相関とその測定

（1） 空間的自己相関

一般に，時系列データでは，時間的流れの中で取得されたデータを1次元に配列するのに対し，空間系列データは，2次元の平面上にデータを配置する．たとえば，メッシュデータでは，図3.1のような配置をとる．すると，空間的自己相関（spatial autocorrelation）とは，ある変数の値の間の関係が，平面上におけるデータの取得単位（地域単位，図3.1ではメッシュ）の配置の仕方に基づいているものとして定義できる．

図3.2では，空間的自己相関の存在を示す典型的な例を示している（Griffith, 1987）．図(a)は，同じような値がかたまっている分布を示している．図(b)ではランダムな分布，図(c)では異なった値がかたまっている分布を示している．図(a)や図(c)では，メッシュ値は，その周囲のメッシュ値と強い相関をもつであろう．このように空間的に分布する変数の値が地理的近さに基づき一定の傾向をとるとき，空間的自己相関が存在するのである．

空間的自己相関は，空間データセットの統計学的性質として，二つの意味をもっている（Haining, 1980）．一つは，空間的自己相関が，平面上における地域単位の配列

$X_{i,j}$	$X_{i,j+1}$	$X_{i,j+2}$
$X_{i-1,j}$	$X_{i-1,j+1}$	$X_{i-1,j+2}$
$X_{i-2,j}$	$X_{i-2,j+1}$	$X_{i-2,j+2}$

図3.1 2次元平面上の空間系列データ
（3×3のメッシュデータの場合）

1	2	3
2	3	4
3	4	5

(a) 同じような値がかたまっている
MC=0.5, GR=0.33

3	4	3
4	3	2
1	2	5

(b) ランダムな分布
MC=−0.25, GR=1

4	1	4
2	5	2
3	3	3

(c) 異なった値がかたまっている
MC=−0.88, GR=1.83

図3.2 九つのメッシュからなる地域における3種類の分布パターン
（Griffith, 1987）

の特性を反映していると見なしている．もう一つは，空間的自己相関が空間的分布の下に横たわる確率分布に基づいていると考える．前の意味では，空間的自己相関は観測された1組の値の構造と関係するととらえ，後の意味では，確率変数の結合分布と関係すると考える．

地理学では，一般に，空間的自己相関の存在を前提として研究が進められている．ある変数について，その空間的な分布をみるため地図化したとしよう．すると，その変数は，地域を通じ全くランダムに分布しているのではなく，地理的な近さに基づき一定の傾向をとることがよくみられる．たとえば，市町村別の老年人口比の地図を作成したとしよう．すると，農村部や山間部では，その比率の高い地区が連なっているのに対し，都市部では低い地区が多くみられるであろう．地理学では，このように主題図の中のパターンを抽出することを重要な課題にしている．このパターンは，衛星画像データにおけるテクスチャーと類似しており，いずれも，空間的自己相関の量やタイプに強く結びついていることが知られている．

（2）空間的自己相関の測定

区間データや比率データに対する空間的自己相関を測定する方法として，モラン係数（Moran coefficient）とギャリー比（Geary ratio）が知られている（Griffith, 1987, 36-44；奥野, 1996）．モラン係数（MC）は，数値の配置図内の共分散に基づいており，次式で示される．

$$\text{MC} = n\Sigma_i\Sigma_j c_{ij}(x_i - \bar{x})(x_j - \bar{x}) / [(\Sigma_i\Sigma_j c_{ij})\Sigma_i(x_i - \bar{x})^2] \tag{3.1}$$

なお，c_{ij} は地域単位の隣接関係を示す配置行列（configuration matrix）である．図3.3には，例として，3×3の大きさのメッシュで構成された地域に対する配置行列を示している（同図(b)参照）．地域単位が接しているところでは1，接していないところでは0をとる．行列の対角要素は，当然0である．

モラン係数は，通常の相関係数と同様に-1～1の範囲をとる．同じような x の値

	a	b	c
a			
d	e	f	
g	h	i	

(a) メッシュの名称

	a b c d e f g h i
a	0 1 0 1 0 0 0 0 0
b	1 0 1 0 1 0 0 0 0
c	0 1 0 0 0 1 0 0 0
d	1 0 0 0 1 0 1 0 0
e	0 1 0 1 0 1 0 1 0
f	0 0 1 0 1 0 0 0 1
g	0 0 0 1 0 0 0 1 0
h	0 0 0 0 1 0 1 0 1
i	0 0 0 0 0 1 0 1 0

(b) メッシュデータの配置行列

図3.3 メッシュデータの隣接関係を示す配置行列

が並ぶとき MC は1に近づき，異なった値が併置されるとき−1の値をとる．値がランダムに分布するとき0となる．図3.2では，3種類の典型的分布パターンに対し，モラン係数の計算結果が示されている．図(a)では MC = 0.5 となり，正の空間的自己相関を示す．図(c)では MC = −0.88 で，負の自己相関がみられることが明らかとなる．

ギャリー比（GR）は，数値の配置図内で1対1の比較に基づいており，次式で示される．

$$\mathrm{GR} = [(n-1)\Sigma_i\Sigma_j c_{ij}(x_i - x_j)^2]/[2(\Sigma_i\Sigma_j c_{ij})\Sigma_i(x_i - \bar{x})^2] \tag{3.2}$$

ギャリー比は，0〜2の範囲をとる（正確には，上限は2ではない）．同じような x の値が並ぶとき GR は0に近づき，異なった値が併置されるとき2に近づく．値がランダムに分布するとき1となる．図3.2の三つの分布パターンに対し，ギャリー比を計算すると，図(a)では GR = 0.33，図(c)では GR = 1.83 で，それぞれ，正と負の空間的自己相関が存在することを示す．

なお，空間的自己相関を測定するこれら二つの統計量の中で，モラン係数は，空間データセットの中の空間的自己相関が0であるという帰無仮説を検定できるため，統計的にみてより重要であることが知られている（Griffith, 1993, p.21）．

（3） コバリオグラムとバリオグラム

前項では，地域単位 i と j 間で連接的結合（contiguous connection）がある（$W_{ij} = 1$）か，ない（$W_{ij} = 0$）かの観点から，結合関係が定義された．しかし，これに対する一つの批判は，地域単位の大きさやチェインの長さを変えるというようなオブジェクトを変換しても，その測定は不変であるという点にある．モラン係数やギャリー比のより一般的形式は，それぞれ次式で示される（Cromley, 1992, 199-205）．

$$\mathrm{mc} = n\Sigma_i\Sigma_j W_{ij}(x_i - \bar{x})(x_j - \bar{x})/[w_t\Sigma_i(x_i - \bar{x})^2] \tag{3.3}$$
$$\mathrm{gr} = [(n-1)\Sigma_i\Sigma_j W_{ij}(x_i - x_j)^2]/[2w_t\Sigma_j(x_j - \bar{x})^2] \tag{3.4}$$

ただし，$w_t = \Sigma_i\Sigma_j W_{ij}$ である．

ここにおいて，結合関係に対する値は，さまざまな形で定義できる．たとえば W_{ij} は，2次，あるいは，より高次の隣接ペア（空間ラグと呼ばれる）の有無を表現することができる．

2次隣接ペア（second-order neighbour pair）は，地域単位のペア間に一つの地域単位が介在した状態である．さらに高次のペアは，空間的コレログラム（spatial correlogram）を構成するために利用される．コレログラムとは，時系列解析において，縦軸に k 次の時間ラグを伴った系列相関を，横軸に k をとったものである．コレログラムによって，時系列に潜む循環的周期の存在を探ることができる．同様に空間的コレログラムでは，モラン係数かギャリー比のいずれかを利用して，分布に潜む空

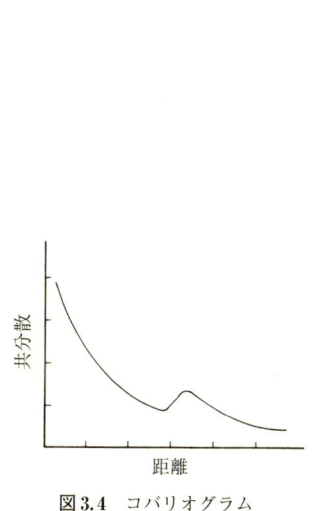

図3.4 コバリオグラム   図3.5 降水量分布のバリオグラム
(Delfiner and Delhomme, 1975)

間的周期性（spatial periodicity）を解明する．横軸に空間ラグ，縦軸にモラン係数をとったグラフをコバリオグラム（covariogram），縦軸にギャリー比をとったグラフをバリオグラム（variogram）と呼ぶ．

図3.4は，コバリオグラムの例を示している．この空間分布では，1次隣接の間で高い正の自己相関を示しており，その後ラグが大きくなるにつれてその値も減衰するが，4次隣接間で再び高くなる．この上昇は，この距離にある地域単位間に何らかの空間過程が作用していることを暗示している．図3.5は，降水量に対するバリオグラムの例を示している．観測地点間の距離が増加するにつれて，降水量の差の平方平均（ギャリー比）も線形的に増加することがわかる．なお，バリオグラムが原点付近で急激に変動し，不連続になっていることも注目される．これはナゲット効果（nugget effect）と呼ばれ，鉱石サンプルの中に金塊（gold nugget）が含まれている場合の金の等級分けのように，小規模な範囲で起こる変数値の突然の変動を意味している（Wackernagel, 1995, 32-33）．

3.3 空間的自己相関の地理的応用

(1) 空間的自己相関と地理学研究

空間的自己相関は，地理学研究の中でさまざまに解釈されてきた．それらをまとめ

ると以下のようになる（Griffith, 1993, 1-8）．
① データ内の地理的秩序の把握
② 主題図内のパターンの測定
③ 空間データに内在する位置情報の伝達
④ 空間モデルの誤った仕様を診断する道具
⑤ 観測できない地理変数の代替変数の補正
⑥ 通常の統計方法を応用するときの障害
⑦ 地域単位設定の指標
⑧ 空間的あふれ出しの影響
⑨ 空間過程の解明

　空間的自己相関という用語の基本的意味は，データそれ自身への相関であり，データの地理的秩序（geographic ordering）に帰すると考えられる．この定義は，地域単位ごとに統計値を段階区分して表示するコロプレス地図や，値の等しい地点を線で結んだ等値線図などで視覚的に示される地理的分布の考えと一致している．たとえば，都市人口密度は，都心からの距離の増加とともに逓減するであろう．農業生産は，行政が指定した農業地域に集中するであろう．したがって，空間的自己相関の第1の解釈は，空間データの中にある地理的秩序の把握にある．

　GISでは，空間的自己相関を主題図内のパターンの測定に利用する場合が多い（Cromley, 1992, 199-205）．前節で示したように，同じような観測値が集まって分布している場合，その地図パターンは正の空間的自己相関をもつ．空間的自己相関を測定した多くの実証的研究は，正の空間的自己相関がある程度みられることを報告している．赤と黒が交互に並んだチェス盤のようなパターンでは，空間的自己相関は，負の相関をとる．自然現象では，このようなパターンをとることは比較的少ないようである．データが空間内をランダムに分布する場合，自己相関は0に近づく．伝統的な統計モデルでは，基本的仮説としてこの分布をとっている．しかしながら，地理的分布がこの性質をとることはほとんどみられない．前章でも示したように，地理的分布では，「すべてのことは他のこととかかわり合いをもっており，その関係は近いものほどより強い」のである．

　データ分析の一つの目的は，データの定量的，あるいは，定性的測定からデータの中に潜む情報を収集することである．空間的自己相関は，空間データに内在する位置的情報の指標と見なされている．これは，属性情報の内容に対する指標としての多重共線性（multicollinearity）と対応をなす．多重共線性の問題とは，回帰分析において独立変数間で相互に線形な関係が存在することである（ケンドールほか，1987, p.135；Haining, 1990, 331-333）．そのため，多重共線性は回帰係数の解釈を不安定なものにする．これを回避するため，Qモード因子分析や主成分分析，あるいは，リ

ッジ回帰分析（ridge regression）が利用されている（ケンドールほか, 1987, p.247；Griffith, 1993, p.3；Bennett, 1981, p.98；Silk, 1981, p.78）．同じことは，空間的自己相関についてもいえる．ある観測地点のデータがあるならば，その近くのデータは，空間的自己相関が存在する場合かなりの程度で予測可能となり，不必要となる．たとえば，地域の大気汚染を測定するのに適した代表地点を3地点選ぶ問題を考えてみる．この場合，測定地点が近すぎると，上記のような理由で意味のないものになってしまう．空間的自己相関は，このように位置的情報の伝達に役立つものと見なされる．

　空間的自己相関は，また，空間モデルの仕様の誤りを診断する道具としてしばしば用いられる．この診断法は，統計分析においてますます重要な役割を果たしつつある．誤った仕様とは，おそらく，変数の見落とし，一定とならない分散の未調整（分散不均一性（heteroscedasticity）の問題），あるいは，特異値（outliers）の見落とし，などによる．たとえば，都市人口密度モデルは，外部性の変数（空間的自己相関）が考慮されていないためモデル仕様が不十分であるという指摘がある．

　ある地理的変数は，モデルの中で重要であるが，実際には観測が難しい変数である場合もある．空間的自己相関は，この場合，補正の役割を果たす．たとえば，人口密度のパターンの分析では，人口を住宅地面積で割る代わりに総面積で割る．この代替変数の利用は，正に自己相関した残差を生むであろう．したがって，地理的変動において系統的パターンを示す欠測変数（missing variable）の影響を空間的自己相関の測定で補正するならば，誤った仕様（misspecification）による逆方向への影響は制御され，結果の正当性は増すであろう．

　空間的自己相関のもう一つの見方は，属性情報のみに注目し，位置情報はモデルの仮定を乱すやっかいなものと考え，完全に無視する立場である．したがって，空間的自己相関の影響をデータから取り除くため変換を行う必要がある．このデータ変換は，原データより対称的な度数分布（非正規性の補正）を与え，より安定した分散（分散の異種性（heterogeneity）の補正）を与える．このアプローチの大きな欠陥は，統計的に意味のあるパラメーター推定を行うため，データの下に横たわる地理を取り除いていることである．これは，ある意味で，独立変数間の多重共線性を除去する主成分分析と類似している．

　さらに，空間的自己相関は，地域単位の分割の適正を決める指標となる．この考えの概念的基礎は，連続変数の分布では，負の空間的自己相関はありうるはずがないということである．今，距離 δ 離れた二つの値が，距離 $\delta/2$ 離れた二つの値と比較されるとき，もし負の空間的自己相関が検出されたならば，上記の理由から，この曲面の分割は不適切である．同様のことは，テッセレーション（地区分割）パターンが異なった分析結果を生ずるという，いわゆる可変的地域単位問題にもいえる．地域単位の境界を調整することによって，どのような量とタイプの空間的自己相関をも作り出

すことができる．回避すべき点は，不正な地区分割（gerrymandering）を行わないようにすることである．不適切な地区分割は，局地的不整合（local anomaly）のような著しい特異値に基づき，負の空間的自己相関の原因になる．

空間的自己相関は，また，空間的あふれ出し（spatial spillover）の産物として見なされている．1地点に存在しているある現象の影響は，周囲の地点にあふれ出し，それらの地点の現象に影響を与えるであろう．たとえば，都市における人口集中は住宅不足をもたらし，周辺地域に人口があふれ出るであろう．あるいは，汚染物質は，発源地点の周辺に拡散するであろう．このような空間的あふれ出しは，正の空間的自己相関を発生させる原因となる．

最後に，空間的自己相関は，空間過程の機構と同義として利用される場合もある．この考えは，病気の伝染の研究から生まれた（Cliff *et al*., 1981）．また，空間的自己相関は，空間的競争を過程としてモデル化するときに利用されてきた（Haining, 1984）．さらに，人口過程の研究では，都市の近隣住民の間でみられる社会経済的特徴の差を最小化するような過程に注目し，空間的自己相関の観点から分析を進めている．

以上，空間的自己相関が，地理学研究でどのように解釈されてきたかをまとめてみた．次に，空間的自己相関を使った具体的研究例を示す．

（2） 空間的自己相関による主題図内のパターンの測定

空間的自己相関を用いて空間パターンを測定した研究例（Griffith, 1987, 39–43）を考察しよう．図3.6は，アメリカ・ニューヨーク州バッファロー市の（a）警察管轄区域と（b）その配置行列，さらに，1981年における管轄区域別の（c）人口と（d）放火犯罪（逮捕者数）を示している．人口や放火犯罪の数字は，どのような空間的分布パターンをもつであろうか．これらの地図に対し，モラン係数を計算したところ，$MC_{人口}$ = 0.3698，$MC_{放火}$ = −0.2550 となった．これらの統計量は，人口の地理的分布がわずかであるが正の空間的自己相関をもち，放火の分布が負の空間的自己相関をもつことを明らかにしている．同様に，ギャリー比も計算したところ，$GR_{人口}$ = 0.6359，$GR_{放火}$ = 1.2360 となり，この測定でも同じような空間的自己相関をとることがわかった．

以上の分析から，人口分布では，大きな人口をもった地区のまわりは同じように大きな人口の地区が並ぶというように，同じような人口値が集まっている傾向があることが明らかになった．それに対し，放火犯罪の分布では，たとえば，二つの大きな値，80と72のまわりには，比較的小さな値が並んでいる（図3.6(d)）というように，異なった値が集まっている傾向があることが判明した．

第3章　空間的自己相関と地理的応用

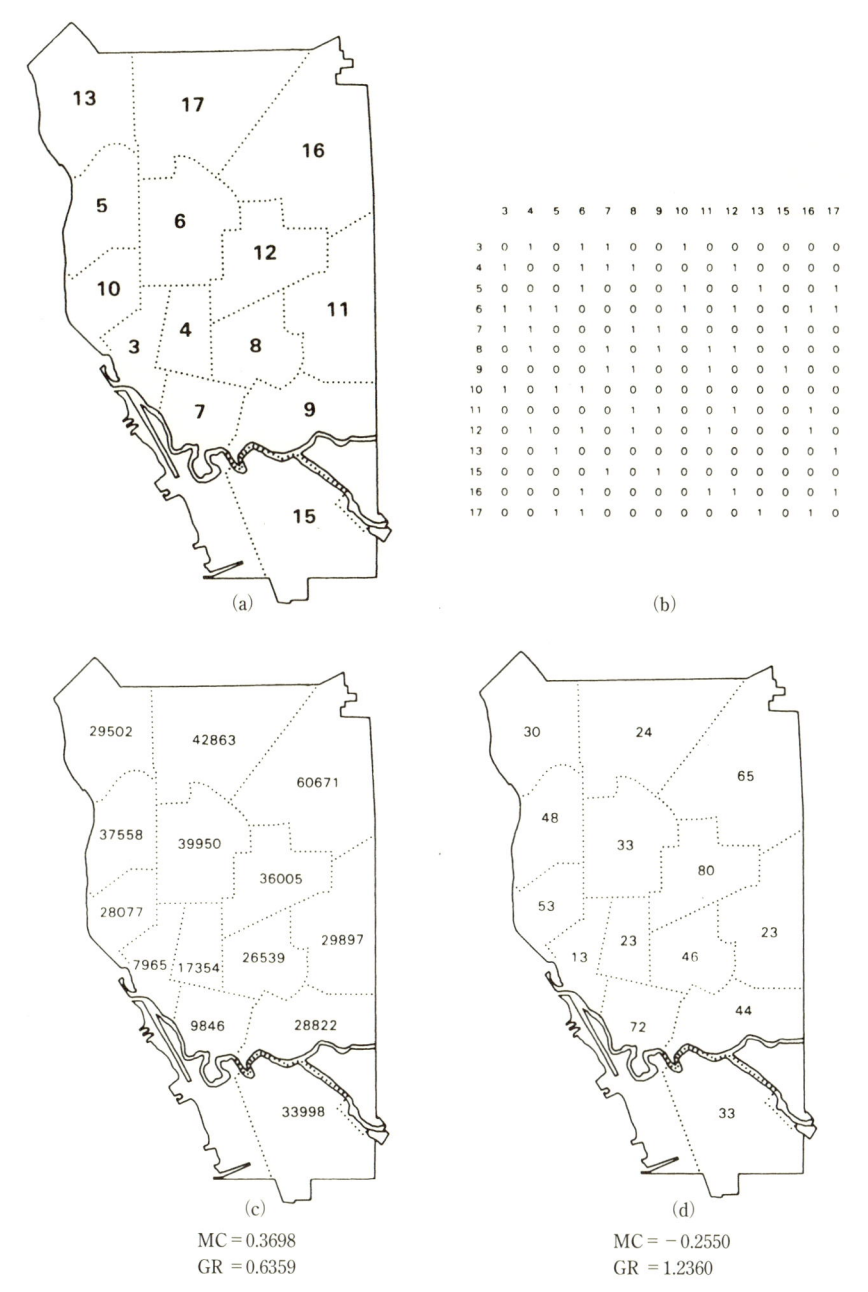

	3	4	5	6	7	8	9	10	11	12	13	15	16	17
3	0	1	0	1	1	0	0	1	0	0	0	0	0	0
4	1	0	0	1	1	1	0	0	1	0	0	0	0	0
5	0	0	0	1	0	0	0	1	0	0	1	0	0	1
6	1	1	1	0	0	0	0	1	0	1	0	0	1	1
7	1	1	0	0	0	1	1	0	0	0	0	1	0	0
8	0	1	0	0	1	0	1	0	1	1	0	0	0	0
9	0	0	0	0	1	1	0	0	1	0	0	1	0	0
10	1	0	1	1	0	0	0	0	0	0	1	0	0	0
11	0	1	0	0	0	1	1	0	0	1	0	0	1	0
12	0	1	0	1	0	1	0	0	1	0	0	0	1	0
13	0	0	1	0	0	0	0	1	0	0	0	0	0	1
15	0	0	0	0	1	0	1	0	0	0	0	0	0	0
16	0	0	0	1	0	0	0	0	1	1	0	0	0	1
17	0	0	1	1	0	0	0	0	0	0	1	0	1	0

(a)　(b)

(c)　(d)

MC = 0.3698　　　　　　　　　MC = −0.2550
GR = 0.6359　　　　　　　　　GR = 1.2360

図3.6　バッファロー市の (a) 警察管轄区域と (b) 配置行列，および，(c) 人口分布と (d) 放火犯罪分布に対する空間的自己相関の測定（Griffith, 1987）

3.4　空間相関誤差を伴った回帰モデル

前節では，一つの変数の空間分布に内在する空間的自己相関を分析した．本節では，2変数以上の空間データ間の関係を分析するときに，空間的自己相関がどのような影響を及ぼすかを考察する．単純な2変数の回帰分析のような標準的統計モデルを利用する場合，空間的自己相関が相関関係に影響するため，統計モデルをそのまま使うことはできなくなり，空間的自己相関を考慮するように書き改めなければならない．これは，前節で示した空間的自己相関のさまざまな利用の仕方のうち，④の空間モデルの仕様の診断に相当する．本節では，回帰モデルを例にとって，回帰モデルの残差の中に空間的自己相関が存在した場合，空間モデルの仕様をどのように変更するかを考察する．

（1）　回帰モデル

回帰モデルとは，目的（従属）変数 (Y) と k 個の 説明（独立）変数 ($X_1, \cdots, X_k$) との間の関数関係を指定するモデルである．これらの変数が地点で観測された空間データの場合，回帰モデルは，地点 i で観測された目的変数 (y_i) と地点 i で観測された説明変数 ($x_{1i}, \cdots, x_{ki}$) との間の関数関係となる．すなわち，

$$y_i = \beta_0 + \beta_1 x_{1i} + \cdots + \beta_k x_{ki} + e_i \qquad i = 1, \cdots, n \tag{3.5}$$

ただし，$\beta_0, \cdots, \beta_k$ は回帰係数で，e_i は誤差，あるいは，攪乱項である．式 (3.5) は，行列形式では次のように書ける．

$$\mathbf{y} = \mathbf{X}\boldsymbol{\beta} + \mathbf{e} \tag{3.6}$$

ただし，

$$\mathbf{E}(\mathbf{e}) = \mathbf{0} \tag{3.7}$$

$$\mathbf{E}(\mathbf{e}\mathbf{e}^\mathrm{T}) = \sigma^2 \mathbf{I} \tag{3.8}$$

$\mathbf{X}$ は説明変数に関する観測値の $n \times (k+1)$ 行列で，第1列は1で構成されている．$\mathbf{y}$ と $\mathbf{e}$ は $n \times 1$ のベクトルであり，$\boldsymbol{\beta}$ は $(k+1)$ のベクトルである．通常の線形回帰モデルでは，誤差項 $\mathbf{e}$ は平均が0，分散が σ^2 の正規分布に従う確率変数と仮定する．この仮定によって，属性の空間的分布の特性はモデルの仕様では考慮されないことになる．ただし，$\mathbf{I}$ は $n \times n$ の単位行列である．

しかしながら，式 (3.5) のような回帰モデルを当てはめるとき，その当てはめを無効にするような多数の，しかし，指定することが難しい，空間的に相関した影響の存在を感じることがある．その場合，これらの影響は上記の式 (3.8) の代わりに，次式を仮定することで組み込まれる．

$$\mathbf{E}(\mathbf{e}\mathbf{e}^\mathrm{T}) = \mathbf{V} \tag{3.9}$$

$\mathbf{V}$ は，Y_i と Y_j との間の共分散を示す散布度行列（dispersion matrix）$\{v_{ij}\}$ である．ただし，v_{ii} は Y_i の分散を示している．$\mathbf{V}$ は誤差の中の空間的従属性（spatial dependence）

を記述する行列となり，誤差の構造が式 (3.9) で与えられる式 (3.6) のモデルは，空間相関誤差 (spatially correlated error) を伴った回帰モデルと呼ばれる．

V を指定するためには，三つの形式が知られている (Haining, 1990, 第 4 章 3 節参照)．すなわち，① 単一パラメーター SAR モデル，② ラグ相関の経験推定，③ ラグ共分散推定に対するアグターベルク (Agterberg) モデルである．②と③のアプローチは局所的定常性 (local stationarity) の仮定をとっているのに対し，①は非定常的 (non-stationary) である．以下では，三つのモデルの中で最もよく作動するといわれている単一パラメーター SAR モデルを考察する．

(2) 空間的変動を記述するための傾向面分析

n 個の地点に対し目的変数 (**Z**) が観測されたとしよう．その観測値は，$\mathbf{z}^T = (z_1, \cdots, z_n)$ で示される．**Z** の空間変動を記述するためにモデルを利用することにしよう．この空間変動の一つの成分は 1 次，すなわち，平均で示される変動であり，n 次元ベクトル μ で表される．他の成分は μ のまわりの 2 次空間変動 (分散) である．**Z** が多変量正規分布をとる場合を考えると，散布度行列 (共分散行列) **V** に対するモデルを考察する必要がある．

平均を表現するのに，傾向面 (trend surface) モデルを利用してみよう．すると，$\mu = \mathbf{A}\beta$ となり，

$$\mathbf{Z} = \mathbf{A}\beta + \mathbf{e} \tag{3.10}$$

で表される．**A** は n 個の地点に対する位置座標の行列であり，

$$\mathbf{A} = \begin{bmatrix} 1 & x_1 & y_1 & x_1^2 & y_1^2 & x_1 y_1 & \cdots & x_1^p y_1^q \\ 1 & x_2 & y_2 & x_2^2 & y_2^2 & x_2 y_2 & \cdots & x_2^p y_2^q \\ \vdots & \vdots & \vdots & \vdots & \vdots & \vdots & \cdots & \vdots \\ \vdots & \vdots & \vdots & \vdots & \vdots & \vdots & \cdots & \vdots \\ 1 & x_n & y_n & x_n^2 & y_n^2 & x_n y_n & \cdots & x_n^p y_n^q \end{bmatrix} \tag{3.11}$$

となる．(x_i, y_i) は地点 i の位置を示している．β は傾向面のパラメーターについてのベクトルであり，

$$\beta^T = (\beta_{00} \beta_{10} \beta_{01} \beta_{20} \beta_{02} \beta_{11} \cdots \beta_{pq}) \tag{3.12}$$

である．**e** は誤差ベクトルである．

空間変動をとらえる場合，傾向面 $\mathbf{A}\beta$ は大規模な空間変動を記述する．傾向面の次数 k は $(p+q)$ で表される．0 次 $(p+q=0)$ の傾向面は，β_{00} となり，平均面を表す．1 次傾向面 $(p+q=1)$ では $\beta_{00} + \beta_{10}x + \beta_{01}y$ となり，傾斜する平面を表す (図 3.7(a))．2 次傾向面 $(p+q=2)$ では $\beta_{00} + \beta_{10}x + \beta_{01}y + \beta_{20}x^2 + \beta_{02}y^2 + \beta_{11}xy$ となり，2 次式の曲面を表す (図 3.7(b))．このように傾向面モデルは，連続的な 1 次空間変動 (平均) を表現できる (Davis, 1973)．

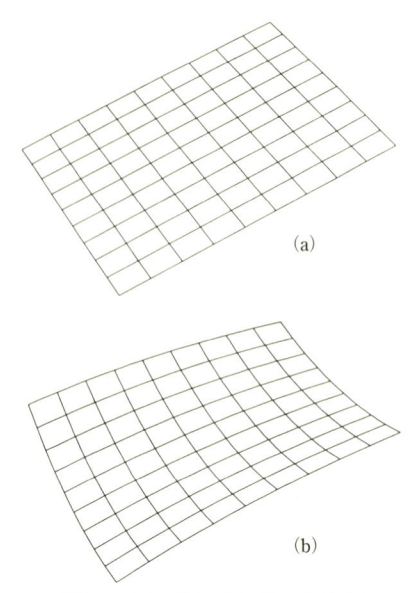

図 3.7 (a) 1 次と (b) 2 次の傾向面

　空間変動の中で，局地的規模のノイズは e で表される．上記の式 (3.7), (3.8) で示したように，この誤差項が $E(e) = 0$ で $E(ee^T) = \sigma^2 I$ をとるならば，平均が 0，分散が σ^2 の正規分布に従う確率変数をとる．しかし，空間相関誤差を伴った傾向面モデルを考察する場合，誤差項は $E(e) = 0$ で $E(ee^T) = V$ をとると考える．V は，散布度行列（共分散行列と同一）であり，$\{v_{ij}\}$ で表される．v_{ij} は Z_i と Z_j 間の共分散 (covariance) を表し，v_{ii} は Z_i の分散を示す．V は Z の空間変動に対し，中規模の空間変動を記述する新たな成分を追加するものであり (Haining, 1990, 251-255)，さまざまなモデルが考案されている．

　このような空間相関誤差を伴った傾向面モデルを利用するのは，第 1 に中規模で作用する過程が存在すると思われるときである．たとえば，衛星画像データでは，走査線の間で相関するような測定誤差を V によってとらえることができる．第 2 に，データに対する傾向面が高次な多項式をとるような場合，空間相関誤差を伴ったモデルはより簡潔な記述を与える．さらに，これらのいずれの場合でなくとも，式 (3.10) を当てはめたときに問題となる残差自己相関 (residual autocorrelation) の見地から考えると，V に対し適切な形式が指定されたならば，そのモデルは統計的により満足のいく適合方法となる．

(3) SAR（同時自己回帰）モデル

散布度行列 **V** を指定するモデルの一つとして，次のような SAR（simultaneous autoregressive：同時自己回帰）モデルを取り上げる．

$$(\mathbf{I} - \mathbf{S})(\mathbf{Z} - \boldsymbol{\mu}) = \mathbf{e} \tag{3.13}$$

ただし，

$$\mathbf{V} = \mathrm{E}[(\mathbf{Z} - \boldsymbol{\mu})(\mathbf{Z} - \boldsymbol{\mu})^{\mathrm{T}}] = \sigma^2 [(\mathbf{I} - \mathbf{S})^{\mathrm{T}}(\mathbf{I} - \mathbf{S})]^{-1} \tag{3.14}$$

$$\mathrm{Cov}(\mathbf{e}, \mathbf{Z}) = \mathrm{E}[\mathbf{e}(\mathbf{Z} - \boldsymbol{\mu})^{\mathrm{T}}] = \sigma^2 (\mathbf{I} - \mathbf{S}^{\mathrm{T}})^{-1} \tag{3.15}$$

すなわち，同時自己回帰モデルとは，

$$Z_i = \mu_i + \Sigma_j s_{ij}(Z_j - \mu_j) + e_i \tag{3.16}$$

で表される．Z は目的変数であり，μ はその平均である．「同時」とは，二つ以上の変数を同時に取り上げるという意味で，「自己回帰」とは目的変数が説明変数でもある，すなわち，Z_i の Z_j の上への回帰という意味である．$(\mathbf{I} - \mathbf{S})$ は可逆的であり[1]，$\mathbf{S}$ の対角要素は 0 である．$\mathbf{S}$ のパラメーター化は，1 組の地点に課せられたエッジ構造（edge structure）に基づいている．

(a) 単一パラメーター SAR モデル： 今，$\mathbf{S} = \rho \mathbf{W}$ であるとしよう．ρ は定数，$\mathbf{W} = \{w_{ij}\}$ であり，エッジ構造を示す．図 3.8 に示すような格子データで加重がない場合，

$$\begin{aligned} w_{ij} &= 1 \quad j \text{ が } i \text{ の東西南北にすぐ接している場合} \\ w_{ij} &= 0 \quad \text{そうでない場合} \end{aligned} \tag{3.17}$$

となる．平均が定数をとると仮定すると，地点 (s_1, s_2) に対し，単一パラメーター SAR モデルは次のように表される．

$$Z(s_1, s_2) = \mu + \rho[Z(s_1+1, s_2) + Z(s_1-1, s_2) + Z(s_1, s_2+1) + Z(s_1, s_2-1) - 4\mu] + e(s_1, s_2) \tag{3.18}$$

一般的空間データに対しては，

$$Z_i = \mu_i + \rho \Sigma_{j \in N(i)} w_{ij}(Z_j - \mu_j) + e_i \tag{3.19}$$

で示される．ただし，$N(i)$ は i に隣接している地点である．$(\mathbf{I} - \rho \mathbf{W})$ の可逆性を保証するため，ρ の値には制限がつけられる．たとえば，図 3.8 で示されたような格子

図 3.8 格子データのエッジ構造

---

[1] 可逆的（invertible）とは，$\mathbf{A}\mathbf{A}^{-1} = \mathbf{A}^{-1}\mathbf{A} = \mathbf{I}$ が成り立つことである．

図 3.9 単一パラメーター SAR モデル（$\rho = 0.15$）に対する 7×7 の格子上での個々の地点の分散（Haining, 1988）

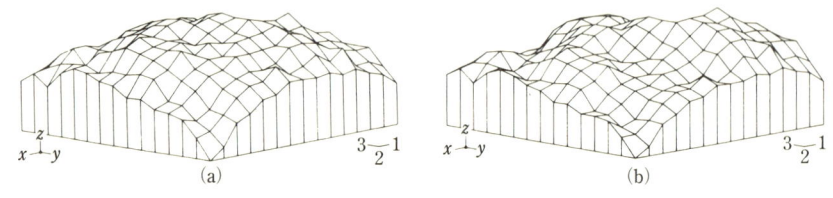

図 3.10 異なった誤差構造をもった 2 次傾向面（Haining, 1990）
(a) SAR 誤差（$\rho = 0.15$），(b) SAR 誤差（$\rho = 0.24$）．

データの場合，$|\rho| < 0.25$ となる．図 3.9 は，7×7 の格子上で $\rho = 0.15$ をもつ単一パラメーター SAR モデルによる個々の地点に対する分散を示している．これからも明らかなように，$\mathbf{V}$ の対角要素は 1 ではなく，共分散も位置の関数である．図 3.10 は，$\boldsymbol{\beta}^T = (0.0, 4.0, 4.0, -0.2, -0.2, -0.1)$ の 2 次傾向面に SAR 誤差を加えた状態を示している．図 3.10(a) は $\rho = 0.15$，(b) は $\rho = 0.24$ の場合であり，空間変動が大きい．

(b) 最尤法によるパラメーターの推定：n 個の観測値 $\mathbf{z}^T = (z_1, \cdots, z_n)$ が多変量正規（multivariate normal：MVN）分布 MVN$(\boldsymbol{\mu}, \mathbf{V})$ から導出されたと仮定しよう．ただし，$\boldsymbol{\mu}$ は観測値の平均，$\mathbf{V}$ はその分散である．今，前項で示したように，観測値の変動をモデル $\mathbf{z} = \boldsymbol{\mu} + \mathbf{e}$ で説明しようとしている．平均 $\boldsymbol{\mu}$ は $\mathbf{A}\boldsymbol{\beta}$ と傾向面で表現され，$\mathbf{e}$ は誤差項である．このような場合，$\boldsymbol{\mu}$ と $\mathbf{V}$ の二つの未知のパラメーターを推定しなければならない．

この推定に関しては，図 3.11 に示されるような，$\boldsymbol{\mu}$ と $\mathbf{V}$ に対する反復的循環推定法が通常推奨される．まず，$\boldsymbol{\mu}$ に対するモデルが選択される．ここでは傾向面モデルが選ばれるが，回帰モデルが利用される場合が多い．次に，$\boldsymbol{\mu}$ の初期推定量を求める．もし，$\mathbf{V} = \sigma^2 \mathbf{I}$ であると仮定するならば，一定の平均（$\boldsymbol{\mu} = \mu \mathbf{1}$）と傾向面モデル（$\boldsymbol{\mu} = \mathbf{A}\boldsymbol{\beta}$）に対する最小 2 乗推定量は，次式で示される．

$$\text{平　均}\quad \hat{\mu} = (\mathbf{1}^T \mathbf{1})^{-1} \mathbf{1}^T \mathbf{z} \qquad \hat{\mu} \text{ は } N(\mu, \sigma^2 (\mathbf{1}^T \mathbf{1})^{-1}) \tag{3.20}$$

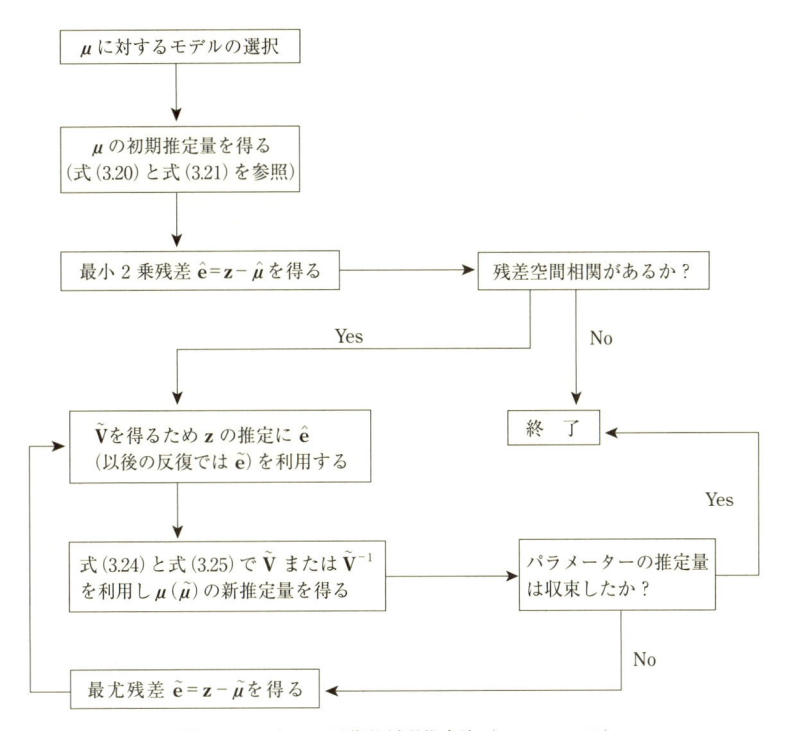

第3章　空間的自己相関と地理的応用

図3.11 Vとμの反復的循環推定法（Haining, 1990）

$$\text{傾向面} \quad \hat{\beta} = (A^T A)^{-1} A^T z \quad \hat{\beta} \text{ は } N(\beta, \sigma^2 (A^T A)^{-1}) \tag{3.21}$$

この結果を利用して，最小2乗残差が計算される．そして反復循環過程の第1ラウンドで，この残差の中に空間的相関があるかどうかを検定する．残差自己相関（residual autocorrelation）は，次のような一般モラン係数（generalised Moran coefficient：GMC）を計算することで，検討される．

$$\text{GMC} = \hat{e}^T W \hat{e} / \hat{e}^T e \tag{3.22}$$

ただし，$\hat{e}$ は最小2乗残差で，$\hat{e} = z - \mu$ で表される．Wは，エッジ構造を示す行列である（式(3.17)参照）．もし残差自己相関がないならば，パラメーターの推定は終了する．

もし残差自己相関があるならば，$\tilde{V}$ を得るため，n 個の観測値に対する対数尤度関数

$$-\frac{1}{2} \left[\ln|V| + (z - \mu)^T V^{-1} (z - \mu)^T \right] \tag{3.23}$$

を最大化する最尤（maximum likelihood：ML）推定を行う．第1ラウンドでは，データに基づきVに対する最適なモデルを指定するため，最小2乗残差 $\hat{e}$ が利用される．第2ラウンド以降では，以下で求められる最尤残差 $\tilde{e}$ を利用する．

Vが得られたならばそれを利用して，新しい推定量は，次式から計算される．

$$\tilde{\mu} = (\mathbf{1}^T\mathbf{V}^{-1}\mathbf{1})^{-1}\mathbf{1}^T\mathbf{V}^{-1}\mathbf{z} \quad \tilde{\mu}はN(\mu, (\mathbf{1}^T\mathbf{V}^{-1}\mathbf{1})^{-1}) \quad (3.24)$$

$$\tilde{\beta} = (\mathbf{A}^T\mathbf{V}^{-1}\mathbf{A})^{-1}\mathbf{A}^T\mathbf{V}^{-1}\mathbf{z} \quad \tilde{\beta}はN(\beta, (\mathbf{A}^T\mathbf{V}^{-1}\mathbf{A})^{-1}) \quad (3.25)$$

この最後の二つの過程では，Vの推定量が獲得され，それは順次μの推定量の更新へと使われる．この二つの過程は，パラメーターの推定量が収束するまで繰り返される(図3.11)．

（4）適 応 例

衛星画像の反射量を利用して，イギリス海峡への汚染物質のポンプを使った排出による汚染水準の状況を調べた（Haining, 1987）．三つのサンプル海域は排出地点から異なった距離にあり，海域1, 2, 3の順で汚染の排出地点から遠くなる．

このようなデータに対し，SAR誤差をもつ傾向面モデルが適合された．傾向面の推定は，排出地点からの汚染物質の拡散の測定を与えるであろう．特に，傾向面のパラメーター値は，拡散勾配を示すであろう．非対角の散布度行列Vを考察することは，この事例に対し二つの点で正当化できる．第1に，衛星画像データは，記録装置の特徴のため空間的相関をもつ．第2に，ピクセル内の汚染状態は，小規模な潮流や波の作用などの局地的混合や局地的拡散によって影響されているであろう．

さまざまな次数の傾向面が，反復最尤法（iterative maximum likelihood procedure）を用い，さらに，残差自己相関に対しては1次反復での最小2乗残差を検定して，適合された．有意な残差自己相関が見出されたときは，Vに対し適切なモデルが選べるようラグ6までの相関が推定された．モデルのパラメーターに関する有意検定は，推定量の漸近的分散共分散行列の推定を利用した．

表3.1は，三つの海域に対し，最小2乗法による0次元傾向面モデルのパラメータ

表3.1 最小2乗法による0次傾向面モデルのパラメーター推定（海上汚染データ）

推定量	海 域		
	1	2	3
$\hat{\beta}_{00}$	2.95	2.17	0.87
SE$(\hat{\beta}_{00})$	0.17	0.05	0.03
GMC	8.16	5.26	5.79

表3.2 0次傾向面モデルからの最小2乗残差に対するラグ6までの空間的自己相関

海域	R*(0)	R*(1)	R*(2)	R*(3)	R*(4)	R*(5)	R*(6)
1	1.0	0.66	0.43	0.26	0.14	0.03	−0.06
2	1.0	0.42	0.31	0.26	0.14	0.06	−0.09
3	1.0	0.46	0.22	0.05	−0.05	−0.13	−0.08

表 3.3 SAR モデルによる 0 次傾向面モデルのパラメーター推定（海上汚染データ）

海域	$\hat{\beta}_{00}$	SE($\hat{\beta}_{00}$)	$\hat{\rho}$	SE($\hat{\rho}$)	$\hat{\sigma}^2$	$R^2 \times 10$
1	2.51	0.44	0.23	0.01	0.77	67.1
2	2.09	0.11	0.16	0.02	0.19	30.9
3	0.78	0.08	0.18	0.01	0.07	41.2

一推定結果を示している．$\hat{\beta}_{00}$ は平均の推定量である．また，SE($\hat{\beta}_{00}$) はその標準誤差，GMC は標準正規偏差としての一般モラン係数を示している．GMC がいずれも高い値をもっていることから，これら三つの海域のデータには残差に有意な自己相関が内在していることが明らかになった．そこで表 3.2 では，0 次傾向面モデルからの最小 2 乗残差に対するラグ 6 までの空間的自己相関を与えている．相関値は，ラグが大きくなるにつれて単調減衰している．

同様に，1 次傾向面を適合したところ，0 次傾向面における低次のラグの空間的自己相関が，1 次傾向面のそれに比べ高いことが明らかになった．このことは，0 次傾向面からのラグ相関がモデルの次元の誤った仕様に基づいて推定されていることを表している．

表 3.3 において，0 次傾向面モデルでは，海域 1 のデータに対し SAR パラメーター (ρ) の推定値が定常的最大に近く，信頼できないようである．なお 1 次傾向面モデルでは，高次の係数はいずれも有意であることから，このモデルがよく適合している．0 次傾向面モデルで SAR パラメーターが大きかったのは，この傾向の存在に基づいていると考えられる．

このように SAR 誤差をもった傾向面モデルの適合は，海面上の汚染物質の拡散的特徴と流出地点に対する 3 海域の位置関係の側面からみると，かなり理にかなった結果を与えた．汚染の排出地点に近い海域 1 では，1 次傾向面が適合した．これは，汚染源に近いことから図 3.7(a) に示すように汚染の空間変動が線形の形で明確に現れていることを示している（なお平均は $\hat{\beta}_{00} = 5.09$）．次に近い海域 2 では，2 次傾向面モデルが適合した．これは，波や潮流の影響の結果，図 3.7(b) に示すように汚染の空間変動がぼやけ始めていることを表している（$\hat{\beta}_{00} = 1.60$）．最も沖合の海域 3 では，0 次傾向面が適合した．この傾向面は平均面を表しているので，汚染が一様に広がった状態を記述していることになる（$\hat{\beta}_{00} = 0.78$）．

第4章 クリギングと地理的応用

4.1 空間的補間法

　ある地域において，1種類の属性が点データとして取得できたとしよう．そのとき，データのない地点でその属性値を推定する方法を考えてみよう．観測を行った地域内でデータのない地点の属性値を推定する方法は，空間的補間，または，内挿（spatial interpolation），観測を行った地域外でのデータ推定法は空間的補外，または，外挿（spatial extrapolation）と呼ばれている．

　空間的補間法は，属性が空間的にどのように分布するかに従って，離散空間での変動モデルと連続空間での変動モデルに分けられる（バーロー，1990）．離散モデルでは，重要な変動はすべて境界で起こると仮定しており，主題図を描くときに用いられる境界線の描画法やティーセンポリゴンの生成法があげられる．連続モデルでは，空間的変動を数学的に定義できる滑らかな曲面で記述できると仮定する．この連続モデルは，さらに，すべての地点データからモデルを構築する全域的補間法と，推定地点の周辺のデータのみを利用する局地的補間法に分けられる．全域的補間法は，地域の広い範囲の空間変動をモデル化する手法で，傾向面モデルやフーリエ級数などがある．局地的補間法は近隣地点のデータのみを使った当てはめ法で，他地点における補間値に影響を与えず，局地的異常値に対応できる．この手法としては，スプライン（Kohsaka, 1992）や移動平均，そして本章で取り上げるクリギングがある．

4.2 地域化変数

（1）地域化変数とは

　地球統計学（geostatistics）は，応用統計学の特別な1分野として今日広く知られている．地球統計学では，元来，鉱山における鉱物含有量（ore grade）の変化を推定するとき生じるさまざまな問題点に取り組んできた．この分野を切り開いたのは，フランスのフォンテンブローにある形態数学センター（Centre de Morphologie Mathmatique）のG. Matheron（1970）であった．地球統計学は今日では，地質学や他の自然科学などさまざまな分野においても，いろいろな形で応用されている．

　地球統計学の主要概念の一つに，地域化変数（regionalized variable）がある．この

変数は，純粋な確率変数と完全な確定変数との間の中間的特性をもっている（Davis, 1986, 239-240）．典型的な地域化変数は，地理的分布をもった自然現象を記述する関数である．たとえば，標高とか，鉱山内の鉱物含有量の変化，井戸内で計測された自然発生的な電位などがこの例に当たる．地域化変数は，確率変数と異なり，地点を通じ連続している．しかし，その変化は複雑で，どのような確定関数で記述することもできない．

地域化変数が空間的に連続するといっても，通常はそのすべての値が知られているわけではない．その代わり，その値は，特定の地点から取得されたサンプルを通じてのみ知られる．これらのサンプルの規模，形状，指向性，および，空間的配置は，地域化変数を組み立てる構成要素であり，これらの要素のいずれかが変われば，地域化変数も異なった特性をもつようになろう．

たとえば，広く散らばって存在しているモリブデン鉱床において，鉱石の含有量の変動を決定したいと考えているとしよう．2インチのダイヤモンドドリルによるコアの分析から得られた答えは，廃石用トロッコ相当の量の鉱石サンプルから選鉱した結果とはかなり異なるであろう．いずれの場合も，鉱山内の同一地点から，同一数のサンプルをとって調査を行っている．しかしながら，一方ではサンプル量は数 cm^3 であるのに対し，他方では数 m^3 の大きさである．この違いは，必然的に，鉱山を通じ地図化しようとしている鉱石含有量の変動パターンに影響を与えるに違いない．地球統計学の主要な関心は，一つの方法（コアサンプル）から得られた結果を，他の方法（採鉱ブロック）から得られた結果に関連づけることである．

地質学をはじめとする地球科学で取り扱う多くの曲面（サーフェス）は，地域化変数として見なすことができる．これらの曲面は地点を通じて連続しているので，短距離内では空間的に相関しているに違いない．しかし，不規則な曲面上で遠く離れた地点間では，統計的に独立する傾向がある．セミバリオグラムとは，このような地域化変数の空間的連続性の度合いを表現する方法である．もし，調査（サンプル）地点における値が観測され，そのセミバリオグラムの形状が知られたならば，調査されていないどのような地点に対してもその曲面の値を推定することが可能となる．

地球統計学は，このような曲面に対する地域化変数の形式を推定することとかかわっている．本章では，その推定方法としてクリギングと呼ばれる方法を取り上げ考察するとともに，地理的な応用例を紹介する．

（2） **地域化変数と確率関数**

多くの科学分野では，データは多変量の時空間データとして取得される．すなわち，現象はある時点において，ある地点に対し，いくつかの属性の側面から観測される．しかしここでは，一つの属性のみを取り上げ，空間的側面に集中し，時間的側面は考慮しない．今，地点のインデックスを $\alpha = 1, 2, 3, \cdots, n$ で示そう．地点が三つの空間

座標 $(x_\alpha^1, x_\alpha^2, x_\alpha^3)$ で表現できるとすると，地点はこのベクトル $\mathbf{x}_\alpha$ で示される．すると，n 個の地点に対する観測値は，

$$z(\mathbf{x}_\alpha) \qquad \alpha = 1, \cdots, n$$

で表される．

以上では，調査地点を設けその属性の出現値を観測した．しかし，ある地域 D において調査地点を無限に落とすことができる．そこで，地点のインデックス α をやめることで，次のような地域化変数を定義できる（Wackernagel, 1995, p.26）．

$$z(\mathbf{x}) \qquad \mathbf{x} \in D \tag{4.1}$$

データセット $\{z(\mathbf{x}_\alpha), \alpha = 1, \cdots, n\}$ は，地域化変数の値の集合である．

データセット内の各値は，地域で観測された値，すなわち，地域化値（regionalized value）である．この地域化値が，ある確率的メカニズムの中から生まれたと考えることで，確率変数が導入される．すなわち，標本値 $z(\mathbf{x}_\alpha)$ は確率変数 $Z(\mathbf{x}_\alpha)$ から導き出されたものであると考えるのである（大文字 Z は確率変数を示し，小文字 z はその実現を表していることに注意せよ）．この確率変数は，地域内の各地点に対し異なる特性を先験的に有している．

地域内のすべての地点における地域化値を考察するとき，それに関連した関数 $z(\mathbf{x})$ は地域化変数であった．この関数は全体として，無限組の確率変数（各地点に対し一つの確率変数）から導き出されたものとして見なされ，確率関数 $Z(\mathbf{x})$ と呼ぶことができる（地域化変数 $z(\mathbf{x})$ は確率関数 $Z(\mathbf{x})$ の一つの実現である）．

図 4.1 はデータを二つの異なった視点からみることによって，確率関数がどのように組み立てられるかを示している．第1の側面は，データ値が物理的環境（空間）から発生しており，地域内のそれらの地点に依存していることを表している．すなわち，データ値は「地域化されている（regionalized）」のである．第2の側面は，地域化さ

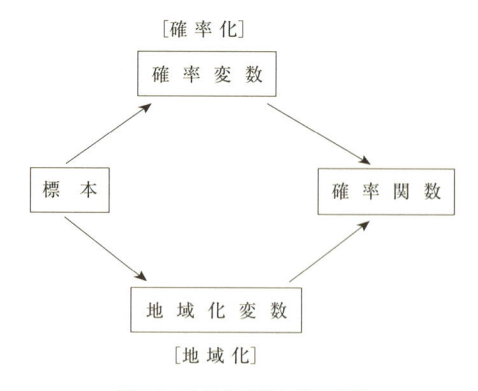

図 4.1 地域化変数と確率関数

第4章 クリギングと地理的応用

$$
\begin{array}{ccccc}
R_AF & Z(\mathbf{x}) & \rightarrow & Z(\mathbf{x}_\alpha) \\
\downarrow & \downarrow & & \downarrow \\
R_EV & z(\mathbf{x}) & \rightarrow & z(\mathbf{x}_\alpha)
\end{array}
$$

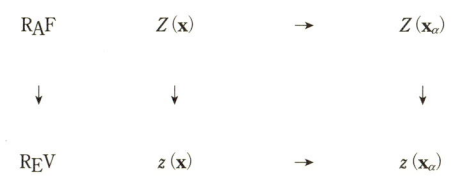

図 4.2 確率関数の実現としての地域化変数

れたデータ値の発生メカニズムとかかわり，確定関数ではなく，確率的メカニズムの結果として発生しているという点にある．地域化（regionalization）と確率化のこれら二つの側面を統合することによって，確率関数の概念は成立するのである．

図 4.2 では，$z(\mathbf{x})$ で表される地域化変数（R_EV）が $Z(\mathbf{x})$ で示される確率関数（R_AF）の一つの実現であることを示している（Wackernagel, 1995, 27-28）．特定の地点 $\mathbf{x}_\alpha$ における地域化値 $z(\mathbf{x}_\alpha)$ は，それ自身，無限の確率変数族である R_AF，すなわち $Z(\mathbf{x})$ の，一構成員である $Z(\mathbf{x}_\alpha)$ に対する一つの実現である（大文字 Z は確率変数を示し，小文字 z はその実現を表している）．地点 $\mathbf{x}_\alpha$ はサンプルをとるため調査されているかいないかにかかわらず，地域内の任意の地点である．

4.3 セミバリオグラム

半分散（セミバリアンス：semivariance）は，地球統計学の基本的統計計測の一つである．これは，空間的隔たりに対する地域化変数の変化率を表し，観測地点間の空間的従属性（spatial dependence）の程度を測定している．

説明をわかりやすくするため，観測値は深度の測量としよう．さらに，測量地点は直線に沿って一定距離 Δ の間隔で配列され，測量値はそれらの地点から取得されているとしよう．すると，半分散は Δ の乗数である距離に対し，次のように推定できる．

$$\gamma_h = \sum_{i}^{n-h} (Z_i - Z_{i+h})^2 / 2n \tag{4.2}$$

ただし，Z_i は地点 i での地域化変数の測量値，Z_{i+h} は間隔 h だけ離れた他の測量値である．したがって，半分散は距離 Δh だけ離れた2地点間における測量値の差の2乗和で表される．n は測量地点の数で，$n-h$ は2地点間で比較される数である．

さまざまな h の値に対し半分散を計算し，それらをそれぞれ横軸と縦軸にとり値をプロットしたものが，セミバリオグラム（semivariogram）である．図 4.3(a) は，マゼラン海峡にある 21 km の測線に沿って，地震反射波により測量された白亜紀の地層の最高点に対する深度を示している．測量は 300 m ごとに行われ，深度は海面からのメートルで表されている．図 4.3(b) は，この深度に対し半分散をメートル単位で計測するとともに，その結果をセミバリオグラムとしてプロットしたものである．

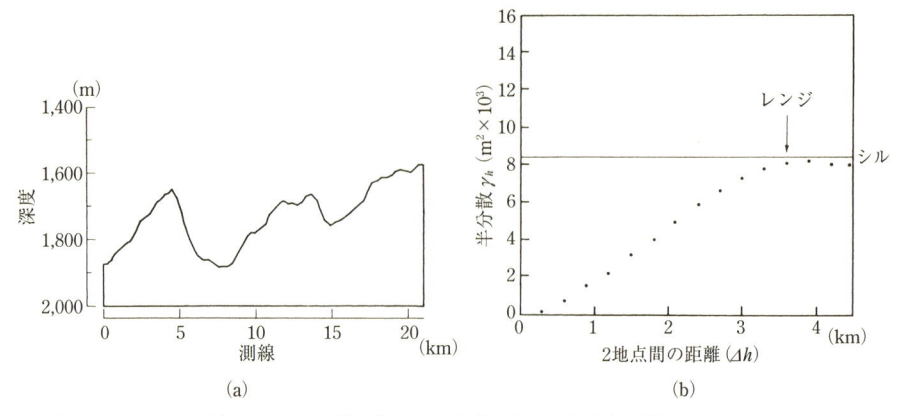

図 4.3 マゼラン海峡の 21 km の測線に沿った (a) 海面からの深度と (b) そのセミバリオグラム (Olea, 1977)

　測量地点間の距離が 0 のとき，各地点の値はそれ自身と比較することになる．したがって，相違はすべて 0 となり，その半分散 γ_0 も 0 となる．もし，Δh が短い距離のとき，比較される地点はかなり似た値をとる傾向がある．その結果，半分散は小さな値となるであろう．Δh が増加するにつれて比較される地点は関連がなくなり，相違（値の差）は大きくなり，γ_h の値も大きくなる．比較される地点が非常に離れたとき，相互の間ではもはや関連がなくなる．その結果，それらの差の平方は，平均値のまわりの分散に等しくなる．半分散はもはや増加せず，セミバリオグラムはシル（sill）と呼ばれる平坦部を形成するようになる（図 4.3(b) で横線で示されている）．半分散が分散に達する距離は，地域化変数のレンジ，または，スパンと呼ばれ（同図の矢印），地点が相互に関連する近傍を設定する．

　以上は 1 次元の線分に対するものであったが，2 次元空間内の任意の地点に対しては，その地点の周囲にある一定区域として近傍をとらえることができる．もし，地域化変数が定常的であるならば，言い換えると，どこでも同じ平均値をもつならば，その区域の外側のどの地点も中心地点から完全に独立しており，その地点における地域化変数の値について何ら情報を得ることはできない．しかしながら，近傍内では，すべての測定地点における地域化変数は中心地点の地域化変数の値と関連しており，それゆえその値を推定するのに利用できる．もし，中心地点での地域化変数の値を推定するため，近傍内の地点に対し多くの測量が行われたならば，セミバリオグラムは，これらの各々の測量に適切な重み（ウエイト）を割り振るのに使われる．

　半分散は距離 Δh だけ離れた 2 地点間の差を平方し平均化したものに等しいばかりでなく，その差の分散にも等しい．すなわち，半分散は次のように定義できる．

$$\gamma_h = \Sigma\{(X_i - X_{i+h}) - \Sigma(X_i - X_{i+h})/n\}^2/2n \tag{4.3}$$

ただし，地域化変数 X_i の平均は，地域化変数 X_{i+h} の平均でもある．なぜならば，これらは同じ測量値であり，単に順番が異なっただけである．すなわち，

$$\Sigma X_i/n = \Sigma X_{i+h}/n$$

したがって，差は，

$$\Sigma X_i/n - \Sigma X_{i+h}/n = 0$$

のようにならなければならない．さらに合計をまとめると，

$$(\Sigma X_i - \Sigma X_{i+h})/n = \Sigma(X_i - X_{i+h})/n = 0$$

となる．この結果を式（4.3）に代入すると，分子の第2項は0となり，式（4.3）は式（4.2）と等しくなる．この関係は厳密には地域化変数が定常的であるときのみ成立する．もしデータが定常的でないならば，その平均は h とともに変わり，式（4.3）は修正されなければならない．

半分散は，自己共分散や自己相関のような他の統計量との間で数学的関係があることも考えられる．地域化変数が定常的な場合，図4.4(a) で示すように距離 Δh に対する半分散（γ_h）は，同じ距離に対する自己共分散（σ_h^2）を分散（σ_0^2）から引いたものに等しい．ただし，分散はラグが0の共分散であり，また，セミバリオグラムのレンジをこえた h に対しては，$\gamma_h = \sigma_0^2$ となる．もし地域化変数が定常的でさらに（平均が0，分散が1に）標準化されているとき，図4.4(b) で示すようにセミバリオグラムは自己相関の逆像になる．

しかしながら実際には，地域化変数は定常的ではなく，むしろその平均値は地点ごとに異なるであろう．このような変数に対しセミバリオグラムを計算するとき，それは上記した特徴をもたないであろう．しかし，式（4.3）で与えられた半分散の定義をもう一度みるならば，半分散は二つの成分を含んでいることがわかる．一つは地点

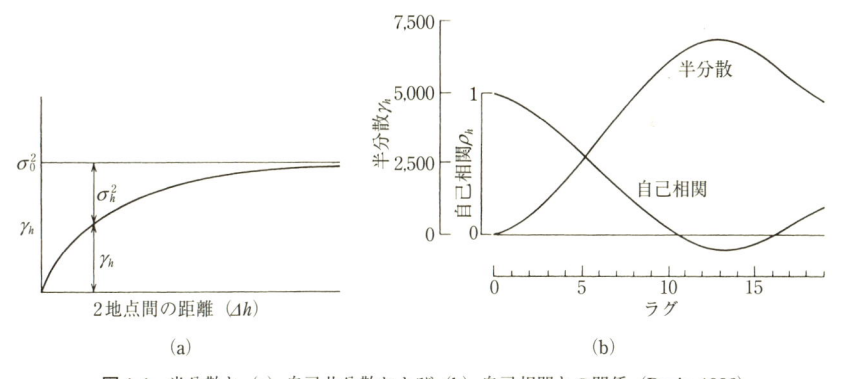

図 4.4 半分散と (a) 自己共分散および (b) 自己相関との関係（Davis, 1986）

間の差であり，もう一つはその差の平均である．もし地域化変数が定常的であるならば，第2の成分は消える．しかしながら定常的でないならば，この平均はある値をもつであろう．

実際に，地域化変数は，残差（residual）とドリフト（drift）の二つの部分から構成されていると見なすことができる．ドリフトとは，地点iにおける地域化変数の期待値であり，計算上は，その地点を中心とした近傍内の全地点の加重平均として求められる．ドリフトは元の地域化変数を平滑化した近似形を示しているのである．地域化変数からドリフトを除いたならば，残差 $R_i = X_i - \bar{X}_i$ はそれ自身地域化変数と見なされ，その局地的な平均値は0に等しくなるであろう．言い換えると，残差は定常的であり，そのセミバリオグラムを計算することも可能となるであろう．

ここにおいて，循環的問題に至ってしまう．近傍の規模とその中の地点に割り振られる重みがわかって初めて，ドリフトは推定できる．しかし，このようにして求められたドリフトを観測値から引くことによって定常的残差は求められ，その残差が近傍の規模やセミバリオグラムの形状を推定するのに利用されることになる．

この段階で，近傍に対する厳密な定義を緩めなければならなくなる．今，ある任意の範囲内ですべての地点が相互に関連した場合，その範囲を，便宜上近傍と定義しよう．このような近傍の中で，次のような簡単な式でドリフトを近似することができると仮定しよう．

$$\bar{X}_0 = \Sigma b_1 X_i$$
$$\bar{X}_0 = \Sigma (b_1 X_i + b_2 X_i^2)$$

第1式は線形ドリフト，第2式は2次ドリフトを表している．計算では，任意の近傍内の全地点を利用することになる．その結果，近傍の大きさ，ドリフト，そして残差に対するセミバリオグラムの間で相互に関係がみられる．もし近傍が大きければ，ドリフトの計算は多くの地点を利用して行われ，ドリフトそれ自身は非常に平滑なものとなろう．その結果，残差は大きく変動し，セミバリオグラムは形状が複雑になるであろう．逆に，小規模の近傍の指定は大きく変動するドリフトを生み，小さな残差と単純なセミバリオグラムになる．

ドリフトに対する係数bを決めるため，1組の同時方程式を解く必要がある．これについては，本章5節で取り上げられる．方程式における唯一の変数は，地点iと近傍内の他地点との間のさまざまな距離に対応した半分散である．しかしながら，必要な半分散を得るためのセミバリオグラムをまだもっていない．そのため，セミバリオグラムに対する合理的形状を仮定し，それを1次近似として利用しなければならない．単純なセミバリオグラムの形状を推測することはかなり容易であり，したがってこれは，できるだけ小さな規模の近傍を利用するという議論になる．

次にドリフトの実験的推定値がそれらに対応した観測値から差し引かれ，1組の実

験的残差が得られる．そして，これらの残差に対しセミバリオグラムが計算され，その形状と最初に仮定されたセミバリオグラムの形状とが比較される．もし仮定が適切であるならば二つは一致し，ドリフトとセミバリオグラムの形状をうまく導出したことになる．多くの場合それらは異なり，形状の仮定を再び行わなければならない．

セミバリオグラムとドリフト式の満足のいく表現を同時に見出すプロセスは，地域化変数の構造分析の重要な部分である．それはある程度アート（芸術）であり，経験や忍耐，ときには幸運を必要とする．結果は一意的なものではないので，このプロセスは満足のいくものではない．ドリフト，近傍，セミバリオグラムのモデルのさまざまな組み合わせは，ほぼ同じような結果をもたらすであろう．特に，地域化変数が大きな誤差を含み，わずかなデータしかないとき，この傾向は強くなる．このような場合，推定値の適切な組み合わせに到達できたかを知ることは難しくなる．

4.4 セミバリオグラムモデル

セミバリオグラムを実際に描く場合には，距離 h だけ隔てられた1対の観測値 Z_i と Z_{i+h} に対し，その値の差の平方，すなわち，

$$\gamma_h^* = (Z_i - Z_{i+h})^2/2$$

を計算することで始められる．そして図4.5(a)のように，横軸に距離 h を，縦軸に γ_h^* をとったグラフ上に，観測値から求めた半分散（式（4.2）参照）をプロットすることで，セミバリオグラム雲が得られる．セミバリオグラム雲の分布傾向は，距離が長くなるにつれて観測値の相違度を示すセミバリオグラムも大きくなる．しかしながら，ある値以上の距離になると，セミバリオグラムは変化せず一定になる．

このようなセミバリオグラム雲に対し実験と理論の二つのセミバリオグラムが当てはめられる．実験的セミバリオグラムは，図4.5(b)に示すように，距離をいくつかのクラスに分け，各クラスの共分散の平均を求めることで示すことができる．理論的

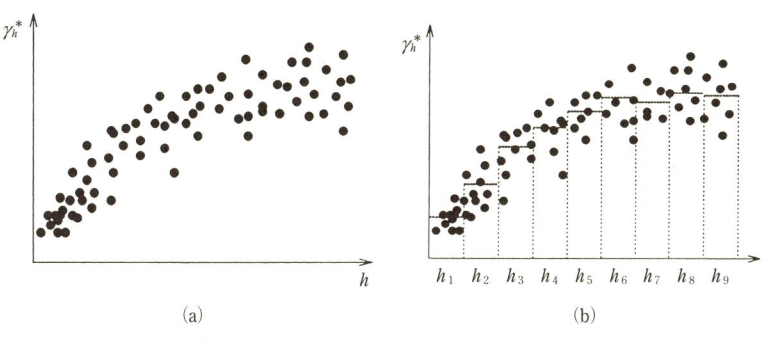

図 4.5 (a) セミバリオグラム雲と (b) 実験的セミバリオグラム

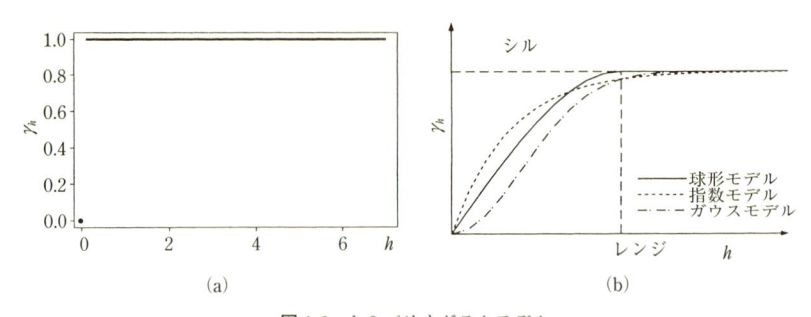

図4.6 セミバリオグラムモデル
(a) ナゲット効果モデルと (b) 球形, 指数, ガウスの各モデル.

セミバリオグラムは，セミバリオグラム雲に対し，さまざまな理論的な分布モデルを当てはめることで表される．図4.6では，ナゲット効果と，球形（spherical），指数，ガウスの各モデルを示している（Goovaerts, 1997, 88-90）．

これら四つのセミバリオグラムモデルは，しばしば利用される基本的モデルであり，次のように定式化できる．

ナゲット効果モデル：

$$g(h) = \begin{cases} 0 & h = 0 \text{のとき} \\ 1 & \text{その他のとき} \end{cases} \qquad (4.4)$$

球形モデル：

$$g(h) = \text{Sph}\left(\frac{h}{a}\right) = \begin{cases} 1.5 \times (h/a) - 0.5 \times (h/a)^3 & h \leq a \\ 1 & \text{その他のとき} \end{cases} \qquad (4.5)$$

指数モデル：

$$g(h) = 1 - \exp\left(-\frac{h}{a}\right) \qquad (4.6)$$

ガウスモデル：

$$g(h) = 1 - \exp\left(-\frac{h^2}{a^2}\right) \qquad (4.7)$$

これらのモデルを利用すると，セミバリオグラムは $\gamma_h = b_0 + b_1 \times g(h)$ で示される．ただし，b_0 はナゲット分散，$b_0 + b_1$ はシルに等しい．次節に示すようにクリギングにおける重みは，このセミバリオグラムに当てはめられた数学モデルに基づき求められる．

4.5 クリギング

ある地域において，n 個の地点 $\mathbf{x}_\alpha$，$\alpha = 1, \cdots, n$ に対し，変数 Z の観測値，$Z(\mathbf{x}_1)$，

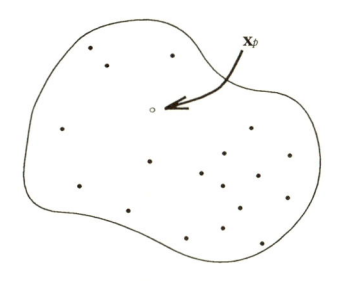

第4章 クリギングと地理的応用　　53

図 4.7 地域におけるデータ観測地点（●）とデータ推定地点（○）

…, $Z(\mathbf{x}_n)$ があるとしよう．問題は，図 4.7 に示すように，観測値のない地点 $\mathbf{x}_p$ における変数 Z の推定値 $Z^*(\mathbf{x}_p)$ を求めることである．この問題は，本章 1 節で示したように，空間的補間法で解決でき，傾向面分析，スプライン，移動平均などさまざまな方法が開発されてきた．本節では，空間的自己共分散を用いた方法を示す．この方法は，採鉱技師 D. G. Krige にちなんで，クリギング（kriging）と呼ばれている (Wackernagel, 1995, p. 19)．

クリギングでは，$Z(\mathbf{x}_p)$ に対する推定値 $Z^*(\mathbf{x}_p)$ を求めるのに，その周囲の n 個の観測値の重みつき移動平均を利用する．すなわち，

$$Z^*(\mathbf{x}_p) = \sum_{\alpha=1}^{n} \omega_\alpha Z(\mathbf{x}_\alpha) \tag{4.8}$$

である．ただし，$\{\omega_\alpha\}$ は重みである．クリギングが通常の重みつき移動平均法と異なるのは，重みに観測値から得られたセミバリオグラムを利用する点にある．

常クリギング（ordinary kriging）は，クリギングの中で最も広く利用されている方法である．以下では，特に断らない限り，常クリギングをクリギングと呼ぶ．

クリギングでは，推定誤差の平均と分散がどのようであるかをみてみよう．推定誤差（estimation error）とは，次のように $\mathbf{x}_p$ における推定値と真の（しかし知られていない）値との差である．

$$\varepsilon_p = Z^*(\mathbf{x}_p) - Z(\mathbf{x}_p) \tag{4.9}$$

今，推定式（4.8）で使われる重みの総和が $\sum_{\alpha=1}^{n} \omega_\alpha = 1$ であるとすると，ドリフトがないならば，推定誤差は不偏（unbiased）となる．すなわち，推定誤差の平均は，

$$\begin{aligned} \mathrm{E}[Z^*(\mathbf{x}_p) - Z(\mathbf{x}_p)] &= \mathrm{E}\left[\sum_{\alpha=1}^{n} \omega_\alpha Z(\mathbf{x}_\alpha) - Z(\mathbf{x}_p)\sum_{\alpha=1}^{n} \omega_\alpha\right] \\ &= \sum_{\alpha=1}^{n} \omega_\alpha \mathrm{E}[Z(\mathbf{x}_\alpha) - Z(\mathbf{x}_p)] \\ &= 0 \end{aligned} \tag{4.10}$$

となる．これは多くの推定を行った場合，過大推定と過小推定は相殺され，平均誤差（average error）が0となることを意味する．

しかしながら，たとえ推定誤差の平均が0であっても，推定値は真の値のまわりに広く散らばって分布するであろう．この散布状態は，誤差分散で表される．推定値の誤差分散（error variance）は，

$$\sigma_E^2 = \sum_{p=1}^{m} [\{Z^*(\mathbf{x}_p) - Z(\mathbf{x}_p)\}^2]/m$$
$$= E[\{Z^*(\mathbf{x}_p) - Z(\mathbf{x}_p)\}^2] \quad (4.11)$$

で示される．ただし，m は推定地点の数である．なお，この誤差分散の平方根は，推定値の標準誤差（standard error）である．

$$S_E = \sqrt{\sigma_E^2} \quad (4.12)$$

推定値を求めるため，さらに，推定誤差を決めるため，重みの無数の組み合わせの中から一つを選択する必要がある．クリギングでは，推定される変数のセミバリオグラムから得られた値を含んだ1組の同時方程式を解くことによって，重みの最適値が決められる．このような最適な重みでは，得られた推定値が不偏となり，誤差分散（真の値のまわりの推定値の散布）が最小になるように決定される．

今，仮に，三つの観測地点 $\mathbf{x}_1$, $\mathbf{x}_2$, $\mathbf{x}_3$ から地点 $\mathbf{x}_p$ での推定値を求める場合を考えてみよう（Davis, 1986, 384-388）．各観測値に対する重みを ω_1, ω_2, ω_3 で示すと，式（4.11）から，

$$Z^*(\mathbf{x}_p) = \omega_1 Z(\mathbf{x}_1) + \omega_2 Z(\mathbf{x}_2) + \omega_3 Z(\mathbf{x}_3) \quad (4.13)$$

で推定される．ω_1, ω_2, ω_3 に対する最適値を探すため，クリギングでは次のような三つの同時方程式を解くことになる．

$$\left. \begin{array}{l} \omega_1 \gamma(\mathbf{x}_1 - \mathbf{x}_1) + \omega_2 \gamma(\mathbf{x}_1 - \mathbf{x}_2) + \omega_3 \gamma(\mathbf{x}_1 - \mathbf{x}_3) = \gamma(\mathbf{x}_1 - \mathbf{x}_p) \\ \omega_1 \gamma(\mathbf{x}_2 - \mathbf{x}_1) + \omega_2 \gamma(\mathbf{x}_2 - \mathbf{x}_2) + \omega_3 \gamma(\mathbf{x}_2 - \mathbf{x}_3) = \gamma(\mathbf{x}_2 - \mathbf{x}_p) \\ \omega_1 \gamma(\mathbf{x}_3 - \mathbf{x}_1) + \omega_2 \gamma(\mathbf{x}_3 - \mathbf{x}_2) + \omega_3 \gamma(\mathbf{x}_3 - \mathbf{x}_3) = \gamma(\mathbf{x}_3 - \mathbf{x}_p) \end{array} \right\} \quad (4.14)$$

ただし，$\gamma(\mathbf{x}_i - \mathbf{x}_j)$ は地点 $\mathbf{x}_i$, $\mathbf{x}_j$ 間の距離に対する半分散である．なお，半分散については式（4.2）を参照せよ．これらの同時方程式では，観測値のない地点と観測地点との間の半分散（右辺）は，その推定に用いられる観測地点間の半分散の重みつき平均（左辺）に等しいことを表している．さらに，$\mathbf{x}_i - \mathbf{x}_j = \mathbf{x}_j - \mathbf{x}_i$ なので，左辺は対称行列となる．また，$\mathbf{x}_i - \mathbf{x}_i$ は0なので，その半分散も0となり，この行列の主対角要素は0をもつ．半分散の値はセミバリオグラムから求められ，クリギングに先立ち知られて（推定されて）いなければならない．さらに，この解が不偏であることを保証するため，

$$\omega_1 + \omega_2 + \omega_3 = 1.0 \quad (4.15)$$

という第4の方程式も導入される．

三つの未知の値に対し四つの方程式が与えられたことから，ラグランジュ乗数と呼

ばれるスラック変数 λ を加えることによって，最小な誤差分散をもった解を得ることが可能となる．

以上の同時方程式を n 個の観測地点を用いる場合へと一般化するため行列式で書き直すと，次のような $n+1$ 個の線形方程式体系が得られる（Davis, 1986, 385–387）．

$$\begin{bmatrix} \gamma(\mathbf{x}_1 - \mathbf{x}_1) & \cdots & \gamma(\mathbf{x}_1 - \mathbf{x}_n) & 1 \\ \vdots & & \vdots & \vdots \\ \vdots & & \vdots & \vdots \\ \gamma(\mathbf{x}_n - \mathbf{x}_1) & \cdots & \gamma(\mathbf{x}_n - \mathbf{x}_n) & 1 \\ 1 & \cdots & 1 & 0 \end{bmatrix} \begin{bmatrix} \omega_1 \\ \vdots \\ \vdots \\ \omega_n \\ \lambda \end{bmatrix} = \begin{bmatrix} \gamma(\mathbf{x}_1 - \mathbf{x}_p) \\ \vdots \\ \vdots \\ \gamma(\mathbf{x}_n - \mathbf{x}_p) \\ 1 \end{bmatrix} \quad (4.16)$$

これはクリギングに対する方程式体系と呼ばれ，左辺の第1項は観測地点間の半分散（相違度）を示し，右辺は観測地点と推定地点間の半分散を表している．これらの二つの項の値は，前記されたセミバリオグラムやその形状を記述する数理モデルから直接算出される．この方程式体系に対する解は，重みのベクトル $\{\omega_\alpha\}$ である．

もし，$\mathbf{x}_p$ が観測地点の一つであるならば，方程式体系の右辺は，左辺の行列の一つの列に等しくなる．その結果，その列に対する重みは1になり，残りのすべての重みは0となる．このようにクリギングは，観測地点では観測値を利用するのである．

以上のように，クリギング推定では，推定値の誤差分散を最小にするような重みを求め，推定値はその重みを使って移動平均で算出される（式 (4.8) 参照）．クリギングは，推定値の誤差分散が観測値それ自身にではなく，セミバリオグラムと観測地点の空間的分布との二つの側面に基づいている点に特徴がある（Haining, 1990, 186–187）．

4.6 クリギングの応用

図4.8は，フランスのロアール川周辺の 35 km × 25 km の地域における土壌サンプルから観測されたヒ素量の分布を示している（Wackernagel, 1995）．大きな円ほど，土壌内のヒ素の集積量が多いことを示している．クリギングの応用例としては，① 空間的補間，② 空間成分の抽出，③ 平滑化，が知られている．以下では，これらの応用例を示すが，いずれもこの分布図をもとにしている．

（1） 空間的補間

空間的補間に対する方法は，逆距離補間（inverse distance interpolation）などさまざまな方法が開発されてきた．クリギングは，不規則空間データを用いて規則的グリッド上のデータ値を推定するための補間方法として利用されてきた．図4.7に示したように，$\mathbf{x}_p$ をグリッド上の地点と考え，コンピュータを使いそこでの値をクリギングで推定して，格子データを得る．

上記のヒ素量の分布（図4.8）に対し，500 m グリッドを設定し，各グリッド地点に対し，50 の最近傍サンプルに基づいた移動近傍を使って，常クリギングを実行し

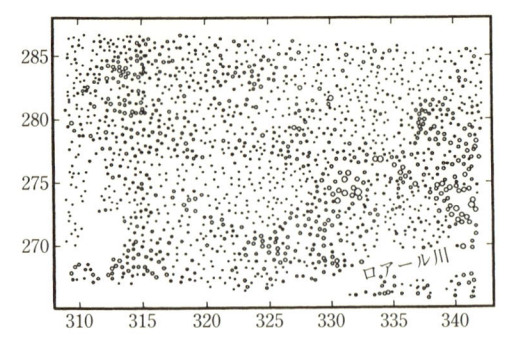

図 4.8 フランスのロアール川周辺の 35 km × 25 km の研究地域における土壌中のヒ素量の分布 (Wackernagel, 1995)

た．図 4.9(a) は，その結果をラスター表現したものである．ヒ素の量が多いほど陰影が濃くなっている．図 4.9(b) は，ヒ素データに対するクリギングの標準偏差をラスター表現で示している．この地図から，各地点における推定の精度をみることができる．白い地点は，データのサンプルがあった地点で，クリギングの誤差は 0 である．陰影が濃くなるほど，推定誤差が大きくなる．

（2） 地域化変数の線形モデル

地域的現象は，しばしば異なったスケールで作用する複数の独立した現象が重なり合ったものとして出現する．地域化変数の線形モデルは，ある現象を表現する確率関数を，異なったセミバリオグラム（共分散関数）をもついくつかの無相関の確率関数へと分解する．本項では，クリギングによって，これらの空間成分を推定することが可能であることを示す．

実験的セミバリオグラムにおいて，複数のシルが識別されたとき，地域化変数の線形モデルが当てはめられる．地域化変数 $Z(\mathbf{x})$ が 2 次定常[1] 確率関数であり，地域化変数の線形モデルと関連づけられるとしよう．すると，$Z(\mathbf{x})$ はさまざまなスケールの空間成分を示す無相関 0 平均の 2 次定常確率変数 $Z_u(\mathbf{x})$ と，$Z(\mathbf{x})$ の平均を表す平

---

[1] 確率変数が領域 D 上で定義された 2 次定常確率関数の小集合であるとしよう．2 次定常性によって，この領域内の 2 地点 $\mathbf{x}$ と $\mathbf{x} + \mathbf{h}$ を結ぶベクトル $\mathbf{h}$ に対し，平均と分散の双方が領域上で不変な変換ができることを意味する．すなわち，

$$E[Z(\mathbf{x}+\mathbf{h})] = E[Z(\mathbf{x})]$$
$$\mathrm{cov}[Z(\mathbf{x}+\mathbf{h}),\ Z(\mathbf{x})] = C(\mathbf{h})$$

平均値 $E[Z(\mathbf{x})] = m$ は，領域内のどの地点 $\mathbf{x}$ においても等しい．1 対の地点間の共分散は，それらを隔てるベクトル $\mathbf{h}$ のみに基づいている．

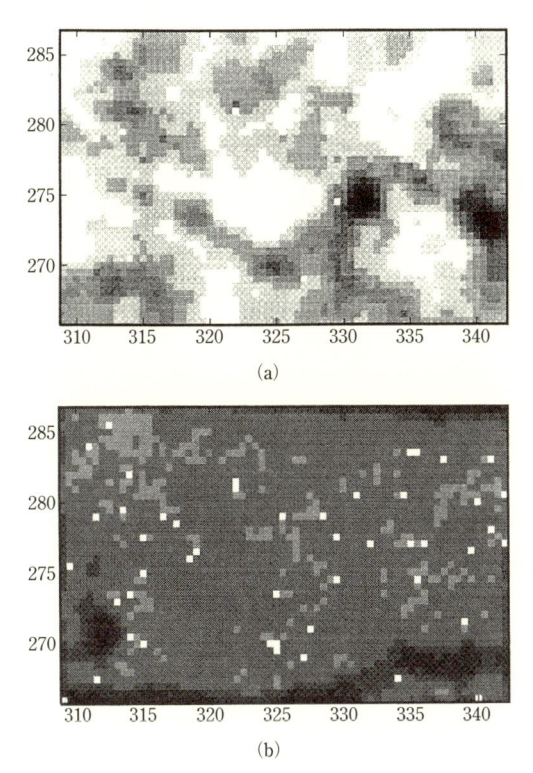

図 4.9 (a) クリギングによるヒ素量分布のラスター表現（グリッドの大きさは 0.5 km × 0.5 km でヒ素量に応じ陰影は濃くなる），(b) クリギングの標準偏差のラスター表現（推定精度を表している）（Wackernagel, 1995）

滑関数 $m_l(\mathbf{x})$ との和として次のように表される．

$$Z(\mathbf{x}) = Z_0(\mathbf{x}) + \cdots + Z_u(\mathbf{x}) + \cdots + Z_s(\mathbf{x}) + m_l(\mathbf{x}) \tag{4.17}$$

これは，局所定常地域化モデル（locally stationary regionalization model）と呼ばれている（Wackernagel, 1995, 95-99）．

すると，セミバリオグラムは，次のような係数 b_u をもった $S+1$ 個の単セミバリオグラムの和で成り立っている．

$$\gamma(\mathbf{h}) = \sum_{u=0}^{S} \gamma_u(\mathbf{h}) = \sum_{u=0}^{S} b_u g_u(\mathbf{h}) \tag{4.18}$$

ただし，$g_u(\mathbf{h})$ は正規化セミバリオグラムである．$b_u, u = 0, \cdots, S$ は，実験的セミバリオグラムで観測された複数のシルである．

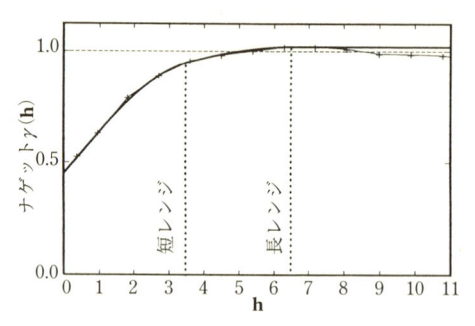

図 4.10 土壌中のヒ素量のセミバリオグラム
(Wackernagel, 1995)
ナゲット効果と 3.5 km および 6.5 km のレンジの二つの球形モデルとで構成された地域化変数の線形モデルに当てはめられた．

（3） 空間成分の抽出

土壌の汚染をモニタリングするとき，汚染物質が高く集中した地区を検出することが目的となる．空間的異常（spatial anomaly）とは，汚染水準が高く空間的に広がった状態であり，それが検出されねばならない．空間的異常は，一つのサンプル地点で検出される場合と，複数の隣接するサンプル地点で検出される場合がある．これらの空間的異常は二つの異なった無相関の空間過程によって発生していると考えられる．1 地点での異常によってナゲット効果が生じ，複数の隣接地点での異常は短レンジ成分をもたらす．さらに，長レンジ成分は背景をなす全体的変動を説明する．

図 4.10 は，図 4.8 で示したヒ素値データ $Z(\mathbf{x})$ に対し，（＋印で）実験的セミバリオグラムを示している．さらに，理論的セミバリオグラムは，ナゲット効果と 3.5 km および 6.5 km のレンジをもつ二つの球形モデルとの和で構成されている．すなわち，

$$\gamma(\mathbf{h}) = b_0 \mathrm{nug}(\mathbf{h}) + b_1 \mathrm{sph}(\mathbf{h}, 3.5\,\mathrm{km}) + b_2 \mathrm{sph}(\mathbf{h}, 6.5\,\mathrm{km})$$

となる．

これに対応した地域化変数の線形モデルは，三つの 2 次定常成分と局地的平均から成り立っている．

$$Z(\mathbf{x}) = Z_0(\mathbf{x}) + Z_1(\mathbf{x}) + Z_2(\mathbf{x}) + m_l(\mathbf{x})$$

図 4.11(a) は，ヒ素値の短レンジ成分のクリギング地図を表している．図 4.8 に示されたヒ素値データ $Z(\mathbf{x})$ の大きな値が，3.5 km という短レンジ成分 $Z_1(\mathbf{x})$ の地図では黒く現れていることが注目される．また，データのない地域で行われた補外がどのような結果を生んでいるかをみることも興味深い．

図 4.11(b) は，長レンジ成分と局地的平均を合わせた地図を示している．長レンジ

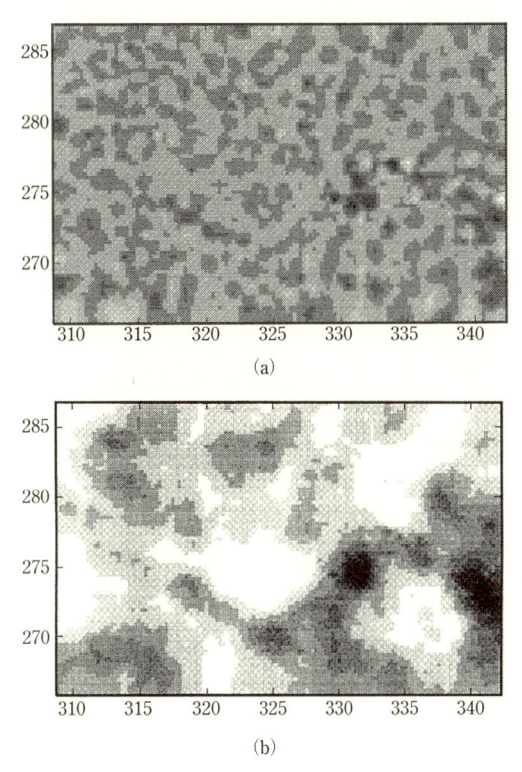

図 4.11 (a) 短レンジ（3.5 km）と関連した成分の地図，
(b) 長レンジ（6.5 km）と関連した成分の地図
(Wackernagel, 1995)

成分 $Z_2(\mathbf{x})$ と局地的平均 m_l の同時抽出は，ナゲット効果 $Z_0(\mathbf{x})$ と短レンジ成分 $Z_1(\mathbf{x})$ をヒ素値データ $Z(\mathbf{x})$ から差し引いたものである．この地図は，通常のクリギング地図（図 4.9(a)）を補間した状態を示している．

第5章 コロプレス地図作成のための単変量に対する分類手法

　地図とは，われわれを取り囲む環境に対する地図学的抽象化である．この抽象化のプロセスには，地図情報の選択（selection），分類（classification），簡略化（simplification），記号化（symbolization）を含んでいる（Dent, 1985）．この中で分類は，属性の空間的変動（spatial variation）のパターンを識別するため，空間分布の基本的構造や特徴を不必要なノイズから分離する試みの一つである．しかしながら，多くの分類手法が存在しており，地図を作成する目的に応じいろいろな取り組みがなされている．

　地図を構成するオブジェクト（幾何要素）の属性は，記号，ラベル，数値のいずれかで記録される．記号では，たとえば郵便局を〒で表す．ラベルとは文字で，たとえば土地利用の種類を「市街地」として記録する．数値は，名目，序数，距離，比例のいずれかの尺度を用いて計量化されたデータである．名目尺度は有無のような二分法であり，0と1で表される．序数尺度は1位，2位のような順位で測定される．距離（間隔）尺度では距離や標高のように絶対0が存在せず，比例尺度では人口のように絶対0が存在し，比率をとることが意味をなす．

　地図オブジェクトが統計区や行政区のようなポリゴンで，それらに対する数値データが計量化されている場合，分類手法を用いて数値データは数値的カテゴリー（クラス）へとまとめられる．分類手法は，取り扱う数値が単変量か多変量かによって異なり，さまざまな統計的手法が開発されてきた．このような数値的カテゴリーに従ってポリゴンを彩色/陰影表示した地図は，コロプレス地図（choropleth map）と呼ばれる．本章では，コロプレス地図の作成で用いられる単変量に対する分類手法を考察し，次章で多変量に対する分類手法を取り上げる．

5.1　地図オブジェクトの分類

（1）分類の目的と分類の種類

　分類を行う場合，まず分類の目的が問われることになる．行う分類が，自然な分類（natural grouping）なのか，任意の分類（arbitrary grouping）なのかである．自然な分類では整礎的な（well-structured）データセットを生成し，任意の分類では個体の一様な集合で構成されることになる．Harvey（1969）はこの点を強調し，一様集合の細分割と見なされる配列（ordination）と明確なグループが設定される分類との差

異を明らかにした.

目的がいずれの場合でも，分類は同じ方法で行われる．分類手法は，定量と定性の二つの方法に分けられる．定性的分類手法では，オブジェクトは，ある先験的な定義に従ってクラスへと分けられる．たとえば，ホートンの法則では，水流（水路）を次数に分類している．それに対し定量的分類手法では，同じような構成員をクラスの中に集めるため，個体の変量を計測すること (enumeration) によって分類は進められる．Harvey (1969) は前者を定義による分類，後者を計測による分類と呼んだ．

計測アプローチの中でも，多くの方法が存在する．たとえば，最初は集合全体であり，順次小さなグループへと分けていく分割 (division) の方法がある．逆に出発点では個体であり，順次大きなグループへとまとめる群化 (agglomerative) の方法がある．グループ数が少なくなるほど情報の損失は大きく，グループ数が多くなるほど重要な一般性やグループのアイデンティティを抽出できなくなる．どのような方法をとる場合でも，研究者は分類の目的と方法について事前に注意深く考察する必要がある．さらに，分類の目的に適した変量を選択することも重要である．

分類はまた，行政機関によって，あるいは，年次的比較のため，外生的に (exogenously) 決められてしまうことがある．このような分類を導入することの意義は，空間的標準化 (spatial standardization) にある．こうした所与の分類によるならば，個々の地域の空間的変動は十分に表現できないかもしれないが，その地域の属性の分布を他の地域や他の年次のそれと比較することが可能になる．

たとえば，疾病の拡散のような時空間過程を描く一連の地図では，時間的変化を視覚的に比較することが要求される．記号表現 (symbolism) は分類の1機能であると考えられるので，地図作成者は地図を視覚的に比較できるような記号表現の仕方を考える必要がある．図5.1は，ロンドン中心部におけるペストによる死亡者数の分布図を時系列で示している．死亡者の空間的拡大を時系列的に比較するため，その階級間隔を100に固定している（空間的標準化）．初期に当たる地図においては，この階級間隔では死亡者数の局地的変動を十分にとらえることができない．しかし，記号表現と階級間隔を固定したため，さまざまな時点での比較が可能となった．時空間過程の場合には，重要なのは個々の空間分布の構造や特徴ではなく，時空間分布全体の構造なのである．

これとは反対に，属性の度数分布に対する個別の特徴に応じて行われる分類を表意的 (ideographic) 分類と呼ぶ (Evans, 1977)．この種の分類については，以下の各節で詳しく考察される．

（2） **GISで利用できる分類手法**

GISの多くのソフトウエアでは，単変量の数値データに対するコロプレス地図を表示するとき，凡例 (legend) エディターを使っていろいろな分類手法を実行すること

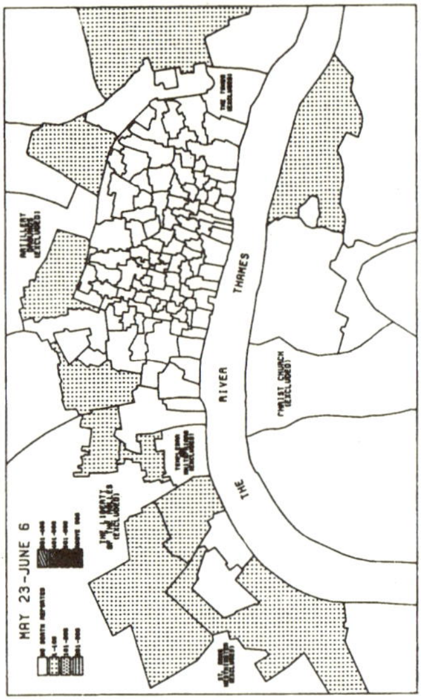
MAY 23-JUNE 6
THE RIVER THAMES
CHRIST CHURCH (EXCLUDED)
ARTILLERY GROUND (EXCLUDED)

(b)

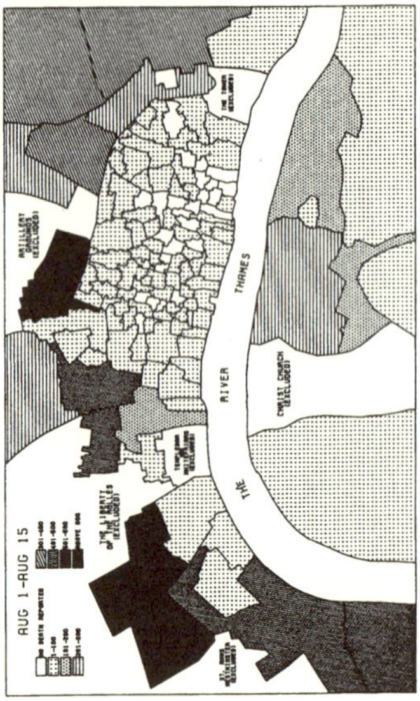
AUG 1-AUG 15
THE RIVER THAMES
CHRIST CHURCH (EXCLUDED)
ARTILLERY GROUND (EXCLUDED)

(d)

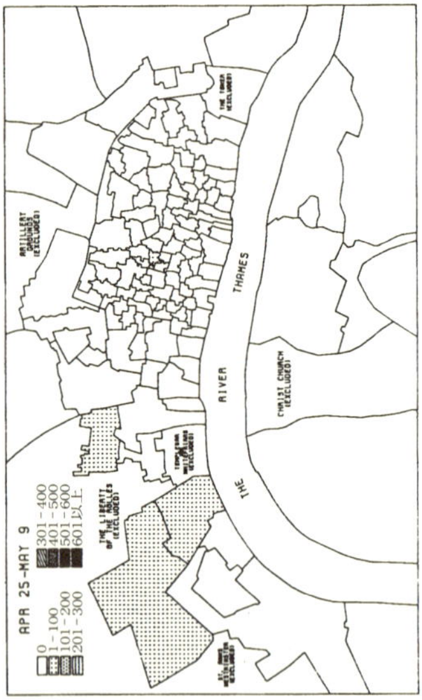
APR 25-MAY 9
0
1-100
101-200
201-300
301-400
401-500
501-600
601以上
THE RIVER THAMES
CHRIST CHURCH (EXCLUDED)
ARTILLERY GROUND (EXCLUDED)

(a)

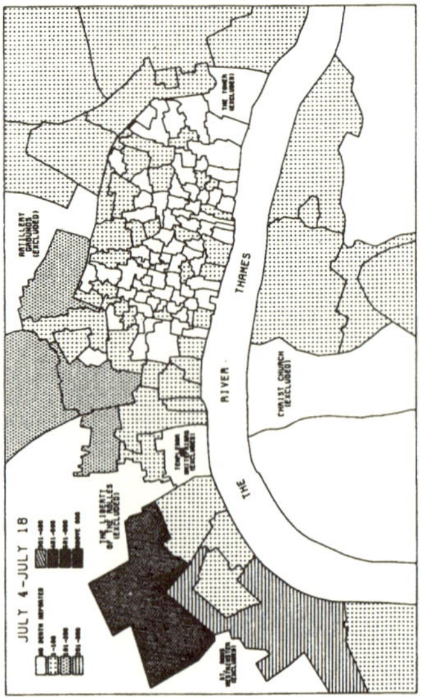
JULY 4-JULY 18
THE RIVER THAMES
CHRIST CHURCH (EXCLUDED)
ARTILLERY GROUND (EXCLUDED)

(c)

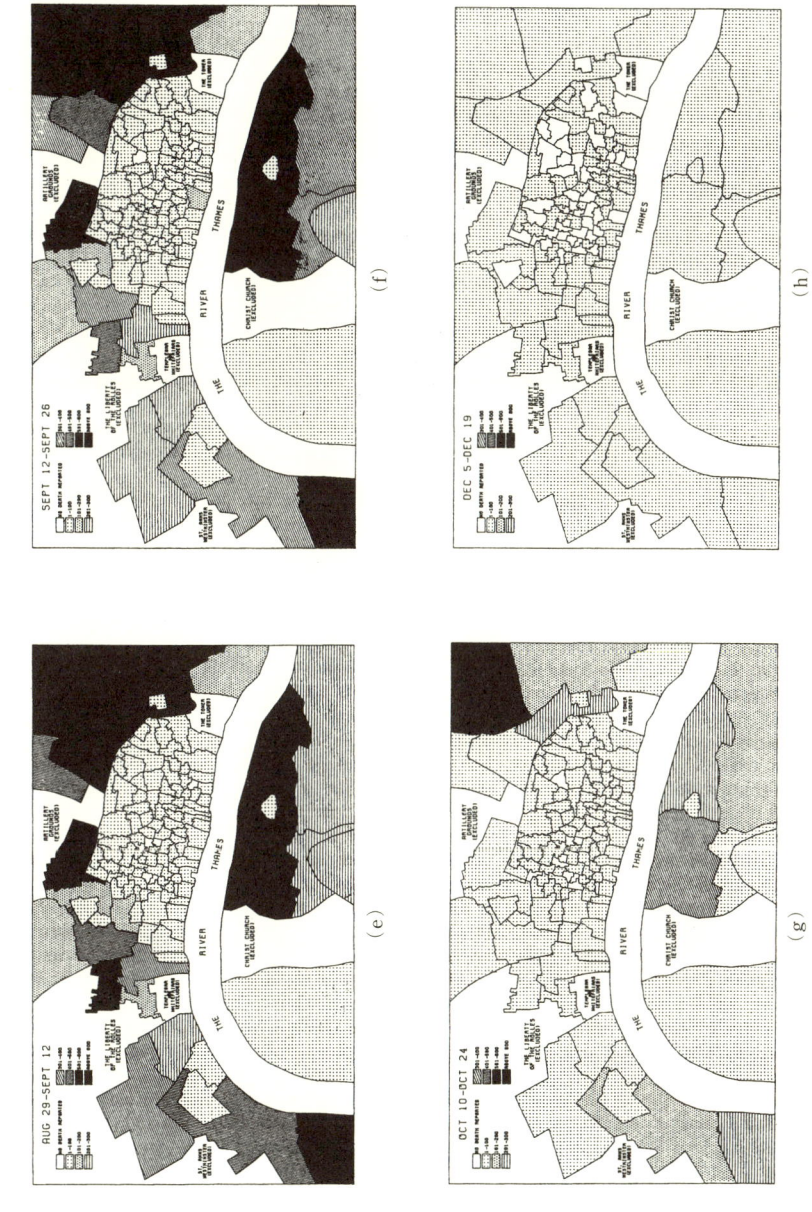

図 5.1　1665年のロンドン中心部におけるペストによる死亡者の時空間的拡散（Shannon and Cromley, 1980）

ができる．たとえば，ArcView 3.a では，階級分け（classification）の段階で数値データに対し，分位数，等間隔，標準偏差，最適化，等面積の各分類手法が選択できる（GeoInformation International, 1996, Chap. 9）．また，分位数，等間隔，標準偏差，最適化，データ数の指定，パーセントの指定，連続，不連続，数値リストの各種の方法が組み込まれているソフトウエアもある（Strategic Mapping, 1990, 2-7）．

分位数とは，同じ数のデータを含んでいる階級を四つ（あるいは，指定した数だけ）つくる．等間隔では，階級値の間隔が等しい階級をつくる．標準偏差は，平均を中心に標準偏差の間隔の階級をつくる．最適化は，フィッシャー/ジェンクス（Fisher/Jenks）反復法を用いて分散適合度を最大化する間隔に区分する．データ数指定では，各階級に入るデータ数を指定できる．パーセント指定では，各階級値に入るパーセントを指定できる．連続では，各階級の上限となるデータ値を，不連続では各階級の上限と下限となるデータ値を指定できる．数値リストでは，各階級に対し個別にデータ値のリストを指定できる．

このように数値データを分類するとき，階級を決める多数の方法に直面し，どれを利用するか迷うことになる．したがって，地図の階級区分の決定は，データそれ自身がもっている特性のほかに，地図の作成者がもつ目的によって大きく影響を受けるのである．たとえば，大気汚染の地図では，役所が示す大気汚染の誘導水準を一つの区分点とし，警報水準をもう一つの区分点となるであろう．ガン患者の発生水準の地図は，全国の平均値が一つの区分点となる．絶滅寸前種の個体数変化の地図は，一つの区分点として変化が0の値をとり，状態が改善しているところと悪化しているところの差が明らかになるように地図をつくるとよいであろう．このように1～2の論理的区分点を前もって決めることができる場合には，それらを考慮できる階級区分法を選ぶ必要がある．以下では，コロプレス地図の作成で利用できる代表的な階級分けの方法を考察する（関根，2000）．

5.2 階級分けによる分類手法

コロプレス地図の作成で最もよく利用される分類手法は，数値を小さい順に並べある一定の基準に従って階級分けする方法である．この手法は，前述したように分類と呼ばれるよりも，むしろ配列に相当する（Harvey, 1969）．

（1）分位数による階級分け

分位数（quartile）は，一般に，オブジェクトの全頻度を個体数の等しいn個の部分へと分割する方法であり，$n-1$個の変量の区分値を示している．もし$n=4$ならば，四分位数と呼ばれ，分布の全頻度を四つの等しい部分に分ける三つの値となる．それらは，中央値，上位四分位，下位四分位である（ケンドールほか，1987）．しかしながら，前述したようにGISでは分位数を，データ数が等しい階級間隔（class

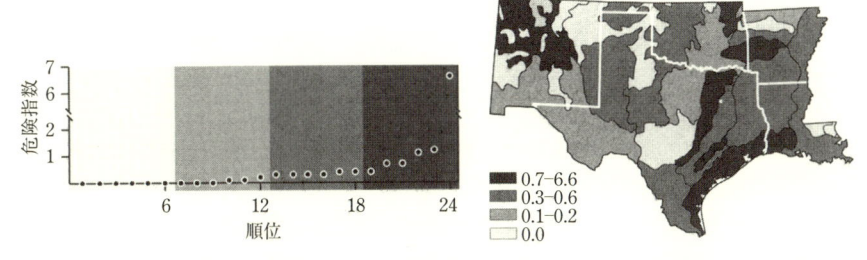

第5章　コロプレス地図作成のための単変量に対する分類手法　　65

図5.2　危険指数の順位による四分位（左）と四分位のクラス分けに基づく分類図（右）（MacEachren, 1994a）

intervals）へと分割する階級分けの方法ととらえている．

　四分位による区分の事例として，生態学的危険指数（ecological risk index）の地図を取り上げ考察しよう（MacEachren, 1994a, 44-47）．この事例は24地域で構成され，危険指数は0〜6.6の範囲をとる．図5.2(左)は危険指数を小さい順に並べたものである．さらに，陰影の濃度によって四分位のクラスも表されている．四分位では，各クラスは同数の地域を含んでいることから，それぞれ6地域ずつ含んでいる（なお，選ばれたクラス数によって地域数が割り切れない場合には，最下位か最上位のクラスに端数が割り振られる）．図5.2(右)は，そのクラス分けに基づく分類図である．各クラスに含まれる地域数が同じなので，各凡例で塗り分けられた面積もほぼ同じとなり，視覚的な対比もうまく表現でき，みやすい地図となっている．しかし，この地図は現実をあまり正確に表していない．たとえば，危険指数が0の地区は全体で九つあるが，それらは二つのクラスに分かれてしまっている．したがって，最も危険の少ない地区の四分位が地図で表されているが，このような意味で読図者に不正確な視覚的印象を与える．また，最も危険な地区の四分位に対しては，その中での危険度の差が大きく，同様に不正確な視覚的印象を与える．

　以上から明らかなように階級分けの方法として分位数を用いた場合，あまりにも簡略化しすぎるため，分布にみられる重要な特徴を反映するような視覚的パターンを生み出すことができないことが多い．この方法の主な長所は，解釈が簡単なことである．たとえば四分位では，数値を順位づけて分類したことになる．このような分類を表す記号は，順位づけ（ランキング）としてうまく解釈できる．

　また，分位数を用いることによって，ある地域は他のものより属性値が高いかどうかを決めることが容易である．しかし，それらの値の相違の程度を決めることは難しい．たとえば，4階級からなる地図において，ある地域は最高の第1四分位に属しており，他の地域は次に高い第2四分位に属していたとする．しかし，第1四分位にある地域は階級境界（class limit）の近くに位置しているので，第1四分位にある他の

地域よりも，第2四分位に属する地域に値が近いかもしれない．したがって，地図上の記号の差を数値の差として直接とらえることはできない．すなわち，分位数による分類では，序数尺度における関係は推定できるが，距離尺度の関係は推定できない．

（2） 等階級間隔による階級分け

コロプレス地図作成時に用いられる第2の分類手法は，等階級間隔（equal interval）である．この方法では，階級内の個体数の頻度を同量に保つよりも，むしろ階級間隔を一定にすることを行う．たとえば，0-10.0, 10.0-20.0, 20.0-30.0のようにである．等間隔法では，次のようにして階級区分が行われる．まず，最大値－最小値から，データの分布範囲が求められる．次に，その分布範囲をクラスの数で割ることで等階級間隔が求められる．このようにして求められた等階級間隔が割り切れないような値になったならば，切りのよい数に調整される．そして，低い値から順にこの階級間隔が加えられ，階級区分が行われる．

上で示した生態学的危険指数の地図に対し，この等間隔法を応用してみよう（MacEachren, 1994a, 47-48）．危険指数の分布範囲は6.6であったので，4クラスに分類する場合，階級間隔は $6.6 \div 4 = 1.65$ となる．したがって，階級区分は次のようになる．0-1.65, 1.66-3.30, 3.31-4.95, 4.96-6.60．図5.3は，左図が危険指数を小さい順に並べ等階級分けしており，右図がそのクラス分けに基づく分類図である．1地域を除き（一部飛び地となっている）すべての地域が最下位のクラスに属している．地図は四分位の地図に比べ大きく変わり，低い多くの地域と高い一つの地域とからなり，データ分布に合った正しい印象を与える．したがって，この地図からはあまり危険な状況でないことが伝わるであろう．このような改善にもかかわらず，この方法はいくつかの問題点をもっている．最大の問題は，2クラスしかできないことであり，この地図からはほとんど情報が伝わらない．しかも，かなり異なった値をもつ地域がまとまって存在しているにもかかわらず，他の2クラスは使われていない．

一般にいわれている等間隔法のよい点は，読図者にわかりやすい地図をつくるとい

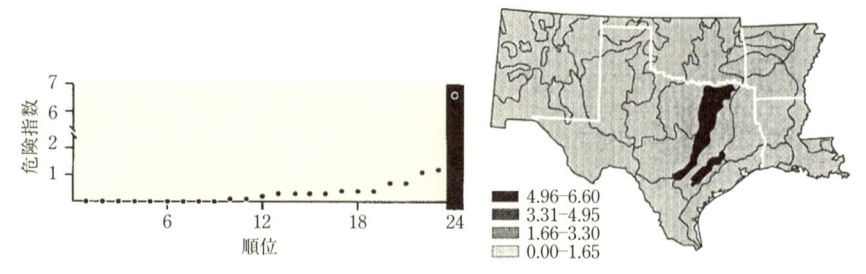

図5.3 危険指数の順位と等間隔による階級分け（左）と等階級クラスに基づく分類図（右）
（MacEachren, 1994a）

う点である．すなわち，クラス1と2との間の数量的違いは，クラス3と4との間の違いと同一であることである．もし等値線図がつくられるならば，等値線間の間隔は描かれている曲面の傾斜や変化率を表すことになる．このことからもわかるように等間隔法は，等値線を描くために使われる大気汚染のような地点データに対してはよい分類手法となる．地域単位で集められたデータに対しては，等間隔法よりもほかの方法が適する場合が多い．コロプレス地図は分布表現のために利用されるので，分布の全体的な印象と同時に各地域単位の情報も正しく伝わることが望まれる．

5.3 データの統計分布を考慮した分類手法

（1） 累積密度グラフによる分類

以上で考察した二つの分類手法は，データがもつ分布を何ら考慮していないという意味で任意のものである．データ全体の分布の特徴をデータの分類時に考慮するならば，データをより正確に反映するような分類ができるであろう．そこでまず最初に，データをグラフに落とす必要がある．累積密度グラフ（cumulative frequency graph）は，この際，最良のアプローチとして知られている．横軸に小さい順に並べた各オブジェクトの順位が，縦軸にその順位までのオブジェクトがもつデータ値の累計（危険指数の場合は指数の累計）をプロットしたものである．グラフのどの点をとっても，それより低い値をもつオブジェクトに対するデータ値の累積量を示している．もし値が大きく異なるデータでデータセットが構成されている場合，その累積密度グラフは最初にx軸に沿うような形で推移し，最後に急勾配で上昇する形をとる．それに対し，値が同じようなデータで成り立っている場合，それは一定の勾配をもった直線に近づくであろう．このように累積密度グラフの形状から，データセットを構成するデータがもつ数値間の相違度や類似性をみることができる．

図5.4は，前記の危険指数に対する昇順のデータ分布図を示している．このように

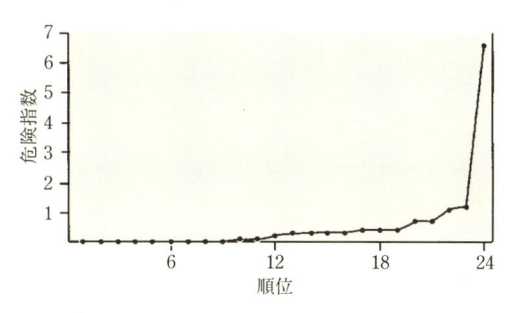

図5.4 危険指数に対する昇順のデータ分布図（MacEachren, 1994a）

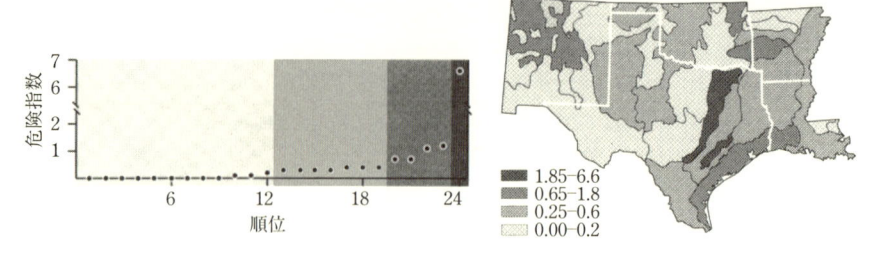

図 5.5 危険指数に対する幾何級数の階級幅によるクラス分け（左）とそれに基づく分類図（右）
（MacEachren, 1994a）

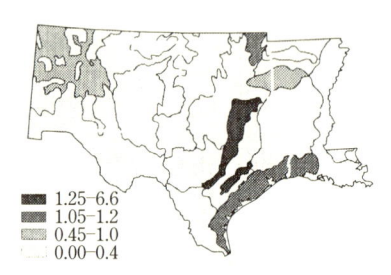

図 5.6 自然な切れ目を利用した危険指数の分類図（MacEachren, 1994a）

データの分布が大きく歪んでいる場合，そのカーブの形状にあった数列で階級幅を表すことが行われる．危険指数のデータに対する階級幅は，ある増加率で増加するような数列が適切なようである．幾何級数（geometric progression）を採用するならば，最低のクラスに対し 0.2 の階級幅から，0.4，1.2，そして最高のクラスの 4.8 へと階級幅を増加させていく．図 5.5 は，このような幾何級数の階級幅によるクラス分けと，そのクラス範囲に基づく分類図を示している．幾何級数間隔法による分類は，上記の等間隔法による分類（図 5.3）より実際のデータ分布をより忠実に反映しているであろう．

（2） 自然な切れ目に基づく分類

昇順のデータ分布図に不連続がみられるとき，上記のような数列を当てはめることはできなくなる．生態学的危険指数の事例はまさしくこれに当たる．全体的パターンと個別の地域の値をともに正確に表すために，もう一つの方法がある．これは人間の視覚を利用するもので，昇順の分布図において，y 軸方向に急激に上昇するような自然な切れ目（natural break）に注目する方法である．危険指数に対しては，自然な切れ目は，0.4 と 0.7 の間，0.7 と 1.1 の間，1.2 と 6.6 の間に認められる（図 5.4）．図

5.6は，このような自然な切れ目を利用した分類図である．幾何級数間隔法による分類（図5.5）に比べ，低い値の間で区別が少なくなり，中間の値の間で区別が大きくなっている．

（3） ヒストグラムによる分類

データ分布を考慮するもう一つの分類手法として，データ値のヒストグラムの形状に基づきオブジェクトを分ける方法がある．ヒストグラム（柱状図）とは，横軸に階級間隔の幅をとり，縦軸にその間隔に入るオブジェクトの出現度数をとった棒グラフである．ヒストグラムの分布が単峰（unimodal）の場合，すなわち高い度数の山が一つの場合で，ベルを伏せたような形の正規分布をとる場合，階級間隔は平均（μ）を中心として標準偏差（σ）を用いて決められる．平均が0，標準偏差が1の標準正規分布では，平均値を中心に両側に標準偏差の1倍，2倍，3倍の幅をとるならば，その区間内にそれぞれデータの約68％，95％，99.7％が含まれる．この性質を利用して，たとえば，4クラスに分ける場合，図5.7(a)に示すように，$\mu - \sigma$と$\mu + \sigma$の階級境界が用いられる．

なお，ヒストグラムが正規分布をとるかどうかを調べるには，厳密には正規性の検定を行う必要がある．もし，ヒストグラムが正規分布をとらないことが判明した場合，正規変換法を利用して正規変換する．たとえば，ヒストグラムが上方にすそ野の長い分布をもつ正の非対称をとるとき，非対称の強度に応じ原データは平方根（$\sqrt{X}$），または対数（$\log X$）で変換される．逆に負の非対称をとる場合，非対称の強度に応じ原データは2乗（X^2），3乗などの変換が行われる．正規性の検定や正規変換法の詳細については，高阪（1987, 187-196）を参照せよ．

ヒストグラムが複数の山をもつ複峰（multi-modal）のとき（図5.7(b)），分類はヒストグラムの中で低くなった部分による自然な切れ目で決められる．同じ山に属するオブジェクトは，他のグループのものより類似するであろう．

ヒストグラムに基づく分類の主要な欠陥は，ヒストグラムの形状が横軸にとった階級間隔の幅を変えることで変わってしまうことである．前記の図5.7(a)の単峰分布は，階級間隔の幅を半分にすることで，同図(b)のように複峰分布になる．階級幅は

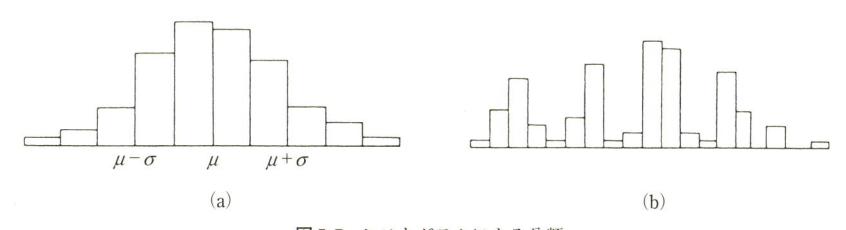

図5.7 ヒストグラムによる分類
(a) 単峰で標準偏差による，(b) 複峰で自然な分割による．

一種のフィルターであり，それを長くするほど局所的変動はヒストグラムから取り除かれてしまう．階級数を決める方法はいろいろ考案されているが[1]，最も簡単なものは$\sqrt{n}$で決められる．ただし，nはデータ数である．ヒストグラムを作成すること自体がすでに一種の分類を行っているので，ヒストグラムの階級間隔がすでに決まっているデータでは，属性の度数分布の個別的特徴に応じた表意的分類をしたとしても，限定された分類となるであろう．

5.4 最適分類手法

最適分類（optimal classification）とは，最適化の手法を分類問題に応用するものであり，クラスに対しある種の統計量（費用関数）を計算し，その最適化の側面から決められる．以下では，二つの代表的な最適分類手法を示す．

（1） 地点誤差の最小化

一般に，地図上のクラスを表現するための数値は，中心的傾向の測定で行われ，通常はクラスの平均が用いられる．個々のデータ値が一つの中心点で代表されるときに生じるエラーは，実際のデータ値とそのクラスの中心的傾向点との間の散布度（dispersion）の大きさで計測される．

Jenks and Caspall（1971）は，コロプレス地図におけるエラーに関するパイオニア的研究の中で，地点誤差（tabular error）の概念を導入した．地点誤差は，ある観測単位の実測値とそのクラスの平均との間の絶対偏差，すなわち，距離として次のように測定される（Evans, 1977）．

$$c_j = \sum_k | X_{kj} - \bar{X}_j | \qquad (5.1)$$

ただし，X_{kj}はクラスj（$j = 1, N$）を構成する個々の観測値（$k = 1, n_j$），$\bar{X}_j$はクラスjのn_j個の観測値の平均，c_jはクラスjに対するエラーの大きさを表す費用（距離）関数である．

すると，N個のクラスに対する最適分類は，

$$\sum_j c_j / \sum_j \sum_k | X_{kj} - \bar{X} | \qquad (5.2)$$

を最小にするような分類となる．ただし，$\bar{X}$はn個の全観察値に対する平均である．

（2） Jenksの最適分類手法

Jenks（1977）は，Fisher（1958）の単変量に対するグルーピングアルゴリズムを，

---

[1] 階級数を決めるには，次のようなスタージェス（Sturges）の公式がある（守谷, 1974, p.16）．
$$m = 1 + 3.3 \log N$$
ただし，mは階級数，Nはデータ数である．なお，人間の頭脳で対処できる階級数には限りがあり，多くの問題では7 ± 2個が最も適当である（バーロー, 1990, p.160）．

第5章 コロプレス地図作成のための単変量に対する分類手法

表 5.1 分類に対する分散分析

分　散	自由度	平均平方和
クラス間	$j-1$	$\sum_i n_i(x_i-x)^2/(j-1)$
クラス内	$N-j$	$\sigma_W = \sum_i\sum_k(x_{ik}-x_i)^2/(N-j)$
計	$N-1$	$\sigma_T = \sum_i\sum_k(x_{ik}-x)^2/(N-1)$

N:データ数, j:クラス数, x:データ全体の平均,
x_i:クラスiの平均, n_i:クラスiのデータ数.

地図作成のためのデータ分類問題に対し適用した．平均は，グループ内の絶対偏差の合計よりもむしろ平方偏差の合計を最小化することから，中心的傾向の測定として平均を用いたもう一つの費用関数は，

$$c_j = \sum_k (X_{kj} - \bar{X}_j)^2 \tag{5.3}$$

で表される (Cromley, 1996).

Jenks (1977) はこの費用関数を利用して，データ値内の総変動をできるだけ多く説明する最適化を考えた．1組のデータ値内の総変動は，クラス内総変動（total within class variation）とクラス間総変動（total between class variation）の合計である．分類において各クラス内の変動量が増加するにつれて，クラス平均はそのクラス内の個々の値を表現しなくなってくる．したがって，Jenks (1977) の最適分類手法ではクラス内総変動を最小化し，分類によって全体的変動をできるだけ説明しようとしたのである．

すなわち，表5.1に示すように，クラス内分散（平均平方和）をσ_W^2とし，分類が行われる前の全データに対する分散をσ_T^2とすると，相対分散（relative variance）は，

$$\sigma_W^2/\sigma_T^2 \tag{5.4}$$

で表され，これを最小化するような最適分類が探索されるのである（バーロー, 1990）．Jenks (1977) の最適分類手法は，可能なさまざまのクラス分割に対し反復法を実行することで最適解が求められる．その結果，クラスのすべてのメンバーは，そのクラスの平均に対し，そのまわりのクラスの平均に対するよりも，数値的に類似するようになる．よい分類とはより多くの変動を説明するものであり，データはより正確な地図として表現される．

Jenks (1977) の最適分類手法はクラス数を与えると，それに最適なクラスの分割点とその精度（分散）を算出することから，この分類手法を使って，前述の危険指数のデータに対し，図5.8に示すように2から10へとクラス数を増やして分類精度の変化をみた．5クラス以上ではほとんど分類精度が上がらないので（分散が低下しな

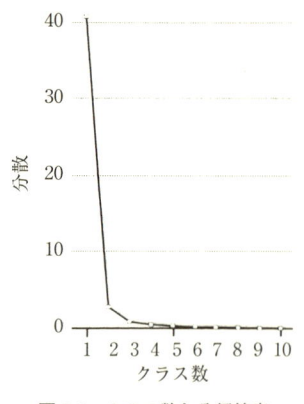

図5.8 クラス数と分類精度
（MacEachren, 1994a）

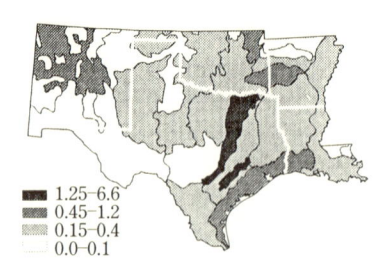

図5.9 Jenks（1989）の最適分類法による危険指数の最適分類図（MacEachren, 1994a）

いので），4クラスで地図化するとよいことがわかる．このようにクラス数と分類精度との関係を示す図は，理想的なクラス数を決めるとき利用される．

図5.9は，Jenks（1977）の最適分類手法によるこの4クラスに対する分類図である．自然な切れ目に注目した分類（図5.6）と比較すると，かなり類似した分類図が作成されていることがわかる．主な相違点は，最適分類の方が低いクラスと中程度のクラスにわずかであるがシフトしていることである．

Jenks（1977）の最適分類手法に対するコンピュータプログラムはGroop（1980）によって提供されているが，しかし，アルゴリズムの計算速度は，約1,000個の数値をもつ大規模問題に対し比較的遅い．最近ではLindberg（1990）が，Fisher（1958）のアルゴリズムの計算時間を改善する試みを行っている．

5.5　空間的隣接性を考慮した分類手法

Jenks（1977）の方法は最適な分類を生成することが知られているが，それは限られた意味での最適化なのである．その方法は，データの空間的隣接性（spatial proximity）を考慮していないし，多変量データにも適用できない．次に，空間的側面を考慮した試みを紹介しよう．

（1）空間的自己相関による分類精度の測定

式（5.1）や式（5.3）で示された費用関数は，エラーの側面から分類の精度を測定していた．分類の精度を決める他の基準は，分類結果としての空間分布に対し空間的自己相関を計算することである．よい分類では，同じような値をもつポリゴン間のチェイン（境界）は，階級間隔によって形成される地域の内部にあり，異なった値をと

るポリゴン間のチェインは，階級をなす地域間の境界を形成するであろう．このことから分類の精度は，自己相関指数（autocorrelation index）で計測される．すなわち，階級をなす地域間の境界と関連した空間変動の量と未分類な状態の分布に存在する空間変動の量との比であり，次のように示される．

$$Ia = \frac{\sum_{i \in C_B}(x_{rp}(i) - x_{lp}(i))^2}{\sum_{i \in C_I}(x_{rp}(i) - x_{lp}(i))^2} \qquad (5.5)$$

ただし，C_Bは階級をなす地域間の境界と関連したチェインの集合であり，C_Iは基図と関連した内部チェインの集合である．階級数が与えられたならば，高い精度の分類ほど高い自己相関指数をもつ．なぜなら，より大きな空間変動は，階級間隔をなす地域間の境界を形成するチェインと関連するからである．

（2） 発見法アルゴリズムの利用

空間的側面を考慮するために，発見法アルゴリズムを利用して最適解を近似するアプローチも試みられている．Monmonier (1973) は，施設の立地-配分モデルを解くために設計されたp-メディアン発見法（p-median heuristics）が階級間隔の選択にどのように適用できるかを示した．この場合，N個のクラス間隔の選択は，N個のクラス間隔のそれぞれの中心となるN個のデータ値を選び，さらに残りのデータ値を最近隣センターに割り振ることとかかわっている．

まずN個の中心からなる初期集合が選択された後，最終解に収束するため二つの戦略が用いられる．一つのアプローチは次のようである（Maranzana, 1964）．

S1）中心になっていないオブジェクトのデータ値を中心となっている最近隣のオブジェクトのデータ値に割り振る．

S2）各グループの中で，グループ内変動，すなわち，距離を最小にするオブジェクトを新しい中心に選ぶ．

S3）新しい中心の集合が古い中心の集合と同じならば，終了させる．そうでないならば，S1に戻る．

この戦略は，各グループの中心がデータ集合内のデータ値の一つとなるよりも，むしろ平均のような中心的傾向値をとるように展開されている．

もう一つのアプローチは，頂点代入（vertex substitution）と知られている（Teitz and Bart, 1968）．

S1）中心になっていないオブジェクトのデータ値を中心となっている最近隣のオブジェクトのデータ値に割り振る．

S2）j番目の中心となっているオブジェクトのデータ値の代わりに，i番目の中心でないオブジェクトのデータ値を代入する．この代入がグループ内の変動，すなわち，距離を減少させるならば，j番目の中心のデータ値をi番目の中心でないデータ値に

置き換える.

S3) 中心でないオブジェクトのデータ値が中心になっているどのオブジェクトのデータ値とも置き換わらないならば,終了させる.そうでないならば,S1に戻る.

この代入法は,階級をなす地域の境界に関連した空間変動を最大化する問題に応用される.

S1) N 個の階級間隔が与えられたとき,初期分類を見出す.次式を使って,階級になっている地域境界のチェインと関連した空間変動量を算出する.

$$\sum_{i \in C_B}(x_{rp}(i) - x_{lp}(i))^2 \tag{5.6}$$

S2) データ値が階級境界の最も近くに位置する各ポリゴンに対し,もしそのポリゴンがその境界の反対の階級に割り振られたとき,階級をなす地域間の境界を形成するチェインと関連した空間変動がどのように変化するかを計算する.

S3) その変化がこのようなポリゴンのすべてに対し0以下のとき,終了させる.そうでないならば,最大の増加をもたらすポリゴンをその新たな階級間隔へと割り振り,S2に戻る.

これらのアプローチは,精度指数を改良するものである.

分類問題に空間的側面を考慮した試みとしては,ほかに Evans (1977) が,データ分類に対する隣接性の重みづけ (contiguity weighting) の問題を取り上げている.さらに最近では,MacDougall (1992) が,データ値を類似性と近隣性の両側面からグループ化するクラスター方法を実行している.また,Ferreia and Wiggins (1990) は,空間パターンを探索するときに利用する,クラスの境界を調節する対話的な分類ツールを開発している.

5.6 分類の解釈

以上,代表的な階級(クラス)分け方法を紹介した.しかしながら,これらの方法を無批判に利用すると生態学的危険指数の事例でみたように誤った解釈につながるこ

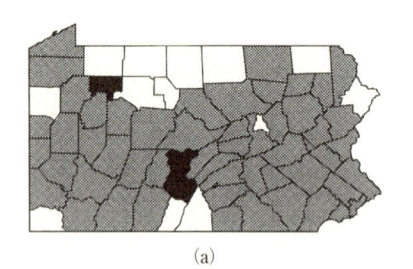

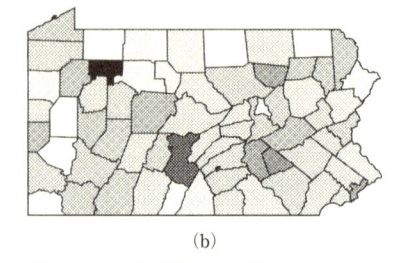

図5.10 最適分類手法により (a) 3クラスに分けられた地図と (b) 統計量に応じ濃度を変えた地図 (MacEachren, 1995)

ともある．図5.10は最適分類手法で3クラスに分けた地図と，統計量の値に応じ濃度を変えたnクラスの地図とを示している．三つのクラスに分けた地図には明確なコントラストがみられるが，実際には（nクラスの地図では）このような明確な区分は認められないので，三つのクラス分けは誤った解釈を生む原因になる．

それでは，統計量の地域的な分布に関し誤った解釈を生まないためには，どのようにすればよいのであろうか．これはなかなか難しい問題である．まず第1に試みることは，クラスの数をはじめから少数にするのではなく，ある程度多くとって徐々に減らしていくのである．たとえば，10クラスから始まって，9, 8, …と減らしていく．そして，重要と思われる地域的分布が現れて，それが消滅する直前で分類を停止するのである．

第2には，一つだけではなく，二～三のクラス分け方法を利用して，それらの結果を比較すべきである．クラス分け方法には，特異な結果を生むものもあるので注意する必要がある．いずれにせよ，1回だけでなく何回も試行錯誤を繰り返し，分類を行うべきである．

第6章　GISのための多変量に対する分類手法

　地図オブジェクトの特性を把握するのに，一つの変数を測定しただけでは不十分な場合がある．たとえば，経済発展のような複雑な概念を単変数で測定することはできない．このような場合には，多変量的概念の代理となるものとして，1組の変数が収集される．同様のことはリモートセンシングにも当てはまり，単一の波長バンドでオブジェクトを識別することはしばしば難しい．そこで，1組の波長変数を収集することが必要となる．本章では，多変量に対する代表的な分類手法を考察する．

6.1　分　類　戦　略

　分類で用いる戦略は，次のような一般形式にまとめられる．
　① 階層法（hierarchical method）：個体がグループへとまとめられる．各グループは，より大きなグループの中に入る．逆に大きなグループから始まり，小さなグループへと細分される．
　② 最適化分割法（optimization-partitioning method）：分割法であるが，階層法と異なる点は，うまく分類できなかった個体は，後の段階で再配分できることである．
　③ モードの密度探索法（density of mode-seeking method）：個体密度が高い地域内にあるかどうかに基づき，オブジェクトのクラスターが形成される．そして，密度の低い地域から分離される．この方法は，自然の切れ目に基づく分類に対してのみ応用される．
　④ クランピング法（clumping technique）：グループが重なり合うことを許容するという特徴をもつ．地理学ではほとんど使われていない．
　以下では，地理学で最も広く利用されている階層法について考察する．オブジェクトは，一般に，n次空間内に位置づけられる．各変数は1次元，すなわち，一つの軸を必要とすることから，空間の次元は分類で使われる変数の数で決まる．また，空間内でのオブジェクトの位置は，そのオブジェクトの変数値で定められる．そして，n次空間内に位置づけられたオブジェクト間の距離が測定され，相互に近いオブジェクトほどそれらの変数値が類似していると見なされる．

6.2 因子モデルとその応用

(1) 因子分析と主成分分析

　分類において，大量のデータを少数の因子にまとめるため，因子モデルが用いられてきた．このモデルは，次のような三つの理由で利用される．まず，1組の変数（属性）は同じような特徴に対し関連しており，変数間に大きな共分散があるかもしれない．そこで第1の理由は，オリジナルな変数軸を1組の無相関な軸へと変換するため，すなわち，オリジナルな変数から相互に無相関の新しい変数をつくるため，因子モデルが利用される．第2は，研究中の変数の数が多いので，これらを減らすことを目的としている．第3の理由は，相互に関連する変数群を識別し，それらを説明目的のために利用することである．地理的研究の多くは，たとえば都市地域の因子生態学のように，第3の理由で因子モデルを利用してきた．

　因子モデルは単一の手法ではなく，表6.1に示すようにさまざまなアプローチが存在する．そこで，因子モデルの適用を三つの段階に分け，各段階におけるアプローチの違いを考察しよう．第1段階では，データの入力として積率相関（product moment correlation）係数を利用する．この段階では，1組の地域（個体）を通じ変数間の相関を測定したり，逆に，1組の変数を通じて地域間の関係を測定する相関係数行列をつくる．前者はRモード因子化（R-mode factoring）と呼ばれ，たとえば社会因子や経済因子を測定するさまざまなセンサス変数の側面から，都市の諸地域が考察される．後者はQモード因子化（Q-mode factoring）と呼ばれ，一連の地域から特定の変数が考察される．たとえば，多数の国々に対し輸出入を測定する変数間で関係が考察される．したがって，Qモード分析では変数は相関行列の行となり，Rモード分析では地域が相関行列の行となる（表6.1）．

　第2段階は，相関行列内の関連性に基づき新しい1組の変数を構成することによって，データの縮約（reduction）の可能性を探る．この段階では二つの基本的アプローチがある．一つは因子分析（factor analysis）であり，もう一つは主成分分析（principal component analysis）である（表6.1）．いずれのアプローチもオリジナル

表6.1 さまざまなタイプの因子モデル

段　階	オプションタイプ	呼　称
相関行列	(a) 変数間	Rモード因子化
	(b) 個体間	Qモード因子化
初期因子の抽出	(a) 因子の定義	主成分分析
	(b) 因子の推定	因子分析
最終因子の回転	(a) 無相関	直交
	(b) 相関	斜交

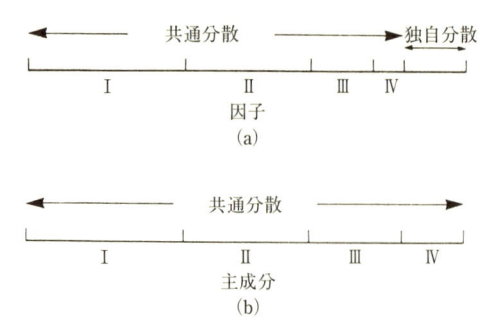

```
     ←――――― 共通分散 ―――――→ ←独自分散→
     ├―――┼―――――┼――┼―┤
       I      II      III  IV
              因子
              (a)

     ←―――――― 共通分散 ――――――→
     ├―――┼―――――┼――┼―――┤
       I      II      III   IV
             主成分
              (b)
```

図 6.1 (a) 因子分析と (b) 主成分分析における分散の割り当て

なデータの数理変換によって，新しい変数が定義される．しかしながら，因子分析では，観測される相関はもっぱら基本的データの下にある規則性の結果であると仮定している．特にオリジナルな変数は，他変数によって共有された共通分散（common variance）と，独自分散（unique variance）との影響を受けると仮定されている（図6.1）．後者の分散は，各変数に固有な影響で説明される分散と測定誤差に関連したものからなる．これに対し，主成分分析は，オリジナルな変数の構造について何ら仮定を行っておらず，また，個々の変数に対し独自分散の要素も仮定していない（図6.1）．

第3の段階は，解釈可能な因子を探すことである．データセットの基本的次元を定義するこの探索では，多数の解が入手でき，因子の回転にかかわっている．直交回転では因子間で無相関が仮定されており，斜交回転では相関が仮定されている．

（2） 因子分析と主成分分析における利用上の相違点

地理学では，因子分析と主成分分析の両方が利用されてきたが，どちらかというと因子分析が多く利用されてきた．本項では，二つのモデルについて，採用している仮定や分析結果の側面から地理学的研究に利用するときに考慮すべき相違点を考察する（Shaw and Wheeler, 1985, 278-278）．

主成分分析では，変数の統計的変動がすべて，変数自身によって説明されるという閉システムを仮定している（表6.2）．実際には，相関行列の対角要素に1を仮定して，共通性の推定において主成分の解を利用している．このことは，すべての変数間に高い相関がみられ，高い共通分散と低い独自分散をもつことを前提としている．統計的にみると，主成分分析は，共通性の問題に対し解が得やすいことが望ましく，その結果，多くの統計の教科書の中では，主成分分析が因子分析より選好される傾向にある．

これに対し因子分析は，共通性の推定にかかわる問題をもっている．しかし，主成分分析と異なり閉システムを仮定していない．地理学では，閉システムと仮定するこ

表6.2 主成分分析と因子分析の基本的特徴

	主成分分析	因子分析
特徴	閉システムを仮定し，変数の下に横たわる構造について何ら仮定していない．変数間で共分散のみを識別．	測定誤差に関する現実的仮定．変数構造に対し探索を認める．変数間で共通分散と独自分散を識別．
最適条件	通常，変数間に高い相関があるならば，多数の変数と単純なデータ縮約とが要求される．	主成分分析に対してと同様であるが，小さな変数行列を扱い，単純なデータ縮約以外の広範囲な分析が可能となる．

とが総体的に非現実的であると考える状況を取り扱うことが多いので，地理学者にとってこの特徴は魅力的である．そのような理由で，多くの地理学的研究は，すべての変数を収集しているとは限らず，また，ある程度の測定誤差が存在しているという前提のもとで行われている．因子分析では，このような状況を考慮でき，因子によって説明できないどのような変動も残差誤差項で記述できる（表6.2）．

以上の違いが明らかになったならば，次にこれらの分析法を選択する基準を考察しよう．まず，ある状況下では二つの分析法はほとんど同じように働き，同じような解を与える．たとえば，オリジナルな変数間の相関がすべて高く，共通性が1と推定されるような場合であり，二つの方法の間にはほとんど差はみられない．それに対し，相関行列内のいくつかの変数が低い相関をもち，対角要素に1を代入することが過大推定になるなら，二つのアプローチは異なった結果をもたらすであろう．

したがって，測定誤差が存在し，変数間の関係についてある基礎をなす構造を仮定するような問題に対し，因子分析は，より現実的なアプローチを与えるものとして解釈できるであろう．それに対し主成分分析は，基礎をなす構造が何ら考慮されておらず，たとえば画像データに対するように目的が純粋にデータの縮約であるときに用いられる．

(3) 地理学研究に因子分析を利用するときの諸問題

特定の問題に因子分析を応用するとき，次のような段階を踏むことになる．① 変数の選択，② オリジナルなデータ行列の作成，③ 相関行列の計算，④ 因子負荷量行列の導出，⑤ 因子負荷量行列の回転，⑥ 因子得点．

(a) データ入力： 本項では，データ入力にかかわる問題として，変数の選択とオリジナルデータの変換について考察する．因子分析のデータ入力における第1の重要な問題は，因子分析で利用される変数の選択である．明らかに，変数の選択は，行おうとしている研究のタイプとデータの入手性に基づいている．都市社会研究を例にとると，人口学的変数を多く選択した場合，抽出された因子にもそれが反映し，因子構成やその重要性に大きな影響を与える．どの変数を選ぶかという明確な基準は存在

しないが，変数の選択時には次のような点を考慮すべきである．① 他の研究結果，② 人口，住宅，社会経済といった変数間のバランス，③ 研究の独自性を出すための要求．

それではどれくらいの数の変数が選ばれるべきであろうか．同じような特性を測定している，したがって相互の相関も高い多数の変数を因子分析で用いることは，特定の因子が説明する分散割合を単に高めるだけである．イギリスの都市社会研究では，変数の数は 26～60 にまで及んでいる．統計学的な側面からみると，変数に関する重要な制約は，変数の数よりも地域数が多くなければならないことである．

因子分析のデータ入力における第2の問題は，データの正規性が要求されるとき，オリジナルデータを変換する必要があるかどうかである．因子分析の一部として推測統計量を利用するときこれを行う必要がある．この場合には，理想的には各変数の正規性を検査し，必要に応じ変換すべきである（高阪, 1987, 187-196）．もし推測が行われないならば，オリジナルデータを変換することは解釈を不明瞭にし複雑化させるため，好ましくないであろう．地理学，特に都市地域の社会構造の研究では，一般に複雑な変換を使用しない傾向がある．たとえば，Davies and Lewis (1973) は，Leicester の都市次元の研究において，次の二つの理由から変換を行わなかった．第1に，この研究はイギリスにおける一連の都市に関する比較研究の一部であり，ある都市の変数分布に適した変換が他の都市で必要な変換と大きく異なるかもしれない点をあげている．第2に，統計的には正確な変換が変数の解釈を複雑化させる傾向があることを指摘している．

(b) **因子の数の決定と因子の解釈**： 因子分析を行った結果，最初に考察されるのはどれくらいの数の因子を抽出すべきかの問題である．これは一般に，各因子の固有値（eigenvalue），あるいは，説明される分散のパーセントに基づき決められる．因子が固有値1をもつということは，一つの変数で説明される分散をもっているということであるから，通常は固有値1以上をもつ因子が分析に取り上げられる．取り上げる因子を決めるもう一つの方法は，横軸に因子の番号，縦軸にその固有値をとった折れ線グラフを作成し，折れ線の勾配が大きく変わる箇所から因子の数を決める方法である．

取り上げる因子数が決まったならば，次に因子の解釈が行われる．この段階では，因子負荷量（factor loading）行列が考察される．回転される以前の因子負荷量は，各変数と抽出された因子との間の相関を表している．そこで，高い負荷量をもった変数の側面から因子が何を表しているかの解釈が行われ，因子に名称がつけられる．ある因子生態学者の中には，有意な因子負荷量を有意でないものから区別するため，0.3 や 0.4 のようなかなり低い負荷量の値を採用している者もいる．因子がどのような変数で構成されているかをみるには，まず，正と負に因子を分け，それぞれに対し次のような因子負荷量の3区分を行う．すなわち，高い（±1.00-0.70），中間（±0.69-

0.50），低い（±0.49-0.30）．各因子に対し正負合わせて6区分を取り上げ，それらに入る変数名をリストし，それをみて各因子の解釈や名称を考える．その際には，研究者のもっている変数や研究地域に対する知識も使われる．

(c) **因子の回転**： 因子分析の目的は，オリジナルな変数のセットを適切に記述する新しい変数，すなわち，因子を定義することである．理想的には単純な因子構造が望まれる．しかしながら，因子分析のプログラムの初期解ではこのような明快な構造が与えられることはない．たとえば，多くの初期解では，二つ以上の因子に対しかなり高い負荷量をもつ変数が認められる．このような因子は，オリジナルな変数を合理的に記述していない．そこで変数のよりよい記述を与えるため，変数の相対的位置関係を変えずに変数の有意なクラスターが目立つように因子の軸を回転させる．

回転には，直交回転（orthogonal rotation）と斜交回転（oblique rotation）の二つがある．斜交回転は地理学研究ではほとんど利用されてこなかった．その理由は，この回転では独立した変数群の存在を仮定しておらず（因子間に相関があると仮定しており），結果の解釈が難しいためである．それに対し直交回転は多くの地理学研究で利用されてきた．この回転では，因子間は無相関であると仮定しており，軸は直交状態が保たれているので，解釈が容易である．

直交回転を行うために，以下に示す三つの方法が利用できる．これらの方法では各変数は一つの因子に対し高い負荷量をもち，残りの因子に対してはほとんど0に近い負荷量になるように軸を回転させる．バリマックス（varimax）法は直交回転で最も広く利用されている方法であり，多くの統計ソフトパッケージにみられる．この方法では，因子負荷量行列の列を単純化することに基づいており，各列の平方負荷量の分散の総和を最大化する．クオーティマックス（quartimax）法は因子負荷量行列の行を単純化し，イクイマックス（equimax）法は行と列の双方を単純化する折衷法である．軸を回転した結果，多くの点が軸の近くに位置するようになり，できるだけ少数の点のみが軸から離れた状態にあればよい．

以上のアプローチは，仮説検査回転（hypothesis-checking rotation）と呼ばれる帰納的過程に基づいている．これとは異なるアプローチは仮説生成（hypothesis-creating）回転と呼ばれ，演繹的な解を導出する．このアプローチでは，特定の変数群が研究の性格上存在すべきであると仮定する．因子は変数の仮定したパターン，すなわち，目標（ターゲット）パターンに適合させるために回転されるので，ターゲット回転として知られている．ターゲット回転には，次の二つの基本的回転が利用される（Johnston, 1978）．斜交プロマックス解（oblique promax solution）と多集団因子分析（multiple group factor analysis）である．これらの方法は，従来の研究から豊富な背景情報が与えられているとき利用できる．

地理学でこのような条件を満たす分野は，都市の社会構成の分析である．この分野

では，三つの基本的社会次元の存在が仮定されている．それらは，北アメリカの都市では経済，家族，人種の3因子であり，イギリスの都市では住居，社会経済，流動性の3因子である．これらの背景情報が与えられたならば，抽出されるべき因子の数が決まり，因子は要求されるパターンへと回転される（Berry and Kasarda, 1977）．

(d) 因子得点の利用： 因子分析から得られる因子得点（factor score）行列は，地域と抽出された因子との間の関係を測定しており，特に空間パターンを分析する地理学研究では有用であることが実証されてきた．統計学的側面から厳密にいうと，主成分分析から得られた得点だけが直接に計算でき，因子分析では共通分散と独自分散の双方を仮定しているので，因子分析から得られた因子得点はただ推定されたものである（本章2節(2)項参照）．しかしながら，地理学者の間では因子分析が選好されているため，因子分析からの因子得点が多く利用されてきた．推定された因子得点を利用し解釈するときの問題点はJoshi（1972）で論じられており，回帰分析を用いて因子の共通分散と独自分散の側面から因子得点と残差値に分けることが行われている（Rees, 1972）．

因子得点は，因子空間内で散布図として表現されるとともに，地理空間内で分布図として地図化される．散布図では，各因子を軸とし地域がプロットされる．このような散布図をつくることで，因子との関連から地域をグルーピングすることが可能となる．すべての因子を利用した分類法としては，一般にクラスター分析が利用されている（高阪，1984, 81-86）．因子得点から分布図を作成する場合，各因子ごとに分布図をつくると，その因子が表している次元（たとえば，経済状態）の分布パターンが明らかになる．さらに，すべての因子を使ってクラスター分析により分類した結果を地図化すると，全因子を考慮した（たとえば，都市社会の）地域分類が表現される．

(e) 因子分析の応用における諸問題： 統計学者の間では，主成分分析の数学的明晰性が好まれる一方，因子分析は却下される傾向が強いのに対し，地理学者を含む社会科学関係の研究者の間では，因子分析がより現実的な仮定に基づいているためそれが好まれる傾向がある．両者の間の議論の中から，因子モデルの利用の適切性に疑問が投げかけられている．第1の問題は，因子分析は地理学でどのようにして利用されるべきなのかについてである．因子分析がもつ利用の柔軟性は，その手法を利用する明確な理由を示さずにやみくもに利用してきた傾向がある．因子モデルにはさまざまなものが存在し，それぞれが異なった結果を生むことから，特定の問題に対しどのモデルを応用すべきかという問題が起こる．このような混乱した状態は，地理学者が各モデルの長所と欠点を十分に理解するまでは続くであろう．

第2の問題は，過剰な解釈についてである．この問題の一つの原因は，因子負荷量が変数の標準化された分散割合の平方根に基づいていることにある．したがって，相関は負荷量の数値が示すほど大きいものではない．たとえば，±0.65の因子負荷量

は，2項目の2変量分布において単に42％の一致しか示さない．このことは，わずかに関連した二つの変数によって一つの因子を識別するという危険性へと導く．因子分析が基づいている相関が小さくなるほど，過剰な解釈を生む可能性が高まるという指摘がなされている．

過剰な解釈をもたらすもう一つの原因は，理想的な解（すべての負荷量が±0.0か±1.0のいずれかである）への接近に失敗したことによる．因子得点は，オリジナルな標準化された負荷量を掛け合わせることで求められる．因子の解が理想解に近づいていない場合，小さい値の組み合わせからでも同じような値の因子得点が生まれる可能性がある．すなわち，いくつかの小さな変数が，より重要と見なされる（社会経済状態の次元のような）ものよりも因子得点の分布パターンに影響していることがある (Joshi, 1972)．

6.3 衛星画像データの分類手法

土地被覆のような属性は，計器によって直接測定することはできない．その代わり，地球観測衛星などを利用して，電磁波の反射率のような代用的数値が測定される．電磁波の反射率は比例データであり，各画素におけるその値を分類して土地被覆のカテゴリーを表すグループへとまとめられる．したがって，電磁波の反射率（比例データ）の分類は，土地被覆という新しい属性に対する数値（名目データ）を識別するために利用されるのである．そして，この新しい属性がデジタルデータベースに保存される．

（1） 多スペクトル分類の理論

画像内に含まれている多スペクトル情報に基づいたフィーチャータイプの導出は，画像分類（image classification）として知られている．人間の眼によって識別できるオブジェクトの色は，可視スペクトルの光を反射する形で決められる．また，異なった色をもつものとしてオブジェクトを知覚できるのは，このかなり狭い波長帯内の光に対する眼の感受性によるのである．オブジェクトは，電磁波スペクトルの全波長に対しエネルギーを反射，あるいは，放射しているので，近赤外（infra-red）や超紫外（ultra-violet）のような他のスペクトルバンドを検出できるセンサーは，可視光のみを利用するよりもオブジェクトを識別することに対し大きな可能性をもつであろう．

スペクトルシグネチャー（spectral signature）は，波長の関数であり，オブジェクトの代表的な強度反応である．それは太陽の入射エネルギーが地表被覆に対し反射する量を表す．特定の地表被覆のタイプに従って，この反射量が異なることから，リモートセンシングでは，スペクトルシグネチャーをデータとして多スペクトル分類（multispectral classification）が行われる．画像分類の原理は，このシグネチャーに基づきさまざまなクラスに区分することである．図6.2では，裸地，植生，水域の三つの典型的土地被覆クラスに対するスペクトルシグネチャーを示している．グラフ上に

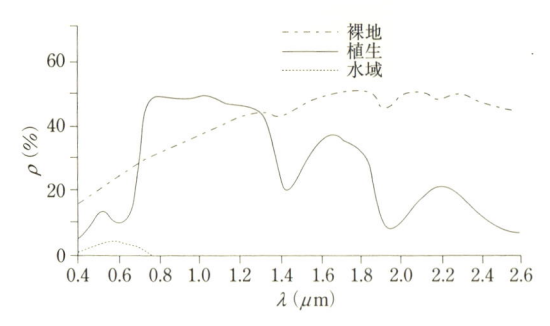

図 6.2 典型的土地被覆に対するスペクトル曲線 (Bird, 1991)

描かれた単一の曲線は，高度に図式化されたものであり，実際には同一のクラスの中でもオブジェクト間で大きなスペクトル変動がみられる．したがって，単純化された曲線は，数値の範囲，すなわち，スペクトル値がその中にあることが期待される包絡 (envelope) として考えた方がより現実的である．分類の数理を単純化するため，次のようなさまざまな仮定が行われている．

① センサーの応答はスペクトルバンドを通じ一様である．
② 各画素は地上の整合した正方形の地区にまさしく対応する．
③ 画素の地域は一つの一様なフィーチャータイプで覆われる．
④ 各バンドの柱状図は正規（ガウス）分布をとる．

これらの仮定は，実際には全く当てはまらない．たとえば，ある特殊なセンサーは，そのスペクトルバンド内の全波長に対し一様に応答することはないであろう．各画素は，その近傍の地域からの反射の影響を受けるであろう．また，一つの画素は，その空間範囲内の複数の異なったクラスからの情報をもつであろう．たとえば，トウモロコシ畑，道路，河川の各部分を含むであろう．

画像の柱状図が正規分布をとるという仮定は，(3) 項 (b) で取り上げる最尤分類法を使う場合，影響が大きいであろう．典型的な画像柱状図が正規分布をとることはほとんどないので，ガウス対比伸長 (Gaussian contrast strech) を適用することで画像の前処理を行う必要がある．

(a) 柱状図による分類： 陸地と海域のような単純な形の分類では，密度分割 (density slicing) が行われる．画像柱状図に多数の閾値が設けられ，単一スペクトルバンドに対する応答に基づきクラスに区分される．たとえば，図 6.3 のように一つの閾値が設けられ，画像は二つのクラスに分けられた．もし画素値が閾値以下であるならば，クラス 1（たとえば海域）に割り振られ，閾値以上であるならばクラス 2（陸地）に割り振られる．

これは 2 値（バイナリー）決定分類の事例である．使用される統計モデルは，柱状

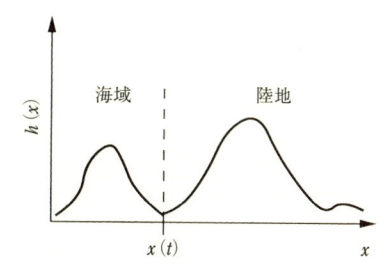

第6章　GISのための多変量に対する分類手法　　　　　　　　　　　　　　　　　　　　　85

図6.3 柱状図による画像分類
閾値 $x(t)$ で二つのクラスに分けられる．

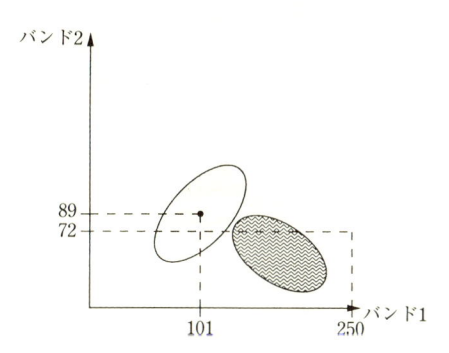

図6.4 2次元散布図による画像分類

図が画素の二つの母集団（各々は特徴的統計分布をもっている）で組み合わされた影響を表すものである．したがって，分類問題は確率的側面から，ある画素が誤ったクラスとして分類される確率を最小化する閾値を見出すことであるということができる．もし二つの柱状図が重なっていないならば，二つの柱状図の範囲内の値は適切に割り振られ，誤分類の確率は0となる．実際にはいくらかの重複がみられ，重複範囲内にある数値は（たとえば，陸地を海域として）誤分類される可能性がある．このような状況を改善するため，コンター織糸手法（contour-threading technique）が利用される（Benny, 1980）．

(b) 散布図による分類：　誤分類の確率を減らすため二つ以上のスペクトルバンドが利用され，柱状図ではなく散布図（scatter diagram）上に画像の統計量を表示することが行われる．図6.4は，画像の二つのバンドの典型的散布図を示している．x 軸はバンド1の値を表しており，y 軸はバンド2の値を表している．散布図内のドットは，二つのスペクトルバンドに対する画素値を示している．点(101, 89)で示されるドットは，バンド1で101の値をもち，バンド2で89の値をもつ画素が画像内に

少なくとも一つ存在することを表している．それに対し，点 (250, 72) にある空白部は，この組み合わせの画素が画像内に存在しないことを示す．

より高度な形式の散布図は，2次元配列 I の形式でつくられる．その配列は，さまざまな画素値の組み合わせが画像内でどの程度出現しているかを数え上げる．たとえば，I (101, 89) = 57 は，画像内にバンド1が101でバンド2が89の値をもった57画素が存在することを示している．多スペクトル分類手法の可能性は，2次元の散布図を1次元の柱状図と比較することで大きく広がる．柱状図でみると図6.3のように，二つのクラスが相互にかなり重複している場合，それらを完全に分離することは可能でない．しかしながら，散布図上でそれらが二つのクラスターをなしているならば（図6.4），2クラスに分けることは簡単である．

画像分類アルゴリズムの仕事は，クラスへと数学的に区分するため，クラスター間の決定境界 (decision boundary) を設定することである．前に示した方法は，2クラス以上に対しても一般化できるであろう．しかし，この場合でもクラスター間の重複が問題となろう．アルゴリズムは，画素を誤分類する確率が最小になるよう決定境界を選ばなければならない．

（2） 教師なし分類

フィーチャー空間を異なったクラスに分割するために，さまざまな種類のクラスター分析が開発されている．地上データに基づき既知のクラスを組み込むような外部情報を利用するアルゴリズムは，教師つき分類として知られている．それに対し，画像内に内在している統計情報のみを利用するアルゴリズムは，教師なし分類 (unsupervised classification) として知られている．教師なし分類の目的は，個別的には密度が高く，しかし，集合論的にはうまく分離しているようなクラスターにフィーチャー空間を分割することである．数学的側面からみると，目的はクラスター内の各点からその重心への平均距離を最小化し，同時に，各クラスターの重心間の距離を最大化することである．これを達成するための典型的アルゴリズムは，次のようである．

① 点を分割するためにクラスター数を選ぶ．
② 各クラスターに対し任意の出発点を重心として選ぶ．
③ 各出発点に対し他のすべての点を最も近いクラスター中心に割り振る．
④ 各クラスターに対しクラスター内の点に基づき新たな重心を計算する．
⑤ クラスター重心の位置が不変になるまでステップ③と④を繰り返す．
⑥ 各クラスに名称をつける．

クラスに名称をつけることは，分類結果を実際の地上被覆タイプに関連づける熟練したオペレーターによって行われる．実際には，教師なし分類アルゴリズムの実行では，分類を洗練するためにさらにいくつかの基準が組み込まれる (Wilkinson, 1991)．たとえば，

① 併合規則（merge rule）　もし二つのクラスター間の距離がある一定の閾値以内であるならばそれらをまとめる．

② 分割規則（split rule）　あるクラスターの分散がある一定の閾値をこえるならばそれを二つの小さなクラスターに分割する．

③ もしあるクラスターのメンバー数がある一定の閾値以下であるならば，そのクラスターを解消しそのメンバーを再配分する．

教師なし分類は完全にアルゴリズムに基づくアプローチなので，実世界の知識を導入することなしでは，画像からの情報抽出のための方法としてはほとんど利用できない．しかしながらこの方法は，画像のフィーチャー空間に対する表現への洞察を与え，さらに，次項で示す教師つき分類手法の基礎を与えるものとして重要である．

（3）教師つき分類

教師つき分類（supervised classification）では，画素を分類する以前にそのクラスについての情報が与えられている．クラスについての情報は，モニターのデジタル画像上で，分析者によってトレーニングエリアを設定し，その中に含まれる画素に対するデジタル数（0～255）の分布から取得される．画像分類では，この分布にさまざまな統計量（たとえば，平均や分散）を算出し，それに基づき次のような4種類の分類法（classifier）が開発されている．

（a）ノンパラメトリック分類法：

① 矩形分類法　最も単純な教師つき分類アルゴリズムは，矩形分類法（box classifier, parallelepiped classifier）である．図6.5(a)は，この方法の考え方を示している．二つのバンドで構成された2次元空間において，各クラスのまわりに矩形を描くことによって，クラスターを分けることが行われる．トレーニングアルゴリズムは，各サンプルクラスに対し矩形の大きさを計算する．これは，サンプル分布内の最大値と最小値を計算することで単に求められる．しかしながらこの方法は，スペクトルデータの分散に対し非常に敏感である．図6.5(a)において，番号2の画素は都市のクラス(U)に正しく分類されるが，番号1の画素はトウモロコシ(C)と干し草(H)の二つの矩形の重複部分になっているため，その分類は不確実になる．

この問題を多少緩和するには，図6.5(b)に示すように，トレーニングエリアのクラスターのまわりに段階的な矩形を設けることである．また，より精度の高い結果を得るには，トレーニングサンプルの全分布を用いる代わりに，たとえば，5～95の百分位数を利用し，外れ値（outliers）を除外することで行われる．

通常の矩形分類アルゴリズムは，クラスを区分するのに統計パラメーターを用いないので，ノンパラメトリックな分類法である．そのオペレーションは非常に単純であり，トレーニングで利用した各スペクトルバンドの数値を画素ごとに調べることによって，画像全体が分類される．もし画素値が多次元の矩形内に位置しているならば，

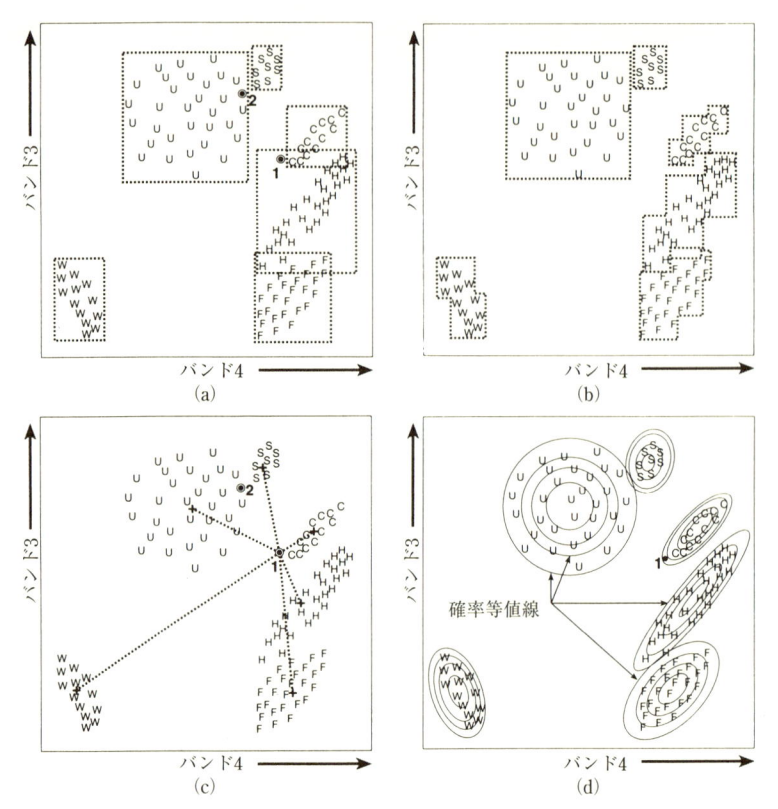

図 6.5 (a) 矩形分類法, (b) 段階的境界をもつ矩形分類法, (c) 最小距離分類法, (d) 最尤分類法 (Johnston, 1998)

それはそのフィーチャーとして分類される. 画素値が二つの矩形の間で重なり合って位置しているならば, 決定規則が利用される. 典型的規則では, どちらのクラスが優先権をもつかをオペレーターが指定できる.

(b) パラメトリック分類法: よりよい分類推定を行うためには, トレーニングサンプルの情報が利用できる. たとえば, クラスの重心(セントロイド)近くのスペクトル値をもつ画素は, その重心から離れている画素より, あるいは, 一つ以上のクラスターと重なり合うときより, そのクラスのメンバーになる可能性が高いであろう. トレーニングサンプルの統計分布を利用する分類法は, パラメトリック分類法 (parametric classifier) として知られている.

① 最小距離分類法　パラメトリック分類法の単純な例は, 最小距離分類法 (minimum distance classifier) である. この方法は, トレーニングデータを用いてフ

ィーチャー空間内で各クラスの重心を計算する．そして，画素ごとに最も近い重心をもつクラスへと割り振ることによって分類が進められる（図6.5(c)）．なお，いずれの重心からもある閾値以上の距離をもつ画素は，未知のものとして残される．

図6.5(c)において，番号1の画素はトウモロコシのクラスに割り振られるが，番号2の画素はたとえ都市のクラスターのへりに位置していても，砂地（S）に分類されるであろう．このようにこの方法は，スペクトルデータの分散に対しあまり敏感ではない．さらにこの方法は矩形分類法と同様に，クラスターの形状を記述する確率密度関数をアルゴリズムが考慮していないため，第2のクラスにそれが属する確率がかなり高いことが明らかな場合でさえ，画素は一つのクラスに割り振られるという欠点をもつ．

② 最尤分類法　　最も多く利用されるタイプのパラメトリック分類法は，最尤分類法（maximum likelihood classifier）として知られている．この方法は，各クラスが多変量正規分布の確率密度関数（楕円形の確率等値線）をもつと仮定している（図6.5(d)）．各バンドの分散の側面から計算されたクラスターの重心からの距離は，画素がそのクラスに属する確率の測定として利用される．画像を分類するため，各画素はフィーチャー空間に位置づけられ，各々のクラスの重心への最尤距離（maximum likelihood distance）が計算される．最小値を与えるものが，その画素が割り振られるクラスである．その距離は保存され，分類における信頼度の指標となる．確率等値線の形状は共分散に対し敏感であるので，番号1の画素はこの方法ではトウモロコシとして正しく分類されている．

最尤分類法では，各サンプルカテゴリー k は，すべての可能なスペクトルバンドを用いて，平均ベクトル M_k と分散-共分散行列 C_k とによって完全に記述されるガウス確率密度関数で表現できると仮定している．標準的最尤関数は，次式で与えられる（Thomas et al., 1987）．

$$F_k(\mathbf{X}_i) = (2\pi)^{-n/2} |\mathbf{C}_k|^{-0.5} \exp[-0.5(\mathbf{X}_i - \mathbf{M}_k)' \mathbf{C}_k^{-1} (\mathbf{X}_i - \mathbf{M}_k)] \quad (6.1)$$

これらのパラメーターが与えられたならば，ある画素ベクトル $\mathbf{X}_i$（ただし，各画素は $i = 1, 2, \cdots, N$）がクラス k（スペクトルクラス）のメンバーになる統計的確率 $F_k(\mathbf{X}_i)$ を計算することが可能となる．最尤分類法は，多重正規性の仮定が満たされる限り，最も高度な画素単位の判別関数として広く見なされてきた．

しかしながら，異質な成分が複合した都市環境の場合のように，土地被覆タイプのスペクトル分布が正規分布から大きく外れている場合，このアルゴリズムでは分類の達成度は大きく減少することが示されてきた（Mather, 1985）．最尤分類法のようなパラメトリック分類法の欠点はほかに，被覆タイプが広がりにおいて大きく異なるとき特に顕著であり，面積推定を保存するときにしばしば異常が起こる．これらの問題のいくつかを克服するため，研究はパラメトリックとノンパラメトリックの二つのアプローチのよい点を保つ混成モデル（Maselli et al., 1992）のほかに，グレイレベルの

柱状図から得られたクラスの確率を用いて面積の誤推定を少なくするという完全にノンパラメトリックな方法 (Skidmore and Turner, 1988) の開発に向かった.

③ ベイズ分類法　Strahler (1980) によって最初に開発された特殊な混成分類法は，ベイズ決定規則 (Bayesian decision rule) であり，最近では Mesev (1995) によって都市形態の分類に対し応用されている．これらの研究は，GIS からの非スペクトルな補助情報が最尤分類法によるクラス分けの事前確率を変える点でベイズ決定規則がいかに貢献したかを論じている.

この方法は，確率推定に対し二つの加重因子を考える．事前確率 (a priori probability) は各クラスの出現の可能性に基づく加重であり，大きいと期待されるクラスに対しては n 次元測定空間内で大きな量をもたらし，小さいと期待されるクラスに対しては小さな量をもたらす．事後確率 (a posteriori probability) は誤分類の費用を表す加重である．これら二つの因子は，誤分類費用を最小化することによって分類を最適化する.

正式には，これは画素ベクトル $\mathbf{X}_i$ と補助変数 $\mathbf{V}_j$ が与えられたとき，スペクトルクラス k の条件確率となり，$P(k \mid \mathbf{X}_i, \mathbf{V}_j)$ として，あるいは単に，$P(k)$ の事前確率として表現される．これはベイズ決定規則の基礎をなし，(観測された) 多次元スペクトルベクトル $\mathbf{X}_i$ と補助変数 $\mathbf{V}_j$ が与えられたならば，i 番目の観測点は最も高い出現確率をもつクラス k に割り振られる．すると上記の式 (6.1) は，次のように修正される (Mesev et al., 1996).

$$G_k(\mathbf{X}_i) = \frac{F_k(\mathbf{X}_i) P(k)}{\Sigma_k F_k(\mathbf{X}_i) P(k)} \qquad k = 1, \cdots, K \qquad (6.2)$$

$F_k(\mathbf{X}_i)$ と $P(k)$ が与えられたとき，$G_k(\mathbf{X}_i)$ はクラス k の事後確率である．分母は全確率が合計1になることを保証する.

第7章　地理的可視化（GVIS）

7.1　時空間内の関連に対する地理的可視化

　20世紀における最も重要な発明のいくつかは，視覚を拡張するために設計された器具であるといわれている．たとえば，ハッブル望遠鏡や電子顕微鏡であり，これらの可視化の道具は今まではただ想像するだけであったものを，具象化し操作できるようにした．可視化（visualization）とはさまざまな意味をもつが，最も一般的意味は，「みえるようにすること（make visible）」である．コンピュータ技術を含むさまざまな可視化ツールは，多くの科学分野で，みることのできない（デジタルな）データをみえるようにするばかりでなく，問題を解くときに重要な関係や，心の中のイメージまでをもみえるようにした．その結果，科学データや概念をみえるようにする科学的可視化（scientific visualization）という技術が急速に発展している．

　地理学者や地図学者の間でも，最近，地理的可視化（geographic visualization：GVIS）が注目を集めている．地理的可視化では，特に，視覚を通じての思考（visual thinking）を高めるために，さらに，時空間内での変数間の関係をとらえるため，さまざまな研究が活発に行われている．本章では，特に高度な地図表現に関係した地理的可視化の研究を考察する．

（1）探索データ分析と統計グラフィックツール

　探索データ分析（exploratory data analysis：EDA）についてはすでに第2章2節で示したが，この分析法は記述的でしかもグラフィックな統計ツールを用い，先立った構造をできるだけ少なくしてデータ内のパターンに関する仮説を提示する．最近の探索データ分析法は，ダイナミックな統計グラフィックスを用いて人間の認知と計算との間の対話を重視している．利用者はこの分析法を通じ，データのさまざまなビューを直接操作することができる．このようなビューの例としては，柱状図（ヒストグラム），ボックスプロット，ドットプロット，散布図などがあげられ，データスムーザーも使うことができる．利用者はダイナミックにリンクされた複数のウインドウの中でデータ間にリンクを張るとともに，データを削除したり，データの一部分を強調表示（ブラシ）したり，さらに高次元データを回転，切り取り，投影することができる．

　特別な方法としては，同一の観測個体集合に対応するデータを点として扱い，異な

った散布図間で連結するリンクづけ散布図ブラッシング（linked scatterplot brushing），ある1組（通常は二つ）の変数間の関係を一つ以上の他変数の値で条件づけてパネルで表示する条件つきプロット（conditional plot），最適性の基準に基づき高次元空間へ静的に投影する投影追跡（projection pursuit），高次元（多変量）データ点雲を一連の対話により低次元（通常は2～3次元）へと投影するグランドツアー（grand tour）などが知られている（Anselin, 1998）．

探索空間データ分析（exploratory spatial data analysis：ESDA）とは，地理データの目立った特徴，特に，空間的自己相関や空間的異質性（spatial heterogeneity）に焦点を当てた探索データ分析である．GISとは別のものと見なされるが，おそらく最も空間的なツールボックスは，Spider, Regard, Manetと呼ばれているソフトウエアである（Haslett *et al.*, 1990；Unwin, 1994；Unwin *et al.*, 1996）．これらのソフトウエアを実行すると，多数の統計が図や表形式で表示されるとともに，それらがダイナミックにリンクされる．地図やデータビュー内でデータの一部を選択すると，他のすべての表示にもただちにそれが反映する．典型的なデータの表示形式としては，コロプレス地図のほかに，柱状図，ボックスプロット，棒グラフ，散布図，データリストなどが利用できる．以下では，このようなツールを応用した地理的可視化の事例を示す．

（2） 可変式階級分割点をもつ2変数交差地図

空間内の変数間に存在する複雑な関係を解明しようとする試みに，2変数地図（bivariate map）がある．二つの比較される変数が一つの地図としてまとめられるな

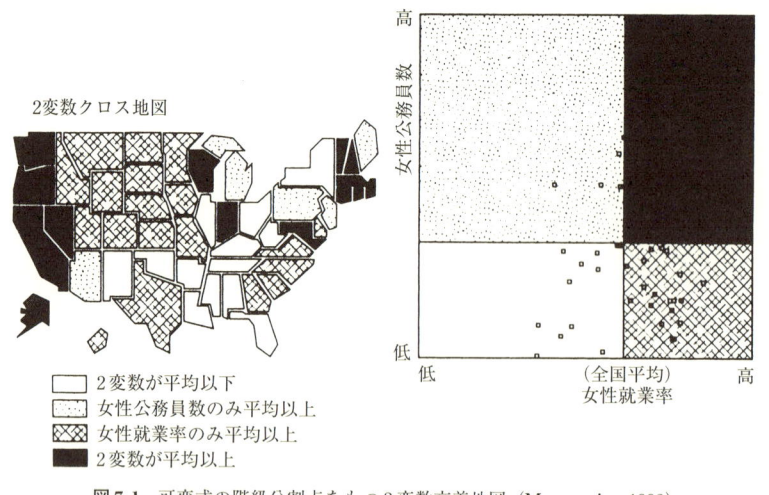

図7.1 可変式の階級分割点をもつ2変数交差地図（Monmonier, 1992）

らば，分かれている事象を個別に注目するという問題はなくなる．Monmonier (1992) は，相関を究明するための地理的可視化ツールの一つとして，階級分割点が可変式の2変数地図を提案している．図7.1は，女性の就業率と女性の公務員数との間の相関を解明するための2変数地図を示している．各変数を2階級に分け，合わせて4階級からなる地図を交差地図（cross-map）と呼ぶ．階級の分割点（交差の中心）は，マウスを使って両方の変数が高い状態，一方が高く他方が低い状態というように，散布図内で移動させることができ，それに応じて地図の分類も変化する．交差地図では，凡例上の一つの点が4階級すべての境界を決めているため，対話的に操作しやすい．しかしながら，このような利点とは反対に，各変数は二つの範疇に分けられることから，データの抽象化は非常に大きなものとなっている．

（3） 地理ブラッシング

一般的に，事象を強調表示するための処理の一つとして，焦点化（focusing）がある．たとえば，ブリンキング（blinking）やフリッカーリング（flickering）などがあげられる．ブラッシング（brushing）もその一つであり，1組の結びつけられた散布図上で，潜在的に相関すると考えられる多数の変数を比較するための手法として最初は設計された．散布図ブラシ（scatterplot brush）の手法では，2変数の散布図上で点で表されたデータの一部分を分析者が選択し強調表示することで，他のすべての散布図上でもそれらのデータ点が自動的に強調表示される．分析者は，ある2変数空間内の観測値の一部が他の2変数空間内ではどのように現れるかを視覚的かつ対話的に検討することで，データ内の関係を究明することが可能となる．

図7.2の左側に示された散布図では，散布図ブラシの実例を示している．中段左の散布図は，横軸にアメリカ合衆国における州別のケーブルテレビ普及率を，縦軸に州別の大都市人口割合をとったグラフである．散布図内で，マウスを用いて横軸上で上限と下限を指定する．すると，斜線で示した範囲のような矩形ブラシ（rectangular brush）が設定され，その中のデータ点が選択されて強調表示される．するとこの散布図では，ケーブルテレビ普及率が低い15の州を選んだことになる．そして，他のいずれの散布図（たとえば，中段右の散布図：横軸に1人あたり所得，縦軸に大都市人口割合をとったグラフ）でもこのように選択された点が強調表示される．こうして，ケーブルテレビ普及率と大都市人口割合や1人あたり所得との関係が視覚的かつ対話的に考察される．

しかしながら，相関を解明するためのこのような散布図の考察や積率相関係数のような統計手法は，その多くが非空間的（aspatial）であり，統計的相関を示すが地理的相関（geographic relation）を明らかにするものではない．地理的相関とは2変数が同じような空間的パターンをとる程度であり，この相関が高いことは2変数間に因果関係があるか共通の原因が働いていることを表し，低いことは統計的相関が疑わし

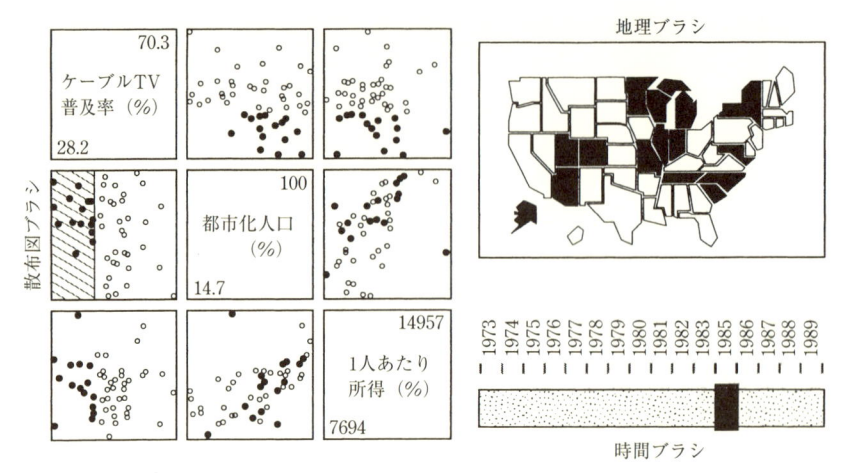

図 7.2 散布図ブラシ，地理ブラシ，時間ブラシ（MacEachren, 1995）

いことを暗示する．

そこで Monmonier（1989）は，このブラッシングの概念を地理情報へと拡張し，地理ブラシ（geographic brush）という概念を提案した．地理ブラシとは，地図上で分析者がマウスを用いて地域を指定し強調表示する方法である．図 7.2 ではさらに分析の時点を指定する時間ブラシ（temporal brush）も利用しており，分析者は散布図，地理，時間の 3 種類のブラシを実行できるシステムでアメリカ合衆国のケーブルテレビ普及率を分析している（Monmonier, 1990）．時間ブラシでは，時間の移動バーをマウスでドラッグし特定の年に合わせることで，その年の分布図や散布図を表示することができる．地理ブラシでは，分析者が特定の州を選択することで，散布図上でもそれに対応した点を強調表示できる．また逆に，散布図上で選択したデータ点を，対応する州として地図上で強調表示することもできる．

図 7.2 で示されたブラッシングシステムは，2 変数空間と地理空間との間を質問する能力をもつことから，地理的相関を究明する分析に有効である．すなわちこのシステムから，一般にケーブルテレビの普及率の低い州は，メリーランド州やニューヨーク州のように高い都市化率と高収入をもった州であり，ケーブルシステムを普及させるには巨額な資金が必要であるか，あるいは，広範囲に分散した農業人口をもちケーブルシステムでサービスできない中西部の州のような場合であることが読み取れる．このような対話的グラフィックシステムは，明確な答えを与えるというよりもむしろ，疑問を生じさせるのに有効であり，分析者に対し新たに考慮すべき要因を地図から考えさせる探索的空間データ分析につながるであろう．

7.2 多次元データの可視化

　GISで最も多く利用されているデータの一つに，メッシュデータがある．メッシュデータは，2次元の (x, y) 座標系内で縦軸と横軸に平行した等間隔の格子をかけその中の状況を記述したデータである．しかしながらこの2次元データだけでは現実をうまく表現できない場合がある．そこで多くのGISでは，さらに次元を増やした3次元のデータ (x, y, z) も処理できるようになっている．さらに時間を考慮するならば，GISは (x, y, z, t) の4次元を扱えることも必要となる．本節では，3次元，あるいは4次元以上のデータの可視化について考察する．

（1） デジタル標高モデル（DEM）

　デジタル標高モデル（digital elevation model：DEM）とは，3次元データで z 軸のデータとして標高をとったデータモデルである．このDEMデータは，GISでは2次元，2.5次元，3次元とさまざまな次元で表示することができる．図7.3(a)は，DEMデータを2次元表示したもので，平面上に標高を彩色表示している．さらに図(b)では，同一地域の標高を3次元で表示している．これは，Arc/InfoのTIN（三角形不規則網）と呼ばれるソフトウエアを利用している．このようにして3次元表示された地形曲面上に，デジタル地図や航空写真・衛星画像を貼りつけることも可能である．図(c)では，土地被覆のデジタル地図が貼りつけられている．

　なお2.5次元表示とは直方体で3次元構造を示す方法であり，みる人を中心とした遠近図法による座標系で表す（Raper, 1989, 11-19；MacEachren, 1995, 29-32）．この方法で作成された地図はプリズム地図と呼ばれるが，直方体を並べた形で表されるので標高は不連続となり，表現力に乏しい．それに対し3次元表示は，オブジェクトに中心を置いた表現であり，地形のもつ曲面的特徴をある程度再現している．

（2） 3次元ジオプロセッシングシステム

　地質学，地球物理学，海洋学，気象学，鉱物学，地下水学などの学問では，取り扱う現象は3次元に分布しており，それらを2次元でとらえた場合，情報を正確にモデル化し，分析・表示することは難しい．そこで開発されたのが3次元ジオプロセッシングシステム（3-dimensional geoprocessing system）である（Smith and Paradis, 1989）．このシステムは3次元の体積データモデル（volume data model）に基づいており，3次元空間を表現するのにその空間をグリッドのように分割した体素（voxel）と呼ばれる基本単位を用いる．

　このシステムではGISと同様に，x 座標と y 座標だけでなく，z 座標に対しても適切な地理参照系が利用できる．z 軸は，通常は高度，あるいは，深度がとられる．このシステムの特徴は，図7.4(a)に示すようにカラーキューブディスプレイで数値の範囲を表示できる点にある．特に，モデルが実際にどのようにみえるかをよりよく理

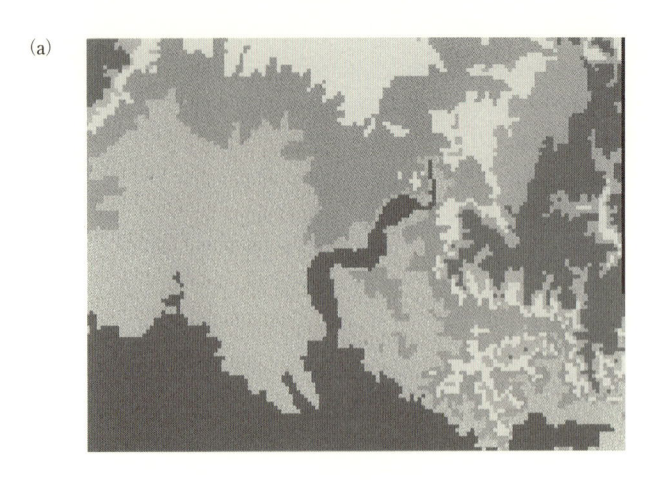

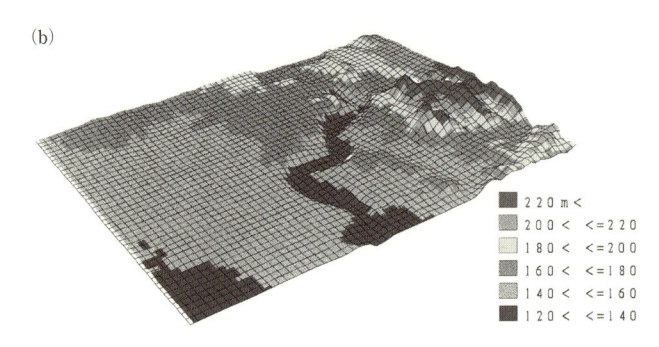

図7.3 デジタル標高モデル［口絵1を参照］
(a) 2次元のグリッド表示，(b) 3次元のTIN表示，(c) 標高面への土地被覆図の貼りつけ．

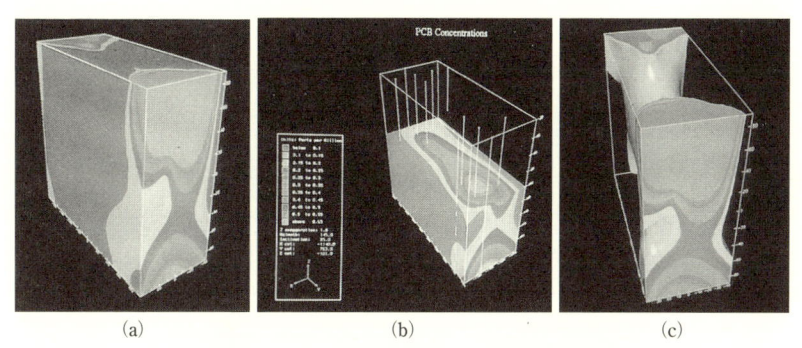

第7章 地理的可視化（GVIS） 97

図7.4 3次元ジオプロセッシング（Smith and Paradis, 1989）［口絵2を参照］
(a) カラーキューブディスプレイ，(b) キューブディスプレイの切断，(c) ある水準以上の曲面の抽出．

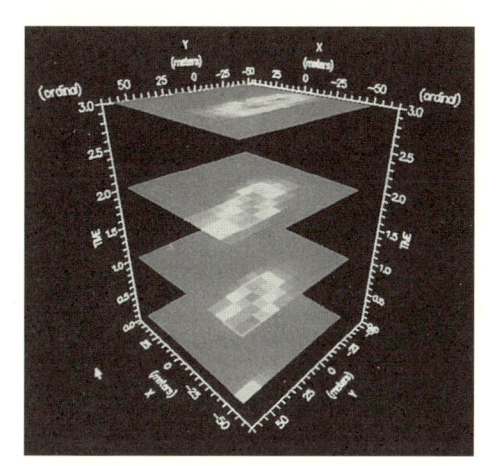

図7.5 汚染水準を表す地表面抵抗データの時間的な積み重ね（O'Conaill *et al.*, 1993）［口絵3を参照］

解するため，図(b)のようにキューブディスプレイの端を切り取ることによってモデルの内部をみることもできる．さらに，利用者がある特定の値を探そうとしている場合には，このシステムはその値を表示することが可能である．たとえば，PCBによる土壌汚染の場合，安全な基準値をこえる土壌がどこにどれくらいあるかを知る必要があろう．3次元ジオプロセッシングシステムでは，図(c)に示すようにある水準以上の曲面のみを取り出し表示することもできる．さらに，モデルを左右に回転したり，上下に移動したりすることができ，拡大・縮小表示も可能である．

3次元ジオプロセッシングシステムを使った他の応用例として，z軸に時間をとっ

た場合があげられる．体積データモデルでは，空間軸と時間軸を同じように取り扱っている．すなわち，このモデルでは体積データが時間を含めた4次元ユークリッド空間内に埋め込まれていると仮定している．たとえば，4次元データセットは，3次元の体積の時間的系列として表現される．あるいは，zの値を固定して，(x, y) と時間との系列として表すこともできる．前者の事例としては，図7.4があげられる（時間は固定されている）．後者の事例（$z = 0$）としては，図7.5のように時間軸が第3次元を構成し，地表面の抵抗データの時間的変化を表現している（O'Conaill *et al.*, 1993）．前者の方がよく利用されるが，後者の方が情報を抽出しやすい場合もある．

このような3次元ジオプロセッシングシステムを実行するためには，高性能の3-Dグラフィック表示機能を備えたコンピュータが必要である．

7.3　バーチャルGIS

（1）バーチャル環境

バーチャルとは，電子的表示としては存在するが具象的には存在しないことを意味し（野村ほか，1997, p.1），バーチャルリアリティー（VR）とは，物質空間と別のもう一つの空間を合成するコンピュータ技術である．VR技術でつくられたバーチャル（仮想）環境は，臨場感，実時間インタラクション，自己投射性の三つの要素で特徴づけられる．臨場感とは，コンピュータの作り出したバーチャル環境が自然な3次元空間を構成していることであり，実時間インタラクションはバーチャル環境と自然に実時間で対話できることである．自己投射性はバーチャル環境の中で自己が仮想自己と一体化したと感じることである．

バーチャル環境は実世界，あるいは，架空の世界に対するデジタルなシミュレーションであり，利用者はその中に参加できる．利用者の参加とそれを達成する仕方が，バーチャル環境を現実と区別できないものにする重要な要素である．利用者がその環境内にいると感じさせ，ナビゲートや場面内の移動を通じてシミュレーションと対話できるように，この参加はなされなければならない．利用者はアイコンをクリックしソフトウエアと対話するようになるにつれて，すべてのコンピュテーションはVRの要素を帯びるようになった．VRはデジタルコンピュテーションに対する新たに出現しつつあるインターフェースと見なすことができよう．

バーチャル環境を構築するとき考慮すべき重要な側面として，「表現」，「モデル化」，「結合」の三つがある．バーチャル環境の「表現」は，通常グラフィックソフトやCADを用いて3-Dで表現されてきた．たとえば，今日構築されている多くのバーチャル環境は，建造物，景観，室内の物質界に対し3-Dで表現されている．しかし技術の急速な発展に伴って，最近ではバーチャル環境は3-Dへ限定されることなく，地図のような2-Dから数学的空間内のどのような高次元へも表現が展開できるよう

になった．

　バーチャル環境の「モデル化」では，シミュレーションを通じ利用者と環境間で相互に応答する仕方を表し，三つのプロセスがある．バーチャル環境の探索(exploration)は，視覚メディアや非視覚メディアを操縦（ナビゲート）するための方式である．バーチャル環境に対し知的に応答できるようにするためには分析が必要であり，他の視覚メディアや非視覚メディアを生成する．さらに，ある形でバーチャル環境を変える能力はデザインであり，多くのバーチャル世界にとって中心的機能となっている．

　バーチャル環境と利用者との「結合」では，利用者がその環境に取り込まれる程度に応じ，3種類に分かれる．たとえば，ヘッドセットやデータグローブのような周辺機器を通じ利用者が直接にバーチャル環境内に取り込まれている場合，没入(immersive)関係にある．この例は3-D空間内で利用者が化身（avatar）として活躍するゲームの世界で多くみられる．それに対し，議論が行われる通常の物質界とバーチャルな世界との対話を組み合わせて利用する場合，半没入(semi-immersive)関係にある．このような事例としては，VR劇場（VR theater）やCAVES（CAVE automatic virtual environment）が知られている（Cruz-Neira *et al.*, 1993）．さらに，遠方にいる人々が情報ネットワークで結びつけられ，バーチャル的に同一環境にいるようなリモートVRも開発され始めている．

　VRの利用者には四つのタイプがある．科学での利用者，設計（デザイン）のような専門家，問題解決のための政治的利用，そしてレジャーにおける利用である．これらの利用者をさらに目的に応じまとめると，情報，科学（分析），設計になる．以下では，バーチャル環境の応用例として都市問題の理解にどのように役立つかを考察する．

（2）　バーチャル GIS

　バーチャル GIS とは，GIS や VR 技術を使って地理環境をバーチャル環境として構築する試みである．以下では二つのバーチャル GIS の事例を紹介する（Batty *et al.*, 1998）．第1の事例は，ロンドンに対するインターネット GIS である．このシステムでのバーチャル環境は，半没入形式とリモートな形式であり，情報と科学分析の目的のためフルスクリーンの VR 劇場でアクセスされる．インターネット GIS を搭載するサーバーは高機能の PC であり，サーバーにアクセスするための Web ブラウザーソフトウエアもついている．このシステムをみるための VR 劇場は，2チャネルの出力をもつ Silicon Graphics 社の Reality Engine（Onix 2）で駆動されている．劇場の壁の大きさは，12：5の比率で2倍の大きさのスクリーンを発生させる．ビューアは Netscape ビューアを用いる．

　インターフェースは二つの部分に分かれる．左側のスクリーンでは，2-D 地図の形で GIS の出力が表示される．ESRI 社のインターネット GIS である AIMS（ArcView

図7.6 VR劇場におけるロンドンのインターネットGIS (Batty *et al.*, 1998) [口絵4を参照]

Internet Map Server) はWebサーバー上にあり，クライアント（遠隔利用者）はサーバーに要求を送る．サーバーはArcViewを作動させ，その要求を処理し，MapCafeと呼ばれるジャバアプレットとしてクライアントに出力を送り返す．MapCafeはデスクトップGISのArcViewと同じ画面をもっている．図7.6で左側のウインドウはMapCafeであり，ArcViewに似ているが実際にはクライアントからの質問にAIMSが応答して送ったジャバのアプレットである．MapCafeのレイヤーは地図の左にある凡例からわかり，通常のGISのように表示したり，表示から外したりできる．また，利用者が拡大（ズーム）を行うと，レイヤー内のさまざまな情報がアクティブになる[1]．図7.6の左側のウインドウで示されているシーンはParliament Squareであり，基図としてイギリス陸地測量部（Ordnance Survey）のLandline dataが用いられ，その上にロンドンに対するCities Revealed 正射写真データベースが重ね合わされている．

右側のスクリーンでは，地図に関連しMapCafeからホットリンクとしてアクセスされるさまざまな情報が示される．この情報としては，VRML (virtual reality modeling language)[2] モデル，ビデオクリップ，写真，図表，文字ページ，そして他のWebページがある．左側のウインドウのコーナーにおいてホットリンクをクリックすると中央ロンドンの全域に対しVRMLモデルがロードできる．このモデルはCosmo Playerにロードされており，右側のスクリーンに示される．これは図7.6では，VRMLビューとしてトラファルガー広場を示しており，遠方にテームズ河と

---

[1] AIMSは通常のGISがもつかなりの機能を遠隔利用者に送るようつくられている．たとえば，レイヤーの追加や削除，拡大・縮小，地図のスクロールなどは標準的につけられており，質問 (query) も中心的な機能であり，3-D可視化，ネットワーク分析，空間分析なども取り込むことができる．

[2] インターネット上での3次元空間を記述する言語（野村ほか，1997, 8-10）．

South Bank がみえる．このビューは回転させたり，角度を変えてみることができる．このモデルは ArcView に対する 3-D Analyst extension を使っておおざっぱに作成されたもので，期待されるようなリアリズムは与えられていない．利用者はインターネット GIS の中から AIMS にどのような VRML のビューを生成させることも可能である．これが今日の ArcView の標準機能である．

このように利用者は地図から VRML モデルへホットリンクし，さらに VRML モデルからビデオクリップ，Web サイトなどにホットリンクする．地図は常に左のスクリーンに残り，右側の情報は Web 同様このシステム内で利用者が他の情報を探索するにつれて地図から離れ多レベルとなるであろう．ナビゲーションでは，出発点は常に地図を使うことが基本となっている．

このシステムの究極的目的は，複数の異なったタイプの利用者がこのシステムを使って分析を行い，彼らの結果をシステム内に蓄積・表示し，システムをブラウズできることである．さらに，他の利用者と特定目的のため会話でき，データをダウンロードやアップロードでき，さまざまなスケールでの計画設計と環境政策へと進んでいけるような GIS の構築である．このシステムは，一般市民がアクセスできるとともに，科学者，政策決定者，特定の利害集団を最終的に結びつけるであろう．

バーチャル GIS のもう一つの研究例として，図 7.7 はイギリスの都市 Wolverhampton の地図を示している．中心地域は環状道路内にあり，ArcView から生成された VRML のモデルとして組み立てられている．この地図の上には，ArcView の Spatial Analyst を利用して作成された既存の小売総売上高の曲面（解像度は 100 m 以下）が覆っている．この曲面は，非線形小売モデルを既存状態にキャリブレートすることによって生成された．小売モデルに対する入力は，センターの規模と位置，交通ネットワークと消費者（人口）密度であり，それらのすべてが図 7.7 の形で視覚化できる．

この可視化のためには，Web ブラウザー内の VRML モデルをみるため，Cosmo Player を利用している．そして，VR 劇場という半没入状況の中で表示されるとき，小売業に関する専門家のグループがその曲面の意味を考察したり，それに対する変化をみたりすることがただちに可能になる．利用者はこのモデルに対する入力を直接変えることができ，モデルからの出力として曲面も変わり，モニター上でただちにみることができる．たとえば，利用者は地図上でセンターをさまざまな位置にマウスでドラッグすることができる．するとモデルはただちに計算され，曲面が再描画される．SG リアリティーエンジンのリフレッシュ速度は 1,000 万ポリゴン/秒の計算能力をもつので，マウスを動かすと同時に，曲面がリアルタイムに変わる（前項の VR の特徴を示す要素の一つである実時間インタラクション）．さらに利用者は，スライダーを使ってセンターの規模を変えることができる．利用者が基本的制約を破ることがない

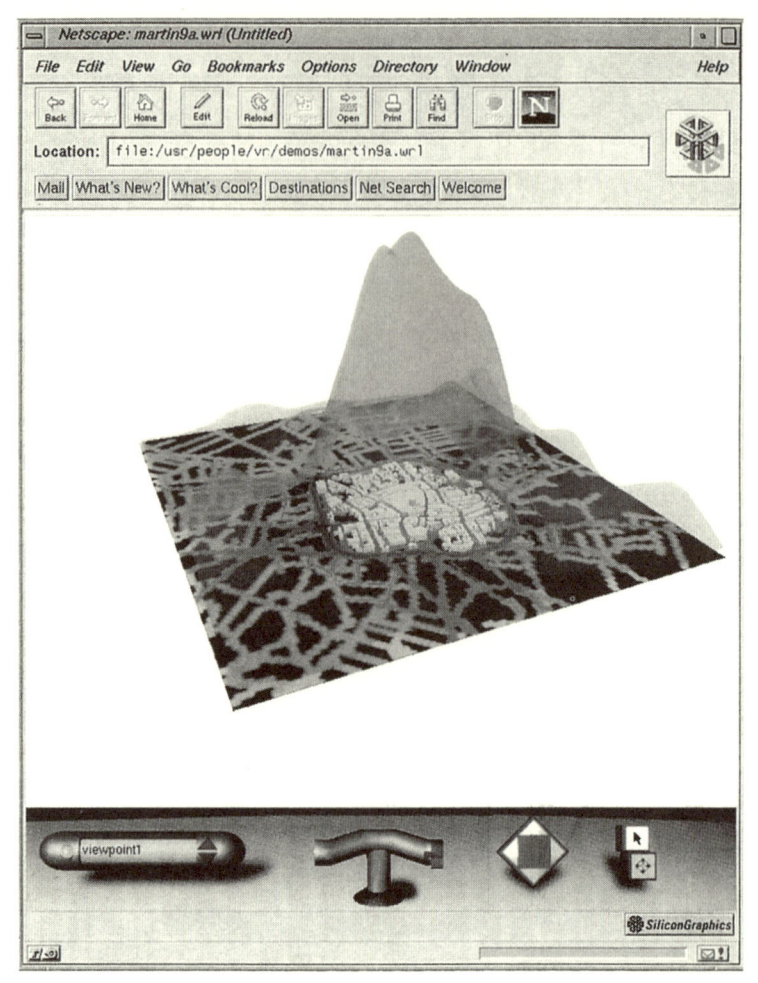

図7.7 VR劇場における小売立地問題の2次元と3次元の可視化（Batty et al., 1998）［口絵5を参照］

ように（たとえば，立地が禁止されている場所を選ばないように），プログラムは組み立てられている．

7.4 地図アニメーション

地図アニメーション（cartographic animation）とは，一連の地図を連続して高速に表示することによって，地図上での変化を視覚的に表現する手法である．地図アニメーションには，時間アニメーションと非時間アニメーションの二つが知られている

第7章 地理的可視化（GVIS）

図7.8 時間アニメーション（人口分布の時間的推移）（関根, 2000）

（関根, 1998）．

時間アニメーション（temporal animation）は，時間を通じての変化を表現する．たとえば，1人あたりの所得の変化，人口密度の変化，あるいは，灌漑のような農業技術の拡散などである．時間アニメーションは，映画やビデオと同様に，時間を追って並べた一連のフレームを高速に表示することによって生ずる変化の錯覚を利用している．

図7.8は，千葉県の85市町村における人口の変化を表すアニメーションのフレームを示している（関根, 2000, p.277）．データは，国勢調査より1955年から95年までの10年ごとの人口に基づいている．地図アニメーションで人口変化をよりスムーズに表現するためには，年ごと，あるいは，さらにより細かく補間することによって，多くのフレームがつくられた．人口の多い市町村ほど濃い陰影で表示されている．この時間アニメーションを作成することで，人口分布の時間的推移を地図上で表現することができる．

非時間アニメーション（non-temporal animation）は，時間よりほかの因子によって生じた変化を示す．これには，以下に示すような4種類のアニメーションがある．総描アニメーション（generalization animation）は，データの凡例数を変えてつくられた地図を比較し，カテゴリー数が地図に与える影響をアニメーションとして示している．図7.9(a)は，総描アニメーションの例であり，最適分類法を利用して1995年の人口を左から順に，凡例数が2, 3, 4, 5, 6で表した地図のフレームを示している．この総描アニメーションでは，データが最も総描化されている状態から総描水準が低くなるにつれて，人口分布を表す地図がどのように変化するかが明らかになる．

分類アニメーション（classification animation）は，定量的データをさまざまな統計手法（たとえば標準偏差）を用いて分類し，それらをアニメーションで表示する．その結果をさらに比較すると，分類には，多数の方法があることがわかり，一つの分類手法に基づくよりも，誤りの少ないデータの見方を探ることができる．図7.9(b)は，分類アニメーションの例を示しており，等間隔，標準偏差，最適化，等面積，四分位の五つの手法を用い，4階級に分類した地図を示している．分類アニメーションによって，さまざまな分類手法による結果を迅速にみることができ，よりよい分類手

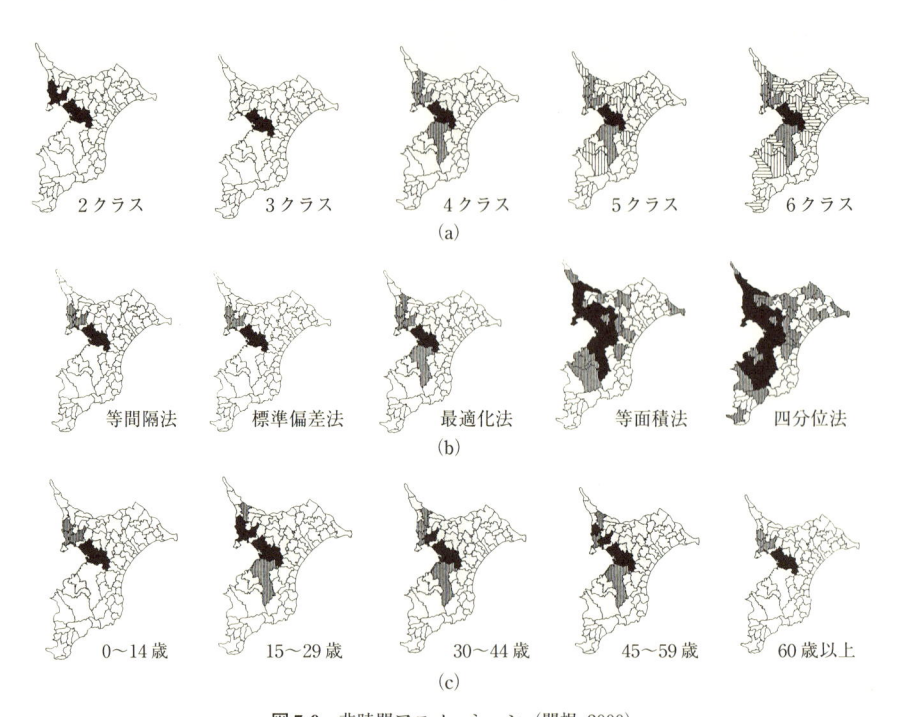

図 7.9 非時間アニメーション（関根, 2000）
(a) 総描アニメーション，(b) 分類アニメーション，(c) 空間的分布傾向アニメーション．

法を探ることにつながる．

次のタイプのアニメーションは，空間的分布傾向アニメーション（spatial trend animation）である．空間的分布傾向は，1組の関連した変数を考察するときに明らかとなる．たとえば，図7.9(c)は，千葉県の人口分布を，年齢層（0～14歳，15～29歳，30～44歳，45～59歳，60歳以上）ごとに階級値を「任意の指定」で4クラスに分類している．人口10万人以上（黒）の地区は，0～14歳では千葉市，15～29歳では市川，船橋，松戸の3市が加わる．30～44歳では千葉と船橋の2市，45～59歳では千葉，船橋，松戸の3市となり，60歳以上では0～14歳のパターンに戻る傾向が明らかとなる．これを空間的分布傾向のアニメーションにすると，若年から老年へと年齢層が上昇するにつれて，人口の多い地区は，都市の中心，周辺，中心へと移動する．空間的分布傾向を示す他の変数としては，所得や住宅価格が考えられる．

非時間アニメーションの中で，おそらく最も利用されているものは，飛行アニメーション（fly-through animation）である．Moellering（1980a, 1980b）は，時間の中で3次元オブジェクトのアニメーションのつくり方を示した．この技術は，地球のデ

ジタル画像や標高モデルを組み合わせることによって拡張され，斜め方向からの鳥瞰図上で飛行するシミュレーションに応用された．飛行アニメーションを用いると，3次元で表示された地形上で，飛行による視点の位置変化を通じて，地形のみえ方をダイナミックに変えることができる．さらに，地形に土地利用や都市の成長を貼りつけることによって，北から右回りに旋回する飛行コースをたどりながら，これらの分布をみることもできる．

地図アニメーションの可能性は，非常に大きなものがある．上記で示した利用方法のほかに，地図投影によって生じた変形（deformation）の表示などにも利用できる（Gersmehl, 1990）．

7.5 地理的可視化における真実

地理的可視化における真実は，二つのレベルで評価ができる．第1レベルは「記号の真実」であり，現象，データ要素，地図記号といった一連の抽象過程の中で，正しい記号関係が成立しているかということである．第2レベルは「地図の真実」であり，「地理事象を誤ってみた」というタイプⅠのエラーと，「事象をみそこなった」というタイプⅡのエラーで歪められる．

たとえば，土地利用のメッシュ地図で，水田が50％，果樹が25％，荒れ地が25％を含み水田として表されているメッシュは，正確に分類されていることになる．しかし多くの人々は，100％水田で構成されたメッシュに比べこのメッシュは真実性が低いと見なすであろう．従来の紙地図では，地図がもっている真実性を利用者に知らせる能力は限定されていた．地理的可視化の技術を用いることによって，このような地図が示す真実さの情報を，利用者に提供することが可能になりつつある．

ペンシルヴェニア州立大学の可視化研究グループは，さまざまな地球気候モデル（global climate model：GCM）で予測したメキシコの12都市における気温と降水量を比較した（DiBiase et al., 1992）．このプロジェクトの特別な関心は，GCMによる推定値の信頼性（すなわち，真実）の指標として，さまざまなGCM間の相違を用いることである．GCM間の空間的，時間的，時空間的相違をみるため，いくつかの表現方法が試みられた．

まず最初の比較では，図7.10(a)に示すように，観測気温は矩形フレーム内に充填された棒グラフの高さで表現された．次に，予測気温はそのフレームを横切る横線で示された．また，予測気温のまわりの許容限界は，予測気温を示す横線を囲む1対の三角形のポインターで表された．予測気温の横線の位置が変わると，許容限界の大きさも自動的に変わる．

ビューアが12の都市に対し同時に，しかも視覚的にデータを統合できたことは驚くべきことである．このシステムでは，12都市間という空間的比較と，12か月とい

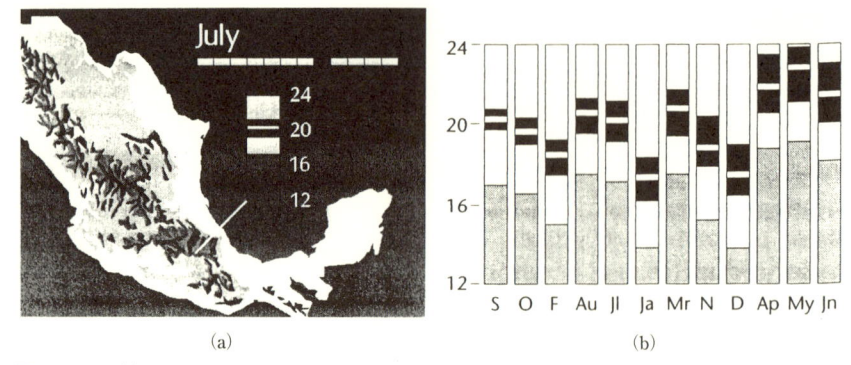

図 7.10 地球気候モデルで予測したメキシコの 12 都市における気温の相違（DiBiase *et al*., 1992； MacEachren, 1994b）
(a) 観測気温（充塡された棒グラフ）と予測気温（横線）とその信頼性，(b) 月ごとに小さい順に並べた予測気温の信頼性（分散）．

う月ごとの時間的比較，さらにそれらを合わせた時空間的比較が可能であるが，最もよい結果が得られたのは，空間を考えず，単一地点に対し時間を通じての属性を考察したときであった．すなわち，図 7.10(b) に示すように GCM による予測値の信頼性（予測値の分散）を月ごとに小さい順に並べると，春（植物の開花季節）にモデルの変動が高いというパターンが出現したのである．

本章 1 節で論じたブラッシングの概念を利用するならば，不確実性の情報を解明するダイナミックなツールを構築することができるであろう．METAGIS と呼ばれる GVIS 環境の中で，van der Wel (1993) は，地図のクラス境界と信頼性の閾値との間でダイナミックな連結を組み立てた．図 7.11 は，あるデータ値（たとえば，気温）を低い，中間，高いの三つに区分している．左側のグラフは，各区分に対するメンバーシップ関数であり，各区分に割り当てられる可能性を表している．右側の図は，その区分に基づいた地図である．地域境界に対して，4 レベルの不確実性の閾値 (uncertainty threshold) が事例として示されており，地図上では境界の曖昧さ (fuzzy) として表されている．すなわち，不確実性が 0 のとき，境界は信頼できるものとして扱われ，くっきりした線で表現されている．不確実性の閾値が 0.15 のとき，グラフや地図上で黒で示したファジー域は 0.15 以下の信頼性をもった推移境界を表している．不確実性が高まると，推移境界も大きくなり，地図上の境界線もぼやけたものになる．

連続的に変化する事象を地図化するときは，このように明確な境界線を引くことはできないであろう．むしろ，漸移帯を設けその地帯では事象が連続的に移っていくことを示すことが適切であろう．

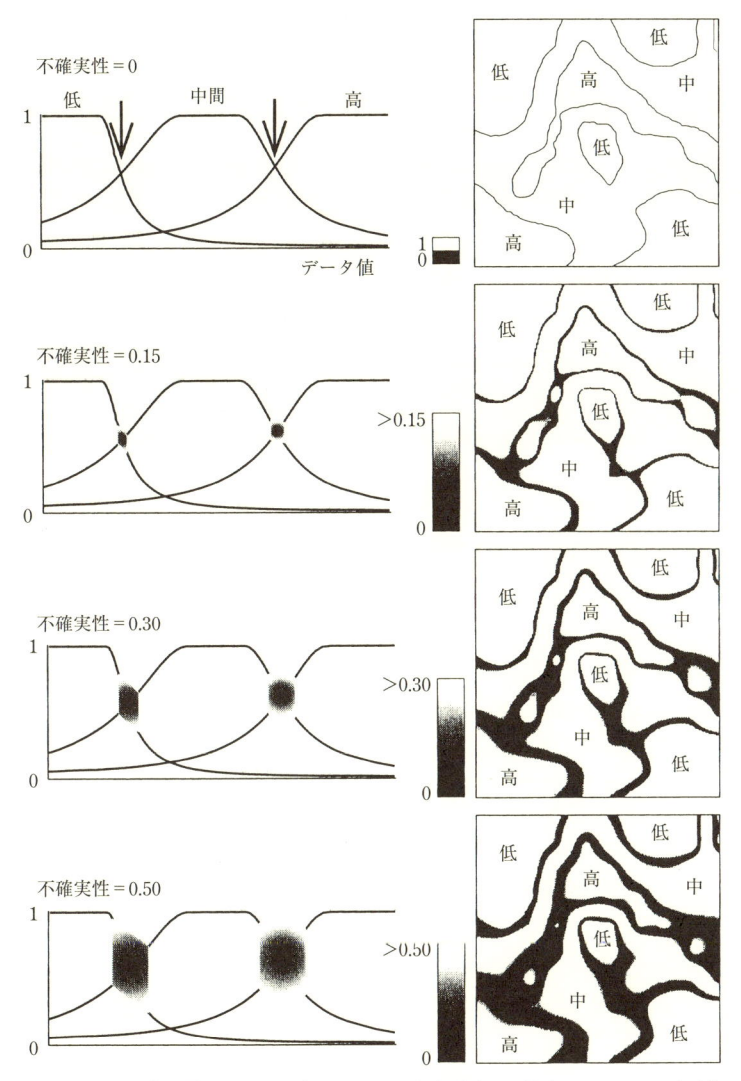

図 7.11 データ値を低い,中間,高いと三つに地域区分した場合,4レベルの地域境界の不確実性を考慮した地図(van der Wel, 1993)

第8章 知識ベースGISアプローチ

8.1 知識ベースGISアプローチ

　知識ベースGISアプローチ（knowledge-based GIS approach）は，図8.1に示されているように，GISに知識ベースシステムの機能を加えた分析法である．一般に，GISの機能は，データベース管理システム，地図表示，モデルベース管理システムの三つの成分で構成されている（高阪, 1994, 126-129）．

　データベース管理システムは，空間データや属性データを保存，管理，検索，処理する機能をもっている．空間データは，デジタイザーやスキャナーを通じて，事象（feature）ごとに点，線，域といった地図要素として入力される．個々の要素は，さらに，事象の属性データがつけられ，そのデータに基づき記号や色で区別される．一定の地域範囲内での事象の分布状態は，記号や色で表現された1組の地図要素からなるカバレッジとして保存される．地域のGISデータベースは，地域内に分布するさまざまな種類の事象に対しそれぞれカバレッジを作成することによって構築される．

　これらのカバレッジは，地図表示機能によってモニター上に地図として表示される．何種類かのカバレッジを重ね合わせることによって，より表現の豊かな地図が作成できる．さらに，モデルベース管理システムを通じて，カバレッジ上でさまざまな空間

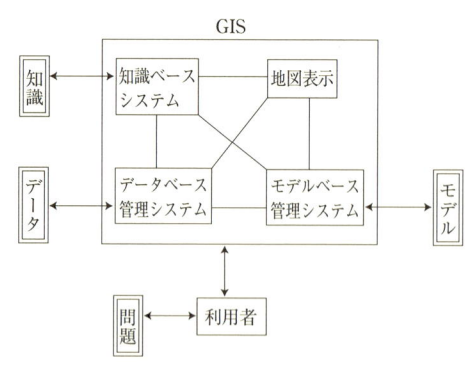

図8.1 知識ベースGISアプローチ（Gronlund, Xiang, and Sox, 1994を参考に筆者が作成）

分析を行うこともできる．

　知識ベースシステム（knowledge-based system：KBS）とは，非専門家がその分野の専門家（エキスパート）の知識を利用して意思決定や問題解決を行うシステムである（上野, 1989, 20-29）．すなわち，ある問題（事実）が与えられたならば，専門家から得られた知識（すなわち，規則）を応用して，その問題に回答を提示する手助けをする．知識ベースシステムは，知識ベース，推論機構，利用者インターフェースから成り立っている．知識ベースや推論機構はGISプログラミング言語で書かれ，さらに，それらを実行するときには，GISデータベース内の情報にアクセスする必要があることから，知識ベースシステムもGISの一つの機能として，GISの中で構築される（図8.1）．このように，知識ベースGISアプローチは，GISに知識ベースシステムの機能を組み込んだ分析法である．

　以下では，知識ベースシステムについて，知識ベースと推論機構に分けて考察する．次節では，知識ベースを取り上げ，推論機構については3節と4節で論じ，それぞれ，プロダクションシステムとフレームシステムを考察する．最後に5節で，GISにおける知識ベースシステムの応用例をまとめる．

8.2　知　識　ベ　ー　ス

(1)　知識の種類

　知識は，知識ベースシステムが推論を進める過程で利用されるものであり，システムの利用者に提示されるものではない．たとえば，知識ベースシステムの一種であるエキスパートシステムでは，知識とは問題領域（problem domain）の専門家がもっている判断項目，判断規則，判断手続きなどに当たる．

　知識は，次の3種類に分類できる（上野, 1989, 16-17）．①事実としての知識，②判断としての知識，③推論に関する知識．事実としての知識（factual knowledge）は，「…は…である」で表現される．たとえば，「これはハクチョウである」とか，「青は赤より波長が短い」などである．判断としての知識（judgemental knowledge）とは，事実に対する判断規則や手続きなどの集まりである．これにはさらに，一般性が高く教科書の中などで明文化されている教科書知識（text knowledge）と，エキスパートが長く豊富な体験の中から習得した経験的知識，ヒューリスティックスとに分けられる．ヒューリスティックスとは，いわゆる直感力や目分量に当たり，エキスパートシステムの問題解決能力は，これによるところが大である．推論に関する知識（inferential knowledge）とは，事実から出発して，判断としての知識を適用しながら結論へと至るプロセスを制御する知識である．たとえば，ある問題を解決するのに二つの規則が適用できる場合，いずれを選択するかを決める知識である．このように，推論の制御にかかわる知識であることから，他の知識から概念的に上位であるという

意味で，メタ知識（meta-knowledge）と呼ばれている．

Armstrong et al. (1990) は，立地決定（locational decision-making）の研究分野では，これら三つの知識が，① 環境的知識，② 手続き的知識，③ 構造的知識，としてまとめられることを示している．環境的知識（environmental knowledge）は，環境に関する記述的な知識であり，たとえば，施設用地に対する候補地の位置や取得費用などである．手続き的知識（procedural knowledge）とは，立地決定者が用地を選定するときに利用するヒューリスティックスな知識であり，たとえば，「5,000人以上の人口を必要とする」というような規則である．構造的知識（structural knowledge）とは，立地問題を解くときに効率化をはかるのに役立つ知識である．たとえば，計算量を軽減する方法に関する知識である．

（2）知識の表現形式

これらの知識は，コンピュータ処理に向くような形式で表現される必要がある．知識の効率的表現は，知識ベースを開発する場合の重要な側面である．知識の表現形式には，宣言型と手続き型の二つが知られている．宣言型の表現（declarative representation）では，事実は，「…は…である」によって，規則は，「もし(IF)…ならば，そのとき(THEN)…である」によって表される．これに対し，手続き型の表現（procedural representation）では，「…の手続きは…である」というようにして示される．宣言型では，記述の順序と解釈の順序は別であるが，手続き型では，プログラムのサブルーチンのように，ループを含む一連の操作で表されるので，記述の順序と解釈の順序が一致する．

宣言型の知識表現は，知識の定義や蓄積に優れているので，データベースで利用される．それに対し，手続き型の知識表現は，明確なアルゴリズムが存在する問題を解くとき，処理速度に優れているので利用される．すべての知識をいずれか一つの形式で表すことは可能であるが，大規模な知識ベースシステムでは，両形式を組み合わせて利用することもある．

（3）知識ベース

知識を組織するために，いくつかの知識表現体系（knowledge-representation scheme）が利用できる．知識表現体系には，プロダクションシステムとフレームシステムの二つが知られている．プロダクションシステム（production system）は，IF-THEN 形式で知識を表現する知識ベースシステムであり，知識の表現形式は，宣言型をとる．フレームシステム（frame system）では，宣言型と手続き型の双方の形式を利用でき，プロダクションシステムをサブシステムとして呼び出すような，より汎用性の高い表現体系である．

知識ベース（knowledge base）は，知識の表現と管理を実行する機構である．知識ベースを構築するためには，以上からも明らかなように，どのような種類の知識をど

のような形式で表現するか，それらを全体としてどのように体系化するか，の3点が重要な問題となる．このように，専門的知識は，コンピュータ処理に適した形式で表現し，知識ベースとして管理されるのである．

8.3 プロダクションシステムにおける推論機構

（1） 推論機構

推論機構（inference engine）は，問題として与えられた事実を知識ベース内の知識を利用して解釈し，結論（回答）を導くために推論を制御するモジュールである．したがって，推論とは，事実に基づいて最適な結論を導き出すプロセスを意味している．知識ベースを推論機構から独立させることによって，知識ベースシステムにおける知識の管理が容易となり，柔軟で汎用性の高いシステムが実現できる．

意思決定とは，ある事実の集合が与えられたとき，それらを説明する最も適切な仮説を結論として選択する問題である．たとえば，現地調査から得られた事実がデータとして与えられて，これらの事実からより適切な土地利用を選択することが意思決定（この場合は，利用決定）である．ここで，事実から出発して結論へ至る過程において，知識を利用していろいろな判断が行われる．このような処理手続きを推論と呼ぶ．図8.2では，これらの間の概念的な関係を示している．推論とは，知識を利用して事実を解釈し結論を導くためのプロセスなのであり，事実と結論仮説（結論の候補）を直接結びつけるのではなく，中間仮説と呼ばれるステップを経由することが多い．

推論機構の例をみるため，本節では，知識工学において最も歴史が古く，基本的なプロダクションシステムを取り上げる．プロダクションシステムには，AND/OR木型と認識－行動サイクル型の二つの推論制御方式がある（上野, 1989, 71-93）．以下では，推論機構の内容をみるため，AND/OR木型の例を考察しよう．

（2） 前向き推論

都市に関する推論の具体的例をみてみよう．

〔規則1〕　「もし」，地区がA「公共用地」であるならば，「または」，B「家屋が密集」しているならば，
　　　　　「そのとき」，この地区では新しいC「建築を制限」すべきである．
〔規則2〕　「もし」，地区がD「中心部の近く」に位置しているならば，
　　　　　「かつ」，C「建築を制限」すべきであるならば，

図8.2　意思決定の推論過程

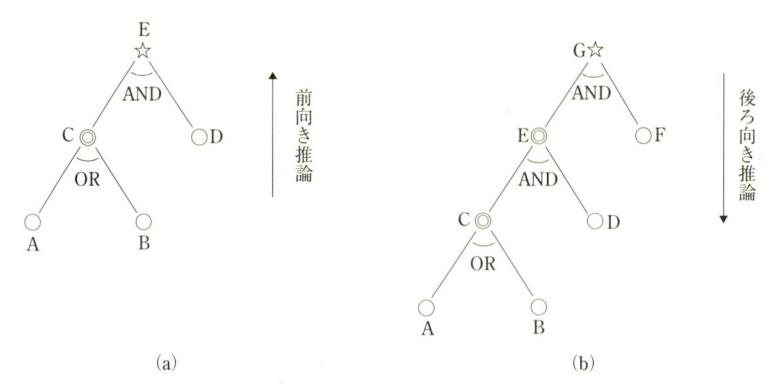

図 8.3 (a) 前向き推論と (b) 後ろ向き推論の方式
○：事実，◎：中間仮説，☆：結論仮説．

「そのとき」，この地区は E「緑地として保存」すべきである．
　この推論は，都市の土地利用に関するものであり，Tanic（1986）の都市推論（urban reasoning）をもとにして，筆者が考えたものである．
　AND/OR 木型の推論機構では，IF-THEN 形式の規則を使って，条件から結論を導き出す．すなわち，
　　　　　　　　　　「IF　条件，　　THEN　結論」
の形式をとる．上記の例では，
　〔規則1〕　　IF　A　OR　B，THEN　C
　〔規則2〕　　IF　D　AND　C，THEN　E
となる．
　この推論方式を判断木として木構造で書くと，図8.3(a)のようになる．AとBの事実から出発して，Cの中間仮説が導かれる．さらに，Dの事実（これをTanic（1986）は，近隣ゾーンの概念と呼んでいる）が加わり，結論仮説Eが得られるのである．このように事実から出発して，特定の仮説（緑地として保存）を結論として導く（下から上へ進む）方式が，前向き推論（forward reasoning）である．

（3） 後ろ向き推論

　これとは逆に，結論から出発し，上から下へ進む方式が，後ろ向き推論（backward reasoning）である．後ろ向き推論の例として，小売店の立地決定を考えてみよう．
　〔規則1〕　　「もし」，ある地点を中心としてA「人口が多く居住」しているならば，
　　　　　　　　「または」，B「オフィスや工場が多く立地」しているならば，
　　　　　　　　「そのとき」，この地点は，C「潜在的顧客が多い」．
　〔規則2〕　　「もし」，ある地点の近くにD「競合店が少ない」ならば，

「かつ」，C「潜在的顧客が多い」ならば，
「そのとき」，この地点は，E「商業的環境がよい」．

〔規則3〕　「もし」，ある地点の近くにF「空き地があり」，
「かつ」，E「商業的環境がよい」ならば，
「そのとき」，この地点にG「小売店の立地が可能」となる．

　後ろ向きの推論では，結論仮説から始める．これは，小売店の立地可能性である．そこで推論機構では，小売店の立地が可能となる結論部をもつ規則を規則ベースから探し，規則3が選択される．図8.3(b)に示されるように，この条件部には二つの条件（FとE）がANDで結合されているので，まず，最初の条件である，「空き地がある」を調べる．YESである場合，2番目の条件である「商業的環境がよい」を調べる．これは中間仮説として，規則2の結論部で定義されているので，この条件を評価するため，規則3の評価を一時中断して，規則2の評価へ移る．規則2の条件部は，二つの条件（DとC）がANDで結ばれている．まず，「競合店が少ない」を調べる．YESの場合，2番目の条件である「潜在的顧客が多い」を調べる．ここで再び，この条件は中間仮説として規則1の結論部に定義されているので，規則2の評価を中断して，規則1の評価へ移る．規則1の条件部には，二つの条件（AとB）があり，ORで結ばれている．いずれかの条件が満たされるならば，中間仮説Cが真となり，さらに，規則2の最後に残された条件部が成立し，中間仮説Eも成立する．その結果，規則3の条件部Eが満たされ，この規則の結論仮説である「小売店の立地が可能」が肯定され，推論が終了する．

　後ろ向きの推論は，一般に，病気の診断や故障診断などに応用されている．上記の例は，立地診断となるであろう．

8.4　フレームシステムによる知識表現と推論

　フレームシステムは，知識表現と推論の双方に応用できる方法として知られている（上野，1989，95-132；Guariso and Werthner, 1989, 148-153）．フレームとは，M. Minskyが1975年に提案した知識表現に対する枠組みをいう（Minsky, 1975；1981）．人間は，事物に関する知識を表現するとき，その事物についてのいくつかの属性を，それらの属性値の組み合わせという特徴表現だけでなく，典型的な存在環境，動き，視点，見かけの形などから構成される一つの枠組み（フレーム）としての記憶にも基づいている．

　このフレームシステムの知識表現は，オブジェクト指向（object-oriented）アプローチと類似点が多い（高阪・岡部, 1996）．すなわち，オブジェクトは，変数と処理手続き（メソッド）で構成され，さらに，類似のオブジェクトは，is-aの階層構造をもち，実行の制御は，オブジェクト間のメッセージの交信で行われる．これはフレー

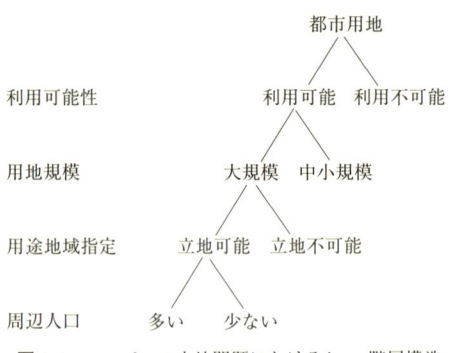

```
                                    都市用地
                                       │
              利用可能性            利用可能  利用不可能
                                       │
              用地規模             大規模  中小規模
                                       │
              用途地域指定         立地可能  立地不可能
                                       │
              周辺人口              多い   少ない
```

図 8.4　スーパーの立地問題における is-a 階層構造

ムシステムの知識表現でも同じであり，is-a 階層構造やフレーム間のメッセージの交信による推論制御のメカニズムがある．しかし，オブジェクト指向アプローチは，汎用なプログラミングのためのパラダイムであるのに対し，フレームシステムによる知識表現は，知識の表現と推論の制御のためのパラダイムであり，基本的発想と具体的実現においていろいろな点が異なっている（上野，1989, p.108）．たとえば，それらの間の相違点は，オブジェクトがメッセージを渡すことによって能動的に伝える実体であるのに対し，フレームは，むしろ，情報の受動的表現なのである．

本節では，フレームシステムにおけるいくつかの基本的概念を取り上げてみる．それらは，① is-a 階層構造，② フレーム，③ インスタンス（事例），④ インヘリタンス（継承），⑤ デーモン，⑥ 付加手続き（サーバント，メソッド）である．

図 8.4 は，スーパーの立地問題における is-a 階層構造を示している．都市用地は，まず第 1 に，利用可能性に応じ，利用可能と利用不可能に分けられる．利用可能な用地とは，売りに出したり，賃貸契約を結ぼうとしている，いわゆる，市場に出回っている用地である．利用可能な用地の中でも，さらに，用地規模によって，大規模と中小規模に分けられる．スーパーの立地に必要な用地は，たとえば，5,000 m^2 以上の大規模用地である．さらに，大規模用地でも，用途地域指定によって，スーパーが立地できない土地がある．また，たとえ立地可能であっても，周辺の人口が少なければ儲からない．このように，都市用地は，スーパーの立地との関連で，抽象的なものから，具体的なものへ，すなわち，より立地に適した用地へと階層的に位置づけることができる．

このような is-a 階層構造の中で，土地市場で入手できる情報が，利用可能性と用地規模だけであるとすると，用途地域指定や周辺人口などは，推論制御のメカニズムを通じて推論していく必要がある．そこで次に，フレームシステムが推論を行うために採用するデータ構造を考察しよう．

第8章 知識ベースGISアプローチ

フレーム名：都市用地	
スロット名	スロット値
場 所	
利用可能性	
用地規模	
用途地域指定	
周辺人口	

(a)

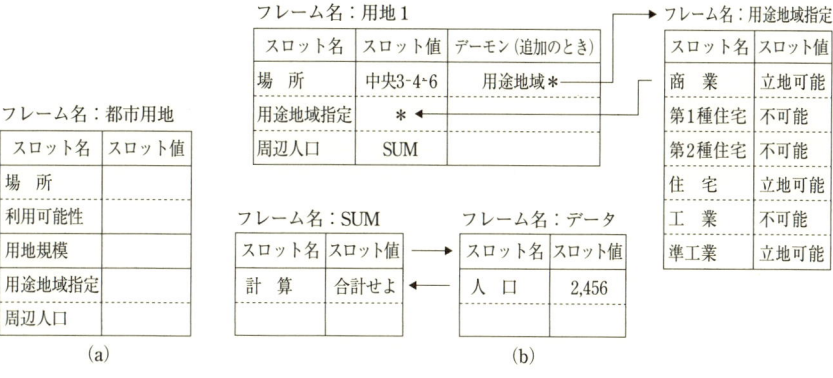

フレーム名：用地1		
スロット名	スロット値	デーモン（追加のとき）
場 所	中央3-4-6	用途地域*
用途地域指定	*	
周辺人口	SUM	

フレーム名：SUM	
スロット名	スロット値
計 算	合計せよ

フレーム名：データ	
スロット名	スロット値
人 口	2,456

フレーム名：用途地域指定	
スロット名	スロット値
商 業	立地可能
第1種住宅	不可能
第2種住宅	不可能
住 宅	立地可能
工 業	不可能
準工業	立地可能

(b)

図8.5 フレームシステム
(a) 都市用地のフレーム，(b) 用地1のフレームと推論機構．

フレームシステムでは，is-a階層構造の各ノードがフレームと呼ばれるデータ構造をもっている．図8.5(a)は，都市用地のフレームを示している．最上位の階層では，場所のほかに，利用可能性，用地規模，用途地域指定，周辺人口の四つのスロットをもっている．スーパーの立地決定に対するフレームシステムでは，知識はこのような形で表現される．

用途地域指定の階層になると，「利用可能性」と「用地規模」という二つの属性が上位から継承される．これは，インヘリタンス（継承）といい，メモリーを節約するのに役立ち，フレームシステムの一つの特徴になっている．スーパーの立地を分析するには，このレベルのフレームから始めることにする．

図8.5(b)は，この具体的な事例として，場所のスロットにスロット値として番地を与えている．これは，用地1に対するフレームである．このような具体例を，フレームシステムでは，インスタンス（事例）と呼ぶ．すると，場所のスロット値に番地が代入された結果，自動的にIf-added（追加）のときに働くデーモンが作動する．このデーモンは，その番地における用途地域指定の状態を調べ，用途地域指定のスロットにその結果を返す．フレームシステムにおける推論の一つは，このようなデーモンを通じて行われる．

もう一つの推論は，付加手続きであり，周辺人口のスロット値内のSUMで指定される．用途地域指定のスロット値が決定されると，次に，メッセージがこの付加手続き（サーバント）を起動するように働いたとする．その結果，SUMのフレームやデータのフレームを使って周辺人口が計算され，その結果を知らせる．

このように，フレームシステムにおける推論制御の方法には，デーモン，サーバント（あるいはメソッド）と呼ばれる付加手続き，そして，継承（インヘリタンス）の

3種類がある.これらの方法を組み合わせることによって,原理的にはどのような推論制御機構も実現できる.

8.5 GISにおける知識ベースシステムの応用

(1) 知識ベースGISアプローチの応用分野

GISに知識ベースシステムを応用した知識ベースGISアプローチは,すでに,四つの分野で研究が進められている(Quinn, Abdelmoty and Williams, 1992).第1の分野は地図設計(map design)であり(Buttenfield and Mark, 1991),さらに,地図総描(map generalization)と地名配置(name placement)に分けられる.

地図総描は,ある縮尺の地図を異なった縮尺に変換するときに生じる地図情報の精度の問題と関係する.たとえば,1万分の1の地図を2万5千分の1の地図に変換するには,河川,鉄道,幹線道路などの湾曲の程度を滑らかな状態へと変えたり,細い道や小さな湖沼を削除したりするような作業が必要になる.このような総描を行うには専門家の知識が必要であるが,その作業を知識ベース化したシステムとして,MAPEX(Nickerson and Freeman, 1986)などが作成されている(詳細は,次章で取り上げる).

地名配置の分野では,地図作成の専門家は,地図上に地名をどのような大きさの文字で示し,どこに配置するかに関し経験的知識をもっている.この知識を地名配置のエキスパートシステムとして作成した例としては,AUTONAP(Ahn, 1984)が知られている.

第2の応用分野は,空間データベースの管理である.空間データとは,空間的に参照された(空間の中でその位置が記録された)データである.データに空間的側面が付け加えられることによって,そのデータは複雑で取り扱いにくいものとなる.たとえば,「近い」や「遠い」といった空間関係の定義は曖昧なものであることから,このような関係をデータベースの中に保存することは難しい.その結果,データベースの構築時に明らかとなった空間関係のみがデータベースに蓄積されており,残りの関係は,問い合わせ時に推論する必要がある.このことから,空間データを処理するための効率的な問い合わせが重要な問題となる.この分野での知識ベースシステムの応用例としては,LOBSTER(Egenhofer and Frank, 1990)があげられ,空間データベースに対するインテリジェントな利用者インターフェースを提供している.そのほかには,地図重ね合わせ法のような空間的処理に対し,規則ベースシステムを利用した例がある(Wu and Franklin, 1990).たとえば,森林植生の被覆,水はけのよい土壌,南に面した土地,非農業的土地利用といった1組の条件を規則化して,別荘地に適した土地を選別することを試みている.

第3の応用分野は,空間決定支援システムである.この分野では,さまざまな都

市・地域問題を解決するために意思決定や立地決定を支援するシステムが組み立てられており（Armstrong et al., 1990），その中に知識ベースシステムを組み込むことを試みている．たとえば，都市，農業，工業のような土地利用活動に対する土地適性の評価に関しては，GEODEX（Chandra and Goran, 1986）やURBYS（Tanic, 1986）のようなシステムが構築されている．

第4の応用分野は，事象の自動抽出（automatic feature extraction）である．デジタル地図は，1組の点，線，域で成り立っている．地図を読解することは，事象の形状，位置，方向，距離などの空間関係を視覚的に識別することと関連している．この読図のプロセスを規則ベース化することによって，事象の自動抽出が可能となる．この応用例としては，等高線のような線形要素の抽出（Schenk and Zierstein, 1990），流域パターンタイプの抽出（Hadipriono et al., 1990），さらに，Landsat データを数時点に対して分析し，土地被覆の分類やその変化を調べるための森林エキスパートシステム FES（Goldberg et al., 1984）などがあげられる．

(2) 知識ベースGISアプローチの応用例

(a) 土地利用被覆分類への応用： Leung and Leung（1990b）は，土地被覆/利用分類に対するエキスパートシステムを構築している．香港で撮影された4スペクトルバンドのLandsat MSSデータを用いて，図8.6のような分類体系に基づき，土地被覆/利用を分類することを試みた．

表8.1は，土地被覆/利用を分類する専門家から取得したIF-THEN規則の一部を示している．たとえば，規則1では，もしバンド3が8未満，バンド4が5未満のとき，土地被覆のプレタイプは「水域」であることを示している．さらに，規則3では，もしプレタイプが「水域」であり，バンド1が20をこえ，バンド2が13をこえ，さらに，バンド3が5をこえるとき，水域のタイプは「濁った」状態を示す．

表8.1 土地被覆タイプの分類のための規則ベース

規則1：
　もし，$(X_3 < 8.0, 12.0)$ で，
　　かつ，$(X_4 < 5.0, 10.0)$ ならば，
　そのとき，プレタイプ1は「水域」である．
　確実度1．
規則2：省略
規則3：
　もし，プレタイプ1が「水域」で，
　　かつ，$(X_1 > 20.0, 24.0)$ で，
　　かつ，$(X_2 > 13.0, 16.0)$ で，
　　かつ，$(X_3 > 5.0, 10.0)$ ならば，
　そのとき，タイプは「濁った」である．
　確実度1．

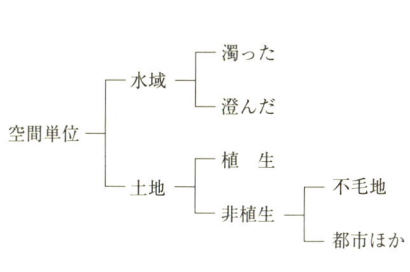

図8.6 土地被覆タイプの分類体系

```
空間単位 ─┬─ 水域 ─┬─ 濁った
         │        └─ 澄んだ
         └─ 土地 ─┬─ 植　生
                  └─ 非植生 ─┬─ 不毛地
                             └─ 都市ほか
```

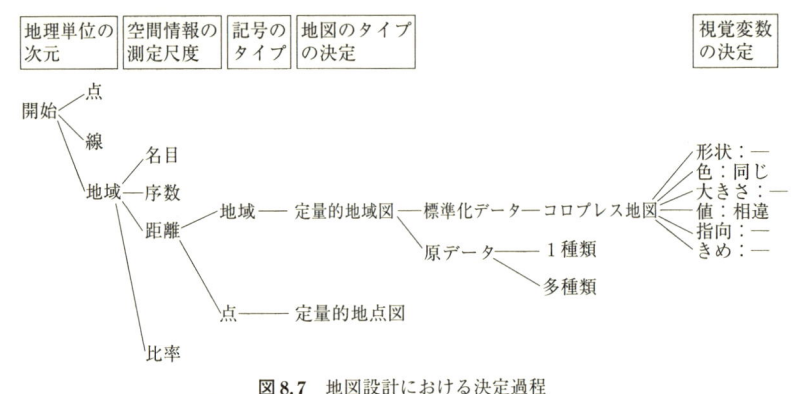

図8.7 地図設計における決定過程

```
地理単位の    空間情報の    記号の    地図のタイプ                視覚変数
次元         測定尺度      タイプ    の決定                      の決定

開始 ─ 点
     ├ 線
     └ 地域 ─ 名目                                           形状：—
            ├ 序数                                          色：同じ
            ├ 距離 ─ 地域 ─ 定量的地域図 ─ 標準化データ ─ コロプレス地図  大きさ：—
            │                         ├ 原データ ─ 1種類              値：相違
            │                                    └ 多種類            指向：—
            │      └ 点 ─ 定量的地点図                                きめ：—
            └ 比率
```

表8.2 オブジェクト指向知識ベースシステムの実行例

統計情報の視覚化のための記号の選定
基図の地理単位の次元は？
1. 0次元（点）
2. 1次元（線）
3. 2次元（地域）
4. 終了
? 3
空間情報の測定尺度は？
1. 名目
2. 序数
3. 距離
4. 比率
5. 終了
? 3
どんな記号を好むか？
1. 点
2. 地域
3. 終了
? 2
地図のタイプ：定量的地域図
視覚変数：形状：—
色：同じ
大きさ：—
値：相違
指向：—
きめ：—

このエキスパートシステムでは，以上のような規則を六つ定義し，ファジーを考慮しながら規則ベースシステムを構築している．このシステムは，明らかに，プロダクションシステムの応用例である．

(b) 地図設計のオブジェクト指向知識ベースシステム： Zhan and Buttenfield (1995) は，地図設計に対し，オブジェクト指向知識ベースシステムを構築している．地図の設計では，地図シンボルを決めるのに六つの視覚変数を取り上げている．すなわち，形状，色，大きさ，値，指向，きめ（テクスチャー）である．

これらの変数に働くメソッドとして，図8.7に示されるような決定過程を考えた．ステップ1は，基図上での「地理単位の次元」であり，点，線，地域がある．ステップ2は，地図化される空間情報の「測定尺度」であり，名目，序数，距離，比率がある．ステップ3はシンボルタイプで，点，線，地域がある．これらの情報をもとにして，ステップ4では，統計図のタイプとして，定量図をとるか定性図をとるかが決定される．そして，ステップ5では，定量図や定性図のさらに詳細なタイ

プが決められる．最後に，以上のような5段階の条件のもとで，上記の六つの視覚変数の状態が決定され，36タイプの地図が決められた．

今，このオブジェクト指向知識ベースシステムの実行例をみてみよう．表8.2の例では，利用者は，郡の人口を地図化したいと考えている．ステップ1では，3の「地域」を選び，ステップ2では，3の「距離」を選んだ．さらに，シンボルのタイプとして，2の「地域」を選ぶと，システムは自動的に，定量図が適切であることを決め，視覚変数の中では，「値」を変えることを推薦する．以上の例は，フレームシステムの応用例である．このようなフレームシステムを利用するならば，立地決定問題に知識ベースシステムを組み込むことができるであろう．

第9章　地図総描の自動化

　GISでは，同じ現象を地図の縮尺を変えて表現することがある．たとえば，図9.1に示されているように，1：25,000の縮尺の地図ではある地区の居住環境をみるため，1棟ごとの建物とすべての道路を表示することができる．しかし，市内におけるその地区の位置関係を知るため，1：50,000や1：100,000の縮尺の地図でその地区を表示すると，縮尺が小さくなるにつれて込み入りすぎてわかりにくくなる．そこで，細い道路は除去され，建物は市街地として全体を大づかみにとらえる表現技法で描かれるようになる．

　地図学では，このような表現技法を，総描（generalization）と呼ぶ．総描とは，「地図の編集・製図において，縮尺上の制限や利用目的からみた必要度に応じて，細かいもの，密集したものなどを簡略化して表現する技法」である（日本国際地図学会編，1985, p.188）．GISでは，同じデータを使って大縮尺の地図でも小縮尺の地図でも描けるようにするため，地図総描の自動化（automated map generalization）の研究が進められている（高阪，1994, 33-34）．そのためには，地図の編集者の経験によって今まで行われていた地図の総描を，コンピュータに記憶させるため，一連の規則として書き出す必要がある．本章では，地図総描の自動化に向けてのさまざまな技術・試みを紹介する（Buttenfield and McMaster, 1991；Mackaness, 1996）．

9.1　地図総描の処理過程

　地図学の教科書"Elements of Cartography"（Robinson, 1960）によると，地図総描の処理過程は，次の三つの成分をもっている．

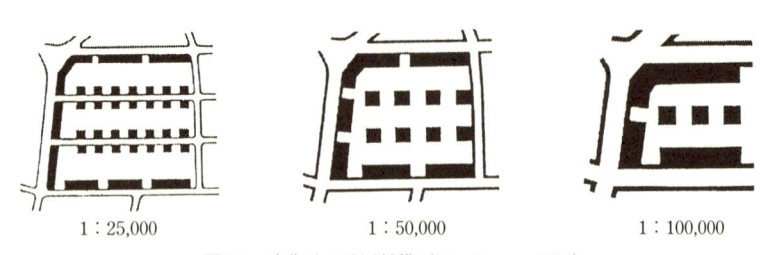

図9.1　市街地の地図総描（Morehouse, 1995）

① 表示されるオブジェクトの選択
② それらの形状の簡略化
③ 項目の相対的重要性の評価（重要な項目を目立たせるため）

これらの処理過程を実行するためには，四つの要素と四つの制御が関係する（Robinson, Sale and Morrison, 1978）．処理過程は，簡略化，分類，記号化，推論の4要素から成り立っている．簡略化は，データの重要な特徴の決定，それらの保持や誇張，不必要な詳細の除去とかかわっている．分類は，データの順序づけやグループ化として定義できる．記号化は，このようにして分類された特徴を画像に直す過程である．そして，推論はより抽象的な要素であり，論理的な推測過程である．四つの制御には，総描の目標，縮尺，画像の範囲，そして，データの品質があげられる．

デジタル地図の総描（digital cartographic generalization）を行うためには，次の三つの選択とかかわっている．
① 総描オペレーターの選択
② アルゴリズムの選択
③ パラメーターの選択

図9.2は，総描オペレーターに対する枠組みを示している．GISのデータベースは，地理要素と統計要素の二つで構成されている．最初の選択は，これらのうちどの要素を選ぶかである．地理要素はオブジェクトに関するものであり，空間的変換，すなわち，地理総描（geographical generalization）が行われる．統計要素は属性に関するものであり，属性的変換，すなわち，統計総描（statistical generalization）が行われる．地理総描は，ベクトル，ラスターいずれの形式であろうと，オブジェクトの空間情報の幾何学的操作にかかわっている．統計総描は，分類と記号化のいずれか一方，あるいは双方の過程と関係する．これら二つのタイプの総描は，もちろん，相互に強く関連する．たとえば，50個の点事象（フィーチャー）の集約は，新しい一つの域をつくることと結びつき，既存の分類と記号化をも修正させる．

地理総描は，地理空間の組織化に関する二つのデータモデルに基づき区分される．ベクトルデータモデルでは「オブジェクトに基づく」総描，ラスターデータモデルでは「位置に基づく」総描として知られている（Peuquet, 1988）．オブジェクトに基づく総描（object-based generalization）には，図9.2に示すように，点事象，線事象，域事象，量事象，全体事象の各総描がある．位置に基づく総描（location-based generalization）には，構造，数値，カテゴリーの各総描と数値カテゴリー化がある．これらの各種総描には，さらに，さまざまな総描オペレーターが存在する．たとえば，線事象の総描には，簡略化，平滑化，転位，併合，強調の五つのオペレーターがある（図9.2）．

総描の各方法に対しては，さらにいくつかのアルゴリズムが開発されている．たと

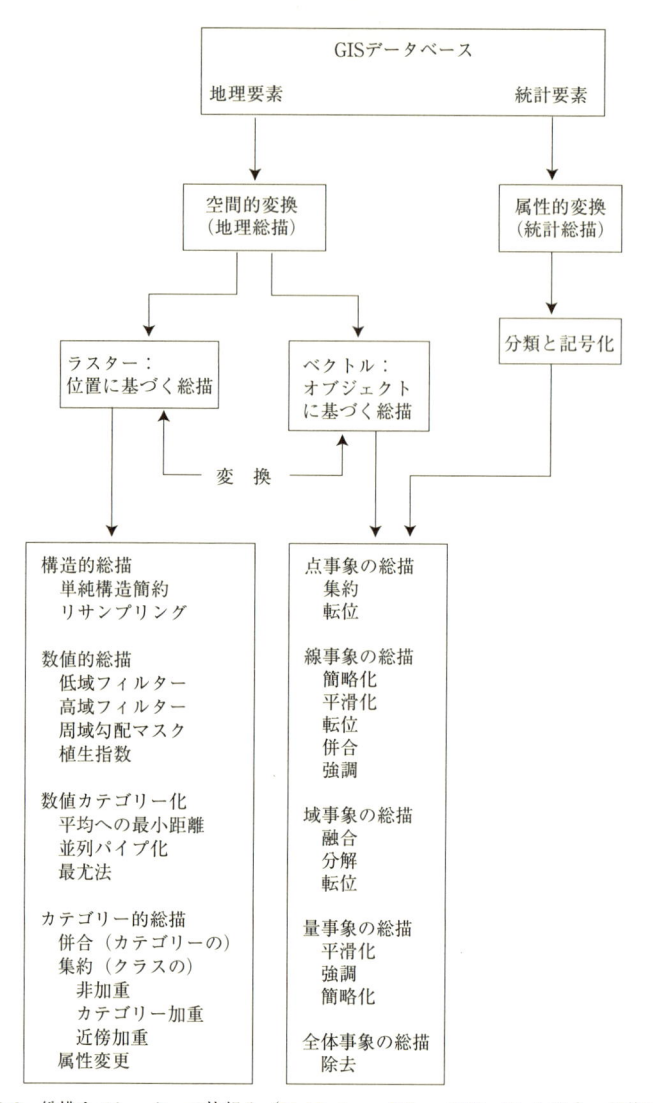

```
                    ┌──────────────────┐
                    │   GISデータベース  │
                    │ 地理要素  統計要素 │
                    └──────────────────┘
                       │            │
                       ▼            ▼
              ┌──────────────┐ ┌──────────────┐
              │  空間的変換   │ │  属性的変換   │
              │  (地理総描)  │ │  (統計総描)  │
              └──────────────┘ └──────────────┘
                │       │            │
                ▼       ▼            ▼
         ┌─────────┐ ┌─────────┐ ┌─────────┐
         │ラスター：│ │ベクトル：│ │分類と記号化│
         │位置に基づ│ │オブジェ │ └─────────┘
         │く総描   │ │クトに基 │
         │         │ │づく総描 │
         └─────────┘ └─────────┘
```

図9.2 総描オペレーターの枠組み (McMaster and Shea, 1992, Fig.3.10 を一部修正)

ラスター側：
構造的総描
  単純構造簡約
  リサンプリング

数値的総描
  低域フィルター
  高域フィルター
  周域勾配マスク
  植生指数

数値カテゴリー化
  平均への最小距離
  並列パイプ化
  最尤法

カテゴリー的総描
  併合（カテゴリーの）
  集約（クラスの）
    非加重
    カテゴリー加重
    近傍加重
  属性変更

ベクトル側：
点事象の総描
  集約
  転位

線事象の総描
  簡略化
  平滑化
  転位
  併合
  強調

域事象の総描
  融合
  分解
  転位

量事象の総描
  平滑化
  強調
  簡略化

全体事象の総描
  除去

えば，最も研究が進んでいる線事象の総描の分野では，簡略化のオペレーターだけでも5種類の方法があり，各方法ではさらにいくつものアルゴリズムが開発されている（表9.1参照）．したがって，どの方法のどのアルゴリズムを利用するかの選択がなされねばならない．この選択は，アルゴリズムの評価の問題と関係する．この評価には，

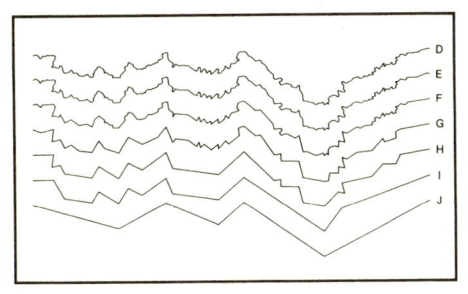

図9.3 総描におけるパラメーター選択の影響 (Jenks, 1989)
線を構成する座標数： D = 439, E = 220, F = 112, G = 54, H = 28, I = 15, J = 7.

処理の効率性のほかに精度の側面も重要である．実際の要求の程度を考慮しながら，アルゴリズムによって簡略化された線事象と元の線事象とを視覚的に比較することにより，そのアルゴリズムの精度が評価される．

パラメーター（許容限界）の選択は，上記の総描オペレーターやアルゴリズムの選択以上に最終結果に大きな影響を及ぼすであろう．図9.3は，総描におけるパラメーター選択の影響を示している（Jenks, 1989）．元のデジタル地図は，アメリカのユタ州とコロラド州を流れるフォール川を875の座標点で表現したものである．この線を，ダグラス簡略化アルゴリズムを用いて幾何級数的に地点数を減らして表現したものである．明らかに，簡略化された線は許容範囲のパラメーターによって大きく影響を受けていることがわかる．

9.2 地図総描の種類

（1） 空間的変換

空間的変換とは，上記のように，地理的，あるいは，位相的側面からデータ表現を変えるオペレーターである．ここでは，特にデータの位置的側面に注目し，関連する統計的側面には言及しない．地図は地表面の事象を選択的に表現しており，縮尺に応じて地図上で示される情報量も決められる．その結果，縮尺が減少しても地図上での事象の図形的特徴を保つためさまざまな空間的変換が考案されている．デジタル地図の総描とかかわる空間的変換には，次の10のオペレーターが知られている．

① 簡略化　　地図上で事象をデジタル化するとき，その事象の形状，位置，特徴を精確に記録する一方，効率化をはかるため，その特徴を表現するのに必要な最低限のデータ点を保有すべきである．簡略化（simplification）とは，形状の特徴をよく表す点を保有し，不必要と考えられる余分な点を削除するオペレーターである．図9.4(a)

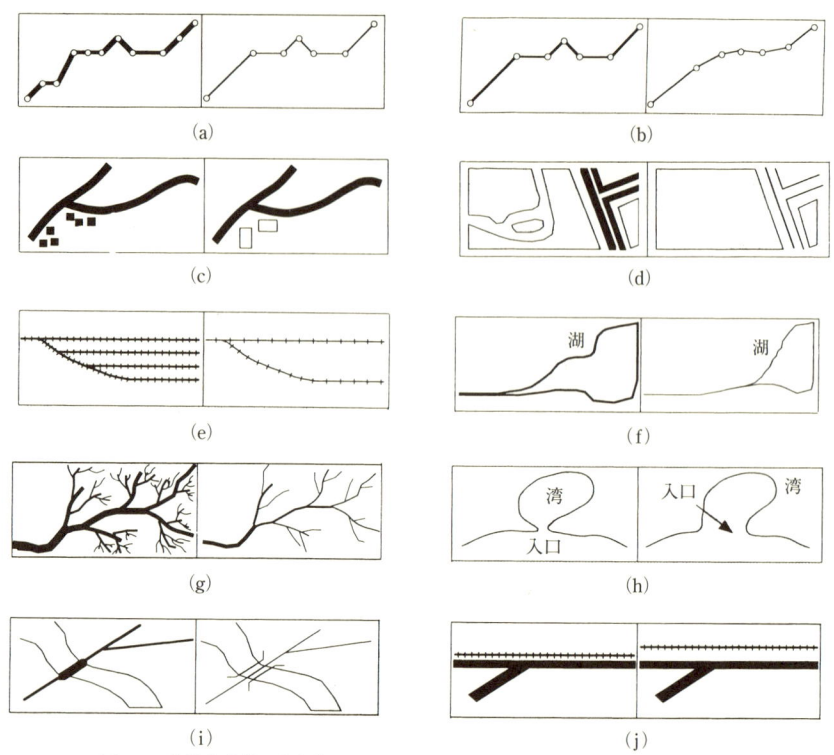

図 9.4 空間的変換にかかわる 10 のオペレーター（McMaster and Shea, 1992）
(a) 簡略化，(b) 平滑化，(c) 集約，(d) 融合，(e) 併合，(f) 分解，(g) 除去，(h) 誇張，(i) 強調，(j) 転位．

は，もとのデジタル地図（左）と簡略化の処理をした地図（右）を示している．簡略化のオペレーターは，データ点数を減らすだけで，残されたデータ点の座標値は不変であることに注意せよ．簡略化の実用的効用としては，描画時間の短縮，記憶量の縮小のほかに，縮尺を小さくしてもプロッターの解像度をこえないように調節する働きがある．

② 平滑化　平滑化（smoothing）は，データ点の座標を移動させることによって，小さな変動を滑らかにし，線の主要な傾向のみをとらえる試みである．図 9.4(b) は，平滑化を行った地図（右）を示している．この操作によって，座標点は中心となる傾向線に向けて移動し，デジタイザーの入力で生じた鋭く角張った部分はなくなり，滑らかな美しい線が生じるであろう．

③ 集約　点フィーチャーが高密に分布している場合，小縮尺の地図では個々に記号化して描くことはできなくなるであろう．その場合，集約（aggregation）は，

点事象をより高次のクラスの域事象へとまとめる働きをする．たとえば図 9.4(c) では，1 棟ごとの建物は集約され，市街地として再び記号化されている．

④ 融合　個々の事象を大きな要素に融合することによって，縮尺が小さくなったにもかかわらず地域の一般的特徴を保持できることがある．図 9.4(d) では，道路の左側の三つの域事象（左図）は，融合（amalgamation）の操作によって，より大きな一つの域事象へとまとめられる（右図）．

⑤ 併合　縮尺が小さくなると，個々の線事象の特徴を保持することは難しくなるであろう．その場合，併合（merging）の操作は，いくつかの隣合った線事象をまとめるであろう（図 9.4(e)）．

以上で示した③ 集約，④ 融合，⑤ 併合の三つのオペレーターは，いずれも事象をまとめる働きをする．これらの相違点は，集約が点事象（0 次元），融合が域事象（2 次元），併合が線事象（1 次元）に作用するオペレーターであるということである．

⑥ 分解　縮尺が小さくなるにつれて，多くの域事象は点や線として記号化されるであろう．分解（collapse）は，線や域の事象を点事象へ，域事象を線事象へ変える総描である．たとえば，集落，飛行場，河川，湖，島，建物は，大縮尺の地図では域事象として描かれているが，小縮尺の地図では線や点として描かれるであろう（図 9.4(f)）．

⑦ 除去　ある縮尺で事象を描こうとした場合，それらがあまりにも多すぎるか小さすぎるとき，すべてのものを描くことはできないであろう．その場合，小さな事象は除去され，選ばれた数の事象だけ描かれるであろう．図 9.4(g) は，この除去（refinement）のオペレーションを示している．事象は間引かれるが，その全体的パターンは保持される．

⑧ 誇張　地図上で多くの事象の形状や大きさは，誇張されて描かれている．なぜなら，それらを実際の大きさで描いたなら，地図作成の目的に合わないほど小さなものになってしまうからである．図 9.4(h) では，縮尺を小さくすると湾の入口が閉じてしまうので，誇張（exaggeration）によって入り口を大きく描いている．

⑨ 強調　誇張が事象の空間的次元と関連しているのに対し，強調（enhancement）は主に記号化とかかわっている．図 9.4(i) では，河川をまたぐ道路橋の強調例を示している．道路幅と橋の幅は通常はほぼ同じであるが，地図では橋が道路を囲むように強調して表現しなければならない．記号表現のこの強調は，その意味を誇張することではなく，単に，関連した記号表現との調整のためである．

⑩ 転位　事象の転位（displacement）は，二つ以上の事象が接近していたり，重なり合っているために生じる問題を回避するため利用される．図 9.4(j) では，道路と鉄道が物理的に接近して存在している．地図縮尺を小さくすると，それらがくっついてしまうようになる．そこで，視覚的に離れて立地しているようにみせるため，こ

れら二つの事象を相互に転位させる．

（2） 属性的変換

属性的変換は，事象の統計的特徴を操作する．次の二つの属性的変換が知られている．

① 分類　　総描過程の主要な成分の一つにデータ分類がある．これは，同じような属性をもった事象のカテゴリーにオブジェクトを分類することと関係する．分類は，個々の値を記号化し地図化しても実用的でないとき利用される．

② 記号化　　記号化は，分類から得られた要約に対し，また，本質的特徴，比較に基づく重要性，そして，簡略化から生じた相対位置に対し，さまざまな記号を割り振るプロセスである．記号化のプロセスは，総描を可視化し，地図の作成上重要である．事象の画像的記述は，色相（hue），明暗の度合い（value），規模，形状，間隔，指向，位置などの主要な画像要素の変化を通じて体系的に調節される．これらは，視覚変数（visual variable）と類似した概念である．

9.3　ベクトルに基づく総描のアルゴリズム

本節では，線の総描オペレーター（line generalization operator）として，簡略化，平滑化，併合，転位に対するアルゴリズムを紹介する（McMaster and Shea, 1992）．なお，ラスターの総描オペレーターについては，本章では考察しない．第17章で一部取り上げているので参照されたい．

（1） 簡略化のアルゴリズム

(x, y) の座標列から余分なデータを取り除く手法は，1960年代中頃から，地図学，コンピュータ科学，リモートセンシング，数学などの分野の研究者によって開発されてきた．McMaster（1987a）は，デジタル化された線の中でどの程度の数量が処理中に用いられるかに基づき簡略化のアルゴリズムを分類し，表9.1のようにまとめている．この分類は大きく分けると，近傍の（local）点のみを考慮する処理と，線全体を考察する大局的（global）な処理とに分けられる．以下では，それらのうち代表的なアルゴリズムを考察する．

（a） 近傍処理ルーチン：　図9.5は，二つの近傍処理ルーチンを示している．これらは垂直距離（perpendicular distance）と角度許容アルゴリズム（angular tolerance algorithm）である．Jenks（1981）が報告しているように，垂直距離アルゴリズムはシークエンシャルであり，三つの座標上で運用される．まず，三つの座標点の中で，第1と第3の点を結ぶ線に対し第2の点から垂線が引かれる．この距離が利用者によって定められた許容値より長ければ第2の点は保存され，小さければ直線にあまりに近いと見なされ削除される．実際に，それを削除することは，線の幾何や形状にほとんど影響しない．垂直距離アルゴリズムの事例では（図9.5(a)），点の第1セットで

第9章 地図総描の自動化

表9.1 デジタル線を簡略化するために利用されるアルゴリズムの分類

独立点アルゴリズム：
　近傍の座標対の数学的関係を説明しない．位相とは関係なく処理する．
　　　例：n^{th}点ルーチン（Tobler, 1964）
　　　　　点ランダム選択（Robinson et al., 1978）
近傍処理ルーチン：
　保存/削除を決めるとき，すぐ近傍の点の特徴を利用する．
　　　例：2点間距離（McMaster, 1987a）
　　　　　2点間角度変化（McMaster, 1987a）
　　　　　Jenksアルゴリズム（McMaster, 1983）
制約拡張近傍処理ルーチン
　すぐ近傍の座標をこえて探索し，線の数区間を評価する．探索範囲は，距離，角度，点数の基準に基づいている．
　　　例：Langアルゴリズム（Lang, 1969）
　　　　　Opheimアルゴリズム（Opheim, 1982）
　　　　　Johannsennアルゴリズム（Johannsenn, 1973）
　　　　　Deveauアルゴリズム（Deveau, 1985）
　　　　　Robergeアルゴリズム（Roberge, 1985）
無制約拡張近傍処理ルーチン
　すぐ近傍の座標をこえて探索し，線の数区間を評価する．探索範囲は，アルゴリズムによる基準ではなく，線の形態的複雑性によって制約される．
　　　例：Reumann-Witkamアルゴリズム（Reumann and Witkam, 1974）
大局ルーチン
　線全体，あるいは，特定の線分を処理の中で考慮する．棄却点を反復的に選択する．
　　　例：Douglasアルゴリズム（Douglas and Peucker, 1973）

はp_2が保存され，次の第2セット（p_2, p_3, p_4）ではp_3が削除される．

図9.5(b)では角度許容アルゴリズムの事例を示しており，第1ステップではp_1とp_3を結ぶベクトルとp_1とp_2を結ぶベクトルの間の角度が求められる．

（b）ラングの簡略化アルゴリズム： 制約拡張近傍処理ルーチン（constrained extended local processing routine）の例として，図9.6ではラングの簡略化アルゴリズム（Lang simplification algorithm）を示している（Lang, 1969）．ラングのアルゴリズムでは，二つの許容値を利用者が設定する．一つは探索において取り上げる「前方」の点の数（n）であり，もう一つは距離許容パラメーター（t）である．図9.6の事例では，前方の点の数は7，距離許容はtで示されている．p_1とp_8（$n+1$）を結ぶベクトルがつくられ，それらの間のすべての中間点に対する垂直距離が計算される．もし6個（$n-1$）の中間点のいずれかに対する垂直距離が許容値より大きければ，1つの点だけ後戻りし，p_1とp_7が結ばれる．再び，少なくとも1つの中間点が距離許容パラメーターをこえるならば，終点はp_6へと後戻りする．以下，p_5，p_4まで後戻りする

図9.5 近傍処理ルーチン (McMaster and Shea, 1992)
(a) 垂直距離アルゴリズム, (b) 角度許容アルゴリズム.

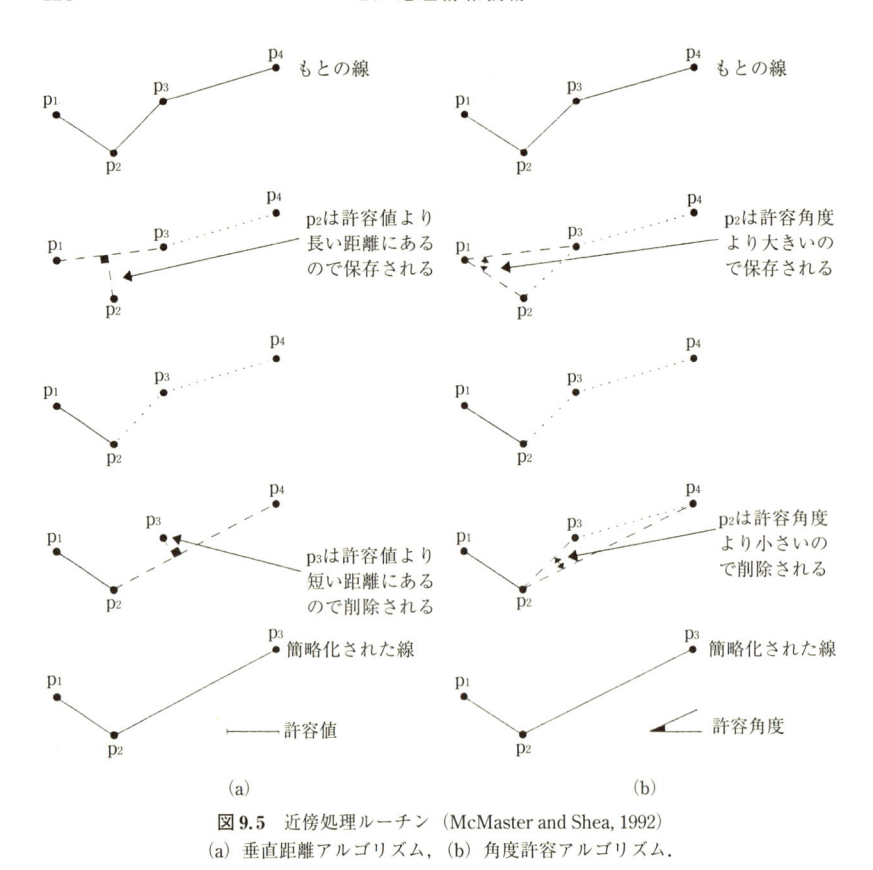

(図9.6(a)〜(e)).ここにおいて,中間点 p_2 と p_3 は許容値 t 以内なので p_4 が保存され,p_2 と p_3 は削除される.図9.6(f)〜(j) では,ラングのアルゴリズムの次のステップを示している.p_4 が始点となり,$n+4$ から p_{11} が終点となる.中間点の p_5 から p_{10} に対し垂直距離を測定すると,一つの点が許容パラメーターをこえる.その結果,p_{10} が新たな終点として選ばれる.p_4 と p_{10} 間のすべての中間点は許容値内にあるので,いずれも削除される.次は p_{10} と p_{17} の間でベクトルがつくられ,処理が進められる.ラングの簡略化アルゴリズムは,線の元来の幾何的特徴を保持する点で優れていると評価されている (McMaster, 1987b).

(c) **ダグラスの簡略化アルゴリズム**: 線の簡略化のアルゴリズムには,いろいろな方法が考案されている.代表的な一つとして,ダグラスの簡略化アルゴリズム (Douglas simplification algorithm) がある (Douglas and Peucker, 1973).このアルゴ

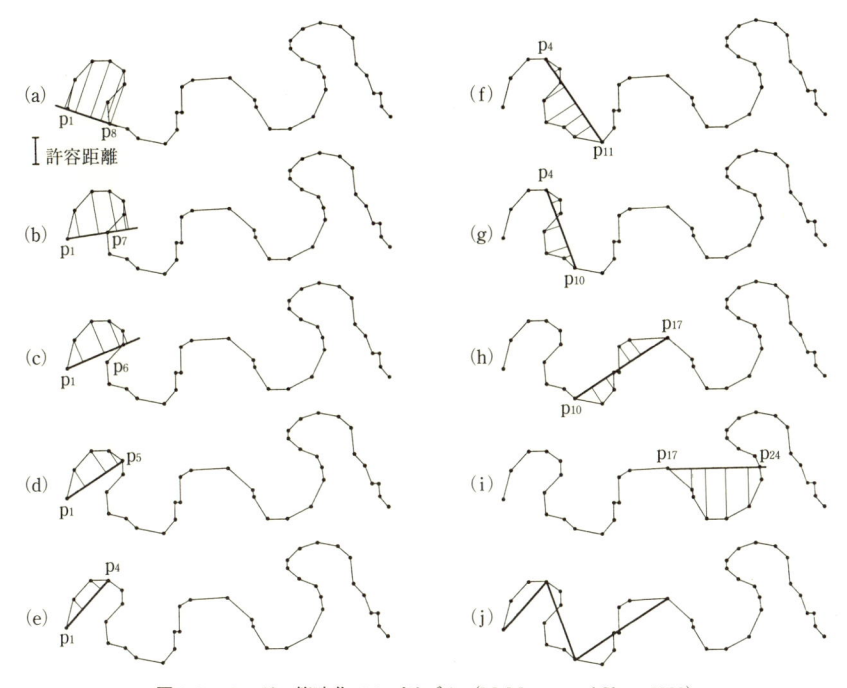

図 9.6 ラングの簡略化アルゴリズム（McMaster and Shea, 1992）

リズムの特徴は，線の全体を考慮して簡略化を進める点にある．図 9.7 はダグラスアルゴリズムの反復例を示している．この事例では，デジタル化された線は 40 の座標点をもっている．各反復において二つの点は同一でなければならない．始点（アンカー）は固定され，終点（フローター）は移動する．図 9.7(a) において，アルゴリズムの第 1 ステップは，アンカー（p_1）とフローター（p_{40}）の間で許容範囲（トラレンスコリドー）が確立される．この範囲の幅は陰影されたボックスで例示されているように，利用者が定義した許容値 t_1 の 2 倍として計算される．この範囲はアンカーとフローターを結ぶ線の両側で t_1 の距離にある二つの平行したバンドとして幾何的には見なされる．すべての中間点（$p_2 \sim p_{39}$）からアンカーとフローターを結ぶ線に対し垂線が下されその長さが求められる．各反復において，最大距離が保有される．図 9.7(a) において，最大距離は p_{32} に対し計算された．この点は，利用者が定義した範囲の外側なので処理は続けられ，p_{32} の位置はスタックの中に置かれる．

図 9.7(b) の第 2 の反復では，アンカーは p_1 が残されるが，フローターは前の反復で最大の垂直距離をもつ p_{32} になる．許容範囲は p_1 と p_{32} の間に位置づけられる．すべての中間距離が計算された結果，この反復での最大距離は p_{23} に対してであり，許

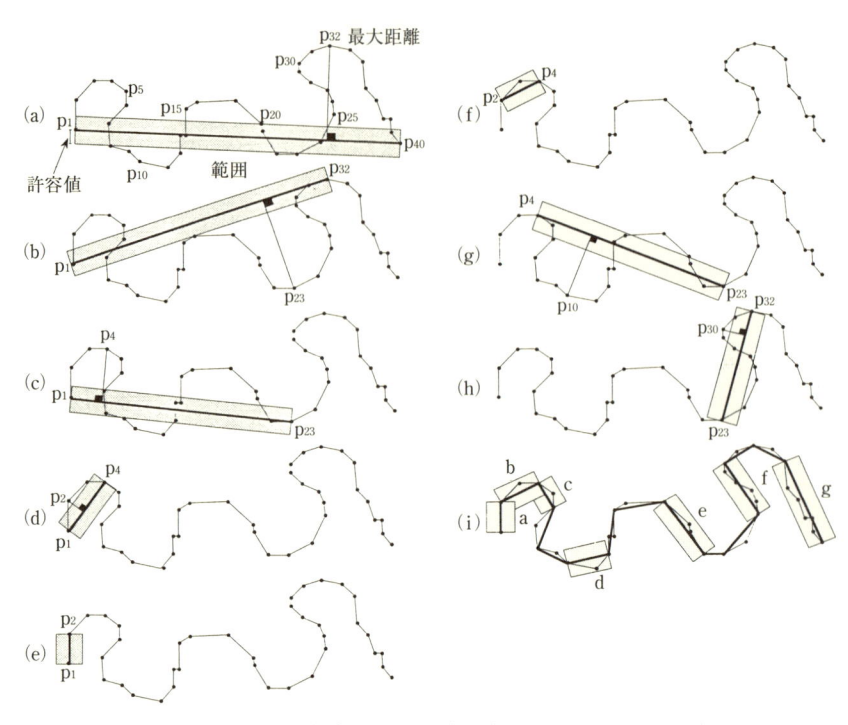

図 9.7 ダグラスの簡略化アルゴリズム (McMaster and Shea, 1992)

容範囲の外側であることが判明する．したがって，処理は続けられ，p_{23} はスタックに置かれる．次に（図 9.7(c)），アンカー（p_1）とフローター（p_{23}）の間のすべての中間点が計算され，最大距離の p_4 がまだ許容範囲の外側にある．p_{32}，p_{23} より上のスタックの中に p_4 を置いて，p_1 と p_4 の間の処理が続けられる（図 9.7(d)）．p_2 はいまだ許容範囲の外側にあるので，新しいフローター p_2 が選ばれる．ここにおいてもう処理が進まないので，ダグラスアルゴリズムは p_2（アンカーが p_1 でフローターが p_2）を選び保存する（図 9.7(e)）．次の段階では，アンカーは新しく p_2 になり，スタック内の最後の点 p_4 がフローターとして選ばれる（図 9.7(f)）．唯一の中間点 p_3 は許容範囲内にあるので，p_4 は保存されるが，p_3 は幾何学的に重要ではないと見なされ削除される．

再び新たな点 p_{23} がスタックから選ばれ，フローターとして位置づけられるとともに，p_4 が新しいアンカーとなる．最大距離にある p_{10} は許容範囲の外側にある（図 9.7(g)）．線の分節を処理するこの手法を用いると，許容範囲内にある点は除かれ，幾何的に重要なものとして計算されたものは保存される（図 9.7(i)）．最終的に，p_{23} と p_{32} 間の線の分節（図 9.7(h)）と p_{32} と p_{40} 間の線の分節は処理されるであろう．

第9章 地図総描の自動化

表9.2 デジタル線を平滑化するために利用されるアルゴリズムの分類

加重平均法：
　　3点加重移動平均
　　5点加重移動平均
　　他の移動平均法
　　距離加重平均
　　スライド平均
エプシロン・フィルターリング法
　　エプシロン・フィルターリング
　　Brophyアルゴリズム
数学的近似
　　局地処理：3次スプライン
　　拡張局地処理：双スプライン
　　大域処理：ベジェ曲面

（2） 平滑化のアルゴリズム

線の詳細を減じる簡略化と異なり，平滑化は線の体裁をよくするために点の位置をずらす．平滑化アルゴリズムでは点の位置を変えることで，小さな摂動を滑らかにし，線の主要な傾向のみをとらえるようにする．地図の製図者によって描かれた手書きの線は，滑らかな流れるようなできばえになるのに対して，デジタル化された線は角張っており，美的にみると劣る．デジタル化された線が規則的なパターンをもつのは，デジタル化のときに格子を用いるという制約によっている．そこで平滑化オペレーターを適用して線の見栄えをよくする．このように平滑化は，主に整形的な修正のために利用される．

平滑化のオペレーターは，① 加重平均法，② エプシロン・フィルターリング法，③ 数学的近似に分類される（McMaster, 1989）．表9.2では，各手法に対し基本的アルゴリズムを示している．これらの手法に対する特徴は，Lewis（1990）によってまとめられている．デジタル化された線データを平滑化するための代表的なアルゴリズムを以下に示す．

（a） **スライド平均アルゴリズム**： 図9.8は，McMaster（1989）のスライド平均（slide averaging）アルゴリズムを示している．この方法は元の線上で五つの点を使用し，中央の点（第3点）を平滑化する．第1ステップでは，5点（$p_{i-2}, p_{i-1}, p_i, p_{i+1}, p_{i+2}$）の算術平均が$p'$として求められる．次にこの点が元の$p_i$に向けて移される．その場合，$p'$と$p_i$との間の平均が計算され，そこに移される．このような処理は線に沿って順次続けられる．

（b） **距離加重平均アルゴリズム**： 同様の方法で中央の点への距離に基づく加重値を考慮した方法として，McMaster（1989）の距離加重平均アルゴリズムが知られ

$$p' = \frac{p_{i-2} + p_{i-1} + p_i + p_{i+1} + p_{i+2}}{5}$$

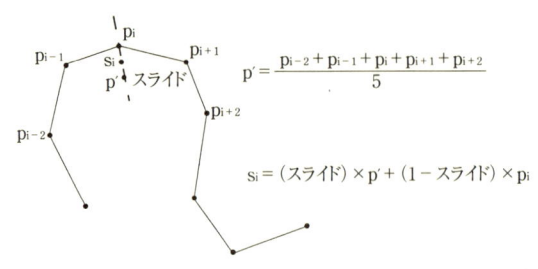

$s_i = (スライド) \times p' + (1 - スライド) \times p_i$

図9.8 スライド平均アルゴリズム (McMaster and Shea, 1992)

ている.p_i から p_{i-2} への距離を d_1 とすると,p_{i-2} には $1/d_1$ を加重し,p_{i-1} には $1/d_2$ を加重する.以下同様な処理を行うことで,中央の点に近い点に大きな加重がつけられる.なお,中央の第3の点は距離が0なので,何らかのルールを決めて加重をつける必要がある.

(c) **ボイルのアルゴリズム**: 単方向のアルゴリズムは,Boyle (1970) によって提案されている.このアルゴリズムでは,① すでに移動された点と,② 線上の n 単位先の点とを用いて平滑化される点が計算される.最初に移動される点 p_2' は,図9.9に示すように曲線上の最初の座標点 p_1 とそこから4番目の点 p_5(前方の点の数=4)の間のベクトル v_1 を描くことによって計算される.そして点 p_2' は,ベクトル v_1 に沿った距離の1/4の地点に位置づけられる.次のステップは,p_2' と四つ先の p_6 の間で新しいベクトルを計算する.平滑化された座標 p_3' は,この新たなベクトル v_2 に沿って1/4の距離に位置づけられる.このような形でアルゴリズムは続けられ,連続的に平滑化された座標が計算される.図9.9の一番下には,線に沿って最初から10番目までの平滑化された点が描かれている.

(3) **併合のアルゴリズム**

併合は,河川の堤防やハイウェーの縁にあるフェンスのような二つの平行した線形事象を一つにまとめる働きがある.Nickerson and Freeman (1986) は,二つのポリライン L_1 と L_2 が平行しているとき,それらを併合した線の位置,すなわち,L_1 と L_2 間の近似的な中間点 p_i' を決める式を次のように提案した.

$$p_i' = p_i + 1/2(r - p_i) \tag{9.1}$$

ただし,p_i は一方のポリライン L_1 上の点である.また,r は p_i とそれに対し左側にずれた点 p_{iL} で設定される線 $p_i - p_{iL}$ と他のポリライン L_2 との交点である.

併合は域から線へと幾何形状を変えるので,簡略化や平滑化のようなオペレーターを適用する前に行わなければならない.

(4) **転位のアルゴリズム**

デジタル地図の総描において最も難しい問題の一つは,転位の必要性を検知しそれ

第9章　地図総描の自動化

前方の点の数＝4

v_1 = 点p_1とp_5の間に描かれた線
$p_{2'} = 0.75 \times p_1 + 0.25 \times p_5$

――― もとの線
- - - - 平滑化された線

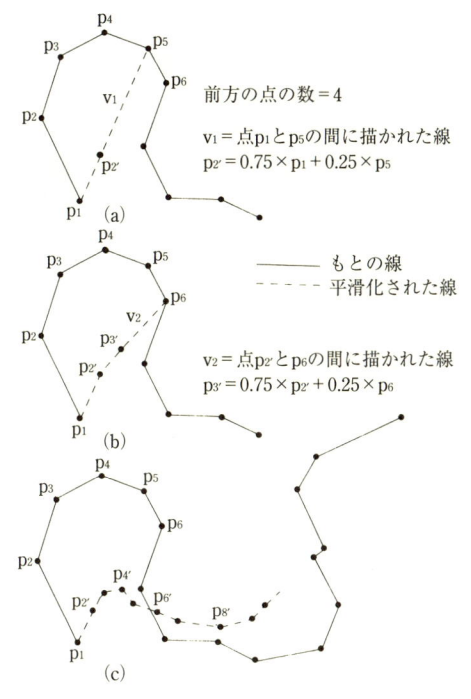

v_2 = 点$p_{2'}$とp_6の間に描かれた線
$p_{3'} = 0.75 \times p_{2'} + 0.25 \times p_6$

図 9.9　ボイルの平滑化アルゴリズム（McMaster and Shea, 1992）

を調整することである．たとえば，複雑に入り組んだリアス式海岸の海岸線に沿って観光道路が走り，その道路に平行して鉄道が通り，さらに海岸から少し沖にはたくさんの小島があるような場合である．海岸線，道路，鉄道の線事象は，1：25,000の地形図上では適切に（分けて）表示できるが，小縮尺の1：1,000,000の地図では相互に重なってしまう．そこで，それらを離すため転位が行われ形状も歪められる．転位は，デジタルな環境の中では概念的に複雑であり，計算量も大きいという問題をもっている．

Nickerson and Freeman（1986）は，線の総描を次のような四つのプロセスに分けた．①二つ以上の線事象が単一事象に結合される事象結合（feature combination），②事象削除（feature deletion），③座標の密度を減らす事象簡略化，④二つの線事象が重なった場合それらを移動させる衝突検知（interference detection）．転位のアプローチを開発するための第1ステップは，転位階層の確立である．図9.10は地図に対する衝突行列を示している．行列は，たとえば，事象Xは事象aと重なり合っており，

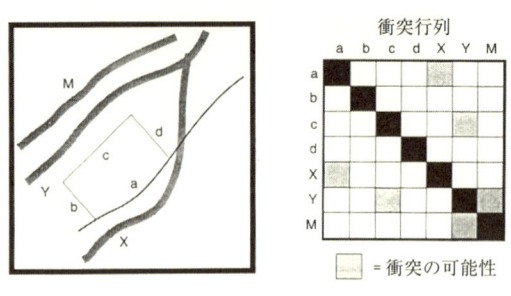

図 9.10　地図上の事象に対する衝突行列（Monmonier and McMaster, 1991）

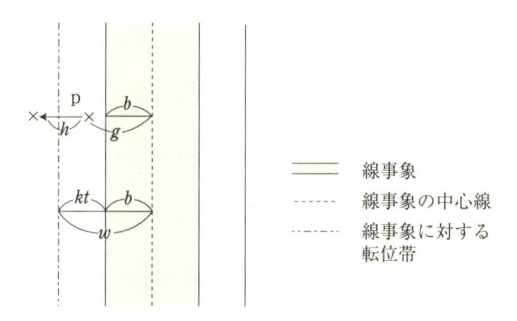

図 9.11　線事象に対する点事象の転位

事象 M は事象 Y と近接していることを表している．この行列から転位階層を確立することは比較的簡単である．

ある線事象が点事象より高い優先度をもっている場合，点事象は線事象から転位されなければならない．線事象に対し点 p が転位される大きさは，次のような式で表される．

$$h = t\left\{1 - \frac{(g - b)}{(w - b)}\right\} \tag{9.2}$$

ただし，h は点 p における転位の大きさ，t は最大転位，g は線事象の中心線から点 p への距離，b は線事象の幅の半分を示している（図 9.11）．さらに，w は転位帯の幅であり，

$$w = b + kt \tag{9.3}$$

で計算される．k は事象が転位される最大転位に対する割合である．

逆に，ある点事象が線事象より高い優先度をもっている場合，線が転位される．図 9.12 はこの事例を示している．点 $p_1 \sim p_6$ で構成された線事象は，それより高い優先

第9章　地図総描の自動化

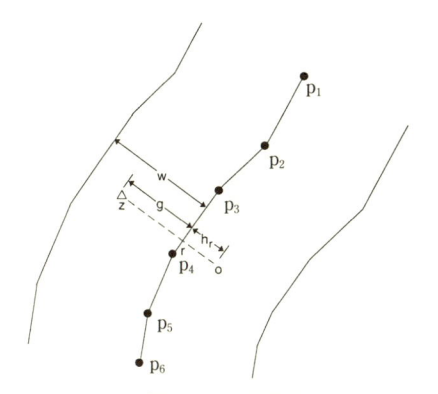

図 9.12 点事象に対する線事象の転位
(Nickerson and Freeman, 1986)

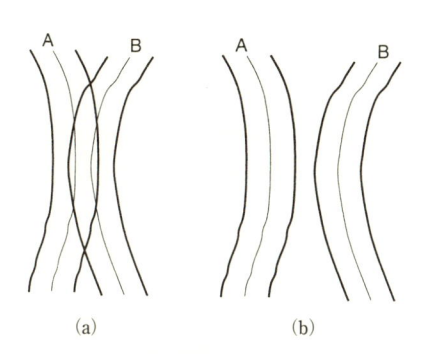

図 9.13 交叉する線事象の転位 (McMaster and Shea, 1992)
(a) 転位前, (b) 転位後.

度をもつ制御点 z から転位されなければならない．点 r は線 p_1-p_6 上で点 z に対し最も近い点であることに注目せよ．点 r に対する転位関数は式 (9.3) を用いて計算される．左右の転位点は，この事例では p_3 と p_4 なので，h_r だけ転位される．残りの点からなる線事象（ポリラインと呼ばれる）もまた転位される．各点は左右の転位点への距離に比例して移される．これに関する式は，

$$h_i = \begin{cases} h_r - s_i/k & s_i \leq kh_r \\ 0 & s_i > kh_r \end{cases} \quad (9.4)$$

で示される．ただし，h_r はポリライン上の点に対する最大転位，k は転位率が 0 へと向かうことを定義する定数，s_i は左右の転位点からポリラインに沿って点 p_i までの距離である．

　このように線事象の転位は大量の計算を必要とし，幾何学的に複雑なプロセスである．図 9.13 は二つの交叉する事象 A と B を転位させた結果を示している．この事例では，B は A に対し転位された．

　転位に対するもう一つのアプローチとして，比例-再縮尺 (proportional-rescaling) 転位がある (Monmonier, 1989)．これは補間総描とも呼ばれており，たとえば 1：250,000 の縮尺の地図の総描は，大縮尺 (1：100,000) と小縮尺 (1：2,000,000) の二つのデジタル地図で誘導される．図 9.14 ではその事例を示しており，大縮尺と小縮尺の間を補間することで，中間縮尺での事象の転位位置を決めている (Monmonier, 1991)．この方法は，X と Y の二つの座標軸に対し別々に比例変換と再縮尺を行っている．

　しかしながら，このアプローチは 1 対の事象を取り扱っているだけである．二つ以上の事象の衝突を回避するためには，多数の事象を集団的な形で考察する必要がある．

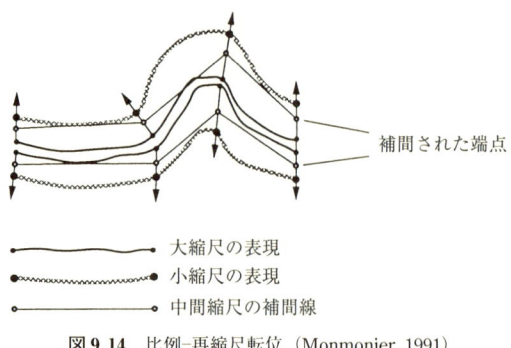

図 9.14 比例−再縮尺転位（Monmonier, 1991）
大縮尺と小縮尺との間を補間して中間縮尺が描かれる．

　事象が転位されると，新しい衝突が起こるばかりでなく，事象間の全体的位相や相対位置が保持されなければならない．衝突が起こる地域から離れるほど，転位された事象と転移されない事象との間の移行を円滑にするため，転位は最小限にとどめておかなければならない．このような状態は，転位の波状効果（displacement ripple effect）と呼ばれている（Mackaness, 1994）．

　したがって，転位のアルゴリズムでは，前節で示したアルゴリズムのように事象を個別に取り扱うことはもはやできない．換言すると，転位アルゴリズムは状況依存（context−dependent）の転位オペレーターなのである．転位に対し最近開発されたアルゴリズムについては，João（1998, 12−13）でまとめられているので参考になる．

9.4　地図総描の自動化

（1）　総描の自動化に対する知識ベースアプローチ

　地図総描のプロセスは全体として複雑なため，知識ベースアプローチの概念や手法を利用した研究が多く行われてきた．総描の自動化に対するコンピュータプログラムは，ある形式の推論機構をもっているものが有望であり，厳格な検証を行った結果，一定水準の総描が行われているとの結論に達している．総描に対する多くの知識ベースアプローチは，総描のメカニズムを実行するため，上述したようなさまざまなアルゴリズムを利用している．このようなシステムに対する事例としては，ハノーバー大学で開発された CHANGE，Cogit Laboratory, Institute Geographique National で開発された STRATEGE，グラモーガン大学の MAGE などが知られている．

　ハノーバー大学地図学研究所は，コンピュータ支援の地図総描の長期研究プログラムを，1978年に開始し現在まで続けている．この研究は，CHANGE と呼ばれる総描の複雑なシステムを開発した（Grunreich *et al.*, 1992）．このシステムは，縮尺 1:1,000

~ 1:5,000 および 1:5,000 ~ 1:25,000 といったドイツの基本図の縮尺変換に対する総描を行っている．システムの成分は，建造物の総描に対し設計されており，閾値パラメーターを利用して建造物の最小規模，簡略化や集約のオペレーションに対する距離などを設定できる．他のモジュールは道路や河川の総描に対し設計されており，パラメーターを用いてその最小規模や幅を定めたり，事象を強調したり，不規則さを簡略化する．現在では，CHANGE をドイツ測量・地図局の GIS プロジェクトである ATKIS（地形情報システム）と ALKIS（デジタル地籍図システム）に連結する研究が進められている．CHANGE の開発の推進力は，利用者の介在量を減らそうとする試みにある．最終の画像出力では，品質を保つため，あるいは，複雑な状況の中で衝突するオブジェクトを転位させるような補正のため，人間の手による修正がいまだ必要である．しかしながら，Cartographic Institute of Catalonia は，CHANGE により作業の約 50％が自動化されていることを検証している（Baella *et al*., 1994）．

最近では，総描の自動システムの開発は，オブジェクト指向データモデルを援用している．STRATEGE（Ruas and Plazanet, 1997）や MAGE（Bundy *et al*., 1995）は，アルゴリズムと知識ベースの手法を組み合わせて利用している新しいプロトタイプのシステムであり，そのソフトウエアの開発にはオブジェクト指向技術が用いられている．これらの二つの研究システムが共通にもっているものは，より全体的（ホリスティック）で状況的（コンテクスチュアル）な総描の側面を取り扱えるよう特別な開発が行われてきたところにある．すなわち，地図上のすべての事象を同時に取り上げ，それらの間の相互関係を考察するのである．事象を個別に取り扱った以前の自動化の試みよりも大がかりである．これを達成するために，両システムは近接性（proximity）や隣接性（adjacency）の関係を決定し，空間的な衝突を検知することが必要となる．そこで両システムは，ディローネイ（Delaunay）三角形化を用いて，さまざまな事象を結合し，さらにオブジェクトの位相を間接的に保存することで，これに取り組む．このデータ構造は，転位や併合のような複雑な状況依存型の総描を実行するために，直接利用することができる．

上記のシステムはいずれも，かなり成功したものである．しかし，特定の縮尺への変換，特定のデータセット，特定の種類の総描オペレーターにのみ対応することから，まだ限定されたものである．また，いずれも利用者の介在に大きく依存している．このことから，いずれのシステムも，単なるプロトタイプであり，もっぱら研究目的で開発されてきたものである．

これに対し商業ベースの GIS においては，データベースレベルでの総描に対応できる能力をもったものはほとんど存在しない．この欠如の理由は，一般的に応用できる総描に対する規則（ルール）を形成することの難しさにある．知識ベースアプローチでは，われわれがもつ総描プロセスの知識を推論パスの連鎖の中へと定式化し，そ

れに従って総描を行うときに特定の決定へと導かなければならない．しかしながら，実際には総描に対する手続き的（procedural）知識が欠如している．

さらに，総描の規則が開発された場合には，総描のプロセスの個別的側面のみに注目している．たとえば，地図総描の根本的規則として，小縮尺の描画に対し選択されるべきオブジェクト数の計算がある（Topfer and Pillewizer, 1966）．しかしながら，この規則はどれほどの数の事象を取り上げるべきかという計量的測定を与えるだけで，どの事象が選ばれるべきかという重要な問題や，縮尺の変化に伴う幾何的変形の発生について何も言及していない．このように総描に対する統一理論（unified theory）の欠如が，知識ベース手法を使った総描の自動化に対し大きな障害となっている．

総描に対し明確な規則づくりがなされた場合には，それらはすべての国々や組織に対する普遍的規則というよりもむしろ，日本のナショナルアトラス作成の規則のように各国の特定機関の実務と関連している．その上，これらの規則は地図作成者によって解釈されるように意味がつけられており，コンピュータに対するものではない．たとえば，国土地理院の1：10,000の地形図で道路の描画に対しガイドラインが示されている．これは，若干の経験と地図的にみて正しい判断の助けを借りて，その縮尺の地図上に事象を描くときの指示書きであり，あるいは，わずかに異なった状況に応用されるときの指針を示すもので，縮尺の変化に関するものではなく，厳密な規則でもない．これらのガイドラインを総描の規則へと変換するためには，特別な総描オペレーターへと変換する作業が必要となる（McMaster, 1991）．

（2） 地図総描の自動化に対する実行例

最後に，地図総描の自動化に対する実行例として，MAGEと呼ばれるプロトタイプシステムを紹介する（Bundy *et al.*, 1995）．MAGE（Map Authoring and Generalizing Expert）システムは，Kappaエキスパートシステム開発ツールを用いてSun 4ワークステーション上に開発された．Kappaはオブジェクト指向ツールで，決定的手続き（deterministic procedure）はC（あるいはC＋＋）を用いてプログラム開発され，非決定的手続きや（前向き，後ろ向き推論を伴った）規則（第8章3節参照）はProTalkと呼ばれる専用言語で表現されている．MAGEは，実験的であるが実用に耐える総描システムを開発するためのテスト基盤として設計された．

MAGEは，二つの主要な考えに基づいている．第1に地形図面は，いくつかの基本的な総描操作（オペレーション）が実行できるシンプリカルコンプレックス（simplical complex）に基づいた構造で表現されている．第2に，総描に対し必要な意味構造は，地図的状況を認識し，総描し，解決するために必要な知識をカプセル化したコンテクストフレームの階層によって表現される．

MAGEで採用されている地形データ構造は，シンプリカルデータ構造（SDS：

第9章 地図総描の自動化

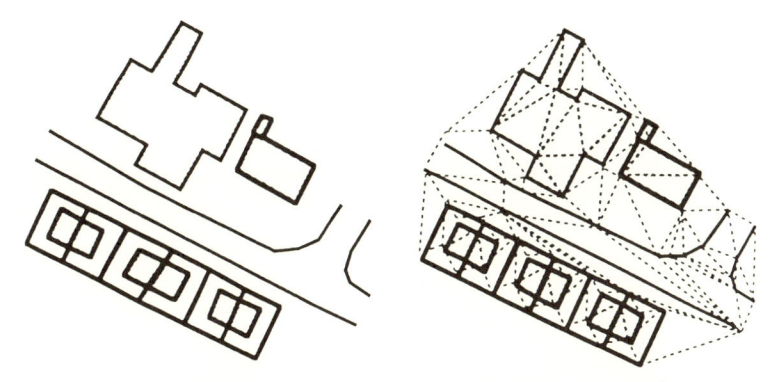

図 9.15 街路と建造物の地図に対する SDS 表現（Bundy *et al.*, 1995）

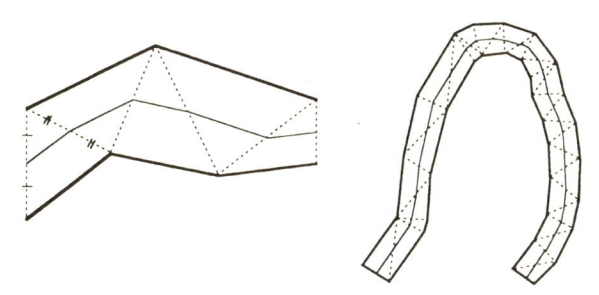

図 9.16 SDS による域オブジェクトから線オブジェクトへの骨格化
（Bundy *et al.*, 1995）

simplical data structure）と呼ばれている．SDS 内の各地図オブジェクトは，制約ディローネイ三角形化（constrained Delaunay triangulation）の形式で保持された1組の2次元シンプレックス（すなわち，三角形）で表現される．図9.15は，街路と建造物の地図に対するSDS表現を例示している．この表現は，2次元のプレニューム（plenum），すなわち，充填空間と見なされる．地図上のいずれの点も連結されている．空間は完全に連結されているので，空間の変化は比較的容易に伝播される．SDSは計量情報と位相情報を保存するので，地図を操作するときに生じる矛盾を回避することができる．

SDSは，「隣接」や「間」のような空間関係を，オブジェクトを連結する1組のシンプレックスの中で明らかにすることができる．したがってSDSは，自動重複検出，転位，併合，拡大，骨格化などの自動総描に必要な数種類の操作を直接実行するために利用できる．図9.16は，骨格化（skeletonization）の事例を示しており，域オブジェクトを線オブジェクトへ変換している．SDSは域オブジェクトの中心軸の近似を

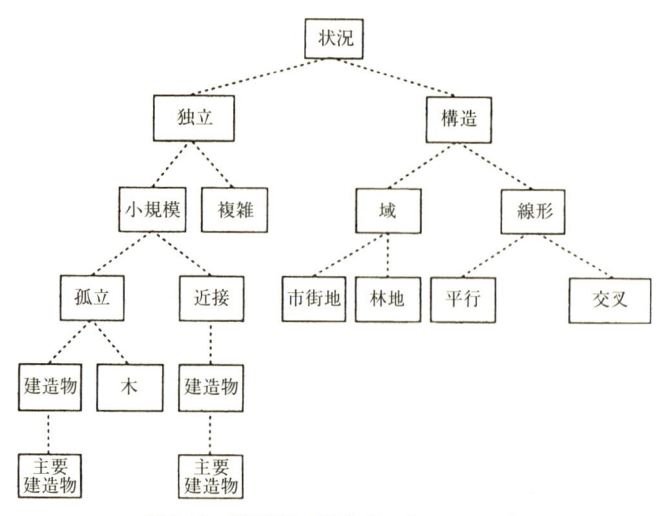

図 9.17 状況階層の事例（Bundy *et al.*, 1995）

非常に効率的に計算している．この近似は，二つの三角形で構成された台形の対角線の中間点はまさしくその台形の反対側の辺の中点であるという補題（lemma）に基づいている．

　日常の会話で一つの文を聞いたとき，次にくる言葉や文をしばしば予想することができる．これは，前に話された文で与えられた状況（コンテクスト）によって，認識が誘導されたためである．地図もコミュニケーションの一手段と考えるならば，地図総描の仕事も一連の予想される状況の側面から予見できるであろう．MAGE では，空間的（位相関係の）状況は SDS で，意味的（オブジェクトの意味に関する）状況と属性的（オブジェクトの種類に関する）状況は知識としてフレームやオブジェクトの中に保存される．

　状況は状況フレームで表現される．状況フレームの例として，「地図上のオブジェクトが非常に小さいので考慮しない（ObjectTooSmall）」があげられる．しかしながら，地図に対しより特殊な行動を引き起こすことも必要である．たとえば，小さな建造物は削除されるよりも，むしろ近くの建造物に併合されるであろう(BuildingMerge)．あるいは，遠方の地域内の建造物は重要なランドマークなので保持されるであろう（BuildingIsolated）．これらの状況は，図 9.17 に示されるように，状況階層（context hierarchy）の中で ObjectTooSmall フレームより下の状況フレームで表される．MAGE では，このように各状況のインスタンス（事例）を特別に識別できる認識手法を備えている．状況が識別されると，MAGE は必要な変換を行うため 1 組の総描操作を適用することを開始する．

第10章 ジオコンピュテーション I：遺伝子アルゴリズムとデータマイニング

10.1 ジオコンピュテーション

　最近，地理学とその関連分野において新しい展望やパラダイムを与えるものとして，ジオコンピュテーション（geocomputation）が注目を集めている（Longley *et al.*, 1998）．ジオコンピュテーションという用語は，1990年代半ばに S. Openshaw のいくつかの論文の中で使われ始めた．1996年9月にイギリスのリーズ大学において，ジオコンピュテーションの第1回国際会議が開かれた．1998年9月には第3回の国際会議がイギリスのブリストル大学地理科学学部にて開かれ，まだ歴史が浅いが，会議を重ねるにつれてジオコンピュテーションはますます注目されるようになった．このように注目される理由は，地理情報技術（GI technology）の開発と応用に取り組む研究者が，地理情報にかかわる多くの重要な問題を提示し解決しようと努めるとき，それらを包含する枠組みをジオコンピュテーションが提供するからである．そこで本章では，ジオコンピュテーションについてその内容を紹介する．

　まず，コンピュテーション（computation）とコンピューティング（computing）の相違をみると，いずれもコンピュータを利用するのであるが，その利用の仕方が異なるのである．コンピューティングでは，方程式を解いたりデータを処理する道具としてコンピュータを使う．コンピュテーションでは，複雑なシステムやプロセスをモデル化するときの統合成分としてコンピュータを使用する．

　以上からわかるように，ジオコンピュテーションとは，広範囲のコンピュータをベースとしたモデル（computer-based model）を包括するものとして理解される．これらのモデルの多くは，人工知能（artificial intelligence：AI）や最近成立した計算知能（computational intelligence：CI）の分野から生まれたものである．たとえば，エキスパートシステム，セルオートマータ（cellular automata），神経回路網（neural network），ファジー集合，遺伝子アルゴリズム，フラクタルモデル化，可視化とマルチメディア，探索データ分析，データマイニングなどが含まれる（Couclelis, 1998）．

　ジオコンピュテーションでは，これらのコンピューテーショナルな手法を応用して，空間的特徴を記述し，地理的現象を説明し，あるいは，地理的問題を解決することを研究するのである．本書の第I部では，ジオコンピュテーションにかかわるいくつか

のモデルや手法をすでに取り上げ考察した．エキスパートシステムについては，第8章と第9章4節で取り上げた．可視化については，第7章で，さらに探索データ分析については第7章1節で考察した．そこで本章では，まだ取り上げていない遺伝子アルゴリズムとデータマイニングを，また，次章ではファジー集合とフラクタル理論について，それらの手法の特徴をみるとともに応用事例を紹介する．

10.2 遺伝子アルゴリズムと空間分析

遺伝的アルゴリズム（genetic algorithm：GA）は，すでに第2章3節の（5）項で略述したように，生体系の中で見出される選択機構や遺伝作用素のシミュレーションに基づく探索法である．関数の最小化問題を例にとりこの方法の威力を示すならば，GAは多くの局地的な2次的最適解をもった複雑で，非凸で，しかもおそらく不連続な関数に対し，大域的あるいは大域に近い最適解を探索する手段を提供するところにある．通常の非線形最適化法は，このような複雑性をうまく処理することはできない（伊庭, 1994；石田ほか, 1997）．

GAでは，解は2進数で符号化されている．解は，それが目指している目的の達成度を測定するため，適合度関数から評価される．新しい解は，符号化のときに作動する交叉や突然変異といったオペレーターを通じ，よりよい解に向けて進化を遂げていくのである．

（1） GAの基本概念

まず，GAの基本概念について説明する．

① 遺伝子　遺伝子（gene）は，2進数（バイナリーコード）の0か1で表現される．場合によっては，10進数を用いることがある．

② 染色体　染色体（chromosome）は遺伝子の配列で構成される．すなわち，

$$001011001010$$

のような2進数列で表現される．各遺伝子の位置は，遺伝子座（locus）と呼ばれ，染色体上における遺伝子の座標である．上の例では，3番目の遺伝子座の遺伝子は，1である．

③ 個体　個体（individual）とは，観察対象となっている生物（たとえば，エンドウ）の一つ一つの観察例を示している．一般に，一つの個体は一つの染色体で表され，その特性が決定される．

④ 集団　いくつかの個体が集団（population）を構成する．これを世代 t の集団とする．

⑤ 適合度関数　染色体は，環境内において適合度関数（fitness function）によって適合度が決められる．

⑥ 選択　選択（selection）は，染色体の適合度に応じて行われる．個体は生殖

活動（reproduction）において，適合度の大きいものほどたくさん子孫をつくりやすいように，適合度の小さいものほど死滅しやすいようにする．これが，生物学上での選択もしくは淘汰である．

⑦ 交叉　　交叉（crossover）とは，集団から選択された二つの個体を親として子孫（offspring）をつくる操作である．たとえば，親として選ばれた染色体が次のように与えられたとする．

　　　　　世代 t　　A：0110 10001001
　　　　　　　　　　B：1011 01100100

交叉の位置をスペースで示すと，次のような二つの染色体が子孫として生成される．

　　　　　世代 $t+1$　A′：0110 01100100
　　　　　　　　　　B′：1011 10001001

⑧ 突然変異　　突然変異（mutation）は，世代が交代するとき新しい集団内に含まれるすべての遺伝子には，突然変異の可能性がある．たとえば，突然変異を生じる遺伝子座を下線で示すと，

　　　　　　　　C　：011001100100
　　　　　　　　C′：011001110100

となる．

（2）GA の地域分類への応用

Hobbs（1996）は，GA を地域分類に応用した．図 10.1 は，それが応用された研究地域の模式図である．50 の道路（分節）からなり，63 の住宅が立地している．住宅には 3 種類（1〜3）の住宅タイプが存在している．ここでの地域分類は，道路を単位として行われるが次のような二つの問題を含んでいる．一つは，連接地域の制約（contiguous area constraint）と呼ばれるものであり，道路の連結性を考慮しながら分類が進められる．より精度の高い分類だからといって，直接連結していない道路を同一地域に分類することはできない．もう一つは，地域の数と精度との間のバランスを達成することである．地域分類の精度は，地域内に含まれる住宅タイプの均質性で表される．地域数を少なくして，地域内ではできる限り同一タイプの住宅で構成されればよい．

　（a）**遺伝子，染色体，集団**：　この地域分類では，遺伝子に相当するものは地域である．地域は，一つの基部道路（ベースアーク）とそれを中心とした一定の連結（ステップ）数内にある道路から構成される（図 10.2 の左）．地域とその中の住宅タイプとの関係は，グループと呼ばれる中間レベルの組織によって与えられる．たとえば，図 10.4(a)では，タイプ 1 の住宅に対しては，1(a)，1(b)，1(c) の三つの地域でグループが構成される．グループを構成する地域の数は，グループごとに異なる．最

144　　　　　　　　　　　　Ⅰ．地理情報技術

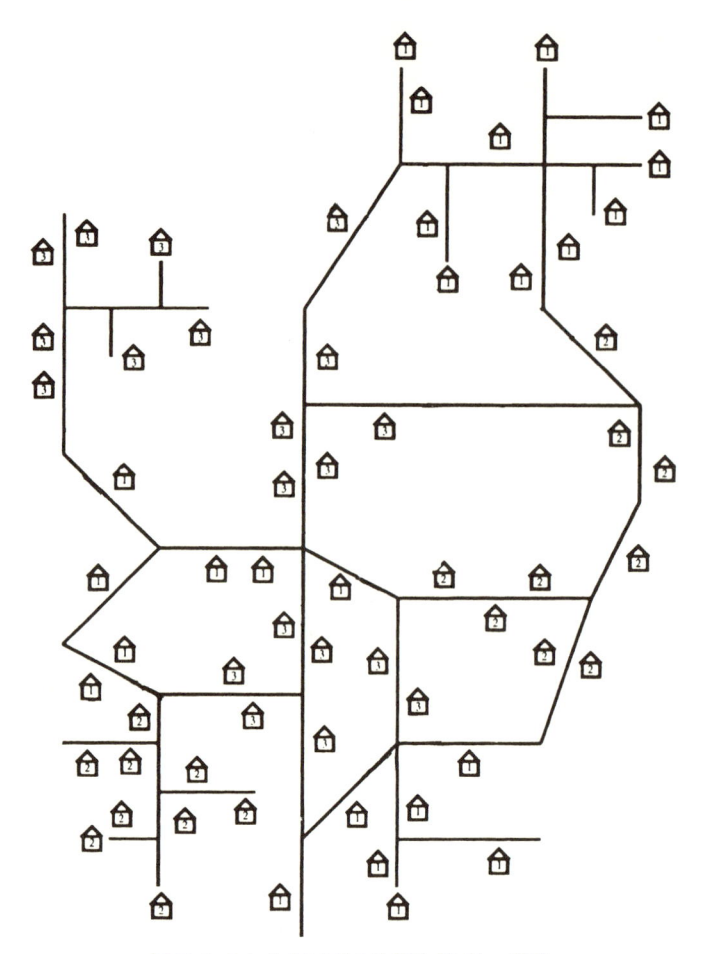

図 10.1　3 タイプの住宅の分布図（Hobbs, 1996）

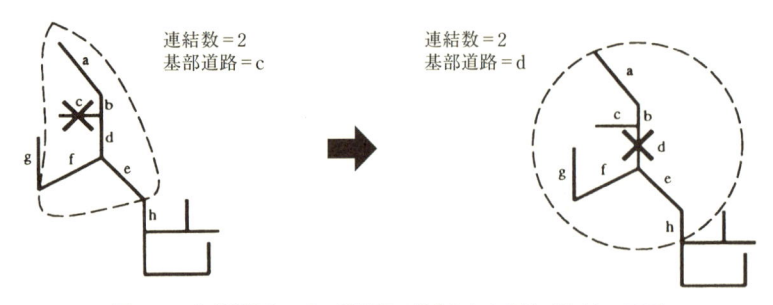

連結数＝2
基部道路＝c

連結数＝2
基部道路＝d

図 10.2　基部道路と一定の連結数で構成された地域（Hobbs, 1996）

も単純なグループは，住宅タイプあたり一つの地域を生成することである．分類の精度を高めるためには，住宅タイプあたり多数の地域を生成することになる．染色体は，このように住宅タイプごとに設定されたグループで示され，個体の特性（住宅タイプごとの地域分類）を決定する．いろいろな個体がつくられ，集団を形成する．集団内の染色体（個体）に対する適応度が計算されると，子孫を残すのにふさわしい親となる染色体が選ばれる．このようにしてより望ましい地域分類が探索される．したがって，ここでの地域分類は，住宅タイプごとにグループで定義されることになる．

(b) 適合度関数： 分類の精度を測定するため，染色体ごとに適合度が計算される．分類の精度は，住宅のタイプと地域境界との間の次の四つの関係から定義できる．ある住宅を取り上げた場合，それは，

① 地域境界内にあり，地域を構成する住宅のタイプと同一である．
② 地域境界内にあり，地域を構成する住宅のタイプと異なる．
③ 地域境界外にあり，地域を構成する住宅のタイプと同一である．
④ 地域境界外にあり，地域を構成する住宅のタイプと異なる．

分類の精度を高めるには，②と③を少なくして①と④を最大化する必要がある．この状況を考慮した適合度関数として，

$$(① \times ④)/(② \times ③) \tag{10.1}$$

で示されるオッズ比（odds ratio）が利用された．

(c) GAオペレーター： まず，ランダム集団を発生する．この集団を構成するすべての染色体（個体）に対し適合度を計算し，住宅タイプごとに地域分類を評価する．

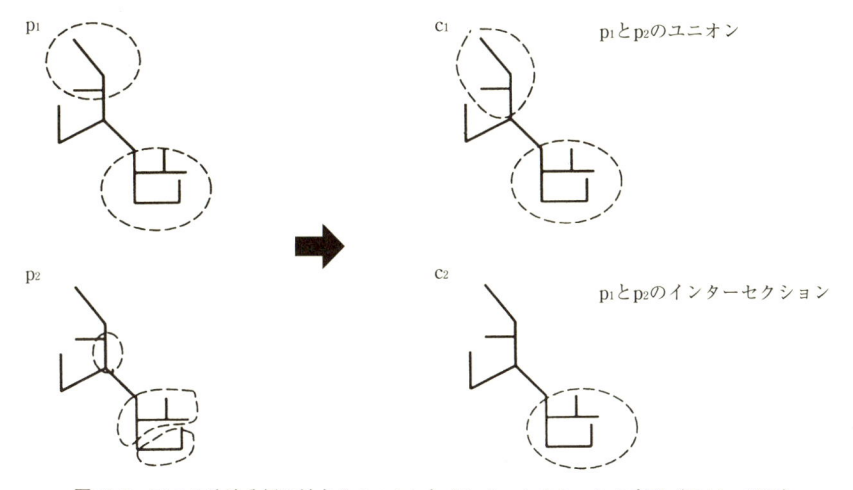

図10.3 二つの地域分類に対するユニオンとインターセクションの交叉 (Hobbs, 1996)

(a)

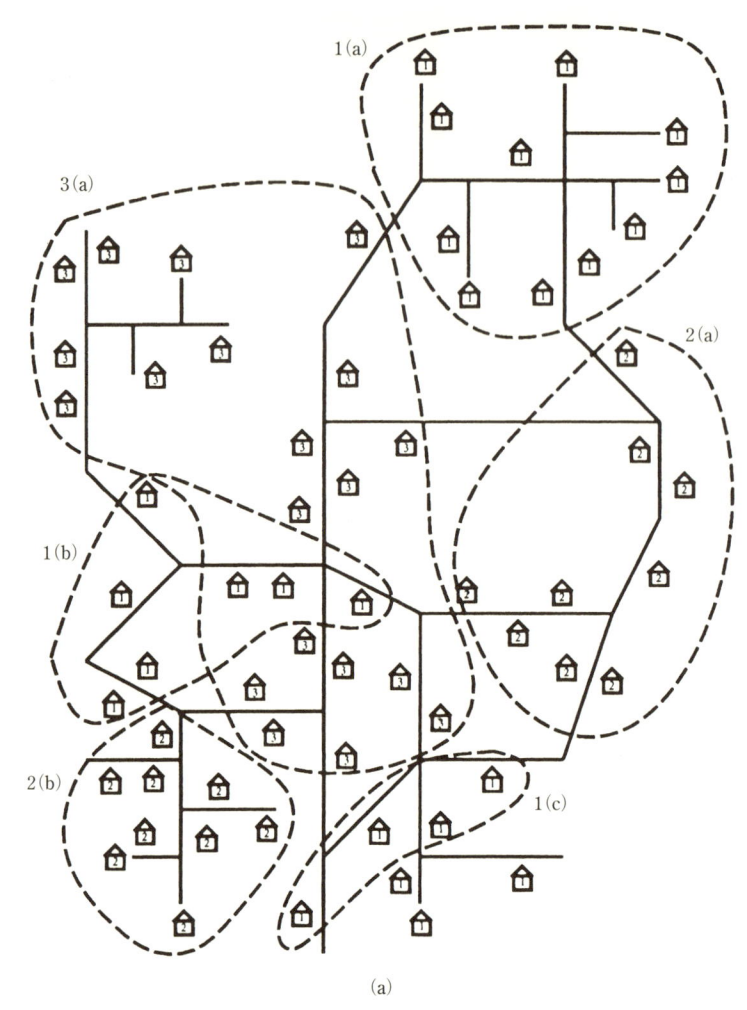

図 10.4 (a) 概括的な地域分類と

　各個体は適合度の大きさに応じて選択確率が付与され,親となる二つの個体が選ばれる.このようにして選ばれた個体は,適合度の高いものが選ばれる確率が高いことから,より地域分類に適したものが残ることになる.
　GA オペレーターとしては,交叉と突然変異が適用される.交叉オペレーターは,二つの部分から成り立っている.一つは一様交叉オペレーター (uniform crossover

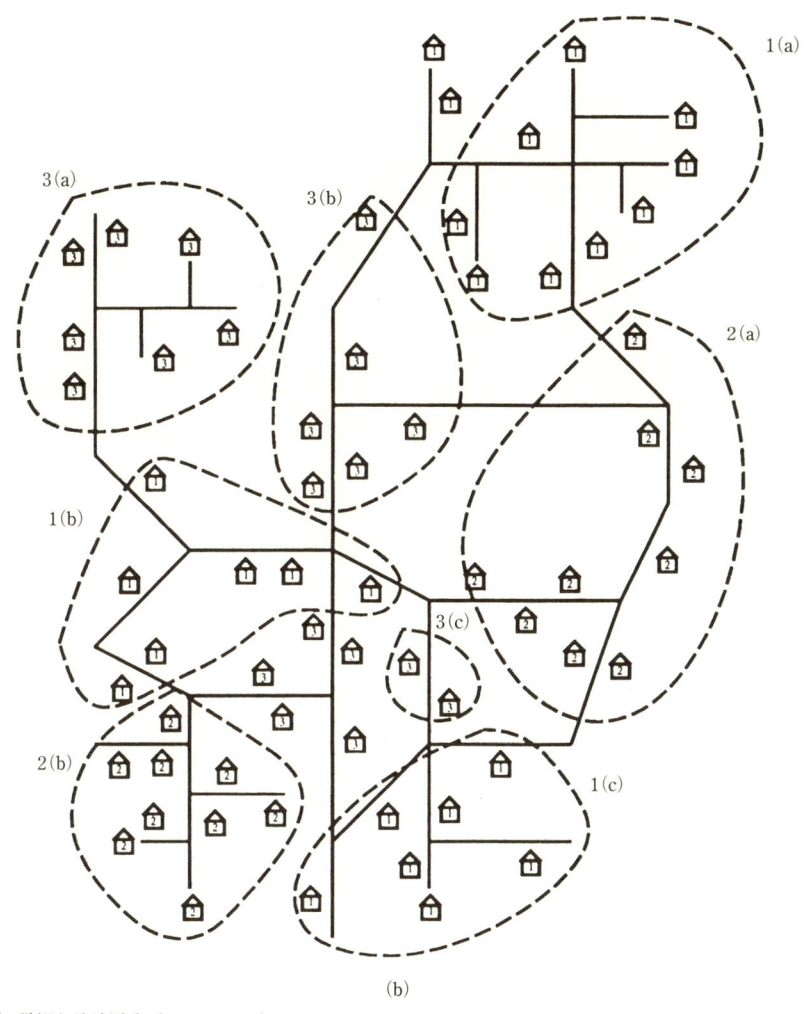

第10章　ジオコンピュテーションI：遺伝子アルゴリズムとデータマイニング　*147*

(b)　詳細な地域区分（Hobbs, 1996）

operator）で，両親がもっている二つのグループ（染色体）のうち，等確率でその一方を子にコピーする．もう一つのオペレーターは，二つのグループを混合する働きがある．グループを構成する地域をランダムに交換した場合には，非重複制約（non-overlapping constraint）に合わないことが起こるかもしれない．

そこでグループの個々の地域よりもその全体の情報を結合することが行われる．図

10.3では，両親（p_1とp_2）からの交叉によって，2人の子ども（c_1とc_2）がいかに生成されるかを示している．第1の子どもでは，p_1とp_2のユニオン（union）の交叉によって両親のすべてのアーク（道路）を受け継いでいる．第2の子どもでは，p_1とp_2のインターセクション（intersection）の交叉によって，両親の共通部分のアークのみを受け継いでいる．これらの2人の子どもは，二つの新しいグループ（染色体）を生成する．まず，基部道路がランダムに選ばれ，それを核にして連結された道路をできるだけ多く含むように地域が形成される．地域に含まれない道路が一つ以下になるまで地域はグループに対し生成される．最後に，基部道路が地域の中心になるように調整され，地域内のすべての道路が包含されるような最小のステップ数が計算される．

突然変異のオペレーターは，地域の中心となる基部道路の選択とかかわっている．最初の出発条件にかかわりなく探索空間のすべての部分が基部道路になれるように，二つの形で突然変異は発生する．一つは，現在の基部道路の近傍の道路が地域の中心になる．もう一つは，適切な道路がランダムに選ばれる．図10.2では，道路cを中心にステップ2で設定された地域が近傍の道路dに中心を移動させることで，地域はより多くの道路を含むようになることを示している．

(d) 地域分類の結果: 50の道路分節上に3タイプに分けられた63戸の住宅が立地している状況に対し，GAが実行された．最初のランダムな地域分類から，GAは約1,000の地域分類を発生させ評価した後，最適解が見出された．図10.4は，適合度が高得点の二つの分類結果を示している．同図(a)では，地域3(a)の中にタイプ1の三つの住宅が入っている．それに対し同図(b)では，タイプ3の住宅は三つの地域に分類されている．両図において，いくつかの住宅は分類されていない．しかし，二つの図を合成するならば，すべての住宅は地域分類される．なお，適合度関数の項のウエイトを変えることによって，正確でコンパクトな地域分類や一般的で大ざっぱな地域分類を行うことができる．

10.3 地理データマイニング

データの蓄積費用の低減とデータへのアクセス効率の増大に伴い，データを蓄積できる量や操作できる量は急激に増大した．次世代データベース管理システムに対する研究者の主要な挑戦は，データベースに蓄積されているデータから，パターンや傾向（トレンド），相関のような有益な情報を見出すための方法を開発することである．データマイニングやデータベースにおける知識発見は，データベース内に埋め込まれている有益な情報を発見するプロセスに関係する．この方法は，POS（point of sales）など膨大なデータから購買客の購入傾向を見つけ出すのに適用されている（上田, 1998）．本節では，地理データマイニングの基本的考え方を考察するとともに，その

応用事例を紹介する．

（1） データウエアハウス

近年の社会ではデータが爆発的に増加している．これは機械（たとえばPOS）によるデータ生成に基づく部分が大きく，その結果データを消費するニーズを生み出している．多くの企業や官公庁は，利用可能な情報を含む大きなデータベースを保有している．しかしながら，この情報を利用するのは通常とても難しい．このタイプのデータベースは，操作データベースと呼ばれ，日常業務のためのアプリケーションを支援するために設計されている．たとえば，小売業では商品の店舗売上や在庫管理などに利用されている．

このようなデータベースから戦略的に重要な決定を支援するための情報を獲得するためには，データウエアハウス（data warehouse）を設計する必要がある．データウエアハウスを構築するためには，操作データベースから必要なデータのみが読み込まれ，意思決定支援のための問い合わせに合うように再設計されなければならない．データウエアハウスの基本的特徴としては，次のようなものがあげられる（エイドリアン・ザンティンジ, 1998, 33-49）．

① 時間依存　データはそこに入力された時間とつながりをもっている．
② 不揮発性　データは問い合わせができるだけで，更新はできない．
③ 問題指向　取り扱う問題に必要なデータのみで構築される．
④ 統合　さまざまな形式のデータを統合して利用できるようにする．

①から，データウエアハウスのデータは通常長期にわたり収集されたものであり，履歴データを蓄積し続けていなければならない．②から，データウエアハウスのデータは過去の記録であり，記録を更新，変更，削除することはできない．③では，データウエアハウスは操作データベースの周囲に，利用目的に沿って構築されていることを意味している．データ量が小さくローカルなデータハウスは，データマート（datamart）と呼ばれる．④に関しては，たとえば操作データベースでは同一の実体を違った名前で記憶していることがある．そのような場合データウエアハウスでは，情報を統合するため，一つの名前に統一しなければならない．さらに，データウエアハウス内では，すべての表，インデックスなどの情報を統一し，利用できるようにしなければならない．

次に示すデータマイニングや知識発見は，このようなデータウエアハウス上で実行される．したがって，データウエアハウスでは，重複したレコードの削除，文字列中のタイプミスの修正，失われた情報の追加などのデータの洗浄（data cleaning）をさらに行わなければならない．

（2） データマイニングと知識発見

データウエアハウスから有益な情報を取り出す方法がデータマイニング（data

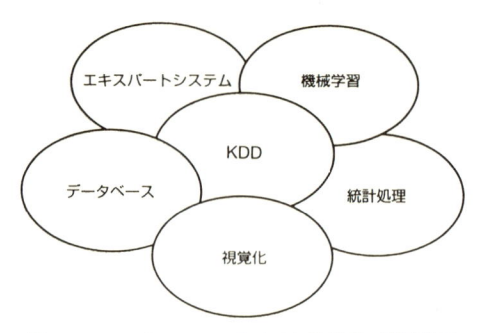

図 10.5 データベースにおける知識発見の関連技術

mining) である．この方法は，蓄積されている膨大なデータをふるいにかけ，選択し，解釈する自動化された機械的方法である．データマイニングというのは比喩的表現であり，発掘された鉱石から膨大な量のくずを取り除き，ダイヤモンドや金を抽出するように，コンピュータによって大規模なデータベースの中からくず情報を捨て去り，情報のダイヤモンドを自動的に探し出す方法である．

データマイニングと同じように使われる用語として，データベースにおける知識発見（knowledge discovery in database：KDD）がある．KDD が，データの選択，前処理，変換，解釈のような知識を発見するための一連の操作に関連したより包括的な用語であるのに対し（Fayyard et al., 1996b），データマイニングは KDD 過程の中で，発見の段階だけに使われる用語である（Adam and Gangopadhyay, 1997, 113–115）．KDD は全く新しい技術ではなく，機械学習[1]，統計学，データベース技術，エキスパートシステム，データ可視化技術などの研究を融合した領域である（図 10.5）．

それでは，データマイニングと通常の問い合わせとは，どこが違うのであろうか．たとえばマーケティングのデータベースを例にとると，誰がいつどのような製品を買ったかであるとか，7月における総売上高はいくらであるかについては，関係データベースの問い合わせ言語 SQL で見つけることができる．何を探しているか正確に知っている場合，換言すると，すでに知られているような制約をもつデータの場合，SQL が使えるのである．それに対し，何を探しているのかぼんやりとしかわからない場合，データマイニングが利用される．この例としては，顧客の最適な分割法は何

---

[1] 人工知能の研究で，コンピュータが学習できる能力をもつようにすることは重要なテーマである．学習プログラムとは，知的なコンピュータプログラムの基礎である．したがって，人工知能の研究者は，人工的に学ぶ，すなわち機械学習（machine learning：ML）に注意を向けるようになり，知識を自動的に獲得することを追求している．機械学習アルゴリズムとしては，遺伝子アルゴリズムやニューラルネットワークなどが知られている．

であるか，言い換えると，一番重要な顧客の人物像はどのようか，あるいは，顧客の振る舞いの中で一番重要なものは何かがあげられよう（エイドリアン・ザンティンジ，1998, 8-10）．このような質問に対する回答をSQLを使って得ることは難しい．以上から明らかなように，データマイニングは，以前には知られていない潜在的に有用な知識をデータベースから引き出す方法である．

（3）空間データマイニング

地理データマイニング（geographical data mining）を考える上で，まず，空間データベースの中から有益な情報を取り出す空間データマイニング（spatial data mining）を考察しよう．空間データマイニングに対しては，次のような三つの異なったアプローチが利用される．

① 非空間データの空間パターンを記述する（空間特性）．
② 非空間データの空間パターンを比較する（空間判別分析）．
③ 空間データと空間データとの間で，また，空間データと非空間データとの間で関連（association）を発見，あるいは，確立する．

非空間データの空間分布を発見することは，データ内の一般パターンを見出し，それらをグループへとクラスター化することとかかわっている．これを達成するための一つの方法は，非空間データを一般化し（たとえば，人口データを低，中，高所得のカテゴリーへと分類し），そして一般化された非空間属性値に基づき（地域のような）空間データをクラスター化するのである．その逆に，空間属性を一般化し，そして一般化された空間属性に基づき非空間属性をクラスター化する方法も考えられる．

空間関連規則（spatial association rule）は，エキスパートシステムで利用されるプロダクション規則に対する構造に類似している（Fayyad et al., 1996a）．したがって，ほかの述語（predicate）[2]を推量するため，一つ以上の述語が利用される．予測は信頼水準を用いて表現される．このような規則の事例は，「大都市の90％はウォーターフロントの近くに立地する」というような予測である．このような空間パターンは，既存のデータ値に対し検証することができる．規則内の（「90％」のような）信頼水準は，データベース内の事例の（すべてと対照的に）90％に対し，それが正当であることを示している．「近くに」のような空間述語は，規則の前提と推量部分の双方に利用できる．「大きい」のような用語に暗示される空間概念の階層は，空間データベースのメタデータであると仮定される．

データディスカバリー（data discovery）は，以前には知られていない新しいパターンを自動的に検出することを意味する．したがって，空間データマイニングに対する他のアプローチは，データ内で新しいパターンを発見するためクラスター手法を用

---

[2] 述語とは，変数に具体的な値を与えると真偽性が定まる言明のこと．

いる．このようなシステムの一つは，CLARANS（clustering large applications based on randamized search）と呼ばれる（Ng and Han, 1994）．CLARANS は K-medoid アルゴリズム PAM（partitioning around medoids）に基づいており，ランダムに生成されたクラスターの初期グループからデータのクラスターを引き出すための発見法的手法である．CLARANS は全データセットを主記憶内に保持していなければならないという欠点をもっている．空間データベース内で，オブジェクトのクラスを識別する方法は提案されており（Ester et al., 1995），KDD システムと空間データベースとの間のインターフェースとして R*木を利用している．クラス識別は，（全データセットと対照的に）関連オブジェクトに注目して CLARANS アルゴリズムの改造によって行われる．

このような研究は，短期的に展望すると，KDD アルゴリズムを大規模データベース上で実行させるときの効率性に向かうであろう．長期的にみるならば，KDD をデータベース技術に統合させることが行われるであろう．これを行うためには，KDD に対する質問言語（query language）の開発，この種の質問に対する処理手法，アプリケーションのプログラミングインターフェースの統合などが必要になる．

（4） 地理データマイニングとその応用

（a） 地理分析機械： 地理分析機械（geographical analysis machine：GAM）の第1バージョン（GAM/1）は，1980年代中期に作成された（Openshaw et al., 1987, 1988）．この機械は，探索的空間データ分析を自動化するために作製されたものであり，空間データベースが与えられたならば，そのデータベースの中にクラスターがあるかどうか，またもし存在するならば，どこにあるのかの解答を与える（第2章3節（2）項参照）．表10.1 は GAM のアルゴリズムを示している．それはかなり単純な方法から成り立っているが，計算量は非常に多い．このアルゴリズムが機械と呼ばれるのは，それを実行するのにコンピュータを長時間利用するからである．

GAM は多くの魅力的特徴をもっている．それは自動化されており，先験的知識を必要とせず，（多くの空間統計法がパターンのグローバルな測定に注目している現代にあって）ローカルなクラスターをみており，探索を地理的にみて包括的に行い，すべての位置を等しく取り扱い，空間データの精度を明示的に処理し，結果は研究地域の境界の影響を受けず，（出力は複雑な統計値で表現されるのではなく）地図的であり，後になって他の方法で検証できるような仮説を提案する．このような特徴をもつ GAM は，地理データマイニングツールの一つとみることができる（Openshaw, 1998）．

逆に，GAM の欠点は，それを利用するのにスーパーコンピュータを利用しなければならないこと，多数の仮説を検定するという多重検定（multiple testing）に基づく統計的に未解決な問題を含んでいること，まれにしか発生しない病気のデータにおい

第10章　ジオコンピュテーションI：遺伝子アルゴリズムとデータマイニング　153

表10.1　GAMのアルゴリズム

ステップ1	危険にさらされた人口データと興味のある一つの変数をGISからXとYに読み込め．
ステップ2	データを含んだ矩形を識別し，最初の円半径と重複度を識別せよ．
ステップ3	この矩形を覆うグリッドを生成せよ．現在の半径の円は意図した量だけ重複することになる．
ステップ4	各グリッドの交差点に半径rの円を生成せよ．
ステップ5	危険にさらされた人口と興味のある変数に対し，二つのカウントを検索せよ．
ステップ6	ある「有意性の」検定法を応用せよ．
ステップ7	もし有意ならば，その結果を保存せよ．
ステップ8	すべての円が処理されるまで，ステップ5～7を繰り返せ．
ステップ9	円の半径を大きくして，ステップ3に戻れ．そうでないならば，ステップ10へ行け．
ステップ10	カーネル平滑法を用いて，有意な円に対し超過の発生の平滑化密度面をつくれ．そして，すべての円に対する結果を集計せよ．
ステップ11	この曲面を地図化せよ．

注：GAM/1はステップ1～9で構成され，GAM/Kではステップ10と11が追加された．

てクラスターの主要原因としてデータ誤差を考慮していないことである．

　このようなGAMの欠点を解決するため，さまざまな改良が重ねられてきた．GAMバージョンK（GAM/K）は，1990年に開発されたもので，多重検定の問題を地理的な方法で処理している．また，ほかのクラスター検出法（clustering method）と比べ，GAM/Kが優れていることも実証されてきた（Alexander and Boyle, 1996, p.157）．さらに，空間データの検索アルゴリズムを改良することで，今日では普通のパソコン上でGAM/Kを実行できるようになった（Openshaw, 1998）．

　GAM/Kは，表10.1に示したように，オリジナルなGAM/1に2段階のステップを追加したものである．「有意な」円形の探索地域は，カーネル推定法（kernel estimation procedure）を用いて平滑化された超過（excess）の発生密度面へと変換された（GAM/KのKはカーネルからきている）．エパネチニコフ（Epanechnikov）カーネルが利用され，バンド幅は円形地域の大きさに設定された．そして，超過の発生はこの地域上で平滑化された．次に結果が集計され，ラスターの密度面として保存された．このようにして蓄積された証拠は，クラスターの存在，強さ，位置についての結論に対し利用された．

　有意性の検定は重要とは見なされず，目的は単に，観測された超過の出現が普通でなく，興味の対象になるかどうかを決めることである．したがって，正式の統計的な有意性の検定よりも，むしろ「普通でないこと（unusualness）」の測定を目指している．興味となる対象の出現の希少性に応じ，「普通でないこと」に対しさまざまな測

定が適用された．これらは，ポアソン，2項，ブートストラップ（bootstrapped）z 得点，発生率に基づくモンテカルロ検定である．そして，現象を記述するためにウインドウとして設定された円形地域は，有意性に基づき棄却されるかどうかが決められた．このようにして，有意な円形地域の全体的な分布を描いた地図が作成された．

最後に，GAM に対する批判の一つに，出力された地図上で見出されるいずれのクラスターも，多くの仮説を検定した結果現れたものであるというものがある．もし有意性の限界を任意に（たとえば $\alpha = 0.05$ と）定めると，100 の仮説を検定するならば，そのうちの五つを誤って有意と見なしてしまい，100 万の仮説を検定するならば 5 万仮説に対し誤りを犯すことになる．このような批判に対し，上記の仮説は相互に独立していると仮定しているのに対し，GAM 探索では円形地域は相互に重複しているため状況が異なるのである[3]．また，もしすべての有意な円形地域が地図上でランダムに散布されているよりも，むしろ一，二の地点のまわりに出現しているならば，それは全く異なっているので，問題の地理を無視しているのである．これらの影響はモンテカルロシミュレーションで研究され，この特徴は GAM の中に組み込まれることになる．

(b) **地理分析機械の応用**：　しばしば，特定の病気のデータがクラスター化（clustering）の兆候を示すかどうかを知ることは興味深い．従来までは研究者は，群化の大域的（グローバルな）検定が有益な情報であると考えていた．この場合，何ら有意なクラスター化がないという帰無仮説が受容，または，棄却されることで，答えが決まる．しかしながら，地理学的見方をとると，これは特に興味のある問題ではない．なぜならば，大域的検定結果は，

① 地図全体の要約的結論である，
② 群化を形成するクラスターの地理的位置について何も伝えない，
③ 空間パターンの多くの大域的統計量はデータのスケールと研究地域の境界の選択に影響を受けている，
④ ほとんど役立つ情報を提供しない，

からである．

GAM を利用するならば，クラスターが存在したとき，クラスター化が認められたことになる．この方法は，問題にとってより意味をもったアプローチと見なされる．なぜならば，帰無仮説に対する受容/棄却の決定よりも，GAM はクラスターの数，それらの空間的広がりやパターンといったクラスターの分布の特質を示すからである．

GAM の実例を示すため，北東イングランドの慢性疾患（long-term limiting illness）

---

[3] 格子メッシュの間隔 g は，円形地域の半径 r のある分数である．すなわち，$g = z \times r$ であり，z は円形地域の重複パラメーターである（Openshaw et al., 1987）.

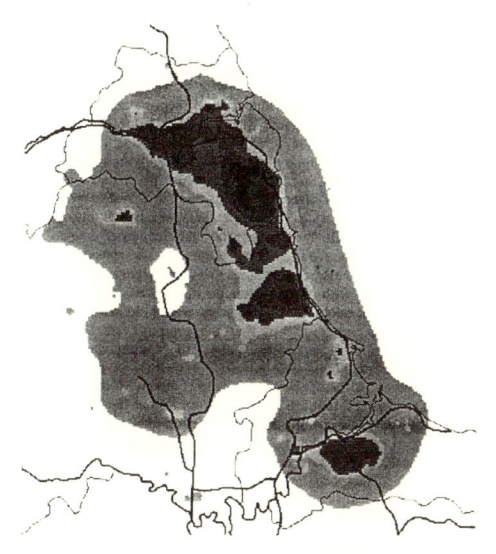

図 10.6 GAM/Kにより抽出された北東イングランドの
病気の局地的超過（Openshaw, 1998）

データの探索空間データ分析を取り上げてみよう．慢性疾患に対する1991年のセンサスデータは，6,905のセンサス統計地区に対し分析された．このようなセンサスデータは，特異な病気を分析するよりも容易であり，そのデータが高い秘匿性を有するものでない点でより安全であると考えられる．特異な病気でないことから，モンテカルロ有意性検定法が利用され，期待率を修正するため，年齢−性別の共変量（covariates）が利用された．図10.6に示されているGAM/Kの結果は，局地的超過（localized excess）が存在していることを示している．超過が増すほど，クラスター化は強まる傾向にある．もし必要ならば，多重検定のモンテカルロシミュレーションが実行される．その結果，分析結果は多くの仮説検定の影響を受けていないことが明らかになっている．

(c) **地理説明機械とその応用**： GAMは純粋なパターン検出器（pattern detector）であり，見出されたクラスターがどのような変数と地理的に相関しているかについて利用者に説明を与えない．そこで，地理相関説明機械（geographical correlations exploration machine：GCEM）が開発された（Openshaw *et al.*, 1990）．これは地理的説明の原資料として，地図や関連したGISデータベースの潜在能力を利用するものである．GCEMは，GAMが終わった後の段階を自動化することを試みており，研究者はGAMで得られたクラスターをGISに入力し，多くの空間的質問を通じてさまざまなデータレイヤーの間の関連を探ることを始める．

表 10.2 GCEM のアルゴリズム

ステップ 1	M 個のカバレッジに対しいずれも 1 対となるような順列を考察せよ.
ステップ 2	これらのカバレッジを重ね合わせ，新たな合成カバレッジ，すなわち，ゾーンを設定するポリゴン地図をつくれ.
ステップ 3	ステップ 2 でつくられたゾーンごとに調査中の点データを割り振るため，ポリゴン内点分析を利用し，集計データセットをつくれ.
ステップ 4	各ゾーンに対し結果を検定せよ．普通でないほど高い発生水準をもつゾーンに対し旗を立てるとともに，つくられたカバレッジやカテゴリーの詳細でそれらを特徴づけよ.
ステップ 5	2^{M-1} 個すべての順列に対し，ステップ 1～4 を反復せよ.
ステップ 6	高い発生水準をもつゾーンの「有意性」を順位づけよ．結果と，再起性の証拠，地理的集中，あるいは，研究の意義に関しカバレッジの詳細を考察せよ.

　GCEM は，クラスターと GIS 環境内で利用できる地理変数との間の地理相関 (geographical correlate)，すなわち，局地的な空間関連 (localized spatial association) を自動探索する試みである．M 種類のカバレッジの中から K 種類のカバレッジを選び，それらの間の空間関連を調べるため，K 種類のカバレッジの間で重ね合わせ操作を行う．すると，全体で ${}_MC_K$ 個の可能な組み合わせを調べることになる[4]．しかしながら，計算量を少なく保ちながらカバレッジ間の関連を調べるには，K を小さくとり，多くのカバレッジを調べ上げる方がよい．たとえば，二つのカバレッジの重ね合わせで 80 の地図の場合，3,160 の組み合わせとなりパソコンで処理できるが，五つの重ね合わせになると 24,040,016 となり，スーパーコンピュータが必要になる．そこで，二つのカバレッジの重ね合わせを通じ ${}_MC_2$ 個のカバレッジの組み合わせに対し，局地的共変動が調べられた.

　表 10.2 は，GCEM のアルゴリズムを示している．ステップ 2 では，二つのカバレッジを重ね合わせ，合成カバレッジをつくる．たとえば，カバレッジ 1 が j のカテゴリーに分かれ，カバレッジ 2 では k のカテゴリーに分かれているとしよう．すると最大で $j \times k$ 種類の組み合わせの合成ポリゴン（ゾーン）が生じるであろう．ステップ 3 ではゾーンごとに点データ（たとえば，病気の発生データ）を集計し，ステップ 4 でその発生水準を統計的に検定する．あるゾーンにおいて発生水準が高いと検定されたならば，点データのクラスターと合成ポリゴンがもつカテゴリー特性との間に何らかの関連があるかもしれないのである．ステップ 5 でカバレッジのすべての組み合わせを調べ，ステップ 6 で，統計的有意性とともに，再起性（関連が地域のあちこちで

---

[4] このプロセスは，M 個の変数から説明力が最も高い K 個の変数を選ぶステップワイズ回帰モデルの問題と類似している．実際には，Garside (1971) のアルゴリズムが用いられた (Openshaw et al., 1990).

起こっているか)，地理的集中（大きな広がりをもっているか)，あるいは，結果の意義なども考察する必要がある．

　GCEM をより広く利用できるような形式に発展させ，その機能に新鮮な思考を吹き込むため，GAM と GCEM とが連結された．これは GAM-GCEM ハイブリッドであり，地理説明機械（geographical explanation machine：GEM）と名づけられた．GEM では，ポリゴンカバレッジを重ね合わせる代わりに，GAM で用いた円形の移動ウインドウを利用することで GCEM の方法がつくり直された．任意の局地的探索地域であるこの円形ウインドウの中で，$_MC_2$ のカバレッジの組み合わせが局地的共変量として検討される．

　GEM の考え方は，局地的な地理共変動を考慮するため，GAM の円形ウインドウ内で変数の予測出現率を調整するところにある．今，二つのカバレッジを考察しよう．カバレッジ 1 は五つのカテゴリーに分けられ，カバレッジ 2 は八つのカテゴリーをもっているとしよう．すると，研究中の現象（病気）に対する調節された出現数は次のようにして求められる．

$$\sum_{j=1}^{5}\sum_{k=1}^{8} P_{jk} C_{jk}$$

P_{jk} は円形ウインドウ内で，カバレッジ 1 では j カテゴリーに，カバレッジ 2 では k カテゴリーに重なる人口を指す．C_{jk} はカバレッジ 1 では j カテゴリーに，カバレッジ 2 では k カテゴリーになっているゾーンに対するその現象の平均出現率である．これらの変数を掛け合わせ合計することによって，円形ウインドウ内での現象の平均発生数が予測される．

　上述の GAM の実例で抽出された慢性疾患のクラスターを説明するため，GEM の応用例をみてみよう．慢性疾患と関連するとみられる次のような六つの指標に関する擬似のカバレッジを作成した．

① 人口密度（区単位）
② 貧困（区単位）
③ 失業（センサス地区）
④ 混雑（センサス地区）
⑤ 片親（センサス地区）
⑥ 社会階級 I（センサス地区）

　センサス地区のまわりに半径 5 km の円を描き，その中の状態を 5 段階（カテゴリー）に記録した．この処理は，コロプレス地図を用い，各センサス地区に関連したクラス値を割り振ることと類似している．数百万の円形ウインドウの各々に対し，六つの GIS 擬似カバレッジの合計 187 の組み合わせが検討された．これを行うのに，ワークステーションで 2〜3 日を要した．

図10.7 GEMにより地理共変動から説明された病気の局地的超過
(Openshaw, 1998)

　調査されている円形ウインドウの内部の実態をポリゴンの一様な小集合へと分類した．そして，利用するのに安全と見なされるほど十分に大きな小集合はすべて分析された．有意な結果を生じたすべての円形ウインドウは，それらの関連した地図特性とともに出力された．図10.7は，この方法によって，クラスターがほぼ説明できることを示している．どんなカバレッジの組み合わせがクラスター化に合うかをさらに検討するならば，地図パターンを理解する手段として役立つであろう．

第11章 ジオコンピュテーション II：ファジー集合とフラクタル理論

11.1 ファジー集合

ファジー集合は，定性的用語の「曖昧な（imprecise）」概念を表現するために導入された集合の拡張概念である．今日では，AI技術の一つとなり，さまざまな決定支援システムの設計に利用されている（サイラー，1990）．ファジー集合は，GISにもさまざまな形で応用されているので，本節では，ファジー集合の基本的考え方を考察するとともに，地域分類と空間探索への応用を紹介する．

（1） メンバーシップ関数

集合とは，オブジェクトの集まりをいう．個々のオブジェクトは，ある集合に対してそれに属するか否かの性質，すなわち，メンバーシップ（membership）をもつ．通常の集合論では，その集合のメンバーになるオブジェクトは，その集合に対するメンバーシップを1，そのメンバーにならないオブジェクトは，そのメンバーシップを0とする．Zadeh（1965）は，実世界に存在するもののほとんどが，通常の集合論で述べるようにはっきりとした性質に分けることができないと考えた．彼はメンバーシップの概念を0と1の間のすべての数を含むように拡張した．これはメンバーシップの度合い（グレード）と呼ばれ，以下に示すような関数で表される．

ファジー集合（fuzzy set）とは，二つの値の組の集合と考えられる．1番目の値は，集合の要素を表す．2番目の値はその要素がもつメンバーシップを表す．すなわち，オブジェクトの全体集合をXとし，その中の各オブジェクトをxとすると，ファジー集合Aは，

$$A = \{(x, \mu_A(x)) \mid \forall x \in X\} \tag{11.1}$$

で表される．なお，$\mu_A(x)$はファジー集合Aのメンバーシップ関数（membership function）であり，オブジェクトxがファジー集合Aに帰属する度合いを示している[1]．

（2） ファジー集合の応用

(a) 地域分類への応用：　一つの地域は，メンバーシップ関数μ_Aによって特徴づけられたファジー部分集合（fuzzy subset）Aとして概念化される．今，気温に基づ

---

[1] $x \in X$は，xが集合Xの要素であることを表し，$\forall x \in X$で全体集合Xの中のすべてのxを表す．

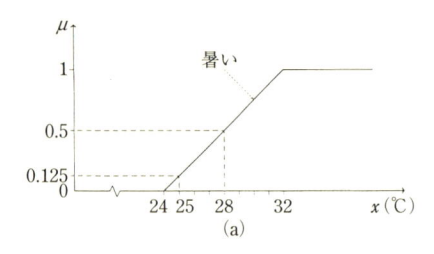

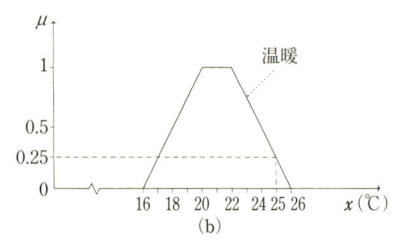

図 11.1 気温が (a) 暑いと (b) 温暖に対するメンバーシップ関数 (Leung and Leung, 1990b)

く地域分類を例に考察しよう (Leung and Leung, 1990a, b). 気温を暑い (hot), 温暖な (warm), 寒い (cold) の三つに区分したとする.「暑い」と区分される地区は, ファジー部分集合 hot(A) として記述される. そのメンバーシップ関数 μ_{hot} は次のように定義される (図 11.1(a)).

$$\mu_{hot}(x) = \begin{cases} 1 & x \geq 32\,°C\text{のとき} \\ \dfrac{x - 24\,°C}{8\,°C} & 24\,°C < x < 32\,°C\text{のとき} \\ 0 & x \leq 24\,°C\text{のとき} \end{cases} \quad (11.2)$$

すると, 特定の気温 x をもっている地域 K は, $\mu_{hot}(x)$ の度合いで「暑い」として考察される. たとえば, $x = 28\,°C$ ならば, 地域 K が「暑い」に属する度合いは 0.5 である. すなわち, K が「暑い」地域として分類される点で, まだ決めかねている状態である. 同様にもし $x \leq 24\,°C$ ならば, 地域 K が「暑い」地域でないことは確実である. したがって, K が「暑い」に属する度合いは, 気温の上昇とともに単調増加する. その値は, 閉空間 [0, 1] の中に横たわっている.

気候が「温暖な」地区が存在するとしよう. この地区は, 次のようなメンバーシップ関数で定義される (図 11.1(b)).

第11章 ジオコンピュテーションⅡ：ファジー集合とフラクタル理論

$$\mu_{\text{warm}}(x) = \begin{cases} 0 & x \geq 26\,°C \text{ のとき} \\ \dfrac{26\,°C - x}{4\,°C} & 22\,°C < x < 26\,°C \text{ のとき} \\ 1 & 20\,°C \leq x \leq 22\,°C \text{ のとき} \\ \dfrac{x - 16\,°C}{4\,°C} & 16\,°C < x < 20\,°C \text{ のとき} \\ 0 & x \leq 16\,°C \text{ のとき} \end{cases} \quad (11.3)$$

地区Kに対し，もし$x = 28\,°C$ならば，前述したように0.5の度合いで「暑い」地区に属する．しかし$\mu_{\text{warm}}(28) = 0$なので，「温暖な」地区と考えられることはない．しかしながら，もし$x = 25\,°C$ならば，Kはそれぞれ0.125と0.25の度合いで，「暑い」と「温暖な」地区に属する．すなわち，それは「暑い」と「温暖な」地区の特徴をもっているが，より後者の度合いが大きい．

したがって，どの地区も一つ以上の地域タイプに属することができ，地域分類は実際には，徐々に移行する分類体系（graded classification system）となる．地域の概念は「曖昧な」概念なので，地域を分ける境界もまたファジー境界（fuzzy boundary）なのである．ある地域から他の地域への移行が滑らかで，2地域が重複することから，地域の境界はさまざまな幅をもったゾーンとして存在しているのである．

「暑い」と「温暖な」気温の地域を以上のように定義すると，それらを分ける境界はファジーであり，$\{x \mid 24\,°C \leq x \leq 26\,°C\}$の点の集合として定めることができる．すなわちそれは，空間内で次のようなすべての点を含んでいる．

$$\{x \mid 0 < \mu_{\text{hot} \cap \text{warm}}(x) < M\} \quad (11.4)$$

ただし，Mはファジー部分集合 hot ∩ warm における最大の度合いである（図11.2）．なお，∩は二つの集合の共通部分（intersection）を示している．

地域の境界はファジーであるが，必要ならば明確な境界を示すこともできる．明確な境界は，分離の度合いが$S = 1 - M$となる空間内のすべての点となるべきである．

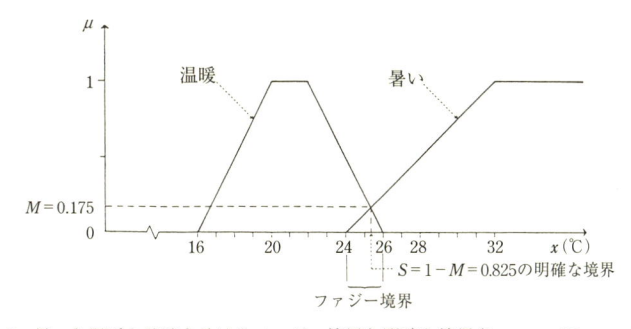

図11.2 暑いと温暖な地域を分けるファジー境界と明確な境界(Leung and Leung, 1990b)

ただし，$0 \leq S \leq 1$である．すなわち，二つの地域がどれくらい明確に分離されるかを示す付加情報が与えられる．たとえば，もし$S = 0$のとき，二つの地域は分離できない．もし$S = 1$のとき，完全に分離できる．もし二つの地域がある程度類似しているならば，それらは度合いSで分離できる．上記の事例では（図11.2），明確な境界に対応した点は$x = 25.3$℃であり，二つの地域は完全に分離されず，0.825の度合いで分離されるだけである．

(**b**) **ファジー探索**： ファジー集合を利用するならば，柔軟性に富んだ分析が実行できる．たとえば，行方不明の航空機の捜索・救助作戦を実施するための例を考えてみよう（Lam, 1993）．捜索・救助部隊の位置から，一定の範囲内を捜索地域（search area）と考え，GIS上でポリゴン内点探索（point-in-polygon search）を実行する．捜索・救助本部は，行方不明機の推定位置の「近く」に立地する必要がある．

問題は，「近く」という概念を計量化するときに起こる．この用語に50 kmという値を割りつけるならば，50 kmの半径内の地点に対する探索が行われる．すると，図11.3に示すように50 kmから少し離れた地点Aは排除される．もし50 kmという値が絶対的限界を意味しないならば，図11.4(a)に示すように「ほぼ50 km」というファジー値として表現した方がよいであろう．すると，たとえば，50 kmの境界から5 km外れた55 kmの地点は，

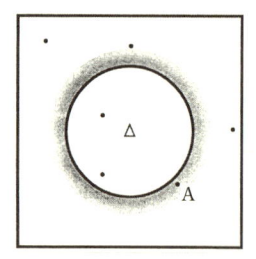

図11.3 ファジー境界による探索

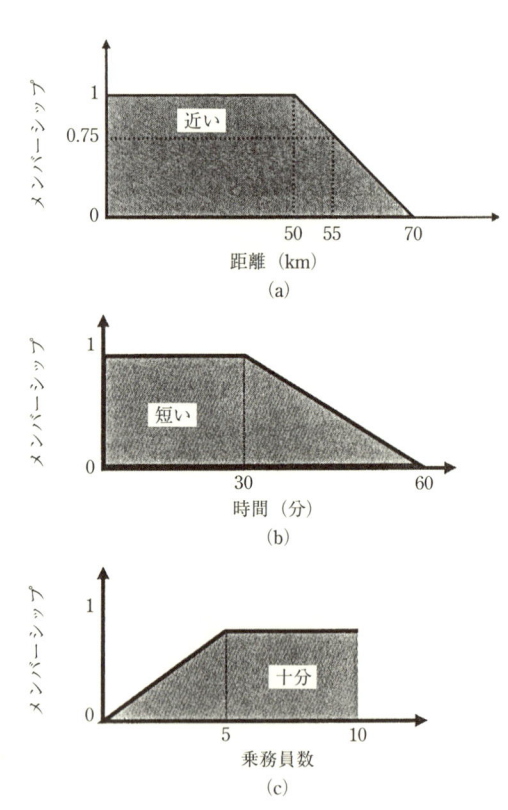

図11.4 (a) 距離が近い，(b) 時間が短い，(c) 乗務員が十分，に対するメンバーシップ関数 (Lam, 1993)

表11.1 捜索・救助本部の3候補地に対する選定基準とメンバーシップの度合い（Lam, 1993）

候補地	不明機への近さ	派遣時間の短さ	乗務員の確保
A	1.0	0.6	0.5
B	0.7	0.8	1.0
C	0.9	0.9	0.8

メンバーシップが0.75の度合いをもつので（図11.4(a)），コンピュータはその地点を探索境界からかなり近い地点として評価するであろう．

　行方不明の航空機に対する捜索・救助本部の設置において，上記のような距離のほかに考慮すべき選定基準も考えられよう．たとえば，航空基地から捜索・救助本部へ探索機や乗務員を派遣するときにかかる時間は，できるだけ「短い」方がよい．また，捜索・救助本部へ供給される資源（たとえば，探索機の乗務員数）は「十分な」方がよい．すると，「近い」のほかに，「短い」や「十分な」という概念に対しても，ファジー値が定義される（図11.4(b), (c)）．表11.1は，これら三つの選定基準に対する3候補地点A，B，Cの評価結果をまとめたものである．地点Aは行方不明の航空機に近いが，十分な乗務員数を確保できない．地点Bはその逆で，乗務員数を確保できるが遠い．地点Cは，すべての条件をかなりよく満たしている．実際には，三つの選定基準に対し各地点がもつメンバーシップの度合いと，捜索・救助に対する3基準の相対的重要性を考慮して捜索・救助本部は決められるであろう．

11.2　フラクタル理論

　Mandelbrot（1967）は，「イギリスの海岸はどれくらいの長さか」という論文の中で，多くの自然の中に発生する現象にとって，解像度は縮尺の関数であり，地図縮尺が大きくなるにつれて複雑性が増すことを明らかにした．彼はこの考えをフラクタル理論（theory of fractals）に発展させ（Mandelbrot, 1983），その考えは今日，地球物理学や地理学などさまざまな分野で応用されている（Lam and DeCola, 1993）．本節では，フラクタル理論の主要概念を概説するとともに，GISへの応用を考察する．

（1）　フラクタルパターンの性質

　自然界に存在する植物の形態，細菌の形状，河川や海岸がつくる地形などのパターンは，密度関数や多項式を用いた伝統的な手法で記述できない複雑性をもっている．フランスの物理学者B. B. Mandelbrotは，こうした自然界にみられる複雑なパターンの中で，フラクタル（fractal）という概念でまとめられるパターンの集合に注目した．このフラクタルパターンは次の二つの性質をもつ（小澤，1999, 158-163）．

　① 伝統的方法では記述が困難な複雑さをもつ．
　② パターンの部分が全体と相似な構造をもつ．

上記の第2の性質は自己相似性（self-similarity）と呼ばれ，パターンの一部を拡大してみると全体と同じ構造が現れるというフラクタルパターンを規定する重要な性質である．

フラクタルパターンの自己相似性を示す曲線として，コッホ曲線が知られている．この曲線は，図11.5に示されるように，1本の線分（その長さを1とする）を初期形（K_0）として，これを4本の線分（その各線分の長さは1/3）からなる生成形（K_1）に置き換える操作を反復して形成される曲線パターンである．パターンを構成しているそれぞれの線分をすべて生成形に置換することによって，一つのパターン成長段階が終了し，さらに次の段階へと進んでいく．図11.5は，4段階までのパターンの形成過程を示している．一般に，n段階における要素線分の長さは$(1/3)^n$であり，段階が進むにつれて曲線は複雑になる．

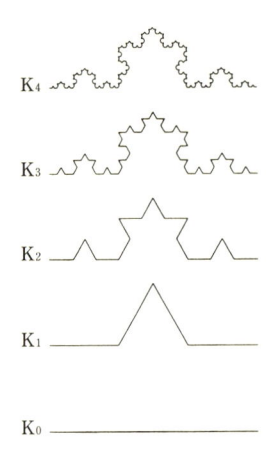

図11.5 コッホ曲線

（2） フラクタル次元

フラクタルパターンの複雑性を評価する尺度として，フラクタル次元（fractal dimension）がある．次元というと，まずユークリッド空間の次元を思い起こすであろう．たとえば，xとyの直交座標で定義されるユークリッド空間は2次元であり，線分を埋め込むユークリッド空間の次元となる．もう一つの次元は，位相次元である．位相次元からみると，点の次元は0，線分の次元は1，面の次元は2，立方体の次元は3である．位相次元では，線分はゴムひものようなものと見なされ，伸ばしたり，縮めたり，ねじったりしても次元は変わらない．ユークリッド次元や位相次元は，かならず整数値$(0, 1, 2, 3, \cdots)$をとる．

しかしながら，ユークリッド次元や位相次元でみる限り，平面座標上に描かれた放物線などの「滑らかな」パターンと，コッホ曲線などの「複雑な」パターンとの差異は現れず，いずれも次元数は1である．フラクタル幾何学の核心は，このようなパターンの複雑さを非整数のフラクタル次元として測定可能にした点である．

そこで，ユークリッド次元や位相次元の成立過程を図11.6でみてみよう．今，同図(a)で示されるように，長さ1の線分Sが，縮小率aで縮小された互いに重ならないn個の小線分（縮相似パターン）で構成されている（和集合）としよう．n個の小線分の長さはすべて等しくaである．ここで，線分Sをつくる縮相似パターンの個数nに注目すると，

$$n = 1/a \tag{11.5}$$

で示される．たとえば，$a = 1/3$に縮小すると，縮相似パターンは3個になる．

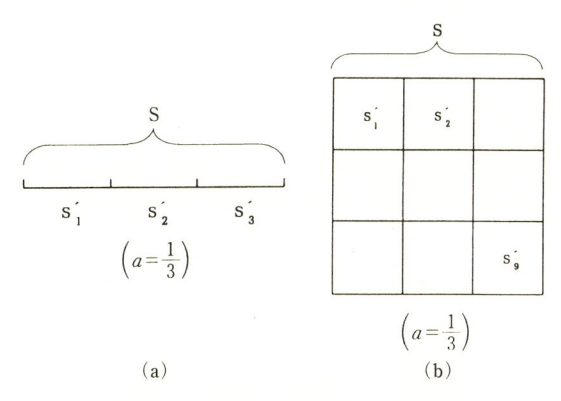

第11章　ジオコンピュテーションⅡ：ファジー集合とフラクタル理論　　　　165

図11.6 縮小率と縮相似パターンの個数

次に図11.6(b)に示すように正方形をSとし，線分の場合と同じように縮小率aの小正方形を考えると，Sを構成する縮相似パターンの個数は

$$n = (1/a)^2 \tag{11.6}$$

になる．一般に，ユークリッドの次元や位相次元を上げていくと，縮相似パターンの個数nは増大し，

$$n = (1/a)^D \tag{11.7}$$

の関係があり，nは既存の次元Dに正確に対応していることがわかる．

式（11.7）の両辺の対数をとると，

$$D = \frac{\log n}{\log (1/a)} \tag{11.8}$$

となる．前項で取り上げたコッホ曲線の場合，縮小率1/3に対して縮相似パターンの個数は4という関係であった．これを式（11.8）に代入すると，

$$D = \frac{\log 4}{\log 3} = 1.26$$

となる．コッホ曲線は位相次元でみる限り次元数が1であるが，式（11.8）によれば1をこえる1.26次元を示すことになる．

式（11.8）で定義されるDは，相似次元と呼ばれ，代表的なフラクタル次元の一つである．フラクタル次元は，パターンがユークリッド空間をどの程度埋めつくしているかの度合い，すなわち空間の充填度を評価する尺度と見なすことができる．

（3）線分と面のフラクタル次元

線分のフラクタル次元は，実測長Qとそれが測定されるときの参照長Lとの間の関係として記述される．すなわち，

$$Q(L) = L^{Dq} \tag{11.9}$$

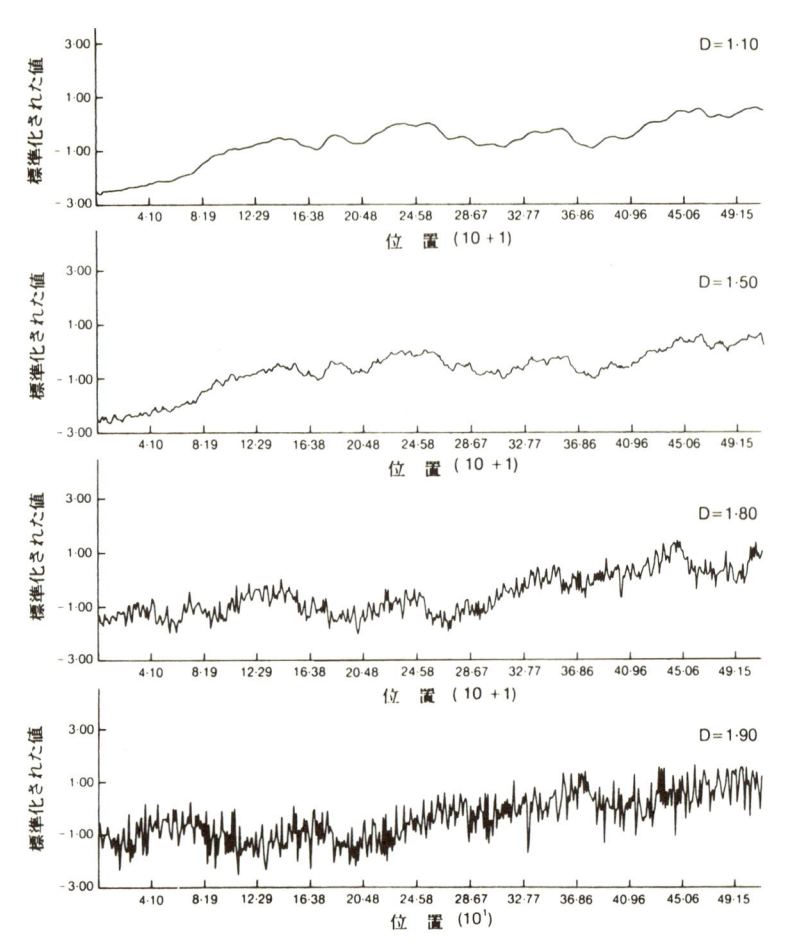

図11.7 さまざまなフラクタル次元 D をもつ線形関数（バーロー，1990 の部分）

ただし，D_q は実測長 Q に対するフラクタル次元を表す．今，ネズミの動きを考えてみよう．ネズミが直線で移動するとき，移動距離はねぐらから餌までの参照距離 L に等しくなり，$D_q = 1$ となる．もしネズミがランダムに移動するならば，$D_q = 2$ となる．また，カブトムシの移動（eleodes longicollis）はかなり直線的で，$D_q = 1.1$ である．図11.7は，$D = 1.1$ から $D = 1.9$ へと変動するフラクタル次元をもつ線形関数の例を示している（バーロー，1990）．フラクタル次元が大きくなるほど，線形関数の変動の複雑性は大きくなり，空間充填度が高まる．

フラクタル次元は，線形事象の複雑性を計量化するのに加え，2次元地域の複雑性

を特徴づけるためにも利用される．ユークリッド幾何学において，地域の面積Aは次式のように直径Lと関連づけられる．

$$A = BL^2 \tag{11.10}$$

円形の地域では，その面積はπr^2で計算されるので，Bは$\pi/4$に等しい定数となる．この関係は面積と地域周長の間の関係によってフラクタル地域へと一般化される．

$$A = \beta L^{D_a} \tag{11.11}$$

ただし，参照長Lは周径上の最も遠い2地点間の距離であり，D_aは面積のフラクタル次元である．

（4） 都市形態のフラクタル次元

都市形態のフラクタル次元を測定するには，二つの方法が提案されている．一つはセル計数法で，もう一つは半径法である．セル計数法ではスケール（解像度）を変えることを行い，静態的構造を分析するときに用いられる．半径法は規模を変えることを行い，動態的構造を分析するときに利用される．そこで，これらの方法を利用して都市形態のフラクタル次元を計測してみよう．

（a）セル計数法： 今，あるパターン上に1辺がrのセル（ボックス）で構成された格子網を重ね，パターンと重なりをもつセルの数$N(r)$を数えてみよう．すると，スケールrとパターンを構成する部品（パーツ）の数$N(r)$との間には，次のような関係が成立する（Batty and Longley, 1994, p.172, 230）．

$$N(r) = \alpha r^{-D} \tag{11.12}$$

ただし，αは適当な正定数である．この式は，上記の式（11.7）を一般化したものである．

式（11.12）を利用すると，二つのスケールから得られた2組の観測から，フラクタル次元に対する第1近似を計算することが可能である．たとえば，スケールr_1とr_2に対しては，式（11.12）から比率$N(r_1)/N(r_2)$が変換され，D値が得られる．しかしながら，より役に立つ方法は，対数変換を通じて数組の観測値に対し直接的に線形関係を適合させ，回帰によってパラメーターを推定した式をつくることである．

式（11.12）で両辺の対数をとると，

$$\log N(r) = \log \alpha - D \log r \tag{11.13}$$

となる．セル計数法（cell-counting method）は，ボックス計数法とも呼ばれ（小澤, 1999, 172-176 ; Batty and Longley, 1994, p.167），セルの大きさrを変えながらパターンが重なるセルの数$N(r)$を数える．セルの数は，コンピュータ上でセル計数アルゴリズム（cell-count algorithm）を実行して求められる（Batty and Longley, 1994, p.193）．そして，それらの変数を両対数グラフにプロットすることによって，フラクタル次元の一つであるボックス次元は，両対数線形回帰における勾配Dとして推定される．

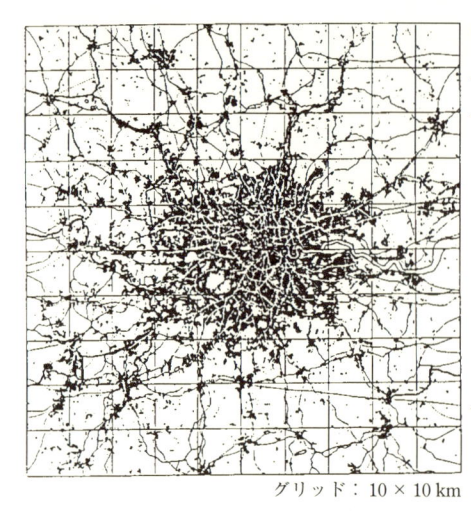

表11.2 都市形態のフラクタル次元（Batty and Longley, 1994, Table 7.1の一部分）

都市名	フラクタル次元 D
ロンドン	1.774
ニューヨーク	1.710
パリ	1.862
東京	1.312
オールバニ	1.494
バッファロー	1.729
シラキューズ	1.438
クリーブランド	1.732
コロンバス	1.808
ピッツバーグ	1.775

グリッド：10 × 10 km

図11.8 都市形態のフラクタル次元を計測するためのロンドンの都市図（Doxiadis, 1968）

この方法を使って，実際に都市のフラクタル次元を計測してみよう．世界の4大都市，ロンドン，ニューヨーク，パリ，東京に対し，Doxiadis（1968）の著書"Ekistics"に掲載された同一縮尺の各都市の都市図を利用した（図11.8）．これらの地図に示された都市パターンに対し，式（11.13）で示されるセル計数法を用い，D値を算出した．その結果，ロンドン，ニューヨーク，パリ，東京の4大都市は表11.2に示されるように，それぞれ $D = 1.774$，1.710，1.862，1.312 であった．東京の値が低いのは，東京湾があるため都市発展に利用できる物理空間が限定されているためである．さらに，都市発展として何をカウントしたか，また，C.B.D.からどのくらいの距離までをカウントしたかも，D値に影響を与えるであろう．

以上は，パターンを構成する部品（パーツ）の数 $N(r)$ の側面からフラクタル次元を計測した．そのほかに，式（11.14）〜（11.16）に示すように，総長 $L(r)$，総面積 $A(r)$，あるいは，密度 $\rho(r)$ の側面からフラクタル次元を計測することができる．

$$L(r) = N(r)r = \alpha r^{1-D} \tag{11.14}$$

$$A(r) = L(r)r = \alpha r^{2-D} \tag{11.15}$$

$$\rho(r) = \frac{A(r)}{A(R)} \propto \alpha r^{2-D} \tag{11.16}$$

ただし，$A(R)$ はセルがどのような大きさであろうと，一定と仮定されているパターンの実際の面積である．

(b) 半径法： 今，パターンが直径 $2R$ をもっているとしよう．すると，スケール r との関係は $r = 2R/n$ で示される．この関係を利用するならば，半径 R と，その距離

圏内のパターンの部品（パーツ）数 $N(R)$，総長 $L(R)$，総面積 $A(R)$，あるいは，密度 $\rho(R)$ とから，フラクタル次元を計測することが可能となる．たとえば，密度 $\rho(R)$ に対しては，

$$\rho(R) = \frac{A(R)}{\hat{A}(R)} \fallingdotseq \frac{\pi R^D}{\pi R^2} = R^{D-2} \tag{11.17}$$

という関係が成り立つ．ただし，R はC.B.D.からの距離であり，$\rho(R)$ はその距離圏内の密度を表している．また，$\hat{A}(R)$ はパターンが含まれる空間の総面積である．すると，この式からフラクタル次元は，

$$D(R) \fallingdotseq 2 + \frac{\log \rho(R)}{\log R} \tag{11.18}$$

で求められる．この式によると，都心から半径 R の距離圏ごとに次元が算出される．そこで，フラクタル次元として，平均的半径 $\bar{R}$ における平均密度 $\rho(\bar{R})$ に対するものを求めた．

以上の半径法（radial method）は，アメリカ合衆国北東部の 6 都市のフラクタル次元を算出するため適用された．ニューヨーク州のオールバニ，バッファロー，シラキューズ，オハイオ州のクリーブランドとコロンバス，ペンシルバニア州のピッツバーグの 6 都市に対し，TIGER ファイルから 100 m 格子の詳細なデータが入手できた．たとえば，オールバニに対しては，1102 × 1201 グリッド，バッファローに対しては，1042 × 552 グリッドである（図11.9）．半径法による分析の結果，オールバニ，バッファロー，シラキューズ，クリーブランド，コロンバス，ピッツバーグに対し，$D = 1.494$，1.729，1.438，1.732，1.808，1.775 となった．

以上の分析結果も，表11.2にまとめられている．この表から，D 値は都市間でかなり変動するけれど，いくつかの点が注目される．第 1 に，すべての値は 1 〜 2 の間にある．第 2 に，大部分の値は 1.5 以上で，その中でも多くの値は 1.6 〜 1.8 で，

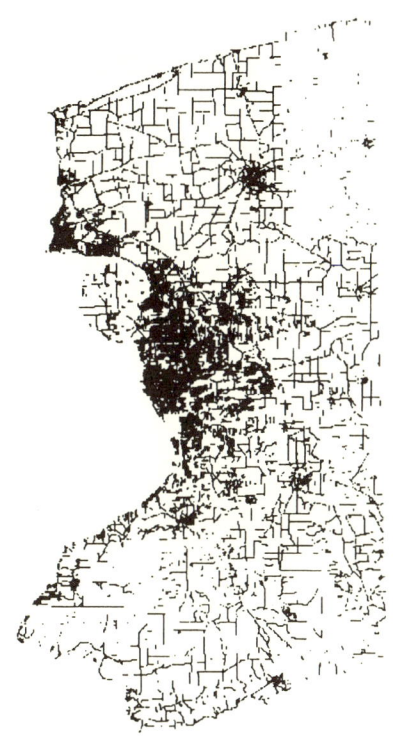

図 11.9　都市形態のフラクタル次元を計測するためのバッファローの都市図（Batty and Longley, 1994）

平均は1.7程度である.

(5) **都市成長のシミュレーションモデル**

都市地域は，都市成長に関し現在保有しているわれわれのモデルではとらえきれないさまざまな特徴を示している．粒子群（particle cluster）のシミュレーションにおける最近の研究は，粒子の群成長（cluster growth）に関する新しいモデルから描き出される構造と，都市形態とが直接比較できるのではないかという指摘を行っている（Batty et al., 1993）．

群の成長の基礎にあるプロセスは，2次元空間内の拡散（diffusion）に基づいている．このような拡散をシミュレーションするためのプロセスは，実際の物理システムの中で働いているものではなく，単純化したものである．これらのプロセスは，次のような三つの異なったタイプへと分けられる．すなわち，ランダムウォーク（酔歩），分子が影響する，あるいは影響を受ける圏域の区分，大域的影響と局地的影響の相互作用である．

第1のプロセスでは，格子上で中心点が植えつけられ，そこからランダムウォークが始まることによって，樹木状の（dendritic）構造が成長する．このプロセスは，拡散限定集積（diffusion-limited aggregation : DLA）と呼ばれている（Witten and Sander, 1981）．DLAシミュレーションの典型的方法は，最初に格子上の1地点に種が植えつけられる．そして，粒子群の端からある一定の距離だけ離れたところに粒子を送り出すことで，この種のまわりに一つの粒子群が形成される．各粒子は，他の粒子によってすでに占拠されている格子点に隣接する格子点に到着するまで，あるいは，システム境界を飛び越えてシステムから飛び出るまで，格子上でランダムウォークを行う．

このようなシミュレーションに対しコンピュータの計算時間を減らすため，図11.10に示されるように，粒子は，粒子群の最大半径＋5格子幅の長さの円形軌道から放出される．また粒子は，最大粒子群半径の3倍の境界領域を越えたときただちに破壊されると見なされる．図11.10ではさらに，このような仮定からなるメカニズム（Meakin, 1983）が，粒子群の空間的発展といかに結びついているかを示している．粒子群が形成されるにつれて，その最大半径，放出円形軌道，境界領域は連続的に増加する．粒子群はどのような大きさにも成長することができるが，唯一の限界は，コンピュータの計算時間と記憶容量である．

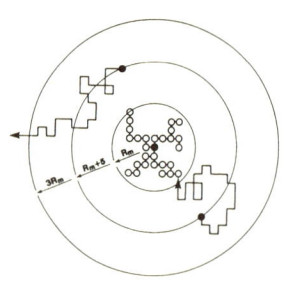

図11.10 拡散限定集積（DLA）のメカニズム

このようなDLAシミュレーションの結果は，図11.11に例示されている．格子網は500×500の正

第11章 ジオコンピュテーションⅡ：ファジー集合とフラクタル理論　　171

図 11.11　拡散限定集積（DLA）モデルによる樹木状成長
　　　　　　（Batty and Longley, 1994）

方形で構成され，その中心に一つの種となる粒子が位置づけられた．粒子の総数は10,000個である（Batty and Longley, 1994, 255-262）．こうしたDLAモデルから導出された粒子群の樹木状成長が，どのようなフラクタル次元Dをもっているかをみるため，多くのシミュレーションランから発生された粒子群に対しそれらの次元の平均を求めた．その結果，$D \fallingdotseq 1.71 \pm 0.03$であった．ただし，0.03は標準誤差を表している．この標準誤差はかなり低く，多くのランに対し，Dは1.68〜1.74の範囲に入っていることを表している．

　表11.3は，このシミュレーションの空間的特徴とともに，比較のため南西イングランドのTauntonという都市に対する都市成長の特徴をまとめている．粒子群の規模と広がりに関するさまざまな測定は，格子上の点の数の側面から基準化されねばならない．この基準化は，粒子群の規模やその半径に関連づけられた指標を計算することにつながる．粒子群の最大半径R_mは粒子から中心の種への最大距離として計算される．そしてその最大半径を利用して，すべての格子点が粒子で覆われた場合の粒子群の有効面積πR_m^2が計算される．各格子点が単位面積を占めていると仮定するならば，実際の面積はNによって与えられる．すると平均密度$N/\pi R_m^2$は，総有効面積のただの5％程度になる（表11.3参照）．これは極端に粗な構造であることを示している．粒子で占められているすべての格子点は，粒子群の境界上にあり，何ら内部点は存在しない．境界の長さは，有効面積の円周$2\pi R_m$の12.7倍である．これは構造の湾曲した状態をよく測定している．各格子点に対し，平均して約2.4個の最近隣点しか存在しないという事実は，希薄性を示している．

　一方，Tauntonは，人口約49,000（1981年）である．その都市の形態は，陸地測量

表11.3 理論と現実の都市形態の間の空間的特徴の比較（Batty and Longley, 1994, Table 7.2）

空間的特徴	DLAシミュレーション	Taunton
格子の大きさ	500 × 500	150 × 150
格子点数	250,000	22,500
都市として占められている点の数 N	10,000	3,179
最大半径 R_m	248.244	62.936
総有効面積 πR_m^2	193,600	12,433
平均密度 $N/\pi R_m^2$	0.052	0.256
平均半径 $\bar{R}$	124.620	33.184
標準偏差 σ	56.075	14.189
$\bar{R}/R_m$	0.502	0.527
σ/R_m	0.226	0.225
$\sigma/\bar{R}$	0.450	0.428
周長 B	19,855	3,994
有効面積の円周 $2\pi R_m$	1,559.762	395.442
湾曲指数 $B/2\pi R_m$	12.729	10.100
境界上の点の数 N_b	1,000	2,709
境界密度 N_b/N	1.000	0.852
内部点 N_i	0	470
内部点密度 N_i/N	0	0.148
最近隣点 N_n	23,938	13,804
平均最近隣点 N_n/N	2.394	4.342

図11.12 Tauntonの都市形態（Batty and Longley, 1994）

部の1：10,000の地形図上で50mのグリッドをかけ，デジタイズされた（図11.12）．都市のセルは3,179個であり，110×118の長方形のグリッドセルに収まっている．これらのセルは都市センターを中心に150×150の正方形格子へと移された．Tauntonの格子点の密度は，総有効面積内の全点の約26％で，DLAシミュレーションの密度（5％）より高い．しかし，3,179セル点の85％以上が境界上にあり，内部点は15％だけである．湾曲の指数は10.100で，DLAシミュレーションの12.729と対比される．また，DLAシミュレーションと比較して，Tauntonでは都市が占める地点に対する最近隣点はほぼ2倍存在する（2.394個：4.342個）．一つの興味を引く類似性は，平均半径$\bar{R}$はTauntonの最大半径の52％であるのに対し，DLAでは50％であった点である．また，この平均に対する標準偏差の比率は，いずれも0.225である．以上から，TauntonはDLAシミュレーションよりも詰まった（コンパクトな）状態にあるといえる．

●地理学

オックスフォード 地理学辞典

田辺 裕監訳
A5判 384頁 定価9240円(本体8800円) (16339-8)

伝統的な概念から最新の情報関係の用語まで，人文地理と自然地理の両分野を併せて一冊にまとめたコンパクトな辞典の全訳。今まで日本の地理学辞典では手薄であった自然地理分野の用語を豊富に解説，とくに地形・地質学に重点をおきつつ，環境，気象学の術語も多数収録。簡潔な文章と平明な解説で的確な定義を与える本辞典は，地理学を専攻する学生・研究者のみならず，地理を愛好する一般読者や，地理に関係ある分野の方々にも必携の辞典である

シリーズ〈人文地理学〉
豊かな地理学的認識力・想像力の形成に資するテキスト新シリーズ

2. 地域研究
村山祐司編
A5判 216頁 定価3990円(本体3800円) (16712-1)

学際的色彩の濃い地域研究の魅力を地理学的アプローチから丁寧に解説。〔内容〕地域研究の発展と地理学／地域研究の方法／地域調査の重要性／発展途上世界・先進世界の地域研究／社会科学の中の地域研究／地域研究と地域政策／課題と将来

3. 地理空間分析
杉浦芳夫編
A5判 216頁 定価3990円(本体3800円) (16713-X)

近年の空間分析に焦点を当てて数理地理学の諸分野を概説。〔内容〕点パターン分析／空間的共変動分析／可変単位地区問題／立地‐配分モデル／空間的相互作用モデル／時間地理学／Q‐分析／フラクタル／カオス／ニューラルネットワーク

5. 空間の社会地理
水内俊雄編
A5判 192頁 定価3990円(本体3800円) (16715-6)

人間の生活・労働の諸場面で影響を及ぼし合う「空間」と「社会」——その相互関係を実例で考察。〔内容〕社会地理学の系譜／都市インナーリング／ジェンダー研究と地理／エスニシティと地理／民俗研究と地理／寄せ場という空間／モダニティと空間

6. 空間の経済地理
杉浦芳夫編
A5判 196頁 定価3990円(本体3800円) (16716-4)

ボーダレス時代の経済諸活動が国内外でどのように展開しているかを解説。〔内容〕農業産地論／産業地域論／日本の商業・流通／三大都市圏における地域変容／グローバル経済と産業活動の展開／国内・国際人口移動論／観光・トゥーリズム

9. 国土空間と地域社会
中俣 均編
A5判 220頁 定価3990円(本体3800円) (16719-9)

グローバルな環境問題を見据え日本の国土・地域開発政策のあり方と地理学の関わりを解説。〔内容〕地球環境と日本国土／戦後日本の国土開発政策／都市化社会の進展／過疎山村の変貌／地方分権時代の国土・地域政策／21世紀の地域社会創造

10. 21世紀の地理 —新しい地理教育—
村山祐司編
A5判 195頁 定価3990円(本体3800円) (16720-2)

理念や目標，内容，効果，世界的動向に重点を置き，地理教育のあり方と課題を未来指向で解説。〔内容〕地理教育の歩み／地理的な見方・考え方／地理教育の目標／地理教育の内容／地理教育の方法／地理教育先進国の動向(米・英)／課題と将来

図説世界文化地理大百科
B4変判　定価29400円（本体各28000円）

[別巻] 世界の古代文明
P.G.バーン著　大貫良夫監訳
B4変判 212頁 定価29400円（本体28000円）（16659-1）

人類の誕生から説き起こし、世界各地に栄えた古代文明の数々を貴重な写真と詳細な地図で紹介。オールカラー、地図80、図版200、用語解説付き。〔内容〕最古の原人／道具の発明／氷河期の芸術／農耕の発生／古代都市と国家社会／文字の発達

古代のエジプト
平田　寛監修　吉村作治訳　248頁（16591-9）

古代のギリシア
平田　寛監修　小林雅夫訳　244頁（16592-7）

アフリカ
日野舜也監訳　252頁（16593-5）

古代のローマ
平田　寛監修　小林雅夫訳　248頁（16594-3）

イスラム世界
板垣雄三訳　244頁（16595-1）

中世のヨーロッパ
橋口倫介監修　梅津尚志訳　252頁（16596-X）

中国
戴國煇・小島晋治・阪谷芳直編訳　246頁（16597-8）

新聖書地図
三笠宮崇仁監修　小野寺幸也訳　244頁（16598-6）

古代のアメリカ
寺田和夫訳　246頁（16599-4）

キリスト教史
橋口倫介監修　渡辺愛子訳　246頁（16600-1）

ロシア・ソ連史
外川継男監修　吉田俊則訳　256頁（16589-7）

日本
M.コルカット・熊倉功夫著・編訳　244頁（16590-0）

古代のメソポタミア
松谷敏雄監訳　244頁（16651-6）

ジューイッシュ・ワールド
板垣雄三監修　長沼宗昭訳　256頁（16652-4）

ルネサンス
樺山紘一監修　244頁（16653-2）

ヴァイキングの世界
熊野　聰監修　240頁（16656-7）

スペイン・ポルトガル
小林一宏監修　瀧本佳容子訳　248頁（16657-5）

オセアニア
渡邊昭夫監修・訳　240頁（16655-9）

インド
小谷汪之監修　240頁（16658-3）

フランス
渡邊守章監修　瀧浪幸次郎訳　244頁（16654-0）

図説大百科 世界の地理〈全24巻〉

ENCYCLOPEDIA OF WORLD GEOGRAPHY Planned and produced by Andromeda Oxford Ltd.

田辺　裕監修　　A4変形判　各148頁　定価7980円（本体各7600円）

1. アメリカ合衆国Ⅰ (16671-0)
2. アメリカ合衆国Ⅱ (16672-9)
3. カナダ・北極 (16673-7)
4. 中部アメリカ (16674-5)
5. 南アメリカ (16675-3)
6. 北ヨーロッパ (16676-1)
7. イギリス・アイルランド (16677-X)
8. フランス (16678-8)
9. ベネルクス (16679-6)
10. イベリア (16680-X)
11. イタリア・ギリシア (16681-8)
12. ドイツ・オーストリア・スイス (16682-6)
13. 東ヨーロッパ (16683-4)
14. ロシア・北ユーラシア (16684-2)
15. 西アジア (16685-0)
16. 北アフリカ (16686-9)
17. 西・中央・東アフリカ (16687-7)
18. 南部アフリカ (16688-5)
19. 南アジア (16689-3)
20. 中国・台湾・香港 (16690-7)
21. 東南アジア (16691-5)
22. 日本・朝鮮半島 (16692-3)
23. オセアニア・南極 (16693-1)
24. 総索引・用語解説 (16694-X)

世界地理大百科事典〈全6巻〉
Worldmark Encyclopedia of the Nations (Gale社；第8版)の翻訳

1. 国際連合
田辺 裕総監修　平野健一郎・小寺 彰監修
B5判 516頁 定価26775円（本体25500円）(16661-3)

国際紛争の調停役として注目をあびる国際連合。一方で創立50年以上を経て動脈硬化も指摘されている。この巨大な国際機関を、理事会、総会などの組織面と、ILO, WHO, UNESCOなどの関連機関の各部に分けて詳述

2. アフリカ
田辺 裕総監修　柴田匡平・島田周平監修
B5判 672頁 定価29925円（本体28500円）(16662-1)

全世界のあらゆる国について、各国別に詳述した地理大百科事典。大国に偏することなく、小国にも十分な配慮を示し、密度の濃い内容となっている。類書を規模において凌駕し、これからの各国別地誌データベースとして不可欠のシリーズ

3. 南北アメリカ
田辺 裕総監修　新川健三郎・高橋 均監修
B5判 608頁 定価29925円（本体28500円）(16663-X)

各国ごとに位置、地形、環境などの自然地理的叙述から、歴史、経済、宗教、住宅、教育などの人文地理的説明に至るまで各小項目に分かれ、調べたい項目を横断的に読めば、それだけで世界を一望することができる仕組みとなっている

4. アジア・オセアニア I
田辺 裕総監修　平村田雄二郎他監修
B5判 448頁 定価29925円（本体28500円）(16664-8)

国ごとの翻訳はその国に精通している方々が翻訳の任にあたり、原文解釈には万全を期した。また、関連する国々を地域ごとにまとめて監修作業を行うことで、鳥瞰的かつ整合的な記述を目指すことができ、信頼性のあるデータ集を構築した

5. アジア・オセアニア II
田辺 裕総監修　平村田雄二郎他監修
B5判 448頁 定価29925円（本体28500円）(16665-6)

21世紀に入った現在、世界でもっとも注目されている地域がアジアだといえよう。それを反映して、本シリーズで最大の分量を誇る同巻の翻訳では、五十音順でタイまでを I 巻、台湾以降を II 巻の2分冊とした

6. ヨーロッパ
田辺 裕総監修　木村英亮・中俣 均監修
B5判 688頁 定価29925円（本体28500円）(16666-4)

正確を期すると同時に日本語としても読める事典になるように十分配慮し、さらに翻訳にあたっては、原文に対して補注という形で、歴史的事実やデータなどを補うことによって、「今」を理解する基礎資料とした

地理情報科学事典
地理情報システム学会編
A5判 532頁 定価16800円（本体16000円）(16340-1)

多岐の分野で進展するGIS（地理情報システム）を概観できるよう、30の大項目に分類した200のキーワードを見開きで簡潔に解説。〔内容〕［基礎編］定義／情報取得／空間参照系／モデル化と構造／前処理／操作と解析／表示と伝達。［実用編］自然環境／社会環境／バイオリージョン／農政経済／文化財／土地利用／自治体／防災／医療・福祉／都市／施設管理／交通／モバイル／ビジネス他。［応用編］情報通信技術／社会情報基盤／法的問題／標準化／教育／ハードとソフト／導入と運用

地理情報技術ハンドブック
高阪宏行著
A5判 512頁 定価16800円（本体16000円）(16338-X)

進展著しいGIS（地理情報システム）の最新技術と多方面への応用を具体的に詳述。GISを利用する実務者・研究者必携の書。〔内容〕GISの機能性／空間的自己相関／クリギング／単・多変量分類／地理的可視化／地図総描／ジオコンピューテーション／マーケティング／交通／医療計画／リモートセンシング／モニタリング／地形分析／情報ネットワーク／GIS教育／空間データの標準化／ファイル構造／実体関連モデル／オブジェクト指向／データベースと検索・時間／TIGERファイル／他

ISBN は 4-254- を省略　　　　　　　　　　（定価・本体価格は2004年12月1日現在）

朝倉書店
〒162-8707　東京都新宿区新小川町6-29
電話　直通(03) 3260-7631　FAX(03) 3260-0180
http://www.asakura.co.jp　eigyo@asakura.co.jp

II．GISの応用と関連技術

第12章 マーケティングにおける GIS の応用

12.1 小売店の販売予測

（1） バッファ分析

多くの企業は，現在の営業業績を知るため，さらに，流通ネットワークが変化したときの影響を予測するため，地域的，あるいは，局地的な市場を分析することに興味を示す．GIS の本では，現在の，あるいは，新規の店舗の売り上げ（revenue）を推定するため，バッファ分析と重ね合わせ分析を組み合わせることを提案している．この方法ではまず最初に，消費者が店舗で買物するのにどれくらい遠くからやってくるかを推定する．たとえば，移動時間で20分，距離で5kmであるとしよう．次に，その店舗を中心に移動時間で20分，あるいは，距離で5kmのバッファを設定する．その店舗が獲得する販売額は，地区（たとえば，町や大字界）別に消費者支出（expenditure）を表す地図の上にそのバッファを重ね合わせ，その中に一部でも入る地区の支出を合計することで推定される．

しかしながら，店舗近くに居住する顧客は，バッファのへりに居住するものよりも，店舗を多く利用するであろう．さらに，その商圏バッファ内に競合店がある場合には，売り上げの予測は難しくなる．通常，バッファ内の総販売額を単純にその店舗数で割るという等分シェア法（fair share method）を利用する（Beaumont, 1991）．また，店舗規模などに基づきシェアを分割する工夫もなされている．しかしながら，このような工夫がなされても，店舗の販売予測には大きな危険が伴い，今日まで多くの GIS ソフトウエアはこの問題を解決できないでいる．

（2） 空間的相互作用モデル

一方，空間的相互作用モデル（spatial interaction model）は，現実的な商圏（catchment area）を設定し，店舗の売り上げを推定するのに適している．この数理モデルでは，研究地域を1組の居住地区に分割し，すべての商店街（あるいは，店舗）も分析に取り上げる．そして，各居住地区からどれくらいの住民が各店舗の顧客になるか（空間的相互作用）を計算する．各店舗の顧客は多くの居住地区からやってくるので，商圏は重なり合って形成される．モデルのパラメーターは，実際の買物流動データを利用して推定され，新しい店舗の立地やその影響は，そのパラメーターを用い

て分析される.このモデルは,約25年の歴史をもつが,空間データが整備されコンピュータのハードウエアとソフトウエアの性能が向上したことによって,最近ようやくこのモデルの能力を完全に実現できるようになった (Birkin *et al.*, 1996).

このタイプのモデルは,特別な GIS の中で最近利用できるようになってきた.しかし,モデルの設計や出力の面で柔軟性を欠いているという一般的問題とともに,実践上の問題も多く残されている.モデルに柔軟性が必要であるという議論は,ビジネス問題が多様であり,かつ,それぞれが独特であることから生じる.また,実践上の問題としては,モデルの選択がある.診療行動の分析で用いるモデルと,自動車販売店に対するモデルでは異なる.また,GIS の利用者の間では,どのモデルを利用したらよいかという問題に直面する.さらに,役に立つキャリブレーション法が利用者に与えられていないため,その方法を自ら考案する必要がある.したがって,小売店の経営者は,小売モデルの広範な知識をもっていないので,小売店立地分析で何を行おうとしているか理解することはできないであろう.

インテリジェント GIS とは,GIS に高度に非集計的なモデルを構築するため専門家用のモデル作成ソフトウエアを統合したシステムである.これは,空間決定支援システムとほぼ同義語である.空間的相互作用モデルでみるならば,かなり正確に売り上げを予測でき,さらにそれをもたらす流動パターンを分析することもできる.これは順次,居住地区と施設に基づいた業績指標を計算できるようになる.さらに,一般的な応用は,新店舗開店の可能性の検証である.GIS 上におけるモデルの力は,等移動時間や距離バッファのような単純で一般的な仮定よりも,むしろ,競合店が立地しているため新店舗の商圏がある形で歪んだというような正確な予測をもたらす点にある.本章では,GIS に空間的相互作用モデルを組み込むことによって,マーケティングへの応用の可能性を探る.

12.2 空間的相互作用モデルのキャリブレーション

(1) 空間的相互作用モデルの特定化

今,居住地区を i,商店街を j で示すとしよう.また,消費者のタイプを k,商品のタイプを m で表し,さらに,小売店を n で示すとしよう.すると,空間的相互作用モデルは,次のような式で表される.

$$S_{ij}^{kmn} = A_i^{kn} O_i^{km} \theta_j^{mn} W_j^m \exp(-\beta_i^{km} c_{ij}) \tag{12.1}$$

$$A_i^{kn} = 1/\Sigma_{jm} \theta_j^{mn} W_j^m \exp(-\beta_i^{km} c_{ij}) \tag{12.2}$$

ただし,S_{ij}^{kmn} は地区 i のタイプ k の消費者が商品 m を商店街 j の店舗 n で購入する人数を表す.O_i^{km} は,地区 i のタイプ k の消費者が商品 m を需要する量を,W_j^m は商品 m に対する商店街 j の魅力度を示す.また,θ_j^{mn} は,商店街 j における店舗 n の商品 m に対する魅力度を,c_{ij} は地区 i から商店街 j への移動時間を,さらに,β_i^{km} は地区 i

のタイプkの消費者の商品mに対する距離抵抗係数をそれぞれ表している.

（2） モデルのキャリブレーション

モデリングの過程の中で重要な成分として，キャリブレーションがある．これは，モデルが実際の買物パターンを正確に再現できるように，モデルのパラメーターに数値を与える作業である．空間的相互作用モデルでは，距離抵抗係数と売り上げの二つに対するキャリブレーションが存在する．

（a）距離抵抗係数のキャリブレーション： 距離抵抗係数βのキャリブレーションは，空間的相互作用の一般的パターンを支配する重要なパラメーターと関係する．大きなβ値は，短距離，あるいは，短時間の移動と関係し，小さなβ値は，長距離のパターンを与える．モデル式から，β値は，居住地区，消費者タイプ，商品タイプによって異なると考えられる．たとえば，高価な商品よりも安価な商品の方が，短距離の買物トリップとなるであろう．また，社会的に豊かな集団の方が距離に対する抵抗は少ないであろう．さらに，都市住民より農村の居住者の方が長距離の買物をするであろう．

距離抵抗パラメーターをキャリブレーションする方法は，数多く研究されてきた（たとえば，Williams and Fotheringham, 1984）．一般に，観測される買物流動パターンと予測されるパターンとの相違を最小化することを目的とする．ただし，最尤法のように流動を再加重するため，以下に示すようにある変換を行った後最小化を行うことが望ましい．

$$\underset{\{\beta_i^{km}\}}{Min} \Sigma_j \frac{\log S_{ij}^{km*} - \log S_{ij}^{\#km*}}{\log S_{ij}^{\#km*}} \tag{12.3}$$

ただし，$\log S_{ij}^{\#km*}$は観測された流動を表している．なお，観測される相互作用のデータは，包括的でないようなので，キャリブレーションを行う前に，潜在的な偏りを取り除くため，これらのデータを注意深く再加重しなければならない．

式（12.1）と式（12.2）で示されるような適切なモデルの特定化がなされたならば，最尤推定の過程は，観測データに合うような最適な1組のパラメーターを探し出すことを可能とする．さらにまた，その結果生じたパターンの適切性を判断することも重要である．観測されたパターンはモデルの予測とどれほど類似しているであろうか．一つの問題は，パターンの適合度合いを計量化することであり，さらに，すべての発着地間のパターンを地図化することなしに，大きな違いを識別する方法である．

空間的相互作用モデルに対し多くの適合度統計量が提案されてきた．これらの中には，回帰統計量（たとえば，予測された相互作用に対する観測データの相関係数），情報統計量（最小判別情報，エントロピー統計量，標準平方平均2乗誤差など）である．これに関する包括的レビューは，Knudsen and Fotheringham（1986）においてまとめられている．これらの統計量のすべてにかかわる問題の一つは，有意検定が非常に難

しいということである.このことは,予測された相互作用パターンが観測されたパターンと類似しているかどうかを統計量からいうことが難しいことを意味している.

ここにおいて利用することのできる単純であるが有効な二つの統計量は,スピアマンの順位相関係数とウイルコックソンの適合ペア検定である.これらの統計量は,各々の個別の居住地,あるいは,目的地に対しパターンの適合を計測する.スピアマンの手法は,モデルと観測データの双方に対し最大から最小へと潜在的目的地を順位づけ,二つのリストの間の相関を測定することと関係する.ウイルコックソン検定は,2組の相互作用の間の流動規模の分布を考察する.たとえば,もし観測データが二～三の大きな流動と少数の小さな流動をもち,一方予測された相互作用行列は多くの中規模流動をもつならば,その場合,高いz得点となる.一般に,スピアマンの順位相関が高いならば,予測された商圏の圏域が観測されたものとよく合っていることを表し,その相関が低いならば,圏域が合っていないことを示す.また,ウイルコックソン検定の結果がよい場合,予測された流動は観測されたものに対しバランスがとれていることを表し,その検定が悪い場合は,両者の間でバランスがとれていないことを示す.

(b) 売り上げのキャリブレーション: 売り上げのキャリブレーションに対しては,空間的相互作用モデルは1組の小地域の支出へと制約される.しかし,目的地に対しては同じような形でモデルは制約されることはない.したがって,店舗に対する売り上げを推定するため,相互作用は次のような形で合計される.

$$D_j^{mn} = \Sigma_{ik} S_{ij}^{kmn} \tag{12.4}$$

ただし,D_j^{mn}は商店街jにおける店舗nの商品mに対する売り上げである.モデルの利用の一つは,販売予測にあるようなので,この売り上げ推定を既知のデータに対しキャリブレートすることは,明らかに望ましい.通常は,次のような総相対誤差 (total relative error : TRE) に注目することが適切である.

$$TRE = \Sigma_{jm}(D_j^{m1} - D_j^{\#m1})/D_j^{\#m1} \tag{12.5}$$

ただし,$n=1$は依頼した企業を表す.

売り上げの推定過程は,明らかに商店街内での市場シェアに結びついている.したがって,市場シェアの変動を店舗の規模,間口,レイアウト,地元でのブランド力,地元の人口特性のようなものと関連づけるモデルをさらに開発することが適切であろう.多変量回帰,判別分析,あるいは,ニューラルネットワークなどのようなさまざまな統計手法を通じてこれらの間の適切な関係を確立することができる.

イギリスのリーズ大学のGMAP社は,約200万人の世帯を含み依頼企業の14店舗(表12.1)が立地する小地域に対し,空間的相互作用モデルを特定化し,キャリブレートするよう依頼を受けた.モデルの精度の検定として,8店舗に対し売り上げのデータが与えられた.残りの6店舗(表12.1で太字で示されている)に対してはデータ

表 12.1 空間的相互作用モデルによる売り上げ推定の精度
(Birkin et al., 1996)

センター名	売り上げ額	売り上げ予測額	誤差（%）
Ashgate	200	220	10.0
Bayfield	160	150	6.3
Chetburn	120	118	1.7
Darkridge	105	125	19.0
Eastport	100	102	2.0
Fernley	90	83	7.8
Greenthorpe	80	75	6.2
Holford	60	50	16.6
Icklington	**185**	**180**	**3.0**
Jaywich	**147**	**150**	**2.0**
Kentside	**105**	**120**	**12.0**
Ladyhill	**105**	**100**	**5.0**
Millwood	**84**	**85**	**1.0**
Northdale	**72**	**70**	**3.0**

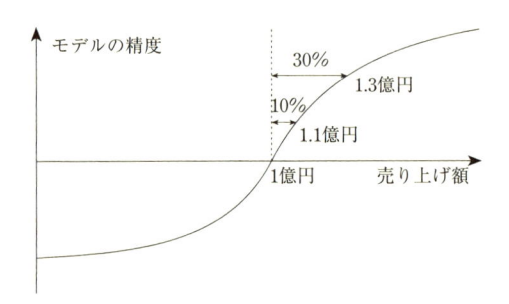

図 12.1 新規店の開発と売り上げ予測の精度との関係

は与えられていない．このような状況のもとで，GMAP 社は 6 店舗に対し売り上げの推定を行った．その結果，表 12.1 に示すように±7％の精度で売り上げを推定することができた．この検討は，最も厳密な検定と最も成功した結果の双方を表している．

一般に，±15％以内の誤差で売り上げが推定できるため，主な小売部門に対する適切な目標は，予測値の約 85％で営業が成立できるかどうかということである．このような経験は，小売店舗の販売を予測した数名のモデル分析者によって共有されている (Birkin et al., 1996, 93-100；Janssen, 1994)．また，Tesco 社によって企業内部で開発されたスーパーマーケット販売の引力タイプモデルは，さらによい結果を出している (Penny and Broom, 1988)．最も予測の難しい分野は，自動車販売である．よい業績を収めているディーラーは，最悪の場所に立地していても車を販売することができる．それに対し，販売業績の悪いディーラーは，最も良好な機会に位置していて

も，しばしばそのチャンスを十分にとらえることができない．

もし，ある程度の正確さで，また，大きな歪みがないような形で小売店の販売を予測できるならば，新店舗に対する売り上げの潜在性を予測する場合も，同水準のモデル性能が期待できる．この水準の予測は，店舗網の最適化と新規店の開発の双方に対し有効である．図12.1は，新規店を開店するためには，最低でも1億円の売り上げが必要な場合，既存の技術の精度が±30％であるとすると，1.3億円の販売予測をもった開発予定地でようやくそのハードルをクリアすることを示している．

12.3 店舗の業績指標

空間的相互作用モデルに対し，キャリブレーションがうまく実行できたならば，観測された売り上げとモデル予測値との間の相違を，店舗の業績指標（store performance indicator）として解釈できるであろう．これは，たとえば店舗の管理能力のような，モデルの中で通常は考慮されていない要因が働いた結果であると考えられるかもしれない．また，表12.1のDarkridgeに対しては，モデルは売り上げを高く予測しすぎている．後ほど調べたところ，9か月もの期間にわたり道路の改修が行われており，その店舗の売り上げに大きく影響していることが明らかとなった．

近年，空間的相互作用モデルを用いて，2種類の業績指標を計算することが可能となった．これらは，居住地区に基づく（residence-based）業績指標と施設に基づく（facility-based）業績指標である（Bertuglia *et al.*, 1994）．

（1）居住地区に基づく業績指標

居住地区での業績指標は，市場浸透（market penetration）MP_i^{mn}であり，次式で示

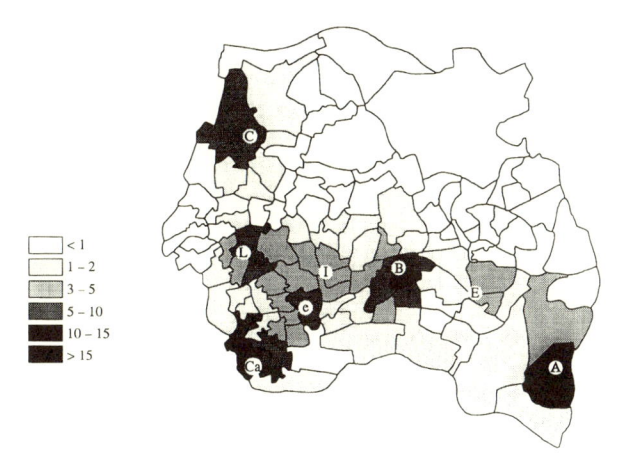

図12.2 空間的相互作用モデルを用いたスーパーマーケットの市場浸透率の推定（Clarke and Clarke, 1995）

すように，(町や大字のような) 小地域ごとに個別店舗の市場シェアとして定義される．

$$MP_i^{mn} = \sum_{jk} S_{ij}^{kmn} / \sum_{jkn} S_{ij}^{kmn} \qquad (12.6)$$

図12.2は，空間的相互作用モデルによって推定されたあるスーパーマーケット企業のロンドン北東部における市場浸透率を示している (Clarke and Clarke, 1995)．店舗の位置を重ね合わせることによって，市場浸透とその立地との間に強い相関があることがわかる．さらに，新店舗の立地点を探す場合，この地図は市場の空白部 (market gap) を知るのに役立つ．

小売商品やサービスを供給する企業に，販売している商品やサービスの全国シェアをたずねるならば，即座に現在の正確な数字が返ってくるであろう．しかしながら，同じ企業に地域でのシェアを聞くと，返答に窮する場合が多い．興味あることには，全国シェアと地域ごとのシェアは一致することはほとんどなく，地域市場シェアは大きく変動することが知られている．空間解像度をさらに細かくし，局地的市場をみるならば，さらに大きな変動となるであろう．多くの小売・サービス企業は，地域内の主要都市に対し，また町や大字のようなさらに小さな地区に対し，市場シェアを推定することに努めるであろう．なぜならば，経営責任者は，このレベルでの地理的な状況を知っておらず，また，知ろうともしないからである．したがって，上記のような需要と供給を結びつける市場浸透率の地図を作成することは，スーパーマーケット企業のみならず，そのほかの小売企業や，自動車販売，銀行などの経営戦略にも役立つであろう．

モデルからの相互作用を利用して業績指標を求める他の方法には，効果的配分 (effective delivery) の考えがある．この方法によると，次式のように居住地区に基づく業績指標が，需要と供給の均衡を保つ形で算出される．なお，消費者のタイプ k や商品 m などでモデルをさらに詳しく細分するとさらに有効になる．

$$ED_i = \sum_j Z_j (S_{ij}/\sum_i S_{ij}) \qquad (12.7)$$

ただし，Z_j は商店街 j での小売活動水準の測定を示し，通常は床面積で表される．指標は，商圏内の居住地区間で需要に応じて各商店街の床面積を配分することで構成される．結果は，その居住地区の住民が利用できる，すなわち，住民に配分された，床面積の量を表している．

この配分量を居住地区の人口で標準化するならば，支給率 (provision ratio) が求められる．

$$PR_i = ED_i/P_i \qquad (12.8)$$

保健サービスのような公共部門に対するモデルへの応用では，この測定は施設のサービスが地域間に平等に分配されるという意味で公平性の指標として役立つ．小売業のような民間部門に対しては公平性という考えは重要ではないが，ある地域で支給率が低いということは，その地域で利益が生まれる機会があることを表すであろう．

(2) 施設に基づく業績指標

支給率が需要地域に対する公平性の測定であったのに対し，商店街に対しても同じような測定を行うことができる．これは，施設に対する業績指標であり，商圏人口（catchment population）の考えに基づいている．商圏人口とは，各商店街を利用する消費者数の測定であり，次式で計算される．

$$CP_j = \Sigma_i P_i (S_{ij}/\Sigma_j S_{ij}) \tag{12.9}$$

この測定から，再び，需要と供給の間の不均衡な指標として，床面積や商圏人口1人あたりの商店街販売額のような測定を導くことも可能となる．

商圏人口1人あたりの平均支出額を利用することによって，次のような指標を組み立てることもできる．

$$a_j = \Sigma_i e_i P_i (S_{ij}/\Sigma_j S_{ij}) \tag{12.10}$$

この指標が高いということは，所得の高い階層が多く集まる豊かな商店街を意味する．したがって，これは，商店街における居住地区特性を表現する有効な方法であるとともに，商店街に参入する企業にも役立つ情報を与える．

12.4 空間的相互作用モデルによる販売予測

小売決定支援システムが提供できる最も明確なシナリオ計画能力は，新店舗開店に伴うインパクト分析である．空間的相互作用モデルが，小売の相互作用のパターンを正確に，しかもロバストに表現できるようキャリブレートされたならば，このモデルは小売環境の限界的変化を外生的に示すことができるように，さまざまな形でインパクト分析に応用される（Birkin et al., 1996, 103-110）．

（1） 新店舗に対する販売予測

第1は，新店舗の売り上げ発生能力の潜在性を定め，この値と投資額とを比較し，新しい開発から生まれる純利益（net benefit）を決定することである．しかしながら，新店舗の開店は，共倒れ（cannibalization）によって既存の店舗網に対し負のインパクトをも与えるであろう．しばしば，この共倒れが，新しい店舗開発に対し，実行可能かどうかを決める要因になるのである．

表12.2に示されるような事例を考察しよう．再び，この事例は仮想的であるが，モデルの実際の応用に基づいている．新規のファーストフードレストランに対し，5

表12.2 ファーストフードレストランの新店舗立地に対するインパクト分析（GMAP社，1994） （単位は千ドル）

	店舗1	店舗2	店舗3	店舗4	店舗5
総売り上げ	733	790	916	1,004	908
総インパクト	54	82	127	132	32
純利益	679	708	789	872	876

か所の新しい立地が検討されている.各用地に対する地代は多少異なるが,存立可能な合理的目標として,年間約80万ドルの販売水準が与えられている.店舗1と2は売り上げの側面だけでも存立可能でないことが,モデルからただちにわかる.店舗3は売り上げではよい潜在性をもつが,近隣の店舗に対しては深刻な影響を与えるので,組織全体に対する純効果からみると利益をもたらすものではない.店舗4と5は,完全に存立可能である.特に店舗5は,売り上げでは5店舗のうち3位であるが,純利益の側面からみると最も貢献している.

(2) 新店舗の局地的市場への浸透

モデルはまた,新店舗に対しどこから顧客がくるかを示すために,さらに,新店舗の開店が局地的市場への浸透にどのような影響を与えるかを示すため利用できるであろう.図12.3で示されている事例を考察しよう.イギリス南海岸のHastingsという

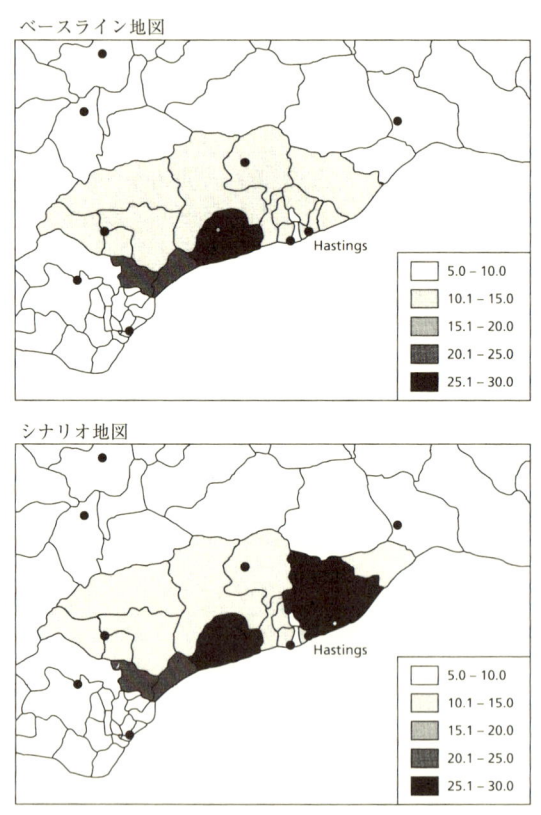

図12.3 新店舗立地のシナリオによる市場浸透率の変化
(GMAP社,1994)

町が，小売グループ Dino-Stores による新店舗のために選ばれた．ベースライン（基準線）地図は，グループが海岸の小さな地域で 20～30％の間の浸透を達成していることを表している．大部分の地域では，非常に低い浸透しか示していない．シナリオ地図は，新たな店舗開発によってこれらの空白部を一部分だけしか満たしていないことを表している．ここにおける議論は，おそらく，この地域内のほかの場所に新店舗にとってよりよい機会が存在するであろうということと関連する．さらに，個々の家へのクーポンの配布，広告板による宣伝，あるいは，地元メディアの利用のような新店舗に対する地元でのマーケティングプロモーションが，空間的ターゲットを強化するため必要であることにもつながる．

　新店舗のインパクトについてさらに注目すべきことは，競合企業の新店舗開店によって受ける潜在的影響を測定することである．これは特に，スーパーマーケットのような小売企業にとって重要である．なぜなら，特定の用地が入手できるとき，もしそれを取得しないならば，競合企業の一つがおそらく取得してしまうであろう．同じことは，新しいモールやアーケード内の賃貸空間を求める小売企業にも容易に当てはまるであろう．このタイプの計画はすべて重要であるが，反応的（reactive）なものとして考えられる．それは，不動産開発者によって新たな機会が提供される小売企業が，そこを利用するかどうかを決定するプロセスを表している．このシステムの重要な特徴は，以前のシステムよりも迅速に，しかもより精確に潜在的機会を評価できる点にある．

　しかしながら，このシステムのもう一つの重要な特徴は，このような問題に対し前応的（proactive）なアプローチをとることができる点にある．既存の市場浸透の地図を研究することによって，既存の小売チェーン網にある空白部を確認できる．支給率（本章 3 節(1)項参照）を重ね合わせるならば，競合の弱い地域が識別される．この中から，新しい機会を探すことが可能となり，適切な用地を見出すプロセスへと取りかかることができる．この方が問題に対しより効率的で効果的なアプローチになるであろう．

（3）　**店舗の商品計画**

　上記のように，空間的相互作用モデルを制御する重要な変数の一つに，店舗の魅力度がある．それは通常，床面積と強く関連している．予測分析において，この店舗を開発する方法の一つは，空間計画（space planning）を通じてである．この計画は，小売店の経営者が商品間の最適バランスを見出すため店舗内の商品ミックスを最適化する試みに対する共通した名称である．例として，イギリスにおけるバセッツストアグループの場合を取り上げてみよう（Birkin et al., 1996, 104-106）．この小売企業は，衣料や履物から化粧品や宝飾品までさまざまな種類の商品を販売している．さらに，ハーベーズ（衣料品に特化した広範囲の商品を取り扱う店舗）やアイスボックス（宝

表 12.3 店舗の商品計画 (GMAP 社, 1995)

(a) シナリオ 1
　　ハーベーズ店

	紳士服	婦人服	子供服	宝飾品	服飾小間物	化粧品	計
売り上げ	199.0	216.4	241.8	78.7	86.0	88.0	909.9
床面積	40	144	74	34	35	32	359
市場シェア	16.6	14.8	74.6	11.6	18.8	36.4	20.9
売り上げ予測	199.0	216.4	228.7	78.7	76.9	49.9	849.6
モデルでの床面積	40	144	68	34	31	17	334
市場シェア予測	16.6	14.8	72.9	11.6	17.0	23.3	19.7

アイスボックス店

	紳士服	婦人服	子供服	宝飾品	服飾小間物	化粧品	計
売り上げ				417.6		26.0	443.6
床面積				78		7	85
市場シェア				61.7		10.7	48.3
売り上げ予測				417.6		27.8	445.5
モデルでの床面積				78		7	85
市場シェア予測				61.7		12.9	50.0

(b) シナリオ 2
　　ハーベーズ店

	紳士服	婦人服	子供服	宝飾品	服飾小間物	化粧品	計
売り上げ	199.0	216.4	241.8	78.7	86.0	88.0	909.9
床面積	40	144	74	34	35	32	359
市場シェア	16.6	14.8	74.6	11.6	18.8	36.4	20.9
売り上げ予測	199.0	216.4	269.5	0	99.3	65.6	849.8
モデルでの床面積	40	144	88	0	41	23	336
市場シェア予測	16.6	14.8	77.7	0	21.3	29.1	19.5

アイスボックス店

	紳士服	婦人服	子供服	宝飾品	服飾小間物	化粧品	計
売り上げ				417.6		26.0	443.6
床面積				78		7	85
市場シェア				61.7		10.7	48.3
売り上げ予測				440.2		27.0	467.2
モデルでの床面積				78		7	85
市場シェア予測				69.8		12.0	54.6

飾品を主に販売する店舗）などの異なった看板をもつ店舗を経営している．このような多角的経営から，もしこの企業がある既存の用地の一つを再開発することを考えるならば，次のようないろいろな疑問が発生するであろう．現在のような店の看板の分け方は，最適なものであろうか．その店舗内で提供される理想的な商品ミックスはどのようなものであろうか．どのような変化が，チェーン店内の他店に最も影響を与えるであろうか．

表12.3は，Castlebridgeの小さな市場町にあるハーベーズの既存店舗を改善しようとしている事例を示している．この店舗は，さまざまな商品の間でよいバランスをもっており，年間の粗売り上げ額（turnover）は，100万ポンド弱である．その商店街には，宝飾品に対し40万ポンドの売り上げ額をもつアイスボックスの店舗も立地している．ハーベーズの店舗は，新しいが小規模な店舗に移動しなければならない．問題は，床面積の減少をいかに管理するかである．第1のシナリオでは（表12.3(a)），床面積の減少を子供服，服飾小間物，化粧品の間で分けており，化粧品で最大の売り上げ額の減少が見込まれた．この場合，当然のことではあるが，アイスボックスの店舗では化粧品の売り上げが若干増加しただけであった．第2のシナリオでは（表12.3(b)），ハーベーズの宝飾品の売場が完全に撤去された．化粧品に対する配分は（以前ほど大きくはないが）減少する一方，子供服と服飾小間物に対する床面積は増加することになる．このシナリオの重要な結果は，宝飾品の撤退がCastlebridgeにおけるその支出の一部をアイスボックスによって拾い上げられること（転向（deflection）プロセス）であり，全体としてのバセッツグループに対する純売り上げの側面からみると，第2のシナリオはより魅力的であることになる．

（4） ショッピングセンター開発の影響評価

1960年代後期において，イギリスでは小売システムの数学モデルが評判を得るようになった．この技術の最も顕著な利用の一つが，Haydock計画のような郊外の新しいショッピングセンターの開発に対する影響評価であった（Foot, 1981）．郊外の開発の新たな波は，（1990年代初期の経済的リセッションによって大きく後退したが）再度起こりつつある．今日では郊外の開発計画に対し数学的モデリング手法はあまり応用されていないが，明らかに関連していることは事実である．

ロンドンの東，Swanscombe付近の開発であるBluewater Parkの事例を考察しよう（Birkin *et al.*, 1996, 108-111）．表12.4は，バセッツグループの店舗によって提供される主要商品に対する潜在的売り上げ額を推定する試みを示している．このタイプの開発はいずれも，規模が非常に大きく，地域内の大商店街に匹敵する床面積を発生させ，莫大な売り上げを生む．表12.5はこれを例示しており，GravesendやDartfordの大きな町は，Bluewater Parkがない場合の売り上げの1/5～1/3の間に相当するような大きな売り上げ額を失っている．この分析は，地元の町の商店街への影響が大き

表12.4 ショッピングセンター開発に伴う売り上げ額の推定 (GMAP社, 1994)

	紳士服	婦人服	子供服	宝飾品	服飾小間物	化粧品
ショッピングセンター床面積	307	2,623	914	1,358	1,160	570
〃 売り上げ額 (£000s)	1,724	4,217	848	3,748	1,273	848
バセッツ床面積	127	517	294	151	140	103
〃 売り上げ額	801	924	464	320	247	221
〃 市場シェア	46	22	55	9	19	26
アイスボックス床面積				192		22
〃 売り上げ額				674		42
〃 市場シェア				18		5
ハーベーズ床面積		1,000				
〃 売り上げ額		2,077				
〃 市場シェア		49				
グレイハウンド床面積						670
〃 売り上げ額						2,175
〃 市場シェア						47

表12.5 ショッピングセンター開発に伴う既存商店街の売り上げ減少 (GMAP社, 1994)

既存商店街名	売り上げ額 (£000s)	シナリオによる売り上げ額(£000s)	売り上げ減 (£000s)
Gravesend	8,946	6,189	2,757
Dartford	10,296	8,187	2,109
Thurrock	13,871	12,359	1,512
Bexleyheath	12,093	11,188	905
Maidstone	24,877	24,159	718
Swanscombe	1,714	1,134	580
Chatham	11,835	11,264	571
Orpington	9,361	8,961	400
Hartley	1,157	762	395
Rochester	7,709	7,358	351
Strood	2,126	1,918	208
Sevenoaks	4,884	4,709	175
Bromley	18,027	17,854	173
Sidcup	6,702	6,535	167
Hempstead Valley	3,218	3,108	110

すぎるため計画が大きく縮小されたHaydockの研究結果と同様に，驚くべき結果を生むように思われる.

バセッツグループに対する問題は，新しいセンターによって非常に大きな影響を受けた多くの商店街に同社の店舗が立地しているということである．このような大きな

表12.6 ショッピングセンター開発に伴う既存店舗の売り上げ減少（GMAP社, 1994）

店　　舗	売り上げ額 （£000s）	シナリオによる 売り上げ額（£000s）	売り上げ減 （£000s）
ハーベーズ			
Bexleyheath	626	567	61
Bromley	1,317	1,303	14
Maidstone	1,161	1,100	61
グレイハウンド			
Chatham	652	613	39
Dartford	371	303	68
Thurrock	575	521	54
バセッツ			
Bexleyheath	3,453	3,179	274
Brentwood	1,362	1,344	18
Bromley	3,880	3,846	34
Chatham	2,079	1,962	117
Icebox Dartford	1,375	1,023	352
Eltham	1,658	1,631	27
Gillingham	965	931	34
Gravesend	1,582	912	670
Hempstead Valley	861	840	21
Maidstone	3,376	3,262	114
Orpington	2,564	2,401	163
Sevenoaks	1,677	1,594	83
Thurrock	3,321	2,987	334
Tonbridge	1,353	1,333	20
Tunbridge Wells	3,398	3,378	20
アイスボックス			
Bexleyheath	904	776	128
Bromley	1,252	1,219	33
Chatham	1,101	990	111
Chelmsford	1,048	1,036	12
Dartford	568	344	224
Eltham	521	502	19
Gravesend	604	257	347
Hempstead Valley	866	813	53
Maidstone	924	776	58
Thurrock	1,743	1,443	300
Tonbridge	433	416	17
Tunbridge Wells	1,152	1,134	18

変動は，表12.6に示すように，既存店舗が保有していた取り引きの新しいセンターへの大規模な流出を通じてもたらされる．全体として，この開発で発生した790万ポンドの売り上げのうち，430万ポンドは地域内のほかの既存店からもたらされたもの

である．しかしながら，最終的には，バセッツがBluewater Parkにとどまり続けても，競合店舗がそこにどどまるので，これら既存の売り上げの多くを失うであろう．たとえば，表12.4は，Bluewater Park内の新しいアイスボックスの店舗が約70万ポンドの売り上げを発生させると予測している．しかし，表12.6は，周辺の商店街に立地する既存のアイスボックスの店舗は，全体で約130万ポンドを失うであろうことを示している．新しい売り上げはBluewater Park内のほかの宝飾品によってもまた発生されるので，売り上げの減少は発生する売り上げの増加よりかなり大きいのである．もしすべてのバセッツ店舗がBluewater Parkに参入しないならば，損失取り引きの200万ポンドがそこに開店した競合企業によってとられてしまうことをモデルは示している．それゆえ，表12.6のように，店舗開店の限界的影響は，実際には最初に示した430万ポンドよりも200万ポンド少ない230万ポンドだけである．明らかに，バセッツが進んで新たなセンターに移動するかどうかを決める場合，この値は巨額で，潜在的に重要な総額であることを示している．

12.5 用地の選定手法

(1) 用地評価の要因

次に，小売店舗の用地選定で利用できる手法について考察する．新店舗を立地させたり，合理化のために店舗を閉鎖する場合，どのような基準でその候補用地を選定するのであろうか．まず，用地選定において重要な要因をみてみよう．表12.7は，用地を評価するときに重要な要因を示しており，用地に関するものと場所に関するものの二つに大別できる．用地（site）の要因とは，店舗が立地する敷地に関するものであり，店舗と直接にかかわる物的環境を指す．場所（location）の要因とは，それを取り巻く商圏，すなわち需要に関するものである．

用地の要因は，さらに五つに細分される．たとえば，用地の制約では，敷地の面積や形状，用途規制や建築条件，用地の購入費用や賃貸費用などがあげられる．交通事情とは，敷地が面している道路に関するものであり，その道路の交通量やスピード，カーブや横断歩道の有無，歩行者量などである．視認性は，その敷地が歩行者や車で移動中に目にとまりやすいかどうかであり，看板による案内もその条件に含まれる．

場所の要因も五つに細分され，いずれもその敷地が位置している市場に関係する．市場の広さとは，その市場が人口や世帯数からみてどれくらいなのか，また，その市場には山や河川などの自然的障害はあるのかなどである．世帯の特徴とは，市場を構成する世帯の所得や年齢，ライフスタイルなどである．競争とは，市場内における他店舗の立地状態を表している．

用地評価に関する以上で示した要因は，小売・サービス業全体に対する一般的なものであり，実際には特定の業種ごとにかなり異なるであろう．表12.8は，ガソリン

表12.7 用地選定上の主要な要因（ジョーンズ・シモンズ，1992）

〔用　地〕
1. 用地の制約
    敷地の面積/形状
    用途/計画上の規制
    建築条件/商業地
    費用/リース
    サービス
2. 地域の交通事情
    交通量，スピード
    カーブ，横断路，勾配
    横断歩道
    歩行者の量
3. 駐車
    料金は？
    どれくらい離れているか？
    共同利用か？
4. 視認性
    看板は規制されていないか？
    看板が乱立していないか？
5. 近隣の魅力
    補完的な店の存在
    需要を発生させる他の土地利用

〔場　所〕
6. 市場の広さ
    距離の関数としての世帯数ないし人口（センサス，航空写真，計画書，郵便番号などから情報を得る）
    外の境界はどこか（範囲）？
    自然的障壁はあるか？
7. 時間的な変化
    今後10年間に市場にどんな変化が起こると予測されるか？
    その予測はどの程度正確か？
8. 世帯の特徴
    世帯所得はどれくらいか（センサスあるいは住宅データから得る）？
    それは変化する可能性があるか？
    年齢は？
    ライフスタイルは？
    女性の就業率は？
9. 競争
    この市場には競争相手がどれくらいあるか？
    とれだけ離れているか？
10. クレジットカードや売り上げ伝票で示されるような，チェーンの他店舗の市場への浸透度

表12.8 ガソリンスタンドモデルにおける主要な要因(ジョーンズ・シモンズ,1992)

〔商圏変数〕
　　支配的な土地利用形態
　　住宅の形態
　　世帯の密度
　　世帯所得
　　1人あたり自動車台数
　　成長特性
　　地域内の競合店数
　　競合店の販売量
　　地域内の信用状況（クレジットカードの種類と発行数）
　　自社クレジットカードの発行数
〔用地変数〕
　　幹線道路のタイプ
　　交通量
　　平均時速
　　交通の発生点（地元，旅行者），交通の目的（仕事，買物，娯楽），交差点の
　　　特徴，用地の視認性
　　用地のグレード
　　用地の面積と向き
　　用地の地取り
　　営業規則−時間，サービス

スタンドに対する用地評価の主要な要因をまとめたものである．ガソリンの購入者は，移動ルートの沿線で調達したいと考えることから，この業種では交通量が多いとか，車で入りやすいとかの用地変数が重要になる．空間分析に関心をもつマーケティング専門家は，このように特定の業種ごとに適切な評価基準をまとめており，小売立地の候補地を評価・選定するための枠組みとして使う．

(2) 等　級　法

用地の等級法（ranking）は，あらかじめ選んでおいた基準に従って用地に0〜10までの等級をつける方法である．表12.9は，ある銀行によって採用されている用地の評価表を示している．立地アナリストは，現地に出向いて物件を見分し，各要因に得点をつける．得点を合計すると物件の総合点が得られ，最高得点の物件が取得対象となる．

この手法は，用地を素早く比較する必要のある不動産分野で開発された．したがって，等級法は用地間の速やかな比較を可能とするが，要因間の重要性を考慮していない．ガソリンスタンド，ファーストフード，コンビニエンスストアの店舗用地の評価において，この手法は特に使われてきた．等級法をさらに洗練させるためには，用地の等級づけと店舗の販売実績との間の関連の強さを検証する必要がある．

第12章　マーケティングにおけるGISの応用

表12.9　銀行の用地等級づけ要項（ジョーンズ・シモンズ，1992）

地域：＿＿＿＿＿＿＿＿＿＿＿＿＿＿＿
住所：＿＿＿＿＿＿＿＿＿＿＿＿＿＿＿
　　　＿＿＿＿＿＿＿＿＿＿＿＿＿＿＿
　　　＿＿＿＿＿＿＿＿＿＿＿＿＿＿＿

	ランク	得点

	ウエイト	ランク	P	開発乗数* D	EX	EX+D	ウエイトの合計
A. 成長性							
＿＿急成長	10						
＿＿成長	6〜8						
＿＿安定	5		0.7	1.4	1.4	1.75	
＿＿衰退	0						
B. 家計所得水準							
＿＿$50000以上	8〜10						
＿＿$36000〜50000	6〜7						
＿＿$24000〜36000	5		0.7	1.4	1.4	1.75	
＿＿$12000〜24000	2〜4						
＿＿$12000未満	0						
C. 競合店							
＿＿なし	10						
＿＿存在するが立地条件不良	8						
＿＿古くから存在	6		0.7	1.4	1.4	1.75	
古くからあり							
＿＿立地条件がよい	4						
＿＿計画的で好立地	2						
D. 住宅地の発展状況							
＿＿高密度で普通世帯	7〜10						
平均的密度で，単身世							
＿＿帯と普通世帯が混在	4〜6		0.7	1.4	1.4	1.75	
＿＿低密度で単身世帯	1〜3						
E. 商業地の発展状況							
集積が大きい							
＿＿（60万平方フィート以上）	7〜10						
中規模の集積							
＿＿（40〜60万平方フィート）	4〜6		0.7	1.4	1.4	1.75	
集積が小さい							
＿＿（10〜40万平方フィート）	1〜4						
＿＿近くに集積が全くない	0						
F. 工業地の発展状況							
集積が大きい							
＿＿（640エーカー以上）	6〜10						
中規模の集積							
＿＿（640エーカー）	5		0.7	1.4	1.4	1.75	
集積が小さい							
＿＿（640エーカー未満）	1〜4						
＿＿近くに集積が全くない	0						
G. オフィス・金融の発展状況							
＿＿都市の中心部	6〜10						
＿＿中程度の集積，副都心	5		0.7	1.4	1.4	1.75	
＿＿小規模な集積	1〜4						
＿＿取るにたらない集積	0						

＊開発乗数
P　　　計画　　　　　　　＝0.70
D　　　開発中　　　　　　＝1.40
EX　　 既存　　　　　　　＝1.40
EX+D　既存のものの　　　 ＝1.75
　　　 新規開発

総得点

担当者：＿＿＿＿＿＿＿＿＿＿＿＿＿
日　付：＿＿＿＿＿＿＿＿＿＿＿＿＿

(3) 回帰モデル

最も広く利用されてきた用地評価モデル（site evaluation model）は，重回帰式を当てはめている．このモデルは，店舗の業績 Y と用地の評価要因 $(X_1, X_2, \cdots, X_k)$ との間を次のような方程式でとらえる．

$$Y = b_0 + b_1 X_1 + b_2 X_2 + \cdots + b_k X_k \tag{12.11}$$

ただし，従属変数の Y は，通常は単位面積当たりの販売額である．また，$b_0 \sim b_k$ は各評価要因の回帰係数を示す．

この回帰モデルを構築するとき注意すべき点としては，第1に，回帰式を特定化するために十分なだけ（30以上）の用地における売り上げのデータが必要である．したがって，このモデルは，十分に規模の大きいチェーン店でのみ適用可能となる．第2に，回帰モデルは，専門的な商品を扱うチェーン店よりも，コンビニエンスストアのような消費者行動が比較的単純である低次の近隣商品の販売実績を予測するとき，最も好結果をもたらす．第3に，この回帰モデルは，小売環境の類似性に従って用地を区分することで，説明力を改善することができる．たとえば，Jones and Mock (1984) は，コンビニエンスストアに対し，都心，郊外，旧市街地，都市外周部，大都市圏外の五つの異なった小売環境ごとに用地評価の回帰式を算出した．その結果，はじめの三つの都市的小売環境ではモデルの説明力が高いのに対し，後の二つの都市周辺部では店舗業績を十分に予測することができなかった．都心の用地と郊外の用地に対する回帰式は，次のように示される．

都心の用地：

$$Y = 5792 + 34.45 X_1 - 32.33 X_2 - 351.11 X_3 + 176.29 X_4 \tag{12.12}$$

ただし，Y = 週販売額，X_1 = 半マイル内でのアパートの割合（0.297），X_2 = 歩行で来店する客の割合（0.523），X_3 = 車によるアクセスのしやすさ（0.658），X_4 = 3街区以内での競合店数（0.693）．

郊外の用地：

$$Y = 3629 + 120.18 X_1 - 656.32 X_2 + 503.02 X_3 \tag{12.13}$$

ただし，Y = 週販売額，X_1 = 新たに開発された近隣住区の割合（0.813），X_2 = 3街区以内での競合店数（0.837），X_3 = 車によるアクセスのしやすさ（0.849）．

これらの回帰式は，各小売環境ごとに数個の変数がステップワイズ回帰モデルに投入され，販売業績の変動を説明する上で最も有効な変数を識別している．各評価要因の後にあるカッコ内の数字は，決定係数 R^2 を累積したものであり，これらのモデルが週当たりの店舗販売額における全変動の約69％と85％をそれぞれ説明することを示している．また，郊外の用地でみると，新築家屋の割合が1％増えるごとに週当たり120ドル売り上げが伸び，競合店が立地するごとに週当たり656ドル売り上げを減らすことを表している．

このように用地評価の回帰モデルは，既存店舗の業績に基づいているので，モデルの予測値に比べ実際の業績が高い場合には好業績の店舗，低い場合には業績が不振の店舗として評価することができる．また，用地の評価要因の水準から，その用地が生み出す販売額を予測し，新規立地の可能性を探り，不動産の取得につなげることも可能となる．さらに，既存店に対しては，店舗ごとにデータファイルを更新し，各店舗が属する小売環境の変化を監視（モニター）することができる．

12.6 マーケティングにおけるGIS分析の成功

最後に，このようなインテリジェントGISのマーケティングへの応用が成功している状況をみてみよう．イギリスのリーズ大学は，長年にわたり培った都市モデリングの技術とGISを結びつけて，GMAP Ltdという企業を1989年に設立した．GMAPとは，geographic modelling and planningの頭文字をとって名づけられており，リーズ大学のA.G. WilsonとM. Clarkeの2人の教授がそれぞれ会社の株式の40％をもち，残りの20％の株をリーズ大学が所有している会社である．社長はM. Clarke教授であり，スタッフは空間分析や数理モデル作成の訓練を受けた地理学関係者，グラフィックやデータベース管理の知識のあるコンピュータプログラマーが中心で，120人，年間売り上げは約14億円（700万ポンド）に達している（1999年当時）．

表12.10は，ビジネスにおける問題解決のためGMAP社と提携している代表的企業を示している．小売，自動車，レジャー，金融サービスなどヨーロッパや北アメリカの優良企業と取り引きしていることがわかる．イギリスの地域研究ラボラトリー（Regional Research Laboratory：RRL）が学界から産業界へと「トップダウン」の形で結びついていったのに対し，GMAP社は産業界から学界へと「ボトムアップ」の

表12.10 GMAP社と提携している代表的企業（Clarke et al., 1995）

小売	W.H. Smith
	Storehouse
	Thorn EMI
	Asda
	Sainsbury
自動車	Toyota（イギリス，ベルギー，アメリカ，カナダ）
	Ford（イギリス，ヨーロッパ）
	Polk
	Midas Muffler
レジャー	Whitbread
	Pizza Hut
金融サービス	Bank of Scotland
	Leeds Permanent Building Society
	State Bank of South Australia

表12.11 地域での業績の四つのタイプ分けと経営行動
(Birkin *et al.*, 1999)

		市場シェア	
		低	高
店舗当たり販売	高	[タイプ2] 低い市場シェア 店舗当たり高い販売 **店舗網の拡大**	[タイプ1] 高い市場シェア 店舗当たり高い販売 **現状維持**
	低	[タイプ3] 低い市場シェア 店舗当たり低い販売 **店舗網の再構成**	[タイプ4] 高い市場シェア 店舗当たり低い販売 **店舗網の合理化**

形式で進行したといわれている (Clarke *et al.*, 1995). このような産業界に対するボトムアップの関係は，どのような条件の下で進展していったのであろうか．最も重要な成功要因は，本章でみたようにグラフィック環境と結びついた空間分析と「ある計画を実施したらどのような結果になるか」という計画策定とをGIS上で実現した点にある．

　GMAP社は多くの企業の市場分析を行った結果，表12.11のようにその企業の市場での業績を四つの地域業績タイプに分けるとともに，対処すべき経営行動を示した．第1は，店舗当たりの販売と市場シェアがともに高いタイプである．この場合，経営行動は「現状維持」である．第2は店舗当たりの販売は高いが，市場シェアが低いタイプである．この場合には市場シェアを上げるため，「店舗網の拡大」の経営戦略がとられる．第3のタイプは，店舗当たりの販売と市場シェアとがともに低い場合であり，「店舗網の再構成（再配置）」がはかられる．第4のタイプは店舗当たりの販売が低いが市場シェアが高い場合である．このような状況は市場の潜在性が小さいことを意味しているので，「店舗網の合理化」が行われる．このように地域での市場業績に基づき適切な地域戦略が確立されたならば，モデルを用いて適切な行動計画が策定される．

第13章　都市・地域計画における GIS の応用

13.1　GIS と都市・地域計画の策定

　行政では，GIS をさまざまな分野で利用している．表 13.1 は，わが国の市区町村における GIS の利用業務をまとめたものである．わが国の行政 GIS の現状と課題については，国土庁土地局土地情報課（1997）や高阪（2000a）などですでにまとめられているので，それらを参照されたい．本章では，行政 GIS が抱える問題点を解決する試みの一つとして，都市・地域計画分野に絞って考察を進める．

　都市・地域計画の策定に GIS を応用することは，次のような目標を達成することを目指している（Zorica, 2000）．

① 都市環境の質の向上（住みよさ，安全性，美的な心地よさ）
② 環境と社会の両側面で持続可能な地域社会の形成
③ 都市活動の効果的な空間組織（就労，居住，商業，レクリエーション）の確立
④ 都市地域の活発な成長の達成
⑤ さまざまな都市機能間の効率的コミュニケーションの確立
⑥ 劣化地域の復興

表 13.1　市区町村における GIS の利用業務
（1997 年 2 月現在）（田中，1998）

	GIS 稼働数
固定資産	169
地籍	168
消防防災	55
上水道	54
下水道	53
農林行政	37
都市計画	37
道路管理	28
住民登録	13
管財	6
その他	44
計	664

⑦ 多様な住宅の選択
⑧ 雇用機会の確保と経済発展の推進
⑨ 計画策定と政策決定過程の民主化

しかしながら，企業や研究者によって開発されたGISに基づくツールは，さまざまな理由のため計画策定（planning）に対し十分に利用されておらず，また，計画策定に不向きであることが，多くの研究で指摘されている（たとえば，Harris, 1989；Holmberg, 1994）．土地供給と建築物容積とを土地区画ベースでモニタリングするGIS研究では，GISのこのような低調な利用が，計画策定制度の不適切な行為能力（法定資格）とその構成に起因していることを指摘している（Vernez-Moudon and Hubner, 2000）．計画の策定・決定支援システムが効果的に利用されるためには，新しい形式の計画策定制度や計画策定過程が必要なのである．計画策定におけるGISの低調な利用に対するそのほかの理由は，技術の複雑さ，訓練を受けた職員の不足，貧弱な組織財源，地理情報製品と計画策定との間の仕事や機能の不一致，などがあげられる（Kohsaka, 1999；Yeh, 1999；高阪，2000a）．さらに，現在の地理技術やツールは，都市モデルを組み込む能力や，政策決定過程を支援する能力においても貧弱である．

都市・地域計画の分野では，計画の実施に先立ち，コンピュータ上で数理モデルを利用してその計画の評価を行ってきたが，近年その利用に大きな影響を与える二つの基本的変化を経験した．一つは，安価で，強力で，操作が容易なGISツールと大量の空間参照データとが利用できるようになったことから，GISは，土地利用のモニタリング，法律の施行，許認可の追跡のような計画業務に対する基本ツールとなった．しかしながら，このような利用の増加は，GISだけで計画業務に対するすべての要求に応えることができないという認識につながった（たとえば，Harris and Batty, 1993）．その結果，都市・地域計画の関係者は，再びコンピュータによるモデル作成に興味をもち始め，計画策定支援システムの開発に向かった．このシステムは，GISデータ，コンピュータに基づくモデル，高度な可視化技術などを統合したシステムで，計画の準備と評価のような計画策定の中心機能を支援する（Holmberg, 1994）．

もう一つの基本変化は，計画に携わる関係者が，一般住民のために計画を行う傾向を強め，一般住民との共同型作業で計画を策定することを選択するようになった（Lowry *et al.*, 1997）．これらの作業は，個々の市民と計画策定過程に直接かかわる利害関係者とを含んだ形で行われ，住民の要求や願望を把握し，重要度に応じ順位づけ，さまざまな開発シナリオを探り，進行中の開発実施計画を評価するための基準を確立することに関連する．注意深く構築されたこのコンセンサス形成過程は，話し合いを通じて合理性を追求するという理念や，伝統的な土地利用総合計画の策定を達成するときなどに役立つであろう．

そこで以下では，GISを用いた共同型の計画策定支援システムの特性を考察するとともに，その応用事例を紹介する．

13.2 共同型計画策定支援システムの特性

（1） コンピュータ支援による集団的意思決定

複雑で大規模な問題は，1人で処理することが困難なので，何人かが仕事を分担し協力し合って解決することになる．このように複数の人々の相互作用により問題解決を目指す取り組みを，集団的意思決定（group decision making）と呼ぶ．集団的意思決定では，人々は共同，協同，整合の三つの異なった作業形式で参加する．共同型作業（collaboration）とは，集団の参加者が同一の仕事に携わることを意味する．それに対し，協同型作業（cooperation）とは，集団の参加者が異なった仕事に携わり，作業結果を共有することである．さらに，整合型作業（coordination）とは，協同型作業の一連の結果を取りまとめることを意味する．共同型作業が協同型作業や整合型作業と異なる点は，参加者が同じ仕事に携わるかどうかである．整合型作業は実際は協同的であり，共同型作業は実際は整合的であるということを理解すべきである．共同型作業によって，参加者は共同作用（synergy）を生み出し，共働的な意味で意思決定を行う方法を見出す．

現代の組織では意思決定を行うとき，多くの関与団体がフラットな構造をとりながら参加する傾向がある．その結果，情報技術を用いて共同型の（collaborative）意思決定を支援するという要求が生まれた．このような情報技術は，市場戦略，計画策定，製品開発などのビジネス問題を解決することを目指し，集団的意思決定をコンピュータで支援するため，近年開発されてきた．近い将来には作業集団が組織構造を支配するであろうと考え，商品化された製品の一部では，集団的意思決定の解を求めることができるように今日なっている．

集団的意思決定を支援するための同様な情報技術は，空間決定問題を解決することを目指している．それらは土地利用/資源開発交渉，用地選定，環境と経済の両戦略の選択，都市/地域開発などであり，地理や計画の文献の中で今日論じられている．共同型空間決定に対する興味の高まりは，ビジネス組織の傾向によってだけでなく，真っ先に，空間問題に対する効果的解が共同型作業とコンセンサスの形成を必要としているという現実によって拍車がかけられてきた．多くの空間問題は，簡単に計量化やモデル化ができず，とらえどころがなく，その構造は部分的にのみ知られており，不確実性によって覆い隠され，そして潜在的な解はしばしば「地元を除く（not in my back yard：NIMBY）」議論に陥るため，やっかいで難しいというレッテルが貼られてきた．これらの問題の解決は，多様な分野の能力をもった人々，政治的問題や社会的関心をもった人々の参加と共同型作業を必要としており，広範な影響を及ぼす

空間問題に対する解は，多様な集団のコンセンサスによって引き出されなければならない．

集団的意思決定をコンピュータ化するための必要性は，会合を通じ実行される集団的意思決定や問題解決の重要性と，次に列記するような会合と関連した共通の問題とから発生する．
① 会合では，課せられた仕事に対するよりも，社会感情的側面が強調されすぎる．
② 問題を適切に設定し損なったまま，判断を急ぎすぎる．
③ 上司が出席していることで，何か結果を生み出さなければならないという圧力を部下が感じる．
④ 会合から断絶したり，疎外された感情をもつ．

会合の効果を妨げる他の多数の問題は，主題から外れる，あまりに長時間になりすぎる，結論に達しない，意見がまとまらず混乱する，目標や議題が不在である，個別の議論が支配的である，意思決定の効果がない，とりとめがない，冗長的である，わき道にそれた議論になるなどがあげられる．このような負の側面があるにもかかわらず，集団的意思決定を行う魅力は，会合の原動力から生じる共同型作業の効果によって，個人の貢献がさらに増強されるという事実から発生している．

会合において，情報技術が効果を高める意思決定能力には，次の3点があげられる．
① 環境についての顕著な特徴の識別，要求の認識，問題に対し成功した解を測定する適切な目標の識別によって，意思決定者が決定の状況を定式化し，組み立て，評価することを支援する．
② 択一的な行動方針の起こりうる影響を知り分析する点で，意思決定者の能力を高めることを支援する．
③ 目標の側面から影響を解釈する点で意思決定者の能力を高め，選択肢の評価と望ましいオプションの選択へとつなげる．

結果として，コンピュータで支援された決定のための会合の最終結果は，個々人の貢献の単なる合計以上のものである．このようにコンピュータで支援された集団的アプローチによる空間決定支援の魅力は，コンピュータを介在した通信，問題の解明，交渉支援を通じて，権限をもった決定者として多様な参加者を関与させる可能性に起因する．

（2） 共同型計画策定支援システム

計画策定支援システム（planning support system：PSS）は，計画策定過程を支援するため，さまざまな技術を共通のインターフェースで統合して開発されたシステムである．PSSの歴史をみると，1960年代の応用科学，1970年代の政治学，1980年代のコミュニケーション論と変遷をたどり，それぞれデータ，情報，知識が扱われてきた．

現在，都市計画をすすめる方法として，知能（インテリジェンス）と集合設計 (collective design) がある．計画が分析，設計，情報伝達，決定からなる集合的性格をもつという認識が高まるにつれて，PSSは，データ管理，分析，問題解決，設計，計画決定，情報伝達の諸機能をもつことが期待される．より具体的には，計画図を表示し加筆・修正するツールを提供するとともに，モデル作成，シナリオ作成，評価，過去の記録の追跡，計画に基づいた開発行為，が行えるシステムとして見なされる (Hopkins, 1999)．このようにみると，GISの地図作成の概念だけに基づいたのでは，PSSの構築には不十分であることがわかるであろう．しかしながら，このような限界にもかかわらず，GISはモデル作成方法，エキスパートシステム，データベース，決定過程，CAD，ハイパーテキスト，一般市民が参加できるインターフェース，仮想現実（VR），WWWなどさまざまな技術を組み込む傾向があるため，PSSの有用な統合成分となるであろう．

都市・地域計画における決定過程では，1人よりもむしろ多数の決定者がかかわることから，共同型計画策定支援システム (collaborative PSS) を構築することが必要であるといわれている．この支援システムでは互いの意見が異なることから，コンセンサスの最大化，あるいは，対立の最小化を目指す政策が模索される (Malczewski, 1999, 87-88)．したがって，1990年代では，集団的意思決定を支援するシステムとして，価値観の異なる多くの人々が参加できる共同型計画策定支援システムや協同型作業システムの開発が盛んになっている．

13.3　GISを用いた共同型計画策定支援システムの構築

GISを用いて共同型計画策定支援システムを構築するためには，計画策定のためのGISデータベースを開発するとともに，シミュレーションを行うため，都市モデルを組み込む必要がある．さらに，集団により計画を共同で策定するため，GISにグループウエアとしての機能をもたせるべきである．

（1）　計画策定のためのGISデータベースの開発

計画策定のためのGISデータベースを開発するには，計画策定における問題，過程，内容を明確に理解していることが基本である．計画策定のためのGISデータベースでは，データは多種類の出典から取り出され，品質や縮尺が異なるので，相互互換性や統合の規則を適用する必要がある．容易に入手できるデータセットを統合するならば，データベース開発やその保守の時間を減らすことにつながる．たとえば，人工衛星や航空機などのカメラから撮影されたリモートセンシングデータは，土地利用変化，人口密度，人間活動とその結果などを地図化するとき，非常に有用であることが証明されている．

GISデータベースは，計画策定と関連した分析や科学的探求を行うためにも，頻繁

に利用される．計画策定過程のさまざまな段階で必要とされる科学的方法は，次のように異なる．

① 問題の識別：記述と予測
② 目標設定：指針
③ 計画作成：指針
④ 選択案の評価：指針
⑤ 解の選択：指針
⑥ 実施：記述，予測，指針
⑦ モニタリング：記述と予測

GISは，計画が実施されることでもたらされる結果を予測するための分析に対し十分な価値を発揮できなかったといわれている．GISに基づいたツールは，物理的，環境的過程を理解するためには有用であることが証明されてきたが，社会・経済的ダイナミックスをモデル化しシミュレーションすることは，現在でも難しい．このような欠陥を克服するため，GIS環境内で統計分析ができるような試みが行われている（たとえば，Zhang and Griffith, 1997；Anselin：http://www.spacestat.com）．

(2) GISと都市モデルとの統合

都市の現象や過程を予測するために，GISソフトウエアは，モデル化の方法をその中に組み込まなければならない．しかしながら，これはGISの欠陥の一つとしてしばしば引用される（Harris and Batty, 1993）．都市モデルは，豊かな歴史をもち高度に洗練されてきたが，地理技術に統合されたり，空間決定支援ツールの中に組み込まれたりすることは少なかった．GISの中に都市モデルを組み込むことは，先進的研究計画において試みられてきたが（Batty and Xie, 1994），市販のGISソフトウエアの一部分にはならなかった．

今日，土地利用のシナリオに基づくGISシミュレーションの総合的な試みとして，カリフォルニア都市将来モデル（Landis, 1994, 1995；Landis and Zhang, 1998a, 1998b），カリフォルニア都市・生物多様性分析（Landis *et al*., 1998），および，共同型計画策定支援システム"What if ?"（Klosterman, 1999）の三つをあげることができる．これらは，人口や経済の趨勢，環境的制約，都市開発政策などを考慮しており，GISと都市モデルをうまく統合している点に特徴がある．

(3) グループウエアとしてのGIS

集団による共同型作業の中で地理データセットを利用するため，共同型GIS (collaborative GIS) が開発されてきた．通常の単一利用者（ユーザー）型GISでは，訓練を受けた専門家が大規模地理データセットを操作する．共同型GISは，技術者でなく意思決定者を支援する目的の新しい技術であり，資源の選択を議論し，探究し，協議するときに使われる．

単一利用者型GIS技術を用いて資源を管理すると，以下に示すような情報の流れを阻害するという指摘があるため，共同型GISが必要なのである．
① GISの専門家は，データを取り出し，分析を実行するために，資源管理者にデータを前もって要求し，入手することが必要である．
② 協議の段階では，通常参考としてハードコピーの出力を用いるため，完全なデータや最近の変化を知ることはできない．
③ ハードコピーや単一のディスプレイを利用するならば，参加者が個別的に関心をもった地域を研究し，それを強調させる能力に応じきれない．
④ ハードコピーや単一のディスプレイを利用するならば，協議者が他のグループメンバーと議論し合い，解を組み立てていくことを難しくする．
⑤ 提案された変化の分析（デジタル化とデータ統合）には数週間や数ケ月がかかるので，最初の提案がなされた状況の中で，示されたアプローチの意味を評価することは不可能である．
⑥ 口頭によって決定の根拠に達した場合には，その後の公共審査や規則的見直しに対しては，それを繰り返し反復することはできない．

共同型GIS技術は，このような情報の流れを阻害しているものに対処しようとする試みであり，協議の効果を高める．共同型GISの事例として，活動応答GIS（active response GIS：AR/GIS）が開発されている（Faber *et al*., 1995）．これは，GISの能力を，電子会合システム（electronic meeting system： EMS）の構成の中に組み込んだ統合システムである．

最近では，コンピュータと情報ネットワークを利用したグループウエアによって，異なった地点にいる数人の利用者が，異なった作業手段を用いて同一目標に向かって作業できるようになった．計画分野での状況を考えるならば，全体的計画過程の諸成分として，集団による認識，集団によるメディアへのアクセス，コンピュータ化された分析ツールへのアクセスが考えられる．特に，公共政策の地理的な問題に対する共同型の政策決定に関する研究が，注目を集めている（Nyerges and Jankowski, 1997）．

情報ネットワークに基づいた共同型作業は，2人以上のリモートユーザーが，電子メールだけでなく，音声，ビデオなどを通じてコミュニケーションし，同じファイルを同時にみて，同一ファイル内の特定のエンティティーに対しコメントを編集・追加できるようでなければならない．多くの組織は，すでに共同型の意思決定に対する手段として，WWWを採用している．その上，NetscapeのようなWWWビューアに対する最近の拡張機能（エクステンション）は，このような作業や意思決定に必要な多くのコミュニケーションや，ファイル転送，データ管理，同時的データ表示機能を備え始めている．

グループウエア製品の出現，GISの発展，そして，広帯域通信網の構築によって，

共同型の集団的意思決定やデジタル地図作成に対し,新しい方法が提供されつつある.この方法では,プロセスを逐次的にではなく同時的に行われるようにしている.WWWのようなグループウエアを利用した共同型の生産に対する新しい取り組み方法が,今日研究されている.

13.4 共同型計画策定支援システムの事例研究

ここに紹介するのは,"What if？"と呼ばれる共同型計画策定支援システムである(Klosterman, 1999).このシステムは,政策に指向した計画策定ツールであり,将来の状況を予測するものではない.それは,ある政策が選ばれ,また,将来についての仮定が正しいと証明された場合,どんなことが起こるかをみるために利用される.モデルの中で考察される政策の選択は,公共基盤施設の段階的拡大と択一的な土地利用計画の実施とに対し行われる.モデルの中で考察される将来についての仮定は,人口,雇用傾向,世帯特性,開発密度の予測に関するものである.

(1) システムの概観

"What if？"は,さまざまな地点において各種の利用に適した土地に対し需要と供給を均衡させることで,将来の土地利用パターンを描くことができる.地域の将来に対する択一的ビジョンは,適合性,成長,配分のシナリオを設定することで解明される.たとえば,「将来傾向」のシナリオは,現在の開発政策を続けることによる影響を決めることができる.「環境保全」のシナリオは,成長を厳しく制限する政策の影響を,景勝地や農業利用に最も適した土地において考察するであろう.「建設」のシナリオでは,研究地域内の開発可能なすべての区画が認可された場合,最高水準の密度に達するような成長はどのようになるかを表すことができる.

これらのシナリオを考察することによって生じた結果は,具体的で,より理解しやすい表現をとる.たとえば,高い成長,低い住宅密度,厳しい農業保全の各政策はそれぞれ最も望ましいが,しかし相互の間では一貫しない政策目標となるため,それらの間での選択をコミュニティーに課すことになる.

この計画策定支援システムが最も効果的に利用できる地域は,急激な都市化と,それに伴う交通渋滞,公共基盤施設の不足,農地やオープンスペースの減少などの諸問題を経験した,あるいは,予想される地域である.現在未開発で,将来もそれが続く地域では,本システムを利用する必要のある影響や政策選択がほとんど見あたらない.逆に,現在すでに開発されてしまった地域は,再開発や再利用のような複雑な問題に直面し,コンピュータモデルでとらえるには極端に難しい.急激で無秩序な都市化や工業化を被っている都市周辺の地域は,成長の管理や健全な財政基盤の維持といった難しい問題に直面している."What if？"計画支援システムは,このように急激に変化している地域において,公的な対話や共同型政策決定を推進する点で特に役立つで

あろう.

　"What if？"計画支援システムは，Microsoft 社の Visual Basic と ESRI 社の MapObject GIS コンポーネントソフトウエアを用いて開発された．それは，カリフォルニア都市将来モデル（California Urban Futures）における多くの設計概念（Landis, 1994, 1995）と，高度な配分過程モデル（San Diego Association of Governments, 1994）を組み込んでいる．

（2） **システムの利用**

　(a) **土地利用の適合性の決定**：　まず，"What if？"計画支援システムの開始画面では，「適合性」，「成長」，「配分」の三つのシナリオに対するメニューバーが並んでいる．最初に「適合性」を選ぶことで，土地利用の適合性のモデルを計画支援システムに組み込むことになる．このモデルでは，標準的な加重・評価法（高阪, 1994, 109-111）が用いられる．

　適合性の分析過程では，まずメインメニューから「適合性の設定のシナリオ」を選ぶ．すると，適合性のシナリオ選択のフォーム（シート）が出る．このフォームでは，前もって設定された適合性のシナリオ（「農業の保全」，「高い成長」，「低い住宅密度」など）をドロップダウンリストから選ぶか，新たなシナリオをつくることができる．農地と自然の保全を計画目標とする「農業の保全」のシナリオが選ばれたならば，図 13.1 に示すように，画面の右上に，土地利用のドロップダウンリストボックスが現れる．この中には，11 の土地利用（オープンスペース・環境保全地区，農業，農村，超低密度，低密度，中密度の各住宅，団地，事業所，商業，軽工業，重工業）がある．

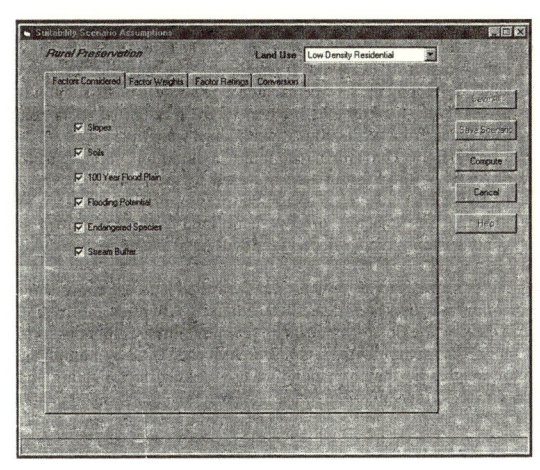

図 13.1　適合性のシナリオに対する仮定を表すフォーム
　　　　　（Klosterman, 1999）

これらの土地利用に対し,「農業の保全」のシナリオを進める上で,どのような加重・評価を行うかを次に決める.

今,その中から,たとえば,「低密度の住宅」の土地利用を選ぶと,四つのタブベッドシートが現れる.これらのシートは,①因子の選択,②因子の加重,③因子の評価,④土地利用転換の指定,であり,選ばれた土地利用(低密度の住宅)に対する各土地の適合性を加重・評価法で測定するときに取り上げる四つの側面を示している(図13.1).

「因子の選択」のシートには,傾斜,土壌,洪水氾濫原,洪水の可能性,絶滅種,河川バッファの6タイプの因子があり,それらのボックスにチェックの印を入れることで,取り上げる因子が選択される.「因子の加重」のシートでは,因子間での土地適合性に対する相対的重要性を決めるため,1(低い)から5(高い)までの5得点尺度で各因子が加重される.

「因子の評価」のシートでは,特定の因子タイプ(たとえば,傾斜)をもった地点が,土地利用(低密度住宅)に対しどの程度適合性があるかを示す数値であり,5(高い:たとえば,傾斜0%),4(1～5%),3(5～10%),2(10～15%),1(低い:15～20%),そして,0(除外)の6得点尺度で評価される.除外のカテゴリーとは,20%をこえる傾斜の地点では,住宅開発は不適切であることを意味する.

「土地利用転換の指定」のシートでは,チェックボックスを用いて,現在の土地利用(たとえば,農業)から他の土地利用(低密度住宅)への転換を認めるかどうかが指定される.

分析されるすべての因子に対し四つの側面が指定されたならば,次に「計算」のボタンが押される.モデルは各土地単位(一様な土地分析ゾーン)に対し,システム利用者が指定した因子加重と因子評価を掛け合わせ,それらを総計することで,因子総得点を計算する.すなわち,地点 i における因子総得点 T_i は,

$$T_i = \sum_{j=1}^{n} \omega_j E_{ij} \tag{13.1}$$

で示される.ただし,E_{ij} は,地点 i における因子 j に対する6得点尺度で評価された得点,ω_j は因子 j に対する5得点尺度で評価された加重値である.

メインメニューから,「適合性ビューシナリオ」を選ぶことで,利用者は,図13.2のような低密度住宅に対する土地適合性を表す地図をみることができる.因子総得点に基づき,地図は,「対象外」,「不適合」,「低い適合」,「中間より低い適合」,「中間」,「中間より高い適合」,「高い適合」までの7段階で,土地利用(低密度住宅地)に対する土地単位ごとの適合性を表示している.システムはまた,各適合性の段階に入る面積と,システム利用者が各因子に対し指定した4側面の状況とについて,レポートを表示・印刷する.

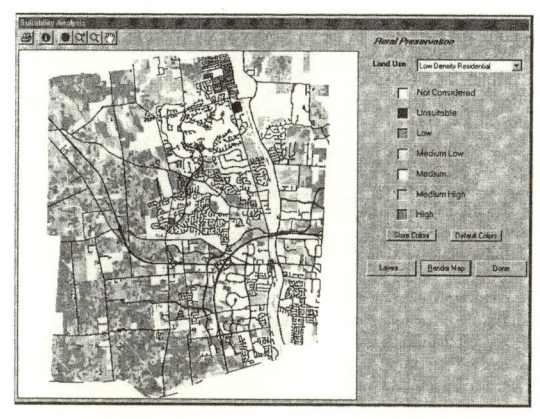

第13章　都市・地域計画における GIS の応用

図 13.2　低密度住宅に対する土地適合性の地図（Klosterman, 1999）

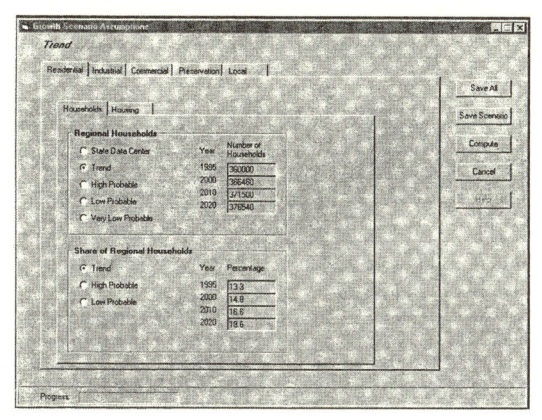

図 13.3　成長のシナリオに対する仮定を表すフォーム
（Klosterman, 1999）

(b) **土地利用の需要予測**：　"What if ？"計画支援システムは，主要な五つの土地利用（住宅，工業，商業，保全，地元向け）に対し，将来の土地利用需要を予測できる．開始画面で「成長」を選ぶことで，図 13.3 のように五つの土地利用に対する成長シナリオ仮定のフォームが現れる．

「住宅」のシートでは（図 13.3 参照），二つのタブベッドシートがある．第 1 のシートは世帯の予測であり，地域内の世帯総数と研究地域内でその地域が占める世帯の割合とを，それぞれ五つと三つの予測式の中から一つずつ選んで予測が行われる．こ

れら二つの予測値は掛け合わされ，さらに各予測年における研究地域内の予測世帯数が計算される．第2のシートは新たな住宅建設に対する仮定を設定するために用いられる．すなわち，① 住宅建設における住宅タイプ別構成割合，② 住宅タイプ別の住宅密度，③ 住宅タイプ別の平均住宅規模，④ 住宅空き家率，⑤ 既存住宅の破壊や火災による消失割合，についての設定が行われる．モデルは二つの住宅シートで設定された値を用いて，各予測年における住宅需要が計算される．

次に「工業」のシートでは，工業雇用者数を予測するため四つの予測式の中から一つが選ばれる．さらに，軽工業と重工業別に，① 雇用者1人当たりの平均床面積，② 工業用床面積割合，③ 空き工場率，を指定する．「商業」のシートでは，五つの商業タイプ（地域商業，業務，商業と業務の混成など）に対し，同じようなオプションがある．

「保全」のシートでは，農業，林業，および，オープンスペースまたは環境保全地区に対し，保全すべき土地の量が選択される．その量は，各予測年に対し面積か研究地域に占める割合で指定される．「地元需要」のシートでは，公園やレクレーション地域，地元商業地区，公共用土地利用など，人口に比例してその規模が変わる地元向けの土地利用需要が計算される．1,000人当たりの土地利用基準が予測人口に適用され，各土地利用に当てる土地の量が計算される．

成長シナリオ仮定に必要な情報のすべてが与えられたならば，「計算」のボタンが押され，各土地利用に対し予測年ごとに需要量が計算される．

(c) 需要予測の配分： "What if ?" 計画支援システムは，利用者が選んだ成長シナリオに基づき予測された土地需要をさらに配分することで，将来の土地利用パターンを予測する．たとえば，住宅に対する需要は，最も適合する土地に最初に配分される．さらに必要がある場合には，順次第2，第3に適合する土地に住宅が割り振られる．成長により発生した需要の配分は，選択された土地利用管理（土地利用計画や用途地域制限）と基盤施設（インフラストラクチャー）計画によって制限を受ける．システムの利用者は，予測された需要を満たすだけ十分な土地が入手できるかどうかを，システムに問い合わせることができる．もし入手できない場合には，適合性，成長，あるいは，配分のいずれかのシナリオの仮定を修正しなければならない．たとえば，土地の適合性の条件を緩め，より多くの土地がほかの土地利用に変更できるようにしたり，開発密度を高めたりする．

成長で発生した需要の配分過程は，配分シナリオのフォームで始まり，新たな配分シナリオを作成する．配分シナリオ仮定のフォームは，四つのタブベッドシートで構成されている．第1の「配分順位」のシートでは，予測された土地利用の需要がどのような順番で配分されていくかを指定する．

「基盤施設」のシートは，二つのタブベッドシートから成り立っている．「基盤施設

計画」のシートでは，配分過程を導くためにどのような基盤施設計画を使うかを選択する．この計画を選択しないならば，下水道や上水道のサービスの入手性や主要道や主要交差点への近接性を考慮することなしに，すべての土地需要は最も適切な土地に配分される．

「必要な基盤施設」のシートでは，基盤施設サービスの入手性（あるいは近接性）と土地利用の開発パターンとの間の関係を指定する．シートでは，配分される土地利用別に4種類の基盤施設（下水・上水・道路・交差点）に対しドロップダウンボックスがつけられている．そのボックスでは，次の三つのオプションの一つを指定する．第1のオプションは，「影響を受けない」であり，土地需要の配分は基盤施設の入手性の影響を受けないと仮定する．たとえば，大規模な住宅地は，それ自体下水道処理施設を併設するので，下水サービスの入手性にかかわりなく，最適な土地に需要を配分できる．第2のオプションは，「必要」であり，土地利用はあるタイプの基盤施設を必要とすると仮定する．この例としては，事業所や近隣商業に対する土地利用は，上下水道のサービスを必要とし，地域商業は主要な交差点の近くの土地を必要とする．これらの場合，土地需要は特定の基盤施設をもった地域に対してのみ配分されるであろう．第3のオプションは，「除外」であり，土地利用が特定タイプの基盤施設によってサービスされている地域から除外されると仮定する．たとえば，農業的土地利用は，上下水道のサービスや主要交差点に近い地域から排除される．

「土地利用の制限」シートでは，用途地域指定計画を考慮するかどうかが選択される．もし「土地利用計画」を選ぶならば，システムは許可されている土地利用タイプに対してのみ需要を配分する．「土地利用計画を考慮しない」を選ぶならば，土地利用の需要は，何の計画上の制限も受けずに最適な土地に配分される．

「土地単位の制限」のシートには文字の入力ボックスがあり，最小規模の土地単位を指定する．たとえば，工業開発では，最低でも5エーカーが必要である．

（3） システムの効用

"What if？"計画支援システムは，さまざまな開発シナリオを容易に作成することができ，それぞれのシナリオを選択した結果，土地利用パターンや人口および雇用の趨勢が将来どのような影響を受けるかを知ることもできる．

図13.4の(a)と(b)は，「稠密な配分」のシナリオと「分散的な配分」のシナリオに対し，それぞれ予測された土地利用パターンを示している．「稠密な配分」のシナリオでは，住宅と商業の開発が研究地域の東部に集中する．それに対し「分散的な配分」のシナリオでは，同じ土地利用の需要の仮定を組み込んでいるが，基盤施設と用途地域制限の仮定では異なったものを利用しているため，研究地域全体に開発が許可される土地利用パターンになっている．

以上のように，"What if？"計画支援システムは，ある政策（シナリオ）が選ばれ

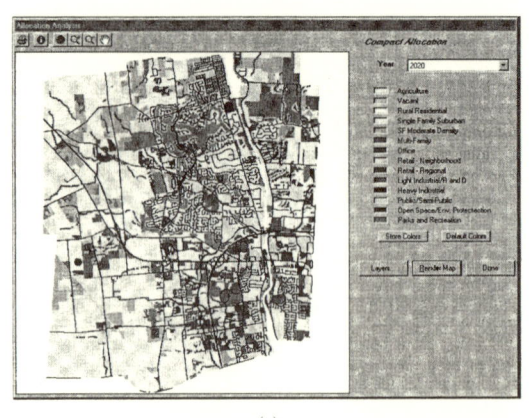

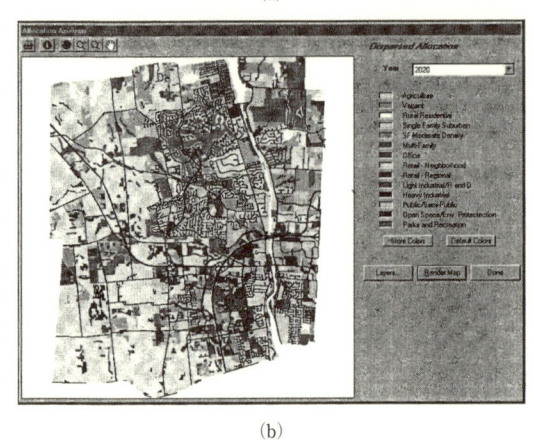

図 13.4 予測された土地利用パターン（Klosterman, 1999）
(a) 稠密な配分のシナリオ，(b) 分散的な配分のシナリオ．

た場合，土地利用の状態が将来どのようになるかをみることができ，政策にかかわるいろいろな人々が将来の土地利用について協議するための計画策定ツールとして利用できる．

第14章　交通 GIS の応用

　GIS の交通への応用は近年ますます広まっており，今日では GIS と交通 (transportation) を結びつけて GIS-T（以下，交通 GIS）と呼ばれる分野に成長している．すでに，アメリカ合衆国では，交通 GIS に関するシンポジウムや特別セッションが開催されてきた．交通 GIS はさまざまな GIS の雑誌（*International Journal of Geographical Information Science*；*Transactions in GIS*；*Geographic Information Sciences*；*Computers, Environment and Urban Systems* など）で取り上げられている．また，1993年に出版が始まった *IVHS Journal* のような交通 GIS に専門化した雑誌も出現した．さらに，交通 GIS に専門化したコンサルタントやコンサルタント企業も生まれた．このように交通 GIS は，今日 GIS 技術の最も重要な応用分野になったということができる．本章では，交通 GIS で用いられるデータベースの特徴とそれを利用した応用について考察する．

14.1　交通 GIS における道路網データと GIS 操作

（1）　道路網データ

　交通 GIS で取り扱うデータは，ベクトル形式の道路網（ネットワーク）のデータが基本になる．この道路網データは，国の機関で整備している場合が多い．アメリカ合衆国ではセンサス局が提供する TIGER ファイルが，カナダでは統計局の AMF ファイルが利用できる．イギリスでは，陸地測量部で道路中心線地図が作成されている．民間企業からもさまざまな道路網関係のデータが販売されている．日本では，大縮尺の道路網データは，図14.1(a)に示すように，数値地図 2500 の road ファイルから入手できる．また中縮尺では，25,000 分の1の地形図をもとにして民間企業が作成したデジタル地図（たとえば，（株）パスコの Digital Map）の中にある道路ファイルが利用できる．

　さらに，道路属性に関するデータも必要となる．たとえば，道路の幅員や車線数，また歩道や信号などの道路付帯施設の状況に関するデータである．図14.1(b)では，幅員に応じ道路の太さを変えて表現している．道路幅員のデータは，25,000 分の1地形図に示されたものを利用した．日本で交通 GIS による分析を行う場合，精度の高い（特に，都市部以外では，道路の延伸や拡幅が行われているので，よく更新の行き

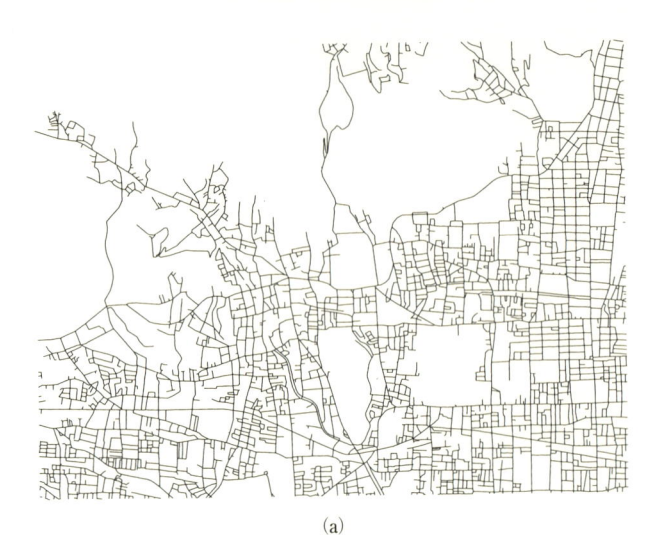

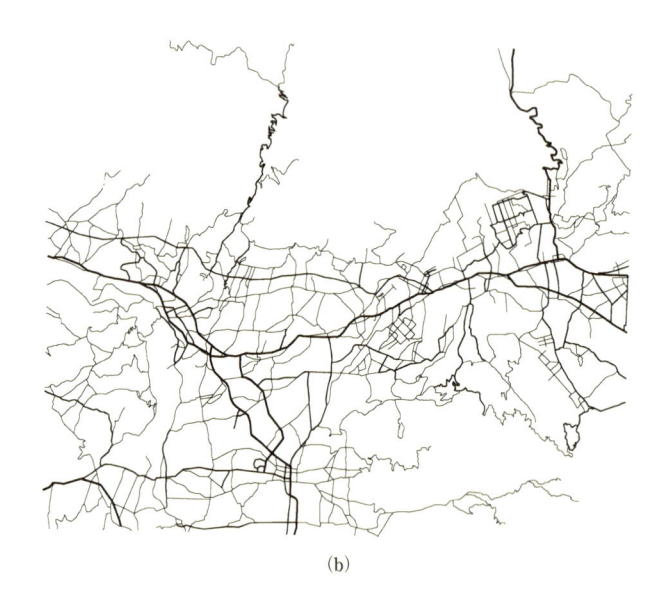

(a)

(b)

第14章　交通GISの応用　　　　　　　　　　　　　　　　　　　　*213*

(c)

図14.1　(a) 数値地図2500の道路データ，(b) 道路幅員に応じ太さを変えた道路網図，(c) 動態分節化に基づく道路上での時間距離圏の表示．[口絵6を参照]

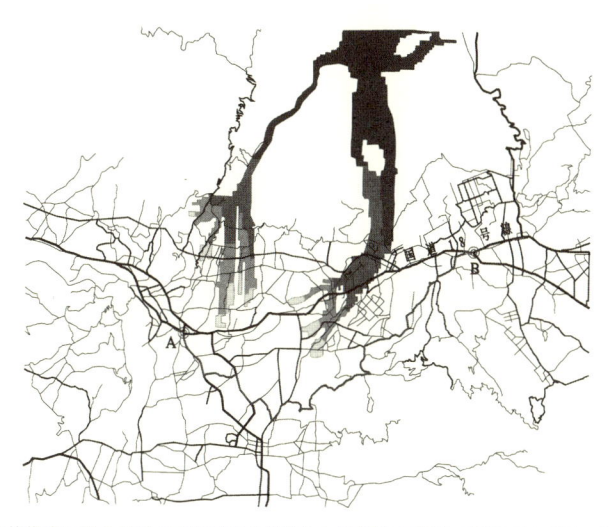

図14.2　自然災害に伴う道路の不通区間を考慮した最短路の探索（高阪, 2000b）[口絵7を参照]

届いた）道路網データの入手と，さらに，その道路網にかかわる属性データの入手が前提となるが，現実にはそれらを入手することはなかなか難しい．

デジタル道路網地図のデータ形式は，道路の交差点ごとにノード（節点）をもったデータ構造をとる．一つの道路分節（両端点に節点をもつ1本のアーク）がデータ単位となる．各道路分節の道路距離は，その分節の長さと地図投影法，さらに，距離単位（たとえば，m）とに基づいて計算され，属性データ（length）として保存される．道路網ファイルを作成するには，さらに属性データ項目として，「上り方向の距離（from-to dist)」と「下り方向の距離（to-from dist)」がつけられる場合もある．距離の種類として道路距離を用いた道路網では，上りと下りの属性データとして，その道路距離（length）が用いられる．すると，上りも下りも同じ距離をもつ道路網が作成される．上りが込み，下りがすいている道路網を表現するには，時間距離を属性データとして道路網が再現される．このような道路網ファイル上で最適路を探索することで，渋滞状況を考慮したより現実に近い分析結果が得られる．

道路幅員に応じ線の太さやパターンを変えるには（図14.1(b)），属性項目として「道路幅員」の項目を設ける．そして，たとえば，3～5.5 m は0，5.5 m 以上は1，国道は2とするデータを入力する．データに応じ線種を変えることで，幅員の違いが表現される．しかし，道路分節の途中で，幅員（一般には，現象）が変わる場合には，このような処理方法では表現できない．その場合には，動態分節化（dynamic segmentation）の方法が用いられる．図14.1(c)は，ある施設を中心として測定された時間距離を示している．車で施設から出発し，5分，10分，15分と5分ごとの時間距離圏別に道路を彩色している．道路分節の途中で時間距離圏が変わる場合，動態分節化の方法を用いて道路分節の途中で彩色を変えている．

（2） 交通 GIS で利用される GIS 操作

上記からも明らかなように，交通 GIS では道路網上でデータを編集し分析することから，TransCAD のような交通 GIS に特化したソフトウエアが開発されている．このようなソフトウエアでは，交通 GIS でよく利用する編集機能や分析機能がつけられている．次に，これらの機能をまとめてみる．まず，編集機能であるが，交通計画に応用できる全く新しい属性を作成するため，既存の連結（リンク）属性を操作する機能（上記の動態分節化）が必要である．この機能を使うと，移動時間を推定するため，法定上の最高走行速度に従ってアーク長を分割することが可能となる．また，データを空間的に編集する機能も重要である．たとえば，駅から歩行範囲内に居住し，特定の社会・経済的特性を有している人口数を知ることは，駅の潜在的な乗降客数を推定するために役立つであろう．

さらに表示機能としては，ベクトル形式の交通データベースに対し実世界の状況を背景情報として与えるため，ラスター画像をインポートすることが行われる．加えて，

道路網のほかに，役場，学校，警察署，消防署，病院などの主要な公共施設レイヤーや，行政界，学校区，警察や消防署の管轄区域などの地域境界レイヤーを重ね合わせる機能もよく使われる．

バッファ機能は，交通路線や交通サービスへの人口の近接性を決めるため，また，道路の環境への影響や騒音を決めるため重要である．交通GISではまた，空間探索と条件検索を結びつけて利用することも多い．たとえば，ある施設から2 km内（空間探索）にある狭小な道路（属性の条件検索）を取り出すことなどで利用される．そのほか，施設の位置を地図に落とすための住所照合や，交通事故分析や道路管理のための報告書作成機能なども使われる．

交通研究では，行と列がいずれも交通分析ゾーン（traffic analysis zone：TAZ）であり，行列の各セルに交通量，物流量，移動時間，距離などの情報が保存される流動行列（flow matrix）をしばしば取り扱う．したがって，交通GISではこのような行列を作成し，表示，編集できる機能が必要である．TransCADのような交通GISでは，行と列の数が等しい正方行列のほかに，それらが等しくない矩形行列を扱うことができる．

交通GISのソフトウエアでは，行列において行方向や列方向の最小値，最大値，平均値，総計を算出できることが望ましい．行列がゾーン間の最短路長を表しているならば，行や列方向の総計欄は，最短路長の総和を表しており，ゾーン間の近接性の測度として利用される．さらに，行や列方向の総計欄に基づき，行や列をソートしたり，セルにさまざまな数理的操作を加えることも行われる．

交通研究でよく利用される表現形式は，ゾーン間の流動を描く希求線地図（map of desire lines）である．たとえば，施設の利用では，施設が立地するゾーンと施設利用者が居住するゾーンとを結んだ希求線地図がつくられる．交通GISのソフトウエアでは，行列のビューから直接このような地図を作成する機能が必要となる．

14.2　GISによる交通分析

(1) 最短路分析

最短路分析（shortest path analysis）は，交通分析において基本的アルゴリズムとして重要である．従来の交通分析では，ゾーン間の直線距離が用いられていたのに対し，GISの出現によって，道路網上で2地点間の最短路を探索することが可能となった．その結果，最短路分析は，後述するように経路選定問題，地域設定，インテリジェント交通システムなどで交通分析の基本的アルゴリズムとして，今日では広く利用されている．

最短路分析を考える上でまず重要な点は，最短路とは何かということである．それは，通常は距離でとらえられるのであるが，距離が意味をもたないことが多い．距離

が近くても，渋滞していて最短距離の道路を利用すると時間がかかることがあろう．したがって，距離だけでなく時間や経費などの側面から最適路（optimal path）を探すことが必要な場合も出てくる．

今，話を単純化するため，ここでは距離だけで最短路分析を行うと考えてみよう．距離だけを考慮して，最短路分析を実行してみると，たとえば，高速道路を出たり入ったりするとか，一方通行を逆走するとか，意味のない分析結果が出ることが多い．したがって，意味をもった分析結果を得るためには，デジタルな交通網が現実の状況をどの程度正確に再現できているかにかかっているといえる．道路状況を再現するには，道路の幅員や車線数，法定上での最高走行速度などの道路属性がつけられる．さらに，Arc/Info や TransCAD のような高度な機能をもつ GIS では，上述したように，上りと下りの方向別に道路属性を付与することができる．たとえば，一方通行の道路区間を再現するには，逆方向の道路長に大きな値（あるいは無限大）を設定すればよい．さらに，交通抵抗として，信号機や他の交通制御機構を道路網に組み込むことも可能である．

図 14.2 では，Arc/Info を用いて，自然災害（火砕流）によって発生した道路の不通区間を考慮した最短路分析の結果を示している．不通区間には，道路の上りと下りの両方向の道路長として大きな値を与えている．その結果，二重丸印で示した 2 地点（A, B）間を通過するには，通常は国道 18 号を利用するのであるが，不通区間が生じた場合，赤線で示した道路が最短路となり，3〜5.5 m の最も狭い道路を通常の 1.6 倍の長さ移動しなければならなくなる（高阪，2000b）．

以上からも明らかなように，GIS 上で道路網を再現することは，膨大な編集作業を伴う．この作業が大変なために，交通 GIS はなかなか社会に普及しないのである．より簡便な交通 GIS ソフトウエアの開発が望まれるのは，このような理由からである．

（2）経路選定問題

経路選定問題は，目的地が固定されているかどうかによって，二つの応用分野に分けられる．車両経路選定問題（vehicle routing problem）は，目的地が固定されていない場合で，たとえば倉庫から商品を積み込み，配達する合理的な経路（ルート）を決定することに関連する．毎回変わる複数の倉庫で商品を集荷するとともに，複数の配達先に商品を配送することから，効率的な巡回経路（ツアー）の探索において交通 GIS が利用される．図 14.3 は，地点 1 を出発し，地点 2〜6 を回る順番にかかわらず 1 度経由して，地点 7 に到着する最短経路を Arc/Info 上で求めた結果を示している．

この種の問題は，配達先や倉庫，あるいは，それらの位置している地点において何らかの時間的制約がある場合，また，サービス時間が可変的である場合，かなり複雑なものになる．さらに，ガソリンや石油のガソリンスタンドへの配達のように，車両の積載量が重要な制約になることも起こる．TransCAD では，上記のような時間的可

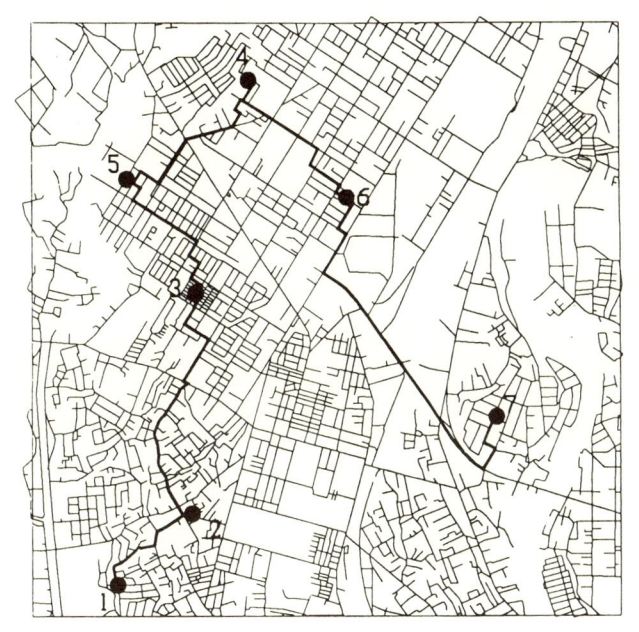

図 14.3 巡回経路の探索

変性を取り扱うことができる．しかし，各種車両の混成部隊，さまざまな商品の混成，可変な巡回経路（open ended tour）など現実界で起こるさまざまな複雑性をすべて取り込むことはできない．

アーク経路選定問題（arc routing problem）は，道路網上で移動するのに最適な（効率的な）1組のアークからなる経路を探し出す問題である．この問題は，目的地が固定されている場合で，バスサービス，住宅への配達や集配，あるいは，郵便配達，ゴミ収集，メーターの検針などのモニタリングシステムに応用される．このようなアルゴリズムの目的の一つは，回送量を最小化することにある．たとえば，バス会社では，サービスが終了しバスが操車場まで戻る間の回送距離をできるだけ少なくすることを望む．サービスを必要としない区間がある（たとえば，住宅がないため），道路の片側だけサービスを必要とする区間がある，複数回往復する区間がある（たとえば，道路清掃や除雪のため）のように，現実の細かな状況を反映させることも必要である．

（3） 地 域 設 定

交通 GIS の応用分野の一つとして，道路網データーベースを用いた販売地区や選挙区のような地域の設定がある．販売区域では，地域設定の基準は営業担当者が受けもつ顧客量となり，その地区内で担当者に巡回経路を示すため経路選定問題を解くこ

とが必要となる．また選挙区では，被選挙者1人当たりの有権者数（1票の価値）を等しく保つことが，その基準になる．このようにして設定された地域の間では，それらがもつ作業量や支持数がバランスのとれたものでなければならない．また，設定された地域は，連接的（contiguous）で，まとまった（compact）ものとなることも要求される．

地域設定と結びついて，施設の立地を考えなければならない場合もある．倉庫，工場，小売店，消防署，警察署，救急医療センターのような施設では，その最適立地を決めるためには，施設への利用者の配分を考慮しなければならない．これは立地－配分問題（location-allocation problem）と呼ばれ（高阪，1994, 114-135），現在ではさまざまな分析モデルが，交通GISの中に組み込まれている．TransCADでは，サービスの平均費用の最小化（p-メディアン問題），サービスの最大費用の最小化（p-センター問題），サービスの最小費用の最大化（有害施設に対し），利益の最大化のようなさまざまな最適化の目標を追求できるモデルが利用できる．

14.3 インテリジェント交通システムと交通GIS

交通GISの特別なトピックの一つとして，インテリジェント交通システム（intelligent transport system：ITS）がある．これは，インテリジェント車両ハイウェーシステムと車両自動位置システムなどを含んだ陸上交通全体の情報通信システムである（Waters, 1999）．

インテリジェント車両ハイウェーシステム（intelligent vehicle highway system：IVHS）は，交通GISに関連した多くの応用に対する一般用語になっている．車両自動認識と料金自動徴収（automatic vehicle identification and billing：AVI），走行車両重量測定，衝突警報・回避誘導，高度旅行案内システム（ATOS）による運転者への情報と経路案内, 高度トリップ計画システム（advanced trip planning system：ATPS），高度トラベル状況システム（advanced travel conditions system：ATCS），交通信号高度制御・運用，道路上でのさまざまな出来事の自動通報（automatic incident detection），車間距離自動維持（automatic vehicle spacing）などで構成されている．アメリカ合衆国のオークリッジ国立研究所（ORNL）では，このようなインテリジェント車両ハイウェーシステムのすべての応用分野で利用できる情報基盤を開発している．

車両自動位置システム（automatic vehicle location system：AVLS）は，車両の位置を常時監視するシステムであり，配車（dispatch）システムとスタンドアローンシステムの2タイプに分けられる．スタンドアローンシステムは，車両に搭載された車両自動ナビゲーションシステム（automatic vehicle navigation system：AVNS）であり，車両の現在の位置と目的地の間の最短路を決定するために用いられる．配車システムは，一般に自動配車システム（automatic vehicle dispatch system：AVDS），あ

るいは，車両自動モニタリングシステム（automatic vehicle monitoring system： AVMS）と呼ばれており，民間部門ではタクシー会社，宅配・集荷業者，サービス業者，警備（セキュリティー）サービスなどで利用されており，公共部門では警察，消防，緊急医療，ゴミ収集，交通サービスなどで使われている．

車両自動位置システムは，車両の位置を知るため，GPSやビーコンなどの技術を用いている．今日このシステムは，スケジューリングプログラムと組み合わされ，多くの都市交通システムで使われている．その結果，この技術は乗車率を高め，待ち時間を少なくすることを目指す効率的バスサービスの提供に役立つとともに，利用の少ないバスの便を減らすことで，約10％の営業費用の削減につながったことも報告されている（Holland, 1990）．

インテリジェント交通システムの経済効果を試算するため，交通を都市内，都市間，および農村部に分けて費用−便益分析を行った結果，都市内の交通管理において費用−便益の比率が1：7であることが明らかとなった．その中でも特に，時間の節約に大きな効果があることが判明した．

14.4 Web地図と道路交通

（1） 経路探索サービス

経路探索サービスを提供するサイトは，車で移動するときに利用できる．経路を設定するためには，出発地と目的地がWebサイトに送られる．その際，通過するいくつかの中間地点や，回避すべき特定の道路（たとえば有料道路）や地域，あるいは，経路のタイプ（最短距離，最短時間，景色のよさなど）を考慮することも可能である．この経路探索サービスには，経路の記載，燃料の消費量，最短距離経路，最短時間経路，総移動距離と移動時間の予測などで構成されており，民間企業のサイトで提供されている場合が多い．移動時間を予測するには，現在の道路状況に基づかなければならないが，MapQuest（http：//www.mapquest.com/）を除きほとんどのサイトは，現在の道路状況を考慮していない（Emmer, 2001）．

（2） 交通状況の可視化

交通地図（traffic map）は，交通状況の情報が最新の時のみ役立つ．したがって，データの収集から地図表示にかかるまでの時間が，短縮化されなければならない．アメリカ合衆国ワシントン州交通局では，ビデオカメラと道路面に埋められた交通カウンターを通じて現在の交通情報を収集し，20秒ごとに交通システム管理センターに送っている．その情報から数値データベースが作成され，さらに，テキストファイルやWWW用のファイルに変換される．このようにして，交通状況に関する情報は自動的に処理され，1〜2分間隔で交通地図の画像が自動的に更新される（http：//www.wsdot.wa.gov/PugetSoundTraffic/）．

交通状況の情報を表示するWebサイトをみると，地図の内容や表現方法に違いがあることに気づく．交通状況が一つの地図にまとめられている場合と，項目ごとに別々の地図になっている場合がある．取り扱われる項目には，交通密度（traffic density）のほかに，道路工事，事故，道路閉鎖，最高速度，天候状況などがあるが，それらを1枚の地図にまとめると非常に複雑な地図になってしまう．そこで，地図画像をレイヤーごとに管理し，利用者はみたい項目を選択することで個別の地図（レイヤー）を表示することができる．このようなサイトは技術的により進んでおり，Javaアプレットを利用している．

一般に，道路の工事，事故，閉鎖などの位置は，地図上で点として表示される．交通渋滞，交通量や密度，速度に関する情報は，線の記号や彩色で表現される．さらに，道路上で発生するさまざまな出来事（incident）の情報は，地図上に点とともにテキストの形で提供される．そのテキスト情報は，位置，道路番号，原因，時間，影響，アドバイスなどで構成されている．

リアルタイムな情報を表示する地図では，現在の交通状況を自動的に更新するため，動態的（ダイナミック）な地図となる．たとえば，道路の各分節の現在の状況を車両がスムーズに流れている場合には緑色，渋滞している場合は赤色で表示している地図は，動態的地図である．この地図に対し，利用者が何らかの地図操作をすることができる場合，動態的対話型の交通地図（dynamic interactive traffic map）となる．主な地図操作は，拡大や移動などである．それに対し，操作ができないものは，動態的なビューだけの交通地図（dynamic view only traffic map）である．

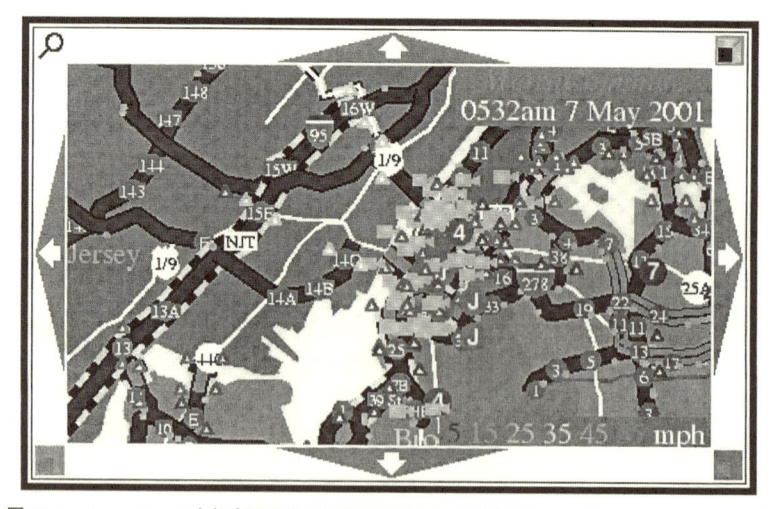

図14.4 ニューヨーク大都市圏地域の動態的対話型の交通地図（http://metrocommute.com/）

ニューヨーク地域の交通情報サイト MetroCommute (http://metrocommute.com/) は，動態的対話型の交通地図を提供しており，拡大と移動の優れた対話機能をもつ．地図の四隅のうち，上方の左右はそれぞれ地図縮尺の増加と減少，下方の二つの隅は地図の画面の拡大と縮小を行うツールになっている．移動は地図の上下左右の辺の矢印で行うことができる（図14.4）．凡例の中から速度を選び，地図に表示されている区間をマウスでクリックすると，ホットスポットがアクティブになり，現在の交通速度が示される．さらに，地図上のビデオカメラの記号をクリックすることで，そこで撮影された写真などもみることができる．

14.5　GIS を利用した時間地理学シミュレーション

地理学では，人々の空間行動を理解する上で，空間的側面だけでなく時間的側面をも考慮する時間地理学の研究が行われてきた．時間地理学では，交通全般を説明できる原理に基づき空間行動を説明しているので，交通現象を理解する上でその成果は重要と考えられる．そこで本節では，時間地理学の簡単な紹介と GIS を利用した実行事例を示す．

図 14.5 に示すように，x 軸で設定される直線で空間を，y 軸で時間を表すとしよう．ある地点に居住する人が 8 時に徒歩で出発し 18 時までに居住地に戻らなければならないとき，その時間内に到達可能な空間行動の最大の範囲は，同図(a)に示されるように，三角形を二つ合わせた時空間プリズム内に収まるであろう．したがって，この時空間プリズムの範囲内にある施設が利用されることになる．交通手段が自転車や車の場合，その範囲は大きくなり（同図(b)），また，施設で一定時間過ごす場合には，移動に当てる時間が少なくなるため，その範囲は小さくなるであろう．図 14.5(c) では，居住地と就業地が別地点の時空間プリズムを示している．

GIS 上の道路網にこの時空間プリズムを投影するならば，図 14.6 で示すような一定時間に到達可能な道路網になる．この方法を利用すると，GIS 上でさまざまな施設の利用の可能性を探る時間地理学シミュレーションが実行可能となる．

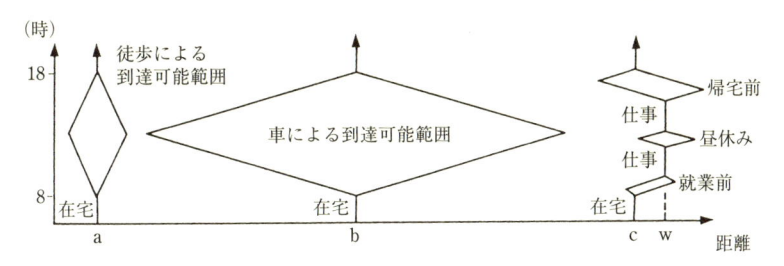

図 14.5　到達可能な行動範囲を示す時空間プリズム

図 14.6 一定時間に到達可能な道路網

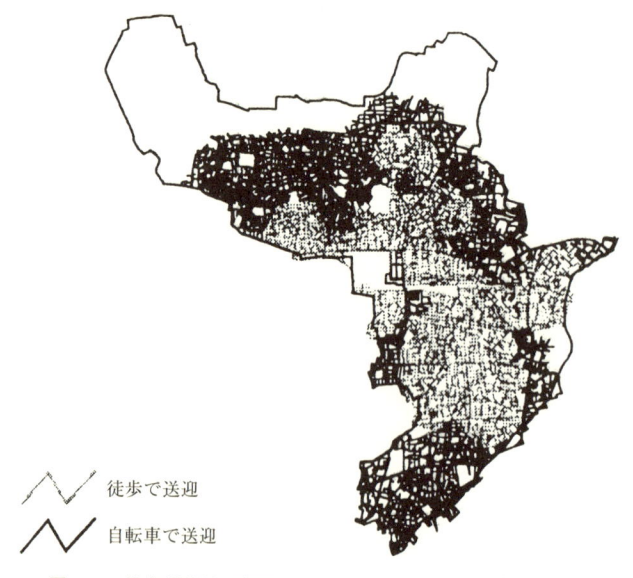

∧ 徒歩で送迎
∧ 自転車で送迎

図 14.7 保育所利用の時間地理学シミュレーション（宮澤, 2001）

宮澤（2001）は，就業者の育児と仕事の両立を探るため，保育所利用の時間地理学シミュレーションを行った．図14.7は，中野区に居住し，親が東京都心で9時から17時までフルタイムで働く場合の，保育所の利用可能性を示している．1歳の子供を徒歩，あるいは，自転車で10分以内に保育所に預け，7時30分から18時までの特例保育を利用することを前提としたシミュレーション結果を示している．徒歩の場合，中心部の限られた地域に居住している人しか，保育所の利用可能性はなく，自転車を利用しても北部に居住する人は東京都心でフルタイムで働くことが困難であることが明らかになる．

第15章　GISを利用した疾病地理と医療計画

疾病学は，病気の発生を記述し説明する学問である．その中で，疾病地理学（geographical epidemiology）は，病気の空間的発生を記述するための方法を研究しており，次の三つの研究目標が掲げられる．
① 疾病発生（disease incidence）の地理的分布を明らかにする．
② 疾病発生が高率な地域を抽出する．
③ 疾病発生と他の情報（環境，人口，衛生に関する情報）との間の空間的関係を分析する．

本章では，これらの目標を達成するため，GISがいかに有効に利用できるかを論じる．

15.1　疾病発生の地理的監視

本節では，まず疾病発生の地理的分布を記述するための方法を考察する．疾病の発生は，何らかの地理的パターンをとる場合がある．たとえば，都市の工業地区では，喘息の患者が多くみられる．したがって，疾病の発生に何らかの空間的傾向がある場合には，その実態を把握するため，患者の分布図が作成される．これは疾病地図作成（disease mapping）と呼ばれ，疾病研究におけるGISの応用の第1のテーマとなっている．

疾病地図は，通常，市区町村や保健所管轄地域を患者の空間集計単位としたコロプレス地図として表現される場合が多い．しかしながら，コロプレス地図を使った場合，地域集計単位を変えると異なった疾病発生の地理的分布パターンが現れるといった可変的地域単位の問題（第2章4節(1)項参照）が起こる．さらに，疾病発生率の統計的有意性は，ポアソン分布と比較して決定されるが，北部が高く南部が低いというような疾病発生の相対的位置関係を考察できないことが指摘されている．

そこで，疾病発生の地理的分布を記述するために最近注目を集めているのは，疾病発生の地理的コード化（geographic encoding）である．アメリカ合衆国では，TIGERファイル（第30章参照）を用いて，疾病記録の地理的コード化を自動化する試みが多数行われている．各道路分節の左右の節点には，住所がつけられているので，住所照合のソフトウエアを利用して，住所を補間することによって地図上に患者を落

とすことが可能である（高阪, 1994, 59-67）．したがって，医療関係者の間では疾病発生の地理的監視（geographic surveillance）を，従来のように不連続で不定形な地域データではなく，地点データで行うことができるようになった．

地点データが利用できることで，上記のような地域データにかかわる諸問題を回避するとともに，後述するように疾病発生の高率な地域を抽出できるようになった．また，地点データを適宜集計することによって，他の関連情報の地域的集計単位に合わせることができ，関連分析において空間スケールの一貫性を保てるようになる．地点データはこのようなメリットをもつ一方，プライバシーや機密性（confidentiality）の保護に関わる問題が起こる．明らかに，疾病発生の詳細な地理情報は，他の機密情報と同様に保護されなければならない．しかしながら，プライバシーの保護を名目で，現状のように地理情報をそぎ落とすことは，疾病対策上重要な情報を捨て去ることに等しい（Rushton, 1996）．

わが国でも，国土地理院発行の数値地図2500が安価で利用できるようになったことから，住所照合ができる環境は整えられつつある．したがって，患者の住所が入手できるならば，住所照合ソフトウエアを利用してその患者を容易に地図に落とすことが可能となる．プライバシーと機密性の保護を条件に，地理的分布をとらえることが疾病対策上重要と考えられる疾病に対しては，疾病発生データを地点データとしてGIS上で管理する体制が確立されるべきである．その地点データの利用は，疾病対策にかかわる医療関係者や研究者に限定するならば，より詳しい疾病の地理的監視が可能となり，有効な疾病対策が立案できるであろう．

15.2 地点データによる高発生地域の抽出：カーネル推定法

探索空間データ分析とは，すでに第7章1節（1）で考察したように，先立った構造（仮定）をできるだけ少なくしてデータ内のパターンに関する仮説を提示する分析法である．疾病地理学では，疾病の発生率が高い地域を識別するため，この探索空間データ分析が利用されてきた．この分析では，患者の住所のような地点データが入手できる場合と，町丁界や市区町村界のような地域単位ごとに疾病データが入手できる場合とでは，利用する統計手法が異なる．

患者（疾病）の地点データが入手できる場合には，疾病の発生率の空間的変動を推定するため，カーネル推定法が利用できる．この方法は，地点パターンの密度がどのように空間的に変動するかを示す．次の事例は，アメリカ合衆国アイオワ州Polk郡内の都市地域における出産異常に関する研究である（Rushton and Lolonis, 1996）．

Polk郡では，1983〜1990年の間に2,406件の出産異常が報告されており，それらの街路住所が入手できた．また，1989年と1990年の2年間に10,912件の出産があり，それらの街路住所も利用できた．ただし，1983〜1988年の間の29,911件の出産に関

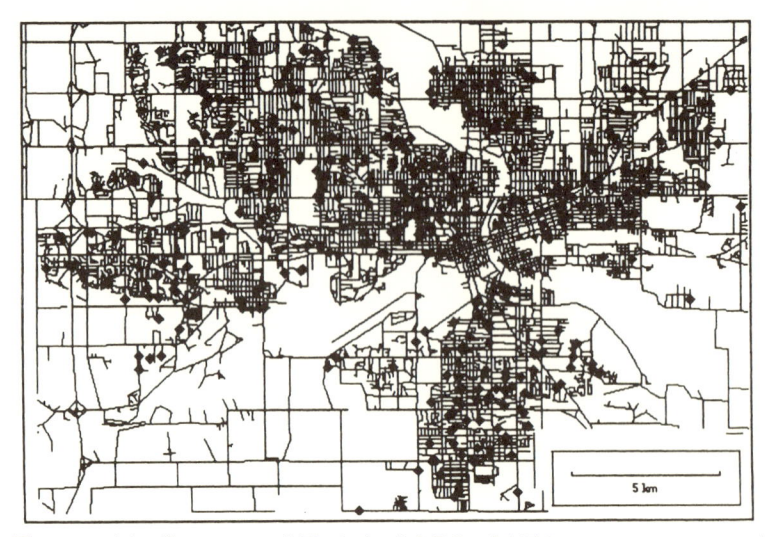

図15.1 アイオワ州 Des Moines 地区における出産異常の分布図(Rushton and Lolonis, 1996)

しては,出産記録に街路住所がないので,1989年と1990年の分布をもとに空間配分した.図15.1は,1989〜1990年の2年間における Des Moines 地区での出産異常の分布図である.TIGER と呼ばれるデジタル地図上に,住所照合によって出産異常のあった妊婦の住所が落とされた.

Des Moines 地区を通じて0.5マイル間隔の格子を掛け,図15.2に示すように格子が交差するグリッド点を中心に半径0.4マイルの空間フィルター地域(spatial filter area)を設定した.空間フィルター地域は,移動窓(moving window),あるいは,カーネル(kernel)とも呼ばれ,その中に入る点事象を数えることによって,その発生密度を推定するために使われる.カーネルのバンド幅,すなわち,空間的範囲は,平滑の程度を決める.もしその幅があまりにも小さいとき,オリジナルな地図の単なる再現にすぎない.それに対し,幅があまりにも大きすぎると平滑化しすぎることとなり,重要と思われる局地的変動が捉えられなくなってしまう.Des Moines 地区では,0.5マイル間隔のグリッド点上に,0.4マイルの円形カーネルを設定することによって,各グリッド点は,その周囲の四つのグリッド点の各々との間で,データの約25％を共有する.また,二つの隣接したグリッド点の間でも重複がみられるので,各グリッド点とその周囲の四つのグリッド点との間ではデータの約90％を共有することになる(図15.2).

グリッド点において出産率を計算する最低の出産数を40とした.Polk 郡の2,552グリッド点のうち,0.4マイルのカーネル内に40の出産数があるのは394グリッド点

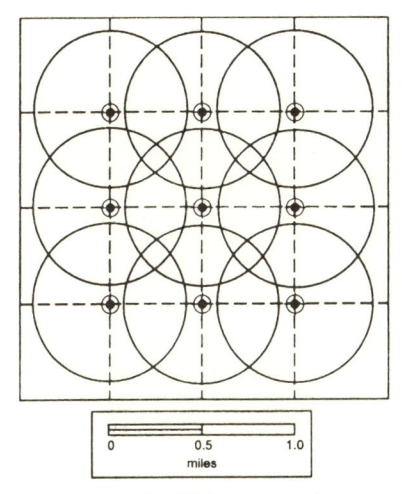

第15章　GISを利用した疾病地理と医療計画　　　227

図15.2　0.5マイル間隔のグリッド点上の0.4マイル半径の空間フィルター地域

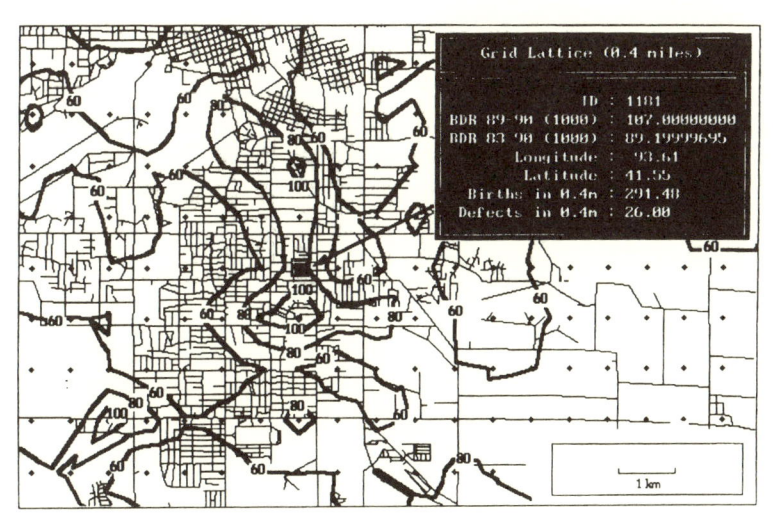

図15.3　アイオワ州 Des Moines 南部地域における出産異常率の等値線図（Rushton and Lolonis, 1996）

であり，それらに対し有意な出産異常率が推定された．これらのグリッド点は，Des Moines とその近郊であり，出産異常率は最低が0，最高が198（1,000の生存出産当たり）であった．平均は58である．この外側の地域は，出産密度はあまりにも少な

いので，出産異常率の局地的変動を有意に推定することはできなかった．図15.3は，Des Moines の南部地域における出産異常率の等値線を示している．等値線は，補間値に基づき20の間隔で描かれており，最高の等値線は100で，中心地区に現れた．

15.3 地域データによる高発生地域の抽出

疾病データが，前節で示したように地点データとして入手できない場合には，疾病発生率や死亡率などの地域データに加工され，コロプレス地図として表現される．本節では，疾病発生率や死亡率を地図で表現する場合に利用できるさまざまな方法を紹介する．

（1）標準化死亡率

地域の死亡率や疾病発生率を計算する場合，地域の人口の性別，年齢別構成を考慮する必要がある．表15.1は，イギリス・グラスゴーの87のコミュニティー医療地域に対するガンの標準化死亡率（standardised mortality rate：SMR）を示している．コミュニティー医療地域は，人口集計地区を社会・経済的一様性を保持する形でまとめることで構成されている．SMRは，人口の性別-年齢別の構成で調節された死亡率であり，医療地域iのSMRは次のようにして算出される．

$$\text{SMR}_i = (O_i/E_i) \times 100 \tag{15.1}$$

ただし，O_iはある疾病に対し医療地域iで観測された死亡数，E_iは医療地域iの性別-年齢別構成が与えられたときに期待される死亡数である．この期待死亡数は，グラスゴー地域全体から求められた性別-年齢別死亡率に基づいて計算された．

図15.4は，このガンの標準化死亡率を地図化したものである．このタイプの標準化は，地域が人口規模において大きく異なり（絶対値で表すと大きな地域単位は強調される傾向になる），また地域間で人口特性に相違があるとき，疾病データを表現するための有効な方法となる．

図15.5は，全体，事故，呼吸器系疾患，ガン，心臓病，脳疾患の六つのSMRに対するボックスプロットを表している．多くの分布は，正に非対称分布をとっている．すなわち，中央値（メディアン）が上位四分位F_Uより下位四分位F_Lに近い状態である．また，三つのSMRにおいて，外れ値（outliers）がみられる．外れ値とは，次のような条件を満たす異常値である．

$$y_i > F_U + 1.5(F_U - F_L) \quad \text{または} \quad y_i < F_L - 1.5(F_U - F_L) \tag{15.2}$$

ただし，$(F_U - F_L)$は四分位間の範囲である．図15.6は，外れ値をとる医療地域の分布を示している．そのいくつかは，グラスゴーの中心部に群集していることがわかる．このように外れ値をとる地区を地図に落とすことで，疾病の高率な発生地域を知ることができる．

第15章 GISを利用した疾病地理と医療計画

表15.1 グラスゴーの医療地域に対する標準化死亡率（Haining, 1990, 199-200）

医療地域	死亡全体	事故	呼吸器系疾患	ガン	心臓病	脳疾患	人口 $\times 10^{-3}$
1	114.085	129.065	122.225	108.443	113.819	112.894	7.411
2	111.644	159.104	120.523	95.071	118.121	78.740	6.233
3	94.943	210.182	97.568	76.951	96.200	101.862	10.444
4	98.847	107.072	122.055	97.257	92.726	101.963	7.862
5	98.153	107.465	100.522	96.814	109.606	92.919	11.557
6	74.161	99.641	85.479	85.533	6.480	85.601	7.953
7	87.542	78.844	88.396	86.463	95.130	85.640	9.075
8	101.126	104.942	132.365	79.686	91.031	103.198	7.196
9	98.317	93.839	120.616	97.378	99.872	98.366	11.370
10	92.276	45.969	91.810	101.540	100.667	88.427	16.535
11	106.359	119.758	110.993	101.187	108.577	94.067	17.580
12	119.605	127.171	162.207	89.572	137.545	116.638	13.380
13	120.223	167.436	111.259	97.417	127.372	133.226	13.210
14	99.794	111.524	75.916	95.324	111.691	106.610	21.531
15	116.991	112.177	118.460	98.327	123.784	117.872	4.820
16	88.001	115.375	96.051	73.222	108.849	85.150	7.791
17	90.863	113.781	104.828	78.775	91.742	96.058	17.910
18	70.620	46.687	58.075	82.029	74.121	70.187	12.560
19	72.096	117.692	45.348	83.923	74.967	89.706	14.337
20	79.579	71.174	49.814	91.773	90.320	96.079	12.176
21	109.758	126.395	129.227	104.071	111.458	89.869	18.580
22	116.441	111.115	181.745	109.086	95.878	82.082	3.083
23	125.330	210.496	168.573	123.652	116.616	70.684	3.401
24	118.123	167.646	124.306	101.169	115.486	87.924	7.333
25	134.123	192.021	189.270	128.096	122.325	118.024	13.515
26	100.563	49.142	98.253	103.705	96.315	115.328	18.341
27	119.393	118.470	155.149	127.659	121.011	105.672	10.856
28	109.671	99.840	95.591	117.403	123.033	88.197	19.206
29	102.749	109.484	94.803	111.948	98.417	118.541	4.651
30	87.137	31.907	107.208	72.362	95.743	94.292	9.483
31	79.752	75.843	82.527	86.398	85.090	55.788	6.181
32	90.014	43.883	119.958	86.576	94.520	91.166	6.481
33	71.257	172.677	61.282	78.998	58.820	62.134	11.458
34	88.498	118.985	91.861	105.982	90.424	60.181	11.856
35	92.127	71.600	73.501	79.578	100.321	98.951	6.119
36	114.284	112.996	104.273	94.385	131.505	119.488	7.585
37	93.388	140.073	80.654	88.527	88.157	93.827	5.357
38	117.701	100.833	148.480	106.200	153.059	116.056	6.556
39	86.646	76.505	77.470	82.980	80.348	113.726	8.175
40	121.128	298.178	146.156	100.121	107.525	115.961	3.629
41	111.887	138.195	117.003	114.191	112.797	101.317	8.974
42	127.232	198.336	126.890	146.401	86.695	118.804	8.431
43	129.100	155.788	105.582	140.519	136.184	105.697	3.845
44	131.399	102.561	147.285	117.230	124.470	116.197	10.573

表15.1 続き

医療地域	死亡全体	事故	呼吸器系疾患	ガン	心臓病	脳疾患	人口 ×10⁻³
45	141.336	260.690	190.628	145.028	111.744	135.961	8.607
46	105.539	97.900	107.303	102.550	102.735	104.940	15.996
47	92.099	52.383	77.834	95.897	101.570	92.830	8.062
48	118.743	193.428	154.079	119.363	113.469	86.066	2.862
49	116.921	99.267	124.584	118.599	114.614	105.353	8.178
50	111.683	150.419	133.475	101.650	96.695	123.630	9.352
51	101.643	97.805	100.059	96.913	103.641	103.127	10.903
52	86.493	141.746	90.470	74.337	94.202	99.481	8.129
53	109.376	76.730	130.024	107.088	104.664	122.406	16.848
54	98.471	41.872	84.503	95.905	112.177	98.361	12.496
55	125.110	72.116	179.470	115.673	111.338	126.680	19.554
56	125.377	90.817	161.727	122.531	103.394	91.900	16.394
57	92.328	78.871	88.181	93.809	100.434	99.032	14.634
58	125.857	125.616	146.364	130.448	103.995	116.503	12.488
59	98.659	81.158	92.422	103.382	84.177	107.335	22.805
60	77.747	40.116	63.323	86.860	81.749	81.259	21.423
61	97.925	75.369	71.468	96.044	106.511	84.559	18.379
62	99.890	67.087	70.405	97.090	91.951	129.768	13.834
63	97.987	99.953	81.949	89.003	100.415	106.074	21.193
64	88.585	117.396	76.800	96.967	90.355	86.947	22.369
65	108.839	98.066	111.912	111.477	109.194	109.712	15.042
66	106.423	86.894	120.708	111.485	100.203	94.443	13.809
67	85.019	70.340	62.866	84.785	93.291	71.474	9.938
68	77.662	59.878	62.269	77.086	83.768	75.205	8.733
69	79.751	94.648	65.736	77.245	92.085	86.952	7.591
70	70.003	86.280	46.452	76.000	80.390	66.101	7.417
71	74.284	31.396	75.892	75.269	75.398	119.805	4.793
72	81.826	109.278	50.669	93.768	70.644	83.600	7.867
73	61.088	00.000	43.727	65.359	58.510	69.031	7.997
74	74.271	58.815	63.743	84.797	81.256	75.620	9.857
75	81.383	98.589	106.859	76.098	64.783	101.805	7.811
76	95.893	45.261	95.941	102.234	100.074	106.536	10.158
77	94.391	82.398	78.956	93.972	104.597	107.269	11.057
78	101.745	72.069	86.037	118.235	102.294	104.903	10.939
79	85.160	47.671	78.335	82.826	88.311	91.778	13.088
80	115.335	99.126	135.515	122.038	103.179	128.892	13.905
81	107.173	36.923	79.968	123.275	108.241	124.506	7.009
82	103.522	92.446	94.313	108.630	90.819	117.860	15.981
83	91.421	119.665	85.980	84.286	91.587	103.441	6.648
84	122.548	158.655	113.591	118.660	113.910	132.510	16.489
85	108.146	133.566	82.698	119.862	115.920	96.177	17.781
86	126.539	91.690	166.835	123.551	109.832	120.578	15.623
87	105.595	104.522	93.290	92.429	120.534	124.854	7.247

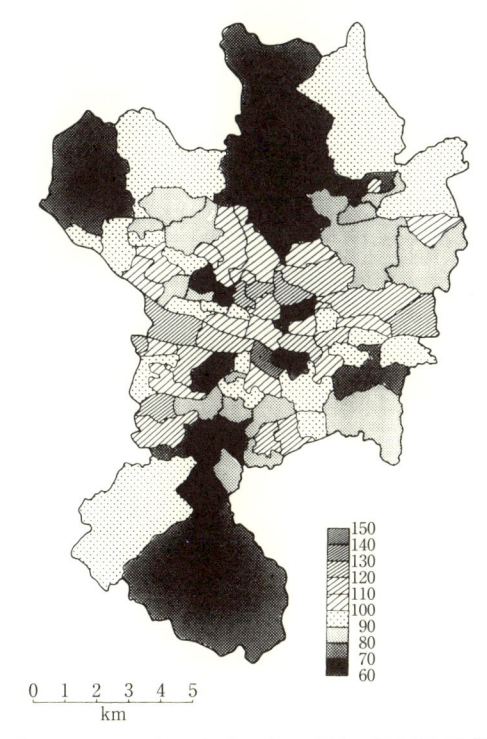

第15章　GISを利用した疾病地理と医療計画　　　　　　　　　　　　*231*

図15.4　グラスゴーにおけるガンに対する標準化死亡率の分布図（Haining, 1990）

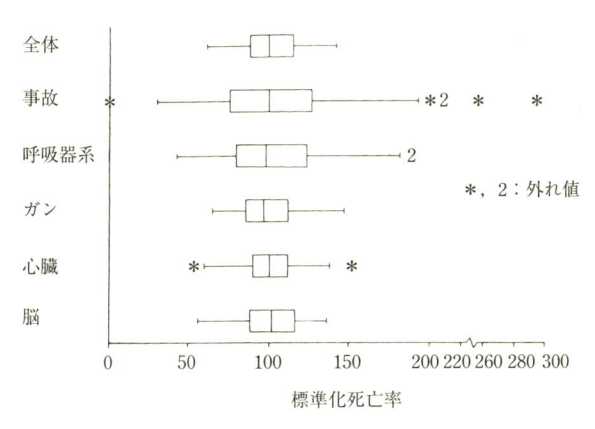

＊，2：外れ値

図15.5　標準化死亡率のボックスプロット

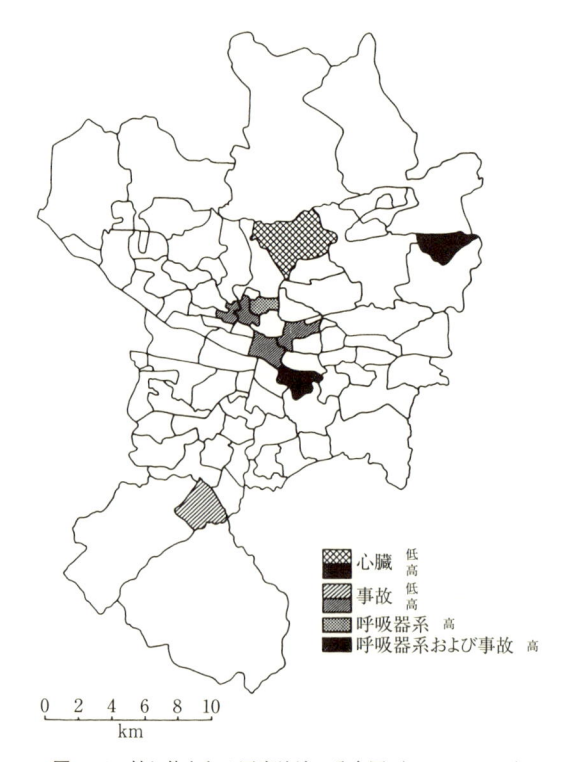

図 15.6　外れ値をとる医療地域の分布図（Haining, 1990）

（2） ポアソン・カイ 2 乗地図

コロプレス疾病地図において，高率な発生地域を知るより統計的な方法として，ポアソン・カイ 2 乗地図の作成がある．まず，カイ 2 乗値は，次のようにして計算される．

$$\chi^2 = \Sigma\,[(O-E)^2/E] \tag{15.3}$$

ただし，疾病の発生に応用する場合，O は疾病の観測数，E はその期待数である．χ^2 はカイ 2 乗値で，クラス数で合計される．期待数 E は，疾病の全国年平均や地域年平均が使われる場合が多い．

しかし，疾病の発生が比較的まれな場合，次のようなポアソンモデルでその発生率を予測することができる．

$$P(x) = \frac{e^{-\mu}\mu^x}{x!} \tag{15.4}$$

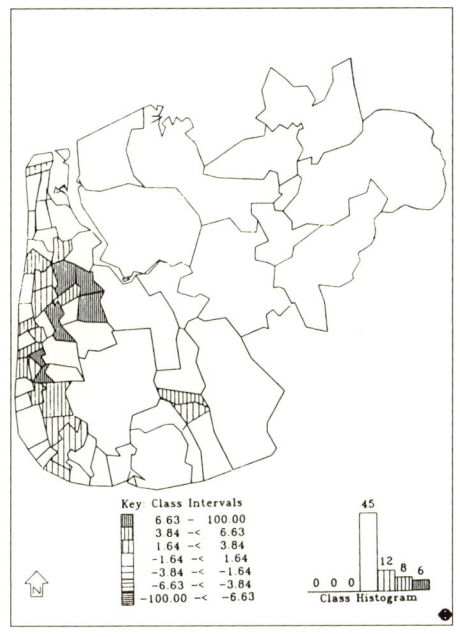

第15章 GISを利用した疾病地理と医療計画

図15.7 ブラックプールにおけるクローン病のポアソン・カイ2乗地図（Brown *et al.*, 1995）

ただし，x はある地域における疾病の発症数で，0（発症例なし），1, 2, … をとる．μ は平均発生率，e は定数で 2.7183 である．$P(x)$ は，ある地域で疾病の発症数が x となる確率である．ポアソンモデルを利用するならば，期待値は全国（地域）の年平均の代わりに，モデルで予測されたこの発生率に人口を乗じた予測発症数が用いられる．

次に，ポアソン・カイ2乗地図の作成例をみてみよう．1976～1986年の間に，イギリスのブラックプールとその周辺を管轄する保健地域では，211のクローン病患者が出現した．保健地域内での患者の空間分布をみるため，図15.7に示すように71のセンサス地区ごとに患者を集計し，各地区の観測数を求めた．また，期待数は，中間年の1981年における保健所地域における性別・12歳ごとの年齢層別の人口に対する平均発生率を算出し，それを基にして各地区ごとにポアソンモデル（式（15.4））を適用し，期待数を推定した．このようにして求めた観測数と期待数から，上記の式（15.3）によってカイ2乗値を算出した．カイ2乗値が大きいほど，地域の平均から外れており，クローン病の発生率が高いことを意味する．クラスに分ける境界値として，有意水準が20%，5%，1%に対するカイ2乗値，1.64, 3.84, 6.64を用いると，$1.64 \leq < 3.84$，$3.84 \leq < 6.64$，$6.64 \leq$ にそれぞれ入る地区数は，12, 8, 6 となる（図

15.7右下のグラフ参照).したがって,このクラス分けに基づいて陰影表示したポアソン・カイ2乗地図は,図15.7のようになる(Brown et al., 1995).このようにポアソン・カイ2乗地図では,有意水準が高い地区ほど,疾病の発生率が異常に高いことを表している.

(3) 経験ベイズ推定

次に,発生率の低い疾病に対する地図を作成する場合に起こる問題を考えてみよう.一般に,疾病の相対危険度(relative risk)θ_iは,次のように算出される.

$$\theta_i = y_i/\mu_i \qquad (15.5)$$

ただし,y_iは地区iで観測された疾病数,μ_iは年齢と性別で標準化された期待疾病数である.前述の標準化死亡率(式(15.1))では死亡数を用いたが,この式では疾病数を用いており,式の基本的構成は同じである.

問題は,この式を発生率の低い疾病に応用した場合に起こる.たとえば,小児白血病では,0〜14歳の人口100万人に対し1年間に40〜50症例ほどしか発生しない.このような状況において地区別にみると,多くの地区が0となる一方,小さな人口をもった地区では,1症例の発生でも異常に高い相対危険度となる.さらに,期待値が1症例のところで観測値が2症例の場合と,期待値100症例で観測値200症例の場合とでは,相対危険度は同じであるが,疾病学からみると後の場合の方が明らかに重大であろう.

同様に,地域の疾病発生状況を統計手法を用いて表す場合,統計的有意性はサンプル規模と関係するので,都市のような大きな人口をもった地域では,統計的信頼性は高いであろう.このようにまず,疾病数が少ないときに問題が起こるということを認識する必要がある.このような問題は,地域単位が小さいとき,あるいは,疾病がまれにしか起こらないとき出現する.

経験ベイズ推定(empirical Bayes estimation)のような手法は,このような状態において役立つ(Langford, 1994).疾病の出現率が低い場合,いずれの地域に対する推定も研究地域の平均値に収束する.このことは,研究地域内で観測された疾病発生率がほとんど信頼できないことを意味する.経験ベイズ推定では,データの構造と信頼性の二つの情報が組み込まれる.構造は確率分布によって表現され,ガンマ分布が利用される.ポアソン分布はある境界内の空間に発生する事象数の確率を記述するのに対し,ガンマ分布は発生する事象数に必要な空間の量を記述する.信頼性については,大きな人口をもった地域ほど,そこから得られる相対危険度に関する情報の信頼性が高いという先験的知識に基づいている.

すると,相対危険度は,ガンマ分布によって,形状パラメーターνと尺度(スケール)パラメーターαの二つのパラメーターで記述される.なお,相対危険度の平均はν/α,分散はν/α^2で与えられる.これらのパラメーターは,最尤–積率混合法を用

表15.2 小児白血病に対する上位と下位10地区の相対危険度と経験ベイズ推定 (Langford, 1994)

地区名	観測数	期待数	相対危険度 (‰年齢)	経験ベイズ推定 (‰年齢)
上位10地区：				
Torridge	4	1.2281	325.706	126.425
Christchurch	2	0.6474	308.928	114.163
South Lakeland	7	2.2699	308.384	140.513
Babergh	3	1.0568	283.876	119.126
Mendip	3	1.0618	282.539	119.071
Carrick	5	1.9243	259.835	127.459
Hambleton	5	1.9313	258.893	127.382
Eden	3	1.1633	257.887	117.956
Melton	3	1.1743	255.471	117.836
Selby	6	2.3566	254.604	131.190
下位10地区：				
Wyre	0	1.8645	0.000	84.793
South Derbyshire	0	1.9303	0.000	84.312
Llanelli	0	1.9512	0.000	84.161
Glanford	0	1.9681	0.000	84.039
Hyndburn	0	1.9791	0.000	83.959
Pendle	0	2.1135	0.000	83.002
Rhondda	0	2.1833	0.000	82.514
Scarborough	0	2.5378	0.000	80.119
Hinckley and Bosworth	0	2.7141	0.000	78.979
Suffolk Coastal	0	3.0837	0.000	76.691

いて相対危険度のデータから推定される．αとνが推定されたならば，経験ベイズ推定よる相対危険度は，形状パラメーターが $(\mu_i + \alpha)$，尺度パラメーターが $(y_i + \nu)$ のガンマ分布に従う．すなわち，相対危険度の期待値は，

$$E(\theta_i | y_i, \alpha, \nu) = \frac{y_i + \nu}{\mu_i + \alpha} \tag{15.6}$$

で示される．このように，経験ベイズ推定では，相対危険度はαとνを導入することで調整される．もし，y_iとμ_iの値がαとνに比べ大きければ，経験ベイズ推定は元の相対危険度とそれほど相違しないであろう．逆にαとνに比べ，y_iとμ_iの値が小さければ，推定値は全体の平均 (ν/α) に近づくであろう．

次に，経験ベイズ推定の応用事例をみてみよう．データは，1984～1988年のイングランドとウェールズの145の地区における年齢0～14歳に対する小児白血病の発症データである．このデータセットの統計的記述は，以下のようである．

総発症数＝438，最小期待数＝0.650，平均期待数＝3.033，最大期待数＝19.646，

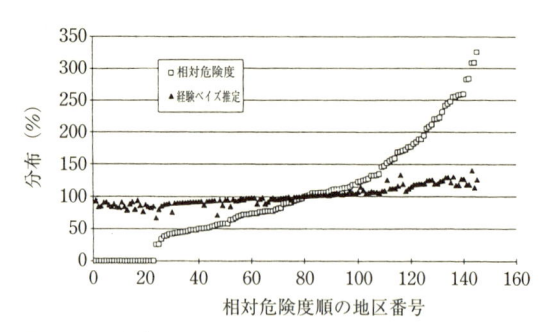

図15.8 小児白血病に対する相対危険度と経験ベイズ推定の分布（Langford, 1994）

平均相対危険度(年齢で標準化されたパーセント) = 100, 最大相対危険率(年齢%) = 324, 発症例のない地区数 = 23.

α と v の値は, 9.68 と 9.79 である. 表15.2には, 相対危険度が高い10地区と低い10地区を示している. この表から, 人口規模の大きい地区は小さい地区ほど平均に引き寄せられていないことがわかる. 図15.8は, 相対危険度とその経験ベイズ推定の全体的分布を昇順に示している. 危険度の変動範囲が, 大きく減少したことが明らかである.

15.4 疾病データの可視化

疾病の発生率（incidence rate）のような地域データからコロプレス地図を作成する場合, 可視化の方法についてもさまざまな問題が指摘されている（Walter, 1993）. 特に重要な問題は, 地域単位の可変的規模である. 通常コロプレス地図では, 農村地域のような大きな地域単位に目がいってしまい, その地域での高率は非常に大きなインパクトを与える一方, 小さな都市地域は視覚的に矮小化される.

この問題を解決するため, カルトグラム（cartogram）という地図表現方法が利用される. いま, 国土における人口分布を表現しようとする場合, 人口稠密な都市部では, 小さな地域単位に多くの人口が居住しているので, 国土全体を1枚の地図で表現できない. そこで従来は, 都市部に対しては挿入図として大縮尺の地図が別につけられることになる. そこで, 詳細と全体を同時に表現できるカルトグラムの地図手法が開発された.

カルトグラムとは, 一般に地域単位の中心に円や正方形などの図形を配した地図で, 地図化しようとしている量や比率はその図形の大きさで表している（日本国際地図学会, 1985）. しかしながら, このような図形を用いた表現に変えただけでは, 1%以下の面積に30%以上の人口が居住しているというような状態（1971年のイギリスの人

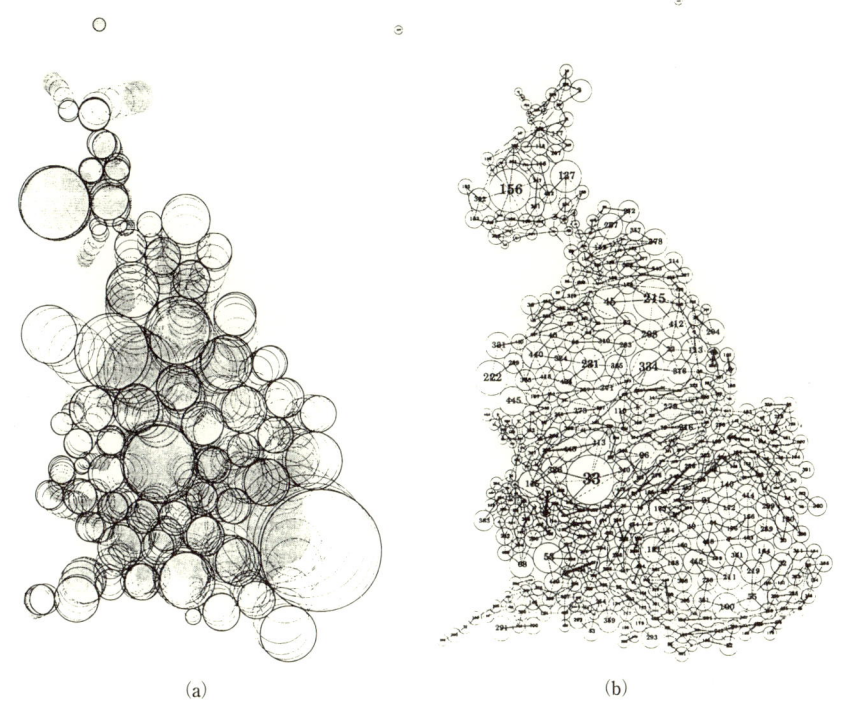

第15章　GISを利用した疾病地理と医療計画　　　　　　　　　　　　　*237*

(a)　　　　　　　　　　　　　　(b)

図15.9　イギリスの地方自治体地区の人口に対するカルトグラム（Dorling, 1994）
(a) 円の大きさで表された人口分布，(b) 連接関係を示した基図．

口）を表現することはできない．カルトグラムには，連続地域（continuous area）カルトグラムと不連続地域（noncontinuous area）カルトグラムがある（Dorling, 1994）．前者は地域単位間の位相を厳密に保持しており，地域単位間には何ら空白部が存在することはない．それに対し後者は，地理的位相関係は大幅に崩れるが，円や正方形，六角形のような単純な図形で地域単位を表現するので，人口のような複雑な分布図を作成するためには処理がしやすい．

　図15.9の(a)と(b)は，それぞれイギリスの地方自治体地区の人口に対するカルトグラムとその基図を示している．このカルトグラムでは円の大きさは人口を表し，半島などの海岸線はできるだけ再現されるように試みられた．この地図からも明らかなように，カルトグラムは等密度（density-equalized）地図と見なされる．図15.10の(a)と(b)は，イギリスの1981年センサスに基づく10,444の区（ward）に対する失業率の分布を，それぞれカルトグラムと通常の基図とで表している．カルトグラムによ

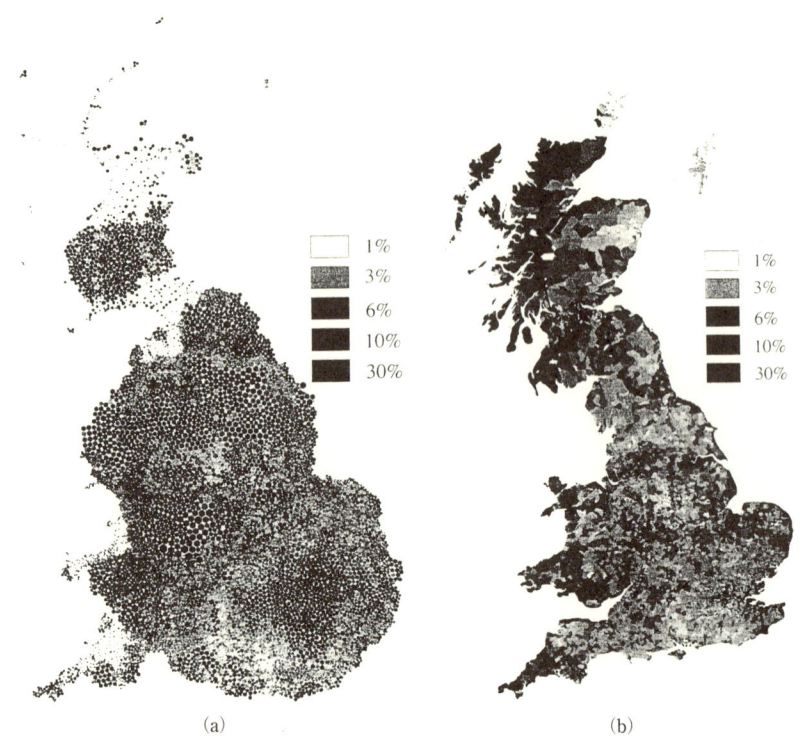

図15.10 イギリスの区ごとの失業率の分布図 (Dorling, 1994)
(a) カルトグラム, (b) コロプレス地図.

ると,高い失業率の地域は,ロンドン中心部,南ウェールズ,バーミンガム,リバプール,タイン川流域,グラスゴーである.同時に,それらの地域の広がりと失業率の程度もはっきりみることができる.それに対し通常のコロプレス地図では,イギリスで最も人口の過疎地域であるスコットランド北西部において失業率の高い大きな地域が出現する.都市部の主要な失業地域は小さな黒い点としか現れず,したがってこの地図からは,多くの人口が失業で困っているという印象を与えない (Dorling, 1994).

以上でみたように,カルトグラムは地理学で伝統的に用いてきた地図よりも現実的状態を描写することができる.地形図よりも人口カルトグラムを利用するのは,伝統的地図が人口パターンを歪めるのではなく,パターンの重要な部分がみえないからである.GISの出現によって,カルトグラムは動画(アニメーション),音声(サウンド),DEMなどとともに,地図の可視化手法の一つとして利用できるようになった (Mackaness, 1996).疾病地図作成でも,データは人口分布に基づくことになるので,

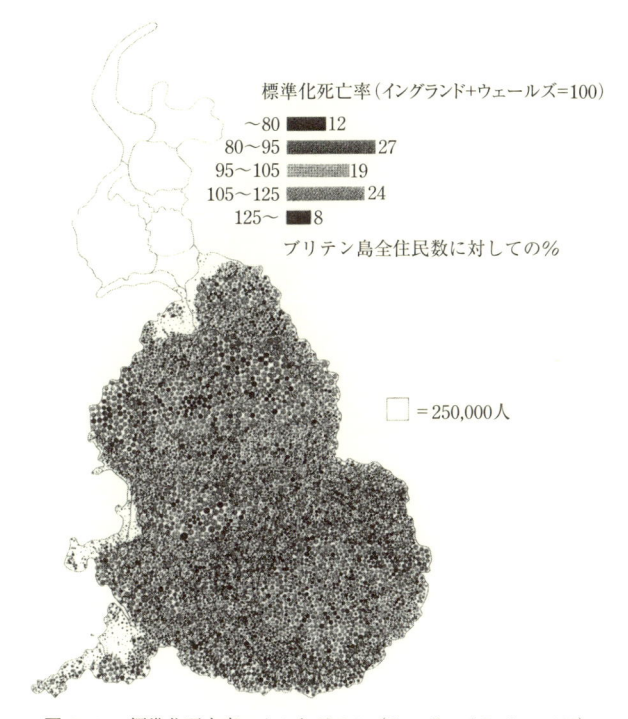

第15章　GISを利用した疾病地理と医療計画　　*239*

図 15.11　標準化死亡率のカルトグラム　(Gatrell and Senior, 1999)

　カルトグラムを利用する必要がある．図 15.11 は，イギリスにおける 1981〜89 年の間のすべての疾病に基づいた標準化死亡率（イングランドとウェールズに対する平均を 100）をカルトグラムとして表示している（Gatrell and Senior, 1999）．この地図では，地域単位の大きさは人口を，その陰影は危険に脅かされる程度を表している．ロンドンやバーミンガムの大都市圏では，死亡率が低いのに対し，イングランド北部の工業都市では高い地区が群集しているのが判明する．

15.5　疾病発生の原因究明に関する地理的分析

　疾病の発生率が高い地域が抽出されたならば，次になぜこのような集中が出現したかの原因を究明する必要がある．疾病発生の原因は，個人的な習慣によるものと，環境によるものとに大別できる．疾病地理学では，疾病発生の原因が患者の居住している環境にある場合，さまざまな空間分析を利用してそれらの間の関係を探る．以下に紹介するのは，イギリスのエジンバラとグラスゴーの中間に位置する小さな町 Armadale における，肺ガンによる死亡者の急増の原因を解明した研究である（Lloyd, 1995）．

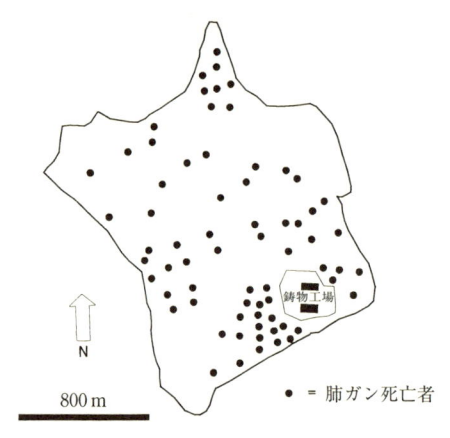

図15.12 イギリス Armadale における肺ガン死亡者の分布 (Lloyd, 1995)

　Armadale の人口は約7,000で，社会経済的特性は周辺の他の町と変わらない．しかし，1969〜1973年に発表された死亡率と肺ガン発生率（いずれも標準化された率）がスコットランドで最高値を示した．特に，1961〜1967年の7年間では肺ガンの死亡者が16人であったのに対し，1968〜1974年の7年間では55人になった．しかしながら，研究の初期の段階では，病気の発生原因に対する手がかりは，何らみつけることができなかった．しかし，死亡者の住所を入手し，図15.12に示すように1966〜1976年における肺ガン死亡者の分布図を作成してみた．そして，分布図に対しカーネル推定法によって死亡者の集中（クラスター）の存在を統計的に分析した結果，鋳物工場の南西側に位置する住宅地で有意な集中がみられることが判明した．

　この小さな鋳物工場は，1960年代中ごろに，冶金の鋳造処理を変更しており，微粒子を含む大気汚染の性質が変わったと考えられる．したがって，その工場からの金属の微粒子を含んだ煤煙がどのように流出し，金属による大気汚染が町に広がったかを調査する必要がある．大気汚染の詳しい分布パターンについての客観的証拠を獲得するため，サンプリング地点を高密度に設置し，汚染状況を調べなければならない．一般に用いられている高技術サンプラーは費用が高く，長期の設置で故障や破壊を被る．そこで，コケや土壌のサンプルを採取する低技術サンプラーが採用された．

　図15.13は，土壌サンプル中のヒ素汚染量の分布を表している．最も高い集積は，鋳物工場の南西側であった．しかし，高い集積は工場の北側にも広がっていた．それゆえ，汚染物質は最初に北東からの卓越風に乗って工場から南西側の肺ガン死亡者の多い地区に流出し，次いで町の北に延びる小さな谷を下って移動したことが明らかになった．

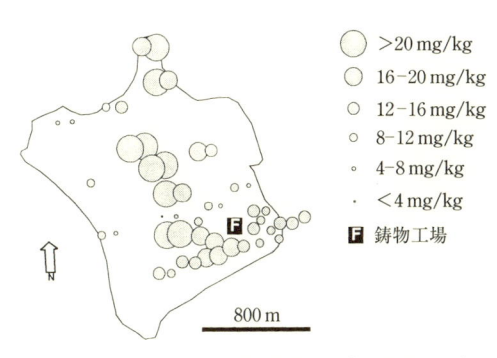

第15章　GISを利用した疾病地理と医療計画　　　　　　　　　　　　　　　*241*

○ ＞20 mg/kg
○ 16–20 mg/kg
○ 12–16 mg/kg
・ 8–12 mg/kg
・ 4–8 mg/kg
・ ＜4 mg/kg
F 鋳物工場

図15.13　Armadaleにおける土壌のヒ素汚染量の分布
　　　　　（Lloyd, 1995）

このように肺ガン死亡者の分布と大気汚染の分布が一致することから，鋳物工場による大気汚染が肺ガンの発生に強く関連している可能性があることが明らかになった．

15.6　医療計画システム

本章で考察した疾病（患者）の地理的分布は，医療を施すための地域計画のデータとしても使用できる．最後に本節では，GISを利用した医療計画システムについて紹介する（Clarke and Spowage, 1984）．

（1）　地域計画策定システム

地域計画の策定やその施行決定に対し，適切な情報を提供するための新たな計画策定システムが必要である．図15.14は，数理モデル（以下，モデル）を基礎とした計画システムを示している．このシステムは，次の五つの要素から成り立っている．①情報システム，②モデルに基づいた分析，③コミュニケーションシステム，④達成指標，⑤スーパープラン．これらの要素を説明する前に，計画策定システムが作動し出す状況をみよう．まず行政当局は，地域計画と結びついたある問題に直面しているとする．すると当局は，関係団体とともに，問題解決のため全体的な要求を提示する．計画策定システムは，この要求をできるだけ満たすように具体的なプランを与えるものでなければならない．図15.14で破線で示されている流れは，計画システムが動き出すための発端を表している．

情報システムでは，提示された問題にかかわるさまざまな原データが収集される．それらは，行政当局のみならず，さまざまな関係団体もいろいろな目的で利用できるデータで構成されている．また，常に最新のデータが集められる．この計画策定システムにおいて主要な流れは，情報システムから達成指標へのデータの投入と，さらに

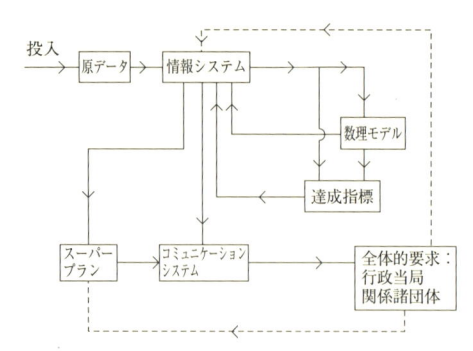

図15.14 数理モデル分析に基づく地域計画策定システムのフロー(Clarke and Wilson, 1985)

達成指標から情報システムへとフィードバックされるループである．達成指標とは，現組織や計画実施後の組織がどのような要求水準を達成しているかを示す指標である．達成指標の計算では，現組織に関するデータを情報システムから入手し，現達成度を求めるとともに，モデルを利用して諸側面において改善された組織に対する達成度も事前に算出することができる．したがって，現在の状況とともに，どのような形でどのくらい投資すると，どれだけ現状が改善されるかというデータもつくられ，情報システムにフィードバックされ，保存される点に本計画システムの特徴がある．

このようにして収集・作成されたデータは，情報システムからスーパープランとコミュニケーションシステムへ送られる．スーパープランとは，問題を抱えている組織の全分野を覆うプランであり，多領域で総合的な戦略プランである．また，常に最新情報に基づき連続的に更新されるローリングプランでもある．スーパープランは，このように情報システムのデータに基づき作成され，コミュニケーションシステムに送られる．そこでは，関係諸機関と諸団体からなる全体会議でプランの内容が検討され，意見が提出される．議論は特に，最初に出された全体的要求が，どの程度満たされたかに関し行われる．もし，その程度がかなり低い場合には，全体的要求の内容や水準を変えて，もう一度計画システムが実行される．

（2） 医療計画システムへの応用

（a）背　景：　ここで紹介する医療地区は，イギリス北部に位置し，そのサービス人口は183,000人で全国平均を少し下回る．当地区内には，現在六つの病院がある．すなわち，二つの主要総合病院，一つの整形病院（事故・救急施設をもつ），二つの老人病長期入院病院，一つの整形/老人病長期入院病院．しかしながら，新しい地区総合病院が，7年後には開設予定である．この病院は将来，現存の二つの総合病院と一つの整形病院（事故・救急施設をもつ）の両機能を引き継ぐものである．残りの病

院は,将来も今までどおり存続することが決められている.

われわれが取り組む問題は,施設立地,専門医の組み合わせ,財務の三つの側面から,採用されるべき計画戦略を決定し,住民に及ぼす影響を正確に評価することである.特に,差し迫った問題として,老人病医療サービスの提供を取り上げる.老人病医療における問題の一つとして,隣接地区から本医療地区への多数の老人病患者(約12％)の流入がみられることである.そこで第1の仕事は,この流入を70％減まで抑えることを目標とし,この流入変化がここ数年間に老人病患者総数に及ぼす影響を算出することである.

もう一つの問題は,新病院建設資金を捻出することである.この7年間に収益のうち約1,300万ポンドの節約が必要である.このため第2の仕事として,新しい地区総合病院建設までの間に,一部の施設の再組織・閉鎖を行うことができるかどうかを分析する必要がある.

(b) **シミュレーション結果**: まず,新しい地区総合病院ができるまでの期間を通じて地区内の老人病入院患者の医療需要を見積もることが必要であり,次のような仮定がなされた.

(ⅰ) 出生,死亡,人口移動率は最新データがある1年前の状態で推移する.
(ⅱ) 年齢,性別の病状の割合は一定の状態で推移する.
(ⅲ) 提供される医療ケアのタイプは同一の状態で推移する.
(ⅳ) 各病院における病状別入院日数は1年前の状態で推移する.
(ⅴ) 地区外からの患者は地区内の患者と同じ属性分布をもっている.

次の四つの異なったシナリオのもとでモデルは実行された.
(A) 地域外からの患者の流入は1年前の水準に保たれている.
(B) 患者の流入は1年後になくなるものとする.
(C) 患者の流入は1年後から年20％の割合で減少する.
(D) 患者の流入は1年前の水準の30％(70％減)に1年後以降減少する.

約4万人のサンプルがとられ,モデルが実行された.得られたシミュレーション結果は,表15.3と表15.4にまとめられている.表15.3は,四つのシナリオに対する今後7年間に発生する老人病入院患者予測数を示している.シミュレーションの各期間を通じ,地区内の総人口は年々1.55％ずつ減少するが,65歳以上の高齢者人口は2％ずつ増加すると仮定された.したがって,老人の総数は少しであるが徐々に増加するのである.

流入患者数が何ら変化しないシナリオAでは,老人人口のこの増加が入院患者数のわずかな増加へと反映する.シナリオBでは,予測されるように,流入が終わる3年後に突然の減少がみられるが,しかしその後徐々に増加する.流入が連続して減少するシナリオCでは,入院患者も連続して減少する.計画目標として設定されたシ

表15.3 四つのシナリオにおいて新たに発生する老人病入院患者数・流入患者数(カッコ内)(Clarke and Spowage, 1984)

	年						
	1	2	3	4	5	6	7
シナリオA	918	926	934	922	933	937	943
	(96)	(91)	(83)	(96)	(97)	(92)	(93)
B	910	924	843	815	825	841	863
	(111)	(93)	(0)	(0)	(0)	(0)	(0)
C	921	919	901	873	849	947	849
	(99)	(101)	(81)	(62)	(44)	(19)	(0)
D	916	912	863	853	867	856	879
	(109)	(97)	(32)	(28)	(32)	(36)	(29)

表15.4 シナリオ別ベッド日数の需要・供給 (Clarke and Spowage, 1984)

	年						
	1	2	3	4	5	6	7
総供給ベッド日数	91,432	91,432	91,432	91,432	91,432	91,432	91,432
利用ベッド日数	87,198	87,198	87,198	87,198	87,198	87,198	87,198
シナリオ別需要ベッド日数A	84,561	86,298	86,235	84,992	86,094	87,322	87,869
B	84,243	86,541	79,041	76,241	76,437	77,645	78,989
C	85,163	85,099	84,167	81,926	79,625	78,993	79,220
D	84,910	85,003	80,986	78,763	79,801	78,917	80,029
DのAに対する%	100.4	98.5	93.9	92.6	92.7	90.5	91.8
	−349	1,298	5,249	6,229	6,293	8,405	7,169

注:病院ごとの供給ベッド日数.病院2:33,215,病院3:3,103(老人病用)3,431(整形外科),病院5:33,507,病院6:17,082.

ナリオDでは,シナリオBと同じように3年後に減少するが,いまだ流入の影響がわずかに残っている.

表15.4は,これらがいかにベッド日数の需要に反映するかを示している.興味ある結果は,シナリオAとDのもとでのベッド日数の予約の比較である.これは表の下段に示されており,シナリオDをとることによって,現状の需要量よりも約7〜8%減少,ベッド日数にして6,000〜7,000日の減少を生むことを示している.この減少は,病院3における老人病用供給ベッド日数(3,103日)をこえていることは明らかである.したがって,提供される医療ケア水準を変えないで,資源節約をはかる施設の整理計画を行うことが可能なようである.次に,この点を考察する.

以上の分析に基づき,保健局の計画チームは,シナリオDのもとで病院の整理計画を検討することを決定した.整理計画は,病院3のすべての施設を閉鎖し,病院4の利用率の非常に低い耳鼻咽喉科用の8ベッドを整形外科用に変更するというもので

第15章 GISを利用した疾病地理と医療計画

表15.5 病院・専門医ごとの入院患者数とその予測数 (Clarke and Spowage, 1984)

	調査時点						2年後					
	病 院						病 院					
	1	2	3	4	5	6	1	2	3	4	5	6
専門医 1	1,363	1,029					1,322	1,076				
2		1,051						1,101				
3	158	42					169					
4		715	36		154	76		676			149	78
5	1,328	1,876					1,842	2,129				
6				105								
7			129	1,633						1,786		
8	405						439					
9	502	1,136					637	1,008				
10		819						729				
11		398						343					

表15.6 ベッド利用率

病 院	老人用	整形外科用
	調査時点	
2	94%	
3	100%	
5	98%	
6	95%	
4		83%
	5年後シナリオA	
2	95%	
5	96%	
6	100%	
4		91%
	5年後シナリオD	
2	87%	
5	89%	
6	90%	
4		92%

ある．その結果，全体としては，老人病用の8ベッド，整形外科用の5ベッドの減少を生む．経費の節約は，約20万ポンドに達する．表15.5は，この整理計画に対する結果を示している．左側の調査時点における病院・専門医ごとの入院患者数と，右側の2年後に対する予測数を比較すると，おおざっぱにいうならば，シナリオDのもとでは（老人病患者流入数が現水準の30%に減らされるならば），病院3の閉鎖は可能であることを示している．

この結論は，ベッド利用率から導かれる．表15.6では，調査時点における関係する5病院の老人病用と整形外科用の実際のベッド利用率と，5年後におけるシナリオA，Dのもとでの予測利用率がまとめられている．整形外科用を考慮に入れたのは，老人病患者がまず整形外科用ベッドに入院し，老人用ベッドに転送されるケースが多いからである．調査時点では，老人用ベッドの利用率が非常に高いことが注目される．シナリオAのもとでは，病院3の閉鎖の結果，利用率は増加している．特に，整形外科用ベッドに対し顕著である．シナリオDのもとでは，整形外科用は相変わらず高いが，老人病用に対してはかなり減少している．この状態では，病院供給システムにおいて，ある量の使われていない部分（スラック）が存在し，それらが病院4への圧力を減じているように働いている．

第16章　GISにおけるデジタル正射写真の利用

16.1　デジタル正射写真

　空中写真を撮影するとき，カメラの撮影軸はできるだけ垂直方向に保持されることが望ましい．撮影軸が垂直からずれた場合，撮影された写真は歪んでしまう．偏位修正（rectification）とは，このような歪みを取り除き，垂直写真の状態にする修正方法である．このような修正を行った写真でも，中心投影の像であるため垂直軸方向からずれるとズレ幅に応じ歪みが大きくなる．そこで，図16.1に示すように対象を投影面（平面）に向けて平行に投影する正射投影変換を行う．デジタル正射写真（digital orthophotograph）とは，このように投影変換されたデジタルな写真であり，すべての地点を垂直方向からみた写真である（日本リモートセンシング研究会，1992，156-157）．

　デジタル正射写真は，さらに地図としても利用できるようにするため，地図投影変換され，方位や縮尺がつけられる．デジタル正射画像（digital ortho-image）と呼ば

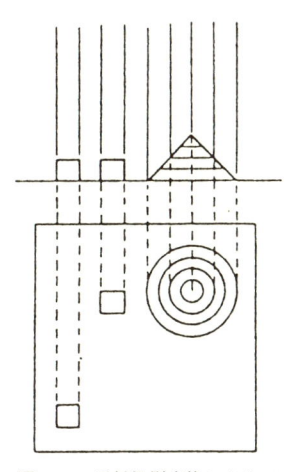

図16.1　正射投影変換によるデジタル正射写真

れることもあり，処理が容易であり，精度が非常に高いので直接地図に重ね合わせることができる．たとえば，ベクトル地図に重ね合わせ，背景として利用できる．また，観察された地形の輪郭を正確に描くことができるため，地図それ自身としても利用される（Markham, 1995）．

16.2　デジタル正射写真の利用と技術的諸問題

（1）　**GISにおけるデジタル正射写真の利用**

GIS上のデジタル正射写真に対しては，次に示すように五つの利用方法がある．

（a）**背景地図としての利用**：　デジタル正射写真は，伝統的に用いられてきた線に基づいた紙地図に比べ，実世界の状況をより詳細に，より正確に表現している．伝統的な地図であると，地図の記号や総描が用いられ，利用者はそれらを読み解く知識がないならば，地域の状況を知ることができない．それに対し，デジタル正射写真は，景観に対するトゥルーカラーの画像なので，読図の知識がなくても利用できる．特に，視覚化を高める目的のため，GISの利用者がデジタル正射写真を背景地図（background map）として使用するならば，高い満足が得られるといわれている（Markham, 1995）．

今まで蓄積された経験から，GISの平均的利用者は，高度な空間分析を扱うのではなく，簡単な位置参照を行っているだけであることが明らかになっている．すなわち，工場と道路との位置関係とか，家と上下水道網との関係のように，対象と他の事象との位置関係をGISで表現することを目指しているのである．このような場合，デジタル正射写真は，参照基盤を確立するために効率的で経済的な背景図として役立つであろう．ただし，デジタル正射写真を利用するための処理システムは，速やかな表示，ベクトル地図との簡単な重ね合わせ，簡便な画像強調機能などを提供するものでなければならない．

（b）**データ取得と地図の更新**：　GISの利用者にとって常に問題になるのは，基図データがある一定の精度で更新されているかどうかである．残念ながら，多くの国々では，このような状況は保証されていない．したがって，基図を必要とする機関は，外部のデータ源を使ってそれを補うか，部分的に野外調査を行うか，あるいは，空中写真を撮影して，アナログ（紙）地図に変更箇所を書き加えてきた．

デジタル正射写真を利用するならば，安価でしかも効率的にデータを取得することができ，さらにベクトル地図を更新することもできる．データ取得のため，幾何情報が計測される．さらに非幾何情報，たとえば道路の車線数は，直接データベースに加えられる．デジタル正射写真は，自然的事象（河川，森林など）と人文的事象（道路や建物など）に対するデータベースを構築するときに利用される．すでにデータが存在しているところでは，デジタル正射写真は，データをより完全なものにするため，

変化したところを更新し，データ品質を維持するために利用される．また，他のデータ取得の方法に対する精度を検証するためにも利用される．

 (c) **主題図作成**： たとえば，森林や牧草地，裸地など土地利用に関する主題図を作成するとき，土地利用の明確な境界線をデジタル化するため，不自然な等質性 (uniformity) に基づいた区分が生じる．デジタル正射写真は，土地利用の内容や周辺状況（コンテクスト）に関し，より高い精度を与えるため，主題図作成にリアリズムを導入する．このような精度の向上は，分析の可能性を拡大させるとともに高める．また，画像処理技術を用いるならば，事象のデジタル化を半自動化させ，迅速性や精度の向上につながる．

 (d) **可変縮尺の地図作成**： 本来，デジタル正射画像は大縮尺（1：500～1：2,500）の地図を作成するためにつくられるのであるが，より小縮尺の地図作成に対してもそのデジタル情報は利用できる．行政機関では，戦略計画（strategic planning）に対しては1：5,000と1：10,000の縮尺の地図を，詳細な用地計画（site planning）には1：500の地図を必要とする．単一の写真情報源からこのようなさまざまな縮尺の地図を作成できることは，経費の軽減につながるだけでなく，データベース間の共通性や参照一貫性（referential integrity）にもつながる．これらのことはGISの利用に際し，いずれも大きな価値をもたらす．

 (e) **デジタル地形モデル（DTM）**： デジタル正射写真をつくる前の画像には，地形の起伏のズレによって歪みが生じている．この歪みを補正するため，DTMを利用して地形面を作成し，その上で数千もの制御点を設定して画像は調整される．正射画像は垂直方向の情報が欠落しているので，完全な3次元（3-D）情報ではない．しかし，地形面上で広範囲の鳥瞰を与えることで，GIS内で景観の3次元表示をつくることができる．DTMに正射画像を重ね合わせることで，アニメーションやシミュレーションに必要な3次元の景観が再現できる．この3-D画像は，洪水危険評価，道路計画，都市開発などさまざまな応用分野で利用されるであろう．

 (2) **デジタル正射写真の技術的諸問題**

 (a) **ハイブリッドGIS**： デジタル正射画像の分野では，TIFF，GT，LRD，SUNRAS，RLC，JPEGなどさまざまなラスター形式の標準が存在している．GIS上でデジタル正射画像を利用するには，これらの中で必要なラスター形式を入力（インポート）できる機能をGISがもっていなければならない．最近では，ハイブリッド（ラスターとベクトルの両形式を処理できる）GISが普及しているので，これを利用すればよい．必要な最小限の機能は，表示と画像強調（image enhancement）のような単純なデータ処理である．さらに高度な処理には，ラスター編集，近傍処理（neighborhood operation），地図合成，事象抽出（feature extraction）などが含まれる．

 (b) **データの管理**： デジタル正射画像は，アナログ画像を高精度でスキャンニ

ングすることで作成され，通常はCD-ROMやコンピュータテープを通じて利用者に供給される．写真の縮尺は画像の精度を決め，スキャンニングの解像度はファイルの大きさを決める．たとえば，1：6,000の縮尺の写真で，1：1,250の縮尺の地図を作成するとき，22.5 μm（1 μmは1 mmの1,000分の1，1,200 dpi（dot per inch））でスキャンすると，圧縮をかけていないデジタル地図ファイルでは，ファイル規模は約50 MBになる．7.5 μm（3,600 dpi）だと，ファイルは450 MBにもなる．このファイル規模だと，たとえ10：1の割合で圧縮をかけたとしても，情報ネットワーク上で管理することは難しい．JPEGのような最新の画像圧縮技術を利用することで，この問題は軽減される．

(c) **障害データの問題**： デジタル正射画像を用いるときに生じる問題の一つは，障害を伴う矛盾した情報の存在である．たとえば，空中写真によって道路上の車両が撮影されてしまったとしよう．すると，道路上のマンホールの蓋や排水溝の位置など知りたい重要な情報が覆い隠されてしまうことになる．このような問題は，現地調査を通じて得られた情報でラスター画像を編集することで解決されるが，時間と費用がかかることになる．

また，写真が撮影されたときのさまざまな天候状態，植生環境，光線の状態で，色彩にムラが発生する．濃度の歪みを修正するラジオメトリックキャリブレーション法（radiometric calibration algorithm）を利用するならば，この問題を解決できるが，後処理が加わりデータ取得に費用がかさむ．

16.3 デジタル正射写真と土地記録の近代化

（1） 背　　景

アメリカ合衆国地質調査所（USGS）は，デジタル正射写真プログラム（digital orthophotography program）を通じて，地元自治体と費用を分担して正射写真を作成してきた．たとえば，ウィスコンシン州では，Middletonでパイロットプロジェクトが行われ，タウンシップに関する土地利用計画を策定するため，USGSのデジタル正射経緯線図郭写真（digital orthoquads）を利用した．タウンシップの計画では，この正射写真を土壌図，土地区画・用途地域図，徴税データ，天然資源局（Department of Natural Resources）の湿地と土地被覆図，および，センサスデータに結びつけた．

このようなパイロットプロジェクトが成功したことから，ウィスコンシン州南西部のいくつかの郡は，土地記録を近代化するための基礎としてデジタル正射写真を利用することを計画した．ウィスコンシン州では，すでに全国航空写真プログラム（NAPP）による写真が，1992年に撮影されている（一部1993年に再撮影された）．これらの写真は，同一の飛行高度で，都市，農村両地域とも同じ解像度で撮られた．USGSの費用分担プログラムに応募するならば，契約し分担金を支払った後，正射写

真を入手するまでにさらに1年半～2年を要する．このことは，郡が実際に入手する写真は，4～5年前のものとなるということを意味している．この地域では，緩やかに起伏する農地が広がり，人口は比較的低密度で分布している．しかし，興味があるのは，1992年や1993年の状態ではなく，それ以降に始まった農村開発や都市の拡大に対してである．このことから，時間的ギャップはあまりにも大きすぎ，1992年以降の発展がとらえられていないという意味で，この画像データは精度の面で問題である．

(2) デジタル正射写真コンソーシアムの設立

このような背景をもとにして，ウィスコンシン州のいくつかの郡はそのほかの実行計画を模索し始めた．まず，郡が必要な正射写真の基本的要件として，次の7点を決めた．

① 正射画像のカバレッジは，郡全体に対しては1：12,000，人口居住地域に対しては，1：4,800の縮尺である．
② 正射画像を土地区画や都市行政の地図と結びつけるため，セクション[1]の四隅や他の事象の場所を目印として記録させる機能をもたせる．
③ ハードコピーの出力図を作成する．
④ 道路中心線（住所照合のため）と流域形状（河川流出モデリングのため）を取得する．
⑤ 迅速に（USGSよりも大幅に速く）正射写真を作成する．
⑥ 公共土地測量体系（public land survey system：PLSS）のタウンシップとセクションに基づき画像を撮影する．
⑦ エーカー当たりの作成経費は0.12～0.14ドルにする．

この経費の見積もり基準としては，USGSのデジタル四分経緯線図郭（digital quarter-quad）の価格を参考にし，多くの郡で6万～7.5万ドルの範囲に収まるようにした．また，ウィスコンシン州では，土地記録の近代化に対する補助金は最高で10万ドルであることにもよる．

地元の航空写真会社は，この要件に見合う撮影飛行と正射写真の作成計画を見積もった．この地域ではまた，制御地点網が存在していなかったので，航空写真と土地区画地図の作成に必要なGPSの調査網を設計した．

1994年の後期に10の郡が集まってセミナーを開き，1992年のNAPPに基づくUSGSデジタル正射写真と，新たに開発計画されたPLSSのタウンシップとセクションに基づく正射写真とを，解像度，品質，経費，入手時期の側面から比較した．

その結果，人口居住地域に対しより高い解像度が得られるタウンシップに基づいた

---

[1] セクションはアメリカ合衆国の官有地の1区画で，1平方マイルである．これが36集まってタウンシップになる．

正射写真を，七つの郡が協力して作成することが同意された．1995年1月に南西ウィスコンシンデジタル正射写真コンソーシアム（The Southwest Wisconsin Digital Orthophotography Consortium）が設立された．この設立目的は，七つの郡が協力してデジタル正射写真を取得するとともに，土地記録の近代化のためデジタル画像の利用に対する関連技術を獲得するためである（Meyer, 1996）．

（3） デジタル正射写真の撮影と利用

一つの正射写真ファイルは，PLSSのタウンシップの1個分を撮影したものである．この大きさは約6マイル×6マイルにあたり，その外側に半マイルのバッファ（撮影の重複部分）も設けられている．ファイルの大きさは，約130 MBとなる．これより低高度，高精度の正射写真は，4マイル×4マイルの大きさで，PLSSのセクション16個分に対応する．

1995年4月までに，すべての測地制御地点が決められた．たとえば，Green郡のMonroe市では，市内に210の制御地点が設けられ，その地点には白いペンキで×印がつけられた．地元の新聞は，この印が正射写真の精度を向上させるために用いられることを読者に報道している．撮影は，1995年春に行われた．地図製品の配布は，必要とされる精度に基づくが，1996年の3月までにすべて完了した．

コンソーシアムの郡の中で，Vernon郡は最も地形的に起伏が大きい．1993年の記録的な大雨と河川の洪水は，郡全体の洪水管理の組織と避難方法を再検討させることになった．ダムが十分に機能しなかったという分析は，正射写真とそれに関連した地形モデルを導入する推進力になった．最近では，郡全体の住所目録が完成し，アメリ

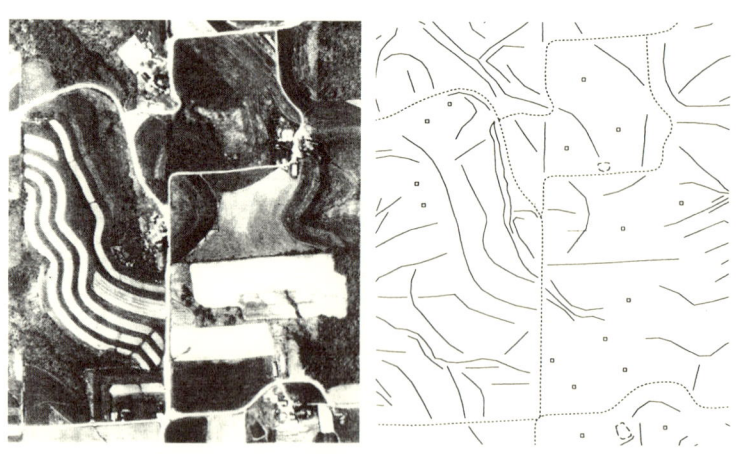

図16.2　Vernon郡のパイロット計画地域の一つのセクションに対する正射写真画像とそれにかかわるデジタル地形モデル（Meyer, 1996）

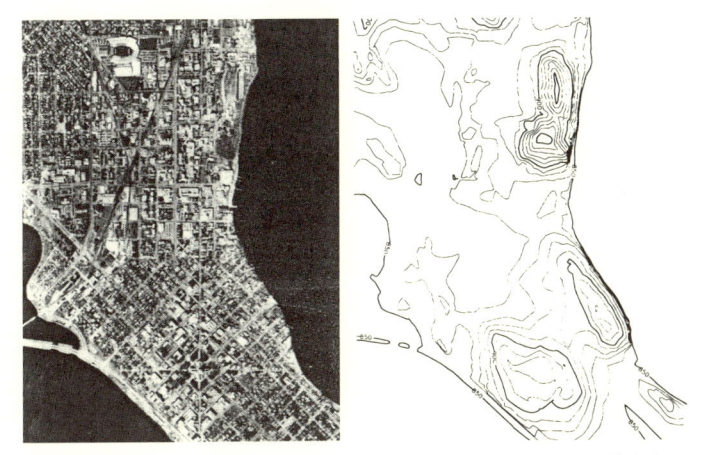

図16.3 Dane郡の州会議事堂とダウンタウンの画像とそれにかかわる等高線図
（Meyer, 1996）

カ合衆国郵便サービスと共同で農村部での一貫した住所体系を確立した．図16.2は，Vernon郡のパイロット地域の一つのセクションに対する正射写真画像とそれにかかわるデジタル地形モデル（DTM）を示している．正射写真とデジタル流域モデルを結合することの利益は，このような地形的状況では明らかであろう．

　Dane郡は，コンソーシアムの中で最大の人口をもった郡である．この郡では，農村部ですでに土地区画の地図を完成している．現在は人口居住地区で土地区画の地図をつくりつつある．土壌や湿地の地図も郡全体に対し完成している．デジタル正射画像は，流域モデルの作成を支援するため，また土地区画の情報を更新するため導入された．図16.3は，Dane郡の事例を示している．正射写真，道路中心線，等高線は，土地区画，土壌，湿地などの既存のデータに付け加えられ，郡の土地記録システムの中核的データセットを構成している．

　デジタル正射写真の利用で明らかになったことは，写真のハードコピーの需要が多いことである．デジタル情報とペーパーレスな地図の時代にあっても，ハードコピー情報に多くの支持者がいるのである．Columbia郡ではその需要は最も多く，土地所有者のほか，ハイキングや狩猟などでも利用されている．Dane郡では，公益企業，レクリエーション関係，ディベロッパー，不動産などで，デジタル正射写真がさまざまな形で利用されている．また，多くの郡や市の会議室の壁には，それらの管轄地域の正射写真が掲示されている．

第17章 リモートセンシング I：衛星画像データとバイオマスの推定

17.1 リモートセンシングの原理

　太陽エネルギーは電磁波で，ガンマ線からラジオ波まで波長の長さによっていくつかの名称に区別されている．ある物体に太陽エネルギーが当たるとき，その反射率とは，物体への入射エネルギーに対する反射エネルギーの割合で示される．物体の反射率は，光（電磁波）の波長ごとに異なるので，波長ごとの反射率，すなわち，分光反射率（spectral reflectance）を観測することにより，遠方から物体を識別することができる．リモートセンシングは，この原理を利用している．第6章で示した図6.2は，横軸に波長（μm：マイクロメータ＝10^{-6} m），縦軸に反射率（％）をとり，代表的な土地被覆である植生，裸地（乾燥した土），水域の分光反射率を示している．この分光反射率の曲線は，分光シグネチャー（spectral signature）と呼ばれ，水では波長が長くなるにつれて反射率が減少し，土では逆に増加する．植物では，0.5 μm（緑波長帯）の可視光線域で高い反射率を示すが，0.7〜1.3 μm の近赤外域ではさらに高い反射率をもつ．

　このように分光シグネチャーは，波長の関数としての物体の反射率なので，リモートセンシングではこの原理に基づき土地被覆の種類を識別するのである．

17.2 リモートセンシングデータ

　宇宙空間から地球を観測する人工衛星を，リモートセンシング衛星，または地球観測衛星という．地球観測衛星には，Landsat, SPOT, NOAAなどさまざまな衛星が打ち上げられている．Landsatは，アメリカ合衆国が初めて打ち上げた本格的な地球観測衛星で，陸域観測を主目的としている．多重スペクトル走査計（multispectral scanner system：MSS）とセマティックマッパー（thematic mapper：TM）の2種類のセンサーを搭載している．

　表17.1は，MSSとTMのデータ特性を示している．MSSは，可視光が2波長帯，近赤外が2波長帯，計四つのスペクトルバンドで構成されている．一つの画素は，79 m × 79 m の範囲を表し，その画素データは6ビットで構成されるため，2^6 = 64段階の数値0（黒）〜63（白）で表現されている．MSSの1シーンは，185 km × 178 km

第17章 リモートセンシング I：衛星画像データとバイオマスの推定

表 17.1 Landsat データの特性

センサー	バンド	波長帯（μm）		量子化
MSS	4	0.5〜0.6	緑色	6ビット，64段階
	5	0.6〜0.7	赤色	
	6	0.7〜0.8	近赤外	
	7	0.8〜1.1	近赤外	
TM	1	0.45〜0.52	青色	8ビット，256段階
	2	0.52〜0.60	緑色	
	3	0.63〜0.69	赤色	
	4	0.76〜0.90	近赤外	
	5	1.55〜1.75	短波長赤外	
	6	10.4〜12.5	熱赤外	
	7	2.08〜2.35	短波長赤外	

表 17.2 SPOT データの特性

モード	バンド	波長帯（μm）		量子化
マルチスペクトル（XS）	1	0.50〜0.59	緑色	8ビット，256段階
	2	0.61〜0.68	赤色	
	3	0.79〜0.89	近赤外	
パンクロマティック（PA）	1	0.51〜0.73		6ビットデータ圧縮モード

（31,450 km^2）の広さを覆う．MSS 画像は，1シーンで広範な地域を観測する能力をもっている．1枚の MSS 画像は，たとえば，縮尺 1：15,000 の航空写真約 5,000 枚分に相当するので，広範囲の地域の分析に適している．

　TM データは，MSS に比べるといくつかの側面でより詳しいものとなっている．空間解像度は，30 m × 30 m で（バンド 6 のみ 120 m × 120 m），データも 8 ビットになり，0（黒）〜127（灰色）〜255（白）の 256 段階の輝度値（brightness value, CCT 値とも呼ばれる）で表現されている．バンド数も 7 に増えており，バンド 1 は海岸水域の図化，土壌と植生の区別，広葉樹と落葉樹の区別ができる．バンド 2 は植生の活性度の推定，バンド 3 はクロロフィル吸収による植生の区別，バンド 4 は植生量（バイオマス）の調査と水域の図化，バンド 5 は植生水分量の測定および雲と雪の区別，バンド 6 は温度の検出などができる（大林，1995, 58-61；安仁屋，1987, 155-156）．

　SPOT は，フランスが打ち上げた高性能の地球観測衛星である．HRV（high resolution visible imaging system）と呼ばれる高分解能センサーは，マルチスペクトル（XS）とパンクロマティック（PA）の二つのモードをもつ．表 17.2 に示すように，マルチスペクトルモードは三つの比較的狭い波長帯，パンクロマティックモードは一つの広い波長帯を観測している．スペクトルの解像度は，TM ほどよくはないが，空間解像度は優れており，パンクロマティックで 10 m × 10 m，マルチスペクトルで 20 m × 20 m である．SPOT の 1 シーンは 60 km × 60 km（3,600 km^2）であり，比較的

表17.3 超高解像度衛星センサー

	センサー		
	IKONOS 1	Quick Bird	Orb View−3
組織	Space Imaging EOSAT	Earth Watch	ORBIMAGE
打ち上げ年月	1998年6月	1998年後半	1999年前半
空間解像度（m）	4	4	3.3
波長帯（nm）	450−520, 520−600 630−690, 760−900	450−520, 520−600 630−690, 760−900	450−520, 520−600 630−690, 760−900
観測範囲（km）	11	36	8
回帰日数	<4	<4	<3

狭い．SPOTはセンサーを2台搭載し，斜め観測による立体視ができるなど優れた特徴を有している．立体視による標高計測を利用するならば，20m等高線を示す縮尺1：50,000の地形図が作製でき，画像の撮影が良好で，地上制御点を多数とれるならば1：25,000の地形図も可能である（Theodossiou and Dowman, 1990）．また，SPOTデータに写真測量技術を応用するならば，90％の信頼度で位置精度が12mの地図を作製でき，同じく90％の信頼度で30 mDEMが作製できる（Toutin and Beaudoin, 1995）．さらに，パンクロマティックとマルチスペクトルのデータを合成することによって，高分解能衛星画像の作成も行われており，航空写真の代替としても利用されている．

21世紀に向けて，3〜4mの空間解像度をもつ超高解像度衛星画像を撮影できるセンサーを搭載した人工衛星が打ち上げられている．表17.3は，アメリカ合衆国の三つの組織で打ち上げられた多重スペクトルセンサーとそのデータ特性をまとめたものである．

17.3 画像強調

画像強調（image enhancement）は，人間の視覚による分析に対し画像の見かけをよくするため，リモートセンシングデータに適用される方法である．画像強調の結果がよかったかどうかは，最終的に人間によって主観的に判断されるため，どれが最もよい画像強調方法であるかを示すことはできない．画像強調方法には，各画素の輝度値を修正する地点（point）オペレーションと，そのまわりの輝度値をも考慮した局地（local）オペレーションとがある．

（1） コントラスト強調

前述したように，Landsat TMのような衛星画像は，0〜255の範囲の値をとる輝度値で表現される．しかしながら，画像を構成する物質が，可視，近赤外，中間赤外の電磁波スペクトルに対し，同じような量の放射束を反射する場合，その画像は，た

とえば0〜100のような狭い範囲の輝度値で構成されることになる．このような画像は低コントラスト画像と呼ばれ，最も明るい部分と暗い部分の差が少ない．コントラスト強調（contrast enhancement）とは，オリジナルな入力画像が低いコントラストの場合，その輝度値を輝度値がとりうる分布範囲全体へと拡張する方法である．したがって，コントラスト伸長（contrast streching）とも呼ばれている．コントラスト強調には，線形と非線形の方法がある．

（a）線形コントラスト強調：　画像の輝度値の分布が正規分布に近い形状をとるとき，次のような線形画像強調が多く利用される．

$$BV_\text{out} = \left(\frac{BV_\text{in} - \min_k}{\max_k - \min_k} \right) \text{quant}_k \tag{17.1}$$

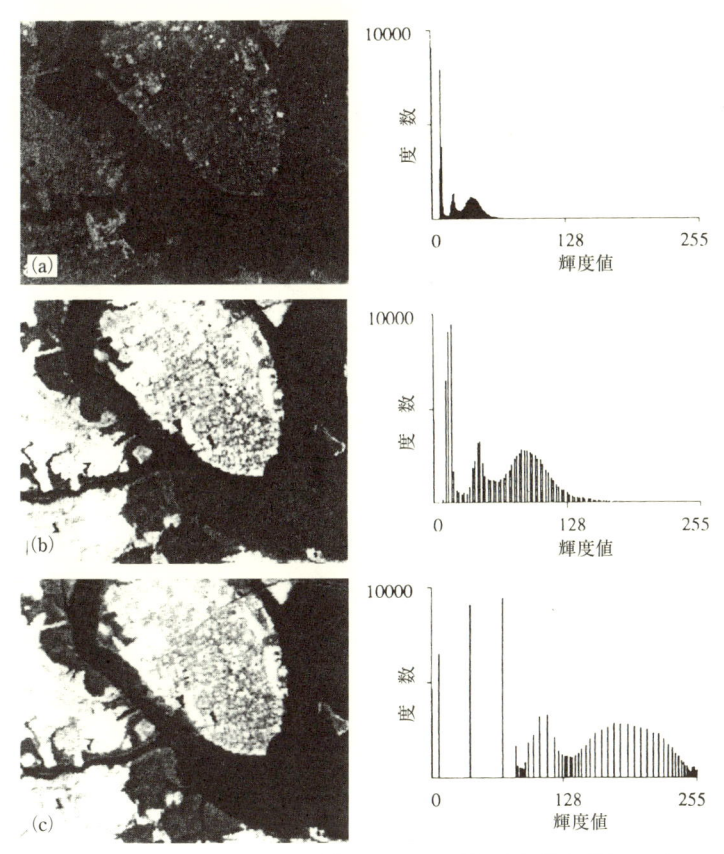

図 17.1　Landsat TM のバンド 4 の（a）オリジナル画像，（b）最小–最大コントラスト伸長を行った出力画像，（c）等度数化を用いた出力画像（Jensen, 1996）

ただし，BV_{in} と BV_{out} はそれぞれオリジナル（入力）画像と出力画像の輝度値，$\min_k$ と $\max_k$ はバンド k の入力画像の最小と最大の輝度値，quant_k は輝度値の範囲（255）である．たとえば Landsat TM 画像で，最小値が 5，最大値が 107 であったとする．このデータに対し式（17.1）の線形コントラスト強調を行うと，5 は 0 に，107 は 255 に伸長される．この方法は，一般に最小–最大コントラスト伸長（min–max contrast stretch）と呼ばれている．

図 17.1(a) で示された画像は，オリジナルな画像であり，コントラストがないことは明らかである．右側はその画像の輝度値の度数分布を示しており，非常に狭い範囲に分布している．同図 (b) は，最小–最大コントラスト伸長を行った出力画像である．輝度値をより広い分布範囲に変換することによって（右側の度数分布図を参照），画像のコントラストが明確になった．

そのほかにさまざまな線形コントラスト強調の方法が考案されている．パーセント線形コントラスト伸長は，式（17.1）の最小値と最大値として ±1 標準偏差をとる．また，たとえば湿地のように，注目すべき土地被覆だけを強調する場合は，その土地被覆に当たる輝度値（たとえば，12〜43）を 0 から 255 に伸長し，11 以下の値は 0 に，44 以上の値は 255 に設定される．

(b) 非線形コントラスト強調： 等度数化（histogram equalization）は，最も多く利用されている非線形コントラスト強調である．これは，輝度値の度数分布をあらかじめ決めた形（この場合には平らになるように）変換する方法で，画像全体をくまなく表示するときに有効である．いま，輝度値 BV_i をもつ画素の度数を $f(BV_i)$ とすると，その累積度数確率分布は，

$$k_i = \sum_{i=0}^{\mathrm{quant}_k} f(BV_i)/n \tag{17.2}$$

で表される．ただし，n は画像内の画素の総数である．また，

$$L_i = \sum_{i=0}^{\mathrm{quant}_k} BV_i/BV_{\max} \tag{17.3}$$

を画像内の輝度値の最小値から最大値までの累積確率分布とする．等度数化では，k_i の各々の値を L_i の値と比べ，一番近い L_i の値の輝度値に割り振ることで変換が行われる（Jensen, 1996, 150–152）．

図 17.1(c) は，等度数化を適用した出力画像と変換後の度数分布である．この結果からも明らかなように，もとは異なった値をもっていた画素が同じ値にまとめられたり，接近していた値のものがかなり隔てられ，コントラストがつけられている．したがって，この画像強調は細かな点でコントラストを改善するが，輝度値間の関係や画像の構造までも変えてしまうことがある．

以上，さまざまなコントラスト強調の方法を紹介したが，どの方法を選ぶかは，輝

度値の度数分布の特性と画像シーンの中でどの要素に関心があるかによっている．経験を積んだ衛星画像の分析者は，度数分布を検討し，満足な結果が得られるまでいろいろな方法を実験する．コントラスト強調は，視覚による画像分析を改善するために用いられるだけで，強調された画像データを，画像分類や変化の検出に利用することはできない．

以上の画像強調は，画素ごとにその輝度値を変換する地点オペレーションであったのに対し，次に示す方法は，そのまわりの輝度値をも考慮した局地オペレーションである．

（2） 空間たたみ込みフィルタリング

空間周波数（spatial frequency）とは，画像における輝度値の変化（濃淡）を空間軸に沿ってみたとき，単位距離当たりいくつの濃淡があるかで定義される．短距離内で輝度値が急激に変わる（濃淡の間隔が小さい）とき空間周波数は高く，輝度値の変化が少ないとき空間周波数は低い．全面が白や灰色であれば0となる．このように空間周波数は画像内の輝度値の空間分布を記述するので，空間周波数を強調したり，低下させることによって，人間が判読しやすいように画像を変換することができる．

線形空間フィルターとは，出力画像の位置 i,j における輝度値（$BV_{i,j}$）が，入力画像の位置 i,j の周囲における特定の空間パターン内の輝度値の加重平均（線形結合）の関数であるようなフィルターである．近隣画素の加重値を求めるプロセスは，2次元たたみ込みフィルタリング（convolution filtering）と呼ばれており，画像の空間周波数特性を変えるために利用される．たとえば，高空間周波数を強調するような線形空間フィルターでは，画像内のエッジを際立たせるであろう．逆に，低空間周波数を強調する線形空間フィルターは，画像内のノイズを減じるために利用される．

（a） **画像領域内での低周波数フィルタリング**： 高空間周波数を減じる画像変換は，低周波数フィルター（low-frequency filter：LFF，低域フィルター：low-pass filter）と呼ばれている．最も単純な低周波数フィルターは，入力画像における特定の画素の輝度値 BV_{in} とその周囲の画素の輝度値を考慮して，このたたみ込みの平均として新しい画素値 BV_{out} を出力する．近傍のたたみ込みマスク，すなわちカーネル

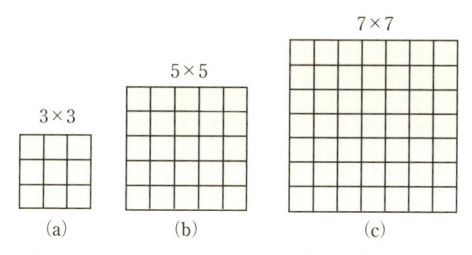

図17.2　3×3, 5×5, 7×7のたたみ込みマスク

は，図17.2に示すように，3×3, 5×5, 7×7などが用いられる．3×3のたたみ込みマスクを事例とすると，次のような行列で示される$n=9$の係数c_iで定義される．

$$\text{マスク} = \begin{matrix} c_1 & c_2 & c_3 \\ c_4 & c_5 & c_6 \\ c_7 & c_8 & c_9 \end{matrix} \quad (17.4)$$

すると，入力画像の個々の輝度値BV_iは，対応するマスク内の係数c_iと次のように掛け合わされる．

$$\left.\begin{matrix} c_1\times BV_1 & c_2\times BV_2 & c_3\times BV_3 \\ c_4\times BV_4 & c_5\times BV_5 & c_6\times BV_6 \\ c_7\times BV_7 & c_8\times BV_8 & c_9\times BV_9 \end{matrix}\right\} \quad (17.5)$$

ただし，

$$\left.\begin{matrix} BV_1 = BV_{i-1,j-1} & BV_6 = BV_{i,j+1} \\ BV_2 = BV_{i-1,j} & BV_7 = BV_{i+1,j-1} \\ BV_3 = BV_{i-1,j+1} & BV_8 = BV_{i+1,j} \\ BV_4 = BV_{i,j-1} & BV_9 = BV_{i+1,j+1} \\ BV_5 = BV_{i,j} & \end{matrix}\right\} \quad (17.6)$$

今，フィルターをかける入力画素は$BV_5 = BV_{i,j}$なので，低周波数フィルターをかけた出力画素の輝度値は，

$$\text{LFF}_{5,\text{out}} = \text{Int}\frac{\Sigma c_i \times BV_i}{n} \quad (17.7)$$

となる．この空間移動平均の操作は，入力画像のすべての画素に対し実行される．

最も単純な低周波数フィルターは，次のようにすべての係数が1に等しい平均フィルター (mean filter) である．

$$\text{マスク A} = \begin{matrix} 1 & 1 & 1 \\ 1 & 1 & 1 \\ 1 & 1 & 1 \end{matrix} \quad (17.8)$$

このフィルターは，各画素の輝度値をその近傍の値の平均で置き換えるので，画像内のゴマ塩状のノイズを除去する平滑化フィルターとして利用される．図17.3には，入力画像（a）と平均フィルターを用いた出力画像（b）を示している．不必要な走査線（スキャンライン）が抑えられているが，画像全体がぼやけた状態になっている．このようなぼやけた状態にならないようにするためには，

$$\text{マスク B} = \begin{matrix} 0.25 & 0.50 & 0.25 \\ 0.50 & 1.00 & 0.50 \\ 0.25 & 0.50 & 0.25 \end{matrix} \quad (17.9)$$

のような不等加重平滑化マスクを用いるとよい．

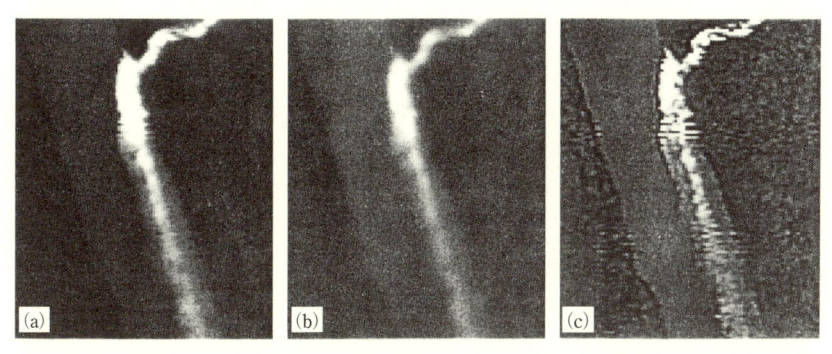

第17章 リモートセンシングI：衛星画像データとバイオマスの推定   261

図17.3 (a) 熱赤外データの入力画像，(b) 平均フィルターを用いた出力画像，(c) 高周波フィルターをかけた出力画像 (Jensen, 1996)

(b) 画像領域内での高周波数フィルタリング：　高周波数フィルタリングは，緩やかに変動する成分を画像から取り除き，高周波数の局所的変動を強めるコントラスト強調を行う．高周波数フィルター（HFF）の一つは，次のようにもとの画素値の2倍から低周波フィルターLFFを引いて算出される．

$$\text{HFF}_{5,\text{out}} = (2 \times BV_5) - \text{LFF}_{5,\text{out}} \tag{17.10}$$

高周波フィルターをかけた画像は，輝度値が比較的狭い範囲に分布するので，視覚による分析に先立ち，コントラスト伸張を行う必要がある．

画像のエッジを強調するためには，次のようなたたみ込みマスクが利用される．

$$\text{マスクC} = \begin{matrix} -1 & -1 & -1 \\ -1 & 9 & -1 \\ -1 & -1 & -1 \end{matrix} \tag{17.11}$$

$$\text{マスクD} = \begin{matrix} 1 & -2 & 1 \\ -2 & 5 & -2 \\ 1 & -2 & 1 \end{matrix} \tag{17.12}$$

図17.3(c)は，マスクDを適用した画像を示している．もとの画像よりも視覚的に解釈しやすくなっている．一般に高周波画像ほど，水域，湿地，市街地を判読しやすい．また，道路やビルのような都市構造も強調される．

17.4 植　生　指　数

世界の食糧作物や繊維作物に関する正確でタイムリーな情報を収集することは，重要である．現在の技術を利用しても，このような情報を収集することには，莫大な費用がかかり，大量の時間を費やすので，ほぼ不可能に近い．そこでリモートセンシングデータを分析し，植物の量やその状態を測定する代替的方法が開発された．目的は，

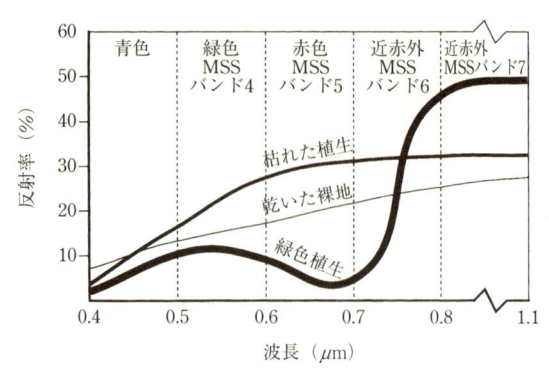

図17.4 活性度の高い緑色植生，枯れた植生，乾いた裸地に対する典型的スペクトル反射特性

バイオマス（生物量：biomass），植物生産力（植物量：phytomass），葉面積指数（leaf area index：LAI），光合成活動放射（photosynthetically active radiation：PAR）量，植生の地表被覆率などのキャノピー特性を予測する（見積もる）ため，多数のスペクトルバンドを一つの変数に減じることである．リモートセンシングデータからこのような情報を抽出するため，特別な変換法が開発された．これらは総称して，植生指数（vegetation index）と呼ばれている．

この分野の多くの研究は，デジタル画像処理技術を用いて，LandsatのMSSとTM，SPOT HRVを分析することで行われた．図17.4には，活性度の高い緑色の植生，枯れた植生，乾いた裸地に対する典型的スペクトル反射特性を示している．活性度の高い緑色の植生は，入射する近赤外エネルギー（$0.7 \sim 1.1\ \mu m$）の40～50%を反射する．また，その植生のクロロフィルはスペクトルの可視部分（$0.4 \sim 0.7\ \mu m$）で，入射エネルギーのほぼ80～90%を吸収する．枯れた植生は，可視スペクトルにおいて，活性度の高い緑色の植生より反射率が高い．しかし，近赤外領域ではその関係は逆転し，枯れた植生は活性度の高い緑色の植生より反射率が低い．乾いた裸地は，可視領域では緑色の植生より高い反射率をもち，枯れた植生より低い反射率をもつ．近赤外では裸地は，緑色の植生と枯れた植生のいずれに対してもより低い反射率である．植生指数は，これら三つの分光反射率曲線の形状が，有意に異なるという事実を基礎にして考案された．

地表被覆率や植生バイオマスを推定するため計算上最も単純な植生指標は，個別のMSSバンド（すなわち，Landsat MSS 4, MSS 5, MSS 6, MSS 7）からの輝度値を利用する．MSS 7と作物被覆の間の0.30から，MSS 6と葉面積指数との間の0.88までの相関係数が報告されている．MSSやTMの異なるバンドの輝度値を割ったバンド比

(band rationing) は，緑色のバイオマスを推定し，モニタリングするために用いられてきた．たとえば，TM のバンド 3 を 4 で割った赤色/近赤外バンド比が小さいほどその画素は白くなり，植生量が多くあることを示す．

バンド比に基づく最も成功した植生指数の一つは，次のように MSS 7 と MSS 5 から輝度値の正規化した差を計算するものである．

$$\text{NDVI} = \frac{\text{MSS 7} - \text{MSS 5}}{\text{MSS 7} + \text{MSS 5}} \tag{17.13}$$

これは正規化植生指数（normalized difference vegetation index：NDVI）と呼ばれ，植生をモニタリングするときに使われる．このように植生指数は，通常は二つの波長帯を利用する．一つはスペクトルの赤の部分であり，もう一つは近赤外である．背景の土壌から植生を区分するのに，これらのスペクトルの部分が最適であるからである．

NDVI に 0.5 を加え，さらに平方根をとった

$$\text{TVI} = (\text{NDVI} + 0.5)^{1/2} \tag{17.14}$$

は，変換植生指数（transformed vegetation index：TVI）と呼ばれている（Deering et al., 1975）．Landsat MSS データを取り扱うとき，0.5 の追加は TVI 指数における負の値を全く除去するものではないので，次のような変換植生指数も提案されている．

$$\text{TVI} = \frac{\text{NDVI} + 0.5}{\text{Abs}(\text{NDVI} + 0.5)} \times (\text{Abs}(\text{NDVI} + 0.5))^{1/2} \tag{17.15}$$

ただし，Abs は絶対値であり，0/0 は 1 に等しいとする．

Landsat TM，SPOT HRV，NOAA AVHRR に対する NDVI は，それぞれ次のように定義される．

$$\text{NDVI}_{\text{TM}} = \frac{\text{TM 4} - \text{TM 3}}{\text{TM 4} + \text{TM 3}} \tag{17.16}$$

$$\text{NDVI}_{\text{HRV}} = \frac{\text{XS 3} - \text{XS 2}}{\text{XS 3} + \text{XS 2}} \tag{17.17}$$

$$\text{NDVI}_{\text{AVHRR}} = \frac{\text{IR} - \text{red}}{\text{IR} + \text{red}} \tag{17.18}$$

AVHRR データは，元来，雲を検出したり海水面温度を測定するような気象観測に利用されてきた．しかし，Landsat より広い地域をカバーする，撮影頻度が高い（ほぼ毎日），画素が大きく面積あたりの処理費が安い，などの理由で，土地被覆のモニタリングにも利用されている．

図 17.5 は，TM のバンド 3 と 4 を使って計算した NDVI 画像の例を示している．画素が明るくなるほど，光合成の植生量は多く存在している．多くの国々では，広範囲

図 17.5 Landsat TM バンド3と4を用いた正規化植生指数（Jensen, 1996）

の地域の農作物の作柄を評価するため，平均化した NDVI 情報を日常利用している．また，AVHRR データから NDVI 画像を多年にわたり取得することによって，アフリカ全土の植生をモニタリングしている（Eastman and Fulk, 1993）．

17.5 タッセルドキャップ変換

重要な植生指標の一つとして，タッセルドキャップ変換（tasseled cap transformation）がある（Kauth and Thomas, 1976）．これは，4チャネルの MSS データを新しい4次元空間に直交変換するグラム-シュミット（Gram-Schmidt）逐次直交化技法を応用しており，農業関係の研究で多く用いられてきた．タッセルドキャップ変換は，次のような四つの新しい軸を識別している．

① 土壌反射の変動を示す土壌輝度指数（soil brightness index：SBI）
② 植生被覆の変動を示す緑色植生指数（green vegetation index：GVI），または，緑度（greenness）
③ 黄色物質指数（yellow stuff index：YVI）
④ 大気の影響と関連したその他の指数（non-such index：NSI）．

最初の二つの指数は，衛星画像シーンの中にある情報の大部分（95～98％）を説明する．さまざまな土壌タイプから抽出された裸地スペクトル内のほとんどすべて（98％）の変動が土壌輝度指数で説明できることが知られている．図17.6に示されるように，裸地はこの輝度軸に平行した線上に横たわり，その土壌線は Landsat MSS の農業にかかわる画像シーンに応用できる．緑度は平均土壌線に直交して変動しており，現存する緑色植生の測定として利用される．土壌線から垂直方向に外れるほど，植生量は多く存在する．二つの直交する軸に輝度と緑度をとり MSS データをプロッ

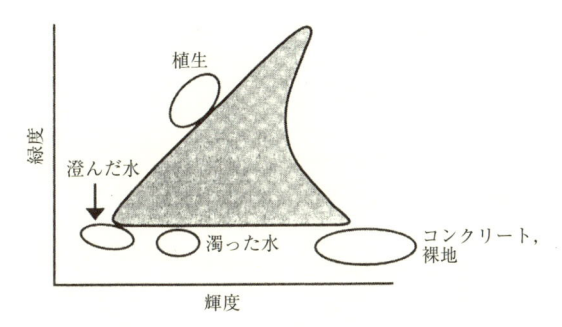

図 17.6 輝度-緑度スペクトル空間内での各種の土地被覆の位置関係

表 17.4 Landsat TM データに対するタッセルドキャップ係数

特徴		Landsat TM バンド					
		1	2	3	4	5	7
特徴	輝度（土壌）	0.33183	0.33121	0.55177	0.42514	0.48087	0.25252
	緑度（植生）	−0.24717	−0.16263	−0.40639	0.85468	0.05493	−0.11749
	第3成分（湿度）	0.13929	0.22490	0.40359	0.25178	−0.70133	−0.45732

トすると，二つの軸に沿って伸びた三角形の域に収まるので，その形状からタッセルドキャップ（ふさ飾りの帽子）のデータ構造をもつといわれている．

以上の四つの指数は，Landsat MSS の四つの輝度値に以下に示すようなタッセルドキャップ係数を乗じ，合計することで求められる．

$$SBI = 0.332\ MSS\ 4 + 0.603\ MSS\ 5 + 0.675\ MSS\ 6 + 0.262\ MSS\ 7$$
$$GVI = -0.283\ MSS\ 4 - 0.660\ MSS\ 5 + 0.577\ MSS\ 6 + 0.388\ MSS\ 7$$
$$YVI = -0.899\ MSS\ 4 + 0.428\ MSS\ 5 + 0.076\ MSS\ 6 - 0.041\ MSS\ 7$$
$$NSI = -0.016\ MSS\ 4 + 0.131\ MSS\ 5 - 0.452\ MSS\ 6 + 0.882\ MSS\ 7$$

タッセルドキャップ係数はグローバルな定数として決められているが，もし可能ならば，特別な計算式を用いて場所固有の係数を求めることが望ましい（Huete *et al.*, 1984）．

Landsat 4 と 5 の TM データに対しては，表 17.4 に示すようなタッセルドキャップ係数がまとめられる（Wilkinson, 1991）．TM の六つのバンドは 3 次元空間に分布しており，輝度と緑度が，それぞれ直交する二つの平面，すなわち土壌面と植生面を形成し，第 3 成分はそれら二つの面の間の推移ゾーンをなす．農地における作物の成長は，タッセルドキャップの 3 次元空間内では土壌面から始まり，推移ゾーンを移動し，農作物が成長すると植生面に到達し，収穫後は土壌面に戻るという経過をとる．

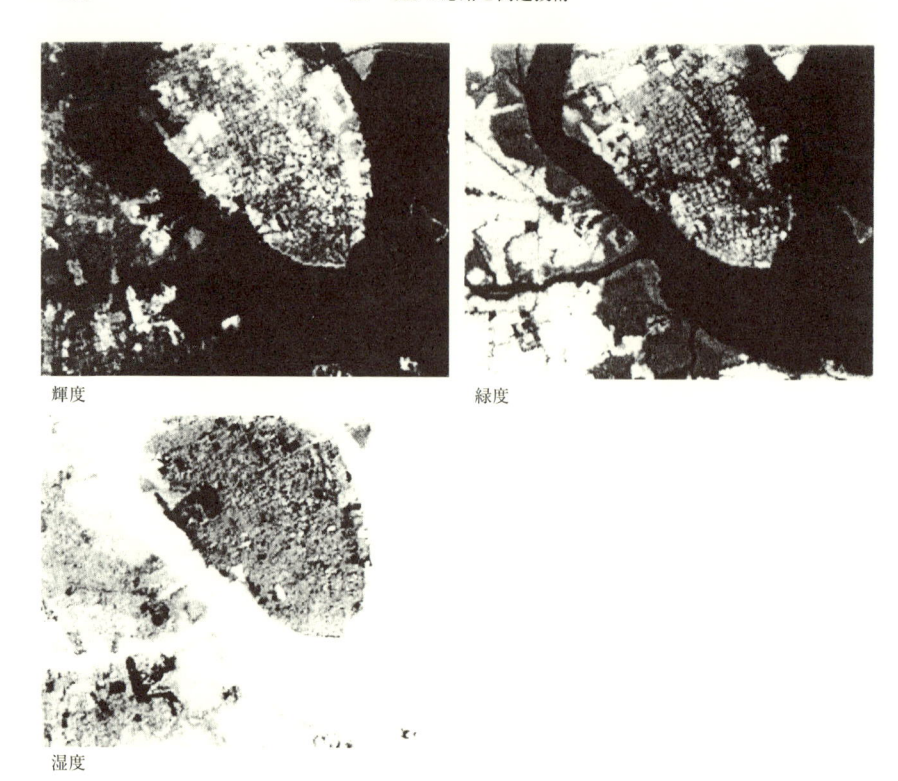

図 17.7 Landsat TM の六つのバンドにタッセルドキャップ係数を乗じて算出された輝度，緑度，および，湿度の画像（Jensen, 1996）

　第3成分は，TM の短波長赤外バンドを通じて得られた土壌に関する新しい情報で，湿度と関係する．図17.7は，TM タッセルドキャップ係数を利用し，TM画像を輝度，緑度，湿度に分解したものである．湿度成分の画像は，湿地の湿度状態を表しており，湿度が高いほど，明るく表示される．3成分を用いたカラー合成は，市街地，水域，湿地を区分するのに用いられる．

　以上のように，グラム–シュミット直交化の応用は，農作物のモニタリングや植生の観察に広い範囲で利用されている．

第18章 リモートセンシング II：土地被覆のモニタリングとGIS/RSの統合

18.1 リモートセンシングデータによる土地被覆分類

(1) 土地被覆の分類項目

　土地被覆分類を行うに当たり，第1に考えなければならない点は，分類の詳細さとリモートセンシングデータの空間解像度との関係である．表18.1は，必要とされるデータの水準とリモートセンシングデータの空間解像度との関係をまとめたものである．地球全体の（グローバルな）土地被覆を調べる場合には，NOAAのAVHRRのような粗い解像度（1.1 km）のリモートセンシングデータを用いるが，地域水準になるとLandsat TMやSPOT，高高度航空機などからの高解像度（30 m - 3 m）データを利用することになる．したがって，どのような水準で土地被覆分類を行うかを決めておかなければならない．以下に示す事例は，SPOTやLandsatのリモートセンシングデータを用いた地域水準の土地被覆分類である．

　第2に考慮すべき点は，どのような分類法を利用して土地被覆を分類するかである．すでに第6章3節(1)項で論じたように，画像内に含まれている多スペクトル情報に基づいたフィーチャークラスの識別は画像分類として知られており，画像がもつ統計情報のみを利用する教師なし分類法（第6章3節(2)項）と，既知の外部情報を利用する教師つき分類法（同(3)項）があることを紹介した．教師なし分類は，実世界の知識を利用せずにリモートセンシングデータのスペクトル情報のみによる完全にアルゴリズムに基づくアプローチなので，画像の情報抽出としてその方法だけを用いることはほとんどない．むしろ，教師なし分類は，画像の特徴空間表現における予備的洞察を与え，その後に行われる教師つき分類の基礎を提供するものである．以下で

表18.1　リモートセンシングデータの水準と空間解像度との関係

データ水準	リモートセンシングデータ	空間解像度
I 地球	AVHRR	1.1 km
II 大陸	AVHRR, Landsat MS	1.1 km - 80 m
III 植生帯	Landsat MS, Landsat TM, 合成開口レーダー (SAR)	80 m - 30 m
IV 地域	Landsat TM, SPOT, 高高度航空機, 大画面カメラ (LFC)	30 m - 3 m
V 地区	IKONOS, 低中高度航空機	3 m - 1 m

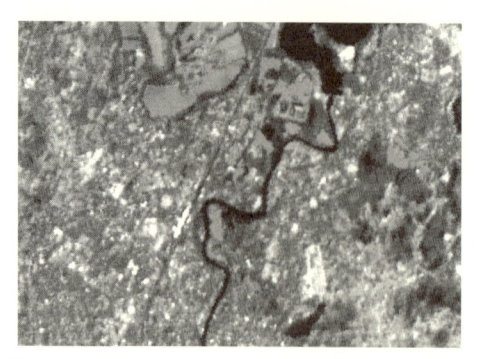

図 18.1　SPOT XS ナチュラルカラー合成図(関根, 1999a)

は，土地被覆分類で広く利用されている教師つき分類法について，実際に実行する手順を説明する．

　教師つき分類は，現地調査や地形図などで得られたグランドトゥルースデータを用いて前もって用意した分類項目のスペクトル情報を求め，それを教師（基準）として土地被覆分類を行う方法である．そのためには，研究対象となる地域がどのような土地被覆で成り立っているかを前もって知っており，分類項目を用意しておかなければならない．都市地域における土地被覆分類は，小分類（52項目），中分類（17項目），大分類（5項目）の三つに分けられる（張ほか，1988）．SPOTデータで識別できる土地被覆分類は大分類程度なので（Barnsley et al., 1993），研究地域内でどのような土地被覆が識別できるかを，地形図や土地利用図で前もって調べておく．図18.1は，岩手県盛岡市北西部のSPOT XSナチュラルカラー画像を示している（関根, 1999a）．この画像は，1992年4月28日に観測されたもので，市街地，空き地，畑・草地，水田，果樹，針葉樹，落葉樹，水域の8クラスの土地被覆が識別できる．

（2）　教師エリアの選定とシグネチャーの取得

　リモートセンシング画像の処理ソフトウエアとして，たとえばERDAS社のIMAGINE 8.3を利用するならば，オンスクリーンで土地被覆クラスに対するシグネチャー（分光特性）を取得できる．モニター上で左右二つのビューアを開き，分類する衛星画像とその地域のデジタル地形図を表示する．2枚の画像にリンクを張り，地形図と衛星画像との間で位置的な対応関係を確立する．各土地被覆に対する教師（トレーニング）エリアの選定では，地形図上で土地被覆クラスが明白な（あるいは，土地被覆クラスを代表すると考えられる）地点にインクワイアカーソルを移動すると，リンクを張った衛星画像上でもインクワイアカーソルが移動する．衛星画像上のそのインクワイアカーソルが位置する地点を中心に，ユーザー判読によってその土地被覆に相当すると考えられるエリアをマウスでポリゴンとして設定し教師エリアとし，そ

こにおけるシグネチャーを取得する．教師エリアの設定には，ユーザー判読と自動判別を組み合わせた方法もある．教師エリアの設定方法の詳細は関根（1999b）を参照せよ．

教師エリアの設定に当たっては，土地被覆ができるだけ均質に分布している地点を選ぶ．たとえば，針葉樹に対しては広葉樹との混合林ではなく，できるだけ純林を選ぶ．また，草地では，そこの土壌水分状態が乾燥しているか湿潤であるかによって当然シグネチャーも異なるであろう．したがって，乾燥した土地で取得したトレーニングデータで草地を代表するシグネチャーを取得したということはできない．このような問題は，シグネチャー拡張問題（signature extension problem）として知られている（Jensen, 1996, 205-208）．この問題を解決するためには，地理的層化（geographical stratification）の方法が用いられる．まず，シグネチャー拡張問題に影響すると考えられる環境要因を識別する．たとえば，土壌クラス，水質汚濁度，作物の種類，雷雨のように不均等に広がった土壌水分状態，点々と広がる「もや」のような大気状態などがあげられる．こうした環境条件を画像上で注意深く考慮し，環境要因の地理的層化に基づいて教師エリアを選定すべきである．

このようにして土地被覆クラスごとに教師エリアを選定し，シグネチャーを取得する．各土地被覆クラスに対し取得すべきトレーニングデータ数は，後述するように分類アルゴリズムで分散-共分散行列を計算するため，$10n$ 画素以上が必要であるといわれている．ただし，n は画像のバンド数である．

もし可能であるならば，教師エリアに実際に訪れることが望ましい．たとえば林地の場合では，樹高，天空被覆度（percent canopy closure），胸高での樹径などを観測することができる．また，GPS を利用すれば，教師エリアの中心点や周径の正確な位置を観測することもできる．今までは，GPS から送信される信号には防衛機密上ノイズが混入され地上絶対誤差が ± 100 m 程度であったが（久保，1996），2000 年 5 月からその防護策をやめたため ± 15 〜 25 m の誤差の範囲で位置が測定できるようになった．SPOT XS 画像の地上空間解像度（画素サイズ）は 20 m × 20 m なので，さらに位置精度を高める必要がある．GPS の精度を改善するためには，

① 同一地点で数回位置データを取得しそれらの平均を求める，
② GPS の固定基準局では位置が既知なのでそのデータを補正に利用するディファレンシャル測位を行う，

ことで対応できる．

以上のように教師エリアのシグネチャーが取得できたならば，土地被覆クラスごとに基本特性を知るため，そのスペクトル情報を統計量としてまとめることができる．土地被覆クラス c の教師エリア内の各画素は，次のような測定ベクトル $\mathbf{X}_c$ で表現される．

$$\mathbf{X}_c = \begin{matrix} BV_{ij1} \\ BV_{ij2} \\ \vdots \\ BV_{ijk} \end{matrix} \tag{18.1}$$

ただし，BV_{ijk} は，バンド k の i 行（ライン番号），j 列（ピクセル番号）における輝度値である．すると，クラス c に対する平均測定ベクトル $\mathbf{M}_c$ は，

$$\mathbf{M}_c = \begin{matrix} \mu_{c1} \\ \mu_{c2} \\ \vdots \\ \mu_{ck} \end{matrix} \tag{18.2}$$

で表される．μ_{ck} は，バンド k の土地被覆クラス c に対し取得されたデータの平均である．さらに測定ベクトルから，クラス c に対する分散–共分散行列 $\mathbf{C}_c$ も算出される．

$$\mathbf{C}_c = \begin{vmatrix} \mathrm{Cov}_{c11} & \mathrm{Cov}_{c12} & \cdots & \mathrm{Cov}_{c1n} \\ \mathrm{Cov}_{c21} & \mathrm{Cov}_{c22} & \cdots & \mathrm{Cov}_{c2n} \\ \vdots & \vdots & & \vdots \\ \mathrm{Cov}_{cn1} & \mathrm{Cov}_{cn2} & \cdots & \mathrm{Cov}_{cnn} \end{vmatrix} \tag{18.3}$$

ただし，Cov_{ckl} は，クラス c におけるバンド k と l の間の共分散である．

統計量の例として，表18.2は，Landsat TM 画像から取得された住宅地の教師エリ

表18.2 Landsat TM 画像から取得された住宅地の教師エリアのシグネチャーに対する統計量 (Jensen, 1996)

		バンド1	バンド2	バンド3	バンド4	バンド5	バンド7
〔単変量統計量〕	平均	70.6	28.8	29.8	36.7	55.7	28.2
	標準偏差	6.90	3.96	5.65	4.53	10.72	6.70
	分散	47.6	15.7	31.9	20.6	114.9	44.9
	最低	59	22	19	26	32	16
	最高	91	41	45	52	84	48
〔分散–共分散行列〕	1	47.65					
	2	24.76	15.70				
	3	35.71	20.34	31.91			
	4	12.45	8.27	12.01	20.56		
	5	34.71	23.79	38.81	22.30	114.89	
	7	30.46	18.70	30.86	12.99	60.63	44.92
〔相関行列〕	1	1.00					
	2	0.91	1.00				
	3	0.92	0.91	1.00			
	4	0.40	0.46	0.47	1.00		
	5	0.47	0.56	0.64	0.46	1.00	
	7	0.66	0.70	0.82	0.43	0.84	1.00

アのシグネチャーに対する統計量を示している．単変量の統計量としては，バンドごとに平均，標準偏差，分散，最低値，最高値が算出されている．さらに多変量の統計量として，バンド間の分散–共分散行列や相関行列も計算される．

（3）特徴選択

各土地被覆クラスに対する教師エリアのシグネチャーが取得されたならば，それに基づき画像全体の画素が分類されるのであるが，すべてのバンドの情報を用いて分類することは効率的でないとともに，誤った分類へ導く場合もある．そこで，土地被覆クラスを識別するに最も適したバンドの組み合わせを決める必要がある．この処理段階は特徴[1]選択（feature selection）と呼ばれており，不必要なスペクトル情報を与えるバンドを分析から除外し，データベースの次元を減らすねらいがある．特徴選択では，トレーニングデータ内の土地被覆クラス間の分離度（separability）を決めるため，グラフ的方法と統計的方法が利用される．

（a）**グラフ的方法**： グラフ的方法で広く利用されているのは，特徴空間プロット図（feature space plot）である．xとyの座標軸として二つのバンドの輝度値（0～255）をとり，特徴空間を形成する．この特徴空間に画像内のすべての画素をプロットしたものが，特徴空間プロット図である．図18.2は，Landsat TM画像に対する特徴空間プロット図の典型的な例を示している．複数の画素が二つのバンドに対し同一の輝度値をもつ場合には，同じ座標に複数回プロットされることになる．その場合，その座標は重複回数に応じ，より明るく表示される．特徴空間プロット図は，画像内の実際の情報内容とバンド間の相関をみるとき役に立つ．たとえば，図18.2(a)では，バンド1（青）とバンド3（赤）をプロットしており，それらの間に高い相関があることがわかる．また，バンド2（緑）と4（近赤外）の間では（図18.2(b)），分布がかなり広がるとともに，重要な土地被覆クラスと関係すると思われる明るい群集がいくつか認められる．さらに，バンド4と5（中間赤外）のプロットでは（図18.2(c)），画素が特徴空間を通じ広い範囲にわたり分散しており，その中に興味のあるいくつかの明るい部分が認められる．このように特徴空間全体を通じ画素が広く分散することは，画素を分類しやすいことにつながるので，バンド4と5の特徴空間プロット図が，次に示すように特徴選択のグラフィック方法に対する背景図として利用されることになる．

特徴空間プロット図上で，各土地被覆クラスに対する教師エリアがどこに位置しているかをみるには，共スペクトル矩形プロット図（cospectral parallelepiped plot）が利用できる．図18.3は，バンド4と5で構成される特徴空間プロット図上に，各土地被覆クラスの教師エリアで取得されたそれらのバンドのシグネチャーの平均値（図

---

[1] ここでの「特徴」とは，「バンド」のことを意味している．したがって，特徴選択とは，土地被覆分類に最適なバンドの組み合わせの選択である．

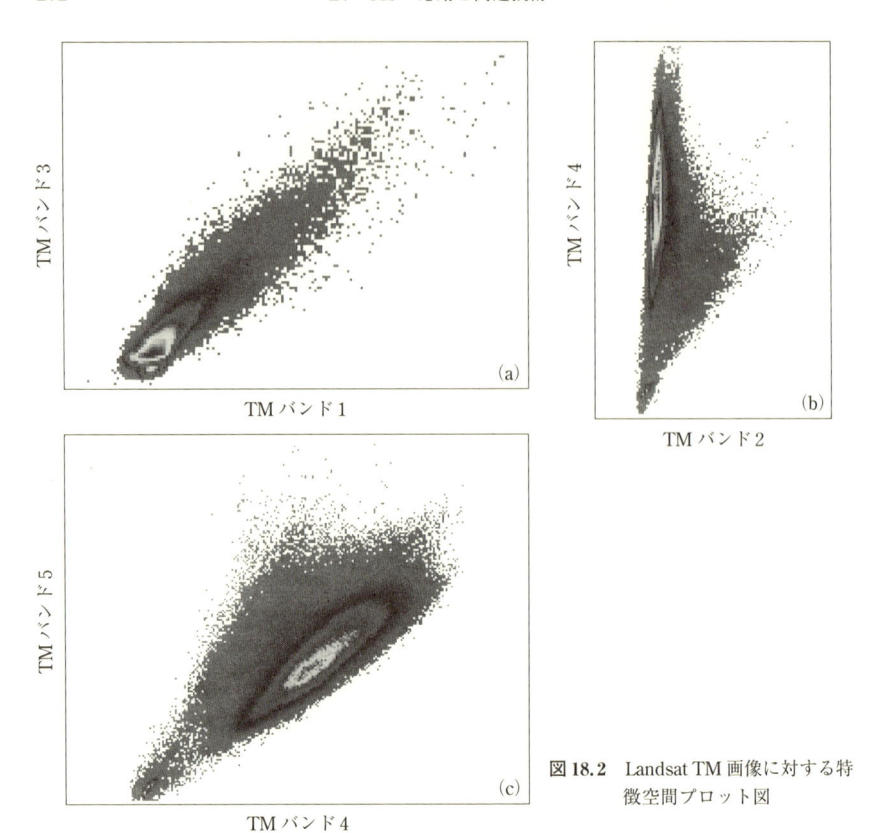

図 18.2 Landsat TM 画像に対する特徴空間プロット図

では○印）とそれを中心とした±1σ（標準偏差）の範囲（図では矩形）を示している．もし分類にバンド4しか用いないならば，住宅地と林地を区別することはできなかったであろう．逆にバンド5しか用いないならば，湿地と林地を分けることはできないであろう．したがって，バンド4と5が同時に用いられて初めて，少なくとも平均±1σの範囲内で五つの土地被覆クラスが識別できるようになるのである．

また，図18.3から，特徴空間の原点付近に水域の教師エリアが存在していることがわかる．また，湿地の教師エリアはその右上にみられるが，座標点が重複している明るい（白い）部分がその外側にも広がっているので，この教師エリアは湿地のシグネチャーを代表していないことも推測される．実際に，この特徴空間の部分からさらにトレーニングデータを取得するならば，さらにいくつかの湿地クラスが識別できる．このように共スペクトル矩形プロット図は，土地被覆クラス間の分離状態を視覚的に示すとともに，追加すべきトレーニングデータの所在を明らかにする点で有効である．

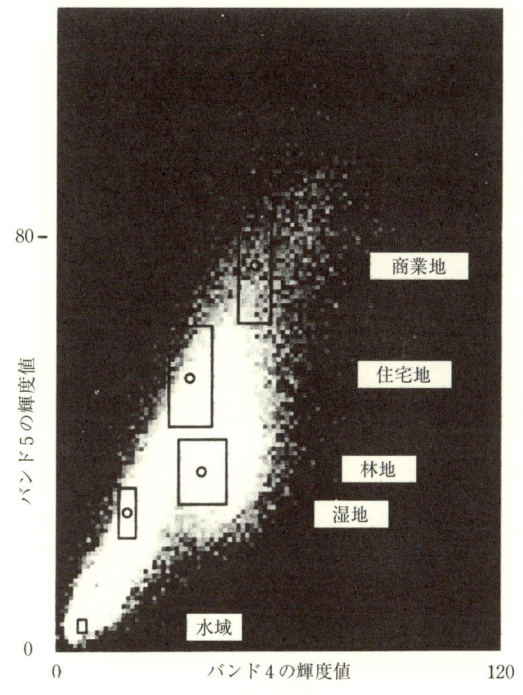

第18章 リモートセンシングⅡ：土地被覆のモニタリングとGIS/RSの統合 273

図 18.3 バンド4と5に対する共スペクトル矩形プロット
図 (Jensen, 1996)

(b) **統計的方法**： 特徴選択の統計的方法は，どのようなバンドの組み合わせが，二つの土地被覆クラス間の統計的分離度を最も大きくするかを定量的に決めるために用いられる．このことは，できるだけ少ない数のバンドで，しかも誤差を最小にして，主要な土地被覆クラスを判別できる手法を開発することである．

相違量（divergence）は特徴選択において広く利用されてきた統計的方法である（Mausel *et al.*, 1990）．それは，教師つき分類において用いられる n 個のバンドの中で q 個の最適な組み合わせを選ぶ基本的問題を提示している．そのときの組み合わせ数は，

$$C(n/q) = n!/q!\,(n-q)! \tag{18.4}$$

で表される．たとえば，6バンドの中から二つ選ぶ場合，15の組み合わせがある．土地被覆クラス c と d の相違量は，教師エリアのシグネチャー統計量として算出された平均ベクトル（$\mathbf{M}_c$ と $\mathbf{M}_d$）と共分散行列（$\mathbf{C}_c$ と $\mathbf{C}_d$）を用いて（前掲の式（18.2），（18.3）），次式で計算される：

$$\text{Diver}_{cd} = 1/2 \text{tr} \left[(\mathbf{C}_c - \mathbf{C}_d)(\mathbf{C}_d^{-1} - \mathbf{C}_c^{-1}) \right]$$
$$+ 1/2 \text{tr} \left[(\mathbf{C}_d^{-1} - \mathbf{C}_c^{-1})(\mathbf{M}_c - \mathbf{M}_d)(\mathbf{M}_c - \mathbf{M}_d)^T \right] \quad (18.5)$$

ただし，tr [*] は行列の対角要素の総計である．しかし，外側に位置し簡単に分けられる土地被覆クラスがある場合，それが不当に平均相違量を高めてしまうので，加重づけを行った変換相違量（transformed divergence）が提案されている．

$$\text{TDiver}_{cd} = 2000 \left[1 - (-\text{Diver}_{cd}/8) \right] \quad (18.6)$$

この統計量は，クラス間の距離が長くなるにつれて指数的に減少する加重を与え，0

表18.3　二つの土地被覆タイプ間の変換相違量の算出と最適なバンドの組み合わせ（Jensen, 1996）

バンドの組み合わせ	平均相違量	相違量（上段）と変換相違量（下段） 土地被覆タイプの組み合わせ								
		1 2	1 3	1 4	1 5	2 3	2 4	2 5	3 4	3 5	4 5
1 2		51	92	26	85	1460	410	1752	2	8	10
	1709	1997	2000	1919	2000	2000	2000	2000	463	1256	1457
1 3		56	125	40	182	1888	589	2564	2	7	11
	1709	1998	2000	1987	2000	2000	2000	2000	418	1196	1490
1 4		55	100	32	1251	941	446	3799	66	219	1525
	1996	1998	2000	1962	2000	2000	2000	2000	1999	2000	2000
1 5		54	71	28	3072	778	497	7838	6	585	1038
	1896	1998	2000	1939	2000	2000	2000	2000	1029	2000	2000
1 7		52	107	28	426	944	421	2065	3	63	76
	1852	1997	2000	1939	2000	2000	2000	2000	586	1999	2000
2 3		57	140	42	170	2099	593	2345	2	13	9
	1749	1998	2000	1990	2000	2000	2000	2000	524	1599	1382
2 4		35	103	28	1256	1136	356	3985	65	228	1529
	1992	1976	2000	1941	2000	2000	2000	2000	1999	2000	2000
2 5		35	86	20	2795	1068	328	6932	4	560	979
	1856	1976	2000	1826	2000	2000	2000	2000	760	2000	2000
2 7		37	111	24	423	1148	292	2192	2	69	66
	1829	1980	2000	1902	2000	2000	2000	2000	405	2000	1999
3 4		101	124	61	1321	1606	905	4837	80	210	1487
	2000	2000	2000	1999	2000	2000	2000	2000	2000	2000	2000
3 5		59	114	45	3206	1609	740	9142	5	597	1024
	1895	1999	2000	1992	2000	2000	2000	2000	964	2000	2000
3 7		63	131	41	525	1610	606	3122	2	65	59
	1845	1999	2000	1989	2000	2000	2000	2000	469	1999	1999
4 5		21	52	11	4616	231	37	10376	98	889	2902
	1930	1851	1997	1468	2000	2000	1981	2000	2000	2000	2000
4 7		20	76	21	1742	309	79	4740	86	285	1599
	1970	1844	2000	1857	2000	2000	2000	2000	2000	2000	2000
5 7		6	62	24	2870	246	97	5956	5	598	989
	1795	1074	1999	1900	2000	2000	2000	2000	978	2000	2000

～2,000の値をとる．統計量が1,900以上の場合クラス間に十分な分離が認められるが，1,700以下の場合十分な分離は認められないと考える．表18.3は，Landsat TM画像の1, 2, 3, 4, 5, 7の6バンドの中から二つのバンドの組み合わせ（15）に対し，5種類の土地被覆クラスの内2クラス間の相違量と変換相違量を算出したものである．バンド3と4の組み合わせが最適であることが読み取れるであろう．

（4） 教師つき分類アルゴリズム

分類に用いるバンドの組み合わせが決まったならば，それらのバンドに対する教師エリアのシグネチャーを基準として，教師つき分類法を実行して画像の残りの画素を分類する．教師つき分類法には，さまざまな分類アルゴリズムが使われている．すでに第6章3節（2）項で，矩形分類法，最小距離分類法，最尤分類法，ベイズ分類法を取り上げ，それらの方法が論じられているので参照されたい．

図18.4は，図18.1で示したSPOT XS画像に対し最尤分類法を実行して得られた土地被覆分類図を表している．この図から，8クラスの土地被覆の分布状態が明らかになるとともに，表18.4にまとめられているように，各土地被覆クラスに入る画素の総数もわかる．

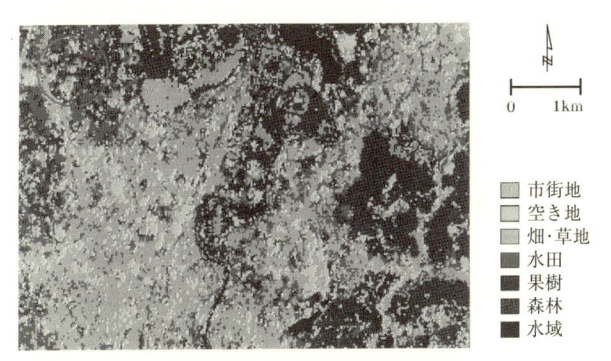

図18.4 最尤分類法を利用したSPOT XS画像に基づく土地被覆分類図（関根, 1999b）

表18.4

土地被覆タイプ	画素数	構成割合
市街地	32,172	34.23 %
空き地	10,762	11.45
畑・草地	2,390	2.54
水　田	18,075	19.24
果　樹	5,275	5.61
森　林	23,304	24.79
水　域	2,014	2.14

18.2 土地被覆変化のモニタリング

　土地被覆は，季節のほかに，開発などによって変化するであろう．したがって，リモートセンシングデータを用いてその変化を捉え，土地被覆の変化をモニタリングすることは重要な研究テーマになっている．本節では，リモートセンシングデータを用いて土地被覆の変化を検出するときに考慮すべき諸問題を，リモートセンサーシステムと環境条件に分けて考察するとともに，具体的な変化検出法（change detection method）を紹介する（Jensen, 1996, 257-279）．

（1）　変化検出に影響するリモートセンサーシステム

　変化検出で用いられるリモートセンシングデータは，理想的には，次に示すように各種の解像度が一定に保たれたリモートセンサーシステムで取得されたものでなければならない．

　(a) 時間解像度：　2時点のリモートセンシングデータを用いてそれらの間の変化を検出するとき，2種類のデータの時間解像度を一定に保つべきである．第1に，1日のほぼ同じ時間に撮影されたデータが望ましい．これは，反射特性に大きな影響を及ぼす太陽高度と関係するからである．第2に，1年間のほぼ同じ日に撮影されたデータが望ましい．これは，太陽高度が季節によって違うほかに，植物が季節変化するためである．

　(b) 空間解像度と見込み角：　2時点のデータは，同一の瞬間視野（instantaneous field of view：IFOV）をもったリモートセンサーシステムから取得されたものが適切である．瞬間視野とは，地表からの電磁波をセンサーが検知するときのサンプリング周期に相当し，センサーが受光する角度で表される．一つの瞬間視野は，1画素として表現されることから，センサーの高度が同一であるならば，地上での空間解像度と同じ意味に使われる場合が多い．もし異なった瞬間視野をもったセンサーシステムのデータ，たとえば，Landsat TM（30 m × 30 m）と SPOT XS（20 m × 20 m）のデータを用いる場合には，同じ大きさの画素になるよう再配列（リサンプル）する必要がある．

　画像は通常，幾何補正された後，特定の地図座標系に変換される．この幾何補正を行った結果，最大で0.5画素のRMS誤差（平均2乗誤差の平方根）をもった2枚の画像に変換される．もし2枚の画像の間に誤った位置合わせ（misregistration）が行われた場合，にせの地域変化を生み出す．たとえば，1画素分ずれただけで，変化のない道路でも新設道路が出現してしまう．

　また，SPOTのようなリモートセンサーシステムでは，±20°の斜め観測が行われる．異なった見込み角（look angle：プラットフォームから垂線方向を基準として測られた対象物に向かう角度）が大きく相違する二つの画像は，変化の検出で利用する

とき問題を生じる．たとえば，疎林の場合，垂直方向と 20°の斜めからの観測では，反射情報は異なるであろう．したがって，変化検出では，できる限り見込み角が同じような状態で撮影された画像を利用すべきである．

(c) **スペクトル解像度**：　リモートセンサーシステムのスペクトル解像度は，対象物のスペクトル属性を最適に取得するため，反射放射束を十分に記録できるよう決められている．しかしながら，異なったセンサーシステムの間では，全く同じ部分（バンド幅）の電磁波スペクトルでエネルギーを記録していない．たとえば，Landsat MSS は，四つの比較的広いマルチスペクトルバンドでエネルギーを記録している．SPOT HRV センサーは，三つの比較的粗いマルチスペクトルバンドと一つの白黒バンドで記録し，Landsat TM は，六つの比較的狭い光バンドと一つの熱バンドで構成されている．したがって，変化を記録するときは，同じセンサーシステムで取得された画像を用いる方がよい．

これができない場合には，できるだけ近いバンドを選ぶべきである．たとえば，SPOT のバンド 1（緑），2（赤），3（近赤外）は，Landsat TM のバンド 2（緑），3（赤），4（近赤外）と，また Landsat MSS のバンド 4（緑），5（赤），7（近赤外）とうまく対応させて利用できる．しかし，Landsat TM のバンド 1（青）は，SPOT や Landsat MSS のいずれのバンドにも対応しない．

(d) **ラジオメトリック（放射測定）解像度**：　リモートセンシングデータのアナログからデジタルへの変換によって，通常，0～255 の範囲の 8 ビット輝度値が発生する．変化検出を行う 2 枚の画像は，同じ放射測定精度のデータであることが望ましい．あるシステムで取得された放射測定解像度が低いデータ（たとえば，Landsat MSS の 6 ビットデータ）を，より高い放射測定解像度をもった機器で取得されたデータ（たとえば，Landsat TM の 8 ビットデータ）と比較したい場合には，低い解像度データ（6 ビット）は，変化検出の目的のため，8 ビットへと分解される．しかしながら，分解された輝度値の精度は，決してオリジナルなデータよりよくはならないであろう．

(2) **変化検出に影響する環境条件**

さまざまな環境特性による影響を考えずに変化の検出を行うと，不正確な結果になる．変化の検出を行うときは，環境変数をできるだけ一定に保つことが望ましい．

(a) **大気条件**：　リモートセンシングデータが撮影された日は，雲や層雲がない方がよく，また極端に湿度が高くてもよくない．霞が少しかかっているだけでも，衛星画像のスペクトルシグネチャーを変えてしまい，誤ったスペクトル変化を生じるであろう．

雲量 0％が衛星画像や航空写真にとっては最も望ましく，許容できない雲量は通常は 20％以上である．雲は地表面を隠すばかりでなく，雲の陰も画像分類に影響を与

える．したがって，雲で覆われたり陰の影響のある地域は，航空写真のような代替となるデータを使う必要がある．雲量が0％といわれているときでさえ，マイクロフィッシュなどの原メディア上で実際に画像を視査し，推定された雲量が正しいかどうかを確認する必要がある．

大気条件における季節的一致を高めるためには，さらに1年の中でも同じような日を選ぶとよい．しかしもし，大気条件に大きな違いが存在する場合には，画像上での大気減衰（atmospheric attenuation）を取り除く必要があり，大気透過モデルなどの方法を利用する．

(b) 土壌水分条件： 土壌水分条件も一定に保たれねばならない．極端に，湿っていたり，乾いている状態は重大な影響を及ぼす．したがって，リモートセンシングデータが撮影された日より数日前から1～2週間前にどれくらいの降雨や降雪があったかを，降水記録で調べる必要も起こるであろう．雷雨などで研究地域の一部で土壌水分の違いがみられる場合には，その地域は切り離し，別個に分析すべきである．

(c) 生物気候的循環の特徴： 植生は，日，季節，年の単位で生物気候的循環（phenological cycle）に従って成長する．1年の中でほぼ同じ日に撮影された画像は，季節的な相違の影響が最も少ない状態である．

農作物の変化を識別しようとするときは，作物がいつ植えられたかを知っていなければならない．コメ，ムギ，トウモロコシなどの単作作物は，毎年ほぼ同じ日に植えられるが，作づけ日が1月も遅れた場合，同じ作物でも田や畑の間で誤った変化を検出することも起こるであろう．また，同じ作物でも異なった品種の場合，違ったエネルギー反射をもつであろう．さらに，畝の間隔やその方向が変化しても，大きな影響を及ぼす．したがって，農家の耕作カレンダーなども知っている必要があろう．

湿地，林地，山地のような自然の植物生態系は，それぞれ固有の生物気候学的循環をもっている．たとえば，湖の水生植物であるガマとスレインの生物気候学的循環をみると，ガマは4月初旬に成長し始め，4月～5月初めが最も生育域が拡大する．それに対しスイレンは，5月初めから発芽し，夏まで成長し続け秋まで存続する．したがって，これらの水生植物における空間分布の変化をとらえるには，その生育域が最大化する4月や10月に撮影された画像が望ましい．

(d) 潮汐の干満の段階： 沿岸地域において変化を検出しようとする場合，潮汐の干満の段階が大きく影響する．一般に，高潮時のリモートセンシングデータを選ぶべきでなく，リモートセンシングデータが潮汐のどの段階のものかを考慮すべきである．平均低潮位で撮影されたリモートセンシングデータが最も望ましく，平均低潮位より50 cmほど高いならば利用できるが，1 mをこえると望ましくないといわれている．

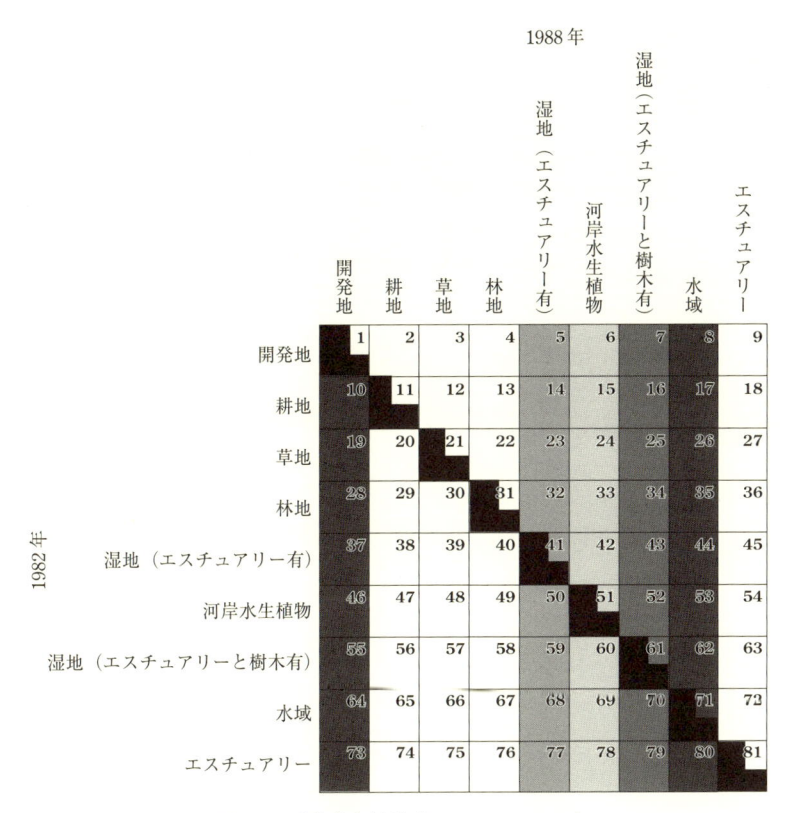

第18章 リモートセンシングⅡ：土地被覆のモニタリングとGIS/RSの統合

		1988年							
1982年		開発地	耕地	草地	林地	湿地（エスチュアリー有）	河岸水生植物	湿地（エスチュアリーと樹木有）	水域	エスチュアリー
	開発地	1	2	3	4	5	6	7	8	9
	耕地	10	11	12	13	14	15	16	17	18
	草地	19	20	21	22	23	24	25	26	27
	林地	28	29	30	31	32	33	34	35	36
	湿地（エスチュアリー有）	37	38	39	40	41	42	43	44	45
	河岸水生植物	46	47	48	49	50	51	52	53	54
	湿地（エスチュアリーと樹木有）	55	56	57	58	59	60	61	62	63
	水域	64	65	66	67	68	69	70	71	72
	エスチュアリー	73	74	75	76	77	78	79	80	81

図18.5　変化検出行列（Jensen *et al*., 1993a）

（3）分類後の比較による変化検出法

最も広く利用されている変化検出法は，2時点の土地被覆分類図が作成された後，変化検出行列（change detection matrix）を用いて画素ごとに2枚の分類図を比較する方法である．事例として，アメリカ合衆国サウスカロライナ州Fort MoultrieのLandsat TM画像による1982～1988年の変化を検出した結果を取り上げる（Jensen *et al*., 1993a）．それぞれの年において，9クラスの土地被覆が識別されている．図18.5で示されるように，GIS行列アルゴリズムを利用することによって，9×9の変化検出行列がつくられ，その中にすべての画素の変化がまとめられる．行方向は1982年の土地被覆クラスを示し，列方向は1988年の状態を表している．すると，変化検出行列は図18.5に示されているように，1～81の変化の状態で構成されていることになる．行列内の対角要素（黒で示されている）は，無変化を表している．

分析者は，それ以外の要素の中で特に注目したい変化をまとめて取り上げる．たと

```
                      開発地/裸地
                      湿地（エスチュアリーと樹木有）
                      湿地（エスチュアリー有）
                      エスチュアリー
                      河岸水生植物
                      水域
```
Fort Moultrie S. C.

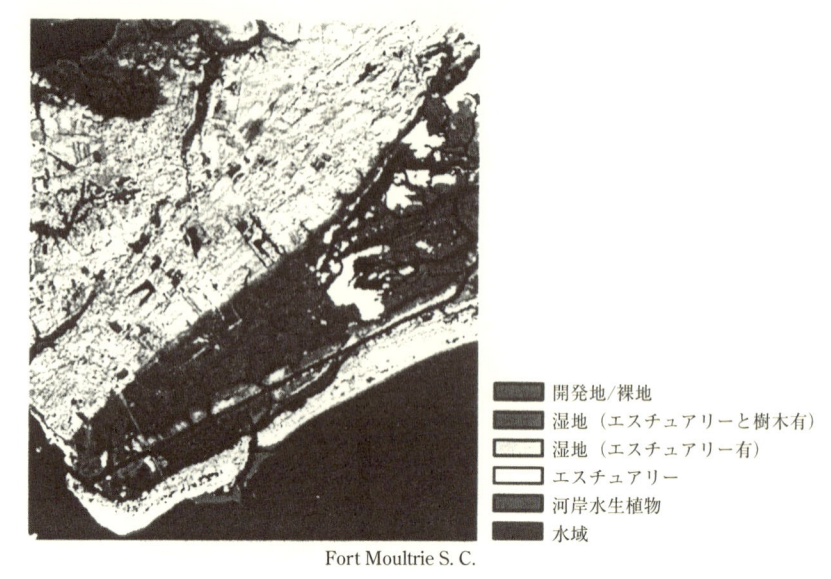

図18.6　1982〜1988年の土地被覆変化図（Jensen *et al.*, 1993a）

えば，1982年に開発地以外の土地被覆クラスで，1988年に開発地に変化した要素を，変化検出行列ではたとえば赤で表示するとしよう．同様に，1988年に固い海底をもたないエスチュアリーに変化した要素を，黄色で示すとしよう．このような変化検出行列で用いた彩色コードは，図18.6において変化検出地図の凡例として効果的に用いることができる．

（4）　住宅地開発による土地被覆変化の検出

人が改変した環境も，さまざまな開発段階でとらえることができる．都市と農村との境界地域における変化検出では，住宅開発は2段階（未開発の農村と開発された住宅地）でとらえられると考えがちである．しかし，林地や草地の開拓，区画整理，道路整備，建物建設，緑化整備の五つの開発側面から詳しくみると，これらの側面が行われたか否かによって，住宅開発は10段階に分かれる．たとえば，10段階目では，林地が開かれ，区画が整理され，道路が整備され，建物が建設され，植栽などの緑化整備が済んだ地区である．Landsat MSSのような空間解像度の粗いリモートセンシングデータでは，これらの10段階を区別できない．したがって，航空写真やより高解像度のリモートセンシングデータを使って，都市化現象のこのような開発段階を，土地被覆の変化として検出する必要があろう．図18.7は，住宅地区開発の状況を10段階に分類して表示した航空写真である．

図 18.7 住宅地開発状況を分類した航空写真（Jensen, 1996）

18.3 GIS とリモートセンシングの統合

　地理情報システム（GIS）は，行政やビジネスの分野に利用されるだけでなく，最近では環境科学の分野においても広く利用され始めている（Goodchild et al., 1993）．

環境科学では，従来から，リモートセンシング（RS）を用いて，地球観測衛星の画像データから地域の環境状態を調べていたので，今日では，RSとGISを組み合わせて環境状態を分析できるようになった．RSによって画像データから地表の土地被覆の分布を明らかにし，GISによってその分布の空間分析を行うのである．このように二つの技術を組み合わせて利用できるようになった結果，RS研究の側では，GISを通じて地図情報と空間分析・モデル化の活用が進み（Williams, 1995），GIS研究の側では，RSを通じて地表面に関する膨大な量のリモートセンシングデータを取り扱えるようになった（Michalak, 1993）．本節では，RS技術とGISとを組み合わせて利用することによって，研究上どのような効果が現れるかを考察する．

(1) GISとRSの統合研究

RSは，地温，バイオマス，標高など生物や物理に関する測定についての情報を提供することができる．これらの情報は環境をモデル化するときに大きな価値をもつが，ほかのタイプの空間データと関連づけることが難しいため十分に利用されてこなかった．そこで多くの科学者は，GISとRSの二つの技術を統合することによって，その関連づけが達成できると考えるようになった（Jensen, 1996, 297-303）．以下に示す研究例は，環境問題に取り組むため，RSから導出された情報を他の補助情報とともにモデル化することの効用を示している．

この研究は，淡水貯水池内での環境条件下での水生植物（ガマとスイレン）の空間分布を予測している（Jensen et al., 1993b）．アメリカ合衆国エネルギー省は，南カロライナ州のAiken近郊のSavannah川沿いに，777 km^{2}の研究サイトをもっている．この中のPar沼（1000 ha）とL湖（400 ha）には，原子炉施設から熱排水が流入している．Par沼では，1958年における原子炉の建造以来，永続的，あるいは，年ごとに水生植物の広大な生息域が発達してきた．ガマは湖岸に連接した地域に繁茂する傾向があり，年ごとに継続している．逆にスイレンや他のハス類は，ガマの外縁の水深のある生息地に見出される水面を広く覆う植物である．この水中の植物は，冬季には枯れてしまう．Par沼における水生植物は，30年間以上も研究されており，それらの成長の特性と空間分布については，詳細な知識が蓄積されている．

このような知識は，同じような冷却用湖沼内の水生植物の成長と空間分布を予測するため利用することができる．たとえば，L湖は1985年に建造され，L原子炉から熱排水を受けている．それはPar沼とほぼ同じように運転されている．水生植物は，今L湖にも出現し始めている．この研究は，Par沼で得られた水生植物の知識が，L湖における水生植物の空間分布を予測するモデルを開発するためにいかに役立つかを論証している．GISは，

① 空間情報を蓄積するため，
② 環境制約基準を使うときにデータベースを検索するため，

③ L湖の水生植物の種類と空間分布を予測する論理モデル式を利用するため，に用いられた．

(2) 水生植物の環境制約条件と論理モデル式

　Par沼の水生植物の成長と分布に大きな影響を与える生物的，物理的要因として，水深（D），勾配率（$\%S$），風への開放度（E），土壌の種類（S），水温（T），波の作用，浮遊沈殿物があげられる．これらの要因の中で，最初の五つの変数についてはそれらの空間分布を得ることが可能であった．

　モデルの基本的前提は，ラスター型（行列型）のGISデータベース内の各画素（ピクセル）において，上記の5変数に対する環境制約条件をすべて満たすならば，L湖においても水生植物（A）が生育するであろうということである．環境制約条件は，"and" の共通部分（intersection）として論理モデル式で次のように書ける．

$$A = D \cap \%S \cap E \cap S \cap T$$

このアルゴリズムの応用は，画素単位で水生植物（A）の有無を描く地図を作成するであろう．

　(a) 水深：　水深が大きくなるにつれて，水生植物が光合成で利用できる光の量は弱くなる．湖水の透明度は，水中の浮遊沈殿物や有機物質の量によって影響を受ける．したがって，理想的には湖全域のさまざまな深さにおける光量を地図化することである．しかしこのような地図をつくることは非常に難しいため，湖内の光量に対する代理変数として，水深が利用された．Par沼における48の横断観察線での調査によって，ガマは通常1m以内の水中に生息し，スイレンは主に1.1～4mの深さで観察された．深度は，地域におけるデジタル標高モデル（DEM）から導き出された．湖として水没する以前に撮影された航空写真が写真測量学的に分析され，1フィートの等高線による1：1,200縮尺の地形図が作製された．土木工事によって原地形が改変されたところでは，製図によって標高データが更新された．1フィートの等高線がデジタル化され，三角形不規則網（TIN）モデルへと変換された後，さらに5m×5mのUTMラスターデータへと再配列（リサンプル）された．図18.8(a)は，L湖のデジタル標高モデルを真上から表したものである．L湖の水面は，ほぼ190フィート（誤差±0.1フィート）に当たるので，図18.8(b)では北西から光を当てたときの陰影を表すとともに，190フィートの等高線が重ね合わされている．

　L湖のデジタル標高モデルに深度の環境条件基準を適用すると，湖の周囲にガマ（0～1m）とスイレン（1.1～4m）の生息域が，図18.9(a)のように求められた．これらの生息域の面積は，表18.5に示すように，ガマが27.33ha，スイレンが112.45haであった．最大の生息地は，湖の北部の浅瀬と浅い入り江にみられる．

　(b) 勾配：　地形勾配が緩やかになるほど，浅瀬での水生植物が生育する可能性は大きくなる．地表面の勾配率（$\%S$）は，第20章2節（2）で示した方法を用い

(a)　　　　　　　　　　　　　(b)

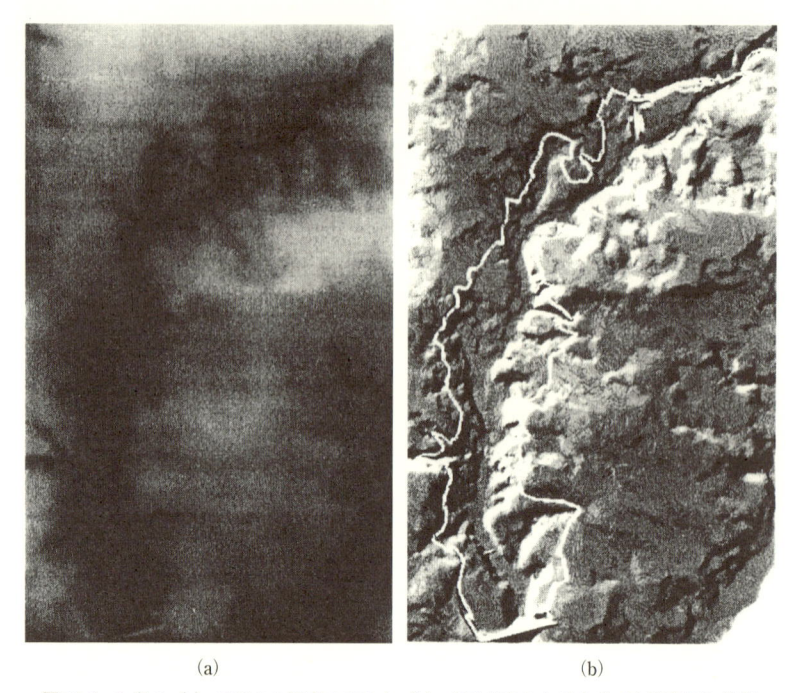

図 18.8　L 湖の（a）デジタル標高モデルと（b）北西方向から光を当てた陰影図に湖岸（190 ft の等高線）を重ねた地形図（Jensen, 1996）

表 18.5　L 湖における水生植物の生育を予測する論理モデル式（Jensen et al., 1993b）

論理モデル式	予測分布（ha）
水深（0–1 m）ガマ	27.33
水深（1.1–4 m）スイレン	112.45
水深（0–1 m）＋勾配（≤10 %）	26.99
水深（1.1–4 m）＋勾配（≤10 %）	103.34
水深（0–1 m）＋勾配（≤10 %）＋開放度（≤500 m）	23.01
水深（1.1–4 m）＋勾配（≤10 %）＋開放度（≤500 m）	59.13
水深（0–1 m）＋勾配（≤10 %）＋開放度（≤500 m）＋土壌（良いおよび非常に良い）	12.29
水深（1.1–4 m）＋勾配（≤10 %）＋開放度（≤500 m）＋土壌（良いおよび非常に良い）	25.01
水深（0–1 m）＋勾配（≤10 %）＋開放度（≤500 m）＋土壌（良いおよび非常に良い）＋水温（≤33℃）	8.76
水深（1.1–4 m）＋勾配（≤10 %）＋開放度（≤500 m）＋土壌（良いおよび非常に良い）＋水温（≤33℃）	18.18

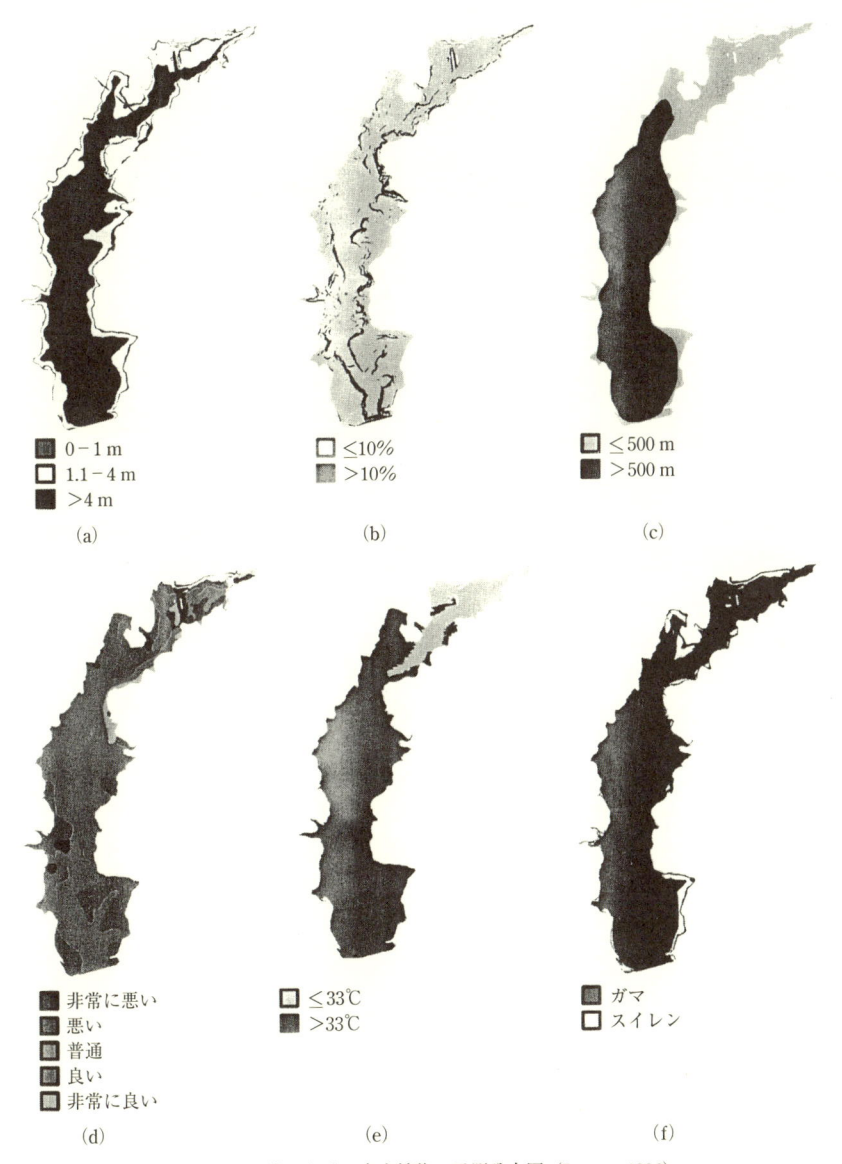

第18章　リモートセンシングⅡ：土地被覆のモニタリングとGIS/RSの統合

■ 0-1 m	□ ≤10%	■ ≤500 m
□ 1.1-4 m	■ >10%	■ >500 m
■ >4 m		

(a)　　　　　　　(b)　　　　　　　(c)

■ 非常に悪い	□ ≤33℃	■ ガマ
■ 悪い	■ >33℃	□ スイレン
■ 普通		
■ 良い		
■ 非常に良い		

(d)　　　　　　　(e)　　　　　　　(f)

図18.9　L湖における水生植物の予測分布図（Jensen, 1996）
(a) 水深，(b) 勾配，(c) フェッチ距離，(d) 土壌，(e) 水温，の環境制約条件の分布を示すとともに，(f) それら5要因を合わせた予測．

てデジタル標高モデルから導出された．Par沼の48の横断観察線での調査から，水生植物の成長は主に10％以下の勾配でみられる．この制約条件をデジタル標高モデルに応用した結果，10％以上の勾配は，図18.9(b)のように以前の河川の水路とL湖の北東部に沿ってみられた．予測モデルで水深のほかに勾配も考慮すると，ガマの生育面積は26.99 haに，スイレンは103.34 haとなり（表18.5），勾配はスイレンの面積に大きな影響を与えることも明らかになった．

(c) 風が吹き抜ける開放度： フェッチ（fetch）とは，ある方向において風が吹き抜けるときの開放度（障害物までの距離）として定義される．ある地点でのフェッチが大きくなるほど，波が荒くなり潮流が強くなるので，水生植物の生育が妨げられる．湖岸に沿って風から遮蔽された地域では，逆に高密度の水生植物が繁茂するであろう．

湖内のある地点に対するフェッチの計算は，通常はその地点を中心に東西南北の四つの方角と，それで区切られた各象限において陸地に最も近い地点までの，合わせて八つの距離の平均で求められる．しかしながら，この研究では，湖のデジタル標高モデルを用いて，湖の内部（0値をもった画素として記憶されている）と190フィートの等高線で表される湖岸（1値をもった画素として記憶されている）を識別した．そして，0か1をもつ各画素に対し，図18.10のように360°すべての方向に対する距離を求めるアルゴリズムから，フェッチを算出した．さらに，卓越風に対しては，その方向の距離に対し加重づけを行った．一般に湖の中心では，最大のフェッチをもち，最大のフェッチ距離は湖沼の規模と形状に基づく．

Par沼のデータから，フェッチ距離が500 m以下のとき，水生植物が最も成長する

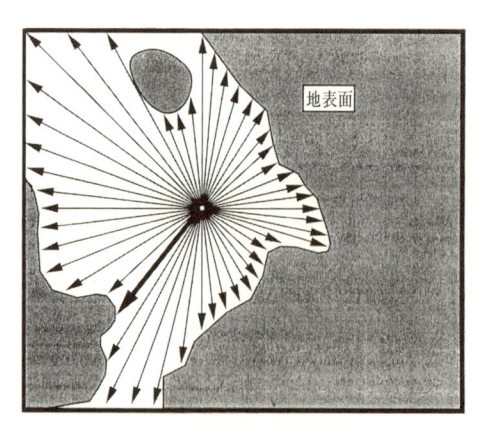

図18.10 フェッチ距離の改善された算出法
360°全方向に対するとともに卓越風の方向(南西225°)に対しては加重がつけられている．

ことが明らかになった．図18.9(c)は，L湖におけるフェッチ距離が500 m以下の環境条件を示している．湖の北部といくつかの入り江がその条件を満たしている．予測モデルにフェッチの条件をも加えるならば，ガマの生息域は23.01 haになり，スイレンは44.21 haも減少し59.13 haになった（表18.5）．

(d) 土　壌：　有機土は砂層に比べ，水生植物の生育によい条件を与える．L湖地域の土壌は，砂の含有率が50〜90％の間である．土壌を栄養度に応じて分けると，非常に悪い，悪い，普通，よい，非常によいの5タイプになる．この土壌分類図をベクトル/ラスター変換し，土壌からの環境条件を示したものが，図18.9(d)である．よいと非常によいの2タイプの土壌が，水生植物の生育に適している．これらの条件をも考え合わせるならば，ガマの生息域は10.72 ha減少し12.29 haに，スイレンは34.12 ha減少し25.01 haになった（表18.5）．このように，L湖において土壌は，水生植物の空間分布に最も影響を与える重要な因子であることが明らかになった．

(e) 水　温：　湖の水温も水生植物の生育に影響する．水温が高ければ水生植物は育つが，33℃以上と高くなりすぎると生育は阻害されることが知られている．原子炉が50％操業段階の1988年に，この地域で航空機から多スペクトル画像が撮影されている．そのデータを使って，熱赤外データ（8〜14 μm）に対し入力画像を出力画像（地図）に再配列するため，最近隣内挿（nearest-neighbor）法を利用して，5 m×5 mの空間解像度に展直（rectify）した．さらにそのデータは，地表面で取得された地表面温度データを用いて，±0.2℃の誤差以内にキャリブレートされた．その結果，湖の水温データは，28.5〜39.3℃の範囲内にあることが明らかになった．図18.9(e)は，水温が33℃以上の水面を示しており，湖の北部を除いて水生植物の生育にとって不適当であることが明らかになった．

以上，水深，勾配，フェッチ（風への開放度），土壌，水温の五つの要因を考慮した予測モデルから，L湖ではガマの育成地は8.76 ha，スイレンは18.18 haになることが予測された（図18.9(f)，表18.5）．この状況は原子炉が50％操業の段階なので，完全操業ではこれらの水生植物の生育域はさらに縮小すると考えられる．このような予測結果は，水生植物の保護区域を設定する場合に役立つであろう．

以上で紹介した研究から，リモートセンシングデータがGISのデータベースに組み込まれ，GIS上で多くのデータとともにいかに分析されるかが明らかになった．

第19章　海上における石油流出のモニタリング

1997年1月2日,日本海隠岐諸島沖においてロシアのタンカー,ナホトカ号から流出した大量の重油は東に移動し,能登半島沿岸地域を汚染した.この重油の漂流状況が初めて衛星画像でとらえられ,科学技術庁によって公表されたのは,1月12日であった（朝日新聞,1月13日夕刊）.筆者は,重油の漂流状況がいつ衛星画像でとらえられ報告されるかを指折り数えて待っていたが,これほどの日数がかかるとは思わなかった.事故海域上を通過する人工衛星の状況や海上の天候状況,波の高さなどいろいろ悪条件が重なって遅れてしまったということであるが,それにしても,この重油流出事故に対し迅速な対応策がとられたとはいいがたい（米倉,1997）.このような事故は,その後も発生し続けている（道田,1999）.

そこで本章では,ヨーロッパとアメリカ合衆国における海上での石油汚染のモニタリングに関する研究例を紹介し,RS（リモートセンシング）やGISを利用して石油汚染の実態に関する情報がいかに迅速に取得されているかをみる.さらに,わが国で行われている流出油拡散・漂流モデルの開発・応用や生態系への被害額推定の研究を紹介する.

19.1　衛星画像を用いた石油流出の自動検出法

（1）　海上における油膜検出の難しさ

ヨーロッパでは石油の違法な流出を監視するため,沿岸警備機関が航空機に基づいたセンサーシステムを利用し,また船舶を配備して,警戒に当たっている.しかしながら,飛行時間の制約や船舶のスピードの限界のため,カバーできる海域の範囲は限られている.このことから,石油汚染をとらえるより効果的な方法として,人工衛星を利用することが考えられてきた.

海洋と沿岸地域上での汚染モニタリング機関は,ERS 1, ERS 2, Radarsat, ASAR, Earth Watchのような衛星から基本的情報を取得することができる.Bern *et al.* (1992), Wismann (1993), Pellemans *et al.* (1993) のようなヨーロッパの研究者は,ESA（European Space Agency：ヨーロッパ宇宙機関）のERS 1（地球資源衛星1号）の統合開口レーダー（synthetic aperture radar：SAR）を用いるならば,海上の石油流出を検出できることを明らかにした.Wismann (1993) は,この衛星画像を用い

た場合，次の三つの状況でその検出が難しいことを論じている．第1に，海面が非常に穏やかな状況では，油膜は画像の背景に溶け込んでしまい検出することが難しくなる．第2に，風速が非常に大きい場合（＞15 ms^{-1}），波が発達し油膜は粉砕され検出することができなくなる．第3に，藻類や風下の吹き溜まりのような沿岸地域の自然現象によって惑わされる場合もある．

海上汚染監視機関は，石油汚染について正確で時を得た（タイムリーな）情報や予測を得ることを望む．それは，流出した石油の位置，広がり，石油の種類に関する情報であるとともに，これらがどのように拡散して移動するかを予測することも必要である．海洋文化施設，海岸リゾート地点，環境保護区域，港湾施設など沿岸に立地する重要施設へは，このような予測情報が事前に知らされ，汚染物質が到着した場合できるだけ被害を少なくすることがはかられねばならない．このためには，衛星画像の解釈を人手に頼るのではなく，できる限り自動化することが望ましい．

ここで紹介する研究は，海上における石油流出の自動検出法と，それに基づいたヨーロッパの石油流出モニタリング網について考察している（Sloggett, 1996）．この研究は，イギリス国立宇宙センター（BNCS），国防研究機関（DRA），共同研究センターのリモートセンシング応用協会（IRSA）高等技術グループの3機関の協力を受けており，石油汚染の「自動検出法」と，風や波の作用下での石油の拡散を推測するため，「モデルに基づく画像分析」の利用の可能性を検討している．

（2） 石油流出の自動検出法

図19.1は，石油流出の自動検出法（automated detection method）に関するアルゴリズムを示しており，多数の処理段階で構成されている．まず最初は前処理であり，画像の解像度が減じられる．次はエッジ検出（edge detection）であり，エッジ強調（edge enhancement）アルゴリズムとσ-μフィルターとを組み合わせて画素（ピクセル）固定（pixel bonding）を行い，エッジ地図（edge map）がつくられる．次は領域分割（region segmentation）の段階であり，画像内では1組の初期領域が識別される（initial region identification）．さらに背景と比較するため，背景閾値処理（background thresholding）がなされる（図19.2）．このようにして一連の石油流出として識別されるものが定められる．これらは目標（ターゲット）と呼ばれ，輪郭線（アウトライン），統計量，確率など目標特徴表示（target characterisation）が行われる．最後に誤報を取り除き，目標のラベルづけ（target labeling）と目標領域の平均化（target region averaging）からなる目標領域の識別（target region identification）アルゴリズムが実行され，石油流出の特徴をもつオブジェクトが画像の中から検出される．

（3） 検 出 成 果

石油流出の検出ワークステーションが開発され，スコットランドにあるDRAの

II. GISの応用と関連技術

```
データ統合   ┌入力画像┐
    ┌入力パラメーター┐→ データ統合
─────────────────────────
前処理       画面平滑化
             解像度減少 → 前処理画像
─────────────────────────
エッジ検出       エッジ強調
                              σ-μ地図
                 画素の
                 固定
                              エッジ地図
─────────────────────────
初期領域の識別   初期領域
                 ラベル付け ←
                              初期ラベル
                              画像
                 初期領域
                 平均化
                              初期領域
                              画像
─────────────────────────
背景閾値処理     背景
                 閾値
                 閾値領域
                 ラベル付け
                              閾値
                              ラベル画像
─────────────────────────
目標の特徴表示   目標の
                 輪郭線 ←
                              目標の
                              輪郭線
                 目標の
                 統計量 ←
                              目標の統計量
                 目標の
                 確率 ←
                              目標の確率
─────────────────────────
目標領域の識別   誤報の
                 削除 ←
                              目標の
                              ラベル画像
                 目標領域
                 の平均化 ←
                              目標領域
                              の画像
```

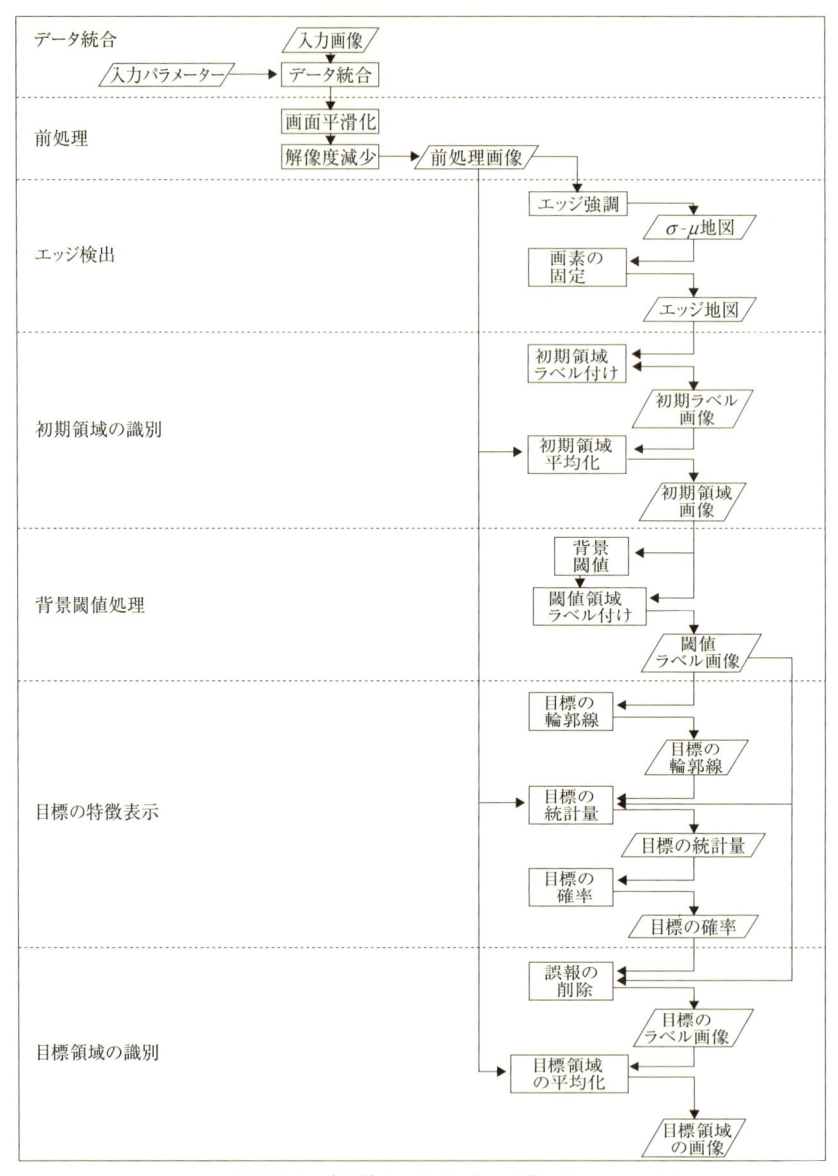

図 19.1 石油流出の自動検出に対する処理過程 (Sloggett, 1996)

第19章　海上における石油流出のモニタリング　　　　　　　　　　*291*

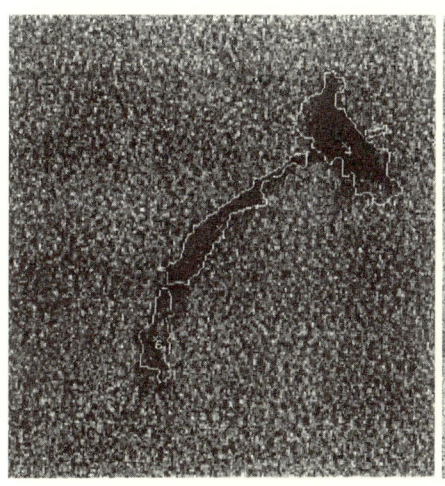

図 19.2　石油流出の領域分割（Sloggett, 1996）

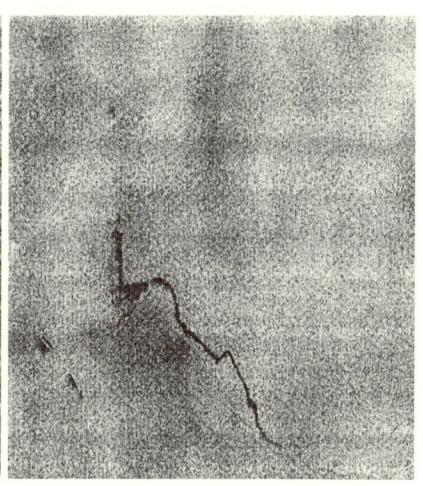

図 19.3　ハンバー川河口で検出された石油流出
　　　　　（Sloggett, 1996）
拡散パターンから石油のタイプが判明する．

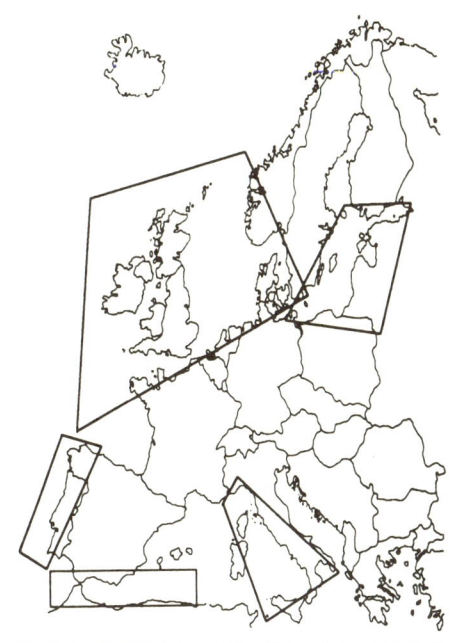

図 19.4　石油流出モニタリングシステムの監視海域
　　　　　（Sloggett, 1996）

West Freugh駐屯地で始動された．人工衛星の通過後1時間以内にERS 1画像を処理するため，Matra Marconi RADIS systemのSARプロセッサーが利用された．次に画像はワークステーションへ送られ，石油流出の可能性がある場合にはその部分が検出され，強調された．1994年6月1日に，この施設は運転の前段階に入った．同月14日から，前段階としてのサービスを開始した．イギリス沿岸の試験水域ではじめの2週間に5回の石油流出を検出した．最初は20日でハンバー川河口付近の沿岸で検出された（図19.3）．それは自動的に検出され，分類されて，人工衛星が通過後1時間以内に，油膜の存在はサウサンプトンにある海洋汚染管制部（MPCU）に報告された．ここは運輸省に対し，石油流出検出サービスを行っている機関である．

1994年後半では，このモニタリング地域は拡大され，図19.4に示されるように，ポルトガル，スペイン沿岸，イタリアのリグリア海とチレニア海，バルト海を含むヨーロッパの数海域を覆っている．

（4） モデルに基づく画像分析

現在の研究プログラムでは，自動処理システムの中にさらに複雑な証拠推論方法を組み込むことを目指している．第2世代の処理システムは，図19.5に示すように三つの要素から成り立っている．

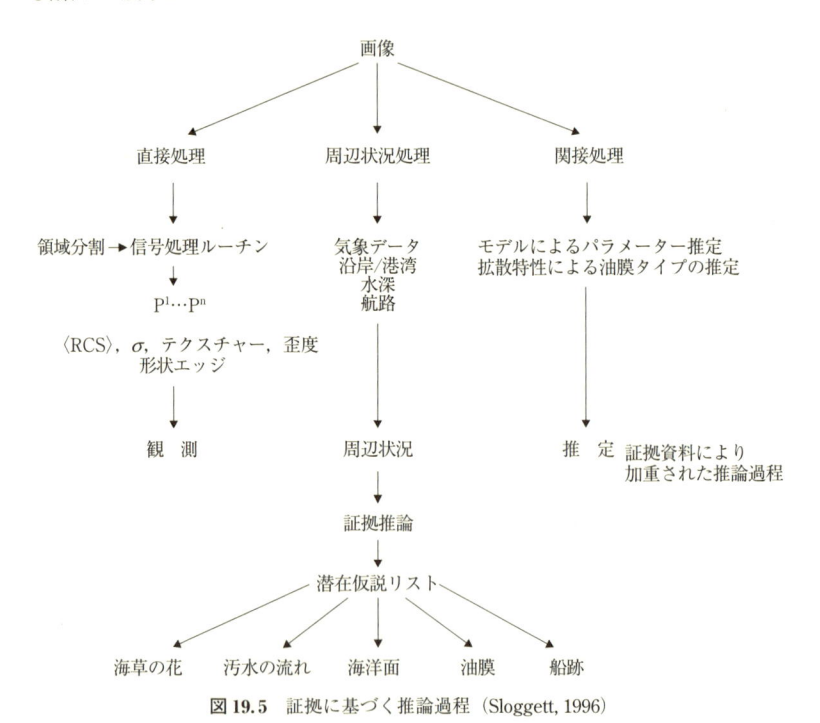

図19.5 証拠に基づく推論過程 (Sloggett, 1996)

第1要素は直接処理連鎖であり，画像から，また分割領域画像（エッジ検出アルゴリズムと $\sigma-\mu$ フィルターとを組み合わせて得られる）から，多くのパラメーターを直接導出するために使われる．直接パラメーターは，各分割領域画像から導かれるもので，レーダー後方散乱（radar backscatter）の統計評価，エッジ，テクスチャー，形状のそれぞれに対するフラクタル特性の測定，および，石油流出規模の測定を含んでいる．背景統計量を導くためと波動スペクトルの分析に対しても，すべての場面で評価が行われる．これらの背景測定は，基本的波動構造への石油流出の影響を評価することを可能とする．これは，流出石油のタイプを分類するとき重要である．

　第2の処理要素は，周辺状況（コンテクスト）処理連鎖であり，海岸線の位置，気象データ，潮汐や潮流の運動，水深データに関する全体的推論過程情報へと導く．これらの情報源は推論過程と，石油流出検出システムの第3要素，間接処理要素とにおいて利用される．この第3要素は直接処理要素から導かれたものに対し推論を行うため，周辺状況要素からの情報を利用する．たとえば，間接処理では，油膜の拡散モデルを利用してその展開を予測する．また，風，波，潮汐，潮流の情報を結びつけて利用することによって，石油のタイプ（重油，軽油など）の仮定のもとで油膜の形状を推定する．この予測された形状は，その後画像から知られた実際の形状と相関づけることで，適合度が求められる．このようにモデルに基づく画像分析（model based image analysis：MBIA）は，画像理解の先鞭を与えるものであり，研究対象に関する仮定や物理モデルを利用し後ろ向き推論を行い，流出石油に対し行った特定の仮説を諾否するのかについて証拠を見出す．

　三つの処理要素からの出力はまとめられ，証拠推論（evidential reasoning）へと送られる．ここでは，海上で検出された事象の特徴に関する仮説を受容/棄却するため証拠を加重づけする．仮説には，黒い船跡，汚水の流れ，海洋面の特徴，風の影響，海草の花，そして，油膜があげられる．この中から，最も可能性の高い解が見出される．二つの結果が非常に接近している場合は，加重づけを少し変えて推論を行い，明確な判別ができるかどうかを検討する．

19.2　海洋石油流出分析システム

（1）フロリダ海洋石油流出分析システム

　アメリカ合衆国フロリダ州政府は，1989年のアラスカでの石油流出事故を教訓として，フロリダ州における石油流出の防止と汚染浄化の対応能力を評価することを始めた．フロリダ州の環境保護部（DEP）のフロリダ海洋研究機関（FMRI）は，沿岸・海洋資源評価（CAMRA）研究グループを発足させた．CAMRAは，1992年にESRI社と契約し，フロリダ海洋石油流出分析システム（FMSAS）の開発を始めた．プロジェクトの主な目標は，さまざまな情報（デジタル地図，画像，表データ）と資

源保護に中心を置いた石油流出対応策（oil-spill response strategy）を実施するために必要な分析ルーチンとを統合したアプリケーションを設計することである．

1993年8月10日，フロリダ州セントピーターズバーグ付近のタンパ湾で，外国行きの貨物船，Balsa 37 が，帰港中の2隻の小型貨物船，Ocean 255 と B-155 に衝突した．Ocean 255 は，ジェットタービンエンジンに使用する灯油タイプのジェット A 燃料 188,000 バーレル（790万ガロン）を移送していたため，14時間以上も炎上した．B-155 は，No.6 石油燃料（工業用熱源用の重油製品）500万ガロンのうち推定で 388,000 ガロンを流出した．Balsa 37 は，リン酸塩を移送中で，被害を被った．

（2） 石油流出事故に対する迅速な対応

（a）地図の作成と提供： この事故に対し，フロリダ州と連邦の両政府および民間団体は，流出した重油を封じ込めるため迅速に対応した．流出事故の通知で，CAMRA の分析者は2チームに分かれた．一つのチームは，海洋資源 GIS（MRGIS）を用いて地図を作成した．もう一つのチームは，FMSAS をタンパ湾に応用できるように変更した．CAMRA の初期の役割は，重油流出の予想コースにかかわる自然・文化資源を示す地図を関係機関に提供することであった．

州と連邦政府の関係機関は，タンパ湾の天然資源に関する詳細な情報を知ることを望んでいた．これらには，水深データのほか，海草群生地，マングローブ林，干潟，カメの産卵地，危機にある野生生物の生息地の位置などがある．これらの情報は，流出した重油の現在位置とその規模とともに地図上に表示される．

（b）流出重油の追跡： 流出重油の境界情報（spill-boundary information）は，「ヘリコプターを用いた GPS（helicopter-based GPS）」で取得された．GPS は海洋哺乳動物部門（MMS）のものが利用され，そこのスタッフがヘリコプター上で GPS レシーバーを使って船の位置や流出重油の外周の変化を記録した．GPS ファイルはただちに MRGIS に入力され，地図に加えられた．流出事故が発生した数時間後に，最初の地図が作成され，沿岸警備隊の指令センターに手渡された．この地図は，関連機関がその対応計画を立てるのに利用された．

ヘリコプターは，1日数回データ収集に出動した．重油流出が続くにつれて，ヘリコプターでデータを収集し地図作成に要する時間は，3.5時間に減少した．その結果，5時間以上過ぎた地図は「古い」と見なされた．最初の3日間で作成された地図は，起こりうる流出重油の動きを沿岸警備隊指令センターが予想するのに重要な手がかりを与えた．

報道機関は，流出後最初の1日目においては，重油は沖合いに流動したため「重油はタンパ湾からそれた」と報じた（図19.6(a)）．しかしながら，天候条件が変わるにつれて，重油はジョーンズ水道に戻ってきており，沿岸内の水路へと浸入した（図19.6(b)）．

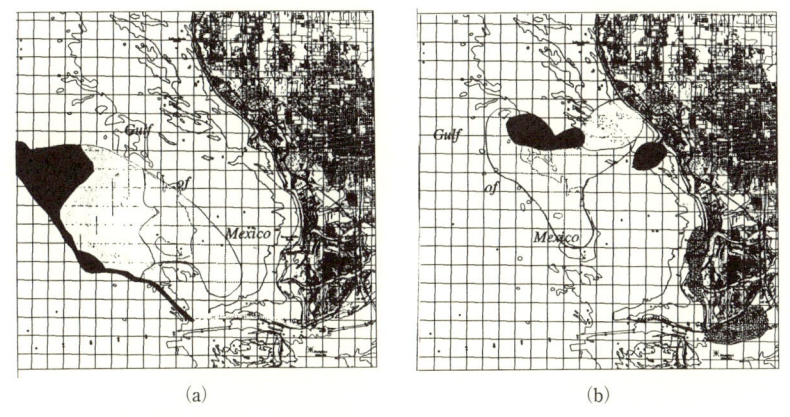

第19章　海上における石油流出のモニタリング　　　　　　　　　　　　　　　　　　　　*295*

図 19.6　(a) 流出重油は拡大して海に向かったと報じられたが，(b) 天候条件の変化によって約15マイルの砂浜が汚染された（Friel *et al.*, 1993）

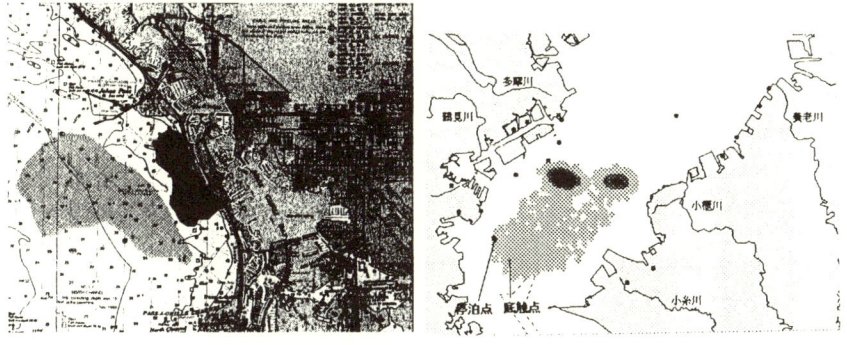

図 19.7　基図としてのNOAAの海図（Friel *et al.*, 1993）環境感度指数の海岸線タイプが重ね合わされている．

図 19.8　ダイヤモンドグレース号の事故に対する流出油の分布範囲の予測（藤井・高畑，1997）

　(c) **地図の縮尺，環境感度指数，汚染浄化作業支援**：　流出重油が移動していたとき，海岸線，島，船舶の航行支援，貴重動植物生息地などを示す小縮尺の地図（1：60,000）が最も適当であった．このため，基本フォーマットがよく知られているアメリカ合衆国海洋・大気局（NOAA）の海図がスキャナーで読み取られ，偏位修正（rectify）され，流出重油の境界と自然資源を示す基図として利用された（図 19.7）．

　重油が陸地に近づき海岸に打ち寄せるようになると，必要とされる地図のタイプと縮尺は変化した．海岸線の環境感度指数（environment sensitivity index：ESI）ランキングと多くの注記の入った地図が必要になった．ESIの海岸線のタイプは，次のよ

うに11に分かれている．すなわち，垂直岩壁，岩の卓状海岸，細粒砂浜，粗粒砂浜，砂礫混合海岸，礫海岸，干潟，防波堤のある岩海岸，防波堤のある干潟，マングローブ林・湿地，防波堤のあるマングローブ林・湿地．これらの分類が記入された地図から，どこの海岸が環境汚染に対し大きな被害を受けるかを知ることができる．

また，州の内外からやってくる汚染浄化に携わる約800人のボランティアや関連業者にとって，道路網，船舶の航行支援，仮レスキュー司令部の位置（学校や市の建物）のような情報の入った地図が必要となった．アメリカ合衆国地質調査所（USGS）の経緯線図（quadrangle）画像（1：250,000と1：24,000）をスキャナーでとり，偏位修正され，多くの注記を迅速に提供する基図として利用された．

（3） GISコミュニティーの支援

以上で示したデータの取得，地図作成，分析には，さまざまな行政機関や民間企業がかかわった．ここでFMRIを支援した組織をあげると，まず，ESRIであり，3日間FMRIにGISアナリストを派遣し，データ変換や地図作成を行い，さらに将来考慮すべき問題を文書化した．セントピーターズバーグのGeonex社は，NOAAの海図，USGSの経緯線図をスキャナーで読み込み画像を作成した．

ワシントンのMarine Spill Response社とサウスカロライナ州コロンビアのResearch Planning社は，タンパ湾のESI海岸線タイプに関するファイルを，事故発生後48時間以内に用意した．この重油流出事故に対し，全体で750 mの長さに及ぶ地図が作成された．日曜日に，地図の出力用紙が使いきってなくなると，セントピーターズバーグのアメリカ魚類・野生生物サービスの湿地記録事務所が出力用紙を提供した．

19.3　わが国における流出油の漂流予測と植生被害推定に関する研究

1997年に発生したナホトカ号やダイヤモンドグレース号などの日本沿岸での大規模な流出油事故に伴い，流出油に関する研究が行われ始めた．本節では，GISとかかわりの深い流出油の拡散・漂流モデルと沿岸部への環境被害評価の研究を紹介する．

（1） 流出油の拡散・漂流予測モデル

石油連盟は，流出油事故発生時の防除活動を支援するため，流出油拡散・漂流予測モデルを開発している（石油連盟, 1997）．この予測モデルは，海面上における流出油の挙動を予測するため，拡散・風化モデルと漂流モデルの二つのモデルから構成されている．拡散・風化モデルは，流出油の蒸発，乳化，垂直分布，水平分布の各プロセスを組み込んでおり，流出油自身の物理的変化を予測する．漂流モデルは，風による漂流，潮汐流，河川流，海流を海域特性に合わせて用意し，ベクトル合成することで海面上での流出油の漂流を予測する．1997年時点での予測モデルの対象海域は，主要な精油所を中心に設定された12海域で，計算時間を短縮化するため，海域の範囲

に合わせ各モデルのメッシュ幅は 1～4 km の間で設定されている．予測モデルは，パソコンを使ったシミュレーションモデルで，事故後 48 時間程度の短期的予測が可能である．

この拡散・漂流予測モデルは，1997 年に発生したダイヤモンドグレース号の事故に応用され，流出油の分布状況がシミュレーションされた（藤井・高畑, 1997）．この事故では，当初事故発生地点として報告された位置は，底触点ではなく事故後停泊した地点であり，また，流出量は 1 万 kl 以上と報告されたが，実際は 1,550 kl 程度であったことから，事故直後に入手できた情報は，事故地点および流出量の面で不正確であった．したがって，事故当日，翌日，事後の三つの時点での 48 時間後の流出油の分布予測が行われた．いずれの予測結果も，基本的に川崎方面への漂流という点で現実に合っており，防除対策の支援という目的は達成されたと考えられた．図 19.8 は，事後予測のシミュレーションであり，底触点で 300 kl，停泊点で 1,250 kl の流出が起こったという場合を想定した予測結果を示している．この予測結果では，底触点からの油が千葉側へも広がっており，人工衛星データ等から実際の流出油の分布は千葉寄りの沿岸への広がりがみられたことから，実際には底触点から流出が始まり，停泊点でも続いていた可能性が高い．

（ 2 ） 漂流油が海岸域の植生に及ぼした被害の推定方法

漂着油が海岸域の生態系に及ぼす被害の推定方法についての研究も進められている．ナホトカ号の重油流出事故に対しては，石川県加賀市塩屋海岸の生態系に及ぼした被害額を算定するため，沿岸域での植生のフロントラインが調査された（後藤ほか, 1999）．航空写真や測量結果から，植生のフロントラインの経年変化と季節変化を抽出し，GIS を用いてデジタル化した．さらに，それらの変化からロジスティック曲線を当てはめ，植生の環境容量（本来あるべき最大分布量）を推定した．

ナホトカ号重油流出事故に伴う植生被害額の算定では，図 19.9 に示すように環境容量を示す植生フロントライン限界線と事故後に後退した植生フロントラインとか

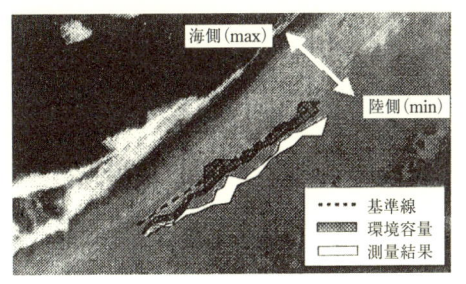

図 19.9　環境容量を用いた植生の後退面積の計測
　　　　（後藤ほか, 1999）

ら，植生の後退量を計測した．その結果，塩屋海岸150 mの測量範囲では，後退面積は1,100〜1,200 m^{2}であった．砂丘上の植生回復の積算資料がないため，芝生の修復費用で換算すると，同範囲の被害金額は約200万〜270万円になった．この被害額を基準として，石川県の砂浜海岸域全体の生態系に及ぼした被害額を14億〜20億円に達すると推定している．ここで用いられている環境災害による被害勘定の推定法は，観測に基づいた環境容量を指標としており，客観的手法として今後さらに検討されることが望まれる．

　ヨーロッパやアメリカ合衆国での海上石油汚染のモニタリングに関する以上の研究から，われわれは多くのことを学ぶであろう．その中で，二つの点を最後にまとめる．第1は，このような事故が起こった場合の対応策を事前に策定しておくことである．その場合重要なのは，どの機関が中心となり，またその機関を支援する組織を確立しておくことである．第2は，RS，GIS，GPSなど現代の先進的科学技術を駆使し，流出石油の位置や規模に関する精度の高い情報とその入手の迅速性を追求すべきだということである．

　緊急対応は，時間との勝負である．時々刻々と変化する状況を地図上に表現するのである．「地図作成に要する時間は，3.5時間に減少した．その結果，5時間以上過ぎた地図は『古い』と見なされた」という努力がアメリカ合衆国で行われている事実を知って，わが国でもそのような迅速化を目指さなければならないであろう．

第20章　GISによる地形分析

20.1　標高データと地形表現

　GISは，地形を2次元や3次元で表現するとともに，さまざまな地形分析を行うことができる．GISで地形を表現するためには，標高のデータが必要である．標高（elevation）とは，ある基準に基づいた地形（topography）の高さを表している．その基準は，日本の場合東京湾の平均海面[1]であり，標高0となっている．わが国の地形の標高は，その基準をもとに計測されている．標高データは，地球上のどの地点でも計測されるので連続データであり，それを使った地形は3次元の曲面で表される．しかしながら，地球上のすべての地点の標高データを記録することは不可能である．そこで，現実の形状に近い形で地形を再現できるように標高データを取得し，そのデータを使って地形を再現する方法が研究されてきた．

（1）等　高　線

　標高データは，地形図（topographic map）を用いて最も一般的に入手できる．わが国では，国土地理院発行の5万分1地形図などが利用でき，標高は紙地図上に等高線（contour line）として表示されている．等高線とは，標高の等しい地点を結んだ線であり，一定の間隔ごとに示されている．この間隔は等高線間隔（contour interval）と呼ばれ，地図の縮尺などで異なる．たとえば，わが国では，等高線（主曲線と呼ばれる）の間隔は，5万分1地形図では20 m，25,000分1地形図では10 m，2,500分1の国土基本図では2 mである．なお，等高線を読みやすくするため，一定本数ごとの等高線を太めに表示している．わが国の地形図では，5本目ごとの主曲線を計曲線と呼んで太く表している[2]．地形を等高線で表現することは，3次元の曲面を2次元の平面に投影していることである．

---

[1] 平均海面とは，潮汐のすべての分潮の影響が打ち消せるように，かなり長い期間における海面の高さの平均をとったものである．東京湾平均海面は，東京湾の霊岸島で，明治6（1862）～12（1868）年の6年間の観測結果によって定められたものである（日本国際地図学会，1985, 300-301）．

[2] そのほか，主曲線で地形を十分表せない場合，補助として表示する等高線として，補助曲線がある．主曲線の1/2, 1/4, 1/8の間隔のものがあり，それぞれ間曲線，助曲線，第2次助曲線と呼ぶ．

等高線をGIS上で表現する場合，ラインとポリゴンの二つの表現法が用いられる．ラインでは，等高線は線のオブジェクトとしてとらえられ，等高線の線種を変えたり，注記でその標高を表記できる．等高線に囲まれた範囲をポリゴンとしてとらえるならば，たとえば，標高500～600mの地域を黄緑色で彩色することができる．

等高線が同心円を示す場合，丘，あるいは，くぼ地（凹陥地）の地形を表している．等高線の間隔は勾配の指標となり，また，等高線が流路をV字に横切る場合，常に上流を指している．なお，等高線の間の地点についての標高を知るには，その両側の等高線からの空間的内挿補間で求められる．

（2）DEM

等高線による地形表現が，紙地図で一般に利用されてきたのに対し，デジタル標高モデル（degital elevation model：DEM）は，ラスター型GISに適した地形データモデルとして今日広く利用されている．わが国では，数値地図メッシュ（標高）として，50m，250m，1kmの3種類のDEMが国土地理院から刊行されている．この中で最も空間分解能の高い数値地図50mメッシュ（標高）は，1：25,000地形図の1図幅を縦横200等分した合計40,000メッシュの中心標高を10cm単位で記録したものである．このメッシュの格子間隔は，約50m（正確には，経度方向で1.5秒，緯度方向で2.25秒）に相当する．メッシュの1辺が，常に50mにならないのは，地形図が経緯度をもとに区切られているためである．地形図の図郭は正方形ではなく不等辺四辺形であり，また北海道と沖縄では地形図1図幅の大きさがかなり異なる．

このDEMデータの作成は，1：25,000の地形図の等高線をスキャナーで読み込みベクトル化し，等高線データから補間計算によりメッシュ中心の標高を計算している（稲葉，1996）．1997年からは，東日本と西日本の数値地図50mメッシュ（標高）のデータが2枚のCD-ROM媒体で刊行されている．アメリカ合衆国やイギリスでは，より空間分解能の高い30m×30mのDEMがすでに整備されている．

上記のように日本では（アメリカ合衆国と同様に），デジタル標高データが既存の等高線図からスキャナーで読み込まれ，等高線形式で保存されている．そのデータを利用してDEMを作成する場合，データ密度は，等高線で示された標高に対し多く，等高線の間にある地域の標高に対しては少ない傾向になる．等高線間の地域のデータ密度を増やすため，補間手法が用いられるが，それがなされてもデータは十分に増えず，その結果，原データにはないような人工的な周期性が混入してしまう．図20.1は，USGSの30m×30mのDEMから得られた標高データに対し，その度数分布を示している．識別された波形パターンは，等高線の間にある地域のデータ点よりも，等高線で示された標高のデータ点が多いことに起因している．以上の事例からもわかるように，DEMを作成する方法に基づき，さまざまなエラーがデータに混入されるので，DEMを利用する場合には注意を要する（Guptill and Morrison, 1995, 74-75）．

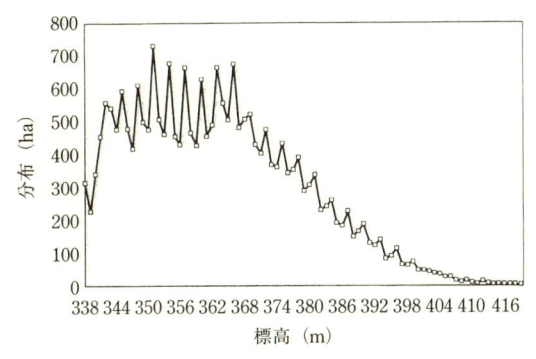

図 20.1 USGS の 30 m DEM から得られた標高データの度数分布 (Johnston, 1998)

（3）TIN

ラスター型 GIS でのデジタル標高データが DEM 形式をとるのに対し，ベクトル型 GIS ではそれは TIN（triangulated irregular network：三角形不規則網）形式に変換される．TIN は，地表面を連接した三角形に変換するデジタル地形モデルである（表示例については第7章の図7.3(b)，方法論については高阪（1994, 34-36）を参照）．TIN の三角形は，平らな地形では大きく，複雑な地形の地域では小さい．したがって，TIN は DEM よりもデータ保存において効率性がよい．うまく構造化された 100 地点からなる TIN は，数百地点の DEM と同程度のデータ面を表現できるといわれている．三角形の縁が地形の分断線と一致するため，TIN はまた，長い尾根や谷のような勾配が大きく変わる地域に適した表現方法となる．TIN による地形表現は，河川の浸食地形を描くのに優れているが，氷河地形には適さない．

20.2 地形分析

（1）地形特徴の抽出

標高データを分析することで，地点における地形の特徴を抽出することができる．標高データ行列で，3×3 の移動窓（moving window）を設定する．そして，その中心となるセルとそのまわりの八つのセルの間の関係を考察してみよう．もしそのまわりの八つのセルの標高がいずれも低いならば，その中心のセルは「頂部（ピーク）」である（図20.2(a)）．逆に，まわりがすべて高ければ，それは「くぼ地（ピット）」である（同図(b)）．また，高いセルと低いセルが二つずつ交互に並ぶ（2サイクルの）とき，「峠（パス）」になる（同図(c)）．

次に，2×2 の移動窓を使って，地形の特徴を調べてみよう．各セルは，四つの異なった移動窓を形成することになる．あるセルが四つの移動窓のいずれにおいても最

```
─ ─ ─      + + +      + + ─
─   ─      +   +      ─   ─
─ ─ ─      + + +      ─ + +
  (a)        (b)        (c)
```

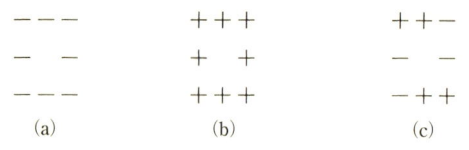

図 20.2　3 × 3 の移動窓による地域特徴の抽出
(a) 頂部, (b) くぼ地, (c) 峠.

低の標高にならない場合, そのセルは「尾根（リッジ）」になる可能性をもつであろう. 逆に, あるセルが最高の標高にならない場合,「谷（チャネル）」になる可能性をもつであろう. したがって,「峠」を出発し, 隣接する「尾根」をたどって「頂部」に達する. また, 隣接する「谷」をたどり「くぼ地」に達する. その結果,「頂部」,「尾根線」,「峠」,「谷線」,「くぼ地」が連結されることになる.

（2） 勾　　配

勾配（slope）とは, 標高の変化率である. 微分学の用語では, 勾配は標高の1次微分として考えられ, 連続面を微分して勾配図がつくられる. 地図上で2地点間の勾配を測るには, 斜面を直線勾配（linear slope）と考え, 2地点間の標高差をその間の距離で割ることで求められる. すなわち,

$$S = \sqrt{(\delta Z/\delta X)^2 + (\delta Z/\delta Y)^2} \quad (20.1)$$

で示される. δZ は標高の変化, δX と δY は X 軸と Y 軸方向の変化である. S の正接（タンジェント）をとると, 勾配が度で表され, 100 を乗ずることでパーセントで示される. なお, ラスター型 GIS では, あるセル (m, n) の標高を $u(m, n)$ としたとき, X 軸と Y 軸方向にそれぞれ p, q のセルだけ離れたセルとの間の勾配は,

$$\{u(m+p, n) - u(m, n)\}^2 + \{u(m, n+q) - u(m, n)\}^2 \quad (20.2)$$

の平方根をセル間の距離で除算した値となる（野上, 1995）.

ラスター型 GIS で, あるセルの勾配を求めるには, その地点を中心とした 3 × 3 の移動窓における八つの周囲のセルへの直線勾配値を用いて計算される. 距離加重下降（distance-weighted drop）は, 中心セルの標高から隣接するセルの標高を引き, セル間隔で除することで計算される. 中心のセルに対する勾配を計算するためには, 以下のようなさまざまなアルゴリズムが開発されている.

① 八つの周囲のセルに対して最も急な距離加重下降を勾配とする（確定的8ノードアルゴリズム（deterministic 8-node algorithm）と呼ばれる）.
② 中心のセルからみて最も急に下降するものと上昇するものとのうち, 大きい方を勾配とする.
③ 八つの隣接するセルの平均勾配を勾配とする.

図 20.3(a) は, 小規模の流域を DEM によって 3 次元立体図として表示するととも

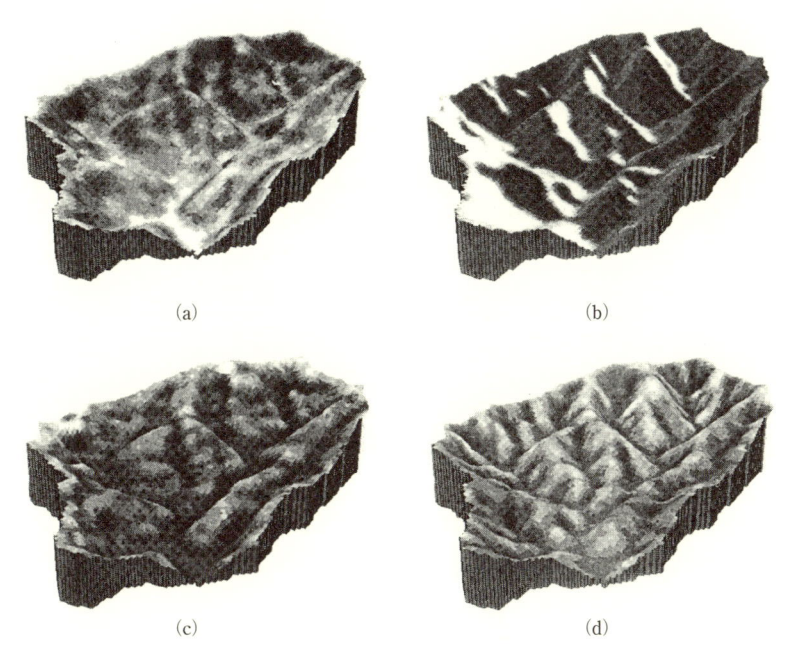

図 20.3 DEM の 1 次微分と 2 次微分（Burrough and McDonnell, 1998）
(a) 勾配，(b) 斜面方位，(c) 縦断凹凸，(d) 横断凹凸．

に，その上に主題データとして勾配をドレープしたものである．各セルの勾配は，対照表を通じて勾配のクラスへと対応づけられ，適切なグレイスケールで表現されている．このように勾配を表す地図を作成することで，流域の勾配分布をみることができる．勾配は流域内で大きく変動することが多いので，平均を中心に ± 0.6 標準偏差，± 1.2 標準偏差で 6 クラスに分けると，表現的に満足のいく勾配分布の地図が得られる（Evans, 1980）．

表面勾配（surfical slope）とは，地表面が水平面に対し傾いている角度である．直線勾配と同様に，表面勾配は度，あるいは，パーセントで表現される．表面勾配は，TIN では各三角面と水平面の間の角度として簡単に計算される．それは DEM に対しても同様に計算されるが，3 × 3 の移動窓において中心セルのまわりの点に対し平面を適合させるため，1 次傾向面が利用される．このようにして，平面とデータ点の間の標高の平方差の合計が最小化される．

表面勾配は，次のようにベクトル代数の方法でも決められる（Berry, 1993）．

① 八つの隣接セルの各々の方向に対し，勾配値の相対的長さを個々のベクトルとして描く．

② 最長のベクトルで出発し，時計回り方向に各ベクトルを結んでいく．
③ 出発点と終点の間で描かれたベクトル（合成ベクトル）は，平面の勾配を表す長さをもち，方向はその斜面方位を表す．

表示目的のため，ラスター型 GIS で計算されたもとの勾配値は，より大きなセルへと空間集計され，あるいは，より大きなデータ間隔へと再分類されることによって，しばしば単純化される．

（3） 斜 面 方 位

斜面方位（aspect）とは，最大勾配をもつ斜面が面している方位である．通常，それは方位（北，北東，東，南東，南，南西，西，北西，および，平坦面）か，北を軸とした時計回りの度数（0～360°）を用いて環状濃度階調（グレイスケール）で表現される．方位に基づく場合，図20.3(b)に示されるように，リアルな3次元表現を得るため北東方向が明色になるよう配色される．度数の場合は180°を中心に暗色で表示され，0°（360°）付近は明色で示される．これは北の光源からの光輝（(6) 項参照）に相当する．

TIN の場合，斜面方位は，三角形で定義される面の最大勾配方向で求められる．もし勾配を計算するため，格子セルの3×3の窓に面が当てはめられたならば，斜面方位はその面の最大勾配方向である．

ラスター型 GIS において，中心のセルからみて最も急な下降をもったセルに対し勾配が求められたならば，斜面方位はそのセル方向である．逆に，勾配が最も急な上昇をもったセルに対し求められたならば，斜面方位はそれとは逆のセルの方向である．ベクトル代数で求められた勾配の斜面方位は，その結果生じたベクトルの方向である．

斜面方位は日照の影響と関係するため，丘陵の斜面にとって重要な特徴となる．また，斜面方位は海岸線にとっても重要な特徴である．なぜならば，それは卓越風向と関係し，海岸線の浸食にかかわるからである．海岸線の斜面方位は，それを構成する線分にとって垂直方向である．

（4） 地形の凹凸

勾配が標高の1次微分であったのに対し，地形の凹凸はその2次微分（ラプラシアン）であり，勾配の変化率を表している．凹凸は勾配方向（河川でいうと流出方向）における地表面の凹凸であり，縦断凹凸（profile curvature）として知られている（図20.3(c)）．凹凸の小さい地域は，その内部が一様に平らであり，逆に凹凸の大きいところは，山頂付近のように勾配が大きく変わっていることを示す．勾配が急な地形でも，地表面が平らであれば凹凸は小さいことに注意しよう．

TIN においては，凹凸が小さい地域は，それが大きい地域よりも大きな三角形で表現される．ただし，三角形の大きさは地形を表現する地点の関数なので常にそうであるとはいえない．凹凸は，距離当たりの（たとえば，100 m 当たりの）勾配の度数で

測定される．

　勾配方向に直交する軸に沿った（河川でいうと河川を横断する方向の）地形の凹凸は，横断凹凸（planform curvature）と呼ばれる（図20.3(d)）．横断凹凸は地形が凹か凸かを表している．浸食は凸斜面で，堆積は凹斜面で起こるので，この斜面形状は水流移動物質のモデル化において重要である．

（5）　照準線地図

　GISは，景観の相互可視性を表す地図（照準線地図：line-of-sight map）を作成するために利用される．視界域（viewshed）は，特定の観察地点からみることのできる地域の範囲を示している．逆に，可視圏地図（visual impact map）は，高さのあるオブジェクト（たとえば，送電塔）がみられるすべての観測地点を示している．二つの処理に対し，分析は基本的に同じである．相違点は，視界域では単一観測地点から多数の目標物をみており，可視圏地図では多数の観測地点から単一の目標物をみている．

　入力するデータレイヤーは，標高，観察地点の位置（視界域），目標物（可視圏地図），視界を遮る地表面上の地物の位置と高さ，そして，最大視界距離である．視界は全方向である場合と，一定方向に限定される場合がある．出力されるデータレイヤーは，バイナリー（2分類）地図である．視界域に対しては，視界に入る地域と入らない地域に分けられる．可視圏地図では，目標物がみえる地域とみえない地域に分かれる．

図20.4　大観峰からみた視界域の範囲
（尹ほか，1998）

視界域の研究事例として，図20.4は，阿蘇山の「大展望」からみえる範囲を示している（尹ほか, 1998）．阿蘇を訪れる観光客は，雄大なパノラマ景観を楽しむことを目的としているので，視界域の分析は有用であろう．特に全国にも例のない広大な草地景観が，阿蘇の個性を演出する観光資源であることから，視界域に草地のレイヤーを重ね合わせ，草地の視界域も図20.4には示されている．分析の結果，「大展望」からは，草地全体の21.8％がみえ，展望所の中で最も眺望範囲の広いことが明らかとなった．

（6） 光　輝

光輝（illumination）とは，地形の起伏を地図に表現する場合の明暗を示す用語である（日本国際地図学会, 1985, p.82）．GISによる光輝の処理は，地表を構成する各面の勾配と斜面方位，そして太陽光の方位と入射角度とに基づき，標高ファイルに対する太陽光の反射光線（リフレクタンス）を計算する．その反射光線の値は，通常，斜面と太陽との間の角度の正弦（サイン）として表され，3次元物体を描くための陰影を用いて，陰影起伏図（shaded relief map）として表現される．きれいにみせるため，光源は通常，北西方向から水平面に対し45°の角度が選ばれる．図20.5は，DEMから生成された陰影起伏図を示している．

GISと関連した処理として，地表面が受ける晴天時の日射量に相当する，日照（insolation）の計算がある．日照は季節や1日における時間のほかに，地点の緯度，標高，勾配，斜面方位，および，周囲の環境による陰などの関数である．それは，植

図 20.5　DEMから生成される陰影起伏図
(Pike *et al.*, 1987)

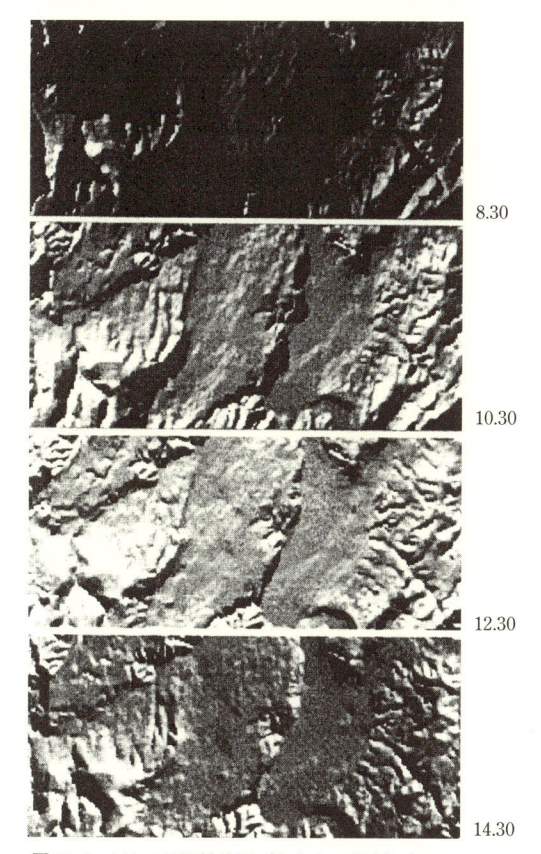

図 20.6 1日の日照量地図（北からの視点）(Burrough and McDonnell, 1998)

生，土壌水分，積雪溶解などに関連した重要な環境変数となる．図 20.6 は，朝の 8 時 30 分から 2 時間ごとの日照量地図（irradiance mapping）を示している．

20.3　DEM による地表面流水モデリング

　地表面上への降水は，標高データで予測される方向に流下し，さらに十分な流水が集まると，河道を伴った流水を形成する．この原則を GIS 上で実行すると，地表面上での流水の流出場所とその水量をシミュレーションする強力なツールを獲得することができる．地表面流水モデリング（land surface water flow modeling）は，GIS の応用分野において，多くの成果をもち，成長している分野である（白沢ほか，1998）．本節では，この分野における基本的考え方を示す．なお，この分野における最近の発

展は，Maidment（1993），Moore et al.（1993），Wilson（1996）にまとめられている．

（1） グリッドセルを用いた流路決定

DEMから流水網を導出するための方法が開発されてきた（Marks et al.,1984；Jensen and Domingue, 1988）．この方法は，DEMから作成された次の三つのデータレイヤーを必要とする．

① くぼ地が埋められたDEM
② 各セルの流動方向を示すデータレイヤー
③ 各セルに対しそこに流入するセル総数に等しい値をもった流動累積データレイヤー

この方法は，Arc/InfoのGRIDに対し開発された水文モデリングツールの中に組み込まれているとともに，同様のツールがGRASSなどのほかのラスター型GISに対しても開発されている．

第1段階の処理は，くぼ地のないDEMを生成することである．ほとんどすべてのDEMは，流れの経路を遮るくぼ地を含んでいる．流水は，そのくぼ地に達すると止まってしまう．このようなくぼ地は，通常，現実の地形ではみられず，むしろデータ上に人工的につくられたものと考えられる．このステップでは，くぼ地の縁をなす最低標高のセルを上昇させくぼ地のないDEMをつくり，各セルがデータレイヤーの縁に向かい少なくとも一つの単調減少する経路の一部を構成するようにする．DEM内でくぼ地を埋めるための方法は，7ステップで成り立っている（Jensen and Domingue, 1988）．

第2段階の処理では，八つの隣接するセルの中から（確定的8ノードアルゴリズム（（2）項参照）から）最も急な距離加重下降を示す方向を選ぶことによって，各セルに対し流動方向を決める．次の4組の状態が生じる．

① そのセルはくぼ地である（（1）項参照）．
② 距離加重下降は，ほかの七つのセルよりもそのセルで大きい．
③ 二つ以上のセルが，最大の距離加重下降を等しくもつ．
④ セルは平坦地に位置し，流出点への方向は未知である．

状態①は，くぼ地のないDEMを発生させることで除外される．状態②は，はっきりした流動方向を生じ，さらなる分析を必要としない．状態③は，対照表の中で簡単な規則をつくることで解決される．たとえば，一つの尾根に沿って三つの隣接するセルが同じ下降をもつならば，流動方向は三つの中の中央のセルに割り当てられる．状態④は評価するのに難しく，流動方向をつくるため対話的過程が必要である（Jensen and Domingue, 1988）．

選択された流動方向は，次のような体系に従ってコード化される．

第20章 GISによる地形分析

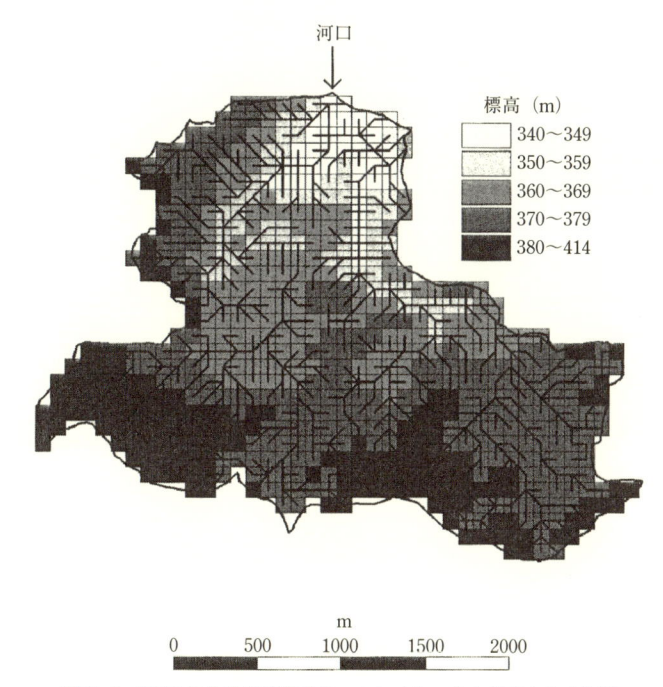

河口

標高（m）
340〜349
350〜359
360〜369
370〜379
380〜414

m
0　500　1000　1500　2000

図20.7　DEMによる流動累積データレイヤーから導出された河川流域網（Nawrocki *et al.*, 1994）

64	128	1
32	X	2
16	8	4

行列内でセルXがもし左に流出するならば，その流動方向は32としてコード化される．このように中心のセルとその周囲のセルとの位置関係を示す数値を計算する機能は，ラスター型GISで配置分析（juxtaposition analysis）として知られており，いろいろな指標が開発されている（Johnston, 1998, 70-72）．

　第3段階の処理は，流動累積のデータレイヤーを作成することである．このレイヤーでは，各セルはそこに流入するセル数に等しい値が割り振られる．高い流動累積値をもつセルは，流動が集中する地域となり，流路を識別するために利用されるであろう．流動累積が0のセルは，地形の局地的高まりとなるであろう．流動累積値と降水の空間分布を表すグリッドとを乗ずることによって，障害や蒸発散，浸透がないと仮定した場合に各セルが潜在的に受け取る降水量が計算される．流動累積のデータレイヤーは，ラスター＝ベクトル変換を用いることで，図20.7に示されるような河川流

域網のデータレイヤーが作成される．

Moore (1996) は，流動方向を決めるために利用される基本的アルゴリズムを評価し，確定的8ノードアルゴリズムは大きな欠陥をもっていると結論付けている．すなわち，流動の分散をモデル化できず，実際の地形では非現実的と思われるほど長く直線的な流動経路を生み出す．Mitasova *et al.* (1996) は，d 次元の微分幾何学に基づき，地形の幾何を計算する他の方法を開発した．この方法は，勾配や斜面方位のスカラー場を生成するほかに，流路長や尾根への上り勾配（upslope）の集水域を計算する．また，流動追跡アルゴリズムを利用し，流路や尾根を設定する流線を生成する．この方法は，GRASS と呼ばれる GIS ソフトウエアに組み込まれている．

（2） 流域設定

流域（watershed, drainage basin）とは，降水が水体（海や湖）へ流出する地域的範囲であり，流路上の地点（流出地点）に対し設定される．図20.8は，湖に注ぐ河川とその周囲の河川の流域設定（watershed delineation）を示している．GIS が出現する以前では，流域の境界は，地形図上で隣接する流域を分割する最高標高地点を視覚的に選び出し，それらを線で結ぶことで決められていた．GIS を利用することで，同一の処理過程を自動化することで流域画定を行えるようになった（Marks *et al.*, 1984；野上，1995）．

流域の画定は，次の二つのデータレイヤーを用いて行われる（Jensen and Domingue, 1988）．

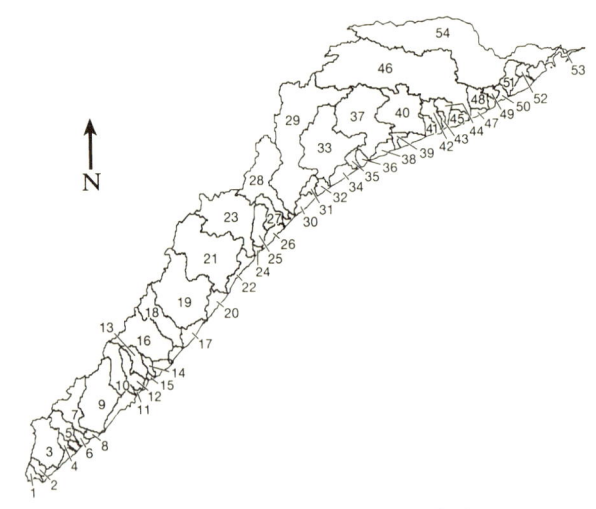

図 **20.8** 湖に注ぐ河川とその周囲の河川の流域設定（Johnston *et al.*, 1991）

① 流動方向データレイヤー
② 集水する流域の流出地点を表すセル（セル群）を含むデータレイヤー

　流出地点は，河口，大きな合流点，水位・流量観測所やダム，あるいは，くぼ地のあるようなセルとなるであろう．流域は階層構造を取るので，大きな流域の中の下位流域も，最小流域面積を指定することで自動的に画定できる．

第21章 情報ネットワークとGIS

　情報ネットワーク技術の発展に伴って，最近では，GISで利用する空間データの所在を知ったり，その提供を受けるのに情報ネットワークが利用できるようになった．本章では，デジタルな空間データの特徴を示すとともに，GISの利用環境を向上させるために，情報ネットワークによる空間データの提供のあり方を，① 空間データサーバーによる提供，② メタデータサーバーによる探索，③ Web地図作成ソフトウエアによる対話的地図作成，の側面から考察する（高阪，1999）．

21.1 デジタルな空間データの特徴

　GISで利用するデータは空間データと呼ばれ，地図データと区別される．空間データとは，地表面上に生起する事象（英語ではフィーチャー（feature）で，事物や現象で成り立っている）を，幾何要素に基づき0次元（点），1次元（線），2次元（ポリゴン）のいずれかのオブジェクトで抽象化し，それらの位置を示すため空間参照（経緯度や住所）をつけたデータセットである．

　GISは，この空間データをそれぞれ1枚のデジタルなレイヤー（カバレッジとも呼ばれる）として作成するとともに，表示する機能をもつ．レイヤーとは，空間事象を0，1，2次元のいずれかのオブジェクトとして表現したデジタルファイルのことである．それ自身がデジタル地図となることもあるが，通常は地図的表現を豊かにするため，これらのレイヤーを何枚も重ね合わせてデジタル地図は表現される．

　したがって，空間データは，レイヤーと呼ばれるデジタルファイルとして存在する．地図データやデジタル地図と対比するならば，空間データはそれらの部品なのである．デジタルな空間データは，次のような特徴をもつ（高阪，1997）．

① 劣化しない
② コピーが容易である
③ 電送できる
④ 重ね合わせが可能である
⑤ 部品として再利用できる
⑥ 更新が可能である
⑦ 空間関係を組み込める

デジタルな空間データとは部品であり，それらをいろいろ組み合わせてさまざまなデジタル地図の作成が可能である（特徴④，⑤）．また，情報技術を利用するならば，大量に再生産でき（特徴①，②，⑥），アクセスもしやすい（特徴③）．さらに，GISを利用した空間分析にも対応できる（特徴⑦）．

21.2　空間データサーバーによる提供

アメリカ合衆国やヨーロッパ連合，そしてわが国で始まった全国空間データ基盤（national spatial data infrastructure：NSDI）の整備事業は，上記のようなデジタルな空間データの特徴を活かした情報基盤の整備である（高阪，1995）．本節では特に，特徴③の「電送できる」に注目し，インターネットなどの情報ネットワークを通じた空間データの提供を考察する．

情報ネットワーク上の空間データにアクセスする最も基本的方法は，デジタルな空間データが蓄積されている空間データサーバーを用意し，クライアントが情報ネットワークを通じそこにアクセスし，必要な空間データのファイルをダウンロードするやり方である．サーバーとしては，大量のデータファイルを蓄積しインターネット上で公開できるFTP（File Transfer Protocol）サーバーが利用される．

この事例として，アメリカ合衆国テキサス州政府の空間データサーバーが知られている．テキサス州天然資源情報システムのホームページ（http：//www.tnris.state.tx.

表21.1　空間データサーバーで入手できる空間データ（テキサス州の場合）

基図	デジタル正射写真
	地名
	ベクトル
土地・生物資源	土壌資源
	土地利用/土地被覆
	農業
	公共用地
水資源	生物資源
	地表水
	氾濫原
	地下水
土地・水質	廃棄物処理地点
大気資源	監視地点
交通	道路
	鉄道
	水路
	航空
行政地域	政府関係
標高	DEM

us/）に入り，Digital Data，Data Catalog とクリックすると，空間データの一覧表が表示される．入手できる空間データは，表 21.1 のようである（2001 年 1 月現在）．空間データは，基図から標高までの八つに分類されており，さらに各分類はいくつかの項目に分かれている．たとえば，「行政地域」の「政府関係」では，郡，上院・下院選挙区，学区などの地域境界ファイルが，DGN，DWG，E00 などの拡張子をもった形式で，情報ネットワーク上のサーバーに蓄積されている．利用者はそこにアクセスすることで，さまざまな空間データをダウンロードできる．

空間データ形式としては，Arc/Info 用（E00）と AutoCAD 用（DXF）が主である．自分の GIS で読み込むことのできる空間データのファイル形式を選びダウンロードするならば，地図を各自でデジタル化することなく GIS で表示でき，加工を施し，印刷できる．自分の GIS に合った空間データ形式がない場合には，市販のデータ交換ソフトウエアが利用される．これには，カナダの Safe Software 社で開発した FME 2.0，アメリカの Blue Marble Geographics 社の Geographic Translator 1.02 や Application Software Technologies 社の GeoMorph 1.4 などがある（Lazar, 1998）．これらのソフトウエアを利用すると，AutoCAD 出力形式（DXF），ArcView の Shapefile（SHP），MapInfo の交換ファイル形式（MIF）のほかに，MicroStation の設計ファイル（DGN），AutoCAD のドローイング形式（DWG），Arc/Info 出力形式（E00），デジタルラインググラフ（DLG）など，代表的な空間データ形式の間でデータ交換が可能となる．

アメリカ合衆国では，国費で整備したデータは，無償か作成費のみで配布することが決められているので，このようなオープンな形で空間データの提供がなされている．東京都世田谷区の筆者の研究室にいながらにしてテキサス州の空間データが入手できるのに対し，たとえば，東京の区境界線のデジタルデータは簡単には入手できない．政府の情報公開に対する姿勢の違いからやむをえないのかもしれないが，わが国は地図の世界でもいかに情報的に閉ざされているかがわかるであろう．

21.3　空間データのクリアリングハウス

しかしながら，上記のような空間データサーバーがいかに整備されようと，必要な空間データがどのサーバーにあるかという所在情報がなければ，必要なデータにたどりつくことは難しいであろう．そこで考え出されたのが，空間データのクリアリングハウスである．クリアリングとは，元来，手形交換の意味である．しかしここでは，科学技術上の情報を得るための情報交換，特に，科学技術情報の所在（location）情報を提供することを意味している．また，クリアリングハウスとは，建物，場所，組織を意味するものではなく，それは情報ネットワーク上にあるサーバーを意味している．

このサーバーは，空間メタデータサーバーと呼ばれるものである．メタデータとは一般に，データの内容を記述するデータである．FGDC（Federal Geographic Data Committee：アメリカ合衆国連邦地理データ委員会）は，デジタル空間メタデータに対する標準を発表した（FGDC, 1995）．この標準によると，空間メタデータの主要な構成部門として，10のカテゴリーをあげている（詳細は第23章の図23.7を参照）．その中で七つのカテゴリーは主部門で，三つのカテゴリーはオプショナルの支援部門である．各部門はさらに細かく分けられ，全体で約100項目にも及んでいる．なお，わが国の空間メタデータは，地理情報標準1.1版で，JMP（Japan metadata profile）として定義されている．

しかし，日常利用される程度の内容の空間メタデータは，地域範囲やキーワードなどを含む，おそらく20項目程度で十分であろう（詳細は第23章3節の(2)項を参照）．空間データを作成したときには，そのデータの概要を知らせるため基本的なメタデータも作成しておく必要がある．WAIS（Wide Area Information Servers）のようなメタデータサーバは，おもにテキスト（文字）に基づく質問に応答する．利用者は，必要としている空間データを探索するため，その探索要求として，たとえば二〜三のキーワードを空間メタデータサーバーに送る．するとサーバーは，それらのキーワードをもった空間データのメタデータを探索し，その所在情報を返答する．空間データのクリアリングハウスの探索では，空間データの内容を表すキーワードのほかに，特にデータの地域範囲が重要な役割を果たす．これには，地名探索と経緯度探索の二つの形式がある．

このようなクリアリングハウスのプロトタイプは，FGDCのホームページ（http://fgdc.er.usgs.gov/）でみることができる（2001年1月現在）．このホームページ内で，Clearinghouseをクリックし，さらに，Search for Geospatial Dataをクリックすると，Clearinghouse Gatewayの名前の入った北アメリカの地図が表示される．その中で，FGDCの地点をクリックすると，そこのentry pointに入るためのインターフェースを選ぶようになる．place nameをクリックすると，クリアリングハウスの検索フォームが表示される．地理的範囲，期間，キーワード，データーサーバーを選択あるいは入力すると，それらの条件に合った空間データの所在が探索できる．たとえば，アメリカ合衆国の州名として"California"，テーマのキーワードとして"landuse"と入力し，クリアリングハウスのノードとして，California Environmental Information Catalogを選び，Search Nowをクリックすると，このサーバーに5件の空間データがあることが明らかになり，その詳細をみることもできる．

わが国では，国土交通省国土地理院（http://www.gsi.go.jp/）や東京大学空間情報科学研究センター（http://www.csis.u-tokyo.ac.jp/）などで，空間データのクリアリングハウスが構築されている．

このような全国空間データクリアリングハウスの構築は，情報ネットワークを通じて空間データを探し出し（finding），入手し（accessing），共用する（sharing）ための手段を提供する．

21.4 Web地図作成システム

（1） Web地図作成ソフトウエア

　GISと情報ネットワーク技術の発達とそれらの統合によって，地図を情報ネットワーク上で作成するWeb地図作成システムを構築することが可能となった．今までの地図は，作成者の方針に従ってつくられていた．Web地図作成システムでは，利用者の要求に応じて独自の地図が作成できる．

　WWW（World Wide Web）は，今日では多くの人々が利用している情報ネットワークである．地理データを所有しそれらを流通させようとしている人々にとって，また，地理データを分析し新たな付加価値をつけようとしている人々にとっても，WWWは快適な情報ネットワーク環境を提供する．Web地図作成システムは，WWWを通じて対話形式で地図を作成するシステムである．

　このようなWeb地図を実現するには，Web地図作成ソフトウエアが必要となる．Web地図とは，利用者がWWWを通じてサーバーにアクセスし，サーバー上にあるデータを使って作成した地図である．以下では，Web上での地図作成ソフトウエアを示すとともに，Web地図作成システムの構築例を紹介する．

　Web地図作成（Web-Based Mapping）のソフトウエアには，MapGuide（Autodesk社），Internet Map Server（IMS）（ESRI社），GeoMedia Web Map（Intergraph社），ProServer（MapInfo社）などが知られている．これらのWeb地図作成ソフトウエアによる地図表現の仕方には，画像グラフィックアプローチと地理オブジェクトアプローチの二つの方法がある（Limp, 1997）．第1の方法は，GIFあるいはJPEGの画像グラフィックで地図を表示している．第二の方法は，地図を構成する点，線，ポリゴンを，個別のグラフィックオブジェクトで表している．IMS製品やProServerは，JPEGやGIFをダウンロードする形式をとっており，MapGuideやGeoMedia Web Mapは，グラフィックオブジェクトを利用している．

　モニター上に表示される地図は両方法とも全く同じようにみえるが，しかし，利用者が地図に対しもつことのできる相互関係は，二つの方法で異なる．GIFあるいはJPEGのファイルとして示される地図では，利用者がマウスを移動すると，ソフトウエアはマウスが位置するxとy座標をとらえることになる．それに対し，オブジェクトで表された地図上では，ソフトウエアはマウスが指す点，線，あるいは，ポリゴンをとらえることができる．

　たとえば，利用者が渋滞区間を示す道路地図をWeb上でみたいとしよう．地図が

JPEG の画像ファイルの場合，利用者はマウスのボタンで渋滞区間を選ぶと，$x = 234$, $y = 678$ のようにその場所のスクリーン座標がソフトウエアに報告される．その座標データはサーバーに送られ，サーバーはそれ自身がもつ GIS 機能を使って，その座標に対応した道路区間を探し出す．それに対し，地理オブジェクトのソフトウエアでは，ソフトウエア自身がどの道路区間が選ばれたかという情報を報告するので，サーバーまで戻る必要はない．

このように画像グラフィックアプローチと地理オブジェクトアプローチとの間には，利用者と地図との間の相互関係とクライアント/サーバー間のコミュニケーションとにおいて，大きな相違が存在する．このような相違から，画像グラフィックアプローチでは空間データのオブジェクトが利用者に流出しないので，インターネット用として利用される場合が多い．それに対し地理オブジェクトアプローチでは，空間データのオブジェクトが利用者に渡ってしまうので，組織内部のイントラネット用という利用上の区分を生む．

さらに，Web 地図作成のソフトウエアでは，アクセス時間が速いことが重要な側面である．利用者は，長い時間待ち続けると興味を失せてしまう．地理オブジェクトアプローチは，画像グラフィックアプローチより迅速で，複雑な形で利用者に対応することができる．スクリーン上のオブジェクトをマウスでクリックすると，そのオブジェクトが選ばれ，明るさを増す（視覚的なライトアップ効果）．また，クライアントの機能に応じて，地図の拡大（ズーム）や移動を容易に行うことができる．しかしながら，地理オブジェクトを利用するとき，地図とともにプラグインをダウンロードしなければならない．プラグインとは，Java，あるいは，ActiveX で書かれたプログラム片であるアプレットを意味し，利用者は地図にアクセスする前に，クライアントのマシーンにそれをインストールする必要がある．したがって，アップレットの存在は，転送されるデータ量を増すことになる．

（2） Web 地図作成システムの構築例

Web 地図作成システムを実際に構築した事例は，アメリカ合衆国 NGO の CIESIN のホームページ（http://www.ciesin.org/）でみることができる．そのホームページ上で，Interactive Applications をクリックする．次に，DDViewer (Demographic Data Viewer) をクリックする．すると，インターネットのナビゲーターソフトとして，Non-Java と Java のいずれを選ぶかを聞いてくるので，Non-Java を選ぶ．次の画面は，アメリカ合衆国の州の地図が表示される．仮に，CA (California) を選ぶとする．すると，カリフォルニア州の郡の名称がリストされる．その中から，たとえば，San Diego County を選択し，次に，人口に関する変数名がリストされるので，地図に表示したい変数の略称をボックス内に入力する．たとえば，総人口の totpop を入力する．この段階ではさらに，その変数の分類方法や凡例の色なども指定できる．仮

に，quartiles（四分位）を分類法として選び，SUBMITを押す．そして最後に，Map Image（地図画像）をクリックすると，サンディエゴ郡の人口を四分位で分類したカラーの統計地図が表示される．

21.5 Web統計地図の作成に向けて

（1） Web統計地図の整備

今後は，Web地図作成ソフトウエアを用いてWeb上で統計地図が利用できる環境を整備することが必要であろう．統計データは，国，都道府県，市区町村の各サーバーに蓄積される．人口統計を例として示すと，国のサーバーには都道府県の人口データが，都道府県のサーバーにはそれらを構成する市区町村のデータが，市区町村のサーバーには大字や丁目，番のデータが蓄積される．データの更新は，市区町村のレベルで最も頻繁に行われ，出生・死亡，転入・転出の登録があるごとに行われる．都道府県のサーバーは，市区町村のレベルのデータを週や月の単位で取り込み，国のサーバーは都道府県のデータをさらに少ない頻度で取り込む．

今，老年人口比（65歳以上の人口/総人口）のWeb統計地図を作成する例を考えてみよう．老年人口の分布は，都道府県単位で全国的にみることもできるし，市区町村単位で都道府県内の状況を調べることもできる．さらに，大字や丁目単位で市区町村内部の空間的変動をみることもできる．そのためには，国，都道府県，市区町村のサーバーにアクセスし，必要な統計データを取得する．さらに，それらのサーバーで提供されている都道府県界，市区町村界，あるいは，大字・丁目界といった境界線ファイルを利用して統計地図を作成する．地図作成に際しては，利用者の分析視点に応じてクラス分けの方法を満足がいくまで適宜変更し，老年人口比の空間的変動を明確に表現できるような統計地図を作り上げる．さらに，特別な地域単位で統計データを再集計して統計地図を作成することもできる．

Web地図作成ソフトウエアを用いてWeb上で利用者がオンデマンドな形で必要な地図を作成するためには，前節で示した二つのアプローチのうち，画像グラフィックアプローチの方法が適している．このようにWeb統計地図は，統計の利用の仕方を変える新しい方法を提供するであろう．

（2） 統計地図とクラス分け

統計データには，人を単位にした統計と地域を単位とした統計がある．前者は属人統計，後者は属地統計と呼ばれる．属地統計は表形式で表示されるほかに，統計量を地図に落として表現することができる．統計地図とは，属地統計を地図で表現したものである．地図表現によって，統計量の空間的な分布の傾向を読み取ることが可能になる．

しかしながら，統計地図を作成するとき，いくつかの難しい問題に直面する．その

一つは，統計量をクラス分けする方法である．一般に統計量をクラス（級あるいは階級とも呼ばれる）に分けるには，次のような注意を払う必要がある．
  ① 階級の数：階級数は多すぎず，少なすぎず，適度に定める必要がある[1]．
  ② 階級の間隔：階級間隔は原則として均一にしなければならない[2]．
  ③ 階級の限界：階級の境の値は，区切りのよい値で重複しないようにする．階級の中心もみやすい値にする方がよい．
統計地図に利用する統計量も，このような規則を考慮して，階級区分される．

　最近の GIS では，統計地図で使用するクラス分け方法が，事前に組み込まれている場合が多い．たとえば，ESRI 社の ArcView には，最適化（自然），等量，等間隔，等面積，標準偏差の各クラス分け方法が組み込まれている（ESRI, 1998, 113-119）．最適化分類は，Fisher/Jenks 反復法を用いて分散適合度を最大化する間隔に区分する．等量分類とは，同じ数のデータを含んでいる階級を四つ（この場合，四分位と呼ばれる），あるいは，指定した数だけつくる．等間隔では，階級値の間隔が等しい階級をつくる．標準偏差は，平均を中心に標準偏差の間隔の階級をつくる．

　しかしながら，これらのクラス分け方法を無批判に利用すると誤った解釈につながることもある．それでは，統計量の空間的な分布に関し誤った解釈を生まないためには，どのようにすればよいのであろうか．これはなかなか難しい問題である．まず第1に試みることは，クラスの数をはじめから少数にするのではなく，ある程度多くとって徐々に減らしていくのである．たとえば，10 クラスから始め，9，8，…と減らしていく．そして，重要と思われる空間的分布が現れて，それが消滅する直前で分類の統合を停止するのである．本格的地域分類を行いたい場合には，クラスター分析を利用すればよい．第2には，一つだけではなく，2～3種類のクラス分け方法を用いて，それらの結果を比較すべきである．クラス分け方法には，特異な結果を生むものもあるので注意すべきである（関根, 2000）．いずれにせよ，1回だけでなく何回も試行錯誤を繰り返し，クラス分けすべきである．

（3） Web 統計地図作成システムの構築

　日本大学地理情報分析室では，ArcView IMS（Internet Map Server）を用いて，対話型の日本統計地図作成システムを構築した（http://gxpro.chs.nihon-u.ac.jp/ims/webmap.htm）．図 21.1 は，そのシステムのクライアントとサーバーの関係を示している．まずクライアントは，URL のリクエストを行い，Web 地図サーバーのホーム

---

[1] 階級数を決めるのに次のような Sturges の公式が知られている．
$$m = 1 + \log N/\log 2$$
ただし，m は階級数，N はデータ数である．

[2] ただし，度数分布の範囲が一部に集中している場合には，均一間隔で分類すると大部分の情報が失われてしまうため，度数の集中している部分を細かく分類する必要がある．

```
クライアント         URL のリクエスト   http://…
                        ↓
サーバー            統計地図の三つの作成要求の転送
                        ↓
クライアント         変数，分類法，クラス数の入力
                        ↓
サーバー            Avenue による地図の作成と転送
                        ↓
クライアント                 地図表示
```

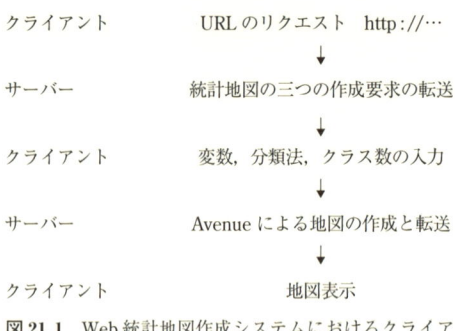

図 21.1 Web 統計地図作成システムにおけるクライアント/サーバー関係

日本の統計地図

分類する変数: |総人口 ▼|

分類法: |自然 ▼| クラス数: |4 ▼|

図 21.2 対話型日本統計地図作成システムにおける三つの作成要求を示すフォーム

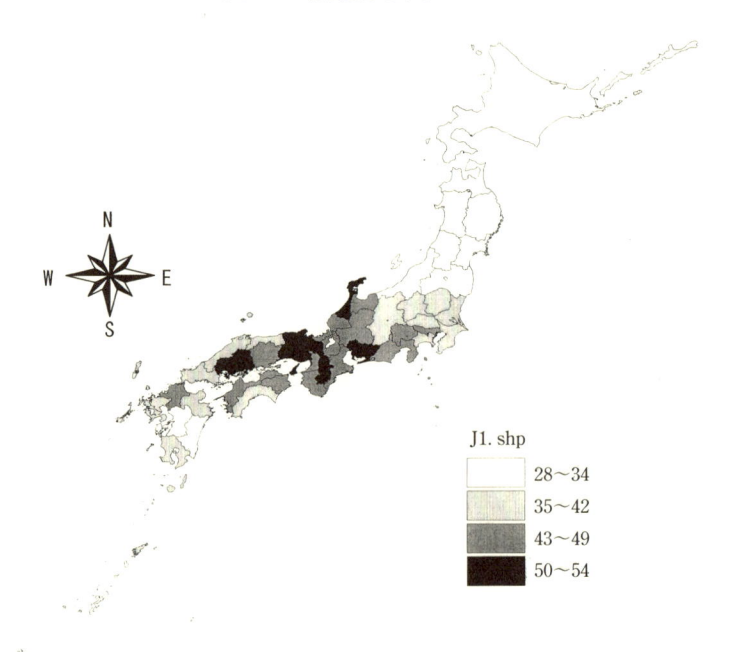

J1. shp
28～34
35～42
43～49
50～54

図 21.3 対話型日本統計地図作成システムで作成した統計地図

表21.2 対話型日本統計地図作成システムで表示できる変数名のリスト

V1	総人口	V20	1人当たり地方税収入額	V36	1人当たりビール消費量
V2	人口密度	V21	1人当たり製造製品出荷額など	V37	1人当たり清酒消費量
V3	14歳以下構成比			V38	乗用車保有台数
V4	15～64歳構成比	V22	1人当たり製造粗付価値額	V39	都市公園面積
V5	65歳以上構成比			V40	大学進学率
V6	出生率	V23	1人当たり卸売業販売額	V41	1人当たり書籍・雑誌・新聞の販売額
V7	死亡率	V24	1人当たり小売業販売額		
V8	婚因率	V25	パソコン普及率	V42	人口1万人当たり医師数
V9	離婚率	V26	年間収入総額	V43	人口1万人当たり病床数
V10	高等教育授者比率	V27	実収入総額	V44	1人当たり畳数
V11	1次産業構成比	V28	消費支出総額	V45	生活保護
V12	2次産業構成比	V29	貯蓄額	V46	水道普及率
V13	3次産業構成比	V30	負債額	V47	公共下水道普及率
V14	1人当たり県民分配所得	V31	有効求人倍率	V48	市町村道舗装率
V15	1次産業構成比	V32	1人当たり個人預金残高	V49	公害苦情受理件数
V16	2次産業構成比	V33	1世帯当たり郵便貯金残高	V50	ゴミ排出量
V17	3次産業構成比			V51	交通事故
V18	1人当たり地方債発行高	V34	1世帯当たり火災保険新規契約高	V52	火災事故
V19	1人当たり国税徴収決定済額			V53	刑法犯認知件数
		V35	1世帯当たり生命保険保有契約高		

ページにアクセスする．するとサーバーは，統計地図の作成にかかわる三つの要求を示すフォーム（図21.2）を表示する．クライアントは，変数，分類法，クラス数の三つの要求を選択し，転送する．それらを受けたサーバーは，ArcView をカスタマイズするプログラム言語である Avenue を使って，地図を作成し，転送する．このようにして，クライアントは自分の要求に合った地図を作成することができる．

図21.3は，このシステムで作成した統計地図の一例を示している．表21.2には，このシステムが蓄積している53種類の都道府県別統計データを列記している．

第22章　GIS　教　育

22.1　GISによる地理学の統合

　地理学は，自然地理学と人文地理学から成り立っている．自然地理学はさらに地形学，気候学などの専門分野で，人文地理学は経済地理学，集落地理学，文化地理学などの専門分野で構成されている．地理学の各専門分野がその専門性を深めるにつれて，それらの専門分野の間で取り上げられる共通の課題は少なくなり，地理学は個別の専門分野に解体される方向に進んだ．

　このような状況にあって，地理学で共通に利用されてきたさまざまな手法，すなわち，地図作成，航空写真判読/リモートセンシング，野外調査，統計分析，コンピュータシミュレーションなどは，地理学を統合する役割を果たすものと考えられてきた．地理教育において，それぞれの専門分野を教えるだけでなく，地理学が以前から利用してきたこれらの共通の手法を教授することで，地理学を一つの統合された学問として認識させるのである．

　GISは，地理学が利用してきた上記の主要な手法をその中に組み込むことで出現した．その結果，GISは地理学の発展に大きな影響を与えた．たとえば，Dobson (1993) は，ルネッサンスの時代以降でGISは最大の変化力となっていることを論じた．また，Abler (1987) は，彼のAAGでの会長講演の中で，顕微鏡，望遠鏡，コンピュータシステムがさまざまな科学に影響を与えてきたのと同じように，GISは地理的記述や分析に影響を与えていると言明した．その結果，今日では多くの地理学者は，GISがわれわれの学問の統合部分であるべきだと考えている（Coppock, 1992；Garner and Zhou, 1993；Gettings et al., 1993）．

　GISが出現してすでに20年が経っている．本章では，2節でGISそれ自身の変質を探るとともに，3節でGISがさらに社会に定着するためのGIS教育のあり方を考察する．

22.2　GISyからGIStへ

　まず最初に，GISという頭字語に与えられている意味を考えることから始める．最初の2文字GIは，地理情報（geographical information）を示している．しかし，最

後のSについては，今日三つの解釈がある（Forer and Unwin, 1999）．第1は，「地理情報システム」として解釈するもので，最も一般的である．したがって，Sはsystemsであり，地理情報を取得し，処理し，管理するための処理・管理技術に中心を置く．ほかのものと区別するため，この解釈をGISyと呼ぶ．第2は，地理情報の単なる処理ではなく，その情報を表現するときの基礎をなす概念的な諸問題を研究する「地理情報科学」と解釈するものである．これは，science，すなわち，GIScと呼ばれ，支持が最近増えている．第3の解釈は，地理情報技術を地理学の各専門分野に応用する「地理情報技術に基づいた研究」である．これはstudiesとしてのSであり，GIStと呼ばれる．地理情報技術が技術革新の状態から成熟の段階に達し，どの分野でも利用されるようになると，GISは，GISyからGIScへ，さらに，GIStへと進展していくのである．

それではGIStは，従来の伝統的方法に比べ，どのような点で進歩したのであろうか．都市研究を事例として，GISt，すなわち，GISに基づいた都市研究（GIS-based urban study）の進展をみてみよう（Sui, 1994）．従来の伝統的手法と大きく変わった点は，GIS上で空間分析や数理モデリング手法が利用できるようになったことである．この点についてさらに詳しく考察すると，第1にデータの側面での進展がある．GISは豊富なデータの世界（data rich world）を実現できるので，この状態の中で空間統計手法やモデリングが実行できるようになった．GISが扱えるデータとしては，点，線，域，面などの幾何データ，そしてそれらにつけられた各種の属性データ，写真や衛星画像などの画像データがあげられる．GISから，これらの豊富なデータを受け取ることができるようになったのである．また，GISがデータベースと分析法・数理モデルを一つのシステムの中で直接結びつけることによって，分析法やモデルへのデータのスムーズな受け渡しも可能となった．

第2は，分析法とモデルの側面での進展である．GISに，たとえばマクロ言語を通じて，分析法やモデルを組み込むことで，分析法やモデルの豊かな世界が実現できるようになった．都市研究で利用されている空間統計手法には，空間自己相関分析，空間回帰分析，探索空間データ分析，空間点データ分析などがあげられる．このように多種類の分析がGIS上で実行できるとともに，回帰分析だけでも，線形，非線形を問わず多種類のものが当てはめられる．数理モデルについても同様であり，ダイナミックモデリング，エントロピーの最大化によるGarin-Lowryモデル，マイクロシミュレーションモデル，投入-産出分析，シフト-シェア分析，時間地理モデル，チューネン立地モデル，クリスタラー中心地モデルなどがあげられる．このような多種類のモデルが実行されるとともに，モデルのパラメーターを少し変化させたときの影響分析なども容易に行えるようになった．

第3は，分析結果の表示の側面である．GISは地図作成機能を有しているので，分

析結果は地図としてただちに示すことができる．したがって，分析結果をみてもう一度データや分析・モデルに戻って分析をやり直すことも容易に行われる．また，GIS は地図の表示方法を多種類用意しているので，その中から適切なものを選ぶことができる．

　GISy から GISc への発展は数多く指摘されているが，それらと GISt とを区別する指摘は少ない．1960 年代から 1970 年代にかけて発展した計量地理学の延長上に GIS を据えるならば，計量地理学がかかわった各専門分野における GISt の研究成果について，もう少し取り上げられてもよいのでなかろうか．本書の意図は，まさしくこのような点にあるのである．

22.3　GIS 教　育

（1）GIS 教育の爆発的拡大

　1980 年代の初めにおいて，アメリカ合衆国で GIS コースを提供している地理プログラムの数は，10 以下であった．1993 年になると，全世界で約 3,000 の大学，北アメリカだけで 2,000 の大学が，地理学科をはじめ 10 数種類の学科を通じて，少なくとも一つの GIS に関する授業を提供した（Morgan and Fleury, 1993）．北アメリカの

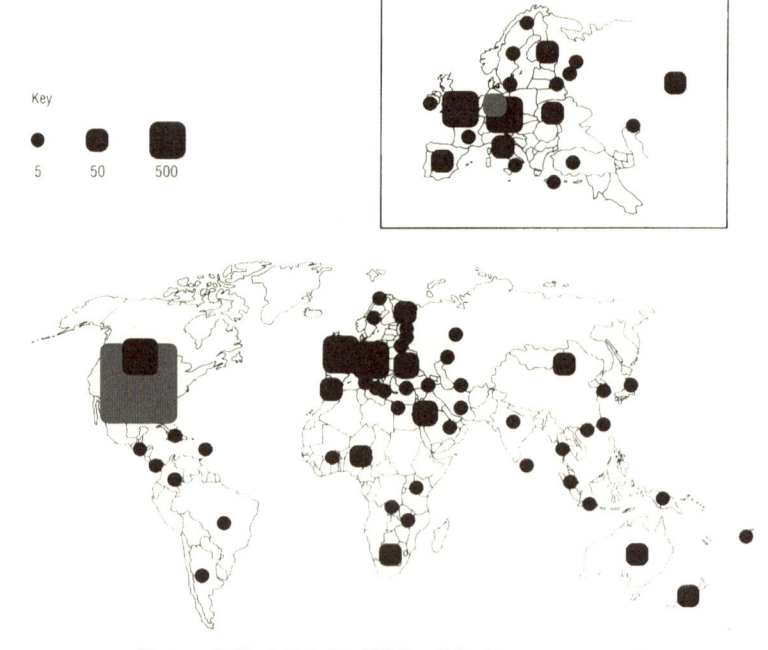

図 22.1　世界における GIS 授業数の分布（Morgan *et al.*, 1996）

大学を中心に，学部の地理カリキュラムに GIS を組み込み，GIS のコースが急増した理由は，GIS の技術をもった地理学を主専攻にする学生に対し，幅の広い雇用機会があったからである．

当然，世界中の大学のさまざまな学科で，GIS コースを提供する取り組みがなされた．図 22.1 は，全世界における GIS 授業数を示している（Morgan et al., 1996）．本図より，北アメリカとヨーロッパの先進国を中心に，GIS 教育は広く進展していることがわかる．このことから，GIS は，地理教育のメガトレンドであるといっても過言ではない．先進主要国の中で，日本は残念ながら最低水準にあり，その動向から取り残されている．

（2） GIS の教育方法

GIS 教育に関する文献は急成長しているが（Unwin and Dale, 1989；Unwin et al., 1990；Unwin and Maguire, 1990；Keller, 1991；Kemp et al., 1992；Raper and Green, 1992；Rogerson, 1992；Walsh, 1988, 1992；Dramowicz et al., 1993），GIS 教育に対する一貫した教授法についての全体的合意は確立されていない．

地理学者の間では，地理学と GIS との関係を次の四つの見方で捉えている．第 1 は，GIS を地理学という学問から生まれたものととらえる見方である．第 2 は，GIS を市場性のある技術の集合ととらえている．第 3 は，GIS を空間科学に対する新しいツールとして考え，第 4 は新しい学問としてとらえている．なお，第 2，第 3，第 4 の考え方は，ほぼ上記の GISy，GISt，GISc にそれぞれ対応すると考えられる．このように GIS に対し四つの見方をとった場合，それぞれに対し教育方法は異なることが指摘されている（Kemp et al., 1992）．表 22.1 は，このような四つの見方に対する教育方法が，教育の対象，コースの内容，伝達形式の三つの側面でどのように異なるかを示している．

教育の対象においては，「訓練（トレーニング）」と「教育」に分かれる．すなわち，GIS の教育者は，特定のハードウエアシステムとソフトウエアパッケージを使えるようにするため学生を訓練すべきなのか，あるいは，基本的な理論や概念について学生を教育すべきなのかである．コースの内容には，「技術」と「応用」がある．GIS のクラスは，ハードウエア，ソフトウエア，地理データについての技術的問題に集中するのか，あるいは，生物地理学，経済地理学，地形学のような地理学のさまざまな分

表 22.1 GIS の教育方法（Sui, 1995）

地理学と GIS との関係	教育の対象	コースの内容	伝達形式
GIS を生んだ学問としての地理学	教育	応用	ラボと講義
市場性のある技術の集合としての GIS	訓練	技術	ラボ
空間科学のための新たなツールとしての GIS	訓練	応用	ラボ
新しい学問としての GIS	教育	技術	講義

野での特別な応用にかかわる問題に注目するのかである．GISの教育者は，「GISの技術的問題」，「GISの設計」，「天然資源管理に対するGIS」，「小売業のGIS」，「疾病のGIS」などさまざまな授業名を用いてきた．これらの名称から，技術アプローチと応用アプローチの間で，コース内容に明瞭な区別があることは明らかである．伝達形式では，「ラボ（ラボラトリー）」と「講義」がある．ラボでの実習は，特定のハードウエアとソフトウエアを用いて，学生に手を使った体験を与える．それに対し講義は，概念上や理論上の問題を伝達するための最適な授業形式である．

　GISの以上の四つのとらえ方の間では，GISの教育方法に基本的相違がみられる．GISの学問的母胎を地理学に求める第1の見方をとる研究者の間では，高等教育におけるGISの位置を正統的に定めるため，GISのよって立つ学問を探さなければならないと考える．地理学は，学問を統合化し総合化する伝統をもち，空間的現象に注目しており，GISの母胎としての学問として最もふさわしい．このように考える地理学者にとって，GISは地理学者が数千年間行ってきた仕事を単に自動化するものであるととらえる．Dobson（1991）の言葉を借りるならば，「地理学とGISの関係は，物理学と工学の関係と同じである」．GISは新しい種類の地理学，自動化地理学（automated geography）の出現を支持する．デジタルデータとコンピュータが利用しやすくなるほど，GISは地理研究に深く浸透し，地理学の主要分野すべてに変革をもたらすであろう．教育的観点からみるならば，この立場をとる研究者は，地理的問題を解決するため，地理的概念を教育し，GISを利用するのである（表22.1）．GISは地理学を教育するためのハイテクメディアとして考えられているのであり，技術の詳細についてはあまり関心がない．このような見方をとると，学部の入門レベルから大学院まで，系統地理学と地誌学のいずれの分野においても，GISは地理カリキュラムのすべての側面の中で完全に組み込まれる必要がある．この目標を達成するためには，ラボでの実習と授業を組み合わせた授業形式が最適である．

　以上のようにGISを地理学の前面に据える第1の見方に対し，何人かの著名な地理学者は，技術至上主義者が学問を乗っ取る企てであるとして酷評した．このように考える地理学者の間では，GISは民間部門や行政機関で求められる市場性のある技術の集合にすぎないとしている．GIS技術それ自体は，知的な面で内容が貧弱なものである．多くの地理学者にとって，地理学の知的核心は，依然として自然地理学，文化地理学，地誌学の研究にあり，GISは本質的に技術の分野であり，これらの知的核心からみると周辺に位置している．したがって，第2の立場をとる研究者の間では，GISの背後にある退屈な概念や理論を学生に学ばせる代わりに，学部のGISクラスでは，民間・公共両部門で必要とされる実践的スキルを学生に教えるべきである．コースの内容は技術的なものとなり，特定の応用への関心は弱い．伝達方式はラボでの実習が主である（表22.1）．したがって，この立場をとる地理学者では，統計，リモートセ

ンシング，地図学などの他の技術コースとともに，GISのクラスは学部中高学年の選択クラスとして考えられている．

第3の見方でも，GISを基本的には技術の分野に位置づけているが，しかし単に技術の集合ではなくそれ以上のものであると考える．GISは，さまざまな学問において科学的問い合わせを支援するツールとして，大きな可能性を有している．GISの本当の価値は，科学的探求に対する地理情報分析とモデル化にあり，地理現象の中の空間パターンを見出すというような高度な目的を達成するための手段である．したがって，GIS教育としては，ラボラトリーでの実習を伴う訓練に重きが置かれる（表22.1）．しかし，コースの内容は，特定分野における応用が中心で，最終目標は科学的究明にある．

GISを新たな学問とする第4の見方では，地理情報自体が完全に知的なテーマとなり，社会における最近の兆候はGISが新しい学問として発展しつつあることを示していると考える．研究テーマは，地理情報の取得，蓄積，分析，可視化に関する一般的問題に限定される．この新しい学問は，GIS技術の理論的基礎に注目し，GISの潜在性をより高水準へと展開させる．GISの教育は，特定分野の応用に対する訓練に対してではなく，空間データ処理の包括的な問題について講義を通じてなされる（表22.1）．

以上，四つの見方に対するGISの教育方法の相違をまとめたが，さらに，GISについての教育とGISを用いた教育の二つの教育法についてもここで紹介する（Sui, 1995）．GISについての教育とは，訓練を通じてGIS（技術）そのものを教育することで，上記の第2と第4の見方は，この教育に当たる．GISを用いた教育とは，GISを通じて地理現象を教育するもので，GISの応用，すなわち第1と第3の見方に対応する．

教育では，さまざまな抽象度で実世界を取り扱う．抽象度が高まるにつれて，取り扱う素材が「データ」から，「情報」，「知識」，さらに「知能」へと変化していく．データとは，実世界の現象を単に記述したものである．情報は，ある一貫した論理秩序に従って，データを処理し，フィルターにかけたものである．知識は，以前の知識に基づき提示された因果関係の命題を検証することによって処理された情報から導かれる．新しいアイディアを導出するためや，実際の問題を解決するために知識が応用されたとき，知能へと変わる．このような区別を理解するならば，強力なコンピュータが応用され，データが豊富になっているが，情報は貧弱で，知識は飢餓状態にあり，知能を欠いた社会になりつつあることが警告されている．GISについての教育は，基本的に空間データの処理や地理情報の管理を取り扱うことから，データや情報のレベルに対応する．それに対し，GISを用いた教育は，地理的知識や空間的知能の開発にかかわってくる．GIS教育に対する一貫した枠組みが欠如しているため，GISの教育

者は，このような GIS 教育の 2 元的な側面を学生に包括的に理解させることに成功していない．以上で示したさまざまな GIS の教育方法を一つに統合できるような枠組みを，今後開発していく必要がある．

（3） **地理情報産業に対する教育：資格認定に向けて**

現在，地理情報（GI）産業で働いている人々は，必ずしも大学で地理学や地理情報科学を修得してきたとは限らない．その多くは情報技術のキャリアであったり，あるいは，GIS と関連した測量，経営，市場調査，都市計画などの専門家としてかかわっているのである．これらの GIS 専門家の大部分は，GIS を自己学習するか，企業の GIS コースに参加しただけである．法律，都市・農村計画，情報技術，市場調査などの業務に対しては，専門職としての資格認定があるが，GIS に対しては，国か国際機関が専門職として認定するようになっていない．

イギリスでは，王立公認測量士協会（the Royal Institution of Chartered Surveyors：RICS）が，修士課程で教えるいくつかの GIS の授業を正式に認定し，その授業を修得した者は，測量士の資格を得るための試験が免除されている．しかし，GI 産業で働くすべての人が，このような測量主導の観点から GIS に関与するとは限らない．GIS の専門家にとって必要な教育や訓練は，大学教育で提供しているものとは全く異なるものである．それは，いわゆる「専門の発展（professional development：PD）」あるいは「専門の継続的発展（continuing professional development：CPD）」と呼ばれる仕組みである．GI 産業が発展し成熟していくためには，専門の発展，資格認定（accreditation），課程の認可（course validation）に対する正式な仕組みが必要であろう（Dale, 1994）．イギリスでは，AGI（the Association for Geographic Information）の会員が，この分野で専門家として活動するために，専門職としての資格の正式な認定が明らかに必要であることを表明している（Rix and Markham, 1994）．同様の見解は，アメリカ合衆国でも出されており，また，測量と地図作成の専門家からの見解は，英国地図協会（British Cartographic Society）と測量・地図作成連合（Survey and Mapping Alliance）でみることができる（BCS/SMA, 1992）．

このような「専門の発展」に必要なものを確立するために，いくつかの試みがなされている．AGI は，GIS 提供企業，利用者（ユーザー），データ供給者，教育者からなる会員に対し，一連のワークショップを開催し，彼らが必要と考えるものが何であるかを調べた（Unwin and Capper, 1995）．その結果をもとに，GI 産業に必要な教育や訓練を定義し，構造化することを試みた．その教育計画は，イギリスコンピュータ学会（British Computer Society, 1991）によって考案された産業構造モデルに基づいている．このモデルは行列で示され，行が産業内の地位の段階，列が能力編成を表す．個人はキャリアを積むため，行方向に移動してより高い地位を目指し，列方向に移動

し能力を高める．AGIはこのモデルをGI産業用に改変し，初級技術者から主任/管理技術者までの6段階と，六つの能力編成（設計と構造，データ取得，データ管理，データ視覚化，人間とのかかわり）に分けた．この行列の36のセルに対し，仕事の内容を完全に記載するとともに，必要とする訓練を示した．なお，このAGIモデルは，GI産業の現実を十分にとらえきれていないという指摘もされている．

オーストラリアとニュージーランドの土地情報委員会が採用した方法では，GI産業の従事者に彼らが果たしている役割，彼らがもっている技術，役割を達成するために必要と考えられる技術を調査した（Sharma et al., 1996；ANZLIC, 1996）．もっている技術と必要と考える技術との間のミスマッチが，訓練の必要性につながるのである．この調査から明らかになったことは，必要とされる訓練の多くがすでに行われているものであったということである．必要なのは，より焦点を絞った訓練機会を提供すること，調整力や柔軟性を高めること，そして，ある形式の国家能力基準につなげることであった．

最も現実的な方法は，求人広告を参考にするものである．たとえば，「代表的な三つのGISパッケージ，二つのデータベース，そしてUNIXができる人」という広告から，産業界が何を必要としているかを知ることができる．

わが国でも，GISの資格認定に向けて作業を進めていくべきである．GISは，空間データの特性とその取得，属性データの取得，空間データベースの管理，空間データの操作，空間分析，数理モデルの構築と実行，地図作成，データの可視化など多くの業務とかかわってくる．これらの仕事の内容を段階的に学習できる教育・訓練システムを確立し，将来には専門職としての資格認定につなげていく必要があろう．

GISの利用者数を正確に推定することは，非常に難しいであろう．控えめな推定では，GIS技術者と専門家の総数は，全世界で約10万に達するといわれている（Longley et al., 1999, p.13）．50万人のパソコン利用者とインターネットなどを通じてGISに随時参加する100万人の利用者を合わせるならば，1997年の時点で約160万人になる．この速度で成長すると仮定するならば，2000年には全世界で，約800万人のGIS利用者がいることになる．

このように多くの利用者がいるにもかかわらず，GISが情報技術の中で主流の一つになるには，まださまざまな障害を乗り越えていかなければならない．GIS教育とともに，空間データの入手性の改善と更新体制の確立，GISの利用のしやすさの向上，空間分析能力の高度化，社会の要求に合った技術への変容など，さまざまな課題が残されている．21世紀にもGISが生き残るためには，その有用性が広く社会に認められなけらばならない．

Ⅲ. 空間データ，空間データモデル，空間データベース

第23章　空間データの標準化

　空間データが社会で広く利用されるためには，空間データの規格をさまざまな側面でそろえる標準化が必要である．この標準化には，空間データ文書（spatial data documentation），空間データ品質（spatial data quality），空間データ交換（spatial data transfer）の三つの側面があることが知られている（高阪, 1995）．本章では，主に，空間データ文書と空間データ交換に関する標準化を考察するときの基本的概念について論じる．空間データ品質の標準化については，第29章で取り上げられる．

　本章の1節と2節では，それぞれ空間事象と空間オブジェクトの基本概念について考察する．これらは，空間データ交換の標準化と関係する．3節では，空間データ文書の標準化にかかわる空間メタデータについて論じる．

23.1　空　間　事　象

（1）　空間事象とは

　GISでは，地理事象を表現するため，フィーチャー（feature），あるいは，空間フィーチャーという用語が使われている．この用語の意味をGISの用語辞典でみると（McDonnell and Kemp, 1995, p.37），「実世界の実体をまとめて表現するための1組の空間要素である．しばしばオブジェクトという用語と同義に使われることもある．複雑なフィーチャーは，1組以上の空間要素から成り立っている．たとえば，道路に対し共通の主題をもつ1組の線要素でまとめ，道路網を表す」とある．ここで問題になるのは，フィーチャーという用語の日本語訳である．上記の定義でも明らかなように，地理事象の基本的表現にかかわっている．

　地図学では，道路，鉄道，河川，建物のように，地図に書き込まれているさまざまな物体を「地物（フィーチャー）」と呼んでいる（日本国際地図学会, 1985）．情報科学では，フィーチャーという用語を「特徴」と訳している（長尾ほか, 1990）．たとえば，位相特徴（topological feature）や特徴抽出（feature extraction）などである．地理学では，「1個の事象（たとえば人口）についてのみ扱うこと，すなわち，…単一事象地域（single feature region）について…」（木内, 1968, p.94）からも明らかなように，「事象」と訳している．地理学では，地域を記述するため多数の地理事象（geographic feature）を取り上げる．これらの事象には，地形的事象（topographic

第23章 空間データの標準化

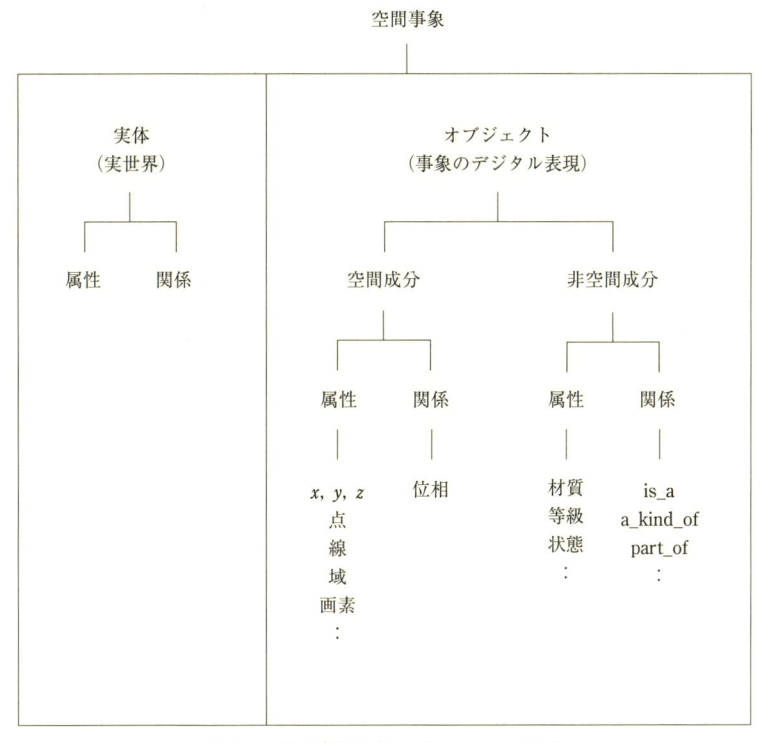

```
                          空間事象
           ┌─────────────────┴─────────────────┐
         実体                              オブジェクト
        （実世界）                        （事象のデジタル表現）
       ┌───┴───┐                   ┌─────────┴─────────┐
      属性    関係               空間成分              非空間成分
                               ┌───┴───┐            ┌───┴───┐
                              属性    関係          属性    関係
                               │      │             │      │
                            x, y, z  位相          材質    is_a
                              点                   等級    a_kind_of
                              線                   状態    part_of
                              域                    ：     ：
                              画素
                               ：
```

図 23.1 空間事象の表現（Tang *et al.*, 1996）

feature) や水文的事象（hydrographic feature）も含まれる．

　筆者の考えでは，地図学の訳である「地物」は，地表面上に存在する物体というニュアンスが強く，物理的存在には当てはまるが，人口や商圏など人文・社会的現象に対しては適当ではない．情報科学の訳である「特徴」は，逆にあまりにも抽象的であり，その意味する内容を十分に伝えることができない．そこで本書では，地理学が伝統的に用いてきた「事象」という訳を利用している．この用語だと，事物と現象のどちらにも適用するであろう．

　GISでは，空間事象を，実世界とデジタル世界の二つの世界で取り扱うことになる．実世界に対しては，空間事象は実体（entity）と呼ばれ，デジタル世界に対しては，オブジェクト（object）と呼ぶことによって二つの世界を区別している（図23.1）．実体とは，実世界の空間事象で，同種の事象にこれ以上細分できないものである（FGDC, 1995）．たとえば，道路は実体である．実体は空間事象を定義し，共通の属性と関係とをもつ（図23.1）．すなわち，クラスとしての空間事象「道路」は，共通

の属性と関係を有する実世界の「道路」である実体事例（entity instance）の集合を構成するのである．

空間事象はまた，コンピュータ環境の中で，デジタル的に表現される．図23.1の右側の部分では，空間事象のデジタル表現が，オブジェクト，あるいは，事象オブジェクト（feature object）と呼ばれている．オブジェクトは，事象の空間（位置）成分のみならず，非空間成分に関しても，属性と関係を含んでいる．属性には，空間属性と非空間属性がある．空間属性は，x, y, z座標や，点，線，域，画素（ピクセル）のような幾何要素で，空間事象の位置を示す．非空間属性は，道路の空間事象で例示すると，道路の建設材質，国道，車線数などである．関係にも，空間関係と非空間関係がある．空間関係は，オブジェクト間の位相的な関係である．それに対し，非空間関係は，空間事象間の関係であり，is_a, a_kind_of, part_ofのような関係で表される．

（2） 空間事象の種類と定義

空間データの交換を容易にするため，空間事象の種類やその定義が必要である．アメリカ合衆国商務省（Department of Commerce, 1992）は，空間データ交換標準（spatial data transfer standard：SDTS）作業の一環として，空間事象に関する概念的モデルを提示するとともに，その具体的な定義を行っている．

このモデルによると，空間事象は，実体タイプ，実体事例，属性，属性値，標準用語，関連用語の六つの概念によって記述される．実体タイプ（entity type）とは，同じような空間事象を分類し一つの集合として定義し記述したものである．たとえば，「道路」であり，NIST（National Institute of Standards and Technology）の報告書（Part 2：Spatial Feature の付録A：実体タイプ）によると[1]，道路：「地上で車両，人間，あるいは，動物が通るために開かれた通路」と定義されている．

Department of Commerce（1992）では，約2,600の地理事象の定義を比較し，第1段階として地形と水文の事象の中から200の標準的な実体タイプを取り出している．参考までに，その実体タイプの名称の一覧を，巻末に資料1として掲げた．

実体事例（entity instance）とは，実体タイプの実例であり，たとえば，「国道1号線」である．属性（attribute）とは，実体タイプを定める事象である．NISTの報告書（付録B：属性）によると，実体タイプの属性の一つに，構成：「一つ以上の要素や材料からなる特別な混合や組み合わせ」という属性の定義がある．これを道路の属性として考えると，それは道路の「材質」にあたる．属性値（attribute value）とは，特定の実体事例に与えられた特別な質や量を意味する．道路の構成の属性値としては，

---

[1] SDTSに関する問い合わせは下記のとおりである（岡部, 1995）．
　Internet address：sdts.cr.usgs.gov（130.11.52.170）
　User name：anonymous
　After connecting：cd pub/sdts

たとえば「アスファルト」となる．

　標準用語（standard term）とは，実体タイプと属性の主要な名称である．上記の例では，「道路」や「構成」がこれに当たる（NISTの報告書では，それらはそれぞれ付録のAとBに列記されている）．それに対し，関連用語（included term）とは，実体タイプや属性の非標準的な名称であり，さまざまな状況のもとで特殊に用いられており，標準用語と相互に対照させることができる．たとえば，道路に対する関連用語としては，高速道路，高速道路の進入路，分離帯つき高速道路，自転車専用道，農道，小道，歩道，公園道，板敷きの遊歩道，土手道，袋小路，私道，私有車道，冬季道路，暴走停止引き込み（誘導）道などがある．なお，高速道路の表現だけでも，アメリカでは，expressway，freeway，highway があげられる．関連用語は，NISTの報告書では付録Cに列挙されている．

23.2　空間オブジェクト

（1）　デジタル地図データ標準委員会による定義

　実世界の実体をデジタルに表現するため，空間オブジェクトが定義される．アメリカ合衆国デジタル地図データ標準委員会（National Committee for Digital Cartographic Standards, 1988）は，デジタル地図のオブジェクトを定めるため，いくつかの条件を提示している．第1に，オブジェクトは，絶対位置と相対位置の二つの空間特性を連結するものでなければならない．委員会は，絶対位置と相対位置の代わりに，幾何（geometry）と位相（topology）という用語を用いた．しかしながら，位相は幾何でもあるので，この用語の使い方は誤解を招く．

　第2に，高次のオブジェクトを設定するとき低次のオブジェクトが利用されるというように，オブジェクトはモジュラーでなければならない．第3に，オブジェクトで表される実体は，平面（planar），双曲（hyperbolic），楕円（elliptic）の各幾何学において研究できるものであるという認識が必要である．これは，平面や球面のさまざまな座標系が利用できることを意味している．最後に，将来新しい理論や技術が開発されても，このオブジェクトは拡張できるものでなければならない．

　表23.1は，アメリカ合衆国デジタル地図データ標準委員会が定めた空間（地図）オブジェクトの中で，空間内で絶対位置をもったものを示している．0次元オブジェクトは，点，端点，格子点に分けられる．1次元オブジェクトには，線，外形線，直線分，線分列（ストリング），線分環（リング）がある．これらを図示すると，図23.2のようになる．

　2次元オブジェクトは，図23.3に示されるように，域（エリア），地域（リージョン），多辺形（ポリゴン）のほかに，画素，セルに分けられる（表23.1）．域と地域の主な相違点は，外形線（境界線）を含むかどうかにある．2次元オブジェクトは，

表 23.1　空間オブジェクトの定義（アメリカ合衆国デジタル地図データ標準委員会による）

0次元オブジェクト	点 (point)：2次元空間内で絶対位置をもった0次元オブジェクト． 端点 (endpoint)：1次元の位置をもったオブジェクトの終点を示す点． 格子点 (lattice point)：2次元空間のテッセレーション内で絶対位置をもった0次元オブジェクト．
1次元オブジェクト	線 (line)：2次元空間内での点の軌跡で，二つの端点をもった交差しない曲線（図23.2(a)）． 外形線 (outline)：二つの端点が同一の絶対位置をもった線（図23.2(b)）． 直線分 (straight line segment)：2次元空間内での点の軌跡で，二つの端点を持った方向を変えない線．通称は，線分 (line segment)（図23.2(c)）． 線分列 (string)：線分の連なりで，各線分の端点は，線分列の二つの端点以外は，他の線分の一つの端点と共通部分をなす（図23.2(d)）． 線分環 (ring)：線分の連なりで，線分のすべての端点は，他の線分の一つの端点と共通部分をなす（図23.2(e)）．
2次元オブジェクト	域 (area)：連続した2次元オブジェクトの内部（外形線を含まないが，域内に外形線がある場合はそれを含む）（図23.3(a)）． 地域 (region)：外形線をもった域で，域内に外形線がある場合はそれを含まない（図23.3(b)）． 多辺形 (polygon)：一つの外形環をもった域で，域内に外形環がある場合はそれを含まない（図23.3(c)）． 画素 (pixel)：2次元画像の定形要素で，これ以上分割できない画像の最小要素である． セル (cell)：空間の定形テッセレーションの要素を表す2次元オブジェクト．最も一般的セルには，正方形，長方形，正三角形，正六角形がある．

(a) 線　　(b) 外形線　　(c) 直線分　　(d) 線分列　　(e) 線分環

図 23.2　1次元オブジェクト

(a) 域　　(b) 地域　　(c) 多辺形

図 23.3　2次元オブジェクト

さらに，背景地域（background region），あるいは，背景多辺形（background polygon）などもある．これらは，2次元空間を覆いつくすため，実体の補集合に相当する．

オブジェクトはモジュラーであり，次元性の側面から階層をなす．2次元オブジェクトは，1次元と0次元のオブジェクトで構成され，1次元オブジェクトは0次元オブジェクトで構成される．2次元オブジェクトを構成する1次元オブジェクトの間では，相互に相対位置関係が保有される（Cromley, 1992, 18-23）．

（2） 空間データ交換標準による定義

NISTは，空間データ交換標準（SDTS）を策定した中で，空間オブジェクトとして，表23.2に示すように，13のオブジェクトを定義している（Department of Commerce, 1992；岡部, 1995）．

このオブジェクトの定義は，まず，「単純オブジェクト」とそれらで構成された「複合オブジェクト」に分けている．ここでは単純オブジェクトを取り上げる．また，0次，1次，2次元といった次元性のほかに，地図にかかわる3種類の操作を考察している．これらは，幾何操作，幾何・位相操作，位相操作である．幾何操作とは座標と関係し，地図の作図に用いられる．幾何・位相操作とは，作図のほかにデータ構造を用いた分析に用いられる．表23.2では，これら二つの操作の側面から空間オブジェ

表23.2 空間オブジェクトの定義（空間データ交換標準（SDTS）による）

幾何（G）空間オブジェクト	点：＊ 線分：＊ 線分列：線分の連なりで，分岐せず，線分を結ぶ点は順序をもつ． アーク：数式で定義された曲線を形づくる点の軌跡． G-線分環：線分と（または）アークでつくられた環．閉じた境界線を表す． 内部域（interior area）：＊（域と同じ：G-線分環を含まない）． G-多辺形：＊（地域と同じ：G-線分環を含む）． 画素：＊ 格子セル：＊
幾何・位相（GT）空間オブジェクト	節点（node）：0次元オブジェクトで，二つ以上のリンクや線分鎖の位相的接合点をなすか，または，リンク[1]や線分鎖の端点をなす． 線分鎖（chain）：両端に節点をもっている線分と（または）アークの有向な連なりで，分岐や交差をしていない．完全鎖，域鎖，網鎖がある[2]． GT-線分環：閉じた完全鎖や域鎖でつくられている． GT-多辺形：GT-線分環を境界線としてもった多辺形．

＊：表23.1の定義と同じ．
[1] リンク（link）とは，二つの節点間の位相的連結を示す（FGDC, 1995 末尾の用語集）．
[2] 完全鎖（complete chain）とは，左右の多辺形と始終の節点を明示した線分鎖，域鎖（area chain）とは，左右の多辺形のみを明示した線分鎖，網鎖（network chain）とは，始終の節点のみを明示した線分鎖である．

クトを定義している．

表 23.2 で，幾何（G）空間オブジェクトについては，表 23.1 のデジタル地図データ標準委員会の定義と多くの部分が同じである．相違点としては，アークという新しいオブジェクトが導入されており，また，線分列では，点は順序関係をもつ．

SDTS の空間オブジェクトの定義の中で注目されるのは，幾何・位相（GT）空間オブジェクトである．節点（ノード）では連結性，線分鎖では方向性や隣接性といった位相概念が導入されている点が重要である．これらの位相概念を用いて位相操作が実現される．

（3） 空間オブジェクトの種類

以上，二つの組織による空間オブジェクトの定義を示した．これらをまとめてみると，次のようになる（Clarke, 1990, 83-98；FGDC, 1995, 3 節 2）．

（a） 0 次元空間オブジェクト： 0 次元の基本的空間オブジェクトは，点（point）であり，位置を指定する．位置は，x, y の値で定められ，整数か他の座標値（たとえば，UTM の経緯度）をとる．点には，図 23.4 に示すように，さらに三つの特別な場合が考えられる．一つは，実体点（entity point）である．これは，地図記号（たとえば，小・中学校）でその位置を示す場合に用いられる．第 2 は，ラベル（名札）点（label point）であり，文字（テキスト）をもった点である．都市の位置などを示すときに用いられる．第 3 は，域代表点（area point）であり，域の属性を表す．この例としては，メッシュの人口をその中心点で表す場合が考えられる．最後に，節点（ノード）とは，点としての機能のほかに，位相的なつながりの働きをもったものであり，接合点（junction）と端点（end point）がある．

（b） 1 次元空間オブジェクト： 1 次元の空間オブジェクトの総称は，線（line）であるが，幾何オブジェクトとしてみると，図 23.5(a) に示すように，線分（line segment）とアーク（arc）の二つがある．線分は単に 2 点を結んだ直線であり，アー

● 点

文　　実体点

● 東京　ラベル点

○　　域代表点

☆　　節点

図 23.4 0 次元空間オブジェクトの種類

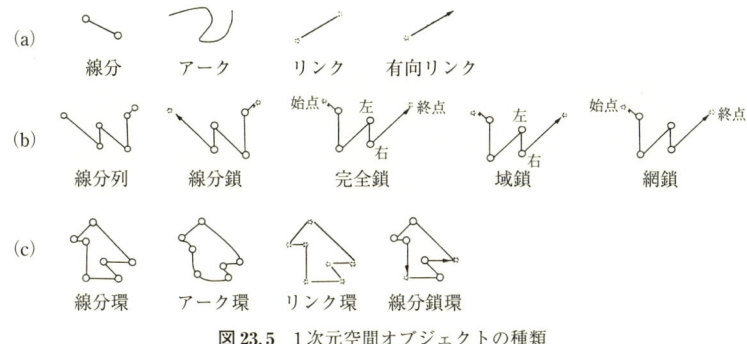

図 23.5 1次元空間オブジェクトの種類

クは多項式や B スプラインのような関数で定義された点の軌跡である．位相をも考慮すると，1次元オブジェクトには，リンク（link）と有向リンク（directed link）が考えられる．リンクとは，二つの節点間の位相的連結を示す．有向リンクは，リンクの一方の節点から他の節点への動きを意味する．これらの節点は，それぞれ始点と終点になり，動きは矢印で示される（図 23.5(a)）．動きの方向はまた，リンクに対し，左右関係を生む．

線分列（string）は，1組の連結された線分である（図 23.5(b)）．連結ということ以外には位相情報をもたないが，より複雑な1次元オブジェクトを構成するための要素として利用される．さらに位相関係を加えたものに，線分鎖（チェーン）がある．これは，有向な線分列で両端点が節点である．線分鎖には，位相情報に応じ，完全鎖（complete chain），域鎖（area chain），網鎖（network chain）が知られている．完全鎖とは，左右関係と始終点が記録された線分鎖であり，域鎖とは左右関係のみ，網鎖は始終点のみ明示された線分鎖である．

線分列が閉じると，環（ring）と呼ばれる．環は，図 23.5(c) に示すように，線分，アーク，リンク，線分鎖で構成することができ，線分環，アーク環，リンク環，線分鎖環となる．

以上のように，1次元空間オブジェクトには，さまざまなものがある．これらを区別すると，幾何のみをもった単純なものと，位相をも保有したオブジェクトとに分けられる．幾何オブジェクトは，線分，アーク，線分列，線分環，アーク環である．残りは，幾何・位相オブジェクトとなる．幾何は，地図の作図の目的で利用され，位相は，データ構造の変換や分析操作に必要である．

一つの線分列で構成された線分環は，複数の線分列で構成されたものより，GISではよく利用される．これは，多辺形リストと呼ばれ，空間データ構造としてよく知られている．複数の線分列の環は，データの一貫性を見るために使われることがある．

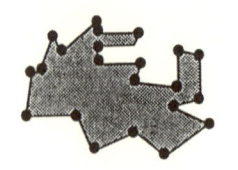

340   Ⅲ．空間データ，空間データモデル，空間データベース

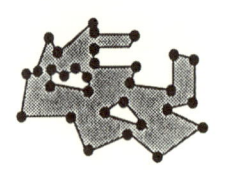

内部域　　　　　　単純多辺形　　　　　　複雑多辺形

図 23.6　2次元空間オブジェクトの種類

アーク環は，等高線自動描画のプログラムで利用されるほかはそれほど利用されない．

(c) **2次元空間オブジェクト**：　域（area）は，有界の2次元空間オブジェクトであり境界がその中に入る場合と，入らない場合がある．境界が除かれた場合は，内部域（interior area）という用語が用いられることもある（図23.6）．多辺形（ポリゴン）は，内部域と境界（線分環）とから成り立っている．境界は，多辺形の外側の境界とその内部にある境界とがあり，それぞれ外側線分環（outer ring），内側線分環（interior ring）と呼ばれる．内側線分環をもつ多辺形は，複雑多辺形（complex polygon）と呼ばれ，それをもたない単純多辺形と区別される（図23.6参照）．

ラスターとグリッドデータを処理するために用いられる2次元空間オブジェクトとして，画素（ピクセル）と格子（グリッド）セルがある．画素は2次元画像の定形要素で，これ以上分割できない画像の最小単位である．格子セルは，平面を隙間なく覆いつくすテッセレーションの定形，あるいは，ほぼ定形の要素である．定形要素としては，正方形，長方形，正三角形，正六角形がある．わが国では，メッシュと呼ばれることがある．

23.3　空間メタデータの標準化

（1）　**FGDCによるデジタル空間メタデータの標準**

メタデータとは，一般に，データの意味を記述するデータである．類似の用語としては，データ辞書やデータベースのスキーマーがある．データベースの対象範囲が広がるにつれて，データの定義それ自体も膨大となり，データの定義をメタデータとして管理することが必要となる．データベースの利用者は，メタデータをみて，データの内容や利用の制限，入手法を知る．

FGDC（Federal Geographic Data Committee：アメリカ合衆国連邦地理データ委員会）は，デジタル空間メタデータに対する標準を発表した（FGDC, 1995）．この標準によると，空間メタデータは，図23.7に示すように10のカテゴリーから構成される．その中で，七つのカテゴリーは主部門で，三つのカテゴリーはオプショナルの支援部

第23章 空間データの標準化

[メタデータ]　　　　　　[主部門]　　　　　　　　　[支援部門]

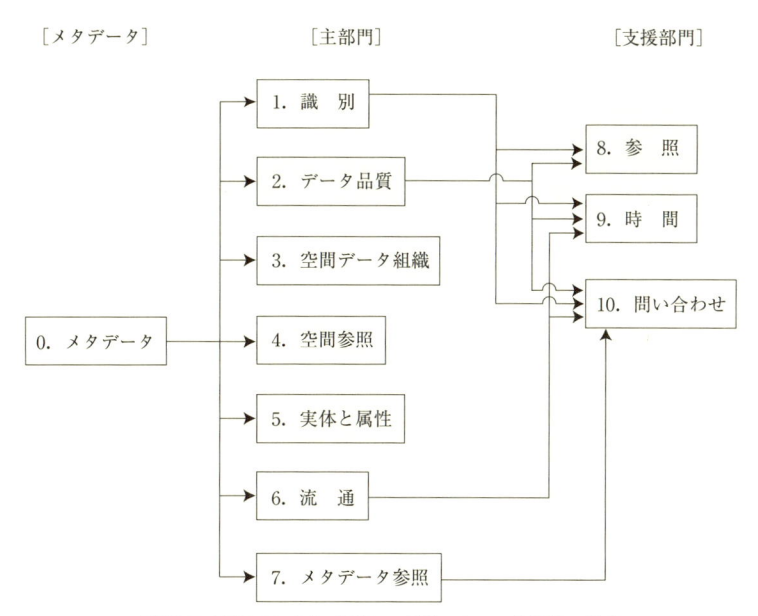

```
                    ┌─────────────┐
                 ┌─▶│ 1. 識　別    │──┐
                 │  └─────────────┘  │    ┌─────────────┐
                 │                    ├──▶│ 8. 参　照    │
                 │  ┌─────────────┐  │    └─────────────┘
                 ├─▶│ 2. データ品質│──┤
                 │  └─────────────┘  │    ┌─────────────┐
                 │                    ├──▶│ 9. 時　間    │
                 │  ┌─────────────┐  │    └─────────────┘
                 ├─▶│ 3. 空間データ組織│ │
                 │  └─────────────┘  │    ┌─────────────┐
┌─────────────┐ │                    ├──▶│ 10. 問い合わせ│
│ 0. メタデータ│─┤  ┌─────────────┐  │    └─────────────┘
└─────────────┘ ├─▶│ 4. 空間参照  │  │           ▲
                 │  └─────────────┘  │           │
                 │                    │           │
                 │  ┌─────────────┐  │           │
                 ├─▶│ 5. 実体と属性│  │           │
                 │  └─────────────┘  │           │
                 │                    │           │
                 │  ┌─────────────┐  │           │
                 ├─▶│ 6. 流　通    │  │           │
                 │  └─────────────┘  │           │
                 │                    │           │
                 │  ┌─────────────┐  │           │
                 └─▶│ 7. メタデータ参照│──────────┘
                    └─────────────┘
```

図 23.7 FGDC によるデジタル空間メタデータ標準の構成

門である．これらの各カテゴリーの詳細は，巻末の資料2に列記してあるので参考にされたい．ここでは，それらを略述する．

　識別（identification）情報とは，データセットに関する基本的情報であり，全般的なデータ内容，キーワード，利用制限などを示している．データ品質（data quality）情報には，属性の正確度や位置正確度などの評価が記載されている．空間データ組織（spatial data organization）情報では，データセットの中で空間情報を表現するためのメカニズムが示されている．たとえば，点，ベクトル，ラスターなどの空間オブジェクトのタイプがあげられている．空間参照（spatial reference）情報では，データセットの座標に対する参照系やコード化の手段を記述しており，水平と垂直の座標系の定義がある．

　実体と属性（entity and attribute）情報とは，データセットの内容に関する情報で，どのようなタイプの実体が含まれており，どのような属性をもっているかを示している．流通（distribution）情報では，データを取得するための連絡先やデータ形式などがあげられている．メタデータ参照（metadata reference）情報には，メタデータの作成日や責任者が書かれている．

　オプショナルな支援部門では，参照（citation）情報で，データセットを引用するときに利用される情報を列挙し，時間情報で日時や期間の情報が示され，問い合わせ

表 23.3 識別情報（DLG ファイルを例として）(FGDC, 1995)

参照	組織：U. S. Geological Survey 発行日：1990 題目：Wilmington South 発行情報： 　発行地：Reston, Virginia 　発行者：U. S. Geological Survey
記述	要約：このデータセットは，デジタルライングラフ（DLG），すなわち，線地図情報である．DLG は，地理事象の基本的種類とそれらの特性をデジタル形式で保存している．以下，省略． 目的：DLG は，地表面上の地理事象，地形，行政単位の情報を記述している．これらのデータは，国の地図作成計画の一部として収集された．
内容の時点	単一の日時 年月日：1987 年 現流通参照：発行日
状態	進捗状況：完成 保守と更新頻度：不規則
空間領域	境界座標 　西境界座標：− 75.625 　東境界座標：− 75.5 　北境界座標：39.75 　南境界座標：39.625
キーワード	主題 　主題キーワードシソーラス：なし 　主題キーワード：デジタルライングラフ，DLG，水文，以下省略． 地点 　地点キーワードシソーラス：なし 　地点キーワード：Delaware, New Jersey
アクセス制限	なし
利用制限	なし．これらを利用した製品には，U. S. Geological Survey への謝辞を入れる．

(contact) 情報で，データセットの作成にかかわった人や組織とそこへの連絡方法が記載されている．

　FGDC は，これら 10 のカテゴリーのそれぞれに対し，さらに詳細な項目を設定している．各カテゴリーの項目については，巻末の資料 2 に列記してあるので参考にされたい．なお，空間メタデータの具体的内容を例示するため，アメリカ合衆国地質調査所（USGS）の DLG ファイルに対する識別情報とデータ品質情報を，それぞれ表 23.3 と表 23.4 に掲げた．FGDC の空間メタデータは，非常に詳細であることがわかるであろう．

（2） 基本的な空間メタデータ

　次に，日常利用される程度の内容の空間メタデータを考えてみよう．おそらく，次のような 20 項目以内で十分であろう．① データの内容，② ファイル名，③ フォー

第23章 空間データの標準化

表23.4 データ品質情報（DLGファイルを例として）(FGDC, 1995)

属性正確度	属性正確度報告：属性正確度は，原データをハードコピー出力図および/あるいはコンピュータ上のDLGの記号表示と視査で比較し検査された．出力図やモニター上で視査できない属性は，モニター上で対話的に問い合わせが正しいことが示された．さらに，PROSYS (Production System) ソフトウエア (USGS) は，水文に関しその属性を正しいマスターセット属性と比べることにより検査した．そのソフトウエアはまた，属性の正しい組み合わせや位相関係，次元性に関しても検査している．すべての属性データは，USGSの全米地図作成計画技術指導書の第3部「DLG標準における属性コード」の中で示されているように，デジタル化した時点の最新の属性コードに対応する．正確度は，98.5％と推定される．ある属性および/あるいは実体（たとえば，最良推定）は，データの品質情報となる．詳細は，SDTSデータ辞書モジュールを参照． 論理的無矛盾性報告：節点，幾何・位相 (GT) ポリゴン，線分鎖（チェーン）間の関係が，位相的必要条件を満たすように集められ，あるいは生成された（GTポリゴンは，DLG域に対応する）．これらの必要条件のいくつかは，次のようなものである：線分鎖は節点で始まり終わらなければならない；線分鎖は相互に節点で連結されており，節点を突き抜けて延びていてはならない；左右のGTポリゴンは，線分鎖要素によって設定され，データ交換を通じ一貫している；さらに，ファイルの限界を表す線分鎖（図郭線；neatline）は，閉じていなければならない．論理的無矛盾性の検査は，PROSYS (USGS) プログラムで実行される．図郭線は，デジタルファイルの初期化で設定されるように，その四隅を結ぶことでつくられる．その外側のすべてのデータは無視され，それを横切るすべてのデータは，図郭線でクリップされる．図郭線から一定の許容範囲内のデータは，図郭線へとスナップされる．図郭線による直線化は，デジタルデータの縁を地理座標系内の経緯度線で一線に整列させる．その内部のすべてのポリゴンは，閉じているかが調べられる；初期のファイルでは出力図で検査されたが，後にはPROSYSを用いて検査している．ある属性および/あるいは実体（たとえば閉鎖線）は，データ品質情報となる．詳細は，SDTSデータ辞書モジュールを参照．データ交換を通じ，隣接境界は空値で示される．「属性1種・属性2種モジュール」記録か，あるいは「SDTSモジュール」記録のいずれかの中で定義されたサブフィールドが固定長として実行されたとき，次のような結果が出される：(a) サブフィールド内でコード化された情報が利用できないこと（未定義か不適当）が知られたとき，サブフィールドは空欄になる，(b) コード化された情報が適切であるが未知（あるいは，欠損）の場合，サブフィールドには？マークが出る． 完全性報告：未改訂のデジタルファイルに対するデータの完全性は，原資料の画像の内容を反映している．事象は，縮尺や可読性 (legibility) のために原画像の解像度を落としたり，総描したものかも知れない．デジタルデータの更新が限定されているならば，その内容は次のようなものを含むであろう：(1) 静写真上で識別でき，補助資料で補われる事象，(2) 確実には写真上で識別できず，特に変化する傾向にあると考えられないもの．もしデジタルデータが標準的に更新されているならば，データは事象の内容に関するNMD標準に見合う．収集/包含基準の情報に対しては，技術協会で発行されているDLGと経緯度線図に関するNMD製品標準を参照せよ．
位置正確度	［水平位置正確度］ 水平位置正確度報告：これらのデジタルデータの正確度は，全米地図精度標準 (NMAS) に見合うように編集された原画像を利用していることによる．NMAS水平正確度は，少なくとも検査地点の90％が，真位置の0.02インチ以内に存在する必要がある．デジタルデータは，原画像に比べ2成分方向において標準誤差0.003インチ以下の水平位置誤

表 23.4 続き

	差を含んでいると推定される．NMAS垂直正確度は，適切に設定された検査地点の少なくとも90％が，正しい値に基づく等高線の間隔の1/2以内に収まる必要がある．原画像は，デジタルな位置正確度を算定するための基準として比較に利用される．縮尺や可読性の制約のため，地図の省略があるかもしれない．デジタル地図の要素は，データセット間で地図の縁（エッジ）を整えること（edge alignment）が必要である．経緯度線図（quadrangle）の各縁に沿ったデータは，隣接図郭のデータセットに対し検査される．データセット間の位置正確度が，0.02インチの許容範囲内で検査される．次元性をもった事象は，許容範囲内にあるならば，双方のデータセットで等しく事象を移動することによって調整される．許容範囲を外れた事象は，移動しない．この大きくずれているものはすべて，ミスマッチを記載した縁照合（edge matching）フラグで識別される．これらの縁照合フラグは，東西南北のサブフィールド，EDGEWS，EDGEWR，EDGENS，EDGENR，EDGEES，EDGEER，EDGESS，EDGESRの内の，SDTS AHDRの属性1種モジュールの中にある．もしデジタルデータが限られた更新しかされないならば，「空間正確度に対する全米地図標準」のドラフトの中で，そのデータは少なくともクラス2の位置正確度の仕様に相当する．もしデジタルデータが標準的に更新されるならば，そのデータは，クラス1の位置正確度仕様に相当する．ある属性および/あるいは実体，（たとえば最良推定）は，データの正確度情報を伝える．詳細は，SDTSデータ辞書モジュールを参照せよ．
履歴	[出典情報] 原作成者：アメリカ合衆国地質調査所 発行年：1987年 表題：Wilmington South 地理空間データ表現形式：地図 発行情報 　発行地：Reston, Virginia 　発行者：アメリカ合衆国地質調査所 出典の縮尺の分母：24,000 出典メディアのタイプ：安定した紙質 [出典の内容の時期] 　単一日/時間 　西暦：1987年 　出典の最新参照：発行年 出典の引用略記：USGS1 出典の寄与：空間・属性情報
処理段階	処理の記載：このDLGは（もしデジタル的に改訂されていないならば），USGSの標準的な経緯度線図（SDTS識別モジュールで示されている経緯度線図の名称，日付け，縮尺）からデジタル化され，全米デジタル地図データベース（NDCDB）に保管された．経緯度線図は，以下の水平基準（datum）の一つに準拠している：以下省略．さらにそれは，以下の垂直基準の一つに準拠している：以下省略．準拠情報は，SDTS外部空間参照モジュールに含まれている．デジタルデータは，画像の歪みのないコピーをスキャナーで撮るか，手動でデジタル化することによって作成される．スキャンニング処理は，少なくとも0.001インチのスキャンニング解像度でデジタルデータを取得した．このようにしてつくられたラスターデータはベクトル化され，さらに対話型編集ステーションで属性がつけられた．手動のデジタル化はデジタル化テーブルを

第23章 空間データの標準化　　　　　　　　　　　　　　　　　　　　　　　　　　　　345

表23.4　続き

用い，少なくとも0.001インチの解像度でデジタルデータを取得した．属性はデータがデジタル化されたとき，あるいは，デジタル化が終了した後，対話型編集ステーション上で付与された．DLG作成方法の決定は，事象の密度，事象の記号法，作成システムの入手性を含むさまざまな基準に基づいている．経緯度線図の四隅に対応する四つの制御点が，データ収集時に記録のため利用された．USGS作成システム（PROSYS）内で利用されている内部座標に対しデジタルデータを登録するため，データ収集と編集システムで利用される座標上で，8パラメーター線形変換が実行された．また，PROSYS内部座標からユニバーサル横メルカトル（UTM）グリッド座標へは，4パラメーター線形変換が実行された．これら四つの制御点は，"NP"点—節点モジュールにおいて，点オブジェクトとして保存された．そして，それらの経緯度は，SDTS AHDR属性1種モジュールに保存された．DLGデータは，デジタルデータの出力と原画像を比較して位置を検査した．DLGデータ分類は，デジタルデータの出力と原画像を比較し，さらに/あるいはPROSYS検証ソフトウエアを利用して検査した．このデジタルファイルの改訂状態と改訂タイプは，SDTS AHDR属性1種モジュールで示される．限定された更新は，静写真と限られた補助データ源を利用し，野外での検証は行わない．標準的更新は，実体写真を利用し，さらに静写真と野外検証も加わる．ある属性および/あるいは実体（たとえば，写真測量改訂）は，データ品質情報を与える．詳細は，SDTSデータ辞書モジュールを参照せよ．域外のDLGは，SDTSユニバースポリゴンオブジェクトに変えられる．ユニバースポリゴンは，オブジェクト表示コード"PW"で識別されるが，どのような属性も参照しない．「空域」としてコード化されたDLG域は，SDTS空ポリゴンへと変換された．これは，"PX"のオブジェクト表示コードで識別される．空ポリゴンは，どのような属性も参照しない．PROSYSプログラム，属性標準，およびNDCDBに関する情報は，USGSから入手できる．

出典で使われる引用略記：USGS1
処理年：1990年

マット，④ 地域範囲，⑤ 縮尺，⑥ 地図投影法，⑦ データ量，⑧ データの出典，⑨ 実体のタイプ，⑩ 属性のラベル，⑪ 処理過程，⑫ 作成年月日，⑬ 更新状況，⑭ キーワード，⑮ 問い合わせ先．

　この例として，アメリカ合衆国テキサス州のテキサス天然資源情報システム上にあるデジタル地図ファイルに関する文書ファイルがあげられる．表23.5には，二つの例を示している．表23.5(a)は学区のデジタル地図のメタデータであり，9項目で示している．表23.5(b)はテキサス州内の市界のデジタル地図に関するものであり，14項目で構成されている．テキサス天然資源情報システムの詳細は，そのホームページのアドレス（http://www.tnris.state.tx.us/）でみることができる．

表 23.5(a) デジタル地図の基本的なメタデータの例（その 1）

centex. txt の内容
① ファイル名： centex.e00
② 形式： Arc/Info export
③ 原図の縮尺： 1：250,000 − 1：500,000
④ 容量： 1.5 MB
⑤ 入手年月： May 1993
⑥ データ元： Legislative Council
⑦ 問い合わせ： Todd Gibson (512) 463 − 1145
⑧ 内容の記載： Central Texas School Districts
⑨ 注記： Digitized from TEA Hwy Department Maps

表 23.5(b) デジタル地図の基本的なメタデータの例（その 2）

texas cities.doc の内容
［カバレッジの記載］
① カバレッジ名： Texas_Cities
② カバレッジの所在： /covs1/unix_covs/2mill
③ カバレッジの内容記載： Texas_Cities contains the cities in the State of Texas
④ 処理の記載と原資料： The original DLG was created by the USGS at 1：2,000,000 scale
⑤ カバレッジの範囲： State of Texas
⑥ 原図の改訂年月： N/A
⑦ 資料：
⑧ カバレッジの状態： Complete
⑨ 最新更新日： 12/03/93
⑩ 修正： No modifications have been made to this coverage by Texas Water Development Board
⑪ 原図の縮尺： 1：2,000,000
⑫ 事象のタイプ： Points （Use only if points coverage）
⑬ 利用されたハードウエアと操作：
⑭ 利用されたソフトウエアとバージョン：
［倍精度カバレッジの記載］
・Arcs
Arcs = 3544
Segments = 30066
0 bytes of Arc Attribute Data
・Polygons
Polygons = 1801
Polygons Topology is present
24 bytes of Polygon Attribute Data
・Nodes
Nodes = 3498
0 bytes of Node Attribute Data
・Points
Label Points = 1800

表 23.5(b) 続き

texas cities.doc の内容

・Tolerances
Fuzzy = 125.115 V
Dangle = 0.000 V
・Secondary Feature
Tics = 111
Links = 0
・Coverage Boundary
Xmin = 372585.882   Ymin = 407839.572
Xmax = 1621865.716 Ymax = 1593049.786
・Status
The coverage has not been edited since the last build or clean
［座標系の記載］
Projection ： Lambert
Units ： Meters   Spheroid GRS1980
Parameters ：
  1st standard parallel   33   0   0.000
  2nd standard parallel   45   0   0.000
  central meridian   - 100   0   0.000
  latitude of projection's origin   31   10   0.000
    false easting（meters）   1000000.00000
    false northing（meters）   1000000.00000

COLUME	ITEM NAME	WIDTH	OUTPUT	TYPE	N.DEC	ALTERNATE NAME	1
	AREA	8	18	F	5		
9	PERIMETER	8	18	F	5		
17	TEXAS_CITIES#	4	5	B	-		
21	TEXAS_CITIES - ID	4	5	B	-		
Record	AREA	PERIMETER	TEXAS_CITIES#	TEXAS_CITIES - ID			
1							
2							
3							
・							
・							
・							
43							

第24章　空間データモデルとファイル構造

前章で定義された空間データをコンピュータ上で効率的に利用するためには，空間データベースを構築する必要がある．空間データベースの設計は，データモデル，データ構造，ファイル構造の3段階に分けられる．データモデルでは，実世界の構成要素がすべて取り上げられるのではなく，重要と思われるもののみが取捨選択される．選択されたものは，さらに簡単化することによって，高度に抽象化されたデータが作成される．データモデルとは，このように抽象化するルールを決めたものである．

データモデルでは，対象の認識や意味の表現が重要なテーマとなる．対象の表現に際しては，具体的な表現方法からくる制約を考えず，もっぱら自然な表現を目指す．データモデルの段階では，いかに対象世界の本質を見抜くかが重要である．本章では，1節と2節で空間データモデルの特徴とその種類を考察する．データ構造とファイル構造については，3節で論じられる．

24.1　空間データモデルの特徴

空間データは，空間情報を保有していることから，通常のデータモデルとは異なる空間データに固有なデータモデル，すなわち，空間データモデルが考案されてきた．さまざまな空間データモデルの中で最も重要な区分は，ラスターモデルとベクトルモデルである．ラスターモデルは，空間事象を画素（ラスター）で表すのに対し，ベクトルモデルでは線分（ベクトル）を中心にした空間オブジェクトで表現する（高阪，1994, 25-36）．

ベクトルモデルでも，たとえば，図24.1(a)は道路の状況を滑らかなアナログ（連続量）で示している．同図(b)は節点（交点）や主な形状点を直線で結ぶことによって，デジタル（離散量）形式で表現している．さらに同図(c)は，節点のみを取り上げた線分鎖（チェーン）で表現している．このように，実世界の抽象化に応じてさまざまな空間データモデルが考えられる．

空間データベースを構築する際に考慮すべき点は，次のようなものがある．すなわち，①記憶量の問題，②アクセスの容易さ，③地域的関連の復元．①と②は，通常のデータベースを構築する場合でも問題になる点である．空間データベースの特徴は，③にある．地域的関連（areal association）はさらに，形状の復元，ポリゴン境界の

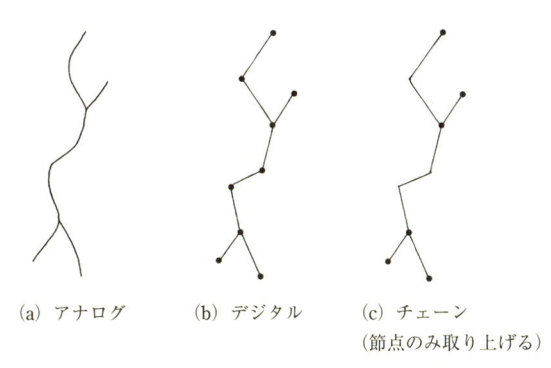

(a) アナログ　　(b) デジタル　　(c) チェーン
　　　　　　　　　　　　　　　　（節点のみ取り上げる）

図 24.1　地図のアナログ表現とデジタル表現

検索，包含関係，近傍関係に分けられる．近傍関係には，始終点，左右関係（隣接関係），左右線分鎖などがある．空間データベースの構築は，地図に含まれているこのような地域的関連を，まず第 1 に空間データモデルの中でいかに再現するかにかかっている．

24.2　ベクトルデータモデルの種類

ベクトルデータモデルでは，空間の表現のための基礎として，空間オブジェクトの位相関係に注目している．本節では，ベクトルデータモデルについて，その代表的なものを取り上げる．ベクトルデータモデルは，さらに，パス位相モデルとグラフ位相モデルに分けられる．パス位相モデルは，1 次元事象（境界線）の位相に注目しているのに対して，グラフ位相モデルは，2 次元事象（地域）の位相に注目している点が，この区別を生んだ（Cromley, 1992）．以下の考察からも明らかなように，パス位相モデルはグラフ位相モデルの一成分なので，今日のベクトルモデルの多くは，両モデルの混成として成り立っている．

（1）**パス位相モデル**

パス位相モデルには，スパゲティーモデル，点辞書モデル，線分鎖/点辞書モデルの三つが知られている．

（a）**スパゲティーモデル**：　スパゲティーモデルでは，地域の境界は座標列として記録されている（表 24.1，図 24.2）．このモデルの欠点は，ポリゴンの境界を抽出すること（ポリゴン操作）が難しい点である．これは，ポリゴン境界の検索問題として知られており，ポリゴンモデルを追加することで改良が試みられている．表 24.2 は，その例を示しており，ポリゴンを環状リストとして別に記録している．この改良によって，ポリゴン操作は容易になる．しかしながら，次のような問題点がまだ残さ

表 24.1　ニューイングランドのスパゲティーモデル表現

線分列	座標リスト
S1	(x_1, y_1), (x_2, y_2), (x_3, y_3), (x_4, y_4), (x_5, y_5), (x_6, y_6), (x_7, y_7), (x_8, y_8), (x_9, y_9), (x_{10}, y_{10}), (x_{11}, y_{11}), (x_{12}, y_{12})
S2	(x_1, y_1), (x_{13}, y_{13}), (x_{14}, y_{14}), (x_{15}, y_{15}), (x_{50}, y_{50}), (x_{16}, y_{16}), (x_{17}, y_{17}), (x_{18}, y_{18}), (x_{19}, y_{19}), (x_{20}, y_{20}), (x_{21}, y_{21}), (x_{22}, y_{22})
S3	(x_4, y_4), (x_{23}, y_{23}), (x_{24}, y_{24}), (x_{25}, y_{25}), (x_{26}, y_{26}), (x_{16}, y_{16})
S4	(x_{23}, y_{23}), (x_{27}, y_{27}), (x_{28}, y_{28}), (x_{15}, y_{15})
S5	(x_{22}, y_{22}), (x_{29}, y_{29}), (x_{30}, y_{30}), (x_{31}, y_{31}), (x_{32}, y_{32}), (x_{33}, y_{33}), (x_{34}, y_{34}), (x_{35}, y_{35}), (x_{36}, y_{36}), (x_{37}, y_{37}), (x_{38}, y_{38}), (x_{39}, y_{39}), (x_{40}, y_{40}), (x_{41}, y_{41}), (x_{42}, y_{42}), (x_{12}, y_{12})
S6	(x_9, y_9), (x_{43}, y_{43}), (x_{35}, y_{35})
S7	(x_5, y_5), (x_{44}, y_{44}), (x_{45}, y_{45}), (x_{46}, y_{46}), (x_{34}, y_{34})
S8	(x_{44}, y_{44}), (x_{47}, y_{47}), (x_{48}, y_{48}), (x_{49}, y_{49}), (x_7, y_7)

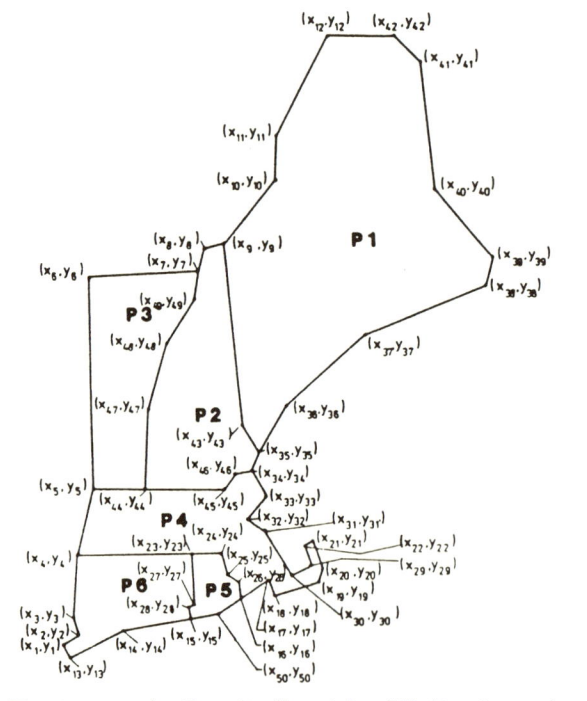

図 24.2　ニューイングランドの州のベクトル表現（Cromley, 1992）

表 24.2 ニューイングランドのポリゴンモデル表現

ポリゴン	座標リスト
P1	(x_9, y_9), (x_{10}, y_{10}), (x_{11}, y_{11}), (x_{12}, y_{12}), (x_{42}, y_{42}), (x_{41}, y_{41}), (x_{40}, y_{40}), (x_{39}, y_{39}), (x_{38}, y_{38}), (x_{37}, y_{37}), (x_{36}, y_{36}), (x_{35}, y_{35}), (x_{43}, y_{43}), (x_9, y_9)
P2	(x_7, y_7), (x_8, y_8), (x_9, y_9), (x_{43}, y_{43}), (x_{35}, y_{35}), (x_{34}, y_{34}), (x_{46}, y_{46}), (x_{45}, y_{45}), (x_{44}, y_{44}), (x_{47}, y_{47}), (x_{48}, y_{48}), (x_{49}, y_{49}), (x_7, y_7)
P3	(x_5, y_5), (x_6, y_6), (x_7, y_7), (x_{49}, y_{49}), (x_{48}, y_{48}), (x_{47}, y_{47}), (x_{44}, y_{44}), (x_5, y_5)
P4	(x_5, y_5), (x_{44}, y_{44}), (x_{45}, y_{45}), (x_{46}, y_{46}), (x_{34}, y_{34}), (x_{33}, y_{33}), (x_{32}, y_{32}), (x_{31}, y_{31}), (x_{30}, y_{30}), (x_{29}, y_{29}), (x_{22}, y_{22}), (x_{21}, y_{21}), (x_{20}, y_{20}), (x_{19}, y_{19}), (x_{18}, y_{18}), (x_{17}, y_{17}), (x_{16}, y_{16}), (x_{26}, y_{26}), (x_{25}, y_{25}), (x_{24}, y_{24}), (x_{23}, y_{23}), (x_4, y_4), (x_5, y_5)
P5	(x_{15}, y_{15}), (x_{28}, y_{28}), (x_{27}, y_{27}), (x_{23}, y_{23}), (x_{24}, y_{24}), (x_{25}, y_{25}), (x_{26}, y_{26}), (x_{16}, y_{16}), (x_{50}, y_{50}), (x_{15}, y_{15})
P6	(x_{23}, y_{23}), (x_{27}, y_{27}), (x_{28}, y_{28}), (x_{15}, y_{15}), (x_{14}, y_{14}), (x_{13}, y_{13}), (x_1, y_1), (x_2, y_2), (x_3, y_3), (x_4, y_4), (x_{23}, y_{23})

れている．一つは，記憶量の問題である．このモデルでは，ポリゴンの座標を2度記憶しなければならず，記憶の必要量は増加する．第2の問題は，スリバー問題である．ポリゴン間の座標のミスマッチにより，スリバー（sliver）と呼ばれるギャップが生じることが多く，編集を難しくしている．さらに，スパゲティーモデルでは，ポリゴン間の隣接関係の再構築が難しいので，隣接関係の問題も生じる．

　(b) 点辞書モデル： 点辞書モデル（point dictionary model）は，図24.3のように，ポリゴンを形成するすべての点に連続的な点ID（p1, p2, …）をつけるとともに，ポリゴンを点IDの環状リストとして記憶し（表24.3上段），さらに，点辞書モデルとして点の座標値（表24.3下段）をもたせたものである．その結果，点の座標は1度だけ記憶されているので記憶量は減少し，点IDのミスマッチを探すことも容易なので，スリバー問題も少し改良される．しかし，点IDを2度記憶するという点で記憶量の問題があり，さらに，隣接関係の問題も残されている．

　(c) 線分鎖/点辞書モデル： 線分鎖/点辞書モデルでは，図24.4に示すように，二つのポリゴンの境界をなす線分鎖で地図を作成する．ポリゴンは線分鎖の環状リストで表現され（表24.4上段），線分鎖は点のリストとして表される（表24.4下段および図24.3参照）．その結果，① ポリゴンリストから線分鎖IDを探す，② 点IDを探す，③ 座標を探すの3段階でポリゴン境界が検索できるようになった．さらに，点IDが同一位置で交差する線分鎖に対し端点となるならば，スリバー問題は起こらなくなる．

　以上，パス位相モデルについて代表的モデルを考察したが，これら3モデルに共通した問題点をまとめると，アナログ地図で視覚化される地域的関連が容易に求められ

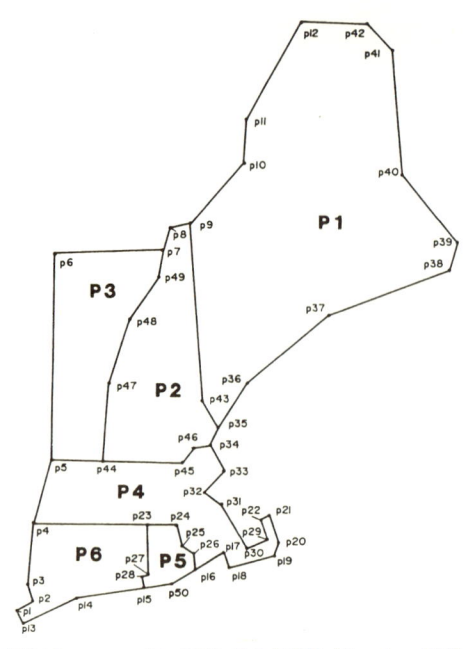

図 24.3 ニューイングランドの点表現 (Cromley, 1992)

表 24.3 ニューイングランドの点辞書表現

ポリゴン	点リスト
P1	p9, p10, p11, p12, p42, p41, p40, p39, p38, p37, p36, p35, p43, p9
P2	p7, p8, p9, p43, p35, p34, p46, p45, p44, p47, p48, p49, p7
P3	p5, p6, p7, p49, p48, p47, p44, p5
P4	p4, p5, p44, p45, p46, p34, p33, p32, p31, p30, p29, p22, p21, p19, p18, p17, p16, p26, p25, p24, p23, p4
P5	p15, p28, p27, p23, p24, p25, p26, p16, p50, p15
P6	p1, p2, p3, p4, p23, p27, p28, p15, p14, p13, p1

点	座標
p1	(x_1, y_1)
p2	(x_2, y_2)
⋮	⋮
p50	(x_{50}, y_{50})

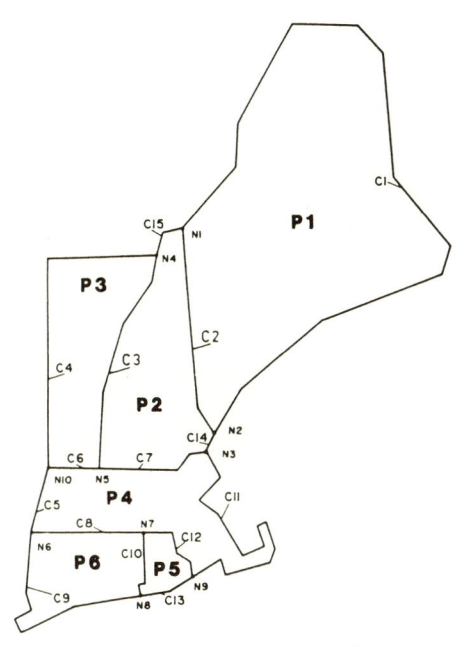

第24章 空間データモデルとファイル構造

図24.4 ニューイングランドの線分鎖表現 (Cromley, 1992)

表24.4 ニューイングランドの線分鎖/点辞書表現

ポリゴン	線分鎖リスト
P1	C1, C2
P2	C3, C15, C2, C14, C7
P3	C4, C3, C6
P4	C5, C6, C7, C11, C12, C8
P5	C10, C12, C13
P6	C9, C8, C10

線分鎖	点リスト
C1	p9, p10, p11, p12, p42, p41, p40, p39, p38, p37, p36, p35
C2	p9, p43, p35
C3	p44, p47, p48, p49, p7
C4	p5, p6, p7
C5	p4, p5
C6	p5, p44
C7	p44, p45, p46, p34
C8	p4, p23
C9	p4, p3, p2, p1, p13, p14, p15
C10	p23, p27, p28, p15
C11	p16, p17, p18, p19, p20, p21, p22, p29, p30, p31, p32, p33, p34
C12	p23, p24, p25, p26, p16
C13	p15, p50, p16
C14	p34, p35
C15	p7, p8, p9

ない点があげられる.これは,具体的には,①0次元オブジェクトに対しては,点と節点との区別がない,②ポリゴンに対しては,それぞれ独立したオブジェクトとして考えている,ということであり,後者はさらに,(ⅰ)線分鎖の境界づけ機能(bounding function)が考慮されていない,(ⅱ)ポリゴンの近傍関係(neighborhood relationship)が示されていない,ということが指摘される.

(2) グラフ位相モデル

次に,グラフ位相モデルとして,DIMEファイル,POLYVRTモデル,拡張線分鎖モデルを取り上げる.

(a) DIMEファイル: アメリカ合衆国センサス局は,街区の境界線を記録するためにDIME(dual independent map encoding)ファイルを開発した.地図の基本単位は,DIMEセグメントであり,街路,行政界,水界,鉄道を直線の線分として表している.セグメントは二つの端点(線分鎖の内部点にもなるので,線分鎖の端点としての節点ではない)をもつ.端点は点IDをもち,始点,終点となる.これは,セグメントに方向性を与え,セグメントを中心に左右ポリゴンの関係を生む(表24.5,図24.6,図24.3を参照.ただし,P7は背景ポリゴンである).すなわち,左側と右側の地区(図24.5)というようにである.したがって,このモデルでは,隣接関係(左右関係)が容易に求められる点に改良がみられた.さらに,セグメントが地区(街区,街区群,センサス地区)に含まれるとき,ポリゴンIDは同一となるので,エリアの包含関係を知ることができるという点もこのモデルの長所である.逆に欠点

表24.5 ニューイングランドのDIME表現

線分	始点	終点	左ポリゴン	右ポリゴン
L1	p1	p2	P7	P6
L2	p2	p3	P7	P6
L3	p3	p4	P7	P6
:	:	:	:	:
L25	p23	p27	P5	P6
:	:	:	:	:
L54	p9	p10	P7	P1

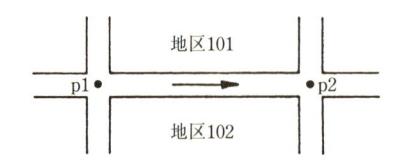

始点:p1,終点:p2,左地区:101,右地区:102.

図24.5 DIMEセグメント

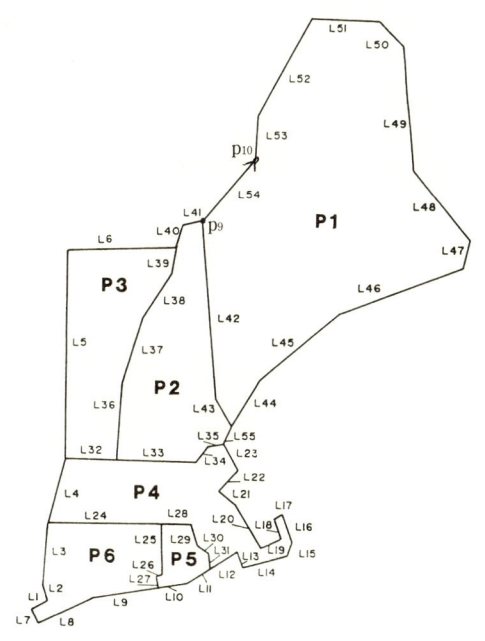

第24章　空間データモデルとファイル構造

図 24.6 ニューイングランドのセグメント表現（Cromley, 1992）

表 24.6 DIME ファイルにおけるポリゴン境界の抽出

段階1：P3に属するすべてのセグメントを検索する				
L5	p5	p6	P7	P3
L6	p6	p7	P7	P3
L32	p5	p44	P3	P4
L36	p44	p47	P3	P2
L37	p48	p47	P2	P3
L38	p48	p49	P3	P2
L39	p49	p7	P3	P2
段階2：境界の位相を組み立てるためセグメントを並べ替える				
L5	p5	p6	P7	P3
L6	p6	p7	P7	P3
L39	p7	p49	P2	P3
L38	p49	p48	P2	P3
L37	p48	p47	P2	P3
L36	p47	p44	P2	P3
L32	p44	p5	P4	P3

は，ポリゴン境界の検索問題にあり，2段階プロセスでできるが複雑である．たとえば，表24.6に示すように，ポリゴンP3を検索する場合（図24.6），① P3が属するすべてのセグメントを抽出し，② ポリゴン境界の位相を組み立てるためP3が右ポリゴンになるように並び替える．なお，双対（dual）とは，始点－終点と左ポリゴン－右ポリゴンの二つの対を意味している．

表24.7 ニューイングランドのPOLYVRTトポロジー

線分鎖	始節点	終節点	左ポリゴン	右ポリゴン
C1	N1	N2	P7	P1
C2	N2	N1	P2	P1
C3	N5	N4	P3	P2
C4	N10	N4	P7	P3
C5	N6	N10	P7	P4
C6	N5	N10	P4	P3
C7	N5	N3	P2	P4
C8	N6	N7	P4	P6
C9	N6	N8	P6	P7
C10	N8	N7	P6	P5
C11	N9	N3	P4	P7
C12	N7	N9	P4	P5
C13	N8	N9	P5	P7
C14	N3	N2	P2	P7
C15	N4	N1	P7	P2

表24.8 拡張線分鎖モデル

線分鎖	始節点	終節点	左ポリゴン	右ポリゴン	左線分鎖	右線分鎖
C1	N1	N2	P7	P1	C15	C2
C2	N2	N1	P2	P1	C14	C1
C3	N5	N4	P3	P3	C6	C15
C4	N10	N4	P7	P3	C5	C3
C5	N6	N10	P7	P4	C9	C6
C6	N5	N10	P4	P3	C7	C4
C7	N5	N3	P2	P4	C3	C11
C8	N6	N7	P4	P6	C5	C10
C9	N6	N8	P6	P7	C8	C13
C10	N8	N7	P6	P5	C9	C12
C11	N9	N3	P4	P7	C12	C14
C12	N7	N9	P4	P5	C8	C13
C13	N8	N9	P5	P7	C10	C11
C14	N3	N2	P2	P7	C7	C1
C15	N4	N1	P7	P2	C4	C2

(b) POLYVRT モデル： POLYVRT（polygon converter）モデルは，DIME ファイルの欠点を改良するため開発されたもので，線分鎖/点辞書モデルと DIME ファイルの統合の形式をとる．地図の基本単位は線分鎖で，端点に始節点と終節点をもつ（図 24.4，表 24.7 参照）．ポリゴンファイルは，ポリゴンを構成する線分鎖の環状リストを記憶し，線分鎖ファイルには線分鎖を構成する点の列がある．点辞書としては，点と節点の二つの辞書がある．改良点としては，ポリゴン境界の検索がポリゴンファイルを通じて容易にでき，境界関係（bounding relation）は線分鎖に対する始・終節点の関係として明示されている．さらに，ポリゴン，線分鎖，節点，点などの地図構成要素を物理的に分離して保存しているので，処理スピードが速く，主記憶スペースの効率もよく，効率化の点で優れている．逆に，欠点としては，構成要素の物理的分離がポインター構造を必要とし，効率化を阻害している．

(c) 拡張線分鎖モデル： 拡張線分鎖モデルは，POLYVRT モデルを改良するために開発されたもので，1990 年，アメリカ合衆国の人口センサスで TIGER ファイルに利用されている．線分鎖に対しては，次の 3 種類の近傍関係がある．すなわち，始・終節点，左右ポリゴン，左右線分鎖．このうち左右線分鎖が，本モデルで新たに導入されたもので，節点を中心に組織される．左線分鎖とは，線分鎖の始節点を中心に反時計回りに次の線分鎖を表し（表 24.8，図 24.4），右線分鎖は，線分鎖の終節点を中心に反時計回りに次の線分鎖である．このモデルのポリゴンファイルは，ポリゴンの境界線上にある一つの線分鎖の ID をもち，線分鎖ファイルは，線分鎖を構成する点のリストを示す．改良点としては，線分鎖の連結があげられる．すなわち，POLYVRT モデルでは，線分鎖の連結は環状リスト内の位置によって暗示されているだけなのに，拡張線分鎖モデルでは，左右線分鎖として明示されるのである．

24.3　空間データに対するファイル構造とアクセス法

（1） データ構造とファイル構造

空間オブジェクトは，空間実体をデジタル的に表現するための構成要素である．この要素は，幾何的，位相的にみて 0 次元，1 次元，2 次元に分けられる．0 次元は点や節点，1 次元は線分や線分鎖，2 次元はポリゴンである（第 23 章 2 節（3）参照）．前節の空間データモデルは，これらの空間オブジェクトを組み合わせて，地域的関連を再現することを試みた．

空間データモデルが決まったならば，次の第 2 段階は，データモデルを線図（ダイアグラム），リスト，配列などの側面から表現するデータ構造の段階である．この段階は，アルゴリズムの設計に使われ，ソフトウエアの基礎を形成する．なお，第 1 段階のデータモデルを高水準のデータ構造，第 2 段階を低水準のデータ構造と呼ぶこともある．

さらに第3段階では，ハードウエアに記憶するためのオブジェクトを表現するファイル構造の段階である．これは，さらにデータの名前，相互の関連などを決めるファイルの論理的設計（logical design）と，目的の性能を達成できるようにファイルの編成法，アクセス法，装置媒体への割り当てなどコンピュータ上に実現する方策を決めるファイルの物理的設計（physical design）の2段階に分かれる．本節では，空間データに対するデータ構造とファイル構造の基本的方法を紹介する．

（2）線形リスト

空間オブジェクト間の空間関係は，そのオブジェクトの次元の違いにより図24.7に示されるようにとらえられる．同次元のオブジェクト間の関係には，「隣接関係（adjacency relation）」があり，たとえば，二つのポリゴンP1とP2が隣接しているときに使われる．高次元（A）から低次元（B）のオブジェクトをみた関係には，「境界関係（bound relation）」がある．これは「Aの境界はBで囲まれている」で示され，具体的には，図24.7の右図において，「sの境界はn1とn2に囲まれている」に相当する．逆に，低次元から高次元のオブジェクトをみた関係には，「境界上関係（cobound relation）」がある．これは「BはAの境界上にある」で示され，図24.7において，「n1とn2はsの境界上にある」となる．

図24.8(a)は，六つの地域（L～C）の隣接関係を示している（なお，Sは地域全体の集合である）．いま，この隣接関係をファイル構造としてどのように表現するかを考えてみよう．空間オブジェクト（この事例では，地域）は，ファイル構造の中では，

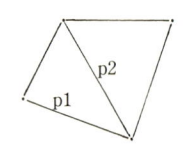

p1とp2は隣接している

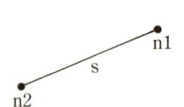

sの境界はn1とn2に囲まれている
n1とn2はsの境界上にある

図24.7 オブジェクト間の空間関係

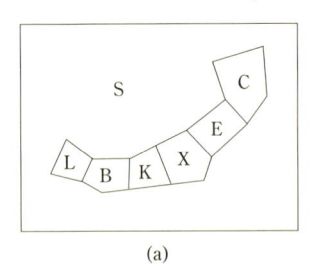

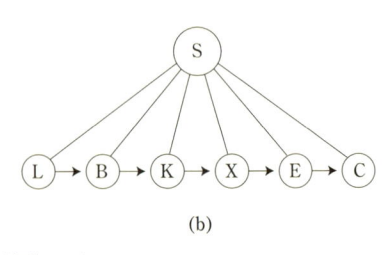

(a)   (b)

図24.8 線形リスト

頂点（vertex）として考えられ，線形の記憶内で，ある物理的位置（アドレス）に記憶される．頂点を線形状に配列したものは，線形リスト（linear list）と呼ばれる．図24.8(b)は，この隣接関係を線形リストとして表現している．リスト内で最初の頂点は先頭（ヘッド），最後の頂点は末尾（テイル）と呼ばれる．近傍（neighbor）関係は次のようになる．リスト内の頂点 j は，$j-1$ と $j+1$ の近傍にある．頂点 $j-1$ は j の直前の要素（predecessor），頂点 $j+1$ は j の直後の要素（successor）である．リスト内の最初の頂点は直前の要素をもたず，最後の頂点は何ら直後の要素をもたない．図24.8(b)では頂点 L が最初であり，以下頂点 B，K，X，E，C が続く．集合 S の頂点は，リストのルート頂点である．

　リストに対しては次のような1組の操作（オペレーション）が実行される（Knuth, 1973）．

①属性の内容を検索/変更するためリストの j 番目の頂点にアクセスする．
②属性に対し指定した値をもった頂点をリストから探す．
③リスト内の頂点数を決める．
④リストをコピーする．
⑤リストの j 番目の頂点の前に新しい頂点を挿入する．
⑥リストの j 番目の頂点を削除する．
⑦二つ以上のリストを一つに併合する．
⑧一つのリストを二つ以上のリストに分割する．
⑨属性の値に基づき昇順に頂点を分類する．

リスト操作の①〜④は，リスト内の頂点の相対位置を何ら変えない（位相保存）．⑤〜⑨は，通常はリスト内の頂点の相対位置を変える．

（3）　アクセス法

　リストは，記憶空間の中で順割り付け（sequential allocation），ランダムアクセス割り付け（random access allocation），リンク割り付け（linked allocation）のいずれかで記憶される（図24.9）．順割り付けでは，頂点は相互に隣接した位置に記憶され，頂点とそのアドレスは切り離されない．たとえば，図24.8(b)の例で示すと，ルート頂点 S のアドレスは，ベースアドレス s である．最初の頂点 L のアドレスは，s + n である．ただし，n は各頂点の内容に対する記憶の大きさである．第2の頂点 B のアドレスは，s + 2n となる（図24.9(a)）．属性の内容は数値の配列として直接処理される．図24.9(a)では，各頂点（地域）の人口を表している．

　ランダムアクセス割り付けでは，頂点の位置は記憶内でランダムに配置され，頂点とアドレスは切り離されている．頂点の各アドレスを図24.9(b)のように，l, b, k, x, e, c とインデックスの配列で示そう．そして，これらの値がアドレス s + 1, s + 2, … に記憶される．属性は，頂点アドレスを通じて2段階で検索される．たとえば，頂点

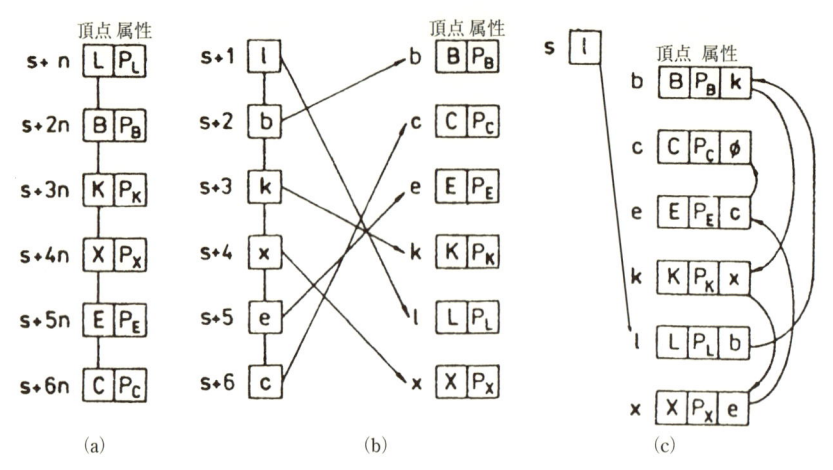

図 24.9 (a) 順割り付け, (b) ランダムアクセス割り付け, (c) リンク割り付けに記憶されるリスト

Bの属性値を調べる場合, 最初にその頂点インデックスbが検索される. 次に, この値を通じs＋2の内容が検索される.

　リンク割り付けでは, リスト内の最初の頂点のアドレスは, ルート頂点のアドレス内で見出される. たとえば, 図24.9(c)ではlである. 次の頂点のアドレスは, 頂点Lの属性の一つとしてそこに記憶されている. しかし, この構造情報は, 通常の主題情報と区別されるべきである. 順序は, このように構造情報で定まり, 最後の頂点のアドレスで, もはや頂点が存在しないことを示す空（ヌル）アドレスに合うまで続けられる.

　線形リストに対する以上の三つのアクセス法は, それぞれ利点をもっている. 一般的にいえることは, 上記のリスト操作の中でリスト内での頂点の相対的位置が変わらない①～④の操作を行う場合は, 順割り付けとランダムアクセス割り付けがよいが, ⑤～⑨の操作はリンク割り付けの方が優れている.

　たとえば, 頂点Xの前に頂点Hが挿入された場合を考えてみよう. 順割り付けでは, X, E, Cの位置は記憶の中でその物理的位置までも変えなければならない（図24.10(a)）. 同様にランダムアクセス割り付けでも, x, e, cの記憶内でのその物理的位置を動かさなければならない（図24.10(b)）. それに対しリンク割り付けでは, 頂点Kのアドレスのみをhへと変更し, 頂点Hに対するアドレスをxにするだけでよく, 記憶内での物理的位置は不変なままである. このようにリンク割り付けは, リスト内での頂点の相対位置を変えるリスト操作に対し, 他の二つのアクセス法より優れている.

　線形リストは, 線やポリゴンを記憶するのにも利用される. たとえば, ポリゴンは

第24章 空間データモデルとファイル構造

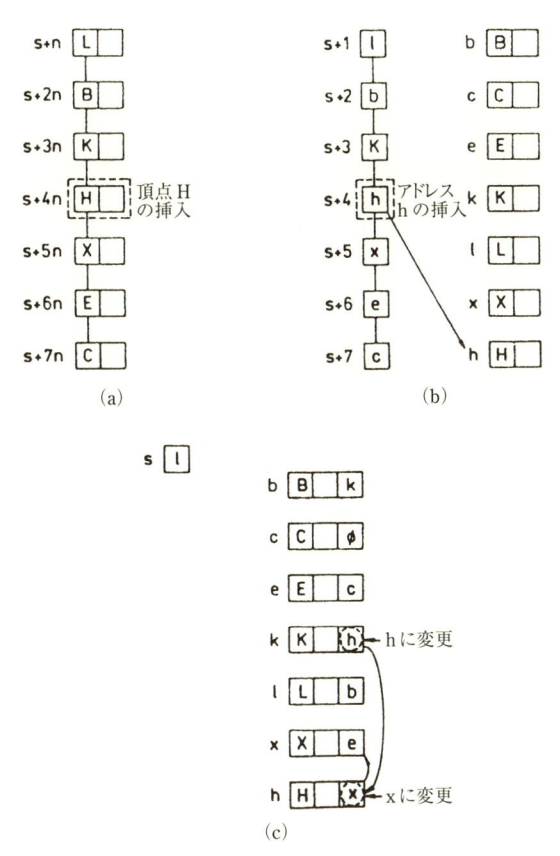

図 24.10 (a) 順割り付け，(b) ランダムアクセス割り付け，(c) リンク割り付けによる挿入操作

1組の閉じた頂点なので，それを記憶するのに先頭と末尾が同一となる環状リスト (circular list) が利用される．環状リストは順割り付けでは，最初の頂点が配列の最後の頂点を繰り返すことによって記憶される（図24.11(a)）．ランダムアクセス割り付けでは，最初の頂点のアドレスを最後の頂点のアドレスとして繰り返すことによって記憶される（図24.11(b)）．リンク割り付けでは，最後の頂点に対するアドレス属性の空値を，最初のアドレス値に変えることで簡単に表現される（図24.11(c)）．

空間データモデルに内包された地域的関連をコンピュータ上で再現するには，以上で示されたようなファイル構造の物理的設計が必要となる．

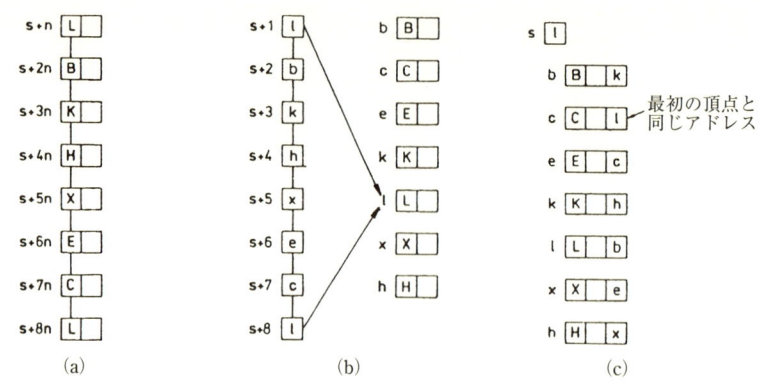

図 24.11 (a) 順割り付け，(b) ランダムアクセス割り付け，(c) リンク割り付けによる環状リストの記憶

第25章 実体関連モデルと関係データベースの設計

　前章では空間データモデルについて考察するとともに，それらのモデルをファイル構造として構築するための方法を紹介した．本章では，データベースの設計の側面から空間データベースをいかに構築するかを考察する．データベースの設計には，論理的データベースの設計と物理的データベースの設計がある（穂鷹ほか，1991, p.59）．論理的データベースの設計では，対象はプログラムで扱うことのできるような記号で表現され，記号間に導入された適切な構造をいかに歪みなく記号系で表現するかが重要となる．物理的データベースの設計になると，特定のデータベース管理システムによる表現を仮定し，処理効率とデータ量との兼ね合いが重要となる．

　データベースの歴史をみると，階層モデル，網モデル，関係モデル，実体関連モデルなどが作成されてきた（長尾ほか，1990, 501-502）．本章では特に，空間データベースへのアプローチとして最も興味深く，また，最も広く利用されている実体関連モデルを取り上げる．そしてこのモデルが，どのように関係データベースの設計に利用され，データ構造やファイル構造が構築されるかをみる．

25.1 実体関連モデル

（1） 実体と属性

　「実体」とは，データモデルで対象世界（論議領域）をモデル化するとき，対象を表現する概念に相当する．データモデルでは，まず，実体が属する集合を明確に示す必要がある．「実体型（タイプ）」とは，その集合を表現する概念である．たとえば，空間データモデルでは，地表面上に生起する事象を対象とすることから，街区，道路，世帯などが実体型となる．実体型に属する実体を，「実体実現値（entity occurrence）」という．すなわち，上記の例では，中央1丁目，駅前通り，山田さんの家屋，となる．このように実体実現値と訳すと，値という意味が強くなるので，空間データモデルでは，むしろ「実体事例」と呼ぶ方が適している（高阪，1994, 176-177）．したがって，実体という用語は，実体型の意味だけではなく，実体事例の意味にも用いられるので注意が必要である．また，データモデルによっては，実体の代わりにオブジェクトという用語を，実体型に対しクラスという用語を使うこともある．

　実体型の性質を記述するための要素として，「属性型（attribute type）」がある．実

```
         名称
街区 ―― 世帯数
         中心位置
```

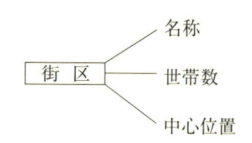

図 25.1 実体型とその属性型

体は属性型によって具体的な意味が記述される．属性型は「属性値」という値をもち，それが取りうる範囲を定義域（domain）という．たとえば，街区の属性型には，名称のほかに，居住世帯数や，中心の位置などがある．先ほどの中央1丁目の属性値としては，世帯数が48，位置が（東経139度45分，北緯35度40分）となる．定義域は，たとえば，街区のもつ最大の世帯数100で示される．属性値が定義域の中になければならないということは，データベース内のデータが満足すべき制約に従うことを指す．このような制約は，整合性の制約（integrity constraint）と呼ばれている．

実体事例がもつ重要な特徴は，それを他の事例から区別するユニークな属性をもつことである．街区の例で示すと，中央1丁目の名称ではどこの町でも同じ名前がありそうなのでそれは相当しない．中心の経緯度ならば，世界に一つしかないのでこれがユニークな属性となる．このような属性を，識別子（identifier）と呼ぶ．

ある実体型とそれに対する属性型は，図25.1に示すような図式で表される．一般に，実体型はボックスで囲まれ，属性型は線で結びつけられる．以下では，混乱が生じない限り，「型」や「事例」は省略して，実体や属性という用語を使う[1]．

（2） 実体関連モデル

今までは，実体を個別に定義し，それらの間の結びつきは考察しなかった．実体関連モデル（entity-relationship model）で重要な特徴は，実体間のこの結びつきを関連として記述する手段を与える点にある．このモデルはE-Rモデルとも呼ばれ，Chen（1976）によって発表された．実体と関連の二つの概念を基本としているため，この名前がつけられた．しかし，さらに属性の概念も必要とするので，実体属性関連モデルと呼ばれることもある．

今，次のような二つの実体間の関連を考察しよう（図25.2参照）．
① 街区：名称，世帯数，中心位置の属性をもつ
② 道路：名称，等級，始点，終点の属性をもつ

われわれがいまつくろうとしている空間データベースは，どの街区がどの道路に隣

---

[1] 地図のデータモデルに対する実体型と属性の定義については，デジタル地図作成データ標準化全米委員会（1987）がまとめた，実体型と属性用語に関する用語集（日本電子工業振興協会，1988）とSDTSの第2部（Spatial Data Transfer Standard：Part 2 Spatial Feature）が参考になる．SDTSの入手法は，第23章の脚注1）を参照せよ．

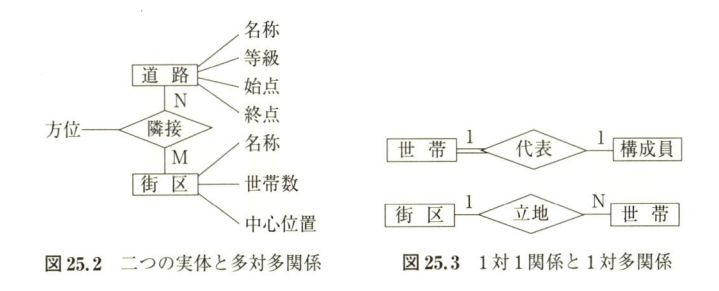

図25.2 二つの実体と多対多関係　　**図25.3** 1対1関係と1対多関係

接している（面している）かを答えるものである．このためには，街区とそれが隣接している道路の関連をデータモデルの中に組み込まなければならない．「関連型（relationship type）」は，二つ以上の実体間の結びつきの種類を示し，「関連事例（relationship occurrence）」とは，関連型の特別な実例を表す．たとえば，関連型を，「隣接している」としよう．すると，関連事例は，「中央1丁目が駅前通りに隣接している」となる．

関連型にも同様に属性がつく．たとえば，上記の例では，方位があげられるであろう．すなわち，「中央1丁目は駅前通りと南側で隣接している」というようになる．図25.2は，街区と道路の二つの実体とそれらが相互に隣接しているかの関連を図式化したものである．これは，実体関連図式（entity-relationship diagram）と呼ばれ，関連は菱形のボックスで示される．

関連が二つの実体 E_1 と E_2 を結びつけるものであるとき，関連で対応づけられる実体事例の数に基づき関連は以下のように分類される．E_1 の一つの実体事例に E_2 の一つの実体事例が関連し，逆に，E_2 の一つの実体事例に E_1 の一つの実体事例が関連するとき，1対1関連（one to one relationship）という．1対1関連の例は，図25.3に示されるように，世帯と構成員の間での世帯主としての代表の関連である．この関連では，世帯の構成員の1人が世帯を代表して世帯主となり，また，世帯は構成員の中から1人の世帯主をもつであろう．

E_1 の一つの実体事例に E_2 の複数の実体事例が関連し，逆に，E_2 の一つの実体事例に E_1 の一つの実体事例が関連するとき，1対多関連（one to many relationship）という．この例は，街区と世帯の間にある立地的関連であり，街区内には複数の世帯が立地しているが，世帯は一つの街区にしか立地しないので，図25.3では，1：N で示されている．E_1 の一つの実体事例に E_2 の複数の実体事例が関連し，逆に，E_2 の一つの実体事例に E_1 の複数の実体事例が関連するとき，多対多関連（many to many relationship）という．この例は，街区が道路に隣接しているかを示す関連である（図25.2）．中央1丁目は，駅前通りのほかに銀座通りなど複数の（少なくとも一つ以

上の）道路に隣接しており，駅前通りは中央1丁目のほかに中央2丁目など複数の街区に隣接している可能性があるので，図25.2では$M:N$の関連となっている．

実体Eが関連Rとかかわる仕方には，もう一つの側面がある．いま，Eのすべての事例がRにかかわるとき，EのRへのかかわりは準固定（mandatory）であるという．Eのすべての事例がRにかかわるとは限らないとき，EのRへのかかわりは任意（optional）であるという．たとえば，図25.3の世帯と構成員との関連では，構成員のすべてが代表になるとは限らないので，構成員と代表とのかかわりは任意である．それに対し，世帯はすべて代表を必要とするので，この間のかかわりは，準固定である．このような関連は，関与条件として知られ，データベースの整合性の制約の一つにあげられる．実体関連図式では，準固定の関与は2重線で示し，任意の関与と区別される（図25.3）．

25.2 関係データベースの設計

以上で示した実体関連モデルは，データベースの設計段階で第1段階のデータモデルに相当する．本節では，この実体関連モデルが，どのように論理的データベース設計に利用されるかをみてみよう．データベースとしては，関係（リレーショナル）データベースが取り上げられる．

関係データベースの考え方は，Codd（1970）によって提案された．関係データベースのデータ構造は，関係表（relation：リレーション）と呼ぶ表形式をとる（平尾，1986，4-5）．要求するシステムに適した関係表をつくるにはどのようにしたらよいのであろうか．よいシステムをつくるには次のような2点を考慮すべきである．

① 関係表内に余分なデータをなくすこと
② 関係表内のデータへのアクセスを速くすること

①を達成すると，データベース内での空間の浪費や整合性の問題は回避される．②は時間的効率性である．しかしながら，空間的効率性（あるいは，整合性）と時間的効率性は相反関係にある．

今，例として，図25.2で示した街区と道路の関連を取り上げてみよう．図25.4は，二つの街区とそれらを取り囲む道路の関連を具体的に表している．これらの情報をデータベース内に一つの関係表としてまとめてみるとしよう．すると，表の構成は，

街区＿道路（街区名，世帯数，中心位置，道路名，等級，始点，終点，隣接方位）

となる．

表25.1は，図25.4に示した内容を一つの関係表としてまとめたものである．問題は，この表構成によると，同じデータが何度も繰り返し記憶されるところにある．たとえば，中央1丁目と中央2丁目の世帯数は，それぞれ，同じものが4回も記憶されている．同じことは，街区の中心位置（データの内容は省略されている）について

第25章　実体関連モデルと関係データベースの設計

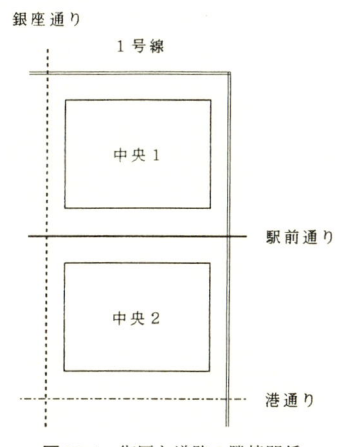

図 25.4　街区と道路の隣接関係

表 25.1　街区と道路の関連を一つの関係表で表した場合

街区名	世帯数	中心位置	道路名	等級	始点	終点	隣接方位
中央1	48	—	駅前通り	2	—	—	南
中央1	48	—	1号線	1	—	—	東
中央1	48	—	1号線	1	—	—	北
中央1	48	—	銀座通り	3	—	—	西
中央2	34	—	駅前通り	2	—	—	北
中央2	34	—	1号線	1	—	—	東
中央2	34	—	銀座通り	3	—	—	西
中央2	34	—	港通り	2	—	—	南

もいえる．さらに，等級や始点，終点についてもだぶっている．このように一つの関係表にまとめると，余分なデータが多くなり，前述のように記憶容量の空間的浪費を生む．

それでは，街区と道路の関連をデータベースとしてどのようにまとめたらよいのであろうか．ここで参考になるのが，実体関連モデルである．図25.2によると，実体には街区と道路があり，それらに隣接関連が結びついている．このことから，これら三つを分けてそれぞれに関係表を作成することが考えられる．すると，表構成は，

　街区（街区名，世帯数，中心位置）
　道路（道路名，等級，始点，終点）
　　隣接関連（街区名，道路名，隣接方位）

となる．表25.2は，このような形式の三つの関係表とそれらのデータを示している．

表 25.2 街区と道路の関連を三つの関係表で表した場合

(a) 街区の表

街区名	世帯数	中心位置
中央1	48	—
中央2	34	—

(b) 道路の表

道路名	等級	始点	終点
駅前通り	2	—	—
銀座通り	3	—	—
1号線	1	—	—
港通り	2	—	—

(c) 隣接関連の表

街区名	道路名	隣接方位
中央1	駅前通り	南
中央1	1号線	東
中央1	1号線	北
中央1	銀座通り	西
中央2	駅前通り	北
中央2	1号線	東
中央2	銀座通り	西
中央2	港通り	南

表25.1に比べデータの重複が少なくなっていることが注目される.

25.3 拡張実体関連モデル

実体関連モデルは,サブクラス,スーパークラス,カテゴリーのような概念を導入することによって,拡張される.このモデルは,拡張実体関連モデル (extended entity relationship model),あるいは,EERモデルと呼ばれ,データベースの記述においてより多くの意味を表現できるようにするとともに,オブジェクト指向モデリングへと導く.

実体型E_1の実現値のすべてが実体型E_2の実現値でもある場合,E_1はE_2のサブクラス(下位型:subtype)である.逆に,E_2はE_1のスーパークラス(上位型:supertype)である.実体型からその下位型をつくる操作を特殊化(specialization)という.それに対し,実体型からその上位型を作る操作を汎化(generalization)という.

特殊化は,ある実体型に特殊な属性や関係をもたせ区別するとき役に立つ.たとえば,街区,投票所区,サービス圏は,「地区」の下位型である.地区は,ポリゴン(閉図形),面積,周長などの地区固有の属性をもつ.街区は,地区固有のこれらの属性のほかに,世帯数や人口など街区固有の属性をさらにもつ.同様に,投票所区やサービス圏は,地区固有の属性のほかに,それぞれ有権者数やサービスの種類などの属性をもつ.さらに,地区は,他地区との隣接関係や包含関係のような地区固有の関連をもつ.街区では,このような地区固有の関連のほかに,周囲の道路との隣接関係が重要であり,投票所区では区全体に対する投票所の位置関係が,サービス圏では内部の循環経路との関係が考慮される.

拡張実体関連モデルとは,このような特殊化を考慮した実体関連モデルである.図25.5は,拡張実体関連モデルにおける特殊化の例を示している.下位型と上位型の

第25章　実体関連モデルと関係データベースの設計

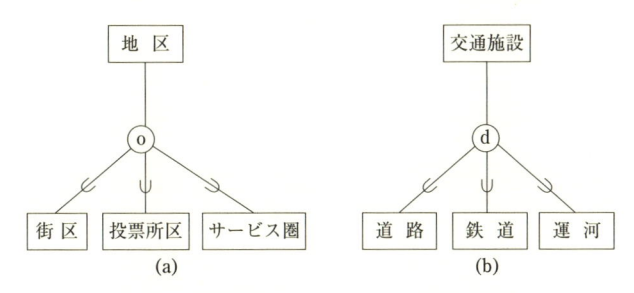

図25.5 拡張実体関連モデルにおける特殊化と汎化

関連は，部分集合の記号（⊂）によって示される．なお，地域の下位型である街区，投票所区，サービス圏の間では，街区であると同時に投票所区やサービス圏にもなるという意味で，相互に重複（オーバーラップ）するので，同図(a)の分岐点の円内にはoが表示されている．

汎化は，特殊化とは逆のモデル化の過程である．ある1組の実体型が与えられると，それらを上位型へと汎化することによって，共通の属性を把握することができる．たとえば，図25.5(b)に示すように，道路，鉄道，運河を実体型と考えると，それらはいずれも人や貨物を運ぶという共通の属性をもっている．すると，これらの上位型として，「交通施設」が考えられる．なお，道路，鉄道，運河の間では実体型間に重複関係はないので，これらの間は素（disjoint）であるという意味で，同図(b)の円内にはdが表示されている．

25.4　拡張実体関連モデルによる空間データベースの表現

図25.6に示すように，一つの地域（region）をいくつかの部分地域（sub-region）に分けたとしよう．この部分地域は，一般に，エリアと呼ばれ，両端点に節点（ノード：node）をもついくつかの有向アークで境界づけられている．ベクトル型GISの多くでは，このようなエリアの構成を隣接関係の側面からとらえるため，NAA（Node-Arc-Area）表現と呼ばれる空間データベースの表現方法が利用されている．本節では，拡張実体関連モデルを用いてこのような空間データベースを表現する方法を探る（Worboys, 1995, 77-84, 193-198）．

NAAの表現のための規則は，次のようにまとめられる．
① 各有向アークは，始節点と終節点をもつ．
② 節点は，少なくとも一つの有向アークの始節点か終節点（あるいは双方）でなければならない．
③ エリアは，一つ以上の有向アークで境界づけられている．

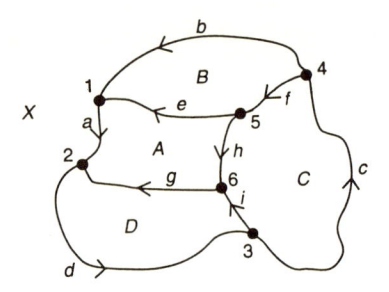

370　Ⅲ．空間データ，空間データモデル，空間データベース

図 25.6 地域内の節点，有向アーク，エリアの隣接・連結関係（NAA 表現による）

表 25.3 図 25.6 に対応したアークと節点、エリアとの関連表

アーク ID	始節点	終節点	左エリア	右エリア
a	1	2	A	X
b	4	1	B	X
c	3	4	C	X
d	2	3	D	X
e	5	1	A	B
f	4	5	C	B
g	6	2	D	A
h	5	6	C	A
i	3	6	D	C

④ 有向アークは，終節点でのみ交差する．
⑤ 有向アークは，その右側と左側に一つずつエリアをもつ．
⑥ エリアは，少なくとも一つの有向アークの左エリアか右エリア（あるいは双方）でなければならない．

前記の図 25.6 では，この規則に従ってエリア，有向アーク，節点が描かれている．エリアには，A，B，C，D，X（外部エリア）がある．アークは $a \sim i$ までであり，節点は $1 \sim 6$ である．エリア A は，四つのアーク a，e，h，g で境界づけられている．アーク a と e は左エリアとして A をもち，アーク g と h は右エリアとして A をもつ．節点 1 では，アーク a，b，e が接続（incident）しており，アーク e と b は終節点として節点 1 をもち，アーク a は始節点として節点 1 をもつ．

図 25.6 に示されているこのようなエリア，アーク，節点の関連を，アークを中心にまとめると，表 25.3 のようになる．

以上から，地域内のエリア構成は，次のような実体，属性，関連，下位型で成り立つであろう．

第25章　実体関連モデルと関係データベースの設計

実体と属性：
  エリア：　　　　　エリア_id
    右_エリア
    左_エリア
  有向アーク：　　　アーク_id
  節点：
    始_節点
    終_節点
関連：
  左_境界づけ
  右_境界づけ
  始まり
  終わり
下位型：
  右_エリア, 左_エリア：エリアの下位型
  始_節点, 終_節点：節点の下位型

図25.7は，このような実体，属性，関連，下位型を利用し，拡張実体関連モデルを用いて，地域内のエリア構成を表現したものである．節点を有向アークへと関連づけるため，有向アークの始まりや終わりとなる節点を定めた．さらに，エリアを有向アークへと関連づけるため，有向アークの左と右となるエリアを定めた．これらは，節点とエリアの下位型であり，いずれの特殊化も「重複」したものである．すなわち，節点は，ある有向アークの始まりであるとともに，他の有向アークの終わりでもある．

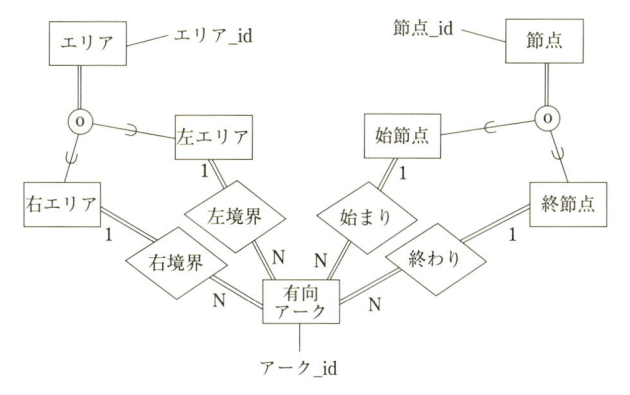

図 25.7　拡張実体関連モデルによる節点，有向アーク，エリアの隣接・連結関係の表現（Worboys, 1995）

同様に，エリアは，ある有向アークの左エリアであるとともに，他の有向アークの右エリアでもある．

　節点やエリアにおける特殊化の関連の仕方は，「準固定」である．すなわち，各節点は，少なくとも一つのアークで始まり，あるいは終わる．また，各エリアは，少なくとも一つのアークの左か右である．さらに，すべての関連は，有向アークと節点，あるいは，エリアの間で，多対1である．有向アークは，その左に一つのエリア，その右に一つのエリアをもたなければならない．逆に，エリアは左右いずれであろうと，複数の有向アークと関連するであろう．同様のことは，有向アークと節点の間の関連についてもいえ，有向アークは一つの始節点と一つの終節点をもつが，節点はいくつもの有向アークの始終点になる．

　本章では，実体関連モデルを使って地域内のエリア構成を表現するとともに，関係データベースによってデータベース化する方法を考察した．関連データベースは，データベースの基本理念の多くを実行できるため，現在でも世界で最も広く使われているデータベースである．しかしながら，データがかなり複雑な形式となるという問題が指摘されている．次章では，この問題を解決する一つの試みとして，オブジェクト指向アプローチを紹介する．

第26章　GISに対するオブジェクト指向アプローチ

　データベースの歴史をみると，1970年代初めには，階層型データベースや網（ネットワーク）データベースが普及した．これらは，第1世代のデータベースで，処理単位が個々のデータ（レコード）であることから，レコード指向データベースと呼ぶことができる．関係（リレーショナル）データベースは第2世代のデータベースで，1970年代から今日に至るまで研究や製品開発が盛んである．多くのGISにもデータベース管理システムとして，関係データベース管理システム（RDBMS）が利用されてきた（第25章参照）．このデータベースは，関係（リレーション）と呼ばれる表形式のデータの集合（セット）をデータ操作の単位としていることから，セット指向データベースと呼ぶことができる．

　関係データベースは，データ構造を一種の表構造に限定して簡潔化したため，事務処理の分野では十分な機能を提供できた．しかし，CADやGISのようにデータに構造がある場合には，このデータベースでは不自然な表現になり，操作が煩雑で処理効率を著しく低下させた．そこで考案されたのがオブジェクト指向データベースである．オブジェクトとは，人間が認知する「もの」の総称であり，データとそれを操作する手続き（処理）とをカプセル化した存在である．

　最近では，コンピュータシステムにおいてさまざまなレベルでこのような思想に基づいたオブジェクト指向アプローチが応用されている．本章では，オブジェクト指向アプローチを取り上げ，それらの内容を紹介するとともに，GISへの応用の可能性を探る．

26.1　オブジェクト指向アプローチの特徴

　オブジェクト指向データベースの特徴は，次のようにまとめられる（宇田川，1992，63-86, 92-103）．
　① データの階層構造を扱う機能をもつ．
　② 図形や画像のデータを扱う機能をもつ．
　③ プログラムの解読性，互換性，再利用を高める．
　④ 並列処理により高速実行が可能となる．
①の階層構造とは，入れ子型の（nested）構造で，共通の特徴をもったクラスの階層

(たとえば，都市とそのサブクラスの工業都市）を表す．②は事象の形状を境界表現という方法で表現するとき，形状-ポリゴン-線分-点というデータの階層構造ができる．もし，一つの点を移動するならば，形状-ポリゴン-線分-点は連動しているので，関連する線分やポリゴンも移動するであろう．このようにデータが複雑な関連をもつとき，処理とデータ構造とを一緒に考えるオブジェクト指向の方法が必要になる．③はプログラムモジュールの部品化と関係し，④はオブジェクトの実行に必要な情報がオブジェクトの中に含まれているので，それぞれのオブジェクトを別々に処理でき効率化につながる．

最近では，コンピュータシステムにおいてさまざまなレベルでこのような思想に基づいたオブジェクト指向アプローチが応用されている．オブジェクト指向アプローチの応用分野には，オブジェクト指向プログラム言語（object-oriented programming language：OOPLA），実体関連モデルや拡張実体関連モデルをさらに展開したオブジェクト指向分析・設計法（object-oriented analysis and design methodology：OODM），そして，オブジェクト指向データベース/データベース管理システム（object-oriented database and database management system：OODBMS）がある（Worboys, 1995, 84-94）．オブジェクト指向の基本的考え方の多くは，すでに20年ほど前，Simulaプログラム言語の中で導入された．その後，オブジェクト指向の特徴を備えた多くの言語が開発され，今日では，オブジェクト指向のソフトウエアは，C++プログラムやJAVAなどの言語を利用して開発が進められている．

26.2 オブジェクト指向アプローチの基本的概念

オブジェクト指向アプローチの中心的概念は，オブジェクトである．この概念は，関係（リレーショナル）モデルにみられるような情報の静的側面（データ）のみならず，その機能的な側面（操作手続き）をも取り扱えるような要求で生み出された．実体関連モデルでみたように，オブジェクトの静的側面は，属性の集合で表現される．たとえば，都市のオブジェクトは，名称，中心位置，人口の三つの属性をもつ．都市のある時点における属性値の総体は，その都市の状態（state）で表されるであろう．

オブジェクトの機能的な側面は，オブジェクトが実行する1組の操作手続き（operation）として表現される．たとえば，地域は，その境界を与える1組の点（すなわち，ポリゴン）で示される（データ）だけでなく，地域がもつと考えられる手続きからもとらえることができる．このような手続きには，地域の面積や周長の計算，さまざまな縮尺や総描水準での地域の描画，システムに対する地域の追加や削除，作成年月日や精度などの地域に関する履歴の応答などがあげられる．以上からも明らかなように，オブジェクト指向アプローチの重要な考え方は，

オブジェクト＝状態＋機能性

第26章 GISに対するオブジェクト指向アプローチ　　　　　　　　　*375*

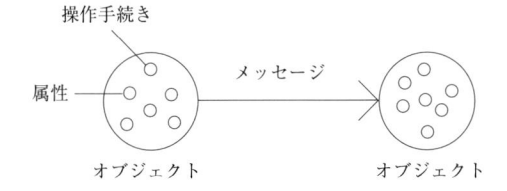

図26.1　オブジェクトのカプセル化とメッセージを通じての作動

表26.1　オブジェクトの仕様と実現における用語の使い分け

仕　様	実　現
オブジェクトタイプ	オブジェクトクラス
操作手続き	メソッド
関連	メッセージ

という点にある．

　ANSIのオブジェクト指向データベース作業グループ技術最終報告書によると，オブジェクトとは，「手続きに対する要求に従って役割を果たすものである．その要求は，実行するサービスを定めた手続きを呼び起こす」と述べている．要求は，オブジェクト間のコミュニケーションであり，システムのレベルでみると，図26.1に示されているようにそれはオブジェクト間のメッセージとして実現される．オブジェクトがメッセージに応答する仕方は，その状態に基づいている．たとえば，地域を印刷せよというメッセージは，縮尺や境界のデータ値を考慮して地図を印刷するであろう．
　したがって，オブジェクトはメッセージに対する応答の総体である操作手続きの作動（behavior）によって特徴づけられる．同じような作動をするオブジェクトは，タイプにまとめられる．それゆえ，われわれは，上記のような手続きをもったオブジェクトタイプ「地域」をもつであろう．これは意味論的な観念であり，システムの実現段階では，属性値を保有するデータ構造と特定の手続きを実現するメソッドをもった計算上のオブジェクトになる．この段階では，同じようなデータ構造とメソッドをもったオブジェクトの集まりをオブジェクトクラスという．オブジェクト指向アプローチでは，プログラムの互換性を高めるため，オブジェクトに関する仕様（specification）と実現（implementation）を別々に扱う．オブジェクトを利用する人は，オブジェクトの仕様（インターフェース）を理解するだけでよく，オブジェクトのつくり方を定めた実現を意識する必要はない．表26.1では，仕様と実現における用語の使い分けを示している．
　以下では，オブジェクト指向アプローチにおいて一般的に利用されている概念を簡

単にまとめてみる．詳細は，この分野の専門書を参照されたい（宇田川, 1992；パッド, 1992）．

（1） オブジェクト識別子

関係モデル（データベース）では，各実体は，一意的な識別子をもつことが条件であった．関係モデルの利用者は，実体を識別する特別な属性（キー）を常につけておき，実体の属性リストの中に入れておく．実体の各出現値は，キーの値や名前を与えることによって一意的に取り出すことができる．したがって，関係モデルは，実体の属性値に基づきそれに一意的識別子をもたせることから，数値-依存（value-based）であるといわれている．このことが利用者にキー管理の煩雑さを強いる．

それに対し，オブジェクト指向モデル（データベース）では，識別子はオブジェクトの属性値とは独立した存在であり，オブジェクトの属性が変化してもオブジェクト識別子は保有される．オブジェクトがつくられたときに一意的な識別子が与えられ，決して変更されることはない．オブジェクトが壊されたときのみ識別子は捨てられる．このようにオブジェクト識別子は，数値-依存ではなく，オブジェクトの存在とオブジェクトの値とを概念のレベルではっきりと区別している（宇田川, 1992, 224-225）．

（2） カプセル化

オブジェクト指向のシステム設計における重要な思考方法の一つとして，「再利用」の考えがある．これは，部品を集め組み立てることによって，システムを迅速に開発できるという考えに基づいている．部品の再利用が成功するためには，どのような状況でもその作動が予測可能である必要がある．そのためには，部品の内部が外界から隠蔽されていなければならない．カプセル化（encapsulation）の原理は，このような再利用の状況を作り出すために導入された．オブジェクトの状態やメソッドは，直接外部からはみることはできず，オブジェクトの定義で指定された一定のプロトコールでのみで知ることができる．

たとえば，われわれは通常，車のボンネットの中の状態（オブジェクトタイプ「車」の内部状態）を気にかける必要はない．アクセルを踏み（メッセージを送り），車のスピードが速くなる（内部状態の変化がオブジェクトの観測可能な属性の変化へと導く）ならば，それで十分である．オブジェクトの外側からみるならば，通常興味があるのは，オブジェクトの「観測可能な」属性だけである．オブジェクトを観測可能にするのは，オブジェクトインターフェースを利用するからであり，同じオブジェクトクラスに属するオブジェクトは，同じオブジェクトインターフェースをもつ．

カプセル化の原理は，オブジェクト指向データベースにとって，重要な意味をもつ．関係データベースでは，上記のように数値依存型でキーによってデータにアクセスできた．それに対し，オブジェクト指向データベースでは，オブジェクト内に含まれている値（オブジェクトの状態の一つ）はカプセル化されており，適切なメソッドを起

第26章 GISに対するオブジェクト指向アプローチ

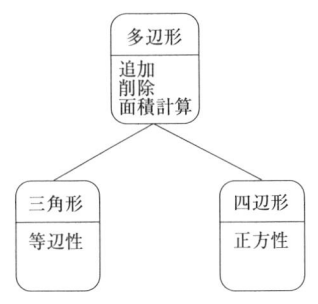

```
        ┌─────────┐
        │  多辺形  │
        ├─────────┤
        │  追加    │
        │  削除    │
        │ 面積計算 │
        └────┬────┘
       ┌─────┴─────┐
  ┌────┴───┐  ┌────┴───┐
  │ 三角形 │  │ 四辺形 │
  ├────────┤  ├────────┤
  │ 等辺性 │  │ 正方性 │
  └────────┘  └────────┘
```

図 26.2 オブジェクト指向モデルにおける手続きの継承

動することによって間接的にしかアクセスできない．このような間接性ではデータをうまく取り扱えないならば，OODBMS の性能は十分なものではなくなるであろう．

（3）継　承

オブジェクトのタイプは，階層構造をつくることが多い．たとえば，多辺形（ポリゴン）の下には三角形と四辺形がある．継承（inheritance）とは，文字どおり，上位タイプの属性や操作手続きを下位タイプが引き継ぐことを意味する．EER モデルとオブジェクト指向モデルの違いは，前者が属性だけを引き継ぐのに対し，後者は操作手続きをも引き継ぐ点である．図 26.2 は，手続きの継承の例を示している．多辺形の手続きとしては，追加，削除，面積計算があるとする．その下位タイプである三角形と四辺形では，それらの手続きを継承するとともに，それぞれ正三角形か正方形かを知る特別な手続きをもつ．このような階層構造は，オブジェクトタイプの継承階層と呼ばれる．継承とは，このように自分のタイプに存在しない手続きの実行が要求されたとき，上位タイプで定義されている手続きを代用することを意味する．

継承は，既存のオブジェクト（あるいはオブジェクトタイプ）を修正することによって，新しいオブジェクト（あるいはオブジェクトタイプ）を作り出すことにかかわっている．現実のモデル化では，継承は次の二つの形を通じて行われる．

① 汎化（generalization）：いくつかのオブジェクトタイプの特性を抽象化する．
② 特殊化（specialization）：オブジェクトタイプを特別な役割に従って分割する．

これらは相互に逆の関係をもち，汎化が階層構造を上がるのに対し，特殊化は階層構造を下がる．

（4）合　成

オブジェクト合成（composition）とは，複雑な内部構造をもったオブジェクトをモデル化するときに用いられる．オブジェクトの集合が一つの新しいオブジェクトの中に合成されるときに利用される方法には，次のようなものがある．

① 集約（aggregation）：集約オブジェクトは部品オブジェクトから成り立っている．
② 連合（association）：連合（グループ）オブジェクトは，タイプがすべて同じである1組の他のオブジェクトから形成される．
③ 順序連合（ordered association）：オブジェクト内で部品オブジェクトの順序が重要なとき．

集約では，タイプ「地所」のオブジェクトは，タイプ「土地」と「住宅」のオブジェクトから合成されるであろう．集約オブジェクトは，物理的にはいくつかのより小さいオブジェクトから成り立っているが，意味的には多くの手続きにおいて一つの単位として取り扱うことのできるように拡張されたオブジェクトである．集約オブジェクトは，その下位オブジェクトの存在無しでは成立しないので，しばしば，ある特別な制約が課せられる．

連合としては，タイプ「地区」のオブジェクトが，個々の「地区」オブジェクトの連合となる例があげられよう．順序連合としては，タイプ「ポイント列」が，「ポイント」のオブジェクトの線形順序として構造化されたオブジェクトとなる例が考えられる．

（5）多　形　態

多形態（ポリモーフィズム：polymorphism）の手続きとは，同じ手続きを異なったクラスに違った方法で実行させることである．たとえば，「周長」の手続きは，「三角形」，「四辺形」，「円形」のクラスに対しては，それぞれの図形に固有な実行方法がとられるであろう．このように多形態は同名異型の意味であり，一つの関数名で複数の関数を定義できることを表している（宇田川，1992，177-183）．上記の例からも明らかなように，多形態は継承と組み合わせて利用すると処理の実行に対し柔軟性を与え強力な手段となる．

26.3　オブジェクト指向モデリング

オブジェクト指向モデリングの大きな長所の一つは，われわれが実世界で観察している自然オブジェクトをそのままオブジェクトの構成として利用できることにある．自然オブジェクトは，さらにその内部に構造や組織（階層）をもつ場合が多い．特に，空間的な事象はそれ自身合成された構造をもつ．たとえば，平面上の一つの有限な地域（リージョン）を域（エリア）に分割したものは，域，弧（アーク），節点（ノード）の集約として自然な形でモデル化できるであろう．これらのオブジェクトタイプは，さらに，土地区画，地区，道路のような応用的なオブジェクトに対しても，上位タイプとして基礎を形成するであろう．実体関連モデリングでは，このような構造は，関係（リレーション）に変換されるよう設計されていた（第25章参照）．ここに，モデリングの過程でいくつかの制限を課すことになる．

オブジェクト指向モデリングは，上記のように情報の構造特性を組み込むほかに，行動のモデリングにも優れている．オブジェクトタイプの状態は，属性の集合で記述される．それは，実体関連モデルと類似しているが，属性自身が一つのオブジェクトである点で相違する．オブジェクトの行動は，オブジェクトタイプ内のオブジェクトに働く手続きの集合である．手続きはメソッドとして実行され，オブジェクトクラスの構成員に作用する．一般的な手続きには，次のようなものがある．

① 生成器-削除器（constructor-destructor）：オブジェクトをタイプに追加したり，あるいは，タイプから削除したりする手続きである．たとえば，タイプ「道路」に対しては，道路網が変化したとき，新しい道路を追加したり古い道路を削除したりするのに，この手続きが使われる．

② アクセス器（accessor）：ある特定のオブジェクトにアクセスしたとき，そのオブジェクトの特性に依存している特性をもつオブジェクトに返す手続きである．たとえば，タイプ「道路」内のオブジェクトの全長は，アクセス器の手続き length によって与えられる．

③ 変換器（transformer）：オブジェクトを変える手続きである．たとえば，タイプ「道路」に対し，新たな調査により道路の等級づけの見直しがなされた．これは，手続き update classification によって，そのオブジェクトに伝えられるであろう．

ここで例として，オブジェクトタイプ「道路」のモデリングを試みる．

 タイプ「道路」
  ［状態］
   名称：文字列
   等級：文字列
   建設年：年月日
   中心線：アーク
    ⋮
  ［動作］
   生成：→道路
   削除：道路→
   距離計算：道路→実数
   等級更新：道路→道路
   表示：道路，規模→
    ⋮
 終了「道路」

この例では，道路と呼ばれるオブジェクトタイプを定義した．それは，属性タイプとして，名称，等級，建設年，中心線などをもっている．各属性タイプの事例

(occurrence) は，それ自身，オブジェクトクラスに属している．たとえば，オブジェクト事例「国道1号」は道路名であり，オブジェクトクラス「文字列」に属する．タイプ「道路」は，その手続きと関係をもつ．たとえば，手続き「距離計算」は，クラス「道路」の事例が与えられたとき，タイプ「実数」のオブジェクトを返す．この実数値は特定の道路の長さを示し，オブジェクトタイプに与えられているメソッドを利用することで，その属性から計算される．「距離計算」は，アクセス器の手続きである．「生成」と「削除」は，生成器-削除器の手続き，「等級更新」は変換器の手続きである．「表示」は，道路の属性と表示規模など多くのパラメーターをとる．

次に，「道路」の下位（サブ）タイプとして，「高速道路」を定義しよう．これは，「道路」から属性と手続きを継承するとともに，それ自身固有の属性と手続きをもつ．この固有の属性としては，建物の集合としてのサービスステーションが考えられるであろう．さらに，いくつかのメソッドは，「高速道路」と「道路」では異なるであろう．たとえば，高速道路はモニター上で違った形式で表示されるであろう．この下位タイプの宣言は，次のように書かれる．

 タイプ「高速道路」
  ［継承］
   道路
  ［状態］
   サービスステーション：集合（建物）
    ⋮
 終了「高速道路」

26.4 地理データの特徴とオブジェクト指向データベース

GISにとって，オブジェクト指向データベース管理システム（OODBMS）の役割を探ることは重要であろう．OODBMSは，前節で示したように，オブジェクトの構成を表現するだけでなく，その中に組み込まれたオブジェクトタイプの継承階層を持続的に管理するため，安全な環境を提供するものでなければならない．OODBMSによって与えられるデータベースとしての理想的な特徴は，次のようである．

① スキームの管理：クラスの構成を作成し，変更する機能を含む．
② 質問環境の提供：質問の自動最適化や宣言型質問言語の提供を含む．
③ 記憶とアクセス管理．
④ トランザクション管理：並行アクセスの制御，データの一貫性，システムのセキュリティーを管理．

データベースを構築するとき，利用者の特定用途に沿ったデータベースの概念モデルがはじめに示される．この概念モデルは，利用者のデータベースに対するさまざ

な要求を含んだものである．従来のデータベース管理システムでは，この豊富な内容を含んだ概念モデルを実現するためのシステムモデルは，低水準のものであり，実行段階では概念モデルが意図していた多くの内容を失ってしまうものであった．それに対し，OODBMSは，概念モデルに近いシステムモデルを組むことができ，OODBMSの最大の利点となる．これは，利用者の特定用途に応じた表現豊かなシステムモデルを組むことができることを意味する．

地理データは，従来のデータモデルではとらえきれない複雑性をもっている．以下では，地理データの特徴をまとめるとともに，そのような地理的用途に応じたオブジェクト指向データベースの利用例を紹介する．

(1) 入れ子型データ

ロシアにマトリョーシカという人形がある．この人形は箱根細工の七福神をモデルにしたといわれているが，人形を上下二つに割るとその内部にさらに人形が入っている．それをさらに二つに割るとまた人形が現れる．このように大きいものの中に小さいものを組み込むような構造が，入れ子型である．工業製品（たとえば，自動車）も，個々の部品を組み上げていくことから，まさしく入れ子型の構造をもっている．このことから，最近では工業技術分野で，この形式のデータが注目されるようになった．

入れ子型のデータ（nested data）は，情報階層の中で，上位のものが下位のもので構成されているという形をとる．地理データにおいても，入れ子型がよくみられる．国の面積は，それを構成する都道府県の面積の合計であり，県の面積は，それを構成する市区町村の面積の合計である．

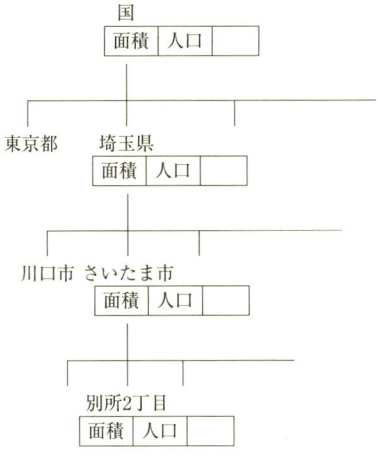

図26.3 オブジェクトデータベースによる国の面積の集計

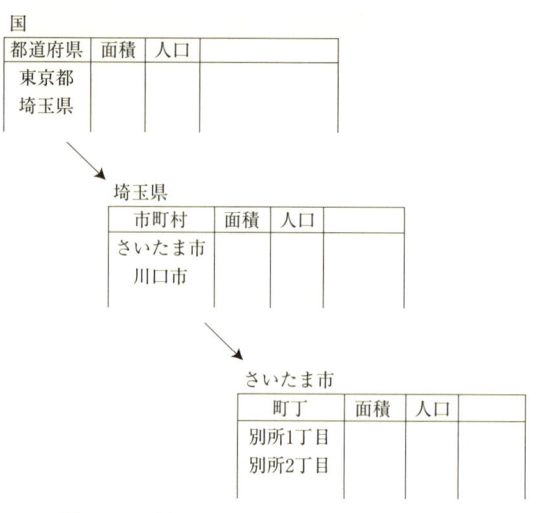

```
国
┌──────┬──────┬──────┐
│都道府県│ 面積 │ 人口 │
├──────┼──────┼──────┤
│東京都 │      │      │
│埼玉県 │      │      │
└──────┴──────┴──────┘
      ↓
      埼玉県
      ┌──────┬──────┬──────┐
      │市町村 │ 面積 │ 人口 │
      ├──────┼──────┼──────┤
      │さいたま市│    │      │
      │川口市 │      │      │
      └──────┴──────┴──────┘
            ↓
            さいたま市
            ┌──────┬──────┬──────┐
            │ 町丁 │ 面積 │ 人口 │
            ├──────┼──────┼──────┤
            │別所1丁目│    │      │
            │別所2丁目│    │      │
            └──────┴──────┴──────┘
```

図 26.4 関係データベースによる国の面積の集計

このような入れ子型構造をもった地理データを取り扱う場合，オブジェクト指向データベースを用いると，図26.3に示すように「面積」というオブジェクトタイプの情報階層を下位の市区町村から上位へと計算機能（合計）を進めることによって，求めたい属性値（国の面積）を容易に導くことができる．この際には，情報階層の中で計算機能は継承されているので階層全体に自動的に実行される．

それに対し，関係（リレーショナル）データベースを用いると，図26.4に示すように国レベルの表，都道府県レベルの表，市区町村レベルの表が必要になる．県名は，国の表のなかでは属性値であり，国と県の表を結ぶ関係では，関係名である．そこで情報の衝突が起こることから，必要な関係が取り出せるよう指示子（ポインター）構造を導入する．以上から明らかなように，関係データベースは，入れ子型のデータを取り扱うとき，必ずしも適切なデータ構造を取っているとはいえないであろう（Wang and Lee, 1993）．

（2） 地理データ間の空間関係

地理データは，属性データと空間データから成り立っている．地理データを複雑にするのは，空間データの存在であり，それは従来の文字データと完全に異なっている．空間データとは，点，線，域（エリア）のような幾何要素からなり，経緯度のような空間参照を伴っている．空間データベースの作成は，幾何要素の位置や形状を表現するだけではなく，要素間の空間関係をも再現しなければならない．空間関係には，包囲（surrounding），包含（containing），重複（overlapping），横断（crossing over），

交差 (intersecting) などがあげられる.

　地理情報の利用者は, 実世界の問題を解決するため, このような基本的な幾何要素のデータを必要とするのではない. むしろ, そこから計算され抽象化された (要約的な) 情報が必要なのである. その例として, 二つのオブジェクト間の空間関係について考察しよう. いま, 「地域」と「河川」のオブジェクトクラス間の関係をみてみよう. この間の空間関係に関する質問としては, 地域に流れ込む河川についての情報を知りたいとしよう. 河川は, いくつかの地域を横切って流れており, 地域はそこに流れ込むいくつかの河川をもっているので, この関係は M 対 N となるであろう. ここで取り上げるのは, このような関係データを表現する適切な方法である.

　上記の例で, 「地域」と「河川」の二つのオブジェクトに対する座標がデータベースに記憶されているならば, 河川に対する座標と地域の境界座標とを比較し, 河川と重なり合う地域を選ぶなら, この質問の答えは出るであろう. このような方法は一般的に利用されているが, しかし次のような点で非効率である. 第1に, 座標データは通常非常に大量になり, ディスクへの長いアクセス時間を必要とする. 第2に, これらのデータを用いた計算はしばしば膨大なものとなり, 貴重な CPU 時間を浪費することになる. 第3に, 質問が出るたびに繰り返し計算するというむだが生じる.

　このような二つのオブジェクト間の関係を表現する適切な方法は, 計算することなしに関係情報に直接アクセスできるデータモデルを利用することである. すなわち, 「地域」と「河川」の二つのクラスの間の関係情報を「流入」という形で明確に記録することである. 特に, 以下で示すように, 関係情報を新しくオブジェクトクラスとしてまとめることである (Wang and Lee, 1993).

```
クラス「地域」              クラス「河川」
  [属性]                    [属性]
    名称：文字列               名称：文字列
    面積：整数                 長さ：整数
    人口：整数                 幅：整数
      ⋮                         ⋮
  地域__河川の関係クラス
    [属性]
      地域__ID：整数
      河川__ID：整数
      流れ__情報：対象に関する数値の集合 (発源__河川による流れ, 境界形成__
            河川, 北流__河川, 南流__河川)
      ⋮
```

　次に地図上での質問について考察してみよう. たとえば, 「都市『さいたま』に高

速道路のインターがあるか?」や「地区『大崎』内の高速道路を示せ?」のような地図上での質問 (query) に答える場合を考えてみよう. この 2 番目の質問をオブジェクト指向質問 (object-oriented query: O_2 query) で表すと, オブジェクトはHIGHWAYS と DISTRICTS の二つであり, 次のような地図スキーマを使う.
　① HIGHWAYS (*Name*:文字列, *L*:線)
　② DISTRICTS (*Name*:文字列, *A*:域)
L と A は, それぞれ, 線 (lines) と域 (areas) の幾何クラスに対する幾何属性である. すると, オブジェクト指向質問は, 次のように示される (Scholl and Voisard, 1992).

```
SELECT   x.L inside (y.A)
FROM     x in HIGHWAYS
         y in DISTRICTS
WHERE    y.Name = "大崎" and
         x.L inter (y.A)
```

ただし, x.L は, クラス「線」に属する HIGHWAYS の幾何を表すオブジェクト, y.A は, クラス「域」に属する DISTRICTS の幾何を表すオブジェクトである. また, *inside* と *inter* はそれぞれ包含と交差を表すメソッドであり, いずれも線と域の間で成立する. この質問は, 関係データベース言語の一つである, SQL (structured query language) のブロック構成と同じであり, SELECT-FROM-WHERE の形式をとっている. まず, FROM から対象を取り出す. HIGHWAYS からは x というオブジェクト, DISTRICTS からは y というオブジェクトが対象となる. ただし, WHERE で条件を示す. y の名称は大崎であり, x という線は y という域に交差しなければならない. このような対象と条件の下で, SELECT の後の手続きが実行される. すなわち, y に包含された x を選ぶのである.

　本節から明らかなように, オブジェクト指向アプローチは, GIS にうまく適合するような概念構成を提供するのである. 特に, 地図のようにモデル化する対象が M 対 N の関係で表現される場合, 関係データベースを用いるならば二つの 1 対 N の関係に表現し直さなければならないが, オブジェクト指向データベースでは M 対 N の関係を直接表現できる (宇田川, 1992, 260-264). このことから, ベンチマーク (benchmark) 試験による GIS ソフトウエアの性能評価によると, オブジェクト指向データベースは関係データベースに比べ, ベクトル形式の地図に対し, 入出力操作において優れていることが報告されている (Adam and Gangopadhyay, 1997, 116-117). 最近では, オブジェクト指向アプローチを GIS のいろいろな分野に応用する多くの研究が行われている. さらに詳細な研究内容を知るためには, Gueting (1994), Milne *et al.* (1993), Choi and Luk (1992) などを参照されたい.

第 27 章 空間データの構造と検索

データベースが作成されたならば,次の段階は,さまざまな検索要求の側面からデータベースに問い合わせ(query:質問や照会とも訳されている)を行うことである.たとえば,土地のデータベースであるならば,「1 ha 以上の土地を取り出せ」というような問い合わせが行われるであろう.空間データベースでは,このような空間的側面をもたない(非空間的)問い合わせのほかに,たとえば,「ある地域内の土地をすべてあげよ」のような空間的問い合わせの機能をもつ必要がある.そこで本章では,空間データの構造と空間的問い合わせについて具体例を示しながら考察する.

27.1 ファイル編成とアクセス法

レコードとは,実体の特徴を記述するための属性列である.今,都市について記述する都市ファイルで示すと,属性は,都市識別(ID)番号,都市名,人口,位置などである.するとレコードとは,個別の都市の属性に対する具体的な実現値の列を示している.たとえば,112040,さいたま市,101 万人などである.

レコードは,ファイルへのアクセスの単位となるものである.レコードの中で各属性の占める場所をフィールドという.レコードに従って長さを変えるフィールドを,可変長(variable length)フィールド,その長さが一定のものは,固定長(fixed-length)フィールドという.たとえば,都市名は可変長,人口は固定長のフィールドをとる.また,レコードを明確に識別するために使われるフィールド(たとえば,都市 ID)を,キー(鍵)フィールドと呼ぶ.ファイルとは,レコードの集まりであり,列として一定の順序に並べたものである.

レコードは,2 次(外部)記憶であるディスク上にファイルとして物理的に蓄積される.ファイル編成(file organization)とは,ディスク上にレコードを物理的に配置する方法を示しており,順序なし,順序つき,ハッシュの三つの基本タイプがある.

(1) 順序なしファイル

順序なしファイル(unordered file)編成では,新しいレコードがファイルに挿入されるとき,それらはディスク上ですでに入っているレコードの後ろに追加される.したがって,新しいレコードの挿入では,この形式のファイルは非常に効率的であるが,入力の順序を除いて何ら構造をもたない.それゆえ,順序なしファイルに対する

図 27.1 ファイルの二分探索

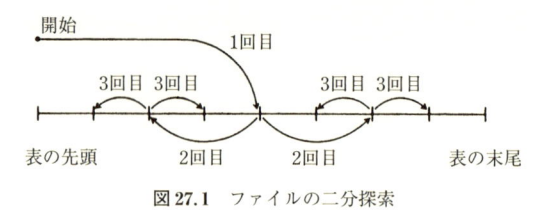

　検索 (retrieval) では，ファイルの各レコードを順番に探すことを要求する．たとえば，上記の例では，ある都市の人口を検索するのに，その都市名に合うレコードが発見されるまで，各レコードの都市名のフィールドの値（文字列）をはじめから順番に調べなければならない．このような検索は，線形探索 (linear search) と呼ばれ，n 個のレコードの中から 1 レコードを検索するのに，平均して $n/2$ レコードにアクセスする必要がある．したがって，線形探索は，レコード数に対し線形の時間計算量 (time complexity) をもつことになる．

（2）　順序つきファイル

　順序つきファイル (ordered file) 編成では，各レコードはフィールド内の値の順序に従ってファイル内に挿入される．たとえば，都市名によって 50 音順に都市ファイルを編成すると，順序つきファイルになる．都市名は検索したいレコードを調べるための属性であり，探索キー（鍵）と呼ばれる．都市名フィールドは，順序フィールド (ordering field) と呼ばれ，整数や文字列のように全体的に順番がつけられるものでなければならない．

　順序つきファイルの最大の利点は，ファイル上で二分探索 (binary search) が行われることである．二分探索では，目標となるレコードが見つかるまで，ファイルを順次半分に分けていく．まず，ファイルの中央付近のレコードを調べ，目標のレコードがそれより前にあるか後ろにあるかを判定する．目指すレコードがみつかるまで，順次探索範囲を縮小していく（図 27.1）．n 個のディスクブロックを用いたファイルでは，探索回数は多くても $\log_2(n)$ であることから，二分探索法の時間計算量は対数をとることになる．たとえば，ファイルが 1,000 ブロックをとる場合，線形探索では平均 500 ブロックのアクセスを必要とするのに対し，二分探索では近似的に $\log_2(1000) ≒ 10$ のアクセスで済むであろう．このように順序付きファイル編成をとることによって二分探索が実行でき，線形探索に比べ大幅に探索時間が改善される．

（3）　ハッシュファイル

　ハッシュファイル (hashed file) 編成は，散らし編成法などとも呼ばれ，レコードの探索キーの値を用いてディスクブロックでのその格納アドレスを決定する方法である．探索キーの値からアドレスを求めるための関数は，ハッシュ関数 (hash function)

といい,レコードを探索キーからアドレス空間にできるだけ一様に散らばるように変換する関数が選ばれる.探索値にハッシュ関数を応用し,ディスクブロックのアドレスが計算される.

典型的な例を示すと,たとえば探索キーとして,都市名の第1文字の50音番号をとり,それをKで表す.レコードの格納場所の個数をNとする.たとえば,$N=9$である.すると,ハッシュ関数は,KをNで割ったあまりを値とする関数,すなわち,

$$K \bmod N$$

で示される.「さいたま市」はアドレス2,「志木市」はアドレス3に格納される.なお,「狭山市」もアドレス2となり「さいたま市」と衝突するので,衝突したものは二つ後ろのアドレスに移されるような開アドレス法なども開発されている.ハッシュファイルは,レコード総数が既知のとき,効率的な編成法である.レコードを格納するハッシュファイルははじめは空であり,レコードを登録するにつれて詰まっていく.

27.2 空間データの構造と検索

(1) 空間データの検索

一般に,ある一つのデータベース内には,いくつものファイルがある.このファイルの特徴は,多次元であることである.たとえば,世帯のファイルでは,世帯ID,世帯主名,年齢などの次元(項目)があり,これらの次元は通常相互に独立している.

それに対し,空間データでは,次元は直交しているが,しかし,ユークリッド空間内で表現されるこれらの次元の間には従属関係がみられる.この点を考察するため,表27.1では13個の点データの位置座標を,図27.2では格子セル上でのそれらの分布

表27.1 都市の位置を示す索引(座標値)

ID	都市名	東座標	北座標
1	川口	82	9
2	さいたま	66	20
3	所沢	35	8
4	川越	39	34
5	越谷	94	26
6	草加	96	11
7	上尾	58	47
8	春日部	86	46
9	狭山	25	17
10	熊谷	23	83
11	深谷	3	96
12	行田	33	80
13	久喜	71	66

図 27.2 格子セル上での都市の分布

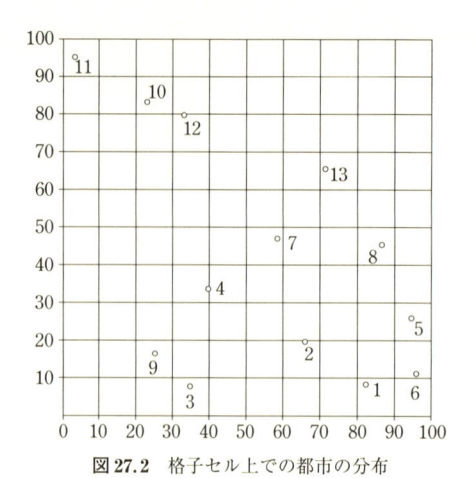

を示している．

今，このデータに対し検索を行ってみよう．検索条件には，次の二つを考察する．
① 点の条件：空間参照が，ある一つの点に位置しているすべてのレコードを検索
② 範囲の条件：空間参照が，ある範囲内に位置しているすべてのレコードを検索
範囲は，ある形状をとるであろう．通常は矩形であり，左下と右上の二つの頂点の座標を指定することで定められる．もう一つは円形で，中心と半径で決められる．

次のような問い合わせを行ってみよう．
① 問い合わせ1（非空間的問い合わせ）：「さいたま」の位置を検索せよ．
② 問い合わせ2（点の問い合わせ）：座標（37, 43）にある点を検索せよ．
③ 問い合わせ3（範囲の問い合わせ）：南西と北東の頂点が，それぞれ（20, 20），（40, 50）となる範囲内のすべての点を検索せよ．

第1の問い合わせは，結果的には空間的位置にかかわるけれど，非空間的フィールドを用いて検索を行っている．この場合，前節で示した文字列による検索方法が利用される．第2の問い合わせは，空間的探索条件を用いた検索である．どのようなインデックスやファイルの順序づけも行わず，線形探索が必要になる．典型的アプローチは，次のようである．

ステップ 1：都市ファイルを開く．
ステップ 2：取り上げるレコードがあるならば，ステップ3.1～3.4を行う．
ステップ 3.1：次のレコードを取り上げる．
ステップ 3.2：もし最初の座標フィールドの値が37ならば，
ステップ 3.3：そのとき，もし第2の座標フィールドの値が43ならば，

ステップ3.4：そのとき，地点の名称をレコードから検索せよ．

第3の範囲の問い合わせにも，同じような線形探索が利用される．

一般目的のデータベースアプローチによって，二つの空間座標フィールド，東と北に対し，二つの索引（インデックス）[1]を構成してみよう．表27.2では，指示子（ポ

表27.2 東と北の二つの索引に基づく都市の順序づけ

東座標	都市名	北座標	都市名
3	深谷	8	所沢
23	熊谷	9	川口
25	狭山	11	草加
33	行田	17	狭山
35	所沢	20	さいたま
39	川越	26	越谷
58	上尾	34	川越
66	さいたま	46	春日部
71	久喜	47	上尾
82	川口	66	久喜
86	春日部	80	行田
94	越谷	83	熊谷
96	草加	96	深谷

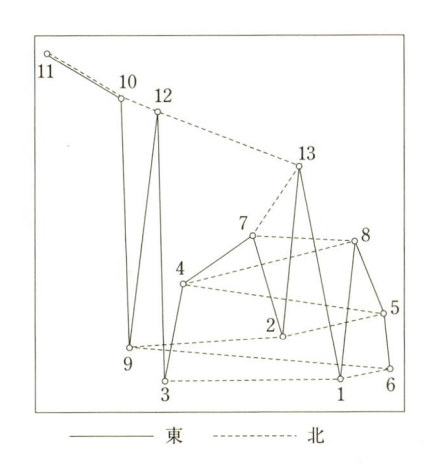

図27.3 パスとして示された二つの索引

---

[1] レコードの検索で，検索に用いる属性の値と，その値に対応するファイル中のレコードの相対位置とを記録した表のことを示す（穂鷹ほか，1991, p.92）．たとえば，書籍の巻末の索引がこれに当たり，キーワードと本文中での位置を示すページから成り立っている．

インター）フィールドを示す都市名とともに索引（東と北への座標値）が小さい順に示されている．また，図27.3では，これら二つの系列に対し，地点をパス（経路）で結んでいる．上記の「問い合わせ2」に対しては，最初の座標が37の値をもつレコードの所在を探すため，東の索引の二分探索を行った．次に，第2の座標が43の値をもつかどうかをチェックするため，レコード全体に及んだ．そして，レコードの中からそれに当たるものを検索した．第3の検索に対しては，東の索引について範囲 [20, 40] の探索を行った．その結果，データファイルに対し，指示子（都市名）のリストがあげられた．そのリストの各指示子に対し，データファイルのレコードがアクセスされ，北の値が範囲 [20, 50] にあるとき，都市名が検索された．

この検索で注意すべき点は，索引の一つのみが利用されているという点である．われわれの行いたいことは，2次元内での順序づけを有利にするような索引を構築することである．特に範囲探索に対しては，空間内で相互に近いレコードは，索引においても相互に近いという形で，レコードを順序づけたい．

（2） 空間充填曲線

2次元のユークリッド空間に対しデータ構造を設計するとき直面する問題は，コンピュータの記憶が基本的に1次元であるという点である．すなわち，コンピュータの主記憶内で位置のアドレスを指定する方式は，1次元であるので，できるだけ歪みを少なくする形で，編み物を糸に解くように2次元のデータを1次元のデータ列に並べ替える必要がある．

この問題は，空間充填曲線（space-filling curve）によって解くことができる．イタリアの数学者 G. Peano は，1890年に Peano 走査（scans）として知られている最初の空間充填曲線を考案した（Laurini and Thompson, 1992, 162-167）．この曲線は n 次元の空間を1本の線に変換するもので，次のような特徴をもっている．

① 曲線は，空間内のすべての点を1度だけ通過しなければならない．
② 空間内で相互に近い点は，曲線上でも相互に近くなければならない．
③ 曲線は一種の変換であり，もとの空間を再現する逆操作が存在する．

2次元空間に限定して，グリッドのように規則的矩形で区切られた離散的空間での空間充填曲線を考えてみよう．すると，曲線はすべてのグリッドを通過するパスで表現される．位置的に近いグリッドはパス上でも近くなるような2次元順序づけ（two-dimensional ordering）を確立することであり，タイル索引（tile index）と呼ばれている．

図27.4は，四つの基本的なタイル索引を示している．行順序づけ（row ordering）は，最も一般的である．それは単純でありラスター画像の走査で利用されるが，行の末尾から次の行の先頭へ飛んでしまうため，末尾に最も近いデータ（その下のグリッドのデータ）は，パス上では離れて位置づけられてしまう．行巡回（row-prime）は，

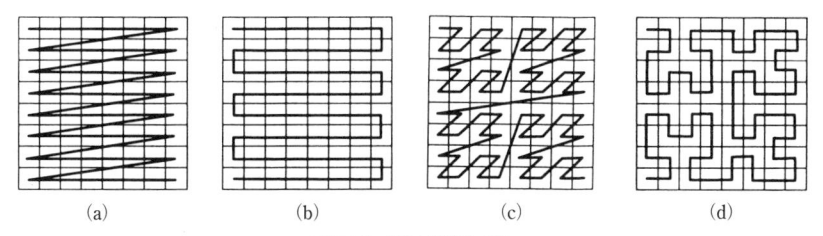

図 27.4　2次元順序づけ
(a) 行，(b) 行巡回，(c) Morton，(d) Peano-Hilbert.

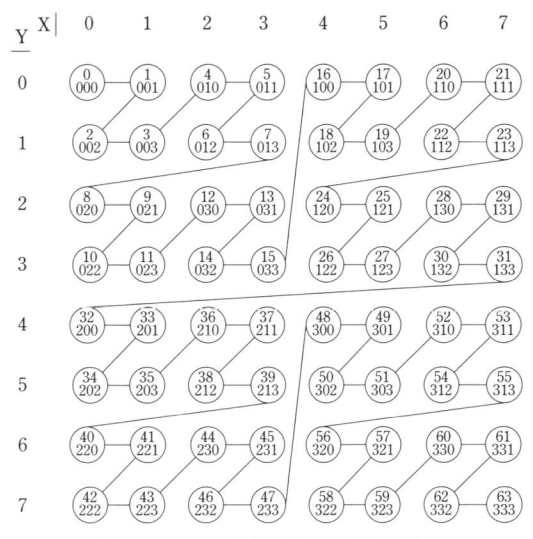

図 27.5　Morton 順序づけのアドレス計算

この問題を少し解決している．しかし，行の末尾の半分のデータは，まだパス上で離れて位置づけられている．Morton 順序づけでは，さまざまな大きさの Z（90°回転するとN）の文字が再帰的に描かれている．行と列の移動を交互に入れることでできあがっている．Peano-Hilbert 順序づけは，空間を充填する Peano-Hilbert 曲線を離散化したものであり，Morton 順序づけを改良している．これら最後の二つのタイル索引は，2次元の空間データの位置の近さを保持する方法として広く知られている（Cromley, 1992, 117-122）．

今，Morton 順序づけに対し，アドレスの計算を行ってみよう．たとえば，図 27.5 において座標 (3,4) にある Morton 順序づけで 37 番目の点のアドレスは次のように求められる．

① x軸の値3は,ビット(2進数字)列で表すと011となる.同様にy軸の値4は100.
② これらのビット列をピアノキーで表すと(y軸,x軸の順にビットを交互に並べて結合すると),100101となる.
③ このビット列を10-01-01と考えると,211のアドレスが得られる.

これはMorton行列アドレスと呼ばれ,点のx, y両座標から計算できる(Peuquet, 1984).このようにアドレスを計算できることは,空間充填曲線ともとの空間との間の変換を容易にすることにつながる.

27.3 ラスターのデータ構造

本節は,ラスターデータを記憶し,圧縮する基本的方法を考察する.ラスターとは,セル(しばしばピクセル(画素)と呼ばれる)の配列であり,配列(行と列)内の位置によってその場所が定められる.3次元の場合は,ボクセル(voxel)と呼ばれる.図27.6は,20×20の配列を示しており,各セルは0か1の値をもち,陰影表示されている.点は一つのセル,線は連接した一続きのセルで表現される.ラスターデータで問題になるのは,圧縮しないでそのまま記憶させると非常に非効率的であるという点である.たとえば,特性が同じ状態が広く分布している場合,大きな一様地域として描かれる(図27.6).すると,同一の数値をもったセルの集合として記憶され,非効率的である.本節では,ラスターデータを効率的に記憶する方法を紹介する.

(1) ラスターデータの圧縮法

ラスターデータの圧縮法には,チェーン符号(コード),ランレングス符号化,ブ

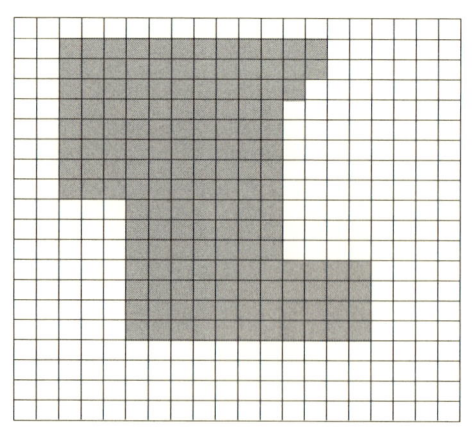

図27.6 地域のラスター構造

第27章 空間データの構造と検索

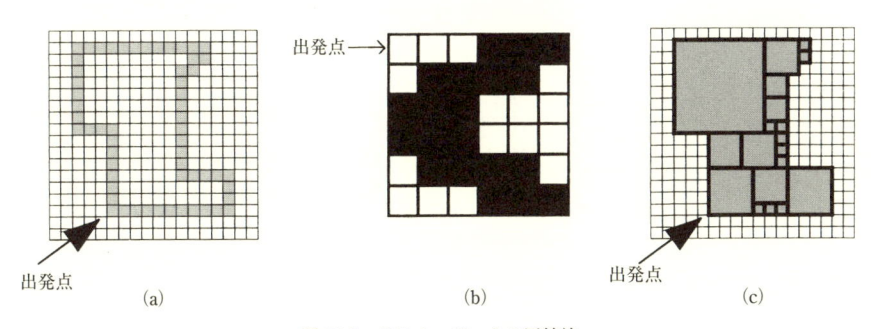

図27.7 ラスターデータの圧縮法
(a) チェーン符号, (b) ランレングス符号化, (c) ブロック符号化.

ロック符号化などが知られている．チェーン符号は，地域のラスター境界を表現するのに利用される．境界の出発点（南西隅）と方向符号（東をE，西をW，南をS，北をN），さらに，巡回方向（時計回り）が決められたならば，地域の境界線を描くことができるであろう．図27.7(a)の例では，北へ7，西へ3，北へ7，…となる．すると，この境界は，チェーン符号で次のように表される．

[N7, W3, N7, E11, S1, W1, S1, W1, S9, E4, S3, W10]

方向符号には，上記の4方向のほかに，それらの中間方向（たとえば，北東）を含んだ8方向がある（長尾ほか，1990, p.453）．

ランレングス符号化（run-length encoding：RLE）とは，同じ値をもったセルの並び（ラン）を数え，そのセル数（ランの長さ）を記憶する方法である．この方法は，白黒の写真画像データなどで利用でき，行方向に左上から右下へと記憶していく．図27.7(b)の例では，

[3, 3, 1, 4, 1, 3, 3, 3, 4, 4, 4, 3]

で表される．

ブロック符号化（block coding）は，ランレングス符号化を2次元へ拡張したものである．0や1の値の並び（ラン）の代わりに，同じ値をもった正方形のブロックを構成し，そのブロックを数えていく方法である．各ブロックは，一つの代表点（中心や南西頂点）と一つの辺の長さの側面から中心軸変換（medial axis transform）を用いて設定される（Rosenfeld, 1980；長尾ほか, 1990, p.236）．図27.7(c)は，図27.7(a)で示された境界線をブロック符号で表している．

（2） 地域四分木

データがある順序に従って並んでいる表を探索するとき，まず表の中間付近の要素を調べ，目的のデータがそれより前にあるか後にあるかを判定する．目的のデータがみつかるまで，探索範囲を二分する位置に調べる位置を置きどちら側に入るかを調べ

プラナー画像

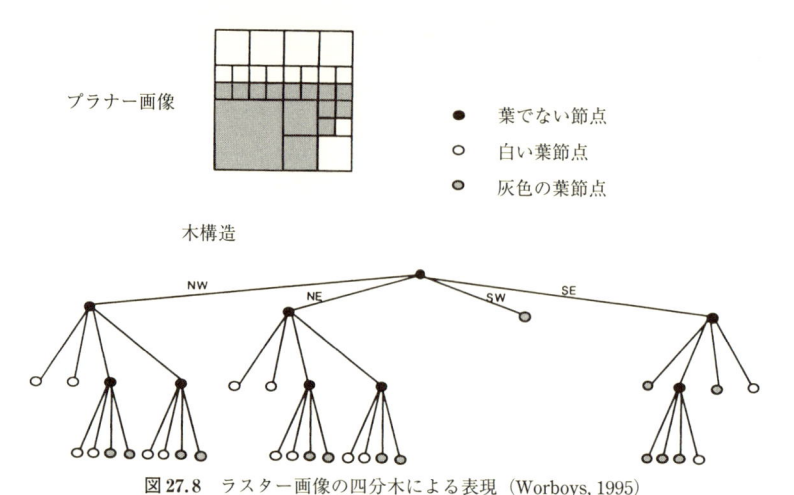

● 葉でない節点
○ 白い葉節点
◎ 灰色の葉節点

木構造

図 27.8 ラスター画像の四分木による表現（Worboys, 1995）

ていく方法を二分探索という．この探索過程をグラフで表現すると，二分木（binary tree）となる．木構造の根節点から出発し，まず根節点が左部分木と右部分木に分かれる．各部分木はさらに二つに分岐していく．

この二分探索木の原理を2次元空間内の探索に拡張したのが四分木である．2次元平面上の矩形領域を何回も4分割し探索範囲の領域を狭めていくのである．分岐数が4の分割過程となるので，四分木（クオドトリー）と呼ばれている．ラスターデータを記憶するために広く利用されているデータ構造は，この四分木の方法を採用しており，地域四分木（region quadtree）として知られている．

ラスターデータは，四分木として示される階層木のデータ構造の中で記憶される．図 27.8（上段）に示されるようなラスター画像の分布を，地域四分木を使って効率的に記憶する方法を考えてみよう．木最上位の「根（ルート）」はレベル0であり，矩形のデータ領域全体を表している．この領域は四つの等しい領域に分けられ，レベル1の「子孫」の節点として示される．四つの領域は，北西（NW），北東（NE），南西（SW），南東（SE）の順に木構造では表示される（図 27.8）．四つの領域の中で，全体が同じ属性をもっている（等質な）場合，もはやこれ以上細分される必要はなく，「葉（リーフ）」の節点として記憶される．たとえば，図 27.8（上段）では，南西（SW）の部分がこれに相当する．したがって，SW ではレベル1の節点が葉となり，もうこれ以上分岐しない．この節点では，数値1をもった（灰色で塗られた）領域としてデータが記憶される．

残りの三つの領域は，等質的でない（灰色と白の二つの部分がある）ので，さらに4等分される．レベル2に進むと，いくつかの地区で等質的な部分が現れる．たとえ

ば，南東の領域では，NW と SW が灰色，SE は白である．したがって，それらの地区ではこのレベルの節点が葉となり1や0の数値をもち，これ以上分岐しない．なお，NE ではまだ等質的でないので細分が続き，レベル3で終結する．図27.8の下段では，ラスター画像を四分木で表現した例を示している．

ラスターデータの記憶に地域四分木の方法を利用する利点は，データのもつ2次元的特性をうまく利用しているところにある．細かさを必要とする地点では，木のレベルを深くし，解像度を上げている．逆に欠点は，非常に不規則な画像に対し，この方法は非効率である点である．また，画像を少し変換したり，回転させた場合でも，四分木は大きく変更しなければならなくなる．

27.4 点のデータ構造

本節では，点オブジェクトに対し設計されたデータ構造を考察する．通常，点オブジェクトは，平面上で x, y 座標で位置づけられ，他の属性をもつ．以下では，格子ファイルと点四分木の二つの方法を紹介する．

（1） 格子ファイル構造

点データを格子ファイルで記憶する場合，固定格子（fixed grid）を用いるか，可変格子（variable grid）を利用するかで分けられる．まず導入の意味で，固定格子の場合を考えてみよう．図27.9(a)は，点分布図に等規模の格子セル（メッシュ）を重ねている．各セルはバケットと呼ばれ，コンピュータの記憶において物理的位置を表している．したがって，このファイル構造では，近傍の点オブジェクトでは，それらの属性は同じか，あるいは，近い記憶領域に保存されることになる．それにより，範

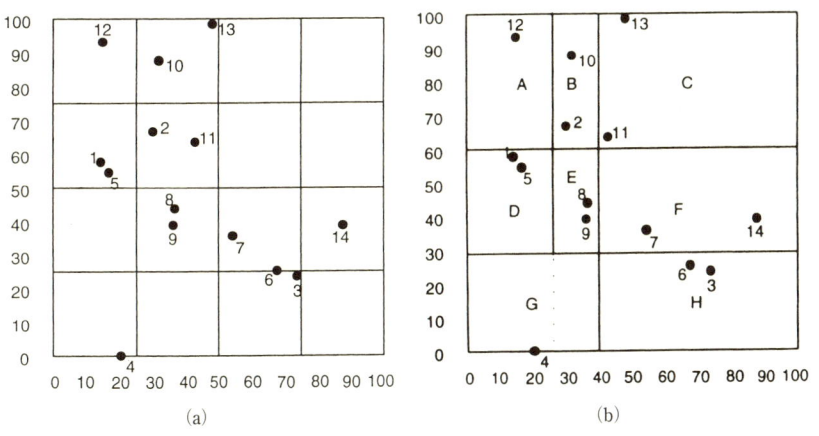

図 27.9 格子ファイル構造
(a) 固定格子, (b) 可変格子.

囲探索では効率的になる．

図27.9(a)の例では，16の格子セルに分割されている．一般に，点の数が多くなると，バケットには限られた数のレコードしか記憶できないので，セルも多くする必要がある．固定格子の問題点は，セル内の点の数が変動するところにある．あるセルでは，点が一つもない状況も起こる．点の分布が偏っている場合，多くが空のセルになり，少数のセルではデータはオーバーフローするであろう．理想的なハッシュ関数では，データは記憶領域に一様に分布することが望まれる．しかし，点がかなり一様に分布している場合，固定格子を用いたデータファイルは，簡単で取り扱いやすい記憶方法を与える．

Nievergelt *et al.* (1984) が提案した格子ファイル（grid file）は，点の分布に従って，水平線と垂直線の位置を任意に変えて可変格子を作成する．図27.9(b)は，その例を示している．バケットの規模は，2レコードになっている．全域は3×3の領域に分割されており，格子ディレクトリーが設定されている．格子ディレクトリーは，可変格子とバケットとの間の関係を定めている．なお，南西の二つのセルは，一方が空のセルなので合併されている．格子ファイルは，新しいデータが挿入されたり，削除されたりしたとき，拡張や縮小できるように設計されている．データが多いとき格子は分割され，空になると合併される．したがって，格子ファイルは，動態的データに対し設計されたデータ構造である．上記の事例では，固定格子を用いると16バケットであったが，可変格子を利用するならば8バケットで済むことも注目される．

(2) 点四分木

点四分木（point quadtree）は，前記の地域四分木と共通の特徴を多く有している．

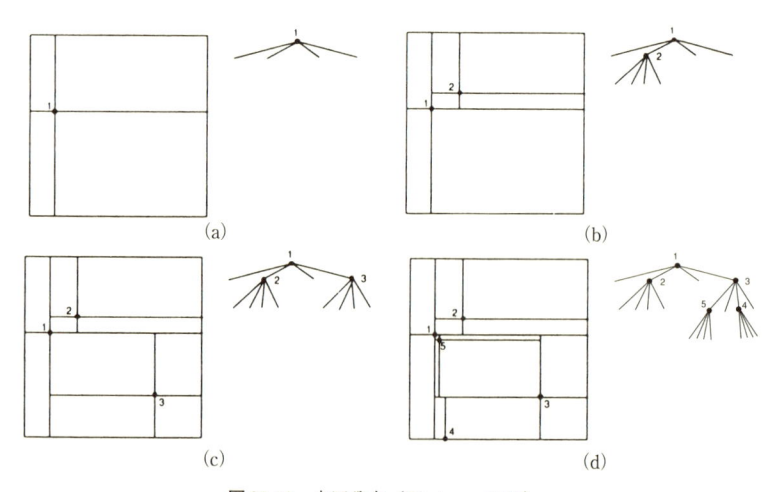

図 27.10 点四分木（Worboys, 1995）

「葉」にはならない節点は，その位置に対するデータレコードと四つの「子孫」(NW, NE, SW, SE) をもつ．すなわち，図27.10に示すように，一つのデータレコードは，その点の x, y 座標を記憶する二つのフィールド，四つの子孫を関係づける四つのフィールド，そしてその点の属性データを記憶するフィールドから構成されている．点四分木では，点（データが位置する点）を中心に領域が四つに分割される．地域四分木では，領域は常に等規模に4分割されていたので，この点が異なる[2]．

図27.10では，点四分木の事例を示している．最初の点（点1）が木構造の「根」に（レベル0に）位置づけられ，平面領域がその点を中心に四つの象限に分割される．点2は，点1の北東に位置しているので，NE象限（4本の木の2番目）に位置づけられ，その地点を中心にNE象限がさらに4分割された．点3は点1のSE象限に位置しており，その象限内にはまだ何ら節点が存在しないので，その点を中心に4分割される．なお，点2と点3は，いずれもレベル1にある．点4は，点3を中心とした四つの象限の中でSWに位置しているので，木構造からみると点3の下のレベル2の4本の木の左から3本目に節点を形成することになる．

四分木の形状は，点が挿入される順番に大きく依存している．もし木構造の「根」に近い上の方に位置している点が削除されるならば，木構造は大きく異なるものになるであろう．したがって，点四分木はそのままの形では，動態的情報システムに適したものではない．

27.5 ポリゴンに対する検索

（1） 最小外接長方形

ポリゴンを検索するとき，そのポリゴン図形自身ではなく，図27.11に示されているように，それに外接し，各辺が直行座標に平行した最小の長方形を考えると都合が

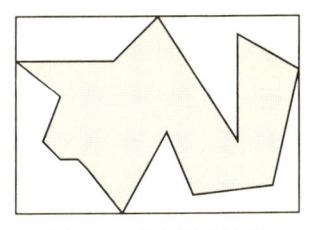

図27.11 最小外接長方形

[2) 細分割の位置がデータ点の位置に基づく場合，木構造 (tree structure) と呼ばれ，位置に基づかない場合，トライ構造 (trie structure) と呼ぶ．したがって，地域四分木は正確には，region quadtree ではなく，region guadtrie である．

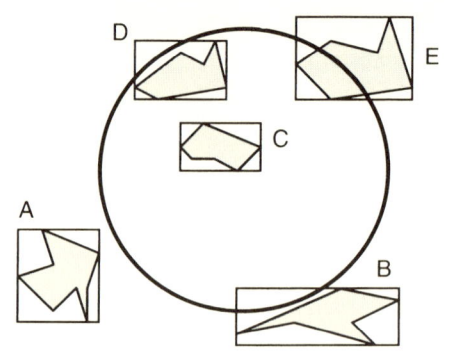

図27.12 ポリゴンの範囲検索

よい．この長方形は，最小外接長方形（minimum bounding box：mbb）と呼ばれている．このmbbの効率的な索引づけ（indexing）は，ポリゴンへの検索を可能にさせる．

通常，ポリゴン自身の形状に関する詳細な情報は，そのmbbから別のところに，たとえば，四分木の形で記憶されている．そして，必要に応じて，mbbに関する記録を通じて，この形状の詳細な情報は呼び出される．たとえば，図27.12に示されているように，「ある一定の半径で示された距離圏内に全体が入っているポリゴンをすべて見出せ」という範囲検索（range query）を考えてみよう．すると，次のようなステップが必要になる．

① 一定の円形範囲内に全体が入っているmbbをすべてあげる．このmbb内のポリゴンは，当然，円形範囲内に入っているであろう．図27.12から，ポリゴンCがこれに相当し，検索される．

② 円形範囲内に一部が入っているmbbをすべてあげる．このmbb内のポリゴンは，円形範囲内に入っているかどうかはまだわからない．そこで，ポリゴンに関する詳細な情報を参照し，完全に入っているかどうかの計算が行われる．図27.12では，ポリゴンDは完全に入っており，検索される．ポリゴンEは一部が入っており，ポリゴンBは完全に外側なので，いずれも検索されない．

以上から明らかになるように，ポリゴンの検索には効率的なmbbの索引づけが必要になる．

（2） R木とR$^+$木

R木（R-tree：rectangle tree）とは，B木（第30章2節を参照）を多次元に拡張したものである（Guttman, 1984）．この木では，索引ページからあふれ出すことを防ぐように工夫されている．以下では2次元空間内で，辺が座標軸に平行した長方形を形づくる点の対という特別な場合を考察する．

R木は一種の根つき木（rooted tree，有向木と同義[3]）である．各節点は長方形を表し，2次記憶のページに相当する．葉の節点は，索引がつけられる必要のある実際の長方形（mbb）に対する入れ物を表している．より高いレベルの節点は，その子孫を表す長方形を包含する最小の長方形を示している．この長方形は相互に重複することがある．R木はB木と同様にダイナミックな構造をもっている．長方形が構造に挿入され，葉の節点が一杯になったとき，この状況はより高いレベルの節点に伝えられ，木が成長する．逆に，長方形が構造から取り除かれたとき，木は縮小する．全体的な木の構造は均衡を保っており，Guttmanの挿入と削除のアルゴリズムは，各節点が少なくとも常に半分満たされた状態を保持している．

問題は，長方形の集合が拡大するにつれて，それらの長方形を取り囲む空間はどのようにして上位の節点を表すもの（包含する長方形）へと分割されるのであろうか．このような空間分割に対しては，いくつかの方法が考案されている．たとえば，包含する長方形の総面積を最小化したり，包含する長方形の重複面積を最小化したりする．よい細分（subdivision）の方法は，総面積と重複の双方を少なくするものである．Roussopoulos and Liefker（1985）の包含（pack）アルゴリズムは，このようなよい細分構造をもつ初期の木をつくることができる．

図27.13の上図は，1レベルの細分の事例とそのR木を示している．葉の節点は都市のmbbであり，上位の各節点は多くとも三つの長方形（mbb）をもっている．したがって，分岐数は3である．R木の問題点は，包含する長方形の重複によって生じる．特に，面積の大きい長方形がいくつもの包含長方形に重複している場合，たとえ木の枝の一つに記憶されていても，いくつもの枝を検索しなければならなくなり，点や範囲の検索は非効率になるであろう．

R^+木構造（Stonebraker et al., 1986）は，R木を改良したものであり，葉以外での節点を包含する長方形では，重複を認めない．これは，長方形を分割し，それらの部分を木の異なった節点に保存することで達成される．この方法は，大きな長方形に対

---

[3] 有向木とは，閉路をもたない有向グラフで，どの枝の終点にもなっていない1個の節点v_0が存在し，v_0を除く他の節点には，その節点を終点とする枝が一つ存在するものをいう（下図）．v_0を有向木の根（root）と呼び，どの枝の始点にもなっていない節点を葉（leaf）と呼ぶ（図中□印で示されている）．葉以外の節点を，分岐節点（branch node）という．節点uから出て節点vへ入る枝が存在するとき，uをvの親（parent），vをuの子（child）という．また，uからvへの路が存在するとき，uをvの先祖（ancestor），vをuの子孫（descendant）と呼ぶ．節点がもつ子の数を，その節点の分岐数または次数（degree）という．すべての節点の分岐数がn（$n \geq 2$）である有向木をn進木という．$n=2$の場合二分木，$n=4$の場合四分木と呼ぶ（長尾ほか，1990, p.758）．

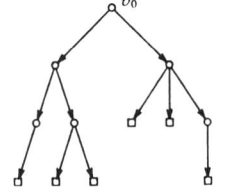

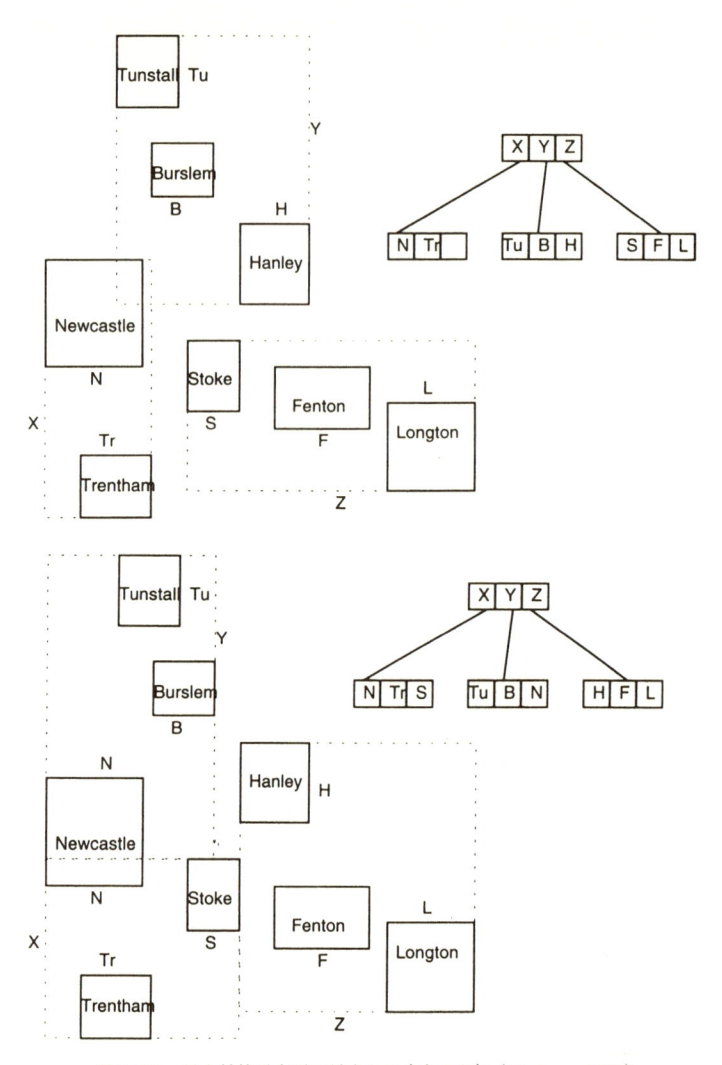

図 27.13 最小外接長方形に対する R 木と R⁺ 木（Worboys, 1995）

しても効率のよい検索を与えるが，複雑な挿入・削除のアルゴリズムを利用しないと，各節点が少なくとも常に半分満たされた状態を保持することはできない．図 27.13 の下図は，R⁺ 木構造の事例を示している．

第28章 時間と GIS

一般に，空間データベースを構築するとき，どのようなデータを，いつ，どこで，いかに収集するかを決めなければならない．本章では，空間データベースにおいて，「いつ」という時間の側面をどのように考慮すればよいかを考察する．

28.1 GISにおける時間的成分

（1） 時間の種類

時間は，空間と対比されて考える場合が多い．単純に考えると，時間は1次元であり，空間は2次元の中でとらえられる．時間的事象は，1次元の時間軸上で，時点（time point）として，あるいは，期間（time interval）として観察される．このように，時間が1次元であると仮定できる場合，2次元の空間より単純であると考えられてきた．しかしながら，時間でもいろいろな時間があることが知られている．

時間的事象を順序づけるならば，さまざまな構造が現れる．一方の事象が他方より早く生起したならば，線形的に順序づける（linearly ordered）ことができる．したがって，時間は1次元の線形と仮定できる．さらに，過去や将来と関係することから，時間は部分的に順序づけられた（partially ordered）存在である．また，周期を示す場合，時間的循環をなす．

時間を計測するときは，離散（discrete）と連続（continuous）のいずれかの変数としてとらえられる．連続時間変数は事象が連続して変化しており，どの時点でも計測が可能な場合に用いられる．たとえば，氷河の移動は，たとえ数時点のサンプルで測定されたとしても，それらの間を補間することで，連続的なものとしてとらえられる．それに対し，行政地域の境界の変更が1990年に起こったとすると，境界は移動し続け時間的に連続したものと考えられず，離散変数としてとらえるべきである．

一般に，地図作成部門では，時間を連続変数としてとらえることを行ってこなかった．たとえば，道路建設は日々連続的に進展するが，その情報をすべて示そうとは考えない．観測時点での道路の状態のみを記載するだけである．

GISとの関連で時間の空間的側面を考察するとき，どのようなタイプの時間で空間データの歴史を記録するのであろうか．一般に，3種類の時間が関連している（Guptill, 1995）．第1は，（論理的に）正当な時間（logical time, valid time）である．

これは事象に変化が起こった時間であり，事象時間（event time）とも呼ばれる．第2は，観察時間（observation time）であり，変化が観察された時間である．第3は，処理時間（transaction time）であり，変化がデータベースに付け加えられた時間である．

　これら三つの時間は，必ずしも一致するとは限らない．さらに，三つの時間の間で一貫した順序がつけられない場合も起こる．たとえば，研究者は，まず事象の現状をデータベースに入力する．その後で，以前の状態を示す歴史的データをデータベースに付け加えるかもしれない．すると，歴史的なデータに対する処理時間は，現状を示すデータの処理時間より後になってしまい，事象時間と処理時間の関係が逆転してしまうであろう．このことから，三つの時間をデータ構造の中で示すことが必要となるであろう．

　データの利用者からみると，最も重要な時間はおそらく正当時間であろう．しかしながら，データの作成者や管理者にとっては，そのほかの時間も重要であろう．

（2）時間情報システムの種類

　前項で示した三つの時間の中で，情報システムにおける時間としては，正当時間と処理時間の二つの時間を考慮することが重要である．

　この二つの時間の側面から考えた場合，時間情報システム（temporal information system）は，表28.1に示すように四つのタイプに分けられる．静態（static）システムとは，一つの時点の状態を1回だけスナップショットとして記憶するもので，正当と処理のいずれの時間もそれらの本来の意味からすると考慮していない．歴史システムは事象が生起した時点を記録するもので，正当時間が組み込まれている．それに対し，巻き戻し（rollback）システムでは情報システムの歴史が重要であり，処理時間が組み込まれている．たとえば，不動産管理システムでは，不動産が実際に売買された時間よりも，その売買がシステム上に登録された時間の方が重要である．一つの不動産に対し複数の客がいた場合，情報システム上に残されている取り引きのログ（処理控え）をみてどの客が一番早く登録されたかを確認する．

　双対時間（bitemporal）システムでは，正当と処理の二つの時間の直和（disjoint union）を考え，時間を2次元的にとらえている．多くの時間情報システムの目標は，このようにデータベースと事象の二つの時間を取り扱えるようにすることである．

表28.1　時間情報システムの種類

システムの種類	正当時間	処理時間
静態システム	×	×
歴史システム	○	×
巻き戻しシステム	×	○
双対時間システム	○	○

第28章 時間と GIS

図28.1 (a)

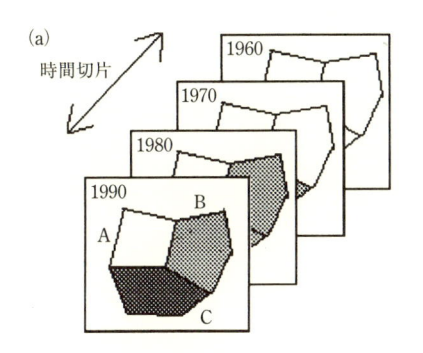

時間切片

人口の変化（万人）

	1960	1970	1980	1990
A	20	22	24	28
B	24	29	31	33
C	29	34	38	41

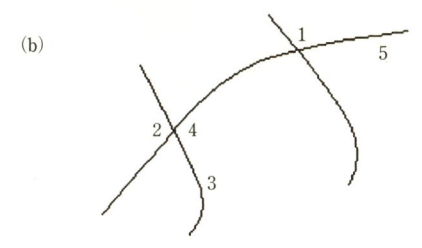

(b)

交通事故の発生日時とタイプ

1	1996.11.03	正面衝突
2	1997.03.29	自転車との接触
3	1998.12.14	壁面への衝突
4	…	
5	…	

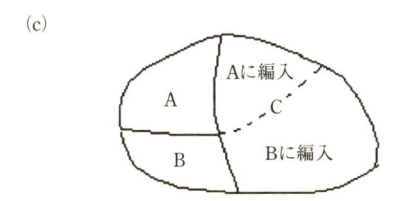

(c)

Aに編入／Bに編入

人口の変化

地域	1980	1990
A	46,800	67,900
B	67,200	78,100
C	21,400	—

図 28.1 GIS における時間の取り扱い方法
(a) 記録するための基礎として，(b) 実体の属性として，(c) 変化を観察する枠組みとして．

（3） GIS における時間的成分

従来の GIS では，時間的成分は直接的には組み込まれてこなかった．しかしながら，時間は，次に示すような三つの形で組み込まれていた（Laurini and Thompson, 1992, 104-106）．
① 事象を記録するための基礎として
② 実体の属性として
③ 空間的実体の変化を観察する枠組みとして

①の場合では，時間は事象を観測するための時点として導入される．たとえば，国勢調査では5年おきにというように，多くの統計では，一定期間をおいて調査される．すると，GIS 内のデジタル地図は，一定期間ごとに作成される（図 28.1(a)）．時間はこのように事象を記録するための基礎として組み込まれる．

②の場合では，時間は事象が発生する時点としてデータベースに蓄積される．たとえば，交通事故のデータベースでは，交通事故が起こった場合，事故の発生日時がその属性として記録される（図28.1(b)）．

③は，図28.1(c)のように研究対象が変化しているオブジェクトに対してである．新しい道路建設は，地点間の位相関係を変化させる．また，土地の区画は時間とともに細分されていく．このような時空間的関係を表現するには，特別なデータ組織の方法を利用する必要がある．たとえば，土地区画の細分の場合では，新しい境界が画定されるが，ある境界は以前のままである．もとの区画から新しい区画へと属性が移されるかもしれない．課税目的で重要な属性は，新しい区画がつくられた日付けである．このような問題は，可変的地域単位（modifiable areal unit）の問題として知られている．データを記録する地域単位自身が，時間とともに変化してしまうのである．したがって，時間は実体の変化を観察する枠組みとしてとらえられる．地区の分離併合による地域境界の変更は，属性データの配分という処理が必要になる（図28.1(c)）．

28.2　時空間システムのさまざまな事例

空間データモデルに時間的成分を統合するためには，時空間システムの特徴を知る必要がある．本節では，時空間システムのさまざまな事例を紹介し，空間実体とその属性が時間とともにどのように変化するかを具体的にみてみよう．

（1）　道路計画の事例

図28.2は，ある町のバイパス道路の計画における三つの段階を示している（Worboys, 1995, 304-305）．破線は計画道路，実線は建設された道路である．ここでは，正当時間と処理時間の二つを考慮する．(a)～(c)の図は，1992年，1993年，1994年の3時点におけるデータベースの状況を示している．詳細は，次のようである．

(a) 1992年1月1日（処理時間）のデータベースの状態：バイパスは，1992年（正当時間）を通じ建設され，1993年1月1日（正当時間）に線分鎖（チェーン）abcで示されるように完成する．

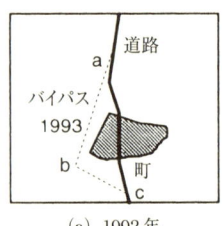

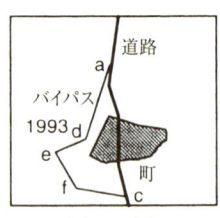

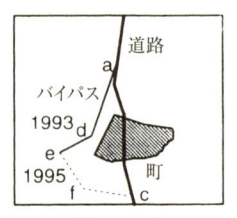

図28.2　バイパス道路計画における時空間情報（Worboys, 1995）

(b) 1993年1月1日（処理時間）のデータベースの状態：バイパスは完成した．しかし，地点bの環境保全地区を迂回するよう，線分鎖adefcのルートに変更された．

(c) 1994年1月1日（処理時間）のデータベースの状態：バイパスはまだ完成していなかった．線分鎖efcで示された道路区間は，建設中であり，1995年1月1日までに完成する予定である．

1992年を示す同図(a)では，計画中の空間オブジェクトと時間的要素との結びつきを示している．同図(b)(1993年)では，修正を示している．これはエラーではなく，計画変更によるものである．同図(c)(1994年)では，1993年に建設されたとして示された区間が1994年にまだ建設されていないので，1993年（処理時間）におけるデータベースの状態はエラーがあったことを示している．

この事例からも明らかなように，時間情報の「かすかな影」をとらえることのできるようなシステムを設計すべきである．このような時空間システムが支援する質問には，次のようなものがあげられる．

① 1992年のバイパスについての情報の状態は，何であったのか
② バイパスについての情報の状態は，1992～1993年ではいかに異なったのか
③ 道路区間efはいつ建設が完成するのか

③の質問の答えは，その質問がシステムに入力された時点に基づくであろう．この事例は，空間オブジェクトと結びついた正当と処理の2種類の時間を必要としていることを明らかにしている．

（2） 行政地域の事例

行政地域（administrative region）は，地域の空間的広がりを設定する空間オブジェクトである．国勢調査の結果や他の統計量は，この行政地域に基づく場合が多い．時系列的な研究を行うためには，統計量を地域の歴史的変遷と関連づける必要がある．したがって，地域の歴史的空間データを含んだ情報システムが要求されるのである．

図28.3は，時間を通じて地域構造が変化した事例を示している．1970年の国勢調査では，地区Dは，二つの地域RとR'で構成されていた．1980年では，Rの空間的

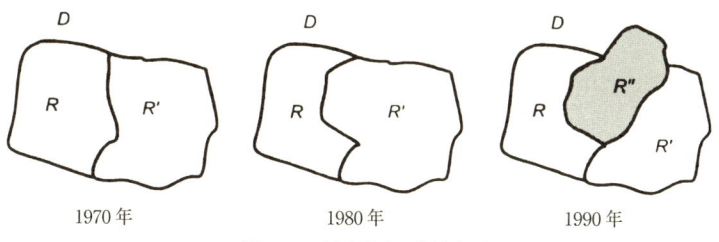

図28.3 行政地域の境界変更

広がりは縮小し，R'は拡大した．1990年になると，地区全体の空間的範囲は拡大し，新しい地域R''が出現し，R'は縮小する．

このような行政地域に基づいたさまざまなデータセットが存在するであろう．たとえば，人口は地域に基づき，死亡率は地区に基づき集計されたデータであるとしよう．さらに，地区を通過する道路があるならば，地域とそこを通過する道路（たとえば，国道17号）との間の時空間的関係が存在するであろう．すると，次のような疑問が生まれる．

① R'の人口密度は，1970年と1990年ではどのように変化したのか
② R'の死亡率は，1970年と1990年ではどのように変化したのか
③ 国道17号は，以前地域Rを通過していたか
④ 国道17号は，以前地域R'に属していた土地を現在通過しているか
⑤ 国道17号は，地域R'に常に属していた土地を現在通過しているか

ここで例示されたさまざまな疑問は，不連続な変化を被る複雑な空間オブジェクトにかかわる情報である．属性が変化したならば，オブジェクトのアイデンティティーを保つことは難しい．オブジェクトが変化するとき，どの時点でそれは新しいアイデンティティーをもったといえばよいのであろうか．このことは，特定の専門分野で研究する者にとって問題となる．

（3） **土地情報システムの事例**

この例は，土地情報システムに必要な時間的側面を示している．土地情報システムでは，土地所有の情報を管理しており，空間，時間，法律などの側面を有している．土地所有は，売買契約，相続，都市計画，火災などによって変化する．図28.4は，土地所有に関する時空間的変化を示している（Al-Taha, 1992 ; Worboys, 1995, 308-

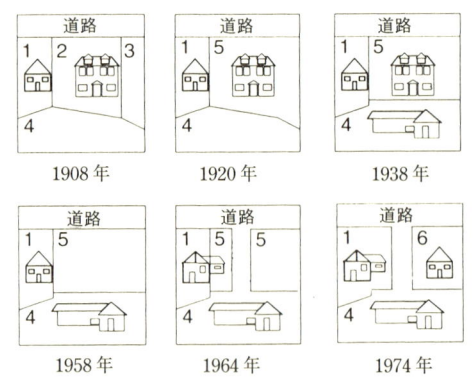

図28.4 土地所有に関する時空間的変化（土地情報システムの事例）(Worboys, 1995, p.308)

309).土地に関する年表は，次のとおりである．

① 1908年（最初の記録）：道路，土地区画と建物，それに関する所有者の情報が記録されている．区画1はA氏が，区画2はB氏が所有していた．
② 1920年：B氏は区画3を購入し，区画5になった．
③ 1938年：区画4は拡張され，学校が建てられた．
④ 1958年：B氏の家は火災で焼失し，B氏は死亡した．区画1の土地と建物はC氏の所有になった．
⑤ 1960年：市は，1962年に学校への道路を区画5に建設する計画を公示した．
⑥ 1962年：その道路計画を1964年まで延期した．
⑦ 1964年：C氏は，区画5の一部に侵入し，建物を増築した．
⑧ 1974年：C氏は，区画5の一部を区画1に組み入れた．D氏は，区画6を所有し，新しい家を建てた．

この土地情報システムの例では，明らかに，正当時間と処理時間の二つの側面がかかわっている．たとえば，1962年（正当時間）に建設されると1960年（処理時間）時点ではじめに予測されていた道路は，1962年（処理時間）時点で，1964年（正当時間）へと延期された．さらに，与えられている情報だけでは，多くの正当時間は明らかにならないであろう．たとえば，B氏の家の焼失の正確な年は，このシステムからはわからない．

28.3 時間GISにおける時間表現とデータアクセス法

（1）地図時間

地図とは，いくつかの空間オブジェクトから構成されている．たとえば，図28.5では，地図はA～Dの四つのオブジェクトで成り立ち，それぞれ，高速道路，鉄道，駅，インターチェンジを表すとしよう．各オブジェクトに対し，横軸で時間の経過を示すと，ある期間において高速道路では三つのバージョンがあった．古いバージョンから新しいバージョンへ移るときは，たとえば，道路の延長のような何らかの変化

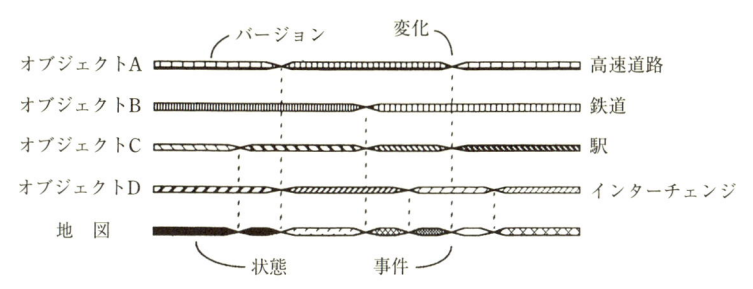

図28.5 地図時間の位相構造（オブジェクトと地図との関係）(Langran, 1993)

(mutation) が生じている．鉄道は同期間に二つのバージョンがあり，駅とインターチェンジはいずれも 3 回にわたって駅やインターの新設（変化）があったとしよう．すると地図は，これらの変化をすべて表示しなければならないことから，七つの状態を表さなければならないことになる（図 28.5 の最下段）．

このように，地図とは一般システム理論の側面から定義すると，一種の状態 (state) を示している．システムの歴史は，一連の状態で構成され，事件（event）によってある状態は終了し，次の状態へと変化していくのである．Langran (1993) は，空間オブジェクトと地図との関係を時間の中で考察する場合，上記のような地図時間 (cartographic time) という概念を提案している．

（2） 地図時間の表現法

地理学では，地図時間を表現するために，いろいろな方法（概念モデル）が用いられてきた．以下に四つのモデルを紹介するが (Langran, 1993)，各モデルでは地図時間の成分の中で強調する点が異なっているのに注意すべきである．時間 GIS を構築する場合，地図時間のモデルとして，どれが効率的であるかが検討できるであろう．

(a) 時空間立方体： 時空間現象を表現するためには，通常 3 次元空間が用いられる．これは時空間立方体（space-time cube）と呼ばれ，図 28.6(a) のように，x 軸と y 軸で 2 次元空間を表し，さらに縦軸に時間 t をとったものである．すると，時空間現象は，この時空間立方体の中で，図 28.6(b) のように徐々に進展していくような形で表現される．

このモデルを用いた時間 GIS では，時空間オブジェクトを時空間立方体内の仮想的な立体として取り扱うことができる．この立体から情報を取り出すには，地点の参照，ベクトルの追跡，時間切片の取り出し，あるいは部分的な立体の切り出しなどを通じて行われる．しかし，このモデルに基づく時間 GIS は，利用者に対し時間のとらえ方についてさらに深い考察を強いるであろう．たとえば，変化しつつある 2 次元オブジェクトの第 3 の（時間的）側面をいかに表現すべきかを，利用者は考えねばならないであろう．

(b) 時間切片のスナップショットモデル： 地図時間を表現するための第 2 のモデルは，時間切片（time slice）として知られている．これは最も一般的な方法であり，

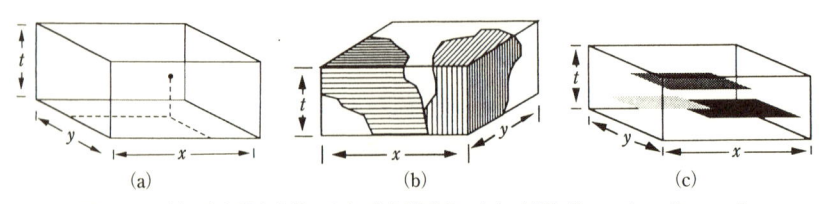

図 28.6 (a) 時空間立方体，(b) 時空間事象，(c) 時間切片のスナップショット

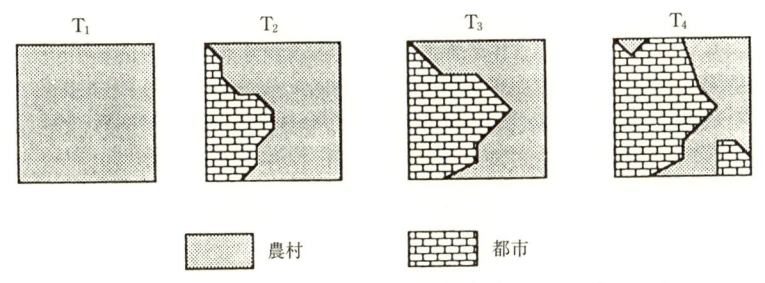

図28.7　農村地域への都市の拡大を表す時間切片のスナップショット

図28.6(c)に示されるようにいくつかの観測時点で時間切片のスナップショットを撮る方法である．図28.7は，農村地域への都市の拡大を時間切片のスナップショットとして表現したものである．時間切片の間隔は，必ずしも定期的であるとは限らない．

時間切片のスナップショットは，時空間モデルを直感的に示すのに適している．それは，スローモーションビデオのコマ送りの状況を模倣したものであり，地図作成において伝統的に利用されてきた．現在の多くのGISでは，この方法が利用されている．しかし，地図時間の重要な成分である「変化」を表現するには，この方法は十分なものではない．最も大きな問題は，各スナップショットが時点T_iに存在しているものだけを記述しており，ある状態から次の状態に変化させる事件を示すものではないところにある．

スナップショットモデルは，スパゲティーデータモデルを時間的側面から同じように取り扱った同等物と見なすことができる．すなわち，スパゲティーモデルでは，絶対的位置（相対的位置ではない）のみの情報を蓄積しており，「それがどこにあるか」や「それが何であるか」という問い合わせには答えることができるが，「その隣がどこであり，何であるか？」については答えることができない（第24章2節(1)(a)を参照）．同様に，スナップショットモデルでは，「以前の変化はいつ起こったか」や「次の変化はいつ起こるか」について答えることができない．このことから，両モデルとも一般に，① 構造が隠されている，② エラーを検出することができない，③ 変化を記憶するのに無駄が多い，と指摘されている．たとえば，スナップショットモデルでは，変化していないデータをすべて，何回も蓄積することになる．

(c) **基本状態変化モデル**：　地図時間に関する第3のモデルは，基本状態に変化を重ね合わせていく方法である．図28.8は，図28.7で示した農村地域への都市の拡大をこの方法で示したものである．この事例から明らかなように，このモデルは，地図時間における二つの状態（やバージョン）の境界としての変化についてのデータのみ

| T₁ | T₂ | T₃ | T₄ |

■ 基本状態　　▨ 変化　　□ 無変化

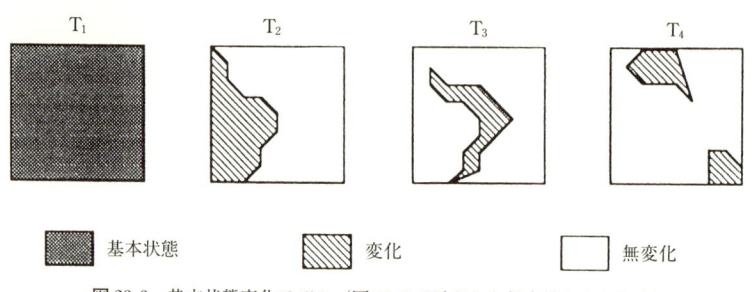

図 28.8　基本状態変化モデル（図 28.7 で示された都市拡大より作成）

を記憶している．したがって，スナップショットを連続して撮るよりも記憶量が少なくてすむ．空間データだけでも記憶容量を大量に消費するのに，さらに時間次元まで加わるならば，データ量は莫大になってしまうであろう．時空間データがもつこのような欠点を，このモデルはいくらか解消するであろう．

このように変化だけを記述する，換言すると，事件に基礎を置いた（event-based）時間は，ベクトル型 GIS が採用しているオブジェクトに基礎を置いた（object-based）考えから生まれている．オブジェクトに基づいた方法をとると，「森林で覆われた湖」は，二つのオブジェクトを重ね合わせることで簡潔に表現することができる．それに対し，サンプルに基礎を置いた（sample-based）方法，すなわち，画素（ピクセル）による記述は，森林の画素，森林の画素，水の画素，森林の画素，…となり，二つの重なった事象を表現することは難しい．同様に，事件に基礎を置いた時間によると，「森林が牧草地に変わった」ことは容易に表現できるが，定期的な間隔でのサンプリング方法によるスナップショットでは，単一の画素に対し森林，森林，牧草地，…となり，表現が複雑になる．

スナップショットモデルがスパゲティーモデルに対応していたのと同様に，基本状態変化モデルは位相構造モデルと時間的相似関係をもつ．したがって，このモデルは，① 時間構造が明確に示されている，② エラーを検出することができる，③ 変化を記憶するのに無駄が少ない，という特徴をもつ．このことから，基本状態変化モデルはスナップショットモデルよりも優れ，地図時間の基本要素である「変化」を簡潔に表現するため，時間 GIS を構築する上で最も可能性の大きいモデルになるであろう．

(d) 時空間合成モデル：　時空間合成（space-time composite）モデルは，基本状態変化モデルでみられた幾何的変化を累積させ，1 枚の地図に表現したものである．図 28.9 は，(c) 項で示した都市の拡大状況を時空間合成で表している．カバレッジの各ポリゴンは，それ自身固有の歴史をもったオブジェクトと見なされるため，周囲のポリゴンと区別されている．このモデルによると，時間の経過に伴って，地域は共

図28.9 時空間合成（図28.8で表された都市拡大より作成）

通の時空間単位となるより小さな地区へと分解していくのである．この時間分解 (temporal decomposition) の方法は，Langran and Chrisman（1988）によって詳細に論じられている．固有の歴史をもった単位を識別することで，時空間合成は3次元を2次元に変換し，空間を非時間的に，時間を非空間的に取り扱えるようにする．

時空間合成のメカニズムは，地域の幾何と位相を表す基図で始まる．データベースの更新は，この基図に素の重ね合わせ（disjointed overlay）をもたらす．エラー検出法を通過し，恒久的に含まれることが確認されたならば，ポリゴンの重ね合わせに対し通常用いられているインターセクション法によって，その重ね合わせはシステムに組み込まれる．新しい節点や線分鎖は歴史的に累積され，それらの周囲と異なる属性の歴史をもつ新しいポリゴンを形成する．各ポリゴンに対する属性の歴史は，1組の属性とそれが有効となった時点から成り立つレコードの順序リストによって表現される．

時空間合成の中に蓄積された時間情報にアクセスするときは，ただ一つの時間切片しかコンパイルできないので，各ポリゴンの歴史リストを渡り歩き，希望する時間切片にある1組の属性を探さなければならない．時間切片において隣接するポリゴンがある属性を共有するとき，それらを分ける線分鎖は削除される．

28.4 時空間データへのアクセス法

時空間データへのアクセス法を考察するために，図28.10に示されているような線で表される事象を例として取り上げてみよう（Langran, 1993, 127–140）．この事例は，A，B，Cの三つの事象で構成されている．線Aは，時点T_bでは消滅し，時点T_cでは再び出現する．線BはT_bで線Cに交わるように移動し，線CはT_cで形状を変える．

図28.11は，これら三つのスナップショットの時空間合成を表している．図28.10で示された変化は，12のオブジェクト（線分鎖）から構成されている（なお，線分鎖1は一度消滅し，再び出現してくるので二つと数え，オブジェクト数は全体で13となる）．図の下段の矢印は，各オブジェクトの活動期間を表している．各事象はこれらのオブジェクトで構成される．たとえば，線Cは時点T_aとT_bでは線分鎖4, 5,

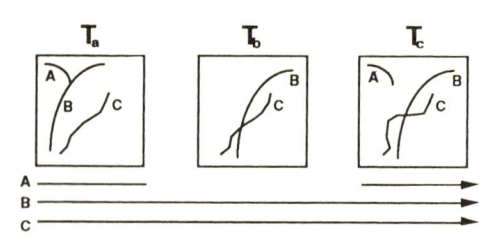

図 28.10 線で表される事象の時空間サンプルデータ
(Langran, 1993)

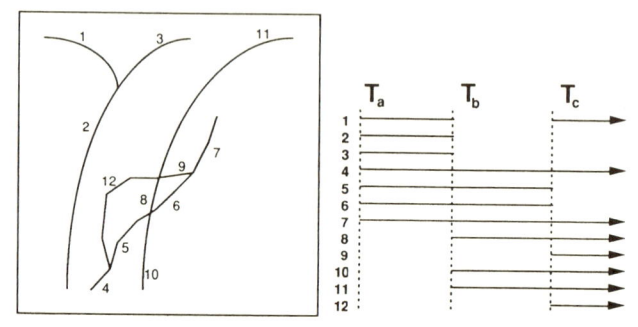

図 28.11 時空間サンプルデータ（図 28.10）の時空間合成
(Langran, 1993)

6, 7で構成され，時点T_cでは線分鎖 4, 12, 9, 7から成り立っている．

アクセスを行う対象として線分鎖が選ばれたならば，アクセス法は，x, y, tの各軸が直交するデータ空間をデータ量に基づいて分割する方法を採用する．分割された各セルは，コンピュータの記憶にデータを格納するバケットに相当する．ここで，バケットサイズを最大4オブジェクトと仮定しよう．なお，すべてのオブジェクト（線分鎖）は，同一の記憶容量を必要とするとしよう．

最初の状態では，データ空間は分割されておらず，一つのデータバケットにすべてのデータが蓄積される．もし，その中のオブジェクトの総数がバケットの容量をこえた場合，データ空間の分割が行われる．分割は，x, y, tのいずれの軸に対しても実行される．すなわち，空間と時間は等しく取り扱われる．

データ空間の分割法（partitioning）には，さまざまな方法が考案されてきた．この方法は，地域の枠組みが単一レベルか階層的か，さらに，分割される地域単位が規則的か不規則的かによって，大きく四つに分けられる（Langran, 1993, 111-119）．ここで利用する方法は，格子ファイル分割（grid file partition）と呼ばれる方法で，規則

第28章 時間とGIS　　　413

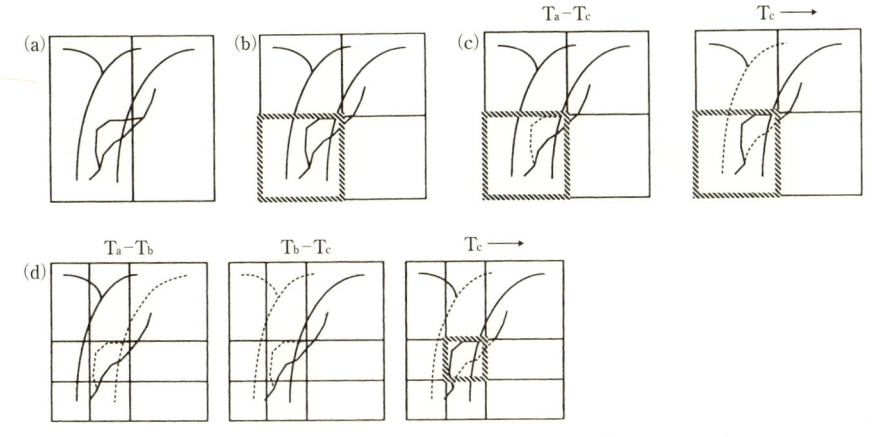

図 28.12　時空間サンプルデータの格子ファイル分割（Langran, 1993）

的な入れ子型のセル（regular nested cell）で階層的に分割する（第27章4節（1）を参照）．セルがバケット容量をこえてオーバーフローしたとき，そのセルがある区画に直前の分割で用いられた軸と逆向きの軸が挿入され，分割される．すべてのセルが容量以下になるまでこの操作は続けられる．

　図28.12は，上記の線データに対する格子ファイル分割を示している．最初にx軸で分割された（同図(a)）．オブジェクト3，11，9，6は分割線で2分され（図28.11），左側のセルでは11オブジェクト，右側のセルでは5オブジェクトが含まれ，いずれのセルでもオブジェクトが5以上なのでバケットの容量をこえている．次にy軸で分割され，オブジェクト2と7が2分された（同図(b)）．縞柄の太線で囲まれたセルではいまだにオブジェクトが七つ存在するのでバケットの容量をこえている．

　以上は空間次元について分割を行ったのに対し，図28.12(c)では期間T_a–T_cとT_c以後に分けることで，時間次元tに対し分割を行っている．それぞれの期間に存在する線分鎖は実線で，存在しないものは破線で示されている．両期間に存在する6オブジェクトは重複しているので，全体で25オブジェクトに増加する．最初は13オブジェクトであったので，ほぼ倍増したことになる．なお，両期間とも左下のセルがオーバーフローしているので，オーバーフローの改善にはつながっていない．

　図28.12(d)は，さらにx軸，y軸，t軸を1回ずつ分割した状態を示している．オブジェクトはクリップされることによって小さくなり，この段階ではその数は42個となりもとの数の3倍以上になる．しかしなお，一つのセルではオーバーフローが続いており，データが存在するバケットは，27個中19である．この結果からも明らかなように，オブジェクトをクリップするという格子ファイル分割では，オブジェクトの

数が急増するという問題が生じる．特に，空間の2次元から時間を加えた3次元になると，この問題はさらに大きくなる．Langran（1993）は，時空間データにアクセスするのに適したデータ空間の分割法をさらに探求している．

　本章から明らかになったように，GISに時間という次元を導入することは，空間データをさらに複雑な状態に変えてしまう．しかし，空間データは日々刻々変化しており，データ更新を通じてその変化を記録するためには，適切に機能する時間GISを開発しなければならないであろう．

第29章 空間データの品質

空間データの品質については，アメリカ合衆国のNCDCDS（National Committee on Digital Cartographic Data Standards）の報告書やNIST（National Institute of Standards and Technology）の標準で示されているように，五つの側面が存在することが知られている．これらは，空間データの履歴，位置正確度，属性正確度，完全性，論理的無矛盾性である．本章では，空間データの品質に関し，これらの側面を中心に考察する（Guptill and Morrison, 1995）．

29.1 空間データの履歴

空間データの品質に関する最初の要素は，空間データの履歴（lineage）である．これは，データのもととなったデータ出典とその導出方法を記述することにかかわっており，データ品質の他の要素に大きく影響するため，第1の要素として取り上げられる．

履歴の内容は，さらに，データ出典，取得・コンパイル・導出，データの形式変換，データの数理変換の四つの側面から成り立っている（Clarke and Clark, 1995）．

（1）データ出典

これは，さらに，①データ源，②参照の場，③空間データ特性，④座標系，⑤地図投影法，⑥補正，の各側面がある．データ源には，データを収集した個人や組織の名称，収集月日，地理カバレッジ名，識別子，作成者による品質情報などを含んでいる．参照の場とは，データが参照する理論的な場である．たとえば，ジオイドは水準測量において海抜高度を測る参照の場である．

空間データの特性は，精度，正確度，縮尺と関係する．しかしながら，これらの用語は，しばしば誤用されている．一般に土地測量では，同じ測量機器を使って繰り返し測量を行う．精度（precision）とは，その測量結果のばらつきの度合いを表すときに使われる（Drummond, 1995, p.34）．それに対し，正確度（accuracy）とは，推定値が真の値にどれくらい近いかを意味する（バーロー, 1990, p.125）．なお精度は，測定値として記録するときの詳細さの度合いを表す場合もある．たとえば，コンピュータの計算で用いられる倍精度（double precision）がこれに当たる．地図の縮尺とは，一定の大きさの紙の上に，対象となる地域を描画しようとするとき用いられる縮尺率

である．デジタル地図の場合には，紙の代わりにモニターの大きさになるのであるが，GISでは拡大・縮小が自由に行えるので，実際には紙地図のように固定した地図の縮尺はない．もし，デジタル地図に固定した縮尺がつけられているならば，それはデジタル化したときの基図の縮尺であり，表示されている地図の正確度を反映するものとは限らない．

座標系は，空間データの地球上での位置を知るために利用される．最も単純なものは経緯度座標系である．座標系は，さらに，座標が (0, 0) となる参照地点と，地球上の位置測定の基準となる制御地点と参照地点とのズレ（バイアス）についても記述する必要がある．地図投影法は，データ源が地図のときであり，地球の球面上に位置するデータを2次元の平面座標系に変換する問題である．空間データを作成するときに利用した投影法は，距離や方位などデータの正確度に大きく影響するので重要である．

補正には，さまざまなものが存在する．よく知られたものには，衛星画像の大気補正と幾何補正や，海抜高度の補正がある．さらに，機器の誤差補正（キャリブレーション）やデジタル化補正，データ処理補正などがある．データの種類によって，さまざまな補正が関係するので，それらを文書で記録しておく必要がある．

（2） 取得・コンパイル・導出

この段階は，データを観測機器などを通じて新たに取得するときにかかわってくる．まず，データの取得がどのように行われたかを記述しておく．たとえば，衛星画像データでは，衛星軌道の変動や大気の雲の状態が取得時にどのようであったかを記録するとともに，それらを補正する．コンパイルでは，衛星が積んでいるセンサーごとにデータ処理が行われるとともに，海洋の波高や土壌水分などの環境変数を導く．この段階で，科学的に役立つデータが生成される．導出では，データはさらに完全なものへと変えられる．たとえば，データが欠損している地点では，補間によってデータが求められる．

（3） データの形式変換

データの形式変換（conversion）とは，紙地図のような1次形式からデジタル形式のような2次形式への変換である．この形式変換は，ラスタースキャナーやデジタイザーにより行われる．形式変換を実行するときに，データの正確度に影響を与えるものには，利用された機器の精度，デジタル化をする人の熟練度，ピクセルの大きさやサンプル間隔のようなデジタル化の方針，そして基図のデータ正確度があげられる．

（4） データの数理変換

データに適用される代表的な数理変換（transformation）には，次のようなものがある（conversionとtransformationを両方とも「変換」と訳すと混乱が起こるので，本書ではそれぞれ「形式変換」と「数理変換」と呼ぶ）．これらには，座標変換，補間，地図転位（displacement），平均化，総描，誇張，再分類，併合（merge）がある．

座標変換には，等角，アファイン，回転，反射，多項の各変換のほかに，歪み除去（rubber sheeting），地図投影，地理参照も含まれる．数理変換は，数式で表現でき，自動化を行うことが可能である．

(5) 履歴情報の例

空間データの履歴についての具体的な例を二つ示す．アメリカ合衆国連邦地理データ委員会（FGDC, 1994）は，ベクトルデータに対し，次のような履歴情報の形式を提案している．

1. 出典情報
    1.1 出典
    1.2 縮尺
    1.3 提供メディア
    1.4 取得日時
    1.5 総称名
    1.6 出典とデータとの関係
2. 処理段階
    2.1 処理内容の記載
    2.2 処理で使用されたデータの総称名
    2.3 処理の日時
    2.4 処理時間
    2.5 処理で作成されたデータの総称名
    2.6 処理の責任者

履歴情報に関するもう一つの例は，標準化委員会のものであり（Standards Committee, 1990），次のような内容を含んでいる．

① データの出典
② 取得や導出の方法
③ 取得月日と縮尺
④ データの地図への構造化
⑤ 機器の精度
⑥ 数値変換
⑦ 処理での仮定

履歴情報の具体的実例としては，第23章の表23.4を参照せよ．

29.2 空間データの位置正確度

空間データの位置正確度（positional accuracy）とは，地図上で表示されているある事象の位置が実際の位置とどの程度正確であるかを表している．空間データの位置

は，通常 X, Y, Z の座標で測定される．これらの位置座標に対し，GIS の利用者はどのような正確度の位置的情報を必要とするのであろうか．おそらく GIS の利用者は，GIS によって作成された地図がどの程度真理に近いものであるかを知りたいであろう．しかしながら，真理（真の位置）からの位置的な隔たりが受容できるかどうかは，利用目的によって異なる．多くの利用者が欲している位置正確度は，おそらく最大誤差（maximum error）であろう．前述したように正確さが真理からの隔たりであるならば，真理が知られていなければならない．しかしながら，真理は決して知られることはない．その代わりに，現在最良の測位技術を用いて真の位置に近い情報が取得されることになる．

位置的情報に含まれる第1の誤差は，このように測定するときに導入される．第2の誤差源は，この測定結果を GIS のデータベースに載せるまでにかかわる一連の過程から発生する．したがって，位置誤差とは，位置の測定からデジタル地図ができるまでのさまざまな過程を通じて累積したものなのである．そこで本節の後半では，分散増殖手法を用いて位置誤差が増えていく様子を分析する．

(1) 位置正確度の測定

位置正確度を測定する最も一般的方法は，平均2乗誤差の平方根（root mean square error：RMSE）である．今，東西の座標を X，南北の座標を Y，さらに，必要ならば高度の座標を Z とする．正確度を測るため，n 個のチェックポイントを設定する．これらのチェックポイントに対し，標準的な，すなわち，一般に利用されている測定システムと，より高性能の測定システムを使って座標値を測る．すると，n 個のチェックポイントのそれぞれに対し，「真」の座標値（実際には，真に近い値）と測定座標値が記録できる．これらの間の相違，すなわち，誤差を，(X_i, Y_i, Z_i) とすると，たとえば，X 座標に対する RMSE は，次式で求められる（Drummond, 1995；ケンドール, 1987, p.210）．

$$\mathrm{RMSE}(X) = \mathrm{sqrt}\{(\Sigma_i X_i^2)/n\} \quad (29.1)$$

ただし，sqrt は平方根を表す．

位置正確度を表すもう一つの方法は，標準偏差（standard deviation：SD）である．たとえば，今，ある地点間の距離を測定しているとしよう．測定者は，何度も繰り返し測ったとしよう．すると，その距離の SD は，

$$\mathrm{SD}(X) = \mathrm{sqrt}\{(\Sigma_i (X_i - \bar{X})^2/n\} \quad (29.2)$$

で示される．ただし，$\bar{X}$ は平均値，n はサンプル数である．SD は，測定機器によって測定可能な最小単位である解像度（resolution）に基づいている．たとえば，通常のデジタイザーの解像度は，0.02 mm である．さらに，測定機器を操作する人の技術に基づいている．典型的な場合，手動によるデジタル化の精度は 0.1 mm 程度である．したがって，通常のデジタイザーを使って，普通の人が操作すると，座標値の SD は

0.1 mm となる．

　距離のような連続変数を測量するとき，その測量結果を表す確率変数は，ほぼ正規分布をとると見なすことができる．測定値の平均からの偏差は，測定誤差を表すために利用できる．誤差は，平均のまわりに正規分布する値として示され，平均誤差は0である．すると，その測量がもつ SD の1倍以内には誤差の 68.26％が，1.6倍以内には誤差の 89.04％が，2倍以内には誤差の 95.44％が，3倍以内には誤差の 99.74％が含まれる．したがって，最大誤差とは通常 SD × 3 の値で示される．

　以上の考えに基づいて，しばしば，「90％の正確度」や「95％の正確度」のような用語が使われる．USGS の地図における準拠誤差（reference error）は，図上 0.85 mm（1/30 インチ）であることが知られている．これが 90％正確度に基づくとすると，図上の誤差の SD は 0.85/1.6 = 0.53 mm になる．同様に，土壌学者は，準拠誤差として，地上 20 m の誤差を許容している．すると，土壌地区を設定する座標内での SD は，90％の正確度で，20/1.6 = 12.5 m となる．位置正確度の具体的実例としては，第23章の表 23.4 を参照せよ．

（2） 位置誤差の構成要素

　バーロー（1990）は空間データの処理にかかわり発生するエラー[1]を，次の三つの原因にまとめた．

　① 原因が明らかなものに由来するエラー

　② 自然なばらつきや測定によるエラー

　③ データ処理によるエラー

　①の原因としては，たとえば，地図の縮尺があげられる．小縮尺になるほど地図内の情報は粗くなり，エラーは増すであろう．②としてはデータの測定精度や入力ミスなどによるものであり，③はデータの加工時に含まれるエラーである．以上からも明らかなように，エラーはデータの取得から加工を通じて累積していくのである．これをエラーの累積（error propagation）という．上述したように位置誤差は，位置の測定からデジタル地図ができるまでのさまざまな過程を通じてエラーが累積する．そこで以下では，位置誤差にかかわるエラーの累積を考察してみよう．

　位置の測定からデジタル地図ができるまでの通常行われる過程には，次のような諸段階がある．

　① 基準点からの位置の測定．

　② 測量座標から製図座標への線形変換．

---

[1] error という英語を「誤差」と訳してしまうと，純粋に数学的な意味での誤差，すなわち，真の値からのズレという意味になってしまう．しかし，この英語には誤差という意味のほかに，たとえば，データの欠落や誤りなどの意味も含んでいる．そこで本書では，数学的に限定された場合には「誤差」を用い，広義の意味で用いられている場合は「エラー」を用いた．

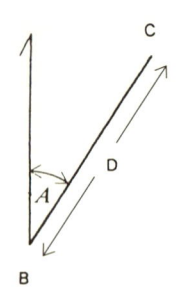

図 29.1　基準点からの距離と方位角による位置の測定

③ 地図の製図者が印刷用の原版をつくるため製図座標を製版座標へ線形変換．縮尺係数（scale factor）は 1．
④ 印刷するため，製版座標から印刷座標への線形変換．出力が印刷媒体になるため縮尺係数は変わる．
⑤ 印刷された紙地図を基にデジタル化するため，印刷座標からデジタイザー座標へと線形変換され，GIS に記憶される．

位置誤差を知るには，各過程を通じどのように誤差が累積されるかを分析する必要がある．なお，以下では X 座標だけを取り上げる．同様のことは，Y 座標についても当てはまる．

第 1 に基準点からの位置の測定では，図 29.1 に示されるように基準点 B からの距離 D と方位角 A とで決定される．すなわち，地点 C の X 座標は，次のように示される．

$$XC = XB + D\sin(A) \tag{29.3}$$

ただし，XB は基準点 B の X 座標である．すると，分散累積理論（variance propagation theory）に従うと，測定値（地点 C の X 座標）の分散は，その平均からの値の変動を示し，次式で表される．

$$(\sigma XC)^2 = (\delta XC/\delta XB)^2(\sigma XB)^2 + (\delta XC/\delta D)^2(\sigma D)^2 + (\delta XC/\delta A)^2(\sigma A)^2 \tag{29.4}$$

今，測定値の標準偏差を求めるため，次のような仮想的なデータや標準偏差（SD）を与えてみよう（Drummond, 1995, p.44）．

$XB = 123456.00$ m ； $A = 30°$ ； $D = 172.50$ m

SD $XB = 0.30$ m ； SD $D = 0.07$ m ； SD $A = 0.00002$ rad

すると，$(\delta XC/\delta XB) = 1$, $(\delta XC/\delta D) = \sin(A) = 0.5$, $(\delta XC/\delta A) = D\cos(A) = 149.389$ m から，

$\sigma XC = \text{sqrt}(1 \times 0.09 + 0.25 \times 0.0049 + 22314.38 \times 0.0000000004) = 0.302$ m

と地点の X 座標の測量に伴う標準偏差が算出される．

次に，第 2 の製図座標 Xd への変換は，

$$Xd = (XC - XO) \times \text{S1} \tag{29.5}$$

で表される．S1は縮尺係数で，この場合には地図縮尺となり，たとえば縮尺1/2,500の地形図では0.004となる．XOは任意に設定された基準点の位置である．通常は地図の南東隅となる地点の座標である．さらに第3の製版座標Xfへの変換は，

$$Xf = Xd \times S2 \tag{29.6}$$

で表される．S2は基本的に1であるが，製版作業に伴うエラーや地図総描などが混入する．

第4段階の印刷座標Xmへの変換は，

$$Xm = Xf \times S3 \tag{29.7}$$

となる．S3は再び近似的に1であるが，紙に印刷するときのエラーが発生する．最後に，デジタイザー座標Xgへの変換である．

$$Xg = (Xm \times S4) + Xo \tag{29.8}$$

S4は，近似的に2,500.0であるが，デジタル化の過程で誤差が含まれる．Xoはデジタイザー座標での原点である．

すると，測量された位置座標とGIS上での位置座標との関係は，

$$Xg = Xo + ((((XB + D\sin(A) - XO) \times S1) \times S2) \times S3) \times S4 \tag{29.9}$$

で表される．この関係式に対し，分散累積理論を用いるならば，各過程で入り込む誤差の大きさを推定することが可能となる（詳細は，Drummond, 1995, 42-48参照）．

（3） 地図のデジタル化に伴う位置誤差

上記で示したようなさまざまな位置誤差の発生要因の中で，地図のデジタル化に伴う位置誤差の発生とそれに対する対策を考察しよう．今，ベクトル地図で地域の境界線をデジタル化する場合を考えてみる．曲線として示されている境界線の線分による再表現は，境界線上でとる頂点の数に依存する．図29.2は，曲線をデジタル化した結果を示している．曲線に沿って無限にある点のごく一部のみがデジタル化されている．その結果，もとの境界線（曲線）とデジタル化された境界線（線分列）の間には，

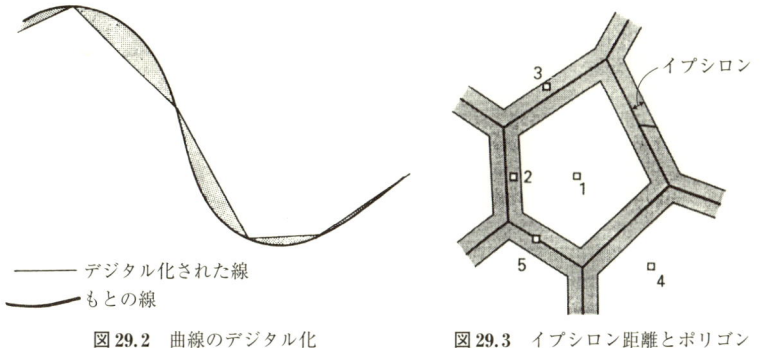

図29.2 曲線のデジタル化

図29.3 イプシロン距離とポリゴン内点分析

隙間ができてしまう．

このことから明らかなように，デジタル化された境界線を絶対的なものと見なすべきではない．同様なことは，地図総描における線の簡略化においても発生する．線の簡略化によって，線の位置は絶対的に正しいものとは見なされなくなる．そこで，GIS上で表示される境界線は，ある一定の誤差帯（あるいは，信頼幅）をもっているという考えが生まれた．この誤差帯は，イプシロン距離と呼ばれている（Openshaw *et al*., 1991）．このイプシロン距離を用いるならば，ポリゴン内点（point-in-polygon）分析は，デジタル化に伴うエラーをうまく処理できる．図29.3で，地点1は確実にポリゴン内である．地点2はおそらくポリゴン内であり，地点3はおそらくポリゴン外である．地点4は確実にポリゴン外であり，地点5は内か外か曖昧な位置にある．このようにイプシロン距離を利用するならば，GISによる重ね合わせ分析における境界線の曖昧さの問題をある程度解決できる．

29.3 空間データの属性正確度

空間データの属性正確度（attribute accuracy）とは，事象の属性データに対する正確さである．この属性データは，名目，順位，距離，比例のいずれかの尺度で表示されている．名目的属性正確度を測定するさまざまな方法が，開発されてきた．この正確度の測定は，あるサンプル地点を選び，正確度を求めようとしている方法で得られた属性データ（クラス分け）と，より正確度の高い方法，たとえば，現地調査によって得られた属性データとを比較することに基づいている．表29.1は，A～Eの五つの土地利用に対する誤分類行列（misclassification matrix）の例を示している（Goodchild, 1995）．行は，正確度を測定しようとしている方法で得られた分類である．たとえば，衛星画像からの土地利用の解読結果を示している．列は，現地調査などによって得られた正確度の高い方法による分類である．

誤分類行列における対角要素は，正しい分類を示している．したがって，全体的な正確度の大まかな測定は，全体に占める対角要素の割合で表される．この場合は，209/304 = 68.8％である．属性の正確度に対するこの測定法は，PCC（percent correctly classified：正しく分類されたパーセント）と呼ばれ，次式で示される．

表29.1 土地利用に対する誤分類行列

	A	B	C	D	E
A	80	4	0	15	7
B	2	17	0	9	2
C	12	5	9	4	8
D	7	8	0	65	0
E	3	2	1	6	38

$$PCC = \Sigma_i (c_{ii}/c_{..}) \qquad (29.10)$$

ただし，c_{ii}は誤分類行列のi行i列内のデータ数，$c_{..}$はデータ総数である．しかしながら，対角要素のデータのあるものは偶然そこに落ちていることがあるので，PPCは正確度の指標としては十分でないといわれている．

より望ましい測定法は，κ（カッパー）である．これは最大が1，最小が0をとり，次式で示される．

$$\kappa = \Sigma_i c_{ii} - \Sigma_i (c_{i.} c_{.i}/c_{..}) / \{c_{..} - \Sigma_i (c_{i.} c_{.i}/c_{..})\} \qquad (29.11)$$

ただし，式内のドットは，その位置のインデックスについてデータを集計したことを意味する．表29.1に対するκの値は，58.3％であり，PPCよりも多少小さくなっている．

もう一つの興味ある統計量は，作成者と利用者の正確度である．作成者の正確度（producer's accuracy）とは，あるデータがクラスiに分類されるのは正しいのであるが，それがまたデータベースのクラスiにも分類される確率であり，

$$c_{ii}/c_{.i} \qquad (29.12)$$

で示される．逆に，利用者の正確度（consumer's accuracy）は，データベースでクラスiに分類されているデータが正しくクラスiに分類される確率であり，

$$c_{ii}/c_{i.} \qquad (29.13)$$

で示される．表29.1のデータを用いると，土地利用Aの作成者正確度は80/104 = 76.9％，利用者正確度は80/106 = 75.5％となる．属性正確度の具体的実例としては，第23章の表23.4を参照せよ．

29.4 空間データの完全性

アメリカ合衆国のNCDCDSでは，完全性（completeness）を「データセットが表すオブジェクトとこのようなオブジェクトの抽象的世界との間の関係」を記述するデータ品質の成分として定義している．特に，完全性は，空間と属性の両側面において，1組のフィーチャーを余すことなく（exhaustiveness）記述しているかを示している．たとえば，すべての地域が完全に記述されているかどうかである．しかし，完全性はデータ品質の一般的側面についてであり，欠落している情報を個別に取り上げるものではない．

完全性には，データの完全性（data completeness）とモデルの完全性（model completeness）があることが知られている（Brassel $et\ al.$, 1995）．データの完全性とはデータの欠落に基づくエラーであり，モデルの完全性とは利用の適合性（fitness of use）に由来する．データの完全性は，さらに次の3タイプがある．第1は形式的完全性（formal completeness）であり，データセットの形式的構造がどの程度完全であるかを示す．これは，必須の（mandatory）メタデータのすべてが入手できるかどう

か，データのフォーマットが標準（スタンダード）や利用しているフォーマットに適合しているかどうか，あるいは，データが構文的に（syntactically）正しいかどうかなどと関係している．

第2は実体オブジェクトの完全性（entity object completeness）である．第23章1節（2）で示したように，SDTSでは実体に基礎をおいた概念的データモデルを提案した．実世界の事象を実体，あるいは，実体事例と呼び，そのデジタル表現を実体オブジェクトと呼んだ．実体オブジェクトの完全性は，すべての実体事例がどの程度データセットの中で表現できているかに関係している．たとえば，日本においてある面積以上の湖に関するデータセットを考えてみよう．実体オブジェクトの完全性は，その条件に見合う湖がどの程度データの中に入っているかを示している．実体オブジェクトが欠落していることが判明したならば，それをデジタル化してデータセットの中に追加する必要がある．DIGEST（Digital Geographic Information Exchange Standard）では，この完全性を事象の完全性（feature completeness）と呼んでいる．

第3は属性の完全性（attribute completeness）であり，情報の一部である属性が欠落していることから実体オブジェクトの完全性の下位に位置づけられる．

29.5 空間データの論理的無矛盾性

空間データの論理的無矛盾性（logical consistency）は，発生原因に基づき大きく3種類に分けられる（Kainz, 1995）．データベースの無矛盾性は，データベース内にデータが，正確で矛盾なく入っているかに関係している．この典型的な例は，属性値の範囲の制約で，たとえば，人口はマイナスをとらないというようにである．

位相的無矛盾性は，節点，線分，ポリゴンからなる空間データにとって重要である．位相的無矛盾性の規則としては，次のようなものが知られている．

① すべての線分は，二つの節点をもつ．
② すべての線分は，二つのポリゴンをもつ．
③ すべてのポリゴンは，線分と節点の閉路で囲まれている．
④ すべての節点は，線分とポリゴンの閉路によって囲まれている．
⑤ 線分の交点には必ず節点がある．

空間を地域へと分割した場合，これら五つの条件はすべて成立しなければならない．ネットワークの場合には，規則①と⑤が必要である．

場の無矛盾性（scene consistency）は，二つの要素の可能な合成の組み合わせに対しすべての共通部分をみることで調べられる．もし共通集合が空集合であるならば，場は位相的に自己矛盾しているのである．

空間データの論理的無矛盾性の検定は，データ処理のいろいろな段階で必要になる．デジタル化や既存のデジタルデータの入力などのデータ取得の段階，処理や分析の段

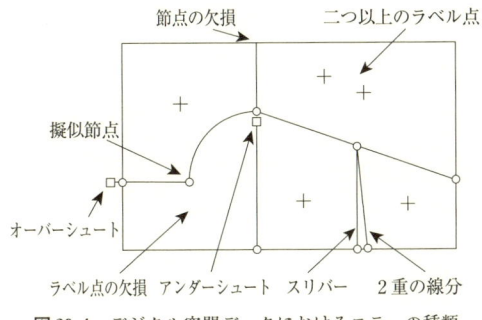

図 29.4 デジタル空間データにおけるエラーの種類

階，空間データ変換の段階などである．本節では，論理的無矛盾性の種類とさまざまな検定方法について概説する．

(1) 論理的矛盾性の種類

矛盾した空間データ (inconsistent spatial data) が生じるさまざまな原因がある．最もよく起こるのは，デジタル化や更新のときに生じる幾何学的不完全性，処理中の誤差累積，あるいは，位相関係の符号化における誤りである．

図 29.4 は，空間データにおける矛盾した状態の典型例を示している．まず，節点関係では，節点の欠損 (missing node) があげられる．これは，空間データの位相的記述を損なう．節点は三つ以上の線分が出会う交点につけられるが，擬似節点 (pseudo node) は，二つの線分が出会う交点に生じたものである．それは，位相的には矛盾したものではないが，ネットワーク分析などではじゃまであり，計算量を増加させる．

線分が届かない場合（アンダーシュート）や行き過ぎの場合（オーバーシュート）は，一つの節点をもった線分を生む．道路における行き止まりや，河川の水源のような場合それらは正しいが，線分があまり短かすぎるとき，あるいは，節点が相互に近すぎるとき，それらはエラーとなる．

地図を手でデジタル化するとき，しばしば 2 重の線分が発生してしまうことがある．また，同様のことは，2 枚の地図を重ね合わせて合成するとき，線分がずれたところにも起こる．2 重の線分で囲まれた部分は，スリバー（細片）と呼ばれ，実際には存在しないものである．ポリゴンに対するラベル点の欠損は，データの幾何学的記述と位相的記述の間の無矛盾性を損なう．また，一つのポリゴンに二つ以上のラベル点をつけてしまった場合には，実際のポリゴン数よりも多いポリゴンが存在することになる．

(2) 無矛盾性の検定法

以上で示した空間データ内のさまざまな矛盾を検出し，それらを取り除くための方

法がある．この方法は，位相構築（topology building）あるいは位相編集（topological editing）と呼ばれており，次のようなものがある．

① データベース無矛盾性検定（database consistency test）　データベースの設計者が組み込んだ一貫性の制約（integrity constraint）か，データベースのトランザクションに対しつけられた無矛盾性規則（consistency rule）やトリガーがある．前者の例は，値として空値を許すのかという制約や，緯度は［－90，＋90］，経度は［－180，＋180］の範囲をとるというような属性値の範囲の制約があげられる．後者の例は，データベースから読み出して，処理し，結果を書き込むというトランザクションを行う際の無矛盾性のチェックや，一貫性制約に含まれる属性の値が変更されると，その制約を満たしているかどうかを調べるためのプログラムの起動（この機構をトリガーという）がある．

② 座標・接続検定（metric and incidence test）　各要素の座標の記述とその保存された関係との間の無矛盾性を検査する．すなわち，ある節点において二つの線分が出合うとき，二つの線分の始点と終点が同じ座標をもつかどうかを調べる．さらに，各線分は始点と終点をもつかどうか，各節点は少なくとも三つの線分をもつかどうかも検査する．

③ 交差検定（intersection test）　線分が交差しているところに節点があるかどうかを検査する．もしない場合には，矛盾が報告され，交差する場所に節点が挿入される．

④ オイラー方程式検定（Euler equation test）　平面図形の中の節点，線分，ポリゴン間にみられる位相的な不変式を用いる．今，平面図形の中で，節点の数をV，線分の数をE，ポリゴンの数をFとすると，$V + F = E + G$という関係が成立する．ただし，Gは，外部（背景）ポリゴンを数える場合2となり，数えない場合1となる．図29.5で例を示すと，$7 + 4 = 9 + 2$となりこの方程式が成立する．なお，このオイラー方程式が成立するからといって，空間データが矛盾をもたないことを意味するものではない．方程式が成り立たないとき矛盾があるということを示すだけで，その問

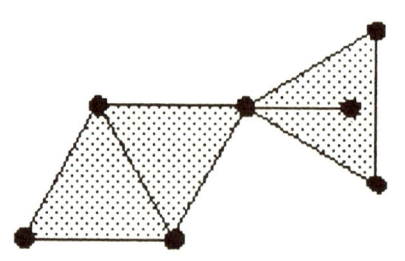

図29.5　オイラー方程式は成立するが，線分が短すぎるため矛盾をもつ地図

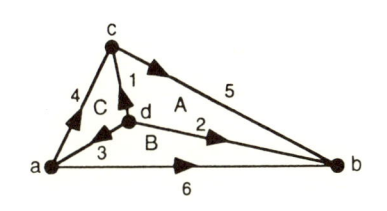

第29章　空間データの品質　　　427

線分	始点	終点	左	右
1	d	c	C	A
2	d	b	A	B
3	d	a	B	C
4	a	c	O	C
5	c	b	O	A
6	a	b	B	O

図 29.6 アンブレラ検定

題がどこにあるのかを示すものでもない．

⑤ **アンブレラ検定（umbrella test）**　節点連鎖法（node chaining）とも呼ばれ，節点の周りで線分とポリゴン（これらが傘となる）に交代性の連鎖があるかどうかを知るために使われる．図 29.6 で，アンブレラ検定の例をみてみよう．検定はすべての節点で行われる．今，節点 a に注目する．そこから始まっている，あるいは，終わっている線分を取り上げ，それらの始点と終点，左側と右側にあるポリゴンを示すと次のようになる．

```
         4    a    c    O    C
         3    d    a    B    C
         6    a    b    B    O
```

ただし，O は外部ポリゴンである．すると，線分 3 に対し，始点と終点を逆にしなければならないことがわかる．すなわち，

```
         4    a    c    O    C
         3    a    d    C    B
         6    a    b    B    O
```

となり，線分 4 から始めると，O‐C‐B‐O という閉路（サイクル）が生じる．このようになると，節点 a のまわりで空間データは矛盾していないことになる．

⑥ **ポリゴン連鎖法（polygon chaining）**　この方法も，節点連鎖法と同じような働きをもつ．それは，ポリゴンの閉境界を形づくる節点と線分の閉路をみる．

⑦ **順序無矛盾性検定（order consistency test）**　すべての半順序集合（partially ordered set：poset）が閉路を含まない有向グラフ（directed acyclic graph：DAG）と同形の順序線図で示されるという事実に基づいている．まず，順序が推移関係で表現される．これは，DAG の推移閉包（transitive closure）をつくることで実行できる．すると，検定は，系統的な形でグラフ内のすべての節点を訪れ，すべての線分をチェックする深さ優先探索法（depth‐first search technique）を用いる．もし，グラフに閉路があるならば，深さ優先探索を通じ逆アークに出合い，順序は矛盾をもつであろう．もし，探索が問題なく終了するならば，空間データセットは，半順序集合である

ことを知ることができる．

⑧ 位相的場の無矛盾性検定（topological scene consistency test）は，連結行列でコード化された2項位相関係を利用する．集合の共通部分関係を手助けにして，位相的な自己矛盾をチェックする．

以上のようなさまざまな論理的無矛盾性の検定が行われたならば，最後に，データの中にみられた問題点や矛盾を報告する必要がある．これは，論理的無矛盾性のレポートとして知られている．論理的無矛盾性の具体的実例としては，第23章の表23.4を参照せよ．

第30章　TIGERファイルの基本構造

　アメリカ合衆国センサス局は，人口と住宅の1990年センサスの一環として，TIGERと呼ばれるベクトル形式のデジタル地図データベースを作成した．これは，センサス局の200周年を記念する事業の中で，5億ドルをかけて作成された，アメリカ合衆国全体とその領土を覆うデジタル地図データベースである．TIGERとは，topologically integrated geographic encording and referencing（位相的に統合され地理符号化・参照化）の頭文字をとった略称であり，地理情報が符号化され，電子的につながったポインターによって相互に連結され，参照されるシステムである（高阪，1994；第5章）．

　アメリカ合衆国のGISの発展を考える上で，TIGERデータベースは，大きな役割を果たしているといわれている．それは，ある意味で，GIS用の本格的なデジタル地図データベースであったからである（図30.1）．本章では，TIGERデータベースの全貌を明らかにするとともに，特に，データベースの構造の特徴を考察する．

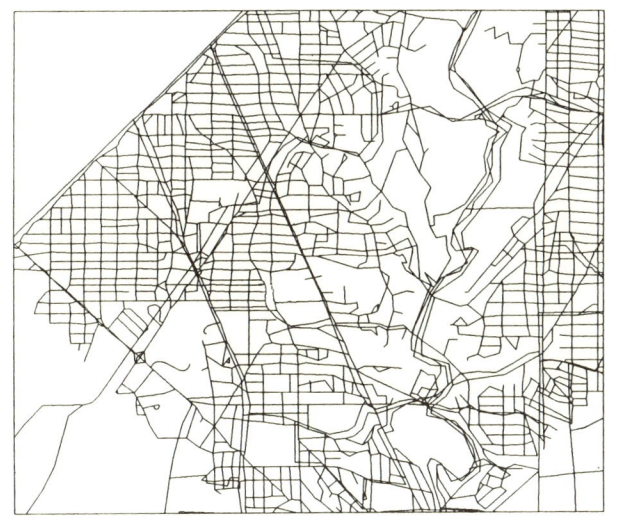

図30.1　TIGERファイルの出力図

30.1 TIGERデータベース

TIGERデータベースには，次のような四つの主要なファイルタイプがある．すなわち，① TIGER 郡区分ファイル，② 行政・統計地域の地理カタログ（GEO-CAT）ファイル，③ 全国区分ファイル，④ 一時的（テンポラリー）ファイル．

TIGER 郡区分ファイル（County Partition File）は，TIGER データベースの基礎を形成している．地理座標，コード，関連のすべてを含み，地図作成，データ量，ファイル数のいずれにおいて，最も重要なファイルタイプである．全国区分ファイルは，すべての郡の境界座標と郡区分ファイル識別子を含んでいる．それは，主に，地理座標によって設定された地域内に入る郡区分ファイルを知るために利用される参照ファイルである．

GEO-CAT ファイルは，行政や統計に関する各種の地域の名称を含んでいる．たとえば，州名，郡名，地名などである．それは，各地域の地理実体コードを決めるためのマスター参照として利用されるとともに，これらの地域と郡区分ファイルとの関係についての情報源ともなる．すなわち，GEO-CAT ファイルは，地域名や地理コードからの探索に基づき郡区分ファイルへの迅速なアクセスに利用できる．一時的ファイルは，ファイル構築と更新時に作成され，その後削除されるものである．

TIGERデータベースは，全体で約 19 GB（ギガバイト）に相当する．郡区分ファイルは，その中軸をなし，3,287 ファイルがある．このように，TIGER データベースは，論理的にみると単一のデータベースであるが，物理的にみるとファイルの集合として実現されている．

地理情報は，地図上に示される三つの位相要素に分解される．0-セルは，実体の交点や端点を表すもので，形を決めるための形状点（中間点）や立地点を指すものではない．1-セルは，二つの 0-セルを結ぶ線を示しており，線の形を示すものではない．線の形は，別のところで定められる．2-セルは，連結した 1 組の 1-セルによって形成された最小の地域である．

0-セル，1-セル，2-セルの空間関係を図 30.2 でみると，ポリゴン A，B，C，D，

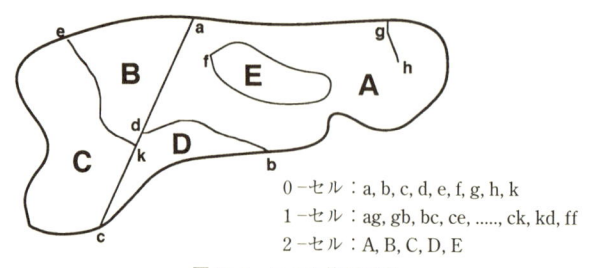

0-セル：a, b, c, d, e, f, g, h, k
1-セル：ag, gb, bc, ce, ……, ck, kd, ff
2-セル：A, B, C, D, E

図 30.2 三つの位相要素

第30章 TIGERファイルの基本構造

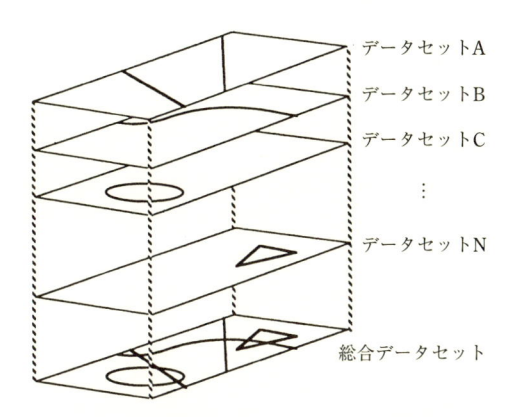

図30.3 地理事象を表示するための垂直的統合

Eは，いずれも独立した2-セルとして，TIGER郡区分ファイルの中に符号化されるであろう．また，ポリゴンAは，a-d，d-b，b-g，g-a，および，f-fの1-セルと関連した2-セルとして，郡区分ファイルの中で記述されるであろう．特に，このポリゴンは，ループf-fと内部1-セルg-hを含んでいることが注目される．線d-bは，0-セルdとbの端点をもち，一方において2-セルAと，もう一方において2-セルDと境界を形成するものとして，記述されるであろう．同様に，0-セルbは，1-セルc-b，d-b，g-bの交点として記述される．

これらの実体は，TIGERファイルのシステム構造において，最も低いレベルのデータである．地理事象（geographic feature）は，これらの要素から組み立てられる．たとえば，統計地域や行政地域は，一つ以上の2-セルとして設定される．道路や，鉄道，行政界は一つ以上の1-セルから成り立っている．また，地理事象は，図30.3に示すように，2-セル，1-セル，0-セルの各要素を垂直的に統合することによって，デジタル的に表現される．このように，データベースの中では，地理事象は，個別のレベルではなく，統合されたレベルに存在するのである．

TIGERデータベースの概念的レベルにおける基礎は，明示的な位相にある．これは，データベース内のいずれの1-セルも，始点から終点という方向性をもち，右側，左側も明示されていることを意味する．

30.2 TIGERファイルの基本構造

以下，TIGERデータベースの基本ファイルであるTIGER郡ファイル（以降，TIGERファイルと呼ぶ）について考察する．TIGERファイルの基本構造は，図30.4に示されるように，0-セル，1-セル，2-セルの三つのリストと，0-セル，2-セルの

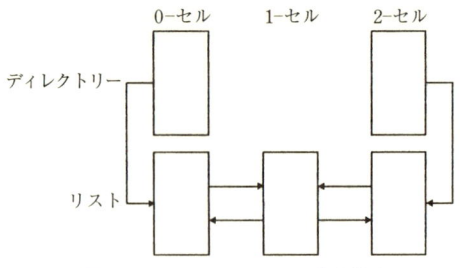

図30.4 TIGERファイルの基本構造

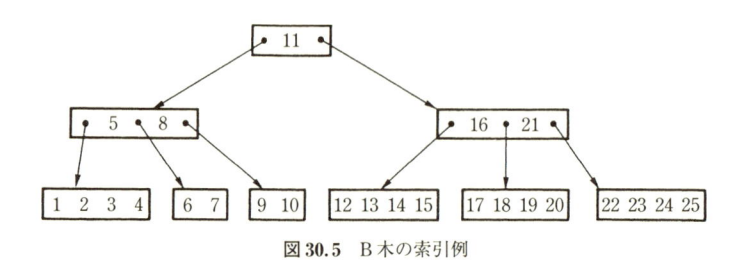

図30.5 B木の索引例

二つのディレクトリーで構成されている．リストとは，それぞれのデータに次のデータの指示子（ポインター）を格納することによって，データ間の前後関係を記録したファイルである（第24章3節を参照）．ディレクトリーとは，複数のファイルをオペレーティングシステム（OS）内に登録して管理するための登録簿である．TIGERファイルの各ディレクトリーは，データへのアクセスを迅速に行うため，B木内に記憶されている．

B木（B-tree）とは，バランスのとれた木（balanced tree）という意味で，木を逆さにしたような階層的な構造の中に，データの検索に用いる索引（インデックス：探索に用いる属性値）を配置し，その値を迅速にアクセスする探索法である．B木では，ノード（節点）が階層的に配列されている．最上位のレベルのノードは根（ルートページ），中間は節（中間ページ），最下位のレベルは葉（リーフページ）と呼ばれる．最下位の葉は，データが存在する表の各行と1対1に対応する索引を行数分含んでいる．根および節は，索引を昇順に並べた区間をもち，1レベル下のノード（索引ページ）を指すようにつくられ，索引を昇順に並べた区間の中から，探索している索引を含む区間をもつノードに下がっていく（図30.5）．索引をB木の形式に配列することによって，どのようなデータでも均等に，しかも迅速に取り出すことが可能となる（平尾，1986, 96-99）．

TIGERファイルで利用しているB木とは，実際には，B^{+*}木である．B^{+*}木とは

(穂鷹ほか，1991)，索引ごとにページが分かれており（+特徴：データが最下位のレベルの葉だけに格納されている），隣接ページはできる限り完全にそれらの関係を保つために動的に認識される（*特徴：索引をB木に挿入するとき，連続する2ページが一杯になったときのみページの分割を行う）構造をもつ（B木を多次元に拡張したR木については，第27章5節(2)を参照せよ）．

TIGERファイルへのエントリーの仕方は，ディレクトリーを通じてリストに達することで行える．0-セル，2-セルのディレクトリーは，それぞれ0-セル，2-セルのリストに対応している．1-セルのリストがディレクトリーをもたない理由は，次のいずれかによって，1-セルのリストにアクセスできるからである．

① 1-セルの端点への参照
② 1-セルを囲む地域のコードへの参照
③ 1-セルの属性（たとえば，道路名）への参照

重要なことは，アメリカ合衆国のセンサスを行う上で必要な情報は，これら三つのコアファイルに含まれるという点である．したがって，ここで示したファイル構造は，センサスにおいてどのような地理地域の識別子や属性を表現する場合でも利用できる．以下では，センサス情報に関連したファイルが，これらコアファイルをもとにいかに統合されるかを中心にみてみよう．

（1） 0-セルに対するファイル構造

0-セルに対しては，0-セルディレクトリーと0-セルリストの二つのファイルが存在する（図30.6）．これらのファイルは，地図上のすべての事象の交点や端点に対する位置座標をもっている．ある地点（0-セル）に対し最も近い地点を探し出すため，コンピュータは位置座標をピアノキーに変換する．ピアノキー（Peano key）とは，ある地点に対し最も近い地点を迅速に探索するための方法であり，各地点の位置座標（経緯度）は，1次元配列のバイナリー数に変換される（Kramer, 1970)[1]．0-セルディレクトリーは，このピアノキーをもち，キーに基づき0-セルを空間的探索に適した形に配列する（図30.6）．

0-セルディレクトリーは，さらに，0-セルリスト内のレコードと1方向の対応関係を示すポインターをもつ．0-セルリストへのポインターは，0-セルに対する索引（たとえば，図30.6の例では17）を通じて，0-セルリストに1方向で上記のような

---

[1] x, y 座標が，(404, 196) であるとき，それらの値のバイナリー表現は，それぞれ，110010100と011000100となる．さらに，xの1桁目，yの1桁目，xの2桁目，yの2桁目…というように数値を合体すると，101101001000110000というピアノキーができあがる．なお，ある数のバイナリー数は，その数を2で割っていき，あまりを逆に並べると求められる．たとえば，404のバイナリー数は，404/2 = 202，あまり0；202/2 = 101, 0；101/2 = 50, 1；50/2 = 25, 0；25/2 = 12, 1；12/2 = 6, 0；6/2 = 3, 0；3/2 = 1, 1．したがって，110010100となる．なお，最初の1は，最後に残った3/2 = 1である．

0-セルディレクトリー	
ピアノキー	0-セルリストへのポインター
1011…100	17
	14

0-セルリスト			
ファイル位置	座標	属性とポインター	1-セルへのポインター
14			
15			
16			
17	44 146	…… 1	96

0-セル属性リスト	
ファイル位置	属性
1	

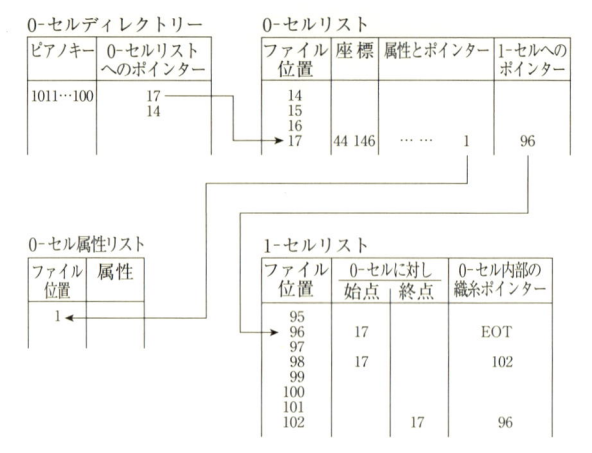

1-セルリスト			
ファイル位置	0-セルに対し		0-セル内部の織糸ポインター
	始点	終点	
95			
96	17		EOT
97			
98	17		102
99			
100			
101			
102		17	96

図 30.6 0-セルに対するファイル構造

隣接情報を結びつけている．このように，0-セルディレクトリーの目的は，この索引を前述したB木構造の形式で配列することによって，0-セルリスト内の0-セルに迅速にアクセスできるようにするとともに，ピアノキーを通じて最も近い地点の情報を0-セルリストに伝えることである．

0-セルリスト内のレコードは，コンピュータがロードされた順にランダムに記憶され，そのレコード内容には，地点のx，y座標，地点の属性，および，0-セル属性リストへのポインターを含んでいる．また，端点の一つがこの0-セルをもつ1-セルリスト内の最初の1-セルにポインターをもつ（図30.6）．たとえ，ある0-セルが二つ以上の1-セルの交点になっていても，0-セルリストでは，最初のただ一つの1-セルにポインターをもつだけである．なお，1-セルリストでは，この1-セルで終わる他の1-セルへのポインターを含んでいる．この0-セルと交点をもつ他の1-セルは，最初に出合った1-セルを通じてたどられる．この技術は，織糸（threading）として知られており，TIGERファイルの他の部分においても広く利用されている．

（2） 2-セルに対するファイル構造

2-セルは，地図上の域の特徴を表し，2-セルディレクトリーと2-セルリストの二つのファイルの中で記憶される（図30.7）．2-セルディレクトリーは，ポインターを通じて，2-セルリストと1対1の対応関係をもつ．2-セルリストは，再びコンピュータにロードされた順にランダムにそのレコードを記憶する．2-セルリストのレコードには，1980年と1990年のセンサスに利用される統計地域（tabulation area）や行政地域などより高いレベルの地理地域に対するファイルへのポインターがある．さらに，1-セルリスト内で，この2-セルを構成する1-セルの中で最初の1-セルにポイ

第30章 TIGERファイルの基本構造

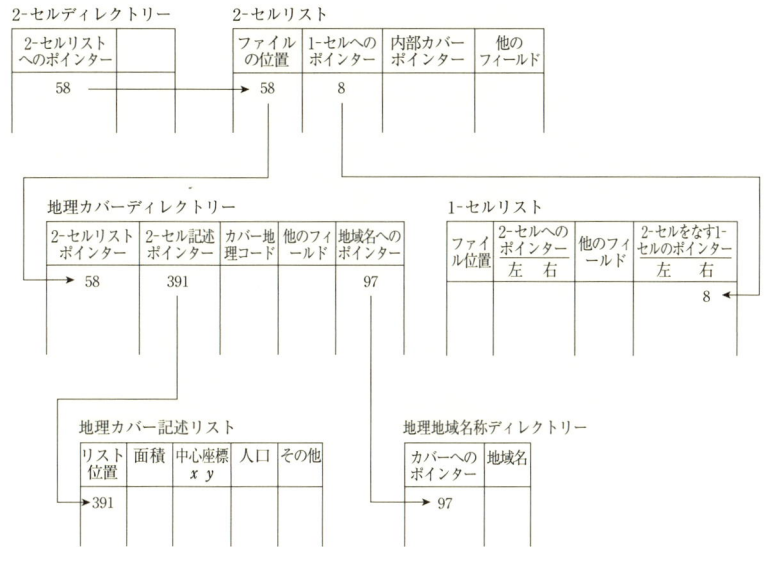

図30.7 2-セルに対するファイル構造

ンターをもつ（図30.7）．2-セルを構成する他の1-セルは，この1セルを織糸でたぐることによって知ることができる．もし，2-セルリストのレコード内容が非常に大きくなったならば，2-セル記述リストを作成することが必要になる．このリストには，2-セルの中心の位置座標，周長，面積，人口などたまにしかアクセスしない項目が含まれる．

センサス局が利用する統計地域や行政地域などを設定するため，アトミック2-セルが利用される．これは最小の2-セルで，地図上に示されるすべての道路，河川，鉄道，境界線を重ね合わせてできる地域である．アトミック2-セルを「カバー」レコードと呼ばれるスーパー集合の中にグループ化することによって，さまざまな地理地域が定義される．「カバー」は，地域番号のような1組の地理コード識別子を用いて，統計地域や行政地域を定義している．カバーレコードは，カバーディレクトリーと，カバー記述リストの二つのファイルに記憶される（図30.7）．

各カバーディレクトリーは，アクセス要求（たとえば，利用頻度）に従って順序づけられる．単一の地域階層システムでは，すべての要求を満たせないため，多数のカバーディレクトリーが利用される．たとえば，大都市統計地域は，州の境界を横切る．その結果，州の列（シークエンス）は，大都市統計地域のアクセスには効率的ではない．それに対し，郡は州の境界を横切らないので，州の序列は，郡に対しても利用される．カバーディレクトリーは，ポインターを通じてカバー記述リストにアクセスす

るとともに，2-セルリストの中で地理地域内に含まれる最初の2-セルにポインターをもつ（図30.7）．カバー記述リストには，地理地域の面積，中心の位置座標，人口などが記憶される．このほか，地理地域の名称ディレクトリーもつくられる．

（3） 1-セルに対するファイル構造

1-セルは，地図上で線形の特徴を表し，0-セルと連結し，2-セルの境界を形成する．1-セルリスト内のレコードは，線形事象の属性と，他のファイルへのさまざまなポインターを含んでいる．ポインターとしては，0-セルリスト，2-セルリスト，湾曲記述子リスト，1-セル記述子リスト，そしてさらに，1-セルリスト内の他のレコードに対するものがあげられる．これらのポインターの織糸が，TIGERファイルのすべての部分を結びつけている（図30.8）．このことから，1-セルは，TIGERファイル構造の中心的要素になっている．1-セルリスト内のレコードは，コンピュータへロードされた順に1-セルリスト内にランダムに記憶されている．

多くの1-セルに共通する属性は，独自のファイルの中に記憶される．その結果，記憶量を減らし，より多くの仕事量をこなせるようにする．たとえば，道路名のような項目は，一つ以上の1-セルに対し参照されるであろう．そこで，道路名ディレクトリーと道路名リストがつくられる．道路名リストは，その道路に対する最初の1-セルを記述し，レコードに対しポインターをもつ．さらに，記述子内のポインターに

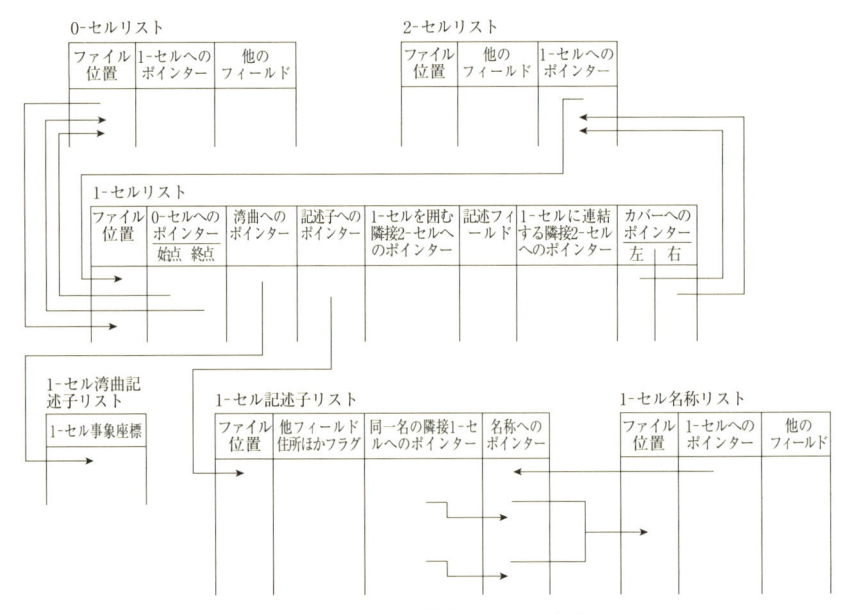

図30.8　1-セルに対するファイル構造

よって，その道路のすべての1-セルレコードが道路名と織糸で結びつけられる．しかしながら，ファイルへのエントリーは，1-セルリストから記述子リストへと進むので，1-セルに対し道路名を復元するため，記述子リストもまた道路名ファイルへのポインターをもっている．

1-セルリストのレコードとしては，最も頻繁に参照する項目だけが記憶される．他のすべての項目は，1-セル記述子リストファイルの中に記憶される．1-セルリストレコード内のポインターは，1-セル記述子リストレコードを指し，1-セル記述子レコードは，1-セルリストレコードに対応するポインターをもつ．

1-セルリストレコードから1-セル湾曲記述子リストファイルへのポインターも存在する．1-セル湾曲記述子リストファイルは，1-セルの形状を記述するために必要なすべての座標を提供する．このように，別ファイルとして中間の座標を記憶させることは，1-セルに対する問い合わせに対し，処理負担を軽減する．さらに，各1-セルレコードは，1-セルとその中間座標を囲む長方形の外包（envelope）を記述するフィールドを含んでいる．この外包情報は，空間探索を効率化するために利用される．

30.3　TIGERデータベースの構造

TIGERデータベースは，元来，TIGER/dbと呼ばれる一般的なファイル管理システムの中で，特別なネットワーク指向データベースとして始まり，発展してきた．このアプローチは，前処理系をもたず，多くのデータベースインターフェースと共通の，FORTRAN 77環境で作業するプログラミング技術者にとって都合がよいことが立証されてきた．TIGERデータベースへのプログラムインターフェースは，1組のFORTRAN 77ルーチンであり，これらは，ユーザープログラムによって，呼び出すことができる．

TIGERデータベースは，次の四つの能力をもっている．

① 個別の分離したサブファイルを，コンピュータのOSが単一ファイルとして認識して統合する能力
② ユーザー定義のキーによりサブファイルへアクセスする能力
③ さまざまなサブファイルやリストにアクセスする多くのカレントポインターをもつ能力
④ サブファイル間のレコードをリンクリスト構造の中に連結する能力

TIGERデータベースは，一つの物理ファイルの中に多くの論理サブファイルを記憶させることで，OSが管理する物理ファイルの数を減らしている．そこで，サブファイルからなる単一区分ファイルを調整するための特別なファイル管理ルーチンが必要である．

まず，ページ管理システムは，B木を拡張し，単一ファイル内で，多数のB木を使

えるようにした．次に，リンクリストを管理するためのルーチンが加えられ，さらに，ディレクトリーを調整するためのルーチンとランダムアクセス論理サブファイル (RALS) とが追加された．

このことから，TIGERデータベースには，4種類のデータ管理ルーチンが存在する．これらの二つは基本的なサブファイルのタイプであり，B木とRALSを操作する．残りの二つはサブファイル間の関係であり，RALSのディレクトリー (DRA) とリンクリストを操作する (Broome and Meixler, 1990)．

B木とは，前節で示したようにB^{+*}木である．B木ルーチンは，レコードを記憶する場合，検索項目（キー）に対する数値を索引として木構造の中に順番に並べて記憶させる．ランダムアクセスルーチンは，RALS内で何ら固有の順序をもたないデータを記憶している．レコードは，サブファイル内で相対的位置を表すレコード数で，アクセスされる[2]．

TIGERデータベースの基本ファイル操作は，2種類ある．一つは，レコードや関係，ポインターを，追加，削除，修正するようなファイルを変更するためのルーチンである．もう一つは，特定のレコードを探索し，論理的に次の順（シーケンシャル）レコードにアクセスしたり，前のレコードにアクセスしたりするルーチンであり，ファイルを変更することはない．前述の4種類のサブファイル（B木，RALS，DRA，リスト）を操作するルーチンは，これらの基本ファイル操作の中に存在する．

TIGERデータベースは，サブファイルやリストに同時に複数アクセスすることができる．これは，サブファイルやリストにおけるデータの所在位置を，明示的に記憶する構造であるコントローラが，多数，サブファイルやリストに対し開かれているからである．したがって，利用者は，一つのコントローラーによってある地理実体に関する順レコードを読み，もう一つのコントローラーで他の実体に対しランダムアクセスし，チェックを同時に行うことができる．この機能は，地理的比較を行うときに便利である．

関連は，リストやDRAのメカニズムによって記憶される．リストは，1組の連結したレコードである．通常，リストの先頭となるヘッド（すなわち，オーナー）は，一つのサブファイル内に保存され，リストの末尾となるテイル（すなわち，メンバー）は，他のサブファイル内に保存される．依存関係は，この結びつきによって保持される．

リンクリストの特別なケースは，DRAと関連する．これは，B木をRALSと結びつけるもので，B木は，鍵（キー）フィールドによってRALSにアクセスできるディレクトリーとなる．このディレクトリーは，DRA (directory to random access) と呼ば

---

[2] ランダムアクセスとは，データベースのアクセス法の一つで，データベースのデータのアドレスをもとに直接的にアクセスする方法である．

れ，より複雑なリストを保持する．

リストは，レコード上のポインターによって保持される．どのリストも五つのポインターを利用できる．ポインターはデータとは別に，レコードのある領域に記憶される．リストルーチンは，この領域に入ることはなく，それによって，ポインターは利用者から隠されている．

TIGERデータベース構造の中には，次の五つのタイプのリストが保持されている．すなわち，①リンクリスト，②織糸リスト，③多対多リスト，④多重リスト，⑤索引リスト．最初のリンクリストは，普通のリストで，一つのサブファイル内の単一レコードと他のサブファイル内の複数のレコードとの間の1対多関連をつくるために利用される．このリストは，関連をもったレコードの単なる一連のチェーンであり，一つのサブファイル内に一つの親（オーナー）レコードをもち，他のサブファイル内に一つ以上の子（メンバー）レコードをもっている．依存関係は，このリンクによって保持される．たとえば，一つのセンサスブロックは，一つ以上の2-セルから成り立っている．

織糸リストは，同一タイプの二つの並列したリストを示しており，平面上の線（1-セル）に対する方向を示すために利用される．1-セルの方向性（平面上に線分を織り込む方向性）は，始点と終点となる二つの0-セルで決まる．並列リストの一方は，1-セルの始点となる0-セルを示し，もう一方の並列リストは終点となる0-セルを表す．

多対多リストは，多対多タイプの関連を表す．たとえば，道路（地理事象）とそれを構成する1-セルとの関係をみると，ある道路名をもった道路は，多くの1-セルから成り立っているであろう．逆に，各1-セルは複数の道路名をつけられることもあろう（国道1号線であるが，地方で呼ばれる俗称がつけられることもあるであろう）．このような関連は，多対多リストで表現される．

多重リスト（multilist）とは，多くのリンクリストが，ヘッド（親）レコードを同一のサブファイルにもち，またテイル（子）レコードを同一のサブファイルにもつ特別なケースである．このような並列リストは，多重リストルーチンによって簡単に操作できる．

索引リストは，ディレクトリーとRALSの間にみられる．このリストの親はディレクトリーであり，RALSは通常一つの子レコードしかもたない．したがって，索引リストでは，1対1の関係が存在する．

図30.9は，単一のTIGERファイルに対するサブファイルの関係を図式的に示している．表30.1は，TIGERファイルに存在するさまざまなサブファイルの一覧表を示している．図30.9の各サブファイル名の内容は，この表を参照することによってより明らかになるであろう．

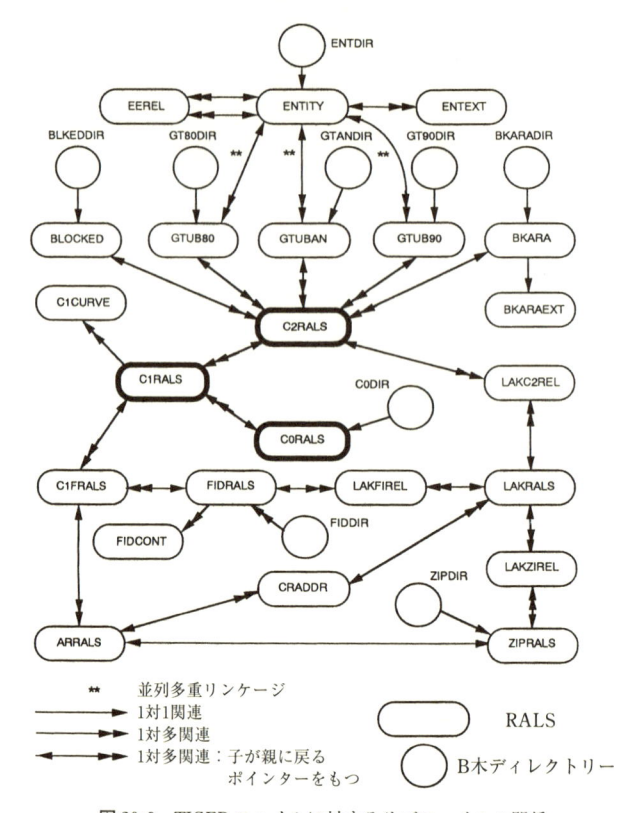

図30.9 TIGERファイルに対するサブファイルの関係

　図30.9より，TIGERファイルの基本構造をみると，太線で示された三つのRALSが，データベース構造の中で中心的なサブファイルであることがわかる．これらは，0-セル，1-セル，2-セルのRALSである．ディレクトリーは，0-セルと2-セルにしかついていない．1-セルがディレクトリーをもたない理由は，前節で示したように1-セルの端点や1-セルを囲む地域コードなどを参照することによって1-セルへのアクセスが可能であるからである（Marx, 1986）．

　TIGERファイルのデータベースは，ネットワーク指向データベース（網モデル）を基礎としており，現在多く使われている関係データベース（第25章参照）や近年注目を集めているオブジェクト指向データベース（第26章参照）に比べると，2世代ほど古い形式である．しかしながら，本章でみたように，TIGERファイルには，今日でも大変参考になるようなさまざまな地図表現方法が取り入れられている．

第30章 TIGERファイルの基本構造

表30.1 TIGER郡区分ファイルの一覧表

名　称	識　別
ARRALS	住所範囲
BKARA	1990 街区/住所記録地域（ARA）
BKARADIR	1990 街区/住所記録地域（ARA）ディレクトリー
BKARAEXT	1990 街区/住所記録地域（ARA）エクステンション
BLKEDDIR	1980 街区/統計地区ディレクトリー
BLOCKED	1980 街区/統計地区
C0DIR	0-セルディレクトリー
C0RALS	0-セル（0次元位相セル）
C1CURVE	1-セル曲率
C1FIRALS	1-セル/事象識別子関連
C1RALS	1-セル（1次元位相セル）
C2RALS	2-セル（2次元位相セル）
CRADDR	相互参照住所
EEREL	実体間関連
ENTDIR	地理実体ディレクトリー
ENTEXT	地理実体エクステンション
ENTITY	地理実体
FIDCONT	事象識別子接続法（Continuation）
FIDDIR	事象識別子ディレクトリー
FIDRALS	事象識別子
GT80DIR	1980 地理索表計算（Tabulation）単位ベースディレクトリー
GT90DIR	1990 地理索表計算（Tabulation）単位ベースディレクトリー
GTANDIR	1990 補助地理索表計算（Tabulation）単位ベースディレクトリー
GTUB80	1980 地理索表計算単位ベース
GTUB90	1990 地理索表計算単位ベース
GTUBAN	1990 補助地理索表計算単位ベース
LAKRALS	地標，地域，キーの地理的位置
LAKZREL	LAKRALSとC2RALS，ZIPRALS，または，事象FIDRALS間の関連
ZIPDIR	ZIPコードディレクトリー
ZIPRALS	ZIPコード

　TIGERファイルの設計と実現は，アメリカ合衆国センサス局の業務上の要望を強く反映したものである．ファイル構造の設計が成功するには，このように当局の業務や行政的・操作的環境がはっきりと提示されていなければならない．TIGERファイルは，自動地図作成システムに対するデータベース設計の成功例として今日でも高く評価されている．

資料1 アメリカ合衆国空間データ交換標準（SDTS）による実体タイプの一覧

空港
アンテナ
アンテナ＿列
進入路
アーチ
堰水（backwater）
砂州（bar）
盆地
海浜（beach）
信号塔
停泊地
水底
境界
波砕帯
防波堤
橋
橋＿上部構造物
建造物
建造物＿群
浮標
空中索道（cableway）
岬
集水地域
洞穴
墓地
煙突
圏谷（カール）
森林開拓地
断崖
海岸
大陸
基準＿点
噴火口
クレバス
丸太枠
耕地
切通し
ダム

三角州
和平＿地帯
砂漠
乾＿ドック
ゴミ捨て＿場
地＿表面
堤防
展示＿場
農場
断層
囲い（フェンス）
ろ過＿層
魚＿ふ卵所
魚＿梯
魚用＿わな
魚＿場
潟（flat）
氾濫原
浅瀬
とりで
噴気孔
移動高架起重機の構台
裂け目（ギャップ）
門（ゲート）
間欠泉
ゴルフ＿場
観覧席
草原
墓地
土地
地＿面
ガード＿レール
港
上流
生け垣
ホッパー（じょうご形の仮貯蔵庫）
氷＿原

スケート＿リンク
氷山
インディアン＿保護区
入り江
沿岸＿交通＿地帯
交差点
灌漑＿組織
島
群＿島
地峡
ラグーン
湖
埠頭
レーン
進水＿傾斜路
水門
マリーナ（ヨット，モータボート用の小港）
軍事＿基地
軍事＿掩蔽壕
鉱山
鉱石＿埋蔵地
ミサイル＿基地
トレーラー＿住宅
トレーラー＿住宅＿のキャンプ場
記念碑
係留所
モレーン
山
山＿脈
河口
オアシス
オフ＿ロード＿走行＿地域
洋上＿卓状地（プラットフォーム）
油＿田
野外＿劇場

荒波	制限＿区域	テニス＿コート
オーバーラン/停止区域	護岸	段丘
公園	尾根	潮汐計
駐車＿場	尾根＿線	標準時＿時間帯
峰	掘削装置	塔
半島	道路	水上交通＿分離帯＿区域
桟橋	暗礁	木
杭	右回り回転水域	地溝
水先案内＿水域	滑走路	ツンドラ
尖峰	塩＿田	トンネル
場所	海	回転＿水域
平野	縦坑	転車台
高原	礫	パイプライン/送電線
滝＿つぼ	造船所	谷
ポリャーナ（氷海）	岸	壁
港	水岸線	水路
柱	道路標識	滝
ポンプ＿くみ出し＿施設	スキー＿場	水＿面
ピラミッド	スキー＿ジャンプ場	給水＿場
流砂	沈み木	井戸
レース場	雪原	湿地
レーダー＿ドーム	ソーラー＿パネル	波止場
レーダー＿反射装置	運動＿競技場	風＿見
鉄道	泉	防風
鉄道＿操車場	スタジアム	風車
急流（早瀬）	家畜＿収容場	林地
岩礁（リーフ）	奔流	難破船
給油＿地区	崖錐	占領＿地域
特別保護区域	タンク	

資料2 アメリカ合衆国連邦地理データ委員会(FGDC)によるデジタル地理空間メタデータに対する内容標準：1994年6月 Version 1.0 (FGDC, 1995)

1 識別情報
  1-1 参照： データセットを参照するために利用する情報．
  1-2 記述： データセットの特徴．データが意図する利用や制限を含む．
    1-2-1 要約
    1-2-2 目的
    1-2-3 補足情報
  1-3 内容の時点： データセットが地表面に対応づけられた時点．
    1-3-1 現流通参照
  1-4 状態： データセットの状態や保守情報．
    1-4-1 進捗状況
    1-4-2 保守と更新頻度
  1-5 空間領域： データセットの地理的地域範囲．
    1-5-1 境界座標
    1-5-2 データセットG多辺形
  1-6 キーワード： データセットのある側面を要約する語句．
    1-6-1 主題
    1-6-2 場所
    1-6-3 層（上空の位置）
    1-6-4 時間
  1-7 アクセス制限： データセットにアクセスするときの制限や法的要件．
  1-8 利用制約： アクセスが許可された後のデータセットを利用するための制限や法的要件．
  1-9 問い合わせ場所： データセットを知っている個人や組織に対する問い合わせ情報．
  1-10 表示グラフィック： データセットの説明を与えるグラフィック．
    1-10-1 グラフィックファイル名
    1-10-2 グラフィックファイルの記述
    1-10-3 グラフィックファイルのタイプ
  1-11 データセットの信用： データセットに関与した人の認識．
  1-12 機密保護情報： 国家機密，プライバシーなどのため，データセットに課せられた取り扱い上の制約．
    1-12-1 機密情報の分類体系
    1-12-2 機密情報の分類
    1-12-3 機密情報の処理の記述
  1-13 データセットの原環境： 生産者の処理環境におけるデータセットの記述．ソフトウエアの名称，コンピュータのオペレーティングシステム，ファイル名のような項目を含む．
  1-14 相互参照： 他の関連したデータセットに関する情報．

2 データ品質情報
　2-1　属性正確度：　データセットにおける実体の同定と属性値の割り当てに関する正確度の評価．
　　2-1-1　属性正確度報告
　　2-1-2　定量属性正確度評価
　2-2　論理無矛盾性記録：　データセット内の関係の一貫性の解説と利用した検定方法．
　2-3　完全性記録：　データセットを導出するために利用した省略，選沢基準，一般化，定義，および，他の規則に関する情報．
　2-4　位置正確度：　空間的オブジェクトの位置の正確度の評価．
　　2-4-1　水平位置正確度
　　2-4-2　垂直位置正確度
　2-5　履歴情報：　データセットを作成した事象，パラメーター，出典データに関する情報と責任ある団体についての情報．
　　2-5-1　出典情報
　　2-5-2　処理段階
　2-6　雲による被覆：　雲により遮られたデータセットの範囲．空間的範囲の割合で表される．

3 空間データ組織情報
　3-1　間接空間参照：　地理事象のタイプの名称，住所照合方式，あるいは，データセット内で位置を参照する他の手段．
　3-2　直接空間参照法：　データセット内で空間を表現するために利用するオブジェクトのシステム．
　3-3　点とベクトルオブジェクト情報：　データセット内のベクトルや非格子点の空間オブジェクトのタイプと数．
　　3-3-1　SDTS項目記述
　　3-3-2　VPF項目記述
　3-4　ラスターオブジェクト情報：　データセット内のラスターの空間オブジェクトのタイプと数．
　　3-4-1　ラスターオブジェクトタイプ
　　3-4-2　行総数
　　3-4-3　列総数
　　3-4-4　垂直総数

4 空間参照情報
　4-1　水平座標系の定義：　線形数や角度を測定し，点が占める位置を割り当てる参照の枠組みや系．
　　4-1-1　地理
　　4-1-2　平面（プラナー）
　　4-1-3　局地（ローカル）
　　4-1-4　測地モデル
　4-2　垂直座標系の定義：　垂直距離（高度や深度）を測定する参照の枠組みや系．
　　4-2-1　高度体系の定義

4-2-2 深度体系の定義

5 実体と属性情報
　5-1 詳細記述： 実体，属性，属性値，および，データセット内にコード化した関連特徴．
　　5-1-1 実体のタイプ
　　5-1-2 属性
　5-2 概観記述： データセットの情報内容の要約と詳細記述への参照．
　　5-2-1 実体と属性の概観
　　5-2-2 実体と属性の詳細記述への参照

6 流通情報
　6-1 流通者： データセットの入手先．
　6-2 資源記述： 流通者がデータセットを知る識別子．
　6-3 流通責任： 流通者が負う責任の明示．
　6-4 通常の注文方法： データセットを入手するための通常の方法と，関連した指示書きや価格情報．
　　6-4-1 非デジタル形
　　6-4-2 デジタル形
　　6-4-3 料金
　　6-4-4 注文方法
　　6-4-5 調達期間
　6-5 顧客注文方法： 利用できる顧客の流通サービスの記述と，これらのサービスを得るための期間や条件．
　6-6 技術的必要条件： 流通者が提供した形式でデータセットを利用するとき顧客のもたなければならない技術能力の記述．
　6-7 入手までの期間： データセットを流通者から入手するにかかる期間．

7 メタデータ参照情報
　7-1 メタデータの日付け： メタデータを作成した，あるいは，最新更新した日付け．
　7-2 メタデータ見直し日付け： メタデータ入力の最新見直しの日付け．
　7-3 メタデータの将来の見直し期日： メタデータ入力が見直されるべき期日
　7-4 メタデータ問い合わせ： メタデータに責任のある団体．
　7-5 メタデータ標準の名称： データセットを記すために利用したメタデータ標準名．
　7-6 メタデータ標準の版： メタデータ標準のバージョン．
　7-7 メタデータの時間的取り決め： メタデータに日時情報が入力されているならば，その利用形式．
　7-8 メタデータ入手制約： メタデータへアクセスするための制限と法的要件．
　7-9 メタデータ利用制約： アクセスが許可された後のメタデータへアクセスするための制限と法的要件．
　7-10 メタデータ機密保護情報： 国家機密，プライバシーなどのため，メタデータに課せられた取り扱い上の制約．
　　7-10-1 メタデータ機密保護分類体系
　　7-10-2 メタデータ機密保護分類

7-10-3 メタデータ機密保護取り扱い記述

8 参照情報
　8-1 作成者：　データセットを開発した組織や個人の名称．編者や翻訳者（コンパイラー）の場合は，それらを"(ed)"や"(comp)"で示す．
　8-2 発表期日：　データセットを発表，あるいは発売した期日．
　8-3 発表時間：　データセットを発表，あるいは発売した時間．
　8-4 名称：　データセットの名称．
　8-5 版数：　データセットのバージョン．
　8-6 地理空間データ表現形式：　地理空間データの表現型．
　8-7 シリーズ情報：　データセットがシリーズの一部であるときは，そのシリーズの名称．
　8-8 発表情報：　データセットの発表に関する詳細：都市名，出版者．
　　8-8-1 発表地点
　　8-8-2 発表者
　8-9 他の参照詳細：　参照を完全にするための他の情報．
　8-10 オンライン関係：　データセットを保存しているオンラインのコンピュータ資源の名称．
　8-11 上位部門への参照：　データセットを含む上位部門を識別する情報．

9 時間情報
　9-1 単一の日時：　単一の日時をコード化する方法．
　　9-1-1 年月日
　　9-1-2 時間
　9-2 複数の日時：　複数の日時をコード化する方法．
　9-3 日時の範囲：　日時の範囲をコード化する方法．
　　9-3-1 開始年月日
　　9-3-2 開始時間
　　9-3-3 終了年月日
　　9-3-4 終了時間

10 問い合わせ情報
　10-1 問い合わせの主要人物：　データセットとかかわった人物とその所属．データセットにかかわった人物がその組織よりも重要な場合利用する．
　　10-1-1 問い合わせ人物
　　10-1-2 問い合わせ組織
　10-2 問い合わせの主要組織：　データセットにかかわった組織とその構成員．データセットにかかわった組織の方が個人よりも重要な場合利用する．
　10-3 問い合わせ人物の地位：　個人の地位．
　10-4 住所：　組織や個人の住所．
　　10-4-1 住所のタイプ
　　10-4-2 住所
　　10-4-3 都市
　　10-4-4 州や県

10-4-5　郵便番号
　　10-4-6　国
10-5　電話：　問い合わせ先の電話.
10-6　TDD/TTY電話：　聴覚障害者のための電話.
10-7　FAX：　FAXの番号.
10-8　電子メール住所：　電子メールボックスの住所.
10-9　サービス時間：　問い合わせできる時間帯.
10-10　問い合わせ方法：　問い合わせの方法の追加情報.

参　考　文　献

朝日新聞（1996）：製品の「進化」促す数字の「遺伝子」，9月9日，夕刊．
安仁屋政武（1987）：リモートセンシング．菅野・安仁屋・高阪『地理的情報の分析手法』古今書院，69-170．
石田良平・村瀬治比古・小山修平（1997）：『パソコンで学ぶ遺伝的アルゴリズムの基礎と応用』森北出版．
稲葉和雄（1996）：国土地理院の数値地図．高阪・岡部編『GISソースブック：データ・ソフトウェア・応用事例』古今書院，12-20．
伊庭斉志（1994）：『遺伝的アルゴリズムの基礎―GAの謎を解く―』オーム社．
尹　紅・両角光男・位寄和久・山口守人・本間里見（1998）：阿蘇地域の景観保全のための草地重要度分級に関する研究．GIS-理論と応用，**6**(1)，11-18．
上田太一郎（1998）：『データマイニング事例集』共立出版．
上野晴樹（1989）：『知識工学入門：改訂2版』オーム社．
宇川佳久（1992）：『オブジェクト指向データベース入門』ソフト・リサーチ・センター．
エイドリアン，P.・ザンティンジ，D.（山本・梅村訳）（1998）：『データマイニング』共立出版．
ESRI（1998）：『ArcViewユーザーズ・ガイド』Redlands, CA.
大林成行編（1995）：『実務者のためのリモートセンシング』フジ・テクノシステム．
岡部篤行（1995）：異なるシステム間で空間データを移転する場合の移転基準．統計情報研究開発センター編『事業所メッシュ統計の作成技法に関する研究報告書』統計情報研究開発センター，83-105．
奥野隆史（1996）：空間的自己相関論．奥野隆史編著『都市と交通の空間分析』大明堂，1-52．
小澤一雅（1999）：『パターン情報数学』森北出版．
久保幸夫（1996）：GPSの原理と利用．高阪・岡部編『GISソースブック：データ・ソフトウェア・応用事例』古今書院，346-352．
木内信蔵（1968）：『地域概論―その理論と応用』東京大学出版会．
ケンドール，M. G. ほか（千葉大学統計グループ訳）(1987)：『統計学用語辞典』丸善．
高阪宏行（1984）：『地域経済分析―空間的効率性と平等性―』高文堂出版社．
高阪宏行（1987）：地理的情報の処理とモデル化の方法．菅野・安仁屋・高阪『地理的情報の分析手法』古今書院，171-245．
高阪宏行（1994）：『行政とビジネスのための地理情報システム』古今書院．
高阪宏行（1995）：情報スーパーハイウェーとGIS．GIS-理論と応用，**3**(1)，53-60．
高阪宏行・岡部篤行編（1996）：『GISソースブック：データ・ソフトウェア・応用事例』古今書院．
高阪宏行（1997）：アメリカにおける空間データとGIS．地図情報，**17**(1)，7-9．
高阪宏行（1999）：情報ネットワークによる空間データの提供．日本大学地理学会，地理誌叢，**40**(2)，29-36．
高阪宏行（2000a）：都市計画と都市管理へのGISの応用：日本の地方自治体の現状．日本大学文理学部自然科学研究所研究紀要，**35**，15-24．

高阪宏行(2000b): GISを利用した火砕流の被害予測と避難・救援計画—浅間山南斜面を事例として—. 地理学評論, **73**(6), 483-497.
国土庁土地局土地情報課監修(1997):『市町村GIS導入マニュアル』ぎょうせい.
後藤真太郎ほか(1999): ジオインフォマティックスを用いた油流出に伴う生態系被害調査の試み. 地理情報システム学会講演論文集, **8**, 277-280.
サイラー, W. M.(崔・廣田訳)(1990):『ファジィ・エキスパートシステム:理論と実践』電気書院.
白沢道生・相馬孝志・横山隆三(1998): 50mメッシュDEMによる広域の水系抽出アルゴリズム. 地理情報システム学会講演論文集, **7**, 61-65.
ジョーンズ, K.・シモンズ, J.(藤田・村山監訳)(1992):『商業環境と立地戦略』大明堂.
関根智子(1998): マルチメディアと地図アニメーション. 日本大学地理学教室編『地理的見方, 考え方』古今書院, 35-48.
関根智子(1999a): 盛岡市における居住地域の生活環境と土地利用との関係—SPOT衛星画像を用いたRS/GIS分析—. 地理学評論, **72**(2), 75-92.
関根智子(1999b): IMAGINEを用いた衛星画像による土地被覆分類. 日本大学地理学会, 地理誌叢, **40**(2), 85-96.
関根智子(2000): GISを利用したコロプレス地図作成におけるクラス分け方法の諸問題. GIS—理論と応用, **8**(2), 109-119.
石油連盟(1997):『流出油拡散・漂流予測モデルに関する調査報告書』
田中公雄(1998): 自治体GIS導入上の課題—全庁型GISを目指して—. 日本地図センター編『平成9年度地理情報システム研究集会資料』日本地図センター, 13-21.
張 子珏・河西由美・福江潔也・下田陽久・坂田俊文(1988): 土地被覆分類におけるLANDSAT TMおよびSPOT HRVデータの特性評価. 写真測量とリモートセンシング, **27**(3), 4-15.
長尾 真ほか(1990):『情報科学辞典』岩波書店.
日本国際地図学会(1985):『地図学用語辞典』技報堂出版.
日本電子工業振興協会(1988):『昭和62年度「情報化推進基盤整備」(データベース関連調査) 報告書』
日本リモートセンシング研究会(1992):『図解リモートセンシング』日本測量協会.
野上道男(1995): 細密DEMの紹介と流域地形計測. 地理学評論, **68**(7), 465-474.
野村淳二・澤田一哉編著(1997):『バーチャルリアリティ』朝倉書店.
パスコ・システム技術事業部(1992): ARC/INFO入門. ARC/INFO講習会資料.
パッド, T.(羽部訳)(1992):『オブジェクト指向プログラミング入門』アジソンウェスレイ・トッパン.
バーロー, P. A.(安仁屋・佐藤訳)(1990):『地理情報システムの原理:土地資源評価への応用』古今書院.
平尾隆行(1986):『関係データベースシステム』近代科学社.
福井弘道(1996): GISを用いた都市・地域の解析. 高阪・岡部編『GISソースブック:データ・ソフトウェア・応用事例』古今書院, 336-345.
藤井 崇・高畑哲男(1997): 流出油シミュレーションと海洋GISデータ. 地理情報システム学会講演論文集, **6**, 193-198.
船本志乃・岡部篤行(1996): 点分布パターン特性抽出の探索的方法. 地理情報システム学会講演論文集, **5**, 129-132.
穂鷹良介ほか(1991):『データベース標準用語事典』オーム社.

参 考 文 献

道田　豊（1999）：沿岸海域環境保全情報の整備．日本水路協会編『海のサイエンスと情報（Ⅰ）—海洋情報シンポジウムから—』日本水路協会，21-25．
宮澤　仁（2001）：時間地理学と GIS．高阪・村山編『GIS―地理学への貢献』古今書院，177-194．
守谷栄一（1974）：『数理統計』日本理工出版．
米倉正寛（1997）：「落とし穴」にはまった漂流予測．SCIaS，4月4日号，14-15．
Abler, R. (1987): What shall we say ? To whom shall we speak ? *Annuals of the Association of American Geographers*, **77**, 511-524.
Adam, N. R. and Gangopadhyay, A. (1997): *Database Issues in Geographic Information Systems*. Boston : Kluwer Academic Publishers.
Ahn, J. K. (1984): *Automatic Map Name Placement System*. New York : Troy.
Alexander, F. E. and Boyle, P. (1996): *Methods for Investigating Localised Clustering of Disease*. Lyon : IARC Scientific Publications, No. 135.
Al-Taha, K. K. (1992): *Temporal Reasoning in Cadastral Systems*. PhD thesis, University of Maine, Orono, ME.
Anselin, L. (1998): Exploratory spatial data analysis in a geocomputational environment. in Longley, P. A., Brooks, S. M., McDonnell, R. and Macmillan, B. (eds) *Geocomputation : A Primer*. Chichester : John Wiley, 77-94.
ANZLIC (1996): *Land Information Management Training Needs Analysis : National Report*. Canberra : ANZLIC Secretariat (P. O. Box 2 Belconnen ACT 2616).
Armstrong, M. P., De, S., Densham, P. J., Lolonis, P., Rushton, G. and Tewari, V. P. (1990): A knowledge-based approach for supporting locational decision-making. *Environment and Planning B : Planning and Design*, **17**, 341-364.
Baella, B., Colomer, J. and Pla, M. (1994): *CHANGE : Technical Report*. Barcelona : Institute Cartografic de Catalunya.
Barnsley, M. J., Barr, S. L., Hamid, A., Muller, J.-P. A. L., Sadler, G. J. and Shepherd, J. W. (1993): Analytical tools to monitor urban areas. in Mather, P. M. (ed): *Geographical Information Handling-Research and Applications*. Chichester : John Wiley, 147-184.
Batty, M., Dodge, M., Doyle, S. and Smith, A. (1998): Modelling virtual environments. in Longley, P. A., Brooks, S. M., McDonnell, R. and Macmillan, B. (eds) *Geocomputation : A Primer*. Chichester : John Wiley, 139-161.
Batty, M., Fotheringham, A. S. and Longley, P. (1993): Fractal geometry and urban morphology. in Lam, N. S. N. and DeCola, L. (eds): *Fractals in Geography*. Englewood Cliffs, New Jersey : PTR Prentice Hall, 228-246.
Batty, M. and Longley, P. (1994): *Fractal Cities : A Geometry of Form and Function*. London : Academic Press.
Batty, M. and Xie, Y. (1994): Modeling inside GIS. Part 1 : model structures, exploratory spatial data analysis and aggregation. *International Journal of Geographical Information Systems*, **8**(3), 291-307.
BCS/SMA (British Computer Society with Survey and Mapping Alliance)(1992): *Survey and Mapping Qualifications for the 1990s*. London : Special Publication, British Cartographic Society with Survey and Mapping Alliance.
Beaumont, J. R. (1991): Managing information : getting to know your customers. *Mapping Awareness*, **5**(1), 17-20.
Bennett, R. J. (1979): *Spatial Time Series*. London : Pion.

Bennett, R. J. (1981): Spatial and temporal analysis : spatial time series. in Wrigley, R. J. and Bennett, R. J. (eds) *Quantitative Geography : A British View*. London : Routledge & Kegan Paul, 97-103.
Benny, A. H. (1980): Coastal definition using Landsat data. *International Journal of Remote Sensing*, **1**(3), 255-260.
Berry, B. J. L. and Kasarda, J. D. (1977): *Contemporary Urban Ecology*. London : Collier Macmillan.
Berry, J. K. (1993): *Beyond Mapping : Concepts, Algorithms, and Issues in GIS*. Fort Collins CO : GIS World.
Bertuglia, C. S., Clarke, G. P. and Wilson, A. G. (eds) (1994): *Modelling the City : Planning, Performance and Policy*. London : Routledge.
Bern, T., Wahl, T., Anderssen, T. and Olsen, R. (1992): Oil spill detection using satellite based SAR : experience from a field experiment. *Proc. First ERS-1 Symposium-Space at the Service of our Environment*. Cannes, France, ESA SP-359.
Bird, A. C. (1991): Principles of remote sensing : interaction of electromagnetic radiation with the atmosphere and the earth. in Belward, A. S. and Valenzuela, C. R. (eds) *Remote Sensing and Geographical Informations Systems for Resource Management in Developing Countries*. Boston : Kluwer Academic Publishers, 17-30.
Birkin, M., Clarke, G., Clarke, M. and Wilson, A. (1996): *Intelligent GIS : Location Decision and Strategic Planning*. Cambridge : GeoInformation International.
Birkin, M., Clarke, G. and Clarke, M. (1999): GIS for business and service planning. in Longley, P. A., Goodchild, M. F., Maguire, D. J. and Rhind, D. W. (eds) *Geographical Information Systems 2 : Management Issues and Applications, Second Edition*. New York : John Wiley, 709-722.
Boyle, A. (1970): The quantised line. *The Cartographic Journal*, **7**(2), 91-94.
Brassel, K., Bucher, F., Stephan, E. and Vckovski, A. (1995): Completeness. in Guptill, S. C. and Morrison, J. L. (eds): *Elements of Spatial Data Quality*. Oxford : Elsevier Science, 81-108.
British Computer Society (1991): *Industry Structure Model : Release 2*. Swindon : British Computer Society.
Broome, F. R. and Meixler, D. B. (1990): The TIGER data base structure. *Cartography and Geographic Information Systems*, **17**(1), 39-47.
Brown, P., Hirschfield, A. and Marsden, J. (1995): Analysing spatial patterns of disease : some issues in the mapping of incidence data for relatively rare conditions. in de Lepper, M. J. C., Scholten, H. J. and Stern R. M. (eds) *The Added Value of Geographical Information Systems in Public and Environmental Health*. Dordrecht : Kluwer Academic Publishers, 145-163.
Bundy, G., Jones, C. and Furse, E. (1995): Holistic generalization of large-scale cartographic data. in Muller, J.-C., Lagrange, J.-P. and Weible, R. (eds) *GIS and Generalization : Methodology and Practice*. London : Taylor & Francis, 109-119.
Burrough, P. A. and McDonnell, R. A. (1998): *Principles of Geographical Information Systems*. Oxford : Oxford University Press.
Buttenfield, B. P. and Mark, D. M. (1991): Expert systems in cartographic design. in Taylor, D. R. F. (ed) *Geographic Information Systems : The Microcomputer and Modern Cartography*. Oxford : Pergamon, 129-150.
Buttenfield, B. P. and McMaster, R. B. (eds) (1991): *Map Generalization : Making Rules for Knowledge Representation*. London : Longman.
Carver, S. (1991): Adding error handling functionality to the GIS toolkit. *Proceeding EGIS '91*, 187-

196.

Cassettari, S. (1993): *Introduction to Integrated Geo-information Management*. London : Chapman & Hall.

Chandra, N. and Goran, W. (1986): Steps towards a knowledge-based geographic data analysis system. in Optiz, B. (ed) *Geographic Information Systems in Government*.

Chen, P. P-S. (1976): The entity-relationship model-toward a unified view of data. *Association for Computing Machinery Transactions on Database Systems*, 1(1), 9-36.

Choi, A. and Luk, W. S. (1992): Using an object-oriented database system to construct a spatial database kernel for GIS applications. *Computer Systems and Engineering*, 7(2), 100-121.

Clarke, D. G. and Clark D. M. (1995): Lineage. in Guptill, S. C. and Morrison, J. L. (eds): *Elements of Spatial Data Quality*. Oxford : Elsevier Science, 13-30.

Clarke, G. and Clarke, M. (1995): The development and benefits of customized spatial decision support systems. in Longley, P. and Clarke G. (eds) *GIS for Business and Service Planning*. Cambridge : GeoInformation International, 227-245.

Clarke, G., Longley, P. and Masser, I. (1995): Business, geography and academia in the UK. in Longley, P. and Clarke G. (eds) *GIS for Business and Service Planning*. Cambridge : GeoInformation International, 271-283.

Clarke, K. C. (1990): *Analytical and Computer Cartography*. New Jersey : Prentice Hall.

Clarke, M. and Spowage, M. E. (1984): Integrated models for public policy analysis : An example of the practical use of simulation models in health care planning. *Papers of the Regional Science Association*, 55, 25-45.

Clarke, M. and Wilson, A. G. (1985): A model-based approach to planning in the National Health Service. *Environment and Planning B, Planning and Design*, 12, 287-302.

Cliff, A., Haggett, P., Ord, J. and Versey, G. (1981): *Spatial Diffution : A Historical Geography of Epidemics in an Island Community*. Cambridge : Cambridge University Press.

Cliff, A. D. and Ord, J. K. (1981): Spatial and temporal analysis : autocorrelation in space and time. in Wrigley, R. J. and Bennett, R. J. (eds) *Quantitative Geography : A British View*. London : Routledge & Kegan Paul, 104-110.

Codd, E. (1970): A relational model for large shared data banks. *Communications of the Association for Computing Machinery*, 13(6), 377-387.

Coleman, D. J. (1999): Geographical information systems in networked environments. in Longley, P. A., Goodchild, M. F., Maguire, D. J. and Rhind, D. W. (eds) *Geographical Information Systems 1 : Principles and Technical Issues Second Edition*. New York : John Wiley, 317-329.

Coppock, J. (1992): GIS education in Europe. *International Journal of Geographical Information Systems*, 6, 333-336.

Couclelis, H. (1998): Geocomputation in context. in Longley, P. A., Brooks, S. M., McDonnell, R. and Macmillan, B. (eds) *Geocomputation : A Primer*. Chichester : John Wiley, 17-29.

Cromley, R. G. (1992): *Digital Cartography*. Englewood Cliffs, New Jersey : Prentice Hall.

Cromley, R. G. (1996): A comparison of optimal classification strategies for choroplethic displays of spatially aggregated data. *International Journal of Geographical Information Systems*, 10(4), 405-424.

Cruz-Neira, C., Sandin, D. J. and DeFanti, T. A. (1993): Surround-screen projection-based virtual reality : the design and implementation of a CAVE. *Computer Graphics (SIGGRAPH) Proceedings*,

Annual Conference Series, 135-142.

Dale, P. F. (1994): *Professionalism and Ethics in GIS.* London : Association for Geographic Information.

Davies, W. K. D. and Lewis, G. J. (1973): The urban dimensions of Leicester. *Institute of British Geographers, Special Publication,* **5**, 71-85.

Davis, J. C. (1973): *Statistics and Data Analysis in Geology First Edition.* New York : John Wiley.

Davis, J. C. (1986): *Statistics and Data Analysis in Geology Second Edition.* New York : John Wiley.

Davis, P. R. and Schwartz, M. A. (1993): ArcCAD applications to integrated surface and ground water model (ISGW) data preparation. *Proceedings of Thirteenth Annual ESRI User Conference,* Vol. 3, Redlands : ESRI, 341-350.

Deering, D. W., Rouse, J. W., Haas, R. H. and Schell, J. A. (1975): Measuring forage production of grazing units from Landsat MSS data. *Proceedings, 10th International Symposium on Remote Sensing of Environment,* **2**, 1169-1178.

Delfiner, P. and Delhomme, J. P. (1975): Optimum interpolation by Kriging. in Davis, J. C. and McCullagh, M. J. (eds) *Display and Analysis of Spatial Data,* London : John Wiley, 38-53.

Dent, B. D. (1985): *Principles of Thematic Map Design* : Reading. Massachusetts : Addison-Wesley Publishing.

Department of Commerce (1992): *Spatial Data Transfer Standard (SDTS) (Federal Information Processing Standard 173).* Washington, DC : Washington, Department of Commerce, National Institute of Standards and Technology.

Deveau, T. J. (1985): Reducing the number of points in a plane curve representation. Proceedings AUTO-CARTO VII, *Seventh International Symposium on Automated Cartography,* Baltimore, Maryland, 152-160.

DiBiase, D., MacEachren, A. M., Krygier, J. B. and Reeves, C. (1992): Animation and the role of map design in scientific visualization. *Cartography and Geographic Information Systems,* **19**(4), 201-214.

Ding, Y. and Fotheringham, A. S. (1992): The integration of spatial analysis and GIS. *Computers, Environment and Urban Systems,* **16**, 3-19.

Dobson, J. E. (1991): Geography is to GIS what physics to engineering. *GIS World,* **5**, 80-81.

Dobson, J. E. (1993): The geographic revolution : a retrospective on the age of automated geography. *The Professional Geographer,* **45**, 431-439.

Dorling, D. (1994): Cartograms for visualising human geography. in Hearnshaw, H. J. and Unwin, D. J. (eds) *Visualization in Geographical Information Systems.* Chichester : John Wiley, 85-102.

Douglas, D. H. and Peucker, T. K. (1973): Algorithms for the reduction of the number of points required to represent a digitized line or its character. *The Canadian Cartographer,* **10**(2), 112-123.

Doxiadis, C. A. (1968): *Ekistics : An Introduction to the Science of Human Settlements.* London : Hutchinson.

Dramowicz, K., Wightman, J. and Crant, H. (1993): Addressing GIS personnel requirements : a model for education and training. *Computers, Environment, and Urban Systems,* **17**, 49-59.

Drummond, J. (1995): Positional accuracy. in Guptill, S. C. and Morrison, J. L. (eds) *Elements of Spatial Data Quality.* Oxford : Elsevier Science, 31-58.

Eastman, J. R. and Fulk, M. (1993): Long sequence time series evaluation using standardized principal components. *Photogrammetric Engineering and Remote Sensing,* **59**(6), 991-996.

Egenhofer, M. J. and Frank, A. U. (1990): LOBSTER : Combining AI and database techniques for

GIS. *Photogrammetric Engineering and Remote Sensing*, **56**(6), 919-926.

Emmer, Nicoline, N. M. (2001): Web maps and road traffic. in Kraak, Menno-Jan and Brown, A. (eds) *Web Cartography : Developments and Prospects*. London : Taylor & Francis, 159-170.

Ester, M., Kriegel, H.-P. and Xu, X. (1995): Knowledge discovery in large spatial databases : focusing techniques for efficient class identification. in *Advances in Spatial Databases, 4th International Symposium, SSD '95*, 67-82.

Evans, I. S. (1977): The selection of class intervals. *Transactions of the Institute of British Geographers, New Series*, **2**, 98-124.

Evans, I. S. (1980): An integrated system of terrain analysis and slope mapping. *Zeitschrift fur Geomorphologie Suppl.*, **36**, 274-295.

Faber, B. G., Wallace, B. and Cuthbertson, J. (1995): Advances in collaborative GIS for land resource negotiation. *Ninth Annual Symposium on Geographic Information Systems*. Fort Collins, CO : GIS World.

Fayyad, U., Piatetsky-Shapiro, G. and Smyth, P. (1996a): The KDD process for extracting useful knowledge from volumes of data. *Communications of the ACM*, **39**(11), 27-34.

Fayyad, U., Piatetsky-Shapiro, G., Smyth, P. and Uthurusamy, R. (1996b): *Advances in Knowledge Discovery and Data Mining*. AAAI Press/MIT Press.

Ferreia, J. and Wiggins, L. (1990): The density dial : a visualization tool for thematic mapping. *GeoInfo Systems*, **1**, 69-71.

FGDC (1994): *Content Standards for Geospatial Metadata*. Federal Geographic Data Committee, Reston, Verginia : USGS.

FGDC (1995): *Content Standards for Digital Geospatial Metadata Workbook (Workbook Version 1.0)*. Federal Geographic Data Committee, Reston, Verginia : USGS.

Fisher, W. (1958): On grouping for maximum homogeneity. *Journal of the American Statistical Association*, **53**, 789-798.

Foot, D. (1981): *Operational Urban Models*. London : Methuen.

Forer, P. and Unwin, D. (1999): Enabling progress in GIS and education. in Longley, P. A., Goodchild, M. F., Maguire, D. J. and Rhind, D. W. (eds) *Geographical Information Systems 2 : Management Issues and Applications, Second Edition*. New York : John Wiley, 747-756.

Fotheringham, A. S. and Rogerson, P. A. (1993): GIS and spatial analytical problems. *International Journal of Geographical Information Systems*, **7**(1), 3-19.

Fotheringham, A. S. and Rogerson, P. A. (1994): *GIS and Spatial Analysis*. London : Taylor & Francis.

Friel, C., Leary, T., Norris, H., Warford, R. and Sargent, B. (1993): GIS tackeles oil spill in Tampa Bay. *GIS World*, November, 30-33.

Garner, B. and Zhou, Q. (1993): GIS education and training : an Australian perspective. *Computers, Environment, and Urban Systems*, **17**, 61-71.

Garside, M. J. (1971): Some computational procedures for the best subset problem. *Applied Statistics*, **20**, 8.

Gatrell, A. and Senior, M. (1999): Health and health care applications. in Longley, P. A., Goodchild, M. F., Maguire, D. J. and Rhind, D. W. (eds) *Geographical Information Systems 2 : Management Issues and Applications, Second Edition*. New York : John Wiley, 925-938.

GeoInformation International (1996): *Getting to Know ArcView*. New York : John Wiley.

Gersmehl, P. J. (1990): Choosing tools : nine metaphors of four-dimensional cartography. *Cartographic Perspectives*, **5**, 3-17.

Gittings, B., Healey, R. and Stuart, N. (1993): Educating GIS professionals : a view from the United Kingdom. *GeoInfo Systems*, **3**, 41-44.

Goldberg, M., Alvo, M. and Karam, G. (1984): The analysis of Landsat imagery using Expert System : Forestry Applications. *Proceedings AutoCarto*.

Goodchild, M. F. (1988): A spatial analytical perspective on geographical information systems. *International Journal of Geographical Information Systems*, **1**, 327-334.

Goodchild, M. F. (1995): Attribute accuracy. in Guptill, S. C. and Morrison, J. L. (eds) *Elements of Spatial Data Quality*. Oxford : Elsevier Science, 59-79.

Goodchild, M. F., Haining, R. and Wise, S. (1992): Integrating GIS and spatial data analysis : problems and possibilities. *International Journal of Geographical Information Systems*, **6**, 407-423.

Goodchild, M. F., Parks, B. O. and Steyaert, L. T. (eds) (1993): *Environmental Modelling with GIS*. New York : Oxford University Press.

Goovaerts, P. (1997): *Geostatistics for Natural Resources Evaluation*. New York : Oxford University Press.

Goudie, A., Atkinson, B. W., Gregory, K. J., Simmons, I. G., Stoddart, D. R. and Sugden, D. (1994): *The Encyclopedic Dictionary of Physical Geography, Second Edition*. Oxford : Blackwell.

Griffith, D. A. (1987): *Spatial Autocorrelation : A Primer*. Washington, DC : Association of American Geographers.

Griffith, D. A. (1993): *Spatial Regression Analysis on the PC : Spatial Statistics using SAS*. Washington, DC : Association of American Geographers.

Gronlund, A. G., Xiang, Wei-Ning and Sox, J. (1994): GIS, Expert System technologies : improve forest fire management techniques. *GIS World*, **7**(2), 32-36.

Groop, E. (1980): *An Optimal Data Classifications Program for Choropleth Mapping*. Technical Report No. 3, Department of Geography, Michigan State University.

Grunreich, D., Powitz, B. and Schmidt, C. (1992): Research and development in computer-assisted generalization of topographic information at the Institute of Cartography, Hannover University. *Proceedings of the Third European Conference on Geographical Information Systems*. Munich, Germany, 23-26 March, 532-541.

Guariso, G. and Werthner, H. (1989): *Environmental Decision Support Systems*. Chichester : Ellis Horwood.

Gueting, R. H. (1994): An introduction to spatial database systems. *VLDB Journal*, **3**(4), 357-399.

Guptill, S. C. (1995): Temporal information. in Guptill, S. C. and Morrison, J. L. (eds) *Elements of Spatial Data Quality*. Oxford : Elsevier Science, 153-165.

Guptill, S. C. and Morrison, J. L. (eds) (1995): *Elements of Spatial Data Quality*. Oxford : Elsevier Science.

Guttman, A. (1984): R-trees : a dynamic index structure for spatial searching. *Proceedings of the 13th Association for Computing Machinery SIGMOD Conference*. Boston : ACM Press, 47-57.

Hadipriono, F. C., Lyon, J. C. and Li, T. (1990): The development of a knowledge-based Expert System for analysis of drainage patterns. *Photogrammetric Engineering and Remote Sensing*, **56**(6), 905-909.

Haining, R. (1980): Spatial autocorrelation problems. in Herbert, D. and Johnston, R. (eds)

Geography and the Urban Environment : Progress in Research and Application 3. New York : John Wiley.

Haining, R. (1984): Testing a spatial interacting-markets hypothesis. *Review of Economics and Statistics,* **66**, 576-583.

Haining, R. (1988): Estimating spatial means with an application to remotely sensed data. *Communications in Statistics : Theory and Methods,* **17**, 573-597.

Haining, R. (1990): *Spatial Data Analysis in the Social and Environmental Sciences.* Cambridge : Cambridge University Press.

Harris, B. (1989): Beyond geographic information systems : computers and the planning professional. *Journal of the American Planning Association,* **55**, 85-92.

Harris, B. and Batty, M. (1993): Locational models, geographical information, and planning support systems. *Journal of Planning Education and Research,* **12**, 184-198.

Harvey, D. (1969): *Explanation in Geography.* London : Edward Arnold.

Haslett, J., Wills, G. and Unwin, A. (1990): Spider, an interactive statistical tool for the analysis of spatially distributed data. *International Journal of Geographical Information Systems,* **4**, 285-296.

Hobbs, M. (1996): Spatial clustering with a generic algorithm. in Parker, D. (ed) *Innovations in GIS 3.* London : Taylor & Francis, 85-93.

Holland, A. (1990): *The Impact of AVM on Transit Operations.* unpublished MSc thesis, Department of Geography, University of Calgary.

Holmberg, S. C. (1994): Geoinformatics for urban and regional planning. *Environment and Planning B : Planning and Design,* **21**, 5-19.

Hopkins, L. D. (1999): Structure of a planning support system for urban development. *Environment and Planning B : Planning and Design,* **26**(3), 333-343.

Janssen, F. (1994): A portfolio approach for site location. *Proceedings, GIS in Business '94 Europe.* London : Longman, 223.

Jefferis, D. (1993): SpaAM : a spatial analysis and modelling system. *Proceedings of Thirteenth Annual ESRI User Conference.,* Vol. 3, Redlands : ESRI, 79-87.

Jenks, G. F. (1977): *Optimal Data Classification for Choropleth Maps.* Department of Geography, University of Kansas, Occasional Paper No. 2.

Jenks, G. F. (1981): Lines, computers and human frailties. *Annals of the Association of American Geographers,* **71**(1), 1-10.

Jenks, G. F. (1989): Geographic logic in line generalization. *Cartographica,* **26**(1), 27-42.

Jenks, G. F. and Caspall, F. C. (1971): Error on choroplethic maps : definition, measurement, reduction. *Annals of the Association of American Geographers,* **61**, 217-244.

Jensen, J. R. (1996): *Introductory Digital Image Processing : A Remote Sensing Perspective, Second Edition.* New Jersey : Prentice Hall.

Jensen, J. R., Cowen, D. J., Narumalani, S., Althausen, J. D. and Weatherbee, O. (1993a): An evaluation of coastwatch change detection protocol in South Carolina. *Photogrammetric Engineering and Remote Sensing,* **59**(6), 1039-1046.

Jensen, J. R., Narumalani, S., Weatherbee, O., Morris, K. S. and Mackey, H. E. (1993b): Predictive modeling of cattail and waterlily distribution in a South Carolina reservoir using GIS. *Photogrammetric Engineering and Remote Sensing,* **58**(11), 1561-1568.

Jensen, S. K. and Domingue, J. O. (1988): Extracting topographic structure from raster elevation data for geographic information system analysis. *Photogrammetric Engineering and Remote Sensing*, **54**, 1593-1600.

João, E. (1998): *Causes and Consequences of Map Generalisation*. London : Taylor & Francis.

Johannsen, T. (1973): A program for editing and for some generalizing operations. *Informations Relative to Cartography and Geodesy, Translations*, **30**, 17-22.

Johnston, C. A. (1998): *Geographic Information Systems in Ecology*. Oxford : Blackwell Science.

Johnston, C. A., Allen, B., Bonde, J., Sales, J. and Meysembourg, P. (1991): Land use and water resources in the Minnesota North Shore drainage basin. *Technical Report NRRI/TR-94/01*, Natural Resources Research Institute, University of Minnesota, Duluth, MN.

Johnston, R. J. (1978): *Multivariate Statistical Analysis in Geography*. London : Longman.

Johnston, R. J., Gregory, D. and Smith, D. M. (1994): *The Dictionary of Human Geography, Third Edition*. Oxford : Basil Blackwell.

Jones, C. B. (1997): *Geographical Information Systems and Computer Cartography*. Harlow : Longman.

Jones, K. G. and Mock, D. R. (1984): Evaluating retail trading performances. in Davies, R. D. and Rogers, D. S. (eds) *Store Location and Store Assessment Research*. Chichester : John Wiley, 333-360.

Joshi, T. R. (1972): Toward computing factor scores. in Adams, W. P. and Helleiner, F. (eds) *International Geography*, **2**, 906-909.

Kainz, W. (1995): Logical consistency. in Guptill, S. C. and Morrison, J. L. (eds): *Elements of Spatial Data Quality*. Oxford : Elsevier Science, 109-137.

Kauth, R. J. and Thomas, G. S. (1976): The tasseled cap-a graphic description of the spectral temporal development of agricultural crops as seen by Landsat. *Proceedings of the Second Annual Symposium on Machine Processing of Remotely Sensed Data*, Purdue University, Indiana, 4B41-4B49.

Keller, C. (1991): Issues to consider when developing and selecting a GIS curriculum. in Heit, M. and Shortreid, A. (eds) *GIS Applications in Natural Resources*. Fort Collins, CO : GIS World, 53-59.

Kemp, K., Goodchild, M. and Dodson, R. (1992): Teaching GIS in geography. *The Professional Geographer*, **44**, 181-191.

Klosterman, R. E. (1999): The what if ? collaborative planning support system. *Environment and Planning B : Planning and Design*, **26**(3), 393-408.

Kohsaka, H. (1992): Three-dimensional representation and estimation of retail store demand by bicubic splines. *Journal of Retailing*, **68**, 221-241.

Kohsaka, H. (1999): Applications of GIS to urban planning and management : problems facing Japanese local governments. *International Workshop on GIS Application in Urban Planning and Management*. Nagoya : United Nations Centre for Regional Development.

Knudsen, D. C. and Fotheringham, A. S. (1986): Matrix comparison, goodness-of-fit, and spatial interaction modelling. *International Regional Science Review*, **10**(2), 127-147.

Knuth, D. (1973): *The Art of Computer Programming : Fundamental Algorithms 1* : Reading. Massachusetts : Addison-Wesley.

Kramer, E. E. (1970): *The Nature and Growth of Modern Mathematics*. New York : Hawthorne Books.

Lam, S. (1993): Fuzzy sets advance spatial decision analysis. *GIS World*, December, 58-59.

Lam, N. S. N. and DeCola, L. (eds) (1993): *Fractals in Geography*. New Jersey : PTR Prentice-Hall,

Englewood Cliffs.

Landis, J. D. (1994): The California Urban Futures Model : a new generation of metropolitan simulation models. *Environment and Planning B : Planning and Design*, 21, 399-420.

Landis, J. D. (1995): Imagining land use futures : applying the California Urban Futures Model. *Journal of the American Planning Association*, 61, 438-457.

Landis, J. D., Monzon, J. P., Reilly, M. and Cogan, C. (1998): *Development and Pilot Application of the California Urban and Biodiversity Analysis (CURBA) Model*. Monograph, 98-1, Institute of Urban and Regional Development, Berkeley, CA.

Landis, J. D. and Zhang, M. (1998a): The second generation of the California Urban Futures Model. part 1 : model logic and theory. *Environment and Planning B : Planning and Design*, 25(5), 657-666.

Landis, J. D. and Zhang, M. (1998b): The second generation of the California Urban Futures Model. part 2 : specification and calibration results of the land-use change submodel. *Environment and Planning B : Planning and Design*, 25(6), 795-824.

Lang, T. (1969): Rules for the Robot Draughtsmen. *The Geographical Magazine*, 42(1), 50-51.

Langford, I. (1994): Using empirical Bayes estimates in the geographical analysis of disease risk. *Area*, 26, 142-149.

Langran, G. (1993): *Time in Geographic Information Systems*. London : Taylor & Francis.

Langran, G. and Chrisman, N. R. (1988): A framework for temporal geographic information. *Cartographica*, 25(3), 1-14.

Laurini, R. and Thompson, D. (1992): *Fundamentals of Spatial Information Systems*. London : Academic Press.

Lazar, B. (1998): Break through spatial data translation obstacles - new products help users meet vector data translation needs. *GIS World*, 11(6), 46-52.

Leung, Y. and Leung K. S. (1990a): Analysis and display of imprecision in raster-base information systems. unpublished paper.

Leung, Y. and Leung, K. S. (1990b): An intelligent expert system shell for knowledge-based Geographic Information Systems : 2, some applications. unpublished paper.

Lewis, R. (1990): *Measurement of the Geometrical Error in Cartographic Lines Induced by Smoothing during Map Generalization*. unpublished MSc thesis, Department of Geography, University of California, LA, USA.

Limp, W. F. (1997): Weave maps across the web. *GIS World*, September, 46-55.

Lindberg, M. (1990): FISHER : A TURBO PASCAL Unit for optimal univerate partitioning on an IBM PC. *Computers and Geosciences*, 16.

Lloyd, O. L. (1995): The exploration of the possible relationship between deaths, births and air pollution in Scottish towns. in de Lepper, M. J. C., Scholten, H. J. and Stern R. M. (eds) *The Added Value of Geographical Information Systems in Public and Environmental Health*. Dordrecht : Kluwer Academic Publishers, 167-180.

Longley, P. A., Brooks, S. M., McDonnell, R. and Macmillan, B. (eds)(1998): *Geocomputation : A Primer*. Chichester : John Wiley.

Longley, P. A., Goodchild, M. F., Maguire, D. J. and Rhind, D. W. (1999): Introduction. in Longley, P. A., Goodchild, M. F., Maguire, D. J. and Rhind, D. W. (eds) *Geographical Information Systems 2 : Management Issues and Applications, Second Edition*. New York : John Wiley, 1-20.

Lowry, K., Adler, P. and Milner, N. (1997): Participating the public : group processes, politics, and the public. *Journal of Planning Education and Research*, **16**, 177-187.

MacDougall, E. B. (1992): Exploratory analysis, dynamic statistical visualization, and Geographic Information Systems. *Cartography and Geographic Information Systems*, **19**(4), 237-246.

MacEachren, A. M. (1994a): *Some Truth with Maps : A Primer on Symbolization & Design*. Washington, DC : Association of American Geographers.

MacEachren, A. M. (1994b): Viewing time as a cartographic variable. In Hearnshaw, H. and Unwin, D. (eds) *Visualization in GIS*. London : John Wiley, 115-130.

MacEachren, A. M. (1995): *How Maps Work : Representation, Visualization, and Design*. New York : Guilford Press.

Mackaness, W. A. (1994): An algorithm for conflict identification and feature displacement in automated map generalization. *Cartography and Geographic Information Systems*, **21**(4), 219-232.

Mackaness, W. A. (1996): Automated cartography and the human paradigm. in Wood, C. H. and Keller, C. P. (eds) *Cartographic Design : Theoretical and Practical Perspectives*. Chichester : John Wiley, 55-66.

Maguire, D. (1995): Implementing spatial analysis and GIS applications for business and service planning. in Longley, P. and Clarke, G. (eds) *GIS for Business and Service Planning*. Cambridge : GeoInformation International, 171-191.

Maidment, D. R. (1993): GIS and hydrological modeling. in Goodchild, M. F., Park, B. O. and Steyaert, L. T. (eds) *Environmental Modeling with GIS*. New York : Oxford University Press, 147-167.

Majure, J. J. and Cressie, N. (1993): EXPLORE : exploratory spatial analysis in Arc/Info. *Proceedings of Thirteenth Annual ESRI User Conference*, Vol. 1, Redlands : ESRI, 277-281.

Malczewski, J. (1999): *GIS and Multicriteria Decision Analysis*. New York : John Wiley.

Mandelbrot, B. B. (1967): How long is the coast of Britain ? Statistical self-similarity and fractional dimension. *Science*, **155**, 636-638.

Mandelbrot, B. B. (1983): *The Fractal Geometry of Nature*. New York : W. H. Freeman & Company.

Maranzana, F. (1964): On the location of supply points to minimize transport costs. *Operational Research Quarterly*, **15**, 261-270.

Markham, R. (1995): The role of digital-orthophotographs in GIS. in Green, D. R., Rix, D. and Corbin, C. (eds) *The AGI Source Book for GIS 1996*. London : Association for Geographic Information, 96-101.

Marks, D., Dozier, J. and Frew, J. (1984): Automated basin delineation from digital elevation data. *Geo-Processing*, **2**, 299-311.

Marx, R. W. (1986): The TIGER system : automating the geographic structure of the United States Census. *Government Publications Review*, **13**, 181-201.

Maselli, F., Conese, C., Petkov, L. and Resti, R. (1992): Inclusion of prior probabilities derived from a nonparametric process into the maximum likelihood classifier. *Photogrammetric Engineering and Remote Sensing*, **58**, 201-207.

Massie, K. (1993): Solid waste flow modelling : integrating Arc/Info with statistical analysis software (SAS). *Proceedings of Thirteenth Annual ESRI User Conference*, Vol. 3, Redlands : ESRI, 65-77.

Mather, P. M. (1985): A computationally-efficient maximum likelihood classifier employing proper probabilities for remotely-sensed data. *International Journal of Remote Sensing*, **6**, 369-376.

Matheron, G. (1970): *The Theory of Regionalized Variables and its Applications.* Fascicule 5, Les Cahiers de Centre de Morphologie Mathematique, Ecole des Mines de Paris, Fontainebleau.

Mausel, P. W., Kamber, W. J. and Lee, J. K. (1990): Optimum band selection for supervised classification of multispectral data. *Photogrammetric Engineering and Remote Sensing,* **56**(1), 55–60.

McDonnell, R. and Kemp, K. (1995): *International GIS Dictionary.* Cambridge: GeoInformation International.

McMaster, R. B. (1983): *A Quantitative Analysis of Mathematical Measures in Linear Simplification.* unpublished Ph D. thesis, Department of Geography–Meteorology, University of Kansas, KS, USA.

McMaster, R. B. (1987a): Automated line generalization. *Cartographica,* **24**(2), 74–111.

McMaster, R. B. (1987b): The geometric properties of numerical generalization. *Geographical Analysis,* **19**(4), 330–346.

McMaster, R. B. (1989): The integration of simplification and smoothing algorithms in line generalization. *Cartographica,* **26**(1), 101–121.

McMaster, R. B. (1991): Conceptual frameworks for geographical knowledge. in Buttenfield, B. P. and McMaster, R. B. (eds) *Map Generalization: Making Rules for Knowledge Representation.* Harlow: Longman, 21–39.

McMaster, R. B. and Shea, K. S. (1992): *Generalization in Digital Cartography.* Washington, DC: Association of American Geographers.

Meakin, P. (1983): Diffusion–controlled cluster formation in 2–6 dimensional space. *Physical Review A,* **27**, 1495–1507.

Mesev, T. V. (1995): *Urban Land Use Modelling from Classified Satellite Imagery.* unpublished PhD. thesis, available from Department of Geography, University of Bristol, Bristol, UK.

Mesev, V., Longley, P. and Batty, M. (1996): RS–GIS: Spatial distributions from remote imagery. in Longley, P. and Batty, M. (eds) *Spatial Analysis: Modelling in a GIS Environment.* Cambridge: GeoInformation International.

Meyer, N. (1996): Digital orthophotography consortium: a multi–county solution for Wisconsin. *Journal of the Urban and Regional Information Systems Association,* **8**(1), 80–85.

Michalak, W. Z. (1993): GIS in land use change analysis: integration of remotely sensed data into GIS. *Applied Geography,* **13**, 28–44.

Milne, P., Milton, S. and Smith, J. L. (1993): Geographical object–oriented databases: a case study. *International Journal of Geographical Information Systems,* **7**, 39–56.

Minsky, M. (1975): A framework for representating knowledge. in Winston, P. H. (ed) *The Psychology of Computer Vision.* McGraw–Hill.

Minsky, M. (1981): A framework for representing knowledge. in Haugeland, J. (ed) *Mind Design.* Cambridge, Massachusetts: MIT Press, 95–128.

Mitasova, H., Mitas, L., Brown, W. M., Gerdes, D. P., Kosinousky, I. and Baker, T. (1996): Modeling spatial and temporal distributed phenomena: new methods and tools for open GIS. in Goodchild, M. F., Steyaert, L. T., Parks, B. O. et al. (eds) *GIS and Environmental Modeling: Progress and Research Issues.* Fort Collins, CO: GIS World, 345–351.

Moellering, H. (1980a): The real–time amimation of three–dimensional maps. *The American Cartographer,* **17**, 67–75.

Moellering, H. (1980b): Strategies for real time cartography. *Cartographic Journal,* **17**, 12–15.

Monmonier, M. S. (1973): Analogs between class–interval selection and location–allocation models.

The Canadian Cartographer, **10**, 123-131.

Monmonier, M. S. (1989): Geographic brushing : Enhancing exploratory analysis of the scatterplot matrix. *Geographical Analysis*, **21**(1), 81-84.

Monmonier, M. S. (1989): Regionalizing and matching features for interpolated displacement in the automated generalization of digital cartographic database. *Cartographica*, **26**(2), 21-39.

Monmonier, M. S. (1990): Strategies for the visualization of geographic time-series data. *Cartographica*, **27**(1), 30-45.

Monmonier, M. S. (1991): The role of interpolation in feature displacement. in Buttenfield, B. P. and Mark, D. M. (eds): *Map Generalization : Making Rules for Knowledge Representation*. Harlow : Longman, 189-203.

Monmonier, M. S. (1992): Authoring graphics scripts : experiences and principles. *Cartography and Geographic Information Systems*. **19**(4), 247-260.

Monmonier, M. and McMaster, R. B. (1991): The sequential effects of geometric operations in cartographic line generalization. *International Yearbook of Cartography*, **31**.

Moore, I. D. (1996): Hydrologic modeling and GIS. in Goodchild, M. F., Steyaert, L. T., Parks, B. O. et al. (eds) *GIS and Environmental Modeling : Progress and Research Issues*. Fort Collins, CO : GIS World , 143-148.

Moore, I. D., Turner, A. K., Wilson, J. P., Jensen, S. K. and Band, L. E. (1993): GIS and land-surface-subsurface modeling. in Goodchild, M. F., Park, B. O. and Steyaert, L. T. (eds) *Environmental Modeling with GIS*. New York : Oxford University Press, 196-230.

Morehouse, S. (1995): GIS-based map compilation and generalization. in Muller Jean-Claude, Lagrange Jean-Philippe and Weibel, R. (eds): *GIS and Generalization : Methodology and Practice*. London : Taylor & Francis, 21-30.

Morgan, J. M. and Fleury, B. (1993): Academic GIS education : assessing the state of the art. *Geo-Info Systems,* **3** : 33-40.

Morgan, J. M., Fleury, B. and Becker, R. A. (1996) *Directory of Academic GIS Education*. Dubuque : Kendall Publishing.

Muller, J. C. (1990): Rule based generalization : potentials and impediments. *Proceedings of the 4th International Symposium on Spatial Data Handling*, **1**, IGU, 317-334.

National Committee for Digital Cartographic Standards (1988): The proposed standard for digital cartographic data. *The American Cartographer*, **15**.

Nawrocki, T., Johnston, C. and Sal'es, J. (1994): GIS and modeling in ecological studies : analysis of beaver pond impacts on runoff and its quality. *Technical Report NRRI/TR-94/01*. Natural Resources Research Institute, University of Minnesota, Duluth, MN.

Nickerson, B. G. and Freeman, H. R. (1986): Development of a rule-based system for automatic map generalization. *Proceedings of the Second International Symposium on Spatial Data Handling*, IGU, **2**, 33-40.

Nielsen, J. B., Muller, H. G. and Gudmundsson, T. (1993): MIKE SAW 21 : a spill modelling system integrated with ARC/INFO. *Proceedings of Thirteenth Annual ESRI User Conference*, Vol. 3, Redlands : ESRI, 295-303.

Nievergelt, J., Hinterberger, H. and Sevcik, K. C. (1984): The grid file : an adaptable, symmetric, multikey file structure. *ACM Transactions on Database Systems*, **9**(1), 38-71.

Ng, R. and Han, J. (1994): Efficient and effective clustering method for spatial data mining.

Proceedings of the International Conference of Very Large Databases, 144-155.

Nyerges, T. and Jankowski, P. (1997): Enhanced adaptive structuration theory : a theory of GIS-supported collaborative decision making. *Geographical Systems*, 4(3), 225-259.

O'Conaill, M. A., Mason, D. C. and Bell, S. B. M. (1993): Spatiotemporal GIS techniques for environmental modelling. in Mather, P. M. (ed) *Geographical Information Handling-Research and Applications*. Chichester : John Wiley, 103-112.

Olea, R. A. (1977): Measuring spatial dependency with semivariograms. Kansas Geological Survey Series on Spatial Analysis, No. 3, Lawrence, Kansas.

Openshaw, S. (1978): An empirical study of some zone design criteria. *Environment and Planning A*, 10, 781-794.

Openshaw, S. (1990a): Spatial analysis and geographical information systems : a review of progress and possibilities. in Scholten, H. J. and Stillwell, C. H. (eds) *Geographical Information Systems for Urban and Regional Planning*. Dordrecht : Kluwer Academic Publishers, 153-163.

Openshaw, S. (1990b): Automating the search for cancer clusters : a review of problems, progress, opportunities. in Thomas, R. W. (ed) *Spatial Epidemiology*. London : Pion, 48-78.

Openshaw, S. (1992): A review of the opportunities and problems in applying neurocomputing methods to marketing applications. *Journal of Targeting, Measurement and Analysis for Marketing*, 1, 170-186.

Openshaw, S. (1993): Some suggestions concerning the development of artificial intelligence tools for spatial modelling and analysis in GIS. in Fischer, M. M. and Nijkamp, P. (eds) *Geographic Information Systems, Spatial Modelling, and Policy Evaluation*. Berlin : Springer-Verlag, 17-33.

Openshaw, S. (1994): A concepts-rich approach to spatial analysis, theory generation, and scientific discovery in GIS using massively parallel computing. in Worboys, M. (ed) *Innovations in GIS 1*. London : Taylor & Francis, 123-137.

Openshaw, S. (1995): Marketing spatial analysis : a review of prospects and technologies relevant to marketing. in Longley, P. and Clarke, G. (eds) *GIS for Business and Service Planning*. Cambridge : GeoInformation International, 150-165.

Openshaw, S. (1998): Building automated geographical analysis and explanation machines. in Longley, P. A., Brooks, S. M., McDonnell, R. and Macmillan, B. (eds) (1998) *Geocomputation : A Primer*. Chichester : John Wiley, 95-115.

Openshaw, S. and Gillard A. A. (1978): On the stability of a spatial classification of census enumeration district data. in Batey, P. W. (ed) *Theory and Method in Urban and Regional Analysis*. London : Pion, 101-119.

Openshaw, S., Charlton, M., Wymer, C. and Craft, A. (1987): A Mark 1 Geographical Analysis Machine for the automated analysis of point data sets. *International Journal of Geographical Information Systems*, 1, 335-358.

Openshaw, S., Charlton, M., Craft, A. and Birth, J. M. (1988): Investigation of leukaemia clusters by the use of a Geographical Analysis Machine. *Lancet*, 1, 272-273.

Openshaw, S., Cross, A. and Charlton, M. (1990): Building a prototype geographical correlations exploration machine. *International Journal of Geographical Information Systems*, 3, 297-312.

Openshaw, S., Charlton, M. and Carver, S. (1991): Error propagation : a Monte Carlo simulation. in Masser, I. and Blakemore, M. (eds) *Handling Geographical Information : Methodology and Potential Applications*. Harlow : Longman, 78-101.

Openshaw, S. and Wymer, C. (1991): A neural net classifier for handling census data. in Murtagh, F. (ed) *Neural Networks for Statistical and Economic Data*. Dublin : Munotec Systems.

Opheim, H. (1982): Fast reduction of a digitized curve. *Geoprocessing*, **2**, 33-40.

Pellemans, A., Bos, W. G., van Swol, R. W., Tacoma, A. and Konings, H. (1993): Operational use of real-time ERS-1 SAR data for oil spill detection on the North Sea, First Results. *Proc. Second ERS-1 Symposium - Space at the Service of our Environment*, Hamburg, Germany, ESA SP-361.

Penny, N. and Broom, D. (1988): The Tesco approach to store location modelling. in Wrigley, N. (ed.) *Store Choice and Store Location*. Routledge : London, 109-119.

Peuquet, D. J. (1984): A conceptual framework and comparison of spatial data models. *Cartographica*, **21**, 66-113.

Peuquet, D. J. (1988): Representations of geographic space : toward a conceptual synthesis. *Annals of the Association of American Geographers*, **78**(3), 375-394.

Pike, R. J., Thelin, G. P. and Acevedo, W. (1987): A topographic base for GIS from automated TINs and image-processed DEMs. *GIS/LIS '87 Proceedings*, American Society for Photogrammetry and Remote Sensing, Falls Church, VA, 340-351.

Quinn, J. M. P., Abdelmoty, A. I. and Williams, M. H. (1992): Knowledge-based systems for Geographical Information Systems. in Cadoux-Hudson, J. and Heywood, D. I. (eds) *Geographic Information 1992/3 : The Yearbook of the Association for Geographic Information*. London : Taylor & Francis, 423-430.

Raper, J. F. (1989): The 3-dimensional geoscientific mapping and modelling system : a conceptual design. in Raper, J. (ed) *Three Dimensional Applications in Geographic Information Systems*. London : Taylor & Francis, 11-19.

Raper, J. and Green, N. (1992): Teaching the principles of GIS : lessons from the GIS tutor project. *International Journal of Geographical Information Systems*, **6**, 279-290.

Reumann, K. and Witkam, A. P. M. (1974): Optimizing curve segmentation in computer graphics. *International Computing Symposium*. Amsterdam : North-Holland, 467-472.

Rees, P. H. (1972): Problems of classifying sub-areas within cities. in Berry, B. J. L. (ed) *City Classification Handbook*. New York : John Wiley.

Rix, D. and Markham, R. (1994): GIS certification ethics and professionalism. *Proceeding of Association for Geographic Information 94*, 621-625.

Roberge, J. (1985): A data reduction algorithm for planer curves. *Computer Vision, Graphics, and Image Processing*, **29**, 168-195.

Robinson, A. H. (1960): *Elements of Cartography, Second Edition*. New York : John Wiley.

Robinson, A. H., Sale, R. D. and Morrison, J. L. (1978): *Elements of Cartography, Fifth Edition*. New York : John Wiley.

Rogerson, R. (1992): Teaching generic GIS using commercial software. *International Journal of Geographical Information Systems*, **6**, 321-332.

Rosenfeld, A. (1980): Tree structures for region representation. in Freeman, H. and Pieroni, G. G. (eds) *Map Data Processing*. New York : Academic Press, 137-150.

Roussopoulos, N. and Liefker, D. (1985): Direct spatial search on pictorial databases using packed R-tree. *Association for Computing Machinary SIGMOD*, **14**, 17-31.

Rowlingson, B. S. and Diggle, P. J. (1993): SPLANCS : spatial point pattern analysis code in S-Plus. *Computers and Geosciences*, **19**, 627-655.

Rowlingson, B. S., Flowerdew, R. and Gatrell, A. C. (1991): Statistical spatial analysis in a geographical information system framework. Northwest Regional Research Laboratory, *Research Report* **23**, Lancaster, UK.

Ruas, A. and Plazanet, C. (1997): Strategies for automated generalization. in Kraak, M.-J., Molenaar, M. and Fendel, E. (eds) *Advances in GIS Research II : Proceedings of the 7th International Symposium on Spatial Data Handling.* London : Taylor & Francis, 319-336.

Rushton, G. (1996): Improving the geographic basis of health surveillance using GIS. mimeography.

Rushton, G. and Lolonis, P. (1996): Exploratory spatial analysis of birth defect rates in an urban population. *Statistics in Medicine*, **15**, 717-726.

San Diego Association of Governments (1994): *Technical Description. Series 8 Regional Growth Forecasts : Subregional Allocation.* San Diego : San Diego Association of Governments.

Schenk, T. and Zierstein, O. (1990): Experiments with a rule-based system for interpreting linear map features. *Photogrammetric Engineering and Remote Sensing*, **56**(6), 911-917.

Scholl, M. and Voisard, A. (1992): Object-oriented database systems for geographic applications : an experiment with O_2. in Gambosi, G., Scholl, M. and Six, H.-W. (eds) *Geographic Database Management Systems.* Berlin : Springer-Verlag, 103-137.

Shannon, G. W. and Cromley, R. G. (1980): The greate plague of London, 1665. *Urban Geography*, **1**(3), 254-270.

Sharma, P., Pullar, D. and McDonald, G. (1996): Identifying national training priorities in GIS : an Australian case study. *Paper presented to the Second International Conference on GIS in Higher Education*, Columbia, September.

Shaw, G. and Wheeler, D. (1985): *Statistical Techniques in Geographical Analysis.* Chichester : John Wiley.

Silk, J. (1981): The general linear model. in Wrigley, R. J. and Bennett, R. J. (eds) *Quantitative Geography : A British View.* London : Routledge & Kegan Paul, 75-85.

Skidmore, A. K. and Turner, B. J. (1988): Forest mapping accuracies are improved using a supervised nonparametric classifier with SPOT data. *Photogrammetric Engineering and Remote Sensing*, **54**, 1415-1421.

Sloggett, D. R. (1996): An automated approach to the detection of oil spills in satellite-based SAR imagery. in Fancey, N. E., Gardiner, L. D. and Vaughan, R. A. (eds) *The Determination of Geophysical Parameters from Space.* SUSSP Publications, The Department of Physics, Edinburgh : Edinburgh University.

Smith, D. R. and Paradis, A. R. (1989): Three-dimensional GIS for the earth sciences. in Raper, J. (ed) *Three Demensional Applications in Geographic Information Systems.* London : Taylor & Francis, 149-154.

Standards Committee (1990): *National Standard for the Exchange of Digital Georeferenced Information (manual).* Standards Committee of the Co-ordinating Committee of the National Land Information System.

Stonebraker, M., Sellis, T. and Hanson, E. (1986): An analysis of rule indexing implementations in data base systems. *Proceedings of the First International Conference on Expert Database Systems*, Charleston, SC, 353-364.

Strahler, A. H.(1980): The use of prior probabilities in maximum likelihood classification of remotely-sensed data. *Remote Sensing of Environment*, **10**, 135-163.

Strategic Mapping (1990): *Atlas Gis : Techniques of Map Making.*
Sui, D. Z. (1994): GIS and urban studies : positivism, post-positivism, and beyond. *Urban Geography,* **15**, 258-278.
Sui, D. Z. (1995): A pedagogic framework to link GIS to the intellectual core of geography. *Journal of Geography,* **94**, 578-591.
Tanic, E. (1986): Urban planning and artificial intelligence : The URBYS system. *Computer, Environment and Urban Systems,* **10**, 135-146.
Tang, A. Y., Adams, T. M. and Usery, E. L. (1996): A spatial data model design for feature-based geographical information systems. *International Journal of Geographical Information Systems,* **10**(5), 643-659.
Teitz, M. and Bart, P. (1968): Heuristic methods for estimating the generalized vertex median of a weighted graph. *Operations Research,* **19**, 1366-1373.
Theodossiou, E. I. and Dowman, I. J. (1990): Heighting accuracy of SPOT. *Photogrammetric Engineering and Remote Sensing,* **56**(11), 1643-1649.
Thomas, I. L., Benning, V. M. and Ching, N. P. (1987): *Classification of Remotely-Sensed Images.* Bristol, UK : IOP.
Tobler, W. R. (1964): *An Experiment in the Computer Generalization of Maps.* Technical Report No. 1, Office of Naval Research Task No. 389-137, Contract No. 1224(48), Office of Naval Research, Geography Branch.
Topfer, F. and Pillewizer, W. (1966): The principles of selection. *Cartographic Journal,* **3**(1), 10-16.
Toutin, T. and Beaudoin, M. (1995): Real-time extraction of planimetric and altimetric features from digital stereo SPOT data using a digital video plotter. *Photogrammetric Engineering and Remote Sensing,* **61**(1), 63-68.
Unwin, D. and Dale, P. (1989): An educationalist's view of GIS. in *The Association for Geographic Information Yearbook 1990,* New York : Taylor & Francis, 304-312.
Unwin, D., Blakmore, M., Dale, P., Healey, R., Jackson, M., Maguire, D., Martin, D., Mounsey, H. and Willis, J. (1990): A syllabus for teaching geographical information systems. *International Journal of Geographical Information Systems,* **4**, 457-465.
Unwin, D. and Maguire, D. (1990): Developing the effective use of information technology in teaching and learning in geography-the computers in teaching initiative center for geography. *Journal of Geography in Higher Education,* **14**, 77-82.
Unwin, A. (1994): REGARDing geographic data. in Dirschedl, P. and Osterman, R. (eds) *Computational Statistics.* Heidelberg : Physica, 345-354.
Unwin, A., Hawkins, G., Hofman, H. and Siegel, B. (1996): Interactive graphics for data sets with missing values-MANET. *Journal of Computational and Graphical Statistics,* **5**, 113-122.
Unwin, D. J. and Capper, B. (1995): *Professional Development for the Geographic Information Industry.* London : Association for Geographic Information.
van der Wel, F. J. M. (1993): Visualization of quality information as an indispensable part of optimal information extraction from a GIS. *Proceedings, 16th Conference of the International Cartographic Association,* May 3-9, Cologne, Germany, 881-897.
Vernez-Moudon, A. and Hubner, M. (eds)(2000): *Parcel-based GIS for Land Supply and Capacity Monitoring.* New York : John Wiley.
Wackernagel, H. (1995): *Multivariate Geostatistics : An Introduction with Applications.* Berlin :

Springer-Verlag.
Walsh, S. (1988): Geographic information systems : an instructional tool for earth science educators. *Journal of Geography,* **87** : 17-25.
Walsh, S. (1992): Spatial education and integrated hands-on training : essential foundations of GIS instruction. *Journal of Geography,* **91** : 54-61.
Walter, S. D. (1993): Visual and statistical assessment of spatial clustering in mapped data. *Statistics in Medicine,* **12,** 1275-1279.
Wang, S. and Lee, C. (1993): Extensions to Object-Oriented data models for GIS applications. in Lu, H. and Ooi, B. C. (eds) *GIS : Technology and Applications.* Singapore : World Scientific, 7-20.
Waters, N. M. (1999): Transportation GIS : GIS-T. in Longley, P. A., Goodchild, M. F., Maguire, D. J. and Rhind, D. W. (eds) *Geographical Information Systems 2 : Management Issues and Applications, Second Edition.* New York : John Wiley, 827-844.
Wilkinson, G. G. (1991): The processing and interpretation of remotely-sensed satellite imagery-a current view. in Belward, A. S. and Valenzuela, C. R. (eds): *Remote Sensing and Geographical Information Systems for Resource Management in Developing Countries.* Dordrecht : Kluwer Academic Publishers, 71-96.
Williams, J. (1995): *Geographic Information from Space : Processing and Applications of Geocoded Satellite Images.* Chichester : John Wiley.
Williams, P. A. and Fotheringham, A. S. (1984): The calibration of spatial interaction models by maximum likelihood estimation with program SIMODEL. *Geographic Monograph Series,* **7,** Department of Geography, Indiana University, IN, USA.
Wilson, J. P. (1996): GIS-based land surface/subsurface modeling : new potential for new model ? *Proceedings of the Third International Conference/Workshop on Integrating GIS and Environment Modeling.* National Center for Geographic Information and Analysis, Santa Barbara, CA. (CD-ROM)
Wismann, V. (1993): Oil spill detection and monitoring with the ERS-1 SAR. *Proc. Second ERS-1 Symposium-Space at the Service of our Environment.* Hamburg, Germany, ESA SP-361.
Witten, T. A. and Sander, L. M. (1981): Diffusion-limited aggregation : a kinetic critical phenomenon. *Physical Review Letters,* **47,** 1400-1403.
Worboys, M. F. (1995): *GIS : A Computing Perspective.* London : Taylor & Francis.
Wu, P. Y. and Franklin, R. (1990): A logic programming approach to cartographic map overlay. *Computer Intelligence,* **6**(2), 61-70.
Yeh, A. G-O. (1999): Urban planning and GIS. in Longley, P. A., Goodchild, M. F., Maguire, D. J. and Rhind, D. W. (eds) *Geographical Information Systems 2 : Management Issues and Applications, Second Edition.* New York : John Wiley, 877-888.
Zadeh, L. A. (1965): Fuzzy sets. *Information and Control,* **8**(3), 338-353.
Zhan, F. B. and Buttenfield, B. P. (1995): Object-oriented knowledge-based symbol selection for visualizing statistical information. *International Journal of Geographical Information Systems,* **9**(3), 293-315.
Zhang, Z. and Griffith, D. A. (1997): Developing user-friendly spatial statistical analysis modules for GIS : an example using ArcView. *Computers, Environment and Urban Systems,* **21**(1), 5-29.
Zorica, Nedovic-Budic (2000): Geographic information science implications for urban and regional planning. *Journal of the Urban and Regional Information Systems Association,* **12**(2), 81-93.

索　引

●──ア行

アイデンティティー　11
アーク　214
アーク環　339
アーク経路選定問題　217
アクセス器　379
アクセスの容易さ　348
アクセス法　359
圧縮法　392
アドレス　359
アドレス空間　387
アナログ　348
アナログ地図　248
網モデル　363
誤った位置合わせ　276
誤った仕様　33
誤った分類　271
アルゴリズム　121
アンダーシュート　425
アンブレラ検定　427

域　335
域鎖　339
域代表点　338
イクイマックス法　81
位相　335
位相関係　349
位相構造化　4
位相情報　339
位相操作　337
位相的の場の無矛盾性検定　428
位相的連結　339
位相保存　359
位置効果　20
位置誤差　418
位置正確度　415
1次的データ取得　2
1次微分　302
1-セル　430
1対1関連　365

1対多関連　365
一様交叉オペレーター　146
一貫性の制約　426
一般モラン係数　41
一方通行　216
遺伝子　142
遺伝的アルゴリズム　22, 142
移動平均　53
移動窓　226, 301
イプシロン距離　422
医療計画システム　241
入れ子型構造　373, 382
入れ子型データ　381
陰影起伏図　306
因子負荷量　80
因子分析　77
インスタンス　114
インターセクション　148
インターセクト　11
インターネット　313
インターネットGIS　99
インデックス　389, 432
インテリジェント交通システム　218
インテリジェントGIS　177
インテリジェント車両ハイウェーシステム　218
インパクト分析　183
インヘリタンス　114
引力モデル　13, 180

ウイルコックソンの適合ペア検定　179
後ろ向き推論　112
内側線分環　340
売り上げ　176
雲量　277

エッジ　259
エッジ強調　289
エッジ検出　289
エッジ構造　39

エッジ地図　289
エラーの累積　419
エリア　335
円形　388

オイラー方程式検定　426
黄色物質指数　264
横断　382
横断凹凸　305
オッズ比　145
オーバーシュート　425
オーバーフロー　413
オブジェクト　333, 374
　　──に基づく空間モデル　4
オブジェクトクラス　375
オブジェクト合成　377
オブジェクト識別子　376
オブジェクト指向　113
オブジェクト指向アプローチ　373
オブジェクト指向質問　384
オブジェクト指向知識ベースシステム　119
オブジェクト指向データベース　373
オブジェクト指向データモデル　8
オブジェクト指向モデリング　368, 378
オブジェクト指向モデル　7
オブジェクトタイプ　375
オブジェクトデータ　4
重みつき移動平均　53
織糸　434
オンスクリーンデジタル化　3

●──カ行

開アドレス法　387
下位型　368
回帰モデル　36, 194
階級間隔　66

索 引

階級境界 65
階級幅 68
階級分け 64
外形線 335
海上石油汚染のモニタリング 298
外挿 44
階層 337
階層型データベース 373
階層木 394
階層構造 373
階層法 76
階層モデル 363
解像度 418
解読性 373
カイ2乗値 232
概念データモデル 7
開発シナリオ 209
外部エリア 370
外部性の変数 33
開放度 286
買物流動データ 176
買物流動パターン 178
海洋石油流出分析システム 293
ガウス対比伸長 84
ガウスモデル 52
科学的可視化 91
鍵フィールド 385
拡散 24
拡散限定集積 170
拡散・漂流予測モデル 296
拡散・風化モデル 296
拡張実体関連モデル 368
拡張線分鎖モデル 354
確定的8ノードアルゴリズム 302
角度許容アルゴリズム 127
確率化 47
重ね合わせ操作 8, 11
重ね合わせレイヤー 11
可視化 91
可視圏地図 305
加重・評価法 206
加重平均 12
画素 3, 335, 340
画素値 84
画素データ 254
画像強調 256

画像グラフィックアプローチ 316
画像の重ね合わせ 11
画像分類 83
活性度 262
活動期間 411
課程の認可 328
カーネル 226, 259
カーネル推定法 153, 225
カバレッジ 312
カプセル化 376
可変格子 395
可変長フィールド 385
可変の地域単位 404
可変の地域単位問題 23
カルトグラム 13, 236
環境感度指数 295
関係データベース 366
関係データベース言語 384
関係表 366
関係モデル 7, 363
観察時間 402
緩衝圏 9
環状濃度階調 304
環状リスト 351
完全鎖 339
完全性 415
ガンマ分布 234
簡略化 60, 121
簡略化アルゴリズム 127
関連型 365
関連事例 365
関連用語 335

記憶量 348
幾何 335
幾何・位相空間オブジェクト 338
幾何・位相操作 337
幾何級数 68
幾何空間オブジェクト 338
幾何操作 337
幾何補正 276, 416
期間 401
希求線地図 215
記号化 60, 121
木構造 394
記号表現 61
擬似節点 425

規則データ 6
輝度値 255
機能性 374
キーフィールド 385
基本状態変化モデル 410
機密情報 225
機密性 225
逆距離補間 55
キャノピー特性 262
ギャリー比 29
キャリブレーション 177, 178
球形モデル 52
境界 340
境界関係 357
境界上関係 358
境界線 335
境界づけ機能 354
境界問題 24
業界標準 3
競合企業 185
競合店 176
教師エリア 268
教師つき分類 87, 275
行巡回 76
行順序づけ 390
共スペクトル矩形プロット図 271
行政地域 405
業績指標 181
強調 121
強調表示 91
共同型計画策定支援 199
共同型計画策定支援システム 201
共同型作業 199
協同型作業 199
共同型GIS 202
局所的定常性 37
局所定常地域化モデル 57
局地の最適解 22
局地の超過 155
局地的な空間関連 156
局地的不整合 34
局地的平均 58
局地的変動 226
局地的補間法 44
曲面モデリング 12
距離加重下降 302
距離加重平均アルゴリズム

索　引

131
距離尺度　60
距離測定　379
距離抵抗係数　178
近赤外　262
近接性　137, 215
近傍　50
近傍関係　349, 354
近傍処理　249
近傍処理ルーチン　126
近隣効果　20
近隣性　9
近隣分析　8

空間移動平均　260
空間オブジェクト　335
空間解像度　256, 276
空間過程　24
空間関係　10, 334, 382
空間関係探求法　21
空間関連規則　151
空間クラスター検出法　20
空間計画　185
空間決定支援システム　177
空間検索　8
空間構造　24
空間参照　312, 341
空間事象　332
空間実体　8
空間充塡曲線　390
空間周波数　259
空間情報　348
空間成分　58
空間相関誤差　37
空間属性　334
空間たたみ込みフィルタリング　259
空間的あふれ出し　32
空間的異質性　25, 92
空間的異常　58
空間的競争　34
空間的クラスター　20
空間的効率性　366
空間的コレログラム　30
空間的自己共分散　53
空間的自己相関　26, 28
空間的周期性　30
空間的従属性　36, 47
空間的衝突　137

空間的相互作用モデル　9, 176
空間的代理　20
空間的ターゲット　185
空間的探索条件　388
空間的問い合わせ　385
空間的範囲　226
空間的標準化　61
空間的分布傾向アニメーション　104
空間的隔たり　47
空間的変換　123
空間的変動　37
空間的補外　44
空間的補間　44
空間的隣接性　72
空間データ　7, 312
　　──の検索　387
　　──の標準化　332
空間データ交換　332
空間データ交換標準　334
空間データサーバー　312
空間データ組織　341
空間データ品質　332
空間データ文書　332
空間データ分析　17
空間データベース　7, 348, 364
空間データマイニング　151
空間データモデル　348
空間統計学　14, 17
空間パターン　34
空間パターン認識　21
空間フィルター地域　226
空間分割　399
空間分析　17
空間分析ソフトウエア　15
空間分類　19
空間変動　37
空間補間　9, 12
空間メタデータ　315, 340
　　──の標準　340
空間モデル　4
　　──の仕様　33
空間ラグ　30
クオーティマックス法　81
クオドトリー　394
矩形　388
矩形ブラシ　93
矩形分類法　87, 275
矩形領域　394

下り方向　214
くぼ地　308
クラス間総変動　71
クラス内総変動　71
クラスター　240
クラスター化　154
クラスター分析　12
グラフ位相モデル　349
グラム-シュミット逐次直交化　264
グランドトゥルース　268
クリアリングハウス　314
クリギング　45, 53
グリッドセル　340
グループウエア　201, 202
グレイスケール　304

計画策定　198
計画策定支援システム　199
経験ベイズ推定　234
傾向面　37
計算知能　141
形式的完全性　423
形式変換　415
継承　114, 377
形状の復元　348
形状パラメーター　234
計量革命　17
経路　216
経路選定問題　216
経路探索サービス　219
経路分析　9
欠測変数　33
検索　386
検索条件　388

光輝　306
高空間周波数　259
光合成活動放射　262
交叉　143
交叉オペレーター　146
交差　383
交差検定　426
交差地図　93
格子化　6
格子セル　340
格子点　335
格子ファイル　396
格子ファイル分割　412

473

高周波数フィルター 261
更新状況 345
高水準のデータ構造 357
交通GIS 211
交通状況 219
交通地図 219
交通抵抗 216
交通分析ゾーン 215
交通密度 220
勾配 283, 302
　——の変化率 304
勾配方向 304
勾配率 283
高分解能衛星画像 256
公平性 182
小売店立地分析 177
小売モデル 177
互換性 373
誤差項 36
誤差帯 422
誤差分散 54
誤差補正 416
誤分類 90
個体 142
誇張 125
コッホ曲線 164
固定格子 395
固定長フィールド 385
コバリオグラム 31
固有値 80
コレログラム 27
コロプレス地図 60, 238
コンセンサス形成過程 198
コンテクスト 249, 293
コントラスト強調 257
コントラスト伸長 257
コンパイル 415

● ——サ行

最近隣内挿法 287
再サンプリング 6
最小外接長方形 398
最小距離分類法 88, 275
最小-最大コントラスト伸長 258
最小費用経路 13
最小費用の最大化 218
最大距離 130

最大勾配 304
最大誤差 418
最大費用の最小化 218
最短距離経路 219
最短経路 12
最短時間経路 13, 219
最短路 215
最短路長 215
最短路分析 215
最適化 64
最適経路 13
最適分類 70
最適立地 13
最適路 216
再配列 276
再分類 6
再利用 373
細分 399
最尤距離 89
最尤推定 41
最尤分類法 89, 275
索引 389
索引づけ 398
索引ページ 398
削除 379
作成者の正確度 423
サーバント 114
サービス時間 216
座標・接続検定 426
サブクラス 368
左右関係 339, 349
左右線分鎖 349, 357
左右ポリゴン 357
三角形化 6
三角形不規則網 6, 301
残差 50
残差自己相関 38
3次元ジオプロセッシング 95
3次元視覚化 14
参照 341
参照一貫性 249
散布図 85
散布図ブラシ 93
散布度行列 36
ジオコンピュテーション 141
視界域 305
視覚化 248
視覚化技術 13

視覚変数 126
資格認定 328
時間 341
時間アニメーション 102
時間解像度 276
時間距離 214
時間計算量 386
時間GIS 414
時間情報システム 402
時間切片 408
　——のスナップショット 409
時間地理学 221
時間地理学シミュレーション 221
時間的可変性 216
時間的効率性 366
時間的成分 403
時間的制約 216
時間ブラシ 94
時間分解 411
色相 126
識別 341
識別子 364
支給率 182
時空間過程 61
時空間現象 408
時空間合成 411
時空間合成モデル 410
時空間システム 404
時空間的比較 105
時空間データへのアクセス法 411
時空間プリズム 221
時空間立方体 408
シグネチャー 83, 268
シグネチャー拡張問題 269
時系列分析 12
事件 408
シーケンシャルレコード 438
事後確率 90
自己共分散 49
自己相関 27, 49
自己相関指数 73
自己相似性 164
指示子 432
指示子フィールド 389
始終点 349
事象 312

索 引

——の自動抽出　117
事象結合　133
事象削除　133
事象時間　402
事象抽出　249
市場シェア　179
市場浸透　181
市場浸透率　182
市場の空白部　182
指数モデル　52
始節点　357
事前確率　90
自然な切れ目　68
自然な分類　60
子孫　394
実現　375
実験的セミバリオグラム　51
実体　333
　——のタイプ　345
実体オブジェクトの完全性　424
実体型　363
実体関連図式　365
実体関連モデル　363
実体実現値　363
実体事例　334, 363
実体属性関連モデル　364
実体タイプ　334
実体点　338
疾病地図作成　224
疾病地理学　224
疾病の発生率　236
疾病発生　224
質問　384
始点　129
時点　401
自動化地理学　326
シナリオ地図　185
四分木　394
尺度パラメーター　234
斜交回転　78
車線数　211
斜面方位　304
車両経路選定問題　216
車両自動位置システム　218
住所照合　225
終節点　357
集団　142
集団的意思決定　199

縦断凹凸　304
集中　240
終点　129
重複　369, 382
周辺状況　249, 293
集約　124, 378
集約オブジェクト　378
縮尺　120
縮尺係数　420
樹径　269
樹高　269
主成分分析　32, 77
出力形式　3
出力レイヤー　11
取得　415
巡回経路　216
巡回方向　393
瞬間視野　276
準拠誤差　419
準固定　366
順序つきファイル　386
順序つきファイル編成　386
順序なしファイル　385
順序なしファイル編成　385
順序フィールド　386
順序無矛盾性検定　427
順序連合　378
純利益　183
順レコード　438
順割り付け　359
仕様　375
上位型　368
状況依存の結果　25
常クリギング　53
商圏　176
条件検索　215
商圏人口　183
商圏バッファ　176
照準線地図　305
状態　374, 408
衝突行列　133
衝突検知　133
消費者支出　176
商品計画　185
商品ミックス　185
情報ネットワーク　312
除去　125
植生　254
植生指数　262

植生フロントライン　297
植物生産力　262
植物量　262
序数尺度　60
ショッピングセンター開発　187
処理時間　402
処理控え　402
シル　48
新規店　181
人口カルトグラム　238
人口特性　179
人工知能　141
新店舗　181
新店舗開店　177

水域　254
推移境界　106
水温　287
水深　283
水生植物　282
垂直距離　128
垂直距離アルゴリズム　126
推定誤差　53
推論　121
推論機構　111
数値-依存　376
数値地図50mメッシュ（標高）　300
数値地図2500　211
数理変換　415
スキャニング　250
ステップワイズ回帰モデル　194
ストリング　335
スナップショットモデル　409
スーパークラス　368
スパゲティーモデル　349
スピアマンの順位相関係数　179
スプライン　12
スペクトル解像度　277
スマートモデリング　22
スライド平均アルゴリズム　131
スリバー　351
スリバー問題　351

正確度　415

索 引

正規化植生指数 263
整合型作業 199
整合性 366
——の制約 364
正射投影変換 247
生成 379
生成器-削除器 379
静態システム 402
精度 415
正当な時間 401
生気候的循環 278
生物量 262
石油汚染 288
石油流出対応策 294
石油流出の自動検出法 289
接合点 338
接続 370
絶対位置 335
セット指向データベース 373
セマティックマッパー 254
セミバリアンス 47
セミバリオグラム 47
セミバリオグラム雲 51
セミバリオグラムモデル 52
セル 335
セル計数法 167
0次元空間オブジェクト 338
0-セル 430
線 335
全域的補間法 44
漸移帯 106
選挙区 217
線形回帰モデル 36
線形空間フィルタ 259
線形コントラスト強調 257
線形探索 386
線形ドリフト 50
線形の時間計算量 386
線形補間 12
線形要素の抽出 117
線形リスト 359
全国空間データ基盤 313
線種 214
線図 357
染色体 142
選択 60, 142
先頭 359
線分 338
線分環 335

線分鎖 339
線分鎖環 339
線分鎖/点辞書モデル 349
線分列 335
専門の発達 328
戦略計画 249

素 369
——の重ね合わせ 411
相違量 273
相関行列 271
操作 8
操作手続き 374
総相対誤差 179
相対位置 335, 359, 360
相対位置関係 337
相対危険度 234
双対 356
双対時間 402
総描 120
総描アニメーション 103
総描オペレーター 121
粗売り上げ額 187
属人統計 318
属性型 363
属性正確度 415
属性値 334, 364
属性データ 7, 214
属性の完全性 424
属地統計 318
測定尺度 118
外側線分環 340

●——タ行

ダイアグラム 357
大域的最適解 23
大気減衰 278
大気条件 277
大気補正 416
体積データモデル 95
タイル索引 390
対話的地図作成 312
ダグラスの簡単化アルゴリズム 128
多形態 378
ターゲット回転 81
多項式 339
多重共線性 32

多重スペクトル走査計 254
多スペクトル分類 83
多対多関連 365
正しく分類されたパーセント 422
たたみ込みマスク 259
達成指標 242
タッセルドキャップ係数 265
タッセルドキャップ変換 264
多辺形 335
多辺形リスト 339
探索 8
探索キー 386
探索空間データ分析 92, 225
探索時間 386
探索値 387
探索的地理分析 18
探索データ分析 15, 18, 91
探索範囲 386
端点 335, 338
短レンジ成分 58

地域 335, 369
地域化 47
地域化値 46
地域化変数 44
地域境界 106, 215
地域計画策定システム 241
地域四分木 394
地域集計単位 23, 224
地域設定 217
地域単位 404
地域単位網 19
地域的関連 348
地域データ 228
地域範囲 345
地域分類 148
チェーン 339
チェーン符号 393
地球観測衛星 254
地球統計学 44
地球統計技法 12
地区設定 13
地形図 299
地形図作成 3
地形データモデル 300
地形の凹凸 304
地形分析 299
知識の種類 109

索引

知識表現 113
知識ベース 110
知識ベース GIS アプローチ 108
知識ベースシステム 109
地上空間解像度 269
地図アニメーション 102
地図学的抽象化 60
地図構成要素 357
地図作成機能 13
地図時間 408
地図シンボル 118
地図設計 116
地図総描 120
——の自動化 14, 120
地図データ 312
地図の重ね合わせ 11
地図の自動作成 14
地図の投影法 4
地図表示 108
地点誤差 70
地点データ 225
地表被覆率 262
地表面流水モデリング 307
地物 332
地名の自動配置 14
地名配置 116
中央値 228
中間ページ 432
中心軸変換 393
超高解像度衛星画像 256
頂点 359
頂点代入 73
長レンジ成分 58
直交回転 78
直後の要素 359
直前の要素 359
直線勾配 302
直線分 335
直和 402
散らし編成法 386
地理オブジェクトアプローチ 316
地理事象 332, 431
地理情報科学 323
地理情報産業 328
地理人口システム 19
地理説明機械 157
地理相関 156

地理相関説明機械 155
地理相関探求機械 19
地理総描 121
地理的位相関係 237
地理的可視化 91
地理的監視 225
地理的コード化 224
地理的集中 157
地理的層化 269
地理的相関 93
地理的秩序 32
地理的分布 32
地理データ 381
地理データマイニング 151
地理ブラシ 94
地理ブラッシング 93
地理分析機械 19, 152

ツアー 216

低域フィルター 259
定義域 364
低空間周波数 259
定形要素 340
低周波数フィルター 259
低水準のデータ構造 357
定性的分類 61
ティーセンポリゴン 10
定量的分類 61
テイル 359, 438
ディローネイ三角形化 137
適合度関数 142
適合度統計量 178
デジタイザー 3
デジタル 348
デジタル化 3
デジタル化補正 416
デジタル正射画像 247
デジタル正射写真 247
デジタル正射写真コンソーシアム 252
デジタル地形モデル 249, 301
デジタル標高モデル 95, 300
データウエアハウス 149
データが豊富な環境 17
データ空間 412
データ源 415
データ検索 8
データ交換ソフトウエア 314

データ構造 348
データ辞書 340
データ出典 415
データ処理 4
データ処理補正 416
データディスカバリー 151
データの完全性 423
データの縮約 77
データの出典 345
データの取得 2
データの洗浄 149
データの蓄積 7
データの統合 4
データ品質 341
データベース 363
——における知識発見 150
——のスキーマー 340
データベース無矛盾性検定 426
データマイニング 148
データモデル 348
データ量 345
テッセレーション 33
デーモン 114
点 335
——の条件 388
——の問い合わせ 388
点オブジェクト 395
点辞書モデル 349
点四分木 396
転位 121
——のアルゴリズム 132
——の波状効果 136
転位オペレーター 136
転位階層 133
天空被覆度 269
転向 187
伝播過程 24
店舗開発 183
店舗販売額 194
店舗網 181

問い合わせ 341, 385
統一理論 138
等間隔 64
等級更新 379
等級法 192
統計総描 121
統計地図 318

索引

等高線 299
等高線間隔 299
等高線自動描画 340
同時自己回帰モデル 39
導出 415
動態的地図 220
動態的データ 396
動態分節化 214
等度数化 258
等分シェア法 176
等密度地図 237
道路距離 214
道路状況 219
道路属性 211
道路中心線 211
道路長 216
道路幅員 211, 214
道路付帯施設 211
道路分節 214
道路網 211
道路網データ 211
特異値 33
特殊化 368
特徴空間 271
特徴空間プロット図 271
特徴選択 271
得点尺度 206
都市・地域計画 197
都市モデル 202
土壌 287
土壌輝度指数 264
土壌水分条件 278
土地情報システム 406
土地被覆 117, 267
土地被覆分類 267
土地利用の需要予測 207
土地利用の適合性 205
突然変異 143
ドットプロット 91
共倒れ 183
トライ構造 397
ドリフト 50
トレーニングエリア 268

●──ナ行

内挿 44
内部域 340
内容探索 9

ナゲット効果 31, 52
ナゲット効果モデル 52
名札点 338
2次元空間オブジェクト 340
2次元順序づけ 390
2次元たたみ込みフィルタリング 259
2次的データ取得 3
2次ドリフト 50
2次微分 304
2次隣接ペア 30
2-セル 430
日照 306
日照量地図 307
二分木 394
二分探索 386
二分探索木 394
2分類地図 305
2変数地図 92
入力形式 3
入力レイヤー 11
任意 366
　──の分類 60

根 394, 432
根つき木 399
根節点 394
ネットワークデータ 4
ネットワークデータベース 373
ネットワークに基づく空間モデル 4
年齢別構成 228

ノード 214
上り方向 214
ノンパラメトリック分類法 87

●──ハ行

葉 394, 432
バイオマス 262
背景多辺形 337
背景地域 337
背景地図 248
背景ポリゴン 354
配置行列 29
配置分析 309

バイナリー数 433
バイナリー地図 305
ハイブリッドGIS 249
配分シナリオ 208
配分順位 208
配列 357
バケット 395
場所の要因 190
パス位相モデル 349
外れ値 87, 228
パターン検出器 155
バーチャル環境 98
バーチャルGIS 99
バーチャルリアリティー 98
発見法アルゴリズム 73
ハッシュ関数 386
ハッシュファイル 386
ハッシュファイル編成 386
バッファ 9, 215
バッファ分析 176
パラメーター 121
パラメトリック分類法 88
バランスのとれた木 432
バリオグラム 31
バリマックス法 81
範囲検索 398
範囲探索 390
範囲の条件 388
範囲の問い合わせ 388
汎化 368
パンクロマチック 255
半径法 169
バンド幅 226
バンド比 262
販売区域 217
販売予測 176, 183
反復最尤法 42
反復の循環推定法 40
半分散 47
半没入関係 99

ピアノキー 392, 433
被害の推定方法 297
非空間関係 334
非空間属性 334
非空間的問い合わせ 385
非空間データ 151
非時間アニメーション 102
非重複制約 147

索　引

非線形コントラスト強調　258
ピクセル　3,340
飛行アニメーション　104
ヒストグラム　91
左線分鎖　357
左部分木　394
ビット列　392
表意的分類　61
標高　299
標高データ　299
標高データ行列　301
標準化死亡率　228
標準偏差　64,418
標準用語　335
表面勾配　303
漂流モデル　296
漂流油　297
比例尺度　60

ファイル構造　348
ファイルの物理的設計　358
ファイルの論理的設計　358
ファジー境界　161
ファジー集合　159
ファジー探索　162
フィーチャー　312,332
フィッシャー/ジェンクス反復法　64
フィールド　385
　　――に基づく空間モデル　4
フェッチ　286
付加手続き　114
不規則データ　6
複雑多辺形　340
節　432
節点　4,214
　　――の欠損　425
不正な地区分割　34
物理的位置　359,360
物理的データベースの設計　363
部分地域　369
プライバシー　225
フラクタル次元　164
フラクタルパターン　163
フラクタル理論　163
ブラシ　91
ブランド力　179
フレームシステム　113

不連続地域カルトグラム　237
ブロック符号化　393
分位数　64
分解　125
分割規則　87
分割法　412
分岐数　394
分光シグネチャー　254
分光特性　268
分光反射率　254
分光反射率曲線　262
分散　33
　　――の異種性　33
分散-共分散行列　271
分散不均一性　33
分散累積理論　420
分離度　271
分類　60,121
　　――の精度　72
分類アニメーション　103
分類アルゴリズム　275
分類行列　422

平滑化　121
平滑化アルゴリズム　131
平滑化フィルター　260
平均勾配　302
平均誤差　54
平均支出額　183
平均2乗誤差の平方根　276,418
平均費用の最小化　218
平均フィルター　260
併合　121
　　――のアルゴリズム　132
併合規則　87
ベイズ決定規則　90
ベイズ分類法　90,275
ベクトル化　3,6
ベクトル形式　214
ベクトル地図　248
ベクトルデータ　4
ベクトルモデル　7,348
ベースライン地図　185
ヘッド　359,438
ベッド利用率　246
偏位修正　247
変化　407
変化検出　280

変化検出行列　279
変化検出地図　280
変化検出法　276
変換器　379
変換植生指数　263
変換相違量　274
編成法　358

ポアソン・カイ2乗地図　232
ポアソン分布　224,234
ポアソンモデル　232
ボイルのアルゴリズム　132
ポインター　432
ポインター構造　357
ポインターフィールド　389
包囲　382
包含　382
包含アルゴリズム　399
包含関係　349
方向性　338
方向符号　393
放射測定解像度　277
豊富なデータの世界　323
補間技法　6
ボクセル　392
補正　416
ボックス計数法　167
ボックスプロット　91,231
ホットスポット　221
没入関係　99
ポリゴン　335
　　――の交差　11
ポリゴン境界の検索　348
ポリゴン境界の検索問題　349
ポリゴン連鎖法　427
ポリモーフィズム　378
ボロノイ図　10

●――マ行

前向き推論　111
巻き戻しシステム　402
末尾　359
マルチスペクトル　255

右線分鎖　357
右部分木　394
密度分割　84
魅力度　177

480　索　引

無矛盾性規則　426

明暗の度合い　126
名目尺度　60
メソッド　114, 375
メタ知識　110
メタデータ　315, 340
メタデータサーバー　312
メタデータ参照　341
メッシュ　340
メッセージ　375
メディアン　228
メンバーシップ関数　159

網鎖　339
モデルの完全性　423
モデルの精度　179
モデルの特定化　178
モラン係数　29

● ── ヤ行

融合　125
有向アーク　370
有向木　399
有向リンク　339
ユニオン　11, 148
油膜　289

用地計画　249
用地選定　190
用地の要因　190
用地評価　190
用地評価モデル　194
葉面積指数　262

● ── ラ行

ラグランジュ乗数　54
ラジオメトリック解像度　277
ラスター化　6
ラスター画像　214
ラスター型GIS　300
ラスター形式　249
ラスタースキャナー　3
ラスターデータ　4
ラスターモデル　7, 348
裸地　254
ラプラシアン　304

ラベル点　4, 338
ラングの簡略化アルゴリズム　127
ランダムアクセス割り付け　359
ランレングス符号化　393

利益の最大化　218
離散空間　44
離散的オブジェクト　6
離散変数　401
離散量　348
リサンプル　276
リージョン　335
リスト　357, 433
リッジ回帰分析　32
立体モデル　14
立地-配分モデル　13
立地-配分問題　218
立地問題　13
リーフページ　432
リモートセンシング　254
リモートVR　99
流域　310
流域形状　251
流域設定　310
流出重油の境界情報　294
流通　341
流動行列　215
流動追跡アルゴリズム　310
流路決定　308
利用者の正確度　423
緑色植生指数　264
履歴　415
リレーショナルデータベース　366
リレーション　366
リング　335
リンク　339
リンク環　339
リンク割り付け　359
隣接関係　349
隣接性　10, 137, 338
　　　── の重みづけ　74
隣接ペア　30

ルート　216, 394
ルート頂点　359, 360
ルートページ　432

レイヤー　4, 312
歴史システム　402
レコード　385
レコード指向データベース　373
連結性　10, 338
連合　378
レンジ　48
連接地域の制約　143
連接的結合　30
連続空間　44
連続地域カルトグラム　237
連続的オブジェクト　6
連続変数　401
連続量　348

ログ　402
論理的データベースの設計　363
論理的無矛盾性　415
論理データモデル　7

□ ── 欧文

κ　423
AI　141
AML　15
Arc/Info　314
ArcView　321
ASAR　288
Avenue　321
AVHRR　263
AVLS　218
B木　398, 432
Bスプライン　339
CCT　255
CI　141
clip　12
DEM　95, 300
DIMEファイル　354
DLA　170
dpi　250
DTM　249
DXF　3
e00　3
EGA　18
E-Rモデル　364
ERS　288
ESI　295

索　引

FGDC 340	MC 29	RMS誤差 276
FTPサーバー 313	MGE 3	RMSE 418
GA 22, 142	MIF 3	SAR 39
GAオペレーター 145	ML 41	SAS 15
GAM 19, 152	Morton行列アドレス 392	SBI 264
GCEM 19, 155	Morton順序 391	SD 418
GEM 157	MSS 254	SDTS 334
GIF 3	MVN 40	SMR 228
GIS教育 325	NAA表現 370	S-PLUS 15
GISコース 325	NDVI 263	SPOT 254
GISシミュレーション 202	NIST 334	SQL 384
GISの機能性 2	NOAA 254	TAZ 215
GIS-T 211	p-センター問題 218	TIFF 3, 249
GMAP社 179	p-メディアン発見法 73	TIGER 429
GMC 41	p-メディアン問題 218	TIGERファイル 357
GR 30	PA 255	TIN 6, 95, 301
GVI 264	PAR 262	TM 254
HFF 261	PCC 422	TransCAD 214
HRV 255	Peano走査 390	TVI 263
IFOV 276	Peano-Hilbert曲線 391	union 11
intersect 11	Peano-Hilbert順序 391	update 11
is-a階層構造 114	POLYVRTモデル 354	VR 98
ITS 218	POS 148	VRMLビュー 100
IVHS 218	PSS 200	VRMLモデル 100
JPEG 249	Qモード因子化 77	Web地図作成システム 316
KDD 150	Qモード因子分析 32, 77	Web地図作成ソフトウエア 312
LAI 262	R木 398	Web統計地図 318
Landsat 254	R$^+$木 399	What if ? 202
LFF 259	Rモード因子化 77	XS 255
MAUP 24	Rモード分析 77	YVI 264
mbb 398	Radarsat 288	

資 料 編

―― 掲載会社索引 ――
（五十音順）

- NTT情報開発株式会社 …………………………………………… 1
- GMAPコンサルティング株式会社 ……………………………… 2
- 有限会社ジャスミンソフト ……………………………………… 3
- 東京ガス・エンジニアリング株式会社 ………………………… 4
- ドコモ・システムズ株式会社 …………………………………… 5
- 日本ユニシステム株式会社 ……………………………………… 6
- 株式会社パスコ …………………………………………………… 7
- MapOffice ………………………………………………………… 8
  アイシーエヌ㈱／㈲アドラック／インフォネット㈱／オフィスメーション㈱／㈱ジェー・ピー・エス／㈲ジオ・ワーク／㈱シーガル／㈱シーリンコミュニケーションズ／日本デジタルメディアマネジメント㈱／㈱バーテックシステム／㈱ビジネスサービス／㈱ビジネス総研／㈱ユー・ディ・エス
- 三井造船システム技研株式会社 ………………………………… 9

タウンページデータベースのNTT情報開発

タウンページデータベース

マッピングに、トッピング!?

タウンページ・データベース (T.P.D) を加えて、ワンランク上のマッピングシステムに!

〈タウンページ・データベース〉は、マッピングシステムとの相性もバッチリ。統計データ、自社データ等とのMAP上での組み合わせも自由自在で、商圏分析、出店計画などでの顧客の分布把握等にも幅広く活用できます。

たとえば、マーケティングに活用できます!

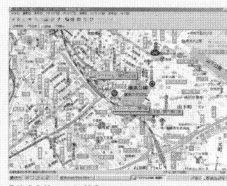

ライバルとなる特定業種だけを抽出。自社データと組み合わせて、出店エリアや営業エリアのマーケティングに活用できます。また、ライバル店の件数を、市区町村単位で表示することも可能です。

©株式会社アルプス社「GEO Atlas2000」

たとえば、顧客開拓に活用できます!

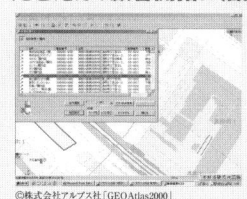

〈タウンページ・データベース〉によって、電話番号・漢字名称・住所・業種分類・郵便番号までわかるので、マッピングシステムと組み合わせれば、顧客開拓などにも活用できます。

©株式会社アルプス社「GEO Atlas2000」

お問い合わせ
資料請求は
お気軽に!

0120-181352
受付時間／午前9:00～午後5:00 (月～金)
※土、日、祝日、年末年始 (12月29日～1月3日)は休業とさせていただきます。
E-mail info@tp.nttbis.co.jp

NTT情報開発株式会社

本　　社 〒101-0051 東京都千代田区神田神保町2-4 九段富士ビル8F
大阪支店 〒531-0072 大阪府大阪市北区豊崎3-17-21 NTT豊崎ビル5F

http://www.nttbis.co.jp

無料見積実施中!
タウンページデータベースについてはホームページでもご覧いただけます。

先端の立地戦略

MICROVISION

NEW PETROL STATION

GMAPコンサルティングは、「MICROVISION」を用いた市場情報と予測モデルによるソリューションを提供します。本書の12章では、GMAPで利用している予測モデルが論じられています。

MICROVISION のイメージ

「MICROVISION」は、小売業、石油関連業、金融・不動産業、自動車ディーラー等のクライアントに対し、常に変化し続ける市場において、並ぶもののない市場分析能力を発揮し、あなたのビジネスを優位に運びます。

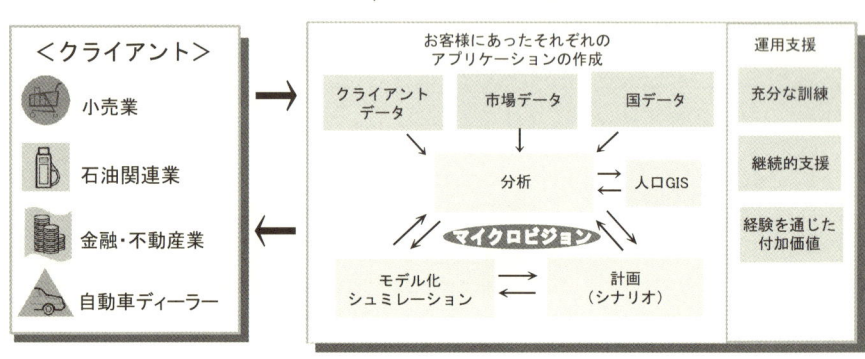

〈クライアント〉
- 小売業
- 石油関連業
- 金融・不動産業
- 自動車ディーラー

クライアントデータ → 市場データ → 国データ
↓
分析 ⇄ 人口GIS
↓
マイクロビジョン
↓
モデル化シュミレーション ⇄ 計画（シナリオ）

運用支援
- 充分な訓練
- 継続的支援
- 経験を通じた付加価値

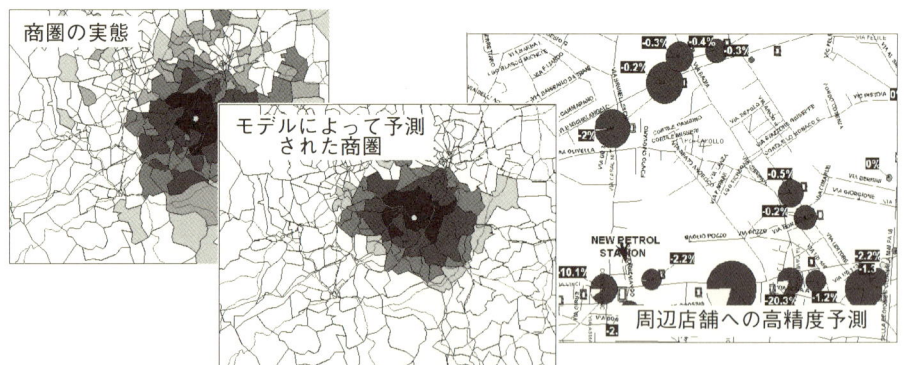

お客様にあったそれぞれのアプリケーションの作成

商圏の実態

モデルによって予測された商圏

NEW PETROL STATION

周辺店舗への高精度予測

GMAP consulting ジーマップコンサルティング

〒156-8550　東京都世田谷区桜上水3-25-40　日本大学文理学部地理情報分析室
TEL 03-3304-2051／FAX 03-3304-2063

統合型GISを実現する地理情報クリアリングハウス

GEO Catalog

Release 2.3

「GEO Catalog」は、国土交通省国土地理院が提唱する地理情報標準仕様に対応した地理情報クリアリングハウスです。
「GEO Catalog」は、統合型GISの実現に必要な地理情報メタデータの検索、登録、管理機能を提供します。

● GEO Catalogコンポーネント一覧

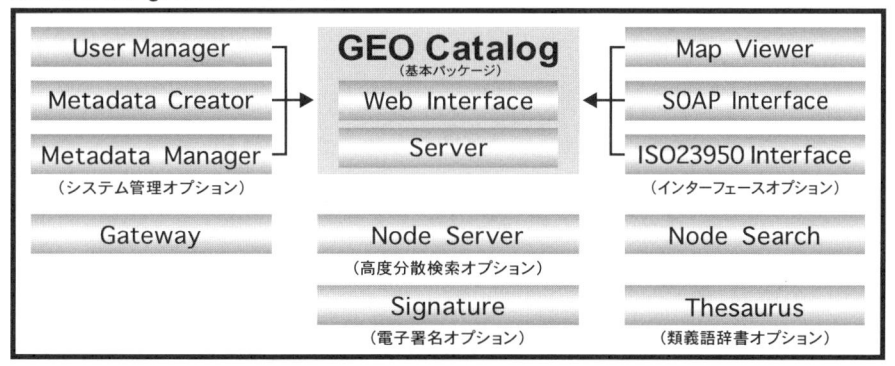

User Manager	**GEO Catalog**（基本パッケージ）	Map Viewer
Metadata Creator	Web Interface	SOAP Interface
Metadata Manager	Server	ISO23950 Interface
（システム管理オプション）		（インターフェースオプション）
Gateway	Node Server（高度分散検索オプション）	Node Search
	Signature（電子署名オプション）	Thesaurus（類義語辞書オプション）

● 仕様

	GEO Catalog
ベースOS	Microsoft Windows NT Server 4.0 / NT / 2000 / XP, Linux 2.2/2.4, Solaris 2.6/7/8
対応メタデータ	XML 形式で表現された地理情報標準メタデータ（JMP1.1a以上）
必要ソフトウェア	Java2（JDK1.3.1以上）
CPU	Pentium III（500MHz）相当以上
メモリ	128MB以上
ディスク	100MB以上

JasmineSoft

有限会社 ジャスミンソフト
〒904-2234 沖縄県具志川市州崎5-1　TEL 098-921-1588　FAX 098-921-1582
E-mail info@jasminesoft.co.jp　　URL http://www.jasminesoft.co.jp/

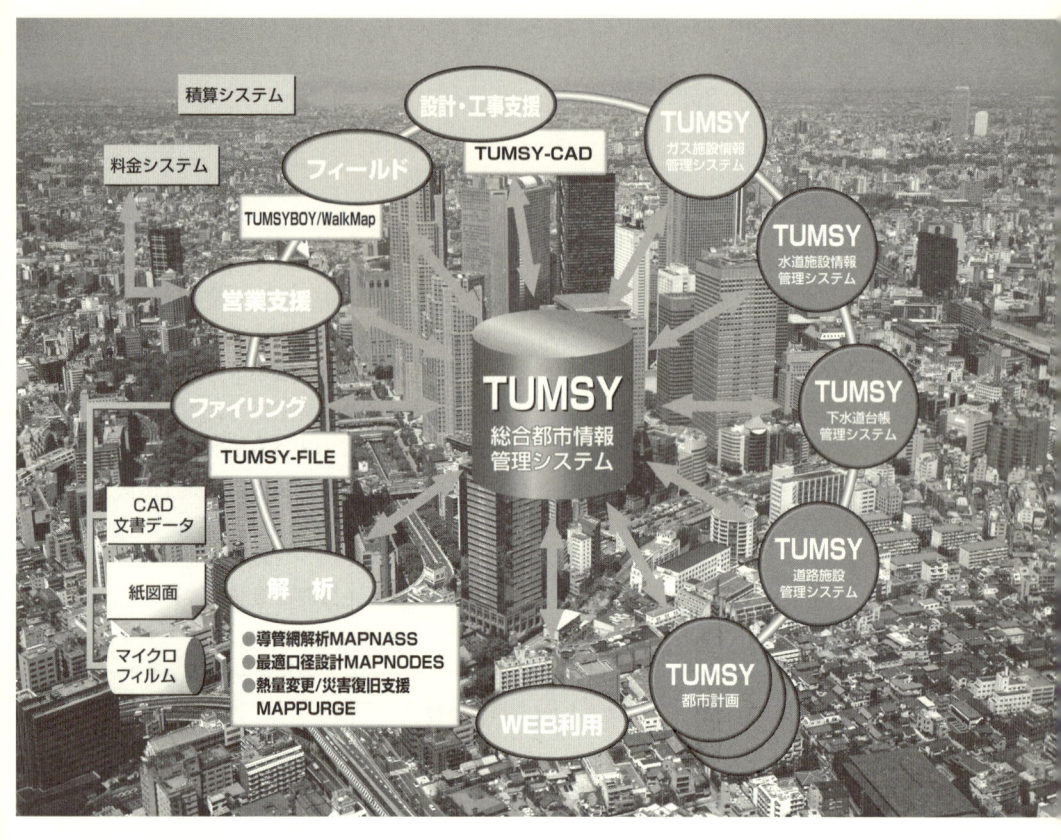

信頼のマッピング&ファイリング
TUMSY

豊富な運用実績をもとに、多彩な機能を搭載したTUMSYは、「使える」システムとして、PC一台の小規模システムから、クライアント/サーバ方式の大規模システムまで、お客様のご希望に合わせたシステムが構築できます。また、イントラネットによる検索、作業現場でのモバイル端末利用や、市販の地図データ利用した安価なデータ構築、設備データを市販のワープロ・計算ソフトに出力など、幅広い対応が可能です。

●携帯端末 Walk Map

基本ソフトTUMSYに基づき、各種業務に対応する豊富なアプリケーションを用意。
●ガス施設情報管理システム
●水道施設情報管理システム
●下水道台帳管理システム
●道路施設管理システム

適応可能分野
●ガス、上水道、下水道、電力、通信 ●官公庁、自治体
●金融、商業、流通 ●建築、不動産

TGE 東京ガス・エンジニアリング株式会社

〒163-1018　東京都新宿区西新宿3丁目7番1号　新宿パークタワービル18F
TEL.03-5322-7517　FAX.03-5322-7527　http://www.tge.co.jp

NTT DoCoMo

自治体様向けWebGIS

DoCoMap

Webにより庁内での地図コンテンツ流通・庁外への情報公開を実現

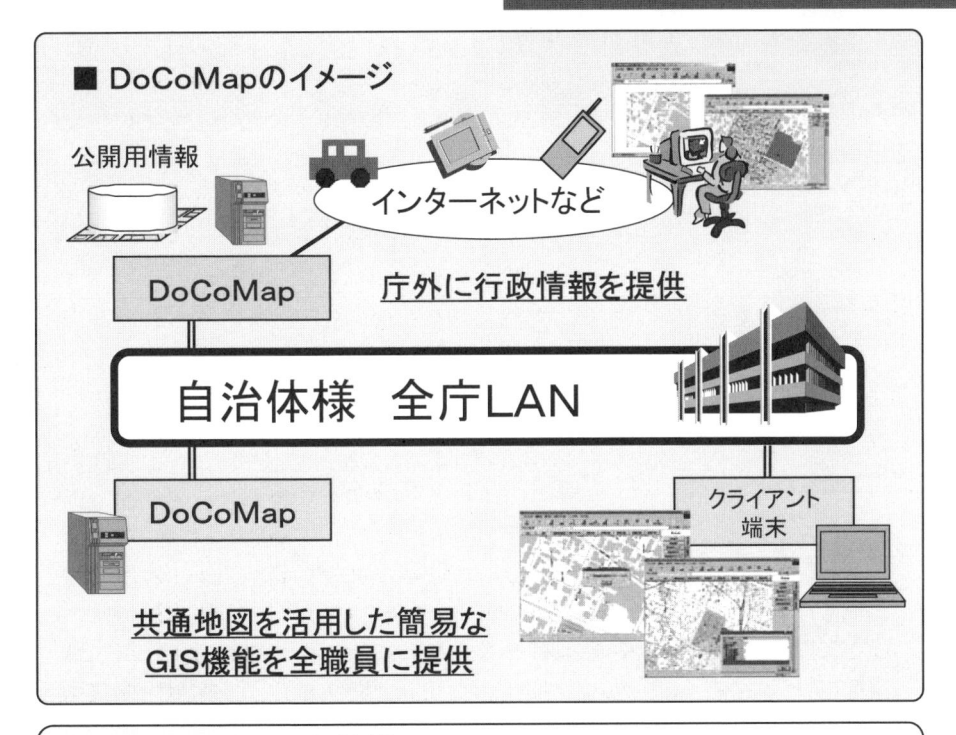

■ DoCoMapのイメージ

公開用情報
DoCoMap
庁外に行政情報を提供
自治体様　全庁LAN
DoCoMap
クライアント端末
共通地図を活用した簡易な
GIS機能を全職員に提供

■ DoCoMapの主な特徴

◆ 地図配信と簡易なＧＩＳ機能を日常的に提供するＷｅｂＧＩＳ情報流通プラットフォーム
◆ 最新のモバイルＧＩＳ技術により、通信環境とセキュリティーに配慮した情報公開システムをご提供

ドコモ・システムズ株式会社

http://www.docomo-sys.co.jp

都市情報システム事業部　営業部
〒141-0031東京都品川区西五反田4-31-18
TEL:03-3490-6672　FAX:03-3490-6169
e-mail　info-map@docomo-sys.co.jp

NUS
NIHON UNI SYSTEM

Agriculture Geographic Information System for 21Century

利用システム
作業受託システム
生産調整システム
振興作物システム
経営体育成システム
農振業務システム
直接支払システム
園地診断システム

MAPPING SYSTEM

営農支援マッピングシステムの
リーディングカンパニー

A・GIS 21

● お問い合わせおよび資料のご請求先

NUS NIHON UNI SYSTEM **日本ユニシステム株式会社**
〒102-0072　東京都千代田区飯田橋2-1-10 TUGビル
TEL 03(3221)0811(代表)　FAX 03(3221)0899
e-mail info@uni-net.co.jp　URL http://www.uni-net.co.jp

測量・計測技術、コンサルティング技術、システム技術を融合
地理情報を基軸とした新情報サービス
を創出し、全く新しい最適なソリューションをご提供します。

パスコホームページでは最新の情報を発信しています。是非、アクセスしてください。

http://www.pasco.co.jp

GISによる新しい経営戦略

営業現場から企業経営まで、
様々なビジネスシーンをサポート

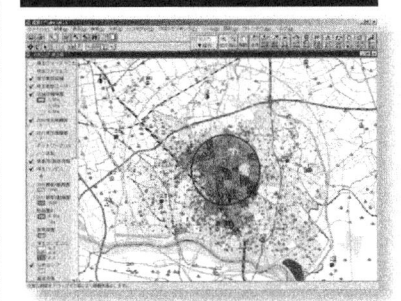

お客様、店舗、物件の位置や統計データなど、企業の戦略に欠かすことの出来ない情報をGISで一括管理、多角的な分析を可能にします。的確なお客様サービスの実現、様々な角度からのエリアマーケティングなど、企業活動をバックアップします。

地図をベースに電子自治体実現を支援

業務効率化から住民サービス向上まで、
行政業務をトータルサポート

地図をベースに庁内の情報を管理、共有することにより業務の効率化、スピードアップを実現します。また、住民へはインターネットGISにより分かり易く情報を公開することが可能です。GISを基盤に行政、住民の双方向コミュニケーションを実現します。

■ソリューションを支えるGISスタンダード

Arc GIS ESRI

世界標準となる米国ESRI社のGIS製品の販売、サポートをはじめ、ESRI製品を使用したソリューション開発、提案を行っております。

株式会社パスコ

〒153-0043 東京都目黒区東山1-1-2　電話:03-3715-1615
URL http://www.pasco.co.jp　E-mail:webmaster@pasco.co.jp

勝つためのGIS
エリアマーケティング・パートナー。
私たちにお任せください。

ステップ・バイ・ステップで無理なく
本格的ビジネスGISを実現する
地域密着型Map Office。
地図データも統計データも
ポイントデータも私たちがご用意します。

Step5 本格的ビジネスGISを開発・構築・利用
Step4 カスタマイズGISを構築・利用
Step3 業種特化型の簡単GISの利用
Step2 ASPの利用
Step1 アウトソーシングサービス

GISマーケティングをビジネスGISコーディネータがサポート。
● あなたの求める戦略マップを簡単出力サービス。
● あなたの業務に合った簡単GISの提供。
● あなたの会社の求める本格的ビジネスGISの提案まで。

Map Office
GISマーケティング専門店

私たちMapOfficeでは、一般的に難しいと思われがちなGISを身近なものに致します。いきなり本格的ビジネスGISを構築するのではなく、ステップ・バイ・ステップにより、無理なく本格的ビジネスGISを構築することができます。

あなたと一緒になってステップbyステップで構築

アイシーエヌ株式会社
ユーザー管理・販売戦略をビジュアルにお手伝い。
〒080-2469 北海道帯広市西19条南3丁目1-1 レインボーヴィレッジ2F
TEL.0155-34-1000 FAX.0155-38-2373
http://city.hokkai.or.jp/~icn/

日本デジタルメディアマネジメント株式会社
顧客をMapに取りこむと、戦略が見えてくる…。
〒063-0823 札幌市西区発寒3条6丁目10番25号 3・6ビル
TEL.011-667-3300 FAX.011-667-1800
http://www.whitecity.ne.jp/

インフォネット株式会社
実践的Map戦略をコンサルティングサポート。
〒003-0801 札幌市白石区菊水1条3丁目1番5号 メディア・ミックス札幌5F
TEL.011-833-3201 FAX.011-833-3205
http://www.infornet.co.jp/

株式会社ビジネスサービス
青森県の商圏分析できます。よろしくお願いします。
〒030-0801 青森市新町2-6-29 新角弘ビル3F
TEL.017-773-1315 FAX.017-777-3262
http://www.kbs-web.com

株式会社シーガル
三多摩地域の商圏・特性分析サービスの拠点！
〒192-0085 東京都八王子市中町5-1 八王子中町ビル6F
TEL.0426-25-9960 FAX.0426-25-3026
http://www.seagull.co.jp

有限会社アドラック
創業する・地域一番店を目指すあなたをサポートします。
〒401-0012 山梨県大月市御太刀1-9-22
TEL.0554-21-2100 FAX.0554-21-2101
http://www.addluck.co.jp/

株式会社ビジネス総研
GISで貴社のエリアマーケット戦略を支援します。
〒390-0875 長野県松本市城西2-5-12
TEL.0263-39-2800 FAX.0263-34-0020
http://www.bsouken.co.jp

有限会社 ジオ・ワーク
東海地域の戦略ビジネスパートナーとしてサポート。
〒510-0812 三重県四日市市西阿倉川1479-25
TEL.0593-33-3789 FAX.0593-33-3821
http://www.geowork.co.jp/

株式会社シーリンコミュニケーションズ
「GISって何？」からサポートさせて頂きます。
〒532-0033 大阪市淀川区新高1-8-41 西菱ビル
TEL./FAX.06-6392-1322

オフィスメーション株式会社
応援します！
九州のMapソリューション。
〒812-0011 福岡市博多区博多駅前2-11-22-804
TEL.092-412-2110 FAX.092-412-3562
http://www.nagasaki-om.co.jp

Map Office事務局

本部
株式会社ジェー・ピー・エス
〒103-0012 東京都中央区日本橋堀留町1-2-15 第3朝日ビル3F
TEL.03-3664-3772 FAX.03-3664-3869
http://www.jps-net.com/

システム担当
株式会社バーテックスシステム
〒112-0002 東京都文京区小石川5-2-2 小石川古久根ビル7階
TEL.03-5689-9898 FAX.03-5689-9705
http://www.vertexsys.co.jp/

広報・企画担当
株式会社ユー・ディ・エス
〒106-0031 東京都港区西麻布1丁目3番2号
TEL.03-3479-7412 FAX.03-3479-6359
http://www.uds.co.jp/

MSR GIS Total Solutions

GIS関連全般を技術・経験・信頼で強力サポート！

◆ 日本での導入実績豊富な MapInfo プロダクト！
◆ 豊富な地図／統計データ！
◆ MapInfo 応用パッケージソフトウェア！

Map SI
- エリアマーケティングシステム
- 自治体向け地図応用システム
- CRM アプリケーション
- Web／モバイル GIS
- 設備、環境、防災関連システム
- 配車計画から車輌動態監視まで輸配送関連システム
- SCM アプリケーション
- コンサルティング、システム設計・製作

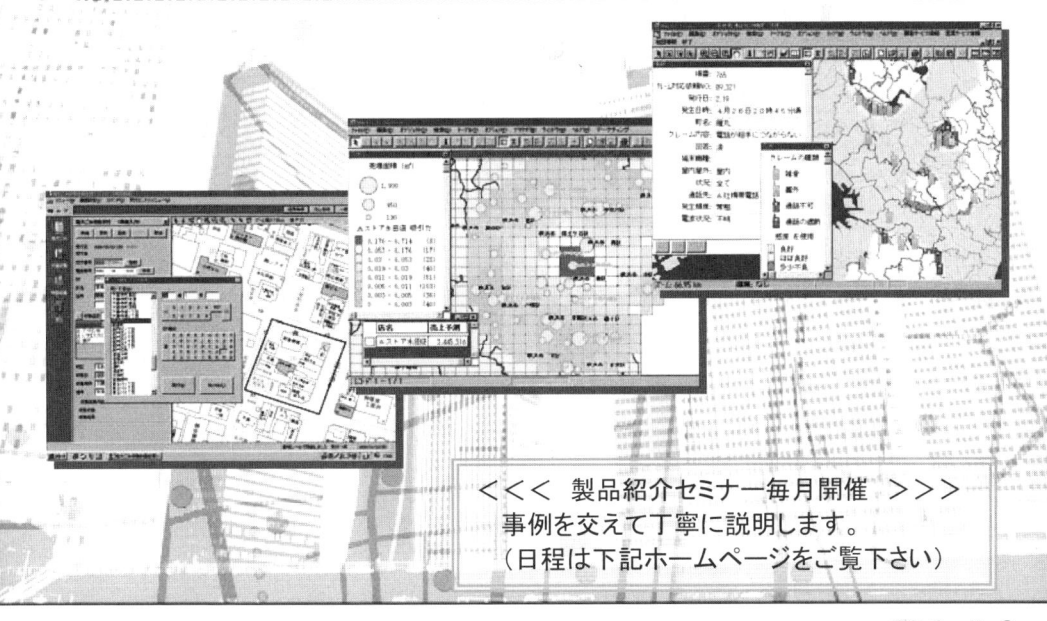

<<< 製品紹介セミナー毎月開催 >>>
事例を交えて丁寧に説明します。
（日程は下記ホームページをご覧下さい）

MSR 三井造船システム技研株式会社　GIS・物流ソリューション事業部　**MapInfo** Business Partner
電話：043-274-6181　FAX：043-274-6182
http://www.msr.mes.co.jp/mapinfo/　E-mail：mapinfo@msr.mes.co.jp
※ MapInfo は米国マップインフォ社の登録商標です

著者略歴

高阪 宏行（こうさか ひろゆき）

1947年　埼玉県に生まれる
1975年　東京教育大学大学院理学研究科博士課程修了
1978年　筑波大学専任講師
現　在　日本大学文理学部教授
　　　　理学博士
主　著　『行政とビジネスのための地理情報システム』
　　　　　（古今書院）
　　　　『GISソースブック―データ・ソフトウェ
　　　　　ア・応用事例―』（古今書院）

地理情報技術ハンドブック　　　　　定価は外函に表示

2002年4月25日　初版第1刷
2005年1月20日　　　第2刷

著　者　高　阪　宏　行
発行者　朝　倉　邦　造
発行所　株式会社　朝　倉　書　店
　　　　東京都新宿区新小川町6-29
　　　　郵便番号　162-8707
　　　　電　話　03(3260)0141
　　　　FAX　03(3260)0180
　　　　http://www.asakura.co.jp

〈検印省略〉

© 2002〈無断複写・転載を禁ず〉　　　教文堂・渡辺製本
ISBN 4-254-16338-X　C 3025　　　　Printed in Japan

日本文化大 石井 實著

地 と 図 ―地理の風景―

16328-2 C3025　　　　B5判 184頁 本体5000円

さまざまな「地理的景観」は，人と自然との出会いによって形作られてきた。本書は，刻々と変貌する日本の風景をレンズを通して見つめ続けてきた著者が，「時間」の役割を基礎にその全体像を再構成した，個性ある「地理」写真集である

東京地学協会編

伊 能 図 に 学 ぶ

16337-1 C3025　　　　B5判 272頁 本体6500円

伊能忠敬生誕250年を記念し，高校生でも理解できるよう平易に伊能図の全貌を開示。〔内容〕論文（石山洋・小島一仁・渡辺孝雄・斎藤仁・渡辺一郎・鶴見英策・清水靖夫・川村博忠・金窪敏和・羽田野正隆・西川治）／伊能図総目録／他

日本国際地図学会編

日 本 主 要 地 図 集 成
―明治から現代まで―

16331-2 C3025　　　　A4判 272頁 本体23000円

明治以降に日本で出版された主な地図についての情報を網羅。〔内容〕主要地図集成（図版）／主要地図目録（国の機関，地方公共団体，民間，アトラス，地図帳等）／主要地図記号／地図の利用／地図にかかわる主要語句／主要地図の年表／他

前東大 西川 治監修

アトラス日本列島の環境変化

16333-9 C3025　　　　A3判 202頁 本体28000円

過去100年余の日本列島の環境変化を地理情報システム等を駆使したカラー地図と説明文で解説。〔内容〕都市化／農地利用の変化／林野利用／自然生態系／水文環境／人口分布／鉱工業の発達／公共機関／交通／自然と人口／都道府県別の変化

前筑波大 山本正三・元上武大 奥野隆史・筑波大 石井英也・筑波大 手塚 章編

人 文 地 理 学 辞 典

16336-3 C3525　　　　B5判 532頁 本体27000円

地理学は"計量革命"以降大きく変貌した。本書はその成果を，新しい地理学や人文主義的地理学などを踏まえ，活況を呈している人文地理の分野に限定，辞典として集大成した。地図・地理・工業・都市などの伝統的な領域から，環境・エネルギーをはじめとする新しい部門まで項目2000を厳選。専門家はもちろんのこと，一般読者にも"読める"ように，厳密・詳細でありながら，平明な記述を目指した。主要項目には参考文献も付し，さらなる検索に役立つように配慮した

帝京大 田辺 裕監訳

オックスフォード辞典シリーズ
オックスフォード 地理学辞典

16339-8 C3525　　　　A5判 384頁 本体8800円

伝統的な概念から最新の情報関係の用語まで，人文地理と自然地理の両分野を併せて一冊にまとめたコンパクトな辞典の全訳。今まで日本の地理学辞典では手薄であった自然地理分野の用語を豊富に解説，とくに地形・地質学に重点をおきつつ，環境，気象学の術語も多数収録。簡潔な文章と平明な解説で的確な定義を与える本辞典は，地理学を専攻する学生・研究者のみならず，地理を愛好する一般読者や，地理に関係ある分野の方々にも必携の辞典である

地理情報システム学会編

地 理 情 報 科 学 事 典

16340-1 C3525　　　　A5判 548頁 本体16000円

多岐の分野で進展する地理情報科学(GIS)を概観できるよう，30の大項目に分類した200のキーワードを見開きで簡潔に解説。〔内容〕[基礎編]定義／情報取得／空間参照系／モデル化と構造／前処理／操作と解析／表示と伝達。[実用編]自然環境／森林／バイオリージョン／農政経済／文化財／土地利用／自治体／防災／医療・福祉／都市／施設管理／交通／モバイル／ビジネス他。[応用編]情報通信技術／社会情報基盤／法的問題／標準化／教育／ハードとソフト／導入と運用／付録

上記価格（税別）は 2004 年 12 月現在